产品创新设计与开发

主　编　曾富洪

副主编　谢永春　李国云

西南交通大学出版社

·成　都·

图书在版编目（CIP）数据

产品创新设计与开发 / 曾富洪主编. 一成都：西南交通大学出版社，2009.3（2009.7 重印）
ISBN 978-7-81104-930-5

Ⅰ. 产… Ⅱ. 曾… Ⅲ. 产品－设计 Ⅳ. TB472

中国版本图书馆 CIP 数据核字（2009）第 031069 号

产品创新设计与开发

主编 曾富洪

责任编辑	孟苏成
特邀编辑	牛　君
封面设计	本格设计
出版发行	西南交通大学出版社 （成都二环路北一段 111 号）
发行部电话	028-87600564　87600533
邮　　编	610031
网　　址	http: //press.swjtu.edu.cn
印　　刷	成都蓉军广告印务有限责任公司
成品尺寸	185 mm×260 mm
印　　张	27.75
字　　数	691 千字
版　　次	2009 年 3 月第 1 版
印　　次	2009 年 7 月第 2 次
书　　号	ISBN 978-7-81104-930-5
定　　价	48.00 元

图书如有印装质量问题　本社负责退换

前 言

产品创新设计是指采用新技术原理、新设计构思而开发生产出全新型产品，或应用新技术原理、新设计构思，在结构、功能、材料、工艺等各方面对老产品进行重大改型，并显著提高原有老产品的性能或扩大功能而得到改型新产品的过程。产品创新设计是一个非常复杂、非常广泛的过程，涉及许多不同专业领域，如市场开发、消费者研究、产品概念的生成与评价、工业设计、数字化设计、设计管理等。为了保证新产品开发成功，需要建立一套科学、完整的设计与开发流程，并使不同专业的开发设计人员间能建立起有效的交流。当今的产品更新换代大大加快，新产品研制周期大幅度缩短，产品开发的过程也越来越趋向于并行开发。这就要求在项目开始时就应对产品相关的各方面工作通盘考虑，齐头并进地发展。为了做到这一点，需要一套完整的产品创新设计体系支撑。

本书在系统介绍现代产品设计的设计理论、设计方法、设计原则，产品创新的创造性思维、创造法则、创造技法，创造性解决问题（TRIZ）的理论和方法的基础上，以产品开发流程为主线，通过对产品的市场轮廓分析、市场细分和市场选择对产品进行市场定位；通过对产品的顾客测量、顾客需求识别、顾客偏好分析对产品进行顾客定位，并实现对顾客需求的优化。以质量功能配置（QFD）工具为技术手段，将顾客的需求转化为产品的技术要求，并形成产品的概念模型。利用 CAD 工具实现产品的数值化建模，利用 CAE 工具对产品进行仿真分析，利用 CAM 工具实现产品的数字化制造，利用现代的产品设计评价理论对设计结果进行有效评价，利用产品数据管理（PDM）对产品设计中的各种信息进行有效管理。本书重点论述了新产品创新设计过程中所涉及的基本原理、基本理论、基本方法，内容力求精练实用，对于重要的知识点给出了编者在该知识领域的研究实例，可供机械工程、车辆工程、管理工程等专业的研究生作为教学用书或教学参考书，同时也可作为产品设计相关专业本科生和工程技术人员的参考用书。

本书第一章由曾富洪副教授、周兰花副教授编写，第二章由李国云副教授编写，第三章由姚必强副教授、田鹏飞硕士编写，第四章由曾富洪副教授、贾红红硕士编写，第五、六、七、八、九章由曾富洪副教授编写，第十章由周丹讲师编写，第十一章由曾富洪副教授、谢永春教授编写，第十二章由曾富洪副教授编写，第十三章由曾富洪副教授、周兰花副教授编写。

本书的出版得到了攀枝花市杰出青年技术创新人才培养项目（项目编号：2006DW-1）、四川省教育科研项目应用型本科工业设计专业课程体系改革与实践、攀枝花市先进制造技术重点实验室建设项目的资助。在本书的编写过程中，参考了大量的资料，编者在此表示衷心的感谢。由于编者水平有限，书中难免存在一些疏漏和不妥之处，敬请读者批评指正。

编 者

2008年10月

目　录

第一篇　产品设计概述

第二篇　产品创新设计理论

第三篇　产品概念形成

第五篇 产品设计评价

第六篇 产品设计信息管理

第一篇　产品设计概述

第一章　产品设计概述

1.1　制造业产品设计的意义

21世纪的制造业正面临着越来越激烈的全球化市场竞争，新经济和网络信息时代的浪潮正冲击着以产品为载体的企业生产经营活动。各种高新技术的迅猛发展与推广应用，虽然增加了新产品开发的投入和风险，但同时高技术含量的产品又给制造企业带来了丰厚的回报。当今的产品更新换代大大加快，新产品研制周期大幅度缩短，各种新的产品设计方法和开发技术应运而生，以信息技术为核心的高新设计支持技术在产品创新设计中的大量应用，推动了设计、制造自动化技术的迅速发展，并在设计方法学、新产品开发流程再造与项目管理、全球化并行协同设计、敏捷化战略联盟、设计支持新技术、数字化虚拟样机开发技术、仿真试验与性能评估技术、逆向工程与快速原型制造等方面取得了重大进展。

当今人类社会在充分享受各类工业产品带来的高度物质文明的同时，又渴望获得更新更丰富的物质产品来满足人类不断增长的物质需求。为此，制造企业必须不断推出创新的产品(Products)，以更短的新产品上市时间（Time to Market）、更优的产品质量（Quality）、更低的产品成本（Cost）、更好的服务（Service）和满足环保要求（Environment）的“PTQCSE”六要素去赢得用户和更大的市场份额。为实现这一目标，各制造企业纷纷将先进的产品开发、生产、组织管理技术引入企业，从而引起全球范围内各制造企业的产品设计方法、支持技术和开发管理发生巨大变革。

产品是一切制造企业生产经营活动的主体，新产品设计与开发是这一活动主体的源头，因而产品现代设计方法及相应支持技术就受到制造企业的高度重视。社会在发展，需求在变化，市场和用户对产品的品种、功能和质量会不断提出新的要求，迫使激烈竞争中的制造企业竞相采用先进的技术手段来开发新产品，而新产品的开发又不断地对开发技术的发展提出新的要求。

所谓新产品，指的是采用新技术原理、新设计构思而开发生产出的全新型产品，或应用新技术原理、新设计构思，在结构、功能、材料、工艺等各方面对老产品进行重大改型，并显著提高原有老产品的性能或扩大功能而得到的改型新产品。

一个全新型的产品问世，不仅给市场和最终用户带来新的物质产品，而且给开发生产这一新产品的企业带来新的经济增长点和丰厚的回报，甚至会影响整个行业，形成新的产业。例如，移动通讯设备和产品（如手提电话）的开发成功和投放市场，以摩托罗拉（MOTOROLA)、爱立信（ERICSSON)、诺基亚（NOKIA）三大巨头为代表的移动通讯业，从20世纪90年代初开始就在全球逐步形成了一个庞大的新兴产业，拉动了全球经济的快速增长。

改进型新产品的开发也具有重要意义。一般来说，一个全新产品从构思到投入市场需要相当长的时间，企业需要为此承担很大的风险。因此，尽管新产品是市场的佼佼者，但它毕竟是少数，而更多推向市场的产品都是在已有老产品基础上，不断改进、完善、提高，开发出的新产品。改进型新产品的开发在世界各国都非常普遍，对我国这样的发展中国家尤其重要。目前，我国已告别了计划经济时代，步入了社会主义市场经济时代，那种在计划经济时代形成的产品单一、结构不合理、技术含量不高、市场竞争力不强、几十年一贯制的老产品和产品开发技术，已明显不能适应当今迅速变化的市场需求和日益激烈的竞争要求，各制造企业迫切需要以新产品的创新设计为核心来带动企业组织结构、产品结构和产业结构的调整和再造，以创新求生存、求发展，从根本上改变经济增长方式。因此，国内众多的制造企业已开始从单一的引进、消化、吸收国外新产品的设计和工艺，再国产化，向逐步改型自主开发和全新自主开发方向发展；新产品开发已从劳动密集型向技术密集型转变，从低技术含量向高技术含量的新产品转变，从低附加值向高附加值的新产品转变，产品的快速更新换代和发展新的产品开发技术已成为众多制造企业转轨定向中的迫切需求。

任何一种新产品在千变万化的市场上都是"匆匆过客"，从它进入市场为用户所接受，到退出市场被用户所冷落，一般要经过市场分析—产品策划—产品设计—产品制造—产品上市—迅速增长—缓慢增长—饱和—下降—退出市场几个阶段（见图 1.1），被称之为产品生命周期。

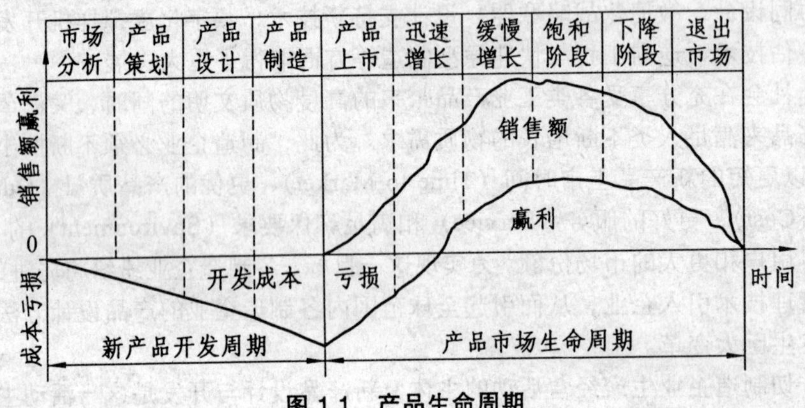

图 1.1　产品生命周期

作为产品整个生命周期中最重要的一个环节——产品设计占据极为重要的地位。在产品全生命周期中，设计阶段决定了约 70% 的总成本，而制造阶段及后续其他相关阶段只决定约 30% 的总成本。并行工程的研究与实践也表明：约 85% 的产品开发费用由产品设计阶段的工作决定，而这一阶段本身所耗费的成本却不到总成本的 7%。因此，对产品设计阶段的研究，尤其是概念设计过程的研究具有重要的意义。当前，现代产品设计理论主要包含以下四大部分：产品设计理论、产品设计过程、产品设计求解和产品设计过程中的功能。

1.2　现代产品设计理论概述

1.2.1　产品设计理论

设计就是为满足某种需求而进行的、有目的的创造性活动。针对具体的产品来讲，不同的角色、工作环境，有着不同需求的客观主体。对于设计理论的研究，人工智能专家 Simon 认为设计是问题求解的过程，是人们制定程序把产品由一种状态转换为所需要的另一种状态的过程。Pahl 等认为设计的实质就是用最好的方式来满足一切要求的智力活动。Suh 把设计定义为一种主体需求转换成客观存在的过程。Yoshikawa 认为设计是一种从功能空间到属性空间的映射，是关于知识的抽象理论。按照设计域、过程表达、学科领域，可以将产品设计理论分为以下三大类：公理化设计理论、一般设计理论和通用设计理论。

(1) 公理化设计理论（Axiomatic Design Theory，ADT）：主要是由美国 MIT 的 Suh 等人提出的产品设计的全局原理或公理，应用于产品设计过程中的决策。该理论主要内容包括顾客域、功能域、物理域、工艺域等四个域和独立性公理、信息公理等两个公理。每一域中都有各自的元素，即顾客需求、功能要求、设计参数和工艺变量。这四个域内的参数之间具有映射关系，在相邻域之间进行映射时，设计解的确定必须遵循保持功能需求独立性的独立性原理，如果同时有几个设计解均满足独立性原理，就需要依据信息公理进行解的优选，如图 1.2 所示。

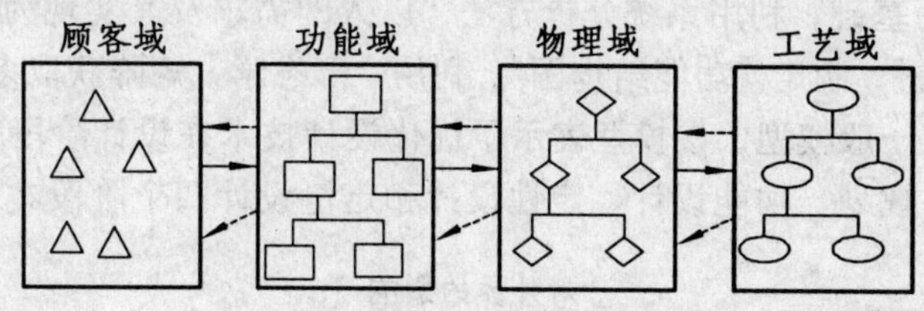

图 1.2　Suh 的公理设计过程

(2) 一般设计理论（General Design Theory，GDT）：由日本东京大学的 Yoshikawa，Tomiyama 等学者提出，是一种对设计过程的数学表达，并认为设计是通过知识操作来实现的。GDT 假定每个设计元素都能够被抽象为无二义表达，同时认定当设计规范被描述后，设计在功能空间和属性空间的映射立即被成功地终止，在这种条件下通过引入理想化知识的概念来表示已知所有设计对象集合中的元素，并引入元模型空间作为一种过渡，反映出设计是一个逐步细化的过程，Tomiyama 在结合大量设计实验的基础上，提出了精细设计过程模型，作为对一般设计理论的扩展。

(3) 通用设计理论（Universal Design Theory，UDT）：德国 PRK 研究所 Grabowski 等学者在总结不同学科领域内设计的特点后，提出一种跨学科的通用设计理论 UDT，该理论将设计过程分为需求建模、产品功能建模、物理建模、详细设计四个阶段，通过各个阶段内模型的冲突和相互约束来不断改善和修正模型本身，并通过对现有基本元素的重新组合来实现设计过程的创新。

1.2.2　产品设计过程

对产品设计过程的不同理解，本质上就是对设计的内涵和外延的不同认识和对设计理论和方法的不同理解。设计过程的本质就是对设计问题进行求解的过程，是在不确定的状态下所进行的一种实现自己或客观主体目的的一个决策过程。从信息转换的角度来讲，定义产品设计过程是将一个关于制成品的需求和需要的信息转换为产品知识的过程，其根本目的就是要创新或改进产品。可将设计过程划分为：描述性的设计过程、规范化的设计过程和可计算的设计过程。

(1) 描述性的设计过程：揭示了设计过程的本质。Yoshikawa 以公理集合论为工具，提出了“一般设计理论”，建立了描述性的设计过程模型，把设计过程看成是一种从功能空间到属性空间的映射。Simon 和 Dixon 给出了整个设计过程的形式化描述，强调对设计过程动态抽象，并把这作为改进设计模型通用性的前提。Takeda 基于一般设计理论提出了设计过程的进化模型，定义了有限的属性集，该属性集是可以进化的，并在进化模型里将设计过程描述成一个逐步由功能空间向属性空间进化的过程。

(2) 规范化的设计过程：Pahl 等用系统的观点，将产品作为设计对象，设计对象可以视为一个技术系统，其功能是将物料、能量和信号的输入转换为相应的输出。在输入过程中，随时间变化的能量、物料、信号就形成能量流、物料流和信号流。能量包括机械能、热能、电能、光能、核能、化学能、生物能等；物料可以是材料、毛坯、物件、气体、液体、颗粒、物体；信号体现为测量值、显示值、控制信号、数据情报等。技术系统及其处理对象可用图 1.3 表示。输入和输出之间的差别就是功能，并强调基于功能分解和原理解搜索的设计步骤。Hubkat 以系统理论为基础，利用系统分析方法，以人的需求及其实现为依据，拟订“技术过程”，建立“技术系统”，制定“功能结构图”，利用“形态学”矩阵获取多种可行的技术方案，并提出了设计过程的一般模型，该模型表示了优化设计技术在设计阶段的决定作用。KollerE 将设计过程分为产品规划、功能设计、定性设计和定量设计四个阶段。

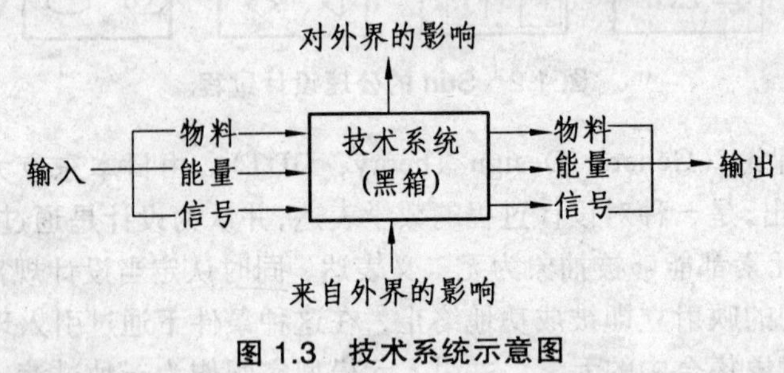

图 1.3　技术系统示意图

(3) 可计算的设计过程：其偏重于计算机可表达、可操作与可计算的产品设计过程理论，其主要的思想就是设计过程算法化、计算机化。Suh 基于计算机技术提出了可计算的过程模型，通过设计矩阵，将功能要求领域映射到设计参数领域，从而将设计过程中定性的概念需求转变为定量的物理参数。JohnsonE 的研究工作主要应用计算机技术、应用数学及跨学科技术，通过不断加强“优化算法库”“知识库”及“专家系统”的建设，来操作设计过程，提高产品质量和市场竞争能力。

1.2.3　产品设计求解

设计过程的本质就是对设计问题进行求解的过程，传统的设计过程问题求解方法有四种：试错式搜索、经验规则指导的搜索、科学分析和综合。试错式搜索是在设计空间或状态空间内进行系统或随机搜索直至找到满意解，虽然借助计算机的高速解算性能使得该方法在问题求解中有一些应用，但由于该法没有提供设计解后面的知识，从而使得设计解的重用受到很大的限制。经验规则指导的搜索是一种理性化的搜索方法，任何决策过程和设计解判定都是通过认可给定的初始条件，并将这些条件与有已知解的类似问题进行比较获得，因此该法在很大程度上依赖相关的问题语境和任务知识。科学分析的问题求解方法是基于科学理论如统计和概率论、逻辑、集合论等进行知识泛化的求解。基于综合的问题求解是一个方法学，它需要许多不同的方法进行比较，经过寻优、判定来对多种结果进行一种知识密集化的合成。当前产品设计问题求解越来越依赖人类在工程实践中积累和掌握的设计经验、技术和方法，以及对知识的学习和利用。随着人工智能技术（AI）、知识集成技术的发展，利用人工智能技术对产品设计过程问题进行表达、推理和学习，以及对设计过程中相应的知识获取、表达和操作形成了下面两种求解方法。

1）基于知识本体的设计过程求解方法

知识表达是人工智能技术应用于产品设计的基础，通常知识工程师与产品设计专家合作进行设计知识的获取，目前对知识的研究更多地偏向于对知识的理解和表达、知识的本体化。Poli 分析设计领域中所有相关特性，形式化给出一个包括一般知识和专门案例知识的设计知识模型，并借助本体论对设计知识模型加以表达，以使设计重用过程中的概念具有无二义性的特点。Kitamura 提出了功能本体的概念，建立了产品模型的功能结构框架，对概念设计过程中的功能知识进行了系统化的描述，使得功能知识能够应用到其他的领域中。Horvath 提出了设计概念本体，用于在概念设计阶段处理功能、结构、形状等一些设计概念。Roche 利用本体知识库下的软件环境 OK Station，来解释和消除并行工程环境下多领域内的人员或企业之间存在的工程和设计语义间的歧义，保证设计、制造工程顺利地进行。中国科学院金芝、陆汝钤等人基于本体的设计过程需求提出了软件需求本体获取方法，建立了以控制流和数据流为中心的两种需求分析方法，该方法是以企业本体和领域本体作为需求获取的元模型，用它指导和规范整个需求获取过程，并通过对领域模型的重用完成目标系统的模型构造。

2）基于软计算方法的设计过程求解

软计算方法中的一个重要内容就是基因算法，它是对自然选择的进化过程进行模拟的随机并行搜索算法，将基因算法应用到设计问题中，可以降低人对设计过程主观影响的程度。Louis 对基因算法在设计过程中的应用进行了较为详细的研究，探讨了其在设计中应用的最适用领域、基因编码问题、算法结果分析方法、算法复杂性等相关问题。Poon 提出的共同进化基因算法是通过组合基因法和分离空间法来实现的，即把设计需求和设计解用一个组合基因型来表达的同时，将其模型化为相互作用且各自进化的基因型组，这样设计搜索过程就被进化为一个共同进化过程。Dorst 等提出了一种精练的共同进化模型，并给出了相应的问题求解子空间。由于设计过程可以看做是一个离散事件的过程，Zha 应用面向对象知识的 Petri 网对设计过程中各个部分进行建模和描述，并将其应用于产品的装配规划中，开发了相应的原型系统 IIDAP。Erden 利用 Petri 网对概念设计阶段产品设计中各个逻辑活动进行了建模，并对设计活动中多个设计行为进行仿真。Al-Hakim 等提出用图论的方法来对概念设计过程中的产品方案结构加以优化。Shait 等提出对一个现有的工程系统或部件进行图论描述，然后借助设计知识对所表达的部件或系统进行相应的设计分析。

1.2.4　产品设计过程中的功能

功能原本是工程技术人员耳熟能详的词汇范畴，是在各个工程领域内人们必须考虑的重要因素。实际上，功能并不是一个独立的范畴，总是或多或少地与目标、行为、结构、环境等因素相联系，因此尽管功能作为研究的对象，许多学者都试图给它一个科学的定义，但学术界目前仍然没有一个共识，此外要建立一个大家都能认同的功能的定义是不太现实的，只能根据问题性质以及系统的特点，对功能进行各自的定义。功能是一个复杂的概念，有许多不同的定义和方法，到目前为止对功能已经开展了很多的相关研究，目前的研究主要集中在以下三个方面。

1）从价值工程的观点来研究

应用价值工程中的文法语言来获取产品设计过程中的功能信息，并用动名词定义功能为对象能够满足某种需求的一种属性。Struge 以价值工程理论为背景，采用功能逻辑分解的办法针对产品功能进行划分，并通过定义功能之间的关系，使得功能图的语义更加完善，其研究的关键在于建立完备的功能定义库以及全面的功能块关系描述集，从而清晰地表达功能逻辑结构，其优点是比较注重功能间的逻辑关系，但无法较好实现功能之间的重组，因此该法的概括性很强，但针对性较差，不能获取与功能相关的其他信息，这种方法通常多被应用于工程管理、宏观价值经济分析等相关概念中，实际应用于工程的较少。

2）从工程设计的观点来研究

将功能用系统的观点来描述，强调以机电产品为主的技术系统的功能表达在设计中的重要性。以 Pahl 为代表的工程设计研究人员提出了以能量、物质、信息等物理量为输入和输出，以物理量的变换为定义的功能模型，强调整体功能和子功能之间关系的分解形式，以及各自对应的功能构造概念，并将基于功能分解的功能构造作为概念设计的一个重要步骤。Roth 将基本功能分为物质、能量、信息的联接功能、改变功能、存储功能和引导功能。当系统将输入转换为输出时，它就体现出特定的功能，包含用途、需求和意图等含义，被看做是物理行为的抽象。相对于已经初步形成的产品而言，则是能够在一定工作条件下执行特定的行为，并产生相同的结果，达到用户或设计者要求的目标，而这些目标和结果就是所谓的产品功能。同时产品功能还受工作环境的影响，即通过系统对环境的外界作用体现出系统的功能，因此工作环境也是功能表达中一个重要的不可忽略的信息。这种定义结构清晰，能够表示功能之间的输入和输出关系，但是覆盖领域较小。这种基于三种物理量的输入、输出关系功能模型太过于抽象，没有经验的设计人员难以用来直观地表达功能，同时难以用计算机实现。

3）从人工智能的观点来研究

人工智能领域对功能的研究主要是从基于模型的推理（Model Based Reasoning，MBR）出发，强调由结构到功能的推理，以得到对功能的解释，也即所谓的功能推理，主要根据物理系统的结构分析其各组成部分的行为以及系统整体的功能，来判断预期功能是否实现等问题。功能推理主要从功能建模入手，利用功能信息或知识来组织有关物理系统的其他信息和知识（结构、行为等），并完成各种需要功能推理的任务。人工智能领域关于功能的研究主要站在理解物理系统和物理设备的角度来考察功能建模和功能推理的重要意义，强调如何用计算机来表达和运用功能知识，从而有效地减少计算机理解复杂物理设备的计算复杂性的问题。人工智能领域关于功能的研究存在的主要问题有：各种概念或术语，尤其功能和行为的定义关系模糊混淆。比如，在功能与行为是否有区别问题上存在两种相反的意见：一种意见认为功能是行为的抽象或解释，另一种意见认为功能是零部件的行为与系统的行为的关系。功能表达和推理的应用范围狭窄，多以电路为对象，故障诊断为任务。

目前产品设计理论相当丰富，企业在选择产品设计理论进行自身产品的设计时，必须考虑产品的特点并结合适当的产品开发模式才能达到事半功倍的效果。

1.3　现代产品设计开发程序和原则

1.3.1　产品开发模型

新产品设计开发涉及的因素相当复杂，即使目标相同，开发程序也是多种多样的。下面给出四种具有代表性的产品开发模型。

罗斯韦尔和罗伯特于 1973 年提出了一个企业新产品开发的活动阶段模型（如图 1.4），这是人们研究得最多的模型。它力图确定新产品开发的特定活动，并把新产品开发看做是一个活动序列。

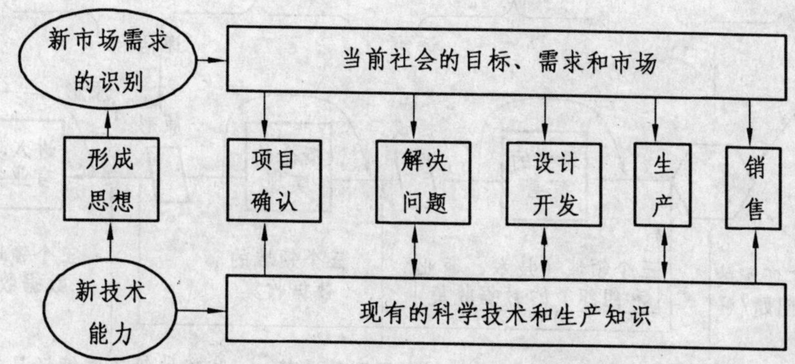

图 1.4　新产品开发活动阶段模型

特威斯（Twiss）于 1980 年提出的综合模型，如图 1.5 所示。该活动阶段模型的优点在于它表明了开发各阶段的任务，潜在新产品在不同阶段下的形式。这个模型对开发过程是更准确、更一般化的概括。这种模型的缺点在于没有指出在新产品开发过程的各点上存在着其他途径的可能性。

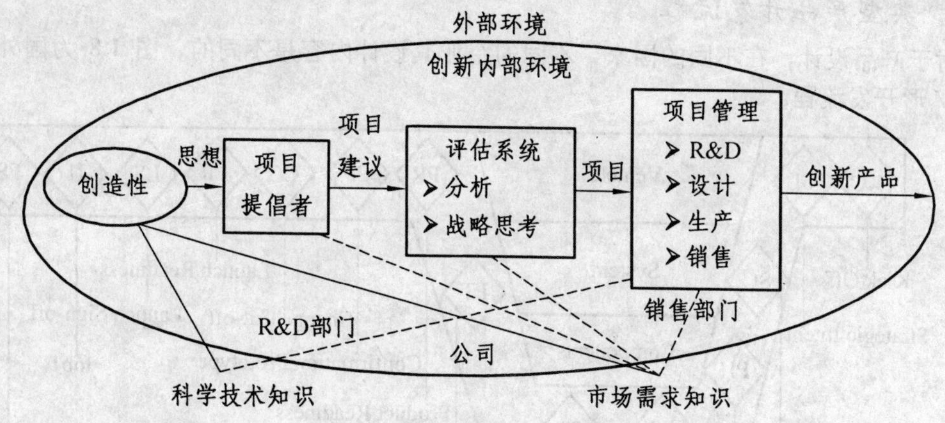

图 1.5　特威斯的综合模型

罗伯逊（Robertson）在 1984 年提出了部门阶段模型，如图 1.6 所示。在此模型中，他力图说明社会经济和技术因素对开发过程的影响，把新产品开发过程看做是一个从各个部门进出的系列。

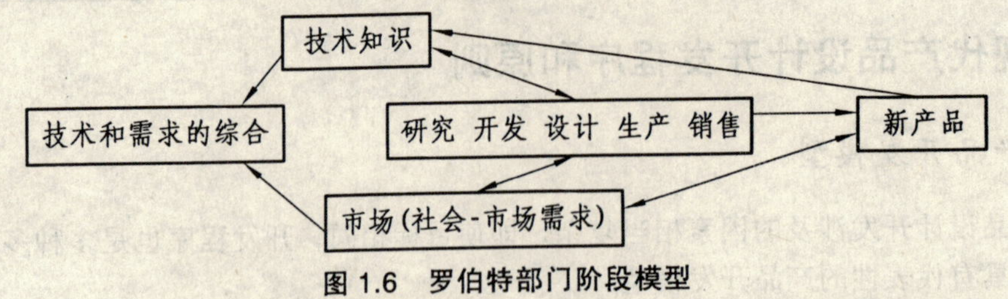

图 1.6 罗伯特部门阶段模型

比利时的学者勒梅特（Lemaitre）和斯托尼（Stenier）于 1988 年提出了一个相当系统的活动阶段和决策阶段相结合的综合模型，如图 1.7 所示。

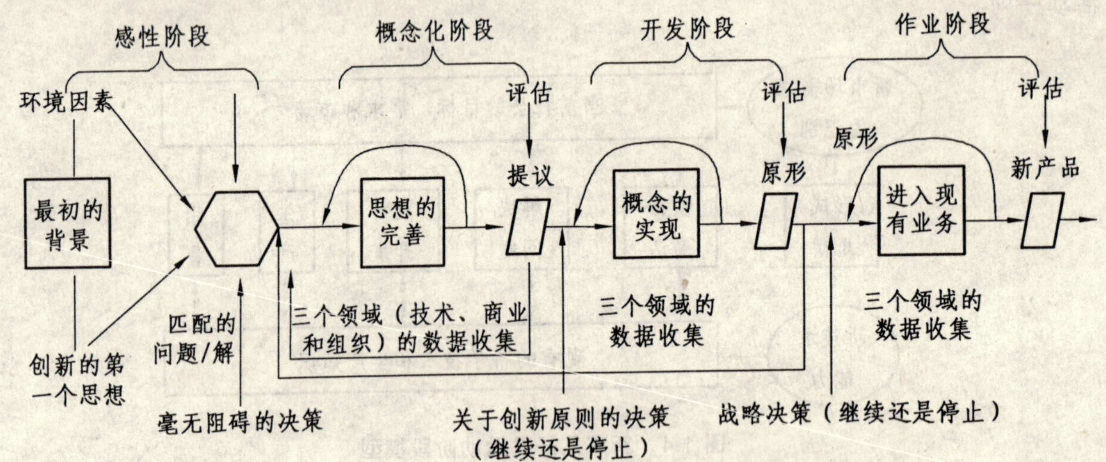

图 1.7 新产品开发过程综合模型

以上模型都是人们从不同的角度把握企业新产品开发过程的反映。这些模型大多基于对企业新产品开发经验的提炼、概括，在某种程度上是企业新产品开发过程的再现，因而有助于理解企业的创新开发活动，也有助于企业从事新产品开发。下面介绍两种具体的产品开发模式。

1.3.2 典型产品开发流程

对于产品设计，在不同的国家、不同的企业其设计内容是不同的，图 1.8 为国外某公司汽车 V 形开发流程。

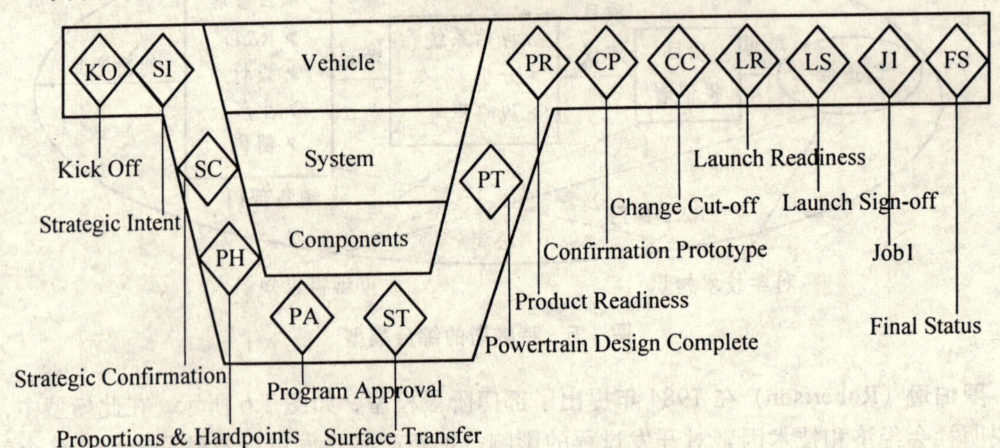

图 1.8 某公司汽车 V 形开发模式

在图中，KO（项目启动）：是项目专项工作的开始阶段，项目“黑皮书”的编辑和签字确认（包括工艺目标）；同时对项目归类，并从规划室转移至项目组。

SI（战略意图）阶段：确认产品的市场、制造、供货、设计、质量、可靠性及重复使用性；制定如何满足主要客户想法和正常要求的方案；建立协调的汽车等级目标范围和产品设想，包括可提供的业务结构（含结构）；外观设计小组提交外观设计图；确定新技术，汽车结构以作好实施准备；确定项目组资源和设施。

SC（战略确认）阶段：确定汽车系统及其一级分系统目标配置；动力系统选用并完成动力系统匹配；确定每个部件的装配、制造点；选择系统、分系统供货厂家，确定零件组建及来源；VPP 签字认可；召开项目组实施开发阶段启动会。

PH（平衡点及难点）阶段：确定新车开发平衡点，选择难点因素，并确定相应的人员及资源配置；确定第二阶段的子系统的目标配置；通过市场研究（内部、外部），审查新车的外观和造型；完成最初的样车（CP）确认方案，并进行可行性评估。

PA（项目的正式批准）阶段：确定新车的所有开发目标；为最终的开发选择单一的外观造型；批准项目实施及工装投资；市场部提交净收入报告，完成最初的定购指南；完成目标设计认证方案、失败模式及作用分析；完成零部件清单（PPL）；确定最终可行的样车开发方案。

ST（表面的转换）阶段：将内部和外部的 IA 级表面转化为工程化的表面图。

PT（动力系统设计）阶段：完成动力系统的设计，包括 P/T 控制系统策略；完成动力系统最终在发动机中的总体布置；确认动力系统制造可行性，并提交签字报告。

PR（产品的准备）阶段：进行整车分析确认，最后确认 IA 级外观造型并用的覆盖件；在样车（CP）最后确定前，通过 CAD 工具对其改进及认证；确认并发布最后的投产计划；确定数据控制模式，并签字确认。

CP（样车的确认）阶段：确定样车最终的部件，并进行可制造性确认；生产出的一台可供调试和耐久度试验的样车（CP）；完成二坐标仪（CMM）对所有最终样车项目和部件的分析；完成最终的工程化确认。

CC（改进工作确认）阶段：完成新车的初步工程化设计，并签字确认；批准喷涂方案和确定新车的最终颜色；与供货厂家签订协议支持 IPP 所需的 PSW 零部件；做出现行样车出厂决定。

LR（投产准备）阶段：完成最终工程化设计，并签字确认；在刀具厂或自己的生产线上试验所有生产用装配工具的功能；完成色彩、质地、光泽度的签字确认。

LS（投产签字认可）阶段：将分析模型与 CP 实验结果结合起来；完成模具测试（TTO）和 IPP；完成装配车间工具和工艺验证，包括辅具和夹具；评估所有的生产可行性。

J1（实现批量生产）阶段：完成生产联动；完成操作人员的培训。

下面介绍国内某公司汽车开发流程（见图 1.9），整个开发过程由计算机管理系统管理，并通过现代网络技术得以实现。实现过程如下：

（1）运用项目管理的方法组建新车设计开发小组。

（2）将工作任务分解成独立的工作单元。

（3）根据工作单元紧前紧后关系进行逻辑排序，建立 petri 图。

（4）给每个工作单元分配资源（人力、物力、时间等），作出产品设计计划书和 Gant 图。

（5）根据产品设计计划书的内容进行计算机实例化，运用协同设计的方法，保证设计过程的每一个活动都有合适的人员参与，同时保证各个设计活动适时启动。

（6）按照质量管理的要求，定义好每个活动的输入、输出内容；当设计结果修改时，在系统中记录每一步操作记录；定义文件修改的版本管理规则。

(7) 最后运用网络技术把工作人员用网络联系起来，保证开发活动得以实现。

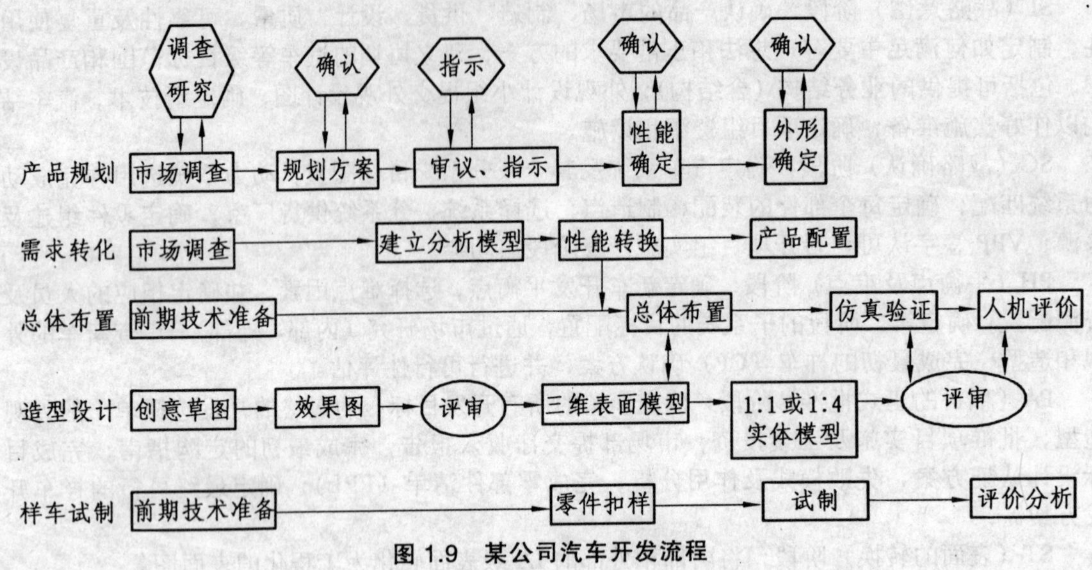

图 1.9　某公司汽车开发流程

1.3.3　产品的设计开发程序

一个产品的设计开发过程通常可分为产品规划、方案设计、深入设计、施工设计和市场开发等阶段。

1）产品规划（计划）阶段

这一阶段要进行需求分析、市场预测、可行性分析，确定关键性设计参数及制约条件，最后给出设计任务书（或要求表），作为设计、评价和决策的依据。

产品开发是从需求分析开始的。需求分析包括对生活研究和市场的分析，如时尚趋势、消费需求及消费者对产品功能和性能、质量的具体要求，竞争者的状况，现有类似产品的特点，主要原料、配件的供应状况及产品的变化趋势等。

对产品开发中重大问题，经过技术、经济和社会文化各方面的细致分析及开发可行性研究，提出产品开发可行性报告，一般是十分必要的。可行性报告的内容包括开发的必要性，市场调查及预测情况，相关产品的国内外水平，发展趋势，技术上预期达到的水平，经济效益和社会效益的分析，设计、工艺等方面需要解决的关键问题，投资费用及时间进度，现有条件下开发的可能性及需要采取的措施等。

对拟开发的产品，要通过调研分析，得到顾客对产品的需求重要度，进一步进行顾客的偏好分析，用 QFD（质量机能展开）方法，对产品在整个生命周期的各阶段进行质量设计，得到相应的质量特性需求，由此提出合理的设计要求，以用来指导设计的展开。一个产品只有在技术性能、质量指标、经济指标、整体造型、宜人性以及环境等方面得到统筹兼顾，协调一致的满足，这种设计才是合理的。因此，拟订设计要求是设计规划（计划）阶段的重要内容。主要的设计要求有：

(1) 功能要求：指产品的实用功能、美学功能和象征功能。

(2) 适应性要求：指情况（工作状况、环境条件等）发生变化时，产品适应的程度。

(3) 性能要求：产品所具有的工作特性。

(4) 人机关系要求：人机关系的协调是技术要求也是美学的要求，包括方便而舒适，调节控制有效、可靠，符合人的习惯，造型和谐，操作宜人、高效等。

(5) 可靠性要求：指系统、产品、部件、零件在规定的使用条件下，在预期的使用寿命内正常工作的概率，是一项重要的质量指标。

(6) 使用寿命要求：这是一项重要的技术指标，又具有重要的经济意义。产品不同，对其使用寿命要求亦不同，有的为一次性产品，有的是半耐久性产品，有的是耐久性的。设计中理想的情况是所有零部件为等寿命，但事实上不可能，应对易损件寿命与部件或产品寿命的倍数关系加以研究和确定。

(7) 效率要求：指系统的输入量和输出量的有效利用程度。从节约能源、提高系统经济性考虑，希望有尽可能高的效率，然而技术、成本等的制约，应提出适应于当前技术水平的、较为经济的、适度的效率指标。

(8) 使用经济性要求：指产品在使用时支付的成本费用与获得价值的差值，如同类车辆的百公里耗油量。

(9) 成本要求：产品成本的 70%～80% 一般是在设计过程中决定的。成本是一项重要的经济指标，关系到产品的竞争力及利润水平。就设计而言，设计的简化、合理的精度和安全系数要求、零件结构和加工制造方法的优化等都可以降低成本。

(10) 安全防护要求：产品应有必要的安全防护功能，确保人身及产品本身的安全，如过载保护、触电保护、防止误操作装置等。

(11) 与环境适应的要求：任何系统均在一定的环境中工作，环境对系统有各种干扰，系统对环境也会产生各种物理的、视觉的作用，因此二者要达到一定的协调、适应水平。

(12) 储运包装的要求：产品要经过一系列环节才能到达用户手上，因此要考虑产品的储存码放，运输方法，产品总体尺寸、重量等因素，提出相应的要求。包装既有保护产品的作用，也具宣传展示功能，还会在废弃时对环境造成影响，因此也需有相应要求。

产品规划（计划）阶段的最终目标是明确设计任务和要求，确定产品开发的具体方向，并以设计任务书（要求表）的方式加以归纳，不同的产品应根据自身特点确定其项目内容。

2）方案设计阶段

原理方案的拟订从质的方面决定了设计水平，关系到产品性能、成本和竞争力。如何从包括近代最新成就的自然科学原理及技术效应出发，通过优化筛选，找出最适宜于实现预定设计目标的原理方案，无疑是一件复杂而困难的事情。为此要运用创新思维方法并借鉴前人经验，采用一些普遍适用的原理方案构思方法。功能论设计方法就是一种较为有效的手段，其基点在于把复杂的设计通过功能关系抽象化和功能分解，使问题简单化，便于寻找能满足设计对象主要功能关系的技术原理。通过功能分析，认清设计对象的实质和层次，在此基础上通过创新构思、搜索探求、优化筛选取得较理想的功能原理方案，即是该阶段的主要任务。

3）深入设计阶段

该阶段是将功能原理方案具体化为零部件及产品合理结构的过程。相对于方案设计阶段的创新要求，本阶段要更多反映设计规律的合理化要求。该阶段工作内容较广，工作量较大，需要有关专业的工程技术人员协作进行。有两个核心问题需要在这一阶段完成，其一是“定形”，即确定各零件的形态、结构并符合加工工艺性要求；其二是“方案”，即确定构成产品系统的元件（或组件）的数目及相互配置关系。这两个问题紧密相关，在解决时也是交错进行的。深入设计阶段进一步划分，大致包括四个方面：

(1) 总体设计：解决总体布置、运动配置、人机关系等，作出预想图（效果图）。

(2) 结构设计：设计结构、选择材料、确定尺寸等。

(3) 商品化设计：从技术、经济、审美等各方面提升产品的市场竞争力。如用价值工程方法降低成本、提高性能；用造型设计方法对产品的形态、色彩、风格式样等加以研究，在保证功能、便于加工的前提下，充分创造美观、新颖、有亲和力的造型形象，提高产品的附加价值。

(4) 模型或样机试验：除外观模型外，有时还需制作功能模型或样机以供对产品有关技术性能的测试分析，及时修正设计。

在现代设计中，本阶段通常要借助 CAD/CAE 技术、KBE 技术在计算机上完成新产品的工程化结构设计、工艺工装设计、数字样机的性能仿真分析、设计过程数据管理和设计文档编写等一系列设计活动，并且可以用数字形式代替原来的实物原型实验，创造产品的数字模型，在数字状态下进行仿真试验，然后再对原设计重新进行组合或者改进。因此，这样常常只需要制作一次最终的实物原型，并且使新产品开发一次获得成功。

4）施工设计阶段

该阶段要进行零件工作图、部件装配图设计，完成全部生产图纸并编制设计说明书、工艺文件、使用说明书等有关技术文件。

设计过程的示意如图 1.10 所示。若有需要，还应作出市场的开发设计。

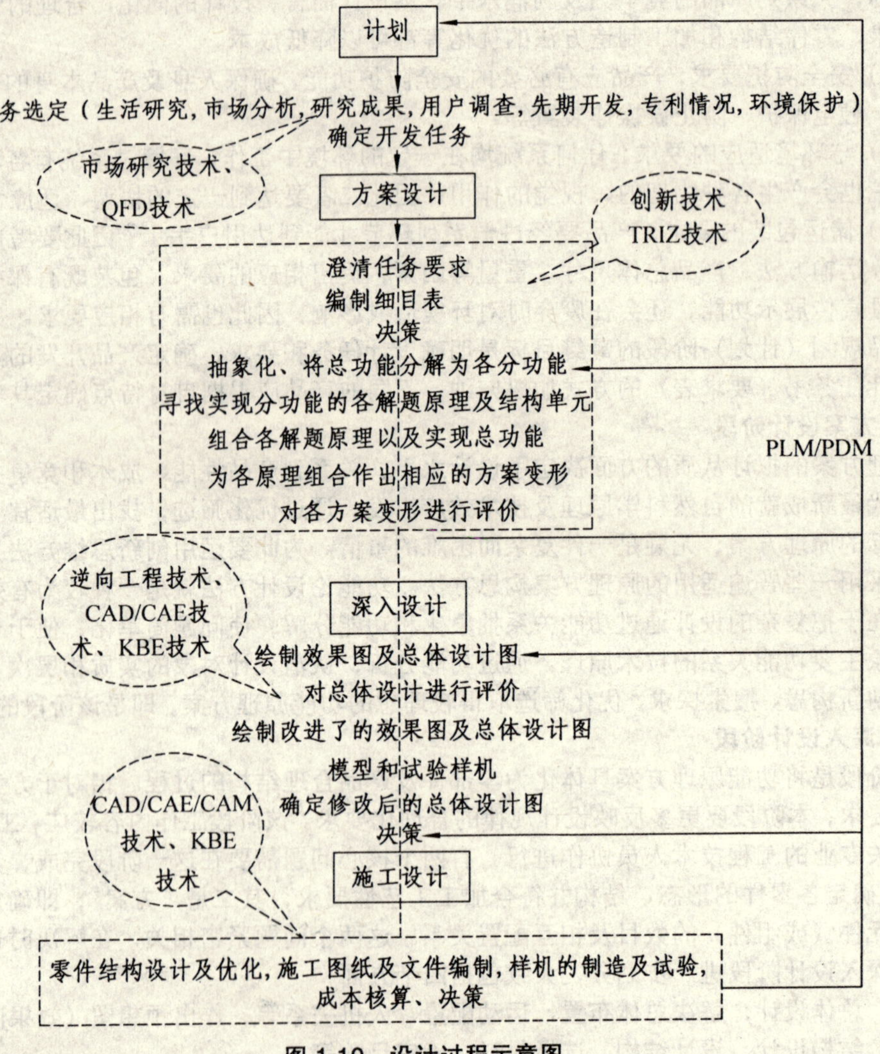

图 1.10　设计过程示意图

1.3.4　产品设计的原则

一个新产品的诞生，涉及三方面的主要因素：技术的、经济的和人的因素。也就是说，产品的出现可能是技术上的革新所造成，也可能是社会上的需求改变或市场演变的结果，因此，在产品的研究开发中，产品设计时应考虑以下几个设计原则：

1）简洁性设计原则

所谓简洁性，就是指不画蛇添足，不做不必要的设计，以最自然的手法达到解决问题的目的。对于产品革新，不论是原理、结构、外观造型，乃至于使用方式等方面的简单、方便都应在考虑之列。例如，造型上的简洁、纯净，这是现代产品设计的一种趋势。产品越是复杂，其人机关系也就越需简化，否则就会造成各种危害或不利，这也是一种公认的原则。总之，简洁化是一种符合商品化要求的、合乎潮流的设计原则。

2）适切性设计原则

适切性（Appropdate），简单地说，就是解决问题的设计方案与问题之间恰到好处，不牵强，也不过分。例如，回形针的设计巧妙地利用了材料特性，对夹持少量纸张这个问题的解决十分恰当。

3）功能性设计原则

这一原则的要求是使产品可靠地达到所需的功能，并使产品的造型和功能相谐调、统一。

4）经济性设计原则

广义地说，就是以最小的消耗达到所需的目的。例如，制造上的省工、省料、省时、低成本，加工方法和程序的简易，使用上的省力、方便、低消耗等。一项设计要为大多数消费者所接受，必须在“代价”和“效用”之间谋求一个均衡点，但无论如何，降低成本、薄利多销是经济性设计的基本途径。

5）美观性设计原则

美的产品能促进商品化的成功，这是十分显然的道理，因此设计师在每设计一件产品时，都应力求达到美的要求。当然，美是一种随时空而变化的概念，而且在产销观点上，或在工业设计的观点上来看待美，其标准和目的也是大不相同的。设计时既不能因强调工业设计在文化和社会方面的使命和责任而不顾及商业的特点，也不能把美庸俗化，这需要有一个适当的平衡。

6）安全性设计原则

产品安全与否，将直接影响其使用，安全性好的产品，能维护消费者的安全利益，并得到信赖；反之，将导致不良的后果。工业设计把人机工程学的研究视为设计的重要内容，目的是为了使使用者在操作时不易发生差错，不发生副作用，不影响身心健康，使人和产品之间有合理的谐调关系，这些都是产品设计以人为出发点的设计观念的具体体现。这一点与一些企业为了不使形象受损而影响经济利益，由此来考虑安全问题，二者出发点显然是不同的，应加以注意。但总的来说，安全性是设计中必须考虑并加以保证的问题，不论其出发点为何。

7）传达性设计原则

对市场而言，一个好的产品，不管直接的或间接的，势必都会给人一种信息，才能刺激或引导人们去购买。因此，设计的一开始就要考虑该产品所要传达的信息是什么，这是建立市场的基础。传达性设计原则，就是要求设计师在设计产品时，调动视觉的、听觉的、触觉的等各种传达信息的方式，向使用者和消费者传达尽可能多的使用、操作、维护等信息。总的目的是使产品与人之间的亲和力增加，使人用产品时感到可靠、方便。如汽车驾驶室内的操纵件和各种仪表的设计，一方面要用简洁的符号说明使用方法，显示必要信息；另一方面又要考虑在黑夜行车时的要求，而采用夜光或灯光局部照明的显示方式，就使产品在传达性上满足了要求。又如某些操纵件，如旋钮、操纵杆、按键、开关等，其外观造型按使用时的特点而设计，使人一目了然，马上就知道如何用力而达到操作的目的。

上述这些原则，是在进行产品商品化设计中必须考虑的众多原则中的重要部分。不同类别的产品考虑以上原则的重点是不同的，从而形成各种不同的产品特色。如卫生设备，其设计一开始就以美的造型为重心，而机床设计考虑的原则就多了，如安全性、传达性、审美性等，都应是考虑的重点。一个商品的存在，一定要有其制胜生存的因素，也许是上述诸原则中的一项或多项，也可能还包含其他因素。在设计上贯彻上述原则越全面、彻底，则越能推进产品的商品化。

1.4 产品设计方法

1.4.1 产品设计中的造型设计

自从人类社会产生以来，人类所需要的各种用具的形态随着生产力的不断发展而不断改变着。在这漫长的演变过程中，人类所创造的产品可分为四种形态：原始形态、模仿的自然形态、概括的自然形态、抽象几何形态。

原始形态：原始形态是人类初期各种用具的造型。由于当时生产力低下，加上人类对事物认识的肤浅，其用具的造型只是简单地以达到功能目的为依据，毫无装饰的成分。

模仿自然形态的造型：随着生产力的发展，人们对自然界认识的深化，生产工艺的进展及表现手法的丰富，简单的原始形态已不能满足人们使用和欣赏的需要。因此，人们在不断改进物质功能的前提下，用各种手段将自然界中种种美的形象设法固定下来，装饰在器物上；或者直接模仿自然界中花、草、鸟、兽等形态。这些产品，不仅具有较之以前更完善的物质功能，而且拥有原始形态所缺乏的精神功能。这类形态的产品，往往由于其物质功能、使用功能与造型形式无法达到很好的统一，因而使得产品的形式与内容严重脱离，甚至相对立，失去内容与形式的统一美。其次还由于造型注重于非特征的具体的细节，因而造型琐碎、零乱，不具备现代人们审美所需求的简洁、有力和明朗，使人产生陈旧感和落后感。这类产品还因造型繁琐，不能很好地适应现代工业生产工艺的要求。

概括自然形态的造型：经过漫长的历史进程，在对事物本质理解的基础上，人类有了一定的概括能力。人们的思维已不满足只停留在各种事物的表面形态上，而需要进一步向纵深发展，并引起更广泛的联想。于是，在造型艺术上，就出现了对自然形态加以概括的造型。这一种形态，摆脱了某种自然形态的具体形象的束缚，在抓住事物本质的基础上保留了美的因素。而对次要的、不美的部分进行了适当改造和变形，使造型既保留自然形态中的优美部分，又使人的思维摆脱具体的自然形态的束缚，可以在更广阔的天地中驰骋，从而使思维得到了延伸。具有这种形态造型的产品，如各种花瓶、灯具等日用品，它们基本上以自然形态为基础，对繁琐的细节及次要部位进行了概括，使造型趋向简洁，同时也适应了现代工业生产的特点。较之前述形态的产品，它具有一定的先进性，是目前市场上日用品造型的常见形态。但是，由于造型仍然未能摆脱自然形态的束缚，有时难免仍存在着物质功能、使用功能与形式相互矛盾的现象。形式与内容的勉强结合，削弱了内容与形式的统一美。

抽象几何形态的造型：抽象的几何形态是在基本几何体（如长方体、球、棱锥、棱柱、圆柱、圆锥等）的基础上进行组合或切割而产生的。基本几何体具有肯定性，因此，组成的立体形态就具有简洁、准确、肯定的特点。又由于任何简单的、易于辨认的几何形体都具有一种必然的统一性，因此，组合后的立体形态在整体上就易取得统一和协调。几何形态具有含蓄的、难以用语言准确描述的情感与意义，能较好地达到内容与形式的统一。

1）造型设计的目标原则

综观人类的设计史，但凡流芳百世的经典设计，其造型处理不外乎要实现以下目标：

(1) 造型设计有效引导使用与操作。

在造型设计中，设计师应该认识到：优秀的界面及操作系统应该是简洁、安全，易于识读、引导操作的，更深层次还要使人在操作过程中产生乐趣。这就要求设计师对人的动作、行为习惯进行研究，使产品的操作界面和操作形式与人的行为及认知习惯相呼应。为了追求网络世界界面设计的人性化，word 文字处理系统在设计时，特地设置了个性鲜明的动画人物，这种符号带给枯燥的文字录入工作无限的趣味……在这里设计中的关注点是人们正确的操作行为习惯和操作直觉习惯。这两种习惯可以减少人们在操作之前判断的时间，习惯操作往往是因为被操作的物体或图表符号具有某种能被人自然觉察到的一些具有与人的下意识的经验相符合的实质上的特质，既包括物理上的，也包括心理上的，通俗点说就是让使用者更容易理解，更容易操作。比如，圆棒提供了可被握取的特质，尖而窄长的锥形则提供了可用来刺穿他物的特质，这些特质在人们操作时提供了明显的暗示，麦当劳商店的门一面是平板，一面带提手，分别提供了“推”与“拉”的暗示；带有棱边的钮暗示“旋转”的操作；笔尖般大小的按键则暗示这里要慎用。

(2) 造型设计符合生态效应，有利于节约能源，保护环境。

首先，应该注意合理有效地利用材料的各种有形或无形的“造型属性”。要知道，材料在产品设计中所传达的信息内容是多种多样的，设计师应该学习掌握不同材料的“表情”和“性格”。由于材料质感、表面处理、色彩的不同而带来的对消费者的操作行为的影响是直接的。例如，公共汽车上的把手通常选用橡胶或塑料，而用金属材料使冬天乘车的人感到冰冷而不愿意接近。在人类过度开发资源的今天，设计师在使用材料传达相关符号语言时，更应关注对环境的保护，对人类未来生存状态的关注。在设计产品、选择评价材料时，一定要注重产品报废的回收状况。

其次，产品的造型设计更应该注重批量生产的技术要求，并且简化生产程序，降低生产成本。这是更为宏观的生态设计意识。当代设计研究的前沿领域之一就是关注深层次的“绿色设计”。许多优秀设计正是从这一点出发，秉承物尽其用、材尽其能的观念与原则得出的。这其中包含了五方面的减少物质浪费和环境破坏的内容：产品设计中应尽量减小体积，精简结构；设计生产中应最大限度地降低消耗，简化生产程序及降低生产成本；流通中做到减少环节，降低成本；消费使用中尽力引导健康操作，减少对健康的损害，降低污染；维修与回收中秉承材料的可回收性与产品主体部件的可替换性。上述设计原则给设计师进行造型处理提出了更为严格的限制与要求。这就意味着：在产品从概念形成—原料与工艺的无污染选择

—生产制造—物流输送方式—包装销售—使用、存储与维修—废弃和回收—再利用处理等各个阶段中，设计师要做到完整、系统地思考与处理造型与结构、造型与材料、造型与功能、造型与使用等诸多因素，从对人与环境的协调关系入手进行分析、处理、评价与控制，努力使产品设计、生产与使用过程中的物质与能量消耗形成一个良性的自循环系统。

(3) 造型设计表现产品的文化属性。

当代设计的文化属性包含两方面：一方面，在全球经济一体化的世界市场竞争体系内，设计需要迎合时尚审美的价值取向，刺激消费，积极参与国际市场竞争；另一方面，产品设计中地域社会文化的符号传达又是设计师面临的一个严峻的主体身份确认的挑战。

众所周知，当今世界正经历着政治经济一体化的重大变革，市场全球化导致了产品设计的国际化趋势，地球村的概念已经深入人心，网络使空间距离失去了意义。在这个大的背景下，如何保护人类不同的文化资源，如何在产品设计中体现地域社会文化特征，如何在互联网络上烙上民族文化的符号印记，已成为信息时代工业设计一个共同关注的课题。在体现国际化、全球化观念的基础上，进行民族文化的开发，要求设计师对本民族文化有一个全面而深刻的了解，其使用的民族文化符号语言应深刻而有内涵，切实体现本民族的内在精神与文化，而不能停留在简单的符号运用上。像国内许多建筑为了追求民族风格而单纯地加个大屋顶的做法是不可取的。在设计中，我们不能就事论事，而应不断地汲取社会科学的各种知识，无论是哲学、人类学、心理学……都应有所接触，以积淀较为扎实的文化基础。这样的设计师才可能在设计实践中作出具有民族文化底蕴的设计。

(4) 造型设计与产品的机能原理有机结合。

功能信息的符号语言传达应该合理运用人类的普遍经验，才能起到良好的信息传递作用。产品设计与产品机能原理的有机结合是造型研究的中心环节，它直接体现出当代设计的差异化特性。追求商品造型和产品材料、零件使用上的变化，是设计上追求差异化的一条重要途径，在追求个性解放的现代社会，人们的消费生存方式更加多元化，设计思潮也随之走向多样化。设计师正力图创造更为丰富的产品造型来满足消费者的个性化需求，引导消费者正确的视觉认知。

综上所述，优秀的产品造型创造方法应该在基础上满足基本需要，在形式上满足美学需要，在功能上满足实际需要，在文化上能满足身份认同，并且便于维护和变更。

2）造型设计的要素

产品造型设计的要素主要包括：构成产品外观的线、面、体等形态要素以及产品的材质和色彩。

(1) 线。线是点移动的轨迹，是具有长度的一维要素，在画面上体现为宽度和长度的悬殊。线可以分为直线和曲线两个部分，直线又可分为水平线、垂直线和斜线。

① 线的性格特征。

水平线：具有安详、宁静、稳定、永久、松弛感。产生这些感觉是由于水平线符合均衡的原则，如同天平两侧质量相等时秤杆呈水平状一样。同时，它所产生的这些感觉，能使人联想起长长的海岸线、平静的海面、宽广的地平线、大片的草原等。

垂直线：含奋发、进取感，给人以严正、刚强、硬直、挺拔、高大、向上、雄伟、单纯、直接等感受。如果垂直线伸向高处，那么它们显示出一种满怀热望和超越一切的力量。这种效果无疑与克服地心引力、设法使人们的注意力摆脱各种束缚、奋力向上的思想有关，所以也有崇高、肃穆的感觉。

斜线：有不稳定、运动、倾倒的感觉。如果把观察者的位置作为坐标，向外倾斜，可引导视线向无限深远的地方发展；向内倾斜，可把视线向两条斜线相交点处引导。

曲线：能给人运动、温和、幽雅、流畅、丰满、柔软、活泼等感觉。在造型设计中，曲线的使用，能使产品体现出“动”和“丰满”的美感。

这些线在造型物上表现为视向线和实在线两大类。视向线指的是造型物的轮廓线，由于观察造型物的视线方向不是固定不变的，因而造型物的轮廓线随着视线方向的变化而不同。因此，用视向线来称呼随着观察角度不同而变化的轮廓线较为合理。实在线指的是装饰线、分割线、亮线、压条线等。这些都是客观存在的线。线型是产品造型艺术中一种富有表现力的艺术表现手段。线型设计直接影响造型物的质量及外观的艺术效果。因此，无论是建筑物还是各种工业产品都很重视线型的处理，线型处理包含线型的选择、线型的组织和装饰线的使用。

② 线型的选择。

不同的线型决定着造型物形态的不同性格，同时体现出造型物的形式美。它还与人的心理反应有着密切的联系。线型的选择与下列因素有关。

线型的选择应与产品的物质功能相适应。如交通工具的线型选择应保证其运行的阻力为最小，机器设备的线型选择必须考虑机体的稳定与操作的方便。因此，交通工具的线型多选用流线型，而机器设备则多选用直线型。

线型的选择应考虑各种线型的性格特征，使之与人的心理需求相适应。否则，就削弱了造型物的个性，影响人们对产品的理解。

线型的选择要考虑整个产品的形式美。形式美要求在变化中追求统一，在统一中寻求变化。线型选择既要注意产品整体风格的统一，也要追求整体统一前提下一定因素的变化，使静中有动，动中有静；曲中有直，直中有曲。

③ 线型的组织。

由于任何造型物的线型组织至少是在两个方向上进行（如水平与垂直），因此在组织过程中，必须突出某一方向的线型以产生线型“主调”，使造型物具备鲜明的性格特征。

线型的组织应根据造型物的功能和造型物在人们心目中可能存在的心理形象来组织。也就是说，造型物的线型“主调”不但与造型物的物质功能有关，而且还与造型物的动势有关。所谓动势，指的是造型物存在的一种动的趋势、趋向。动势是造型物具有生命力的体现，对于由基本几何体组成的工业产品，则体现为造型物的典型性格。根据这些因素所确定的线型组织和造型物的线型“主调”，不仅能使造型物的内在功能与外观形态取得统一、协调、整体完整的效果，而且还使造型物具有典型的性格。

如机床的造型，采用水平、垂直两个方向的线型，能使整个造型物呈现方整、稳定、简洁的视觉效果。线型的“主调”是水平线，强调了造型物的稳定感。其线型“主调”与机床中运动部件的水平方向运动相一致，则加强了机床的动势。小汽车采用水平线和斜线的组合，使汽车的外形给人以生动、活泼、安全的感觉。水平方向的线型“主调”强调了汽车前驱的运动趋势，并使人感受到速度感。这样的线型组织和线型“主调”的选择，与机床和小汽车的功能及它们在人们心理中的感受是一致的，因而，设计是合理的。

在线型组织中，要注意同族曲线的运用。同族的各曲线，由于它们的曲率既有类似，又有变化，因此，运用同族曲线构成的造型物能获得既统一协调又有变化趣味的情调。而运用相同曲率的曲线构成的造型物，因缺乏变化的因素而显得呆板与单调；运用没有共同因素的曲线进行造型，则造型物由于缺乏统一因素而显得零乱，没有整体感。

线型在造型中是最富有情感和表现力的基本要素。这不单体现在方向根本不同的线上，也体现在线的直与曲上。有时，甚至只要稍一改变线的曲率或倾斜度，就使人们对造型物产生不同的心理感受。

④ 装饰线的使用。

装饰线的选用必须从产品的整体出发，以加强产品的特征为目的来进行设计。

明线装饰：明线装饰是采用与造型物不同材料、不同色彩的立体装饰条，固定在造型物的外表面上，起着装饰的作用。它在交通工具、设备、仪器、电子等产品中应用很广。

暗线装饰：暗线装饰是在造型物上作出凸线或凹槽，形成装饰线。它主要利用凹凸的光影造成亮线和暗线，起着装饰与分割的作用。由于这种线与造型物的色彩一致，因而产生的视觉效果很协调，很素雅，又富有层次感。同时，这种线还具有省工省料的特点。暗线装饰还可起着藏拙的作用。它可把加工误差及其他需掩盖的缺陷通过阴影掩藏起来，增加造型物的精密感。

流线型："流线型"是 20 世纪初为了表现产品的流线特点而使用的词。在现代人们心目中，"流线型"一词有两种含义：一是指自然界中许多事物和人类制造的产品为了适应快速运动的需要所具有的形态；二是指人类在流线型形态的影响下所产生的产品形态的美感形式。

作为自然现象的流线型很早就存在了，如鱼、鸟的形象及下滴水珠的形态。人们创造的工业产品，特别是像飞机、火车、汽车、潜艇等交通工具，为了在空气、水等介质中运动时所受到的阻力最小而设计的科学的形态——流线型，这是流体力学的要求，对于产品物质功能的发挥具有不可忽视的重要意义。

现代人们对流线型的理解，不仅仅局限于上述这些交通工具的物质功能的范围，已把它扩展为用曲线代替直线，使造型物具有平滑柔和的线型，把琐碎的部分尽量地包容到一个整体之中。显然，这里的含义指的是人们对非交通工具造型的审美要求，与产品本身的物质功能并无联系，这是被借用的流线型概念。

(2) 面。面是线移动的轨迹。

① 面的种类。从构成面的形状来划分，可分为以下两种。

a. 几何形面：几何形面是由直线或几何曲线按数学方式构成。组成几何形面的各种要素往往是相同的（如边长、角度、圆周上的点到定点的距离）。几何形面的基本原形是正方形、等边三角形、圆等。

b. 自由形面：自由形面是由自由曲线、自由曲线结合直线、直线与直线组合而成的。它包括有机形、偶然形和不规则形等。有机形面，是用自由的弧线构成的形。偶然形面，是用特殊的技法，意外、偶然所得到的形。不规则形面是用自由弧线及直线随意构成的形。

从面的空间位置来划分，可分为：水平面、垂直面、倾斜面、曲面。曲面又分为单曲面、双曲面和自由曲面。单曲面是母线沿着一条曲线轨迹平行移动而形成的曲面。双曲面是母线沿着两条曲线轨迹移动而形成的曲面。

② 面的性格特征。

几何形：能给人以单纯、明朗、理性、秩序、端正、简洁的感觉。几何形对视觉的刺激集中，感觉醒目，信号感强。但有时会产生呆板、冷漠、生硬、单调感。

正方形：以直角构成，能给人大方、严肃、单纯、明确、安定、庄严、清冷、静止、规则的感觉。但由于其四边相等，缺乏变化，因此又给人以乏味、单调的感觉。

矩形：如果长边为水平位置，则此矩形给人以稳定之感。当长边为垂直位置时，则给人以挺拔、崇高、庄严之感。

正梯形：具有较强的稳定感，倒梯形则具有轻巧的动感。

圆形：无论在平面或在立面中，总是封闭的、饱满的、肯定的和统一的，还给人以活泼、灵活运动和辗转的幻觉感。

椭圆形：给人以安详的感受。

正三角形：给人以稳定、灵敏、锐利、醒目的感觉。这是一种容易被人认识记忆的图形。

倒三角形：具有不稳定的运动感。

有机形：活泼、大胆，但往往也会引起不端正、杂乱、缺乏严谨的感觉。

水平面：有平静、稳定的感觉，有引导人的视线向远处延伸的视觉效果。

垂直面：有庄重、安定、严肃、高耸、挺拔、雄伟、刚强的感觉。

倾斜面：具有活泼的动感。

几何曲面：具有流畅连贯、变化有序、规则流动的感觉。

自由曲面：具有自由奔放、轻松欢快、亲切自然的感觉。

在设计时，要善于把严谨的几何形与活泼的自由形结合起来，取长补短，求得变化与统一，使所设计的形既有几何形的明确、简洁又有自由形的活泼、大胆。

(3) 体。几何立体是平面进行运动的轨迹，体的基本形可分为球、圆锥、圆柱、立方体、正棱柱、正棱锥等六种。从基本形态中的任何两个形态出发，将它稍加变形，就可从一个基本形态演变到另一个基本形态，从而产生出很多新的形态。体的性格，除了与体的视向线所呈现的性格有关之外，还与体的体量大小有关。厚的体量有庄重、结实之感，薄的体量产生轻盈感。

产品的物质功能是形成产品体量大小的根本依据。体量分布与组合的结果，将派生出多种形体，形成不同方案，并构成不同的造型。因此，在造型上，体量的分布和组合会直接影响产品的基本形状和风格，是造型设计的关键。

结构对称的产品，多为对称的造型。对称的形状如同对称的平面图形一样，具有端正、庄重、稳固的性格。在进行产品立面设计时要有变化的因素，求得在整个形体对称结构的前提下，产生变化、丰富、活跃生动的美。

结构不对称的产品，在进行体量的组合时，首先要考虑符合实际均衡的要求，以保证造型的稳定。重心较高、重量较大的产品要求工作、运输、移动时有相对的稳定性。

体量的组合要避免单调和杂乱，大体积的单调组合和小体积多体量的杂乱拼凑都不符合形式美的要求。必须力求用最紧凑的空间、简洁而又有个性的形体来表达产品的功能与结构的特征。在进行具体的设计时，要注意体量大小的对比，虚实的对比，韵律、主从的安排，使之既有主次、有对比，又不失统一和协调。

(4) 肌理。由于材料表面的配列、组织构造的不同，使人得到的触觉质感或视觉质感称做肌理。简单地说，肌理指的是物体表面的组织构造或纹理。

触觉质感又称为触觉肌理、三维肌理，它不仅能产生视觉触感，还能通过触觉感受到，如物体表面的凹凸、粗细、软硬等。这种肌理多表现为立体群的构造，其加工的方法也是多种多样的，如用单一的或复合的材料通过编织、拼合、粘贴、雕刻、腐蚀、皱折、烫印、冲压、敲打、切割、穿孔等方法，即可达到不同的视觉效果。

视觉质感又称为视觉肌理、二维肌理。这种肌理只能依靠视觉才能感受到。如木纹、纸面绘制、印刷出来的图案及文字等。

在平面造型中，主要运用的是视觉肌理。在立体造型中，则需同时运用视觉肌理和触觉肌理，特别是对于一些大的形态，同时采用视觉肌理和触觉肌理的处理手段，具有较好的艺术效果，又经济节约。

触觉肌理也是一种立体造型。产品的立体造型是单个形态的造型，这种个体形态的创造要求比较严格，需仔细推敲。肌理是无数个小立体的形态群造型，它的艺术效果是靠形态的群体取得，而不主要决定于单个形态的特征。因此肌理的形态造型特征是小、多、密，其个性形态的创造要求尽量简单。

肌理与形态、色彩、光彩有着密切的关系。肌理的效果主要通过形态、色彩及其光影产生。肌理的形式多种多样，具有规律性的肌理与自由性的肌理给人以不同的心理感受。有特征的肌理具有较强的艺术感染力，能给人以视觉上的美感和触觉上的快感。因此，它也是设计中的一个重要的构成要素。

肌理的个体形态虽然简单，但对表达形态的情感也起着一定的作用。个体形态不同，其造型的艺术效果也不同。

由于肌理可表达一定的情感，因此，在造型中，创造适度的肌理会加强造型物的个性表达。在造型物整体或局部功能元件的不同表面，设计不同的肌理，可使立体感更强。肌理在造型中，不仅起着形体表面的装饰作用，而且还能表现造型的时代感，表现出新的材料与新的工艺，从而丰富了造型物的整体感情。

现代的造型设计，不仅重视外形的美观也高度重视表面的处理，特别是对肌理的研究和运用，使造型从材料及加工工艺中获得美感。肌理的构成打破了过去认为造型只有通过图案装饰才能增加美感的传统观念，它能产生一些不可言状的、细致的心理感受，能达到图案纹样无法达到的效果。

(5) 材质。产品造型是由材料、结构、工艺等物质技术条件构成的。在造型处理上，一定要体现构成产品的材料本身所特有的美学因素，体现材料运用的科学性，发挥材料或涂料在处理、光泽、色彩、触感等方面的艺术表现力，求得外观造型中形、色、质的完美统一。

在造型过程中，能否合理地运用材料，充分发挥材料的质地美，不仅是现代工业生产中工艺水平高低的体现，而且也是现代审美观念的反映。人们不必把过多的时间花费在产品的精雕细刻上，以致使产品体现出各种虚假的装饰，而应让材质的特征和产品功能产生恰如其分的统一美和单纯美。质感指的是物质表面的质地，即粗糙还是光滑，粗犷还是精细，坚硬还是柔软，交错还是条理，下沉还是漂浮，金属还是非金属等。此外还体现出不同材料的材质特性。如：

➢ 钢材具有深厚、沉着、朴素、冷静、坚硬、挺拔的材质特征；

➢ 塑料具有致密、光滑、细腻、温润的材质特征；

- ➢ 铝质材料具有华贵、轻快的材质特征；
- ➢ 有机玻璃具有清澈、通透、发亮的材质特征；
- ➢ 木材具有朴实无华、温暖、轻盈的材质特征。

材料质感的表现往往与色彩运用互相依存。如本来从心理上认为沉闷、阴暗的黑色，如将其表面处理成皮革纹理，则给人以庄重、亲切感。黑丝绒织物由于其质感厚实和强烈的反光，则显得高雅和庄重。大面积高纯度的色彩易产生较强的刺激，但如将其纹理处理成类似呢绒织物的质地感，则给人以清新、高贵的感受。可见材料的质感能呈现出一种特殊的艺术表现力，在处理产品表面质感时，应慎重而大胆。

科学与技术的发展，新材料、新工艺的不断产生，为各类材料充分发挥其质地美提供了可能，也给普通材料的高档使用开辟了广阔的天地。普通材料经过各种工艺处理变为高档材料，从而大大节约了许多高档材料，降低了产品的成本，如非木材原料的木材化（纸浆压制成纤维板代替木板），非金属材料的金属化（塑料制品表面镀铬以体现金属质感），非皮革材料的皮革化（用纸浆或塑料制成与皮革的质地和纹理类似的材料）等。

(6) 色彩。设计一个产品的色彩，在配色上须有主调才能得以统一，即应以一色为主，他色为辅。主色调占大部分面积，其位置也多在注目之处。一个产品用色不宜太多，一般二至三色为佳。色彩愈少，愈醒目，整体感愈强。色彩过多，难以统一，易产生杂乱感，也显得俗气。一般主调色可以根据产品功能要求选定，一旦主调色选定后，其余色彩必须围绕这个主调色配置，以形成统一的整体色调。

产品的配色通常是指两个方面：一是颜料的调配，二是画面的用色安排。产品有些是采用一种颜色，有的以一种色为主调，另外再配以块状或带状的次要色构成。各种色彩只有通过恰如其分的对比及相互衬托，才能使产品得到较好的装饰效果。

纯度高的色彩比纯度低的色彩鲜明，中等纯度的色彩较柔和。一般小型产品使用纯度高的色彩相匹配较多，因为体积小、色块面积不大、对比强烈、鲜艳的色彩能起到美化环境、引起人们兴趣的效果。而大中型设备一般用中等纯度的色彩较多，这类产品有的采用蓝、白对比的色彩，有的以红色为主调，配以黑、白两极色形成对比，其特点是既强烈富丽，又调和悦目。

浅色调比较明快、淡雅，同时冷色调易与浅色协调，使人有安静感。在室内工作的机械，工作环境比较洁净，经常采用浅绿色。暖色调较能与浓暗的色彩协调，金、银、黑、白、灰可与任何色彩协调，尤其是能和原色调和。在室外工作的设备经常与泥土、加工物料、灰尘接触，容易受到污染，为了“耐脏”，往往采用暖色或低纯度的色彩，如紫红、墨绿、深蓝、橙色等。

同一机具上的色彩相互对比，有的有前进感，有的有后退感。像红、黄等高纯度的色彩有前进感，灰红、灰蓝、灰黄等低纯度的色彩有后退感。明度对比中，浅色、白色有前进感，深色和黑色有后退感，白色有扩张感，黑色在浅色、白色包围中有收缩感。一些轿车上部往往采用浅色，就有增强整车前进感的作用。

色彩的明显差异会产生不同的重量感，明亮的色彩显得轻，暗的色彩显得重。人们一般喜欢外观稳重的产品，但整机都使用深、暗、暖的色彩，就显得过于笨重。因此，在用色时既要产品稳重，又不能呆板，为此有些设备在上部用浅色，下部用深色或暖色，就可使机器显得既稳重又轻巧，使人们容易得到心理上的满足。

色彩设计时，应注意产品的使用环境。一般寒冷条件下以暖色为好，以增强人们心理上的温暖感。炎热环境下工作的产品则宜用较冷且较明快的色调，以中和气氛，使操作者感到心情平静。就沙漠地带来说，因见惯了漫漫黄沙，因而对绿有一种渴求，所以产品色彩偏绿色为好。此外，产品在室内或较暗处安置使用，应采用亮色（明度较高的色），温度高的场所宜用冷调亮色，温度低的场所宜用暖调亮色等。而对于较大的设备宜用中明度的颜色（如大型机床），以增加其稳定、坚实感。小巧的设备（如仪表、表盘）宜用浅色以增加其明快、轻巧感。对于工程机械与拖拉机等，由于在野外工作，常在绿色的田野和树林的衬托下，宜采用鲜艳的暖色调的色彩，以达到对比鲜明和谐且引人注意的目的。

另外，产品的用色要有利于操作者对工作状态的观察和对操纵装置的辨认，增加观察时的清晰度，尤其是在噪声高的工作环境中更要强调这方面的问题，因为在这种环境中工作，操作者的集中力、辨别力都会降低。人对明亮的暖色知觉感强，对明度低的冷色知觉感弱，但在有背景颜色对比时和在噪声环境中，颜色的知觉也会发生变化。如在白色的背景下，人眼感到蓝色块最清晰，绿色块次之。在噪声的环境中，眼睛对暖色的分辨能力下降，而对冷色（尤其是绿色）的分辨能力反而上升，这在机器的指示和操纵装置的设计中是必须引起重视的。

产品的外部用色分两种：一种是展览色，就是在样本上或展览会上所看到的颜色，暖色基调和冷色基调的都有，在展览会上你的产品涂什么颜色，主要决定于你产品周围展品的色调，尽量采用与周围产品成对比的颜色，以突出你的产品；另一种是生产色，即根据产品的使用环境或用户提出的要求用色，当机器出口时，还要了解进口国的消费者对颜色的爱好和禁忌。一般说来，在展览会中令人悦目的色彩未必适合使用环境；而适合使用环境的色彩，在展览陈列中不一定是吸引人的。

1.4.2 产品设计中的人机工程

人机工程是研究人、机器以及工作环境之间相互影响、相互协调的科学，涉及人的生理、心理以及工程学、力学、解剖学和美学等各方面的因素。它在工业设计中的应用，直接关系到产品设计的成功与失败，并最终关系到人机对话的协调性和高效性，影响整个社会的生产效率。正确地运用人机工程学的理论和方法为我们的设计作指导，必定会大大地提高产品的设计质量和成功率，为企业的发展提供有力的保障，这在当今将“以人为本”作为生活理念的社会显得异常重要。

美国人机工程学专家 W. B. 伍德森对人机工程学的定义为：人机工程学研究的是人与机器相互关系的合理方案，亦即对人的知觉显示、操纵控制、人机系统的设计及其布置和作业系统的组合等进行有效的研究，其目的在于获得最高的效率和作业时感到安全和舒适。

国际人类工效学会（International Ergonomics Association，IEA）认为人机工程学是研究人在某种工作环境中的解剖学、生理学和心理学等方面的各种因素；研究人和机器及环境的相互作用；研究在工作中、家庭生活中和休假时怎样统一考虑工作效率，人的健康、安全和舒适等问题的学科。

1）人机工程学的主要内容

人机工程学的研究内容也就无非是人和机器、环境之间的相互作用和相互关系。这里，人的因素是最重要的，是人机工程学的最基本出发点和立足点，离开这一因素，人机工程学的研究也就失去了意义。机器和工作环境都是为人服务的，都是人们为达到某种目的而采取的手段。人机工程学的研究内容可分为三个方面：人的生理和心理特性、人与机器的关系以及人与环境的关系。

(1) 人的生理和心理特性。

既然人是人机工程学研究的最重要因素，那么就首先要了解人体最基本的一些生理特点和参数。人和其他动物一样，生活在地球上，必然受到许多自然条件的制约，需要饮食、喝水、呼吸氧气并且需要休息，对所生活的环境也有温度、湿度、气压、光亮、噪声以及电磁波辐射等方面的要求，而机器则没有这么多限制，但在工程设计中却不能不考虑这些因素。

① 人的感觉。

感觉是人脑对直接作用于感觉器官的客观事物个别属性的反映。人们对事物的认识都是从感觉开始的：人的感觉器官受到刺激，并将这种刺激转化为神经冲动传输给大脑，便产生了感觉。

感觉包括视觉、听觉、嗅觉、本体感觉、化学感觉和皮肤感觉。主要的感觉器官是眼、耳、鼻、舌和皮肤，每种器官都有自己适宜的刺激形式。各主要感觉器官的适宜刺激及识别特征如表 1.1 所示。

表 1.1　适宜刺激及识别特征

感觉类型	感觉器官	适宜刺激	刺激源	识别外界的特征
视觉	眼	一定频率范围的电磁波	外部	形状、大小、位置、色彩、明暗、运动
听觉	耳	一定频率范围的声波	外部	声音的强弱和高低，声源的方向和位置
嗅觉	鼻	挥发和飞散的物质	外部	辣气、香气、臭气等
味觉	舌	被唾液溶解的物质	接触表面	酸、甜、苦、辣、咸等
皮肤感觉	皮肤及皮下组织	物理和化学物质对皮肤的作用	直接、间接接触	触压觉、温度觉、痛觉等
深部感觉	肌体神经和关节	物质对肌体的作用	外部和内部	撞击、重力、姿势等
平衡感觉	半规管	运动和位置变化	内部和外部	旋转运动、直线运动、摆动等

感觉的一个很明显的特征就是适应。在同一刺激的持续作用下，人的感觉会逐渐减小甚至消失，这种现象在生理学上称为“适应”。人们所说的“入芝兰之室，久而不闻其香”，讲的就是这个道理。不同的感觉，适应的程度也不同，有的适应得快，有的很慢，如听觉适应为 15 min，味觉适应约为 30 s，轻触觉适应约为 2 s。

② 知觉。

客观事物的各种属性分别作用于人的不同感觉器官，引起人的各种不同感觉，经大脑皮质联合区对来自不同感官的各种信息进行综合加工，于是在人的大脑中就产生了对客观事物的各种属性、各个部分及其相互关系的综合整体的印象，这便是知觉。

知觉总是把对象的各个属性和部分作为一个整体来反映的，人们在对客观事物的认识过程中，也常常是知觉的总体作用，很少是单个感觉的作用。

知觉的特点：

a. 靠近因素。如图 1.11 所示的两组点，大小和数量均一样，但给人的整体感觉是不一样的，感觉图（a）中的是按行排列，而图（b）中的是按列排列，这是由点的不同距离造成的。

b. 近似。如果将图 1.11（a）中间隔的两列点换成小框，那么虽然距离没有改变，但是原先按行排列的感觉没有了，而变成按列排列，这是因为人的知觉是将近似的对象归为一类（见图 1.12）。

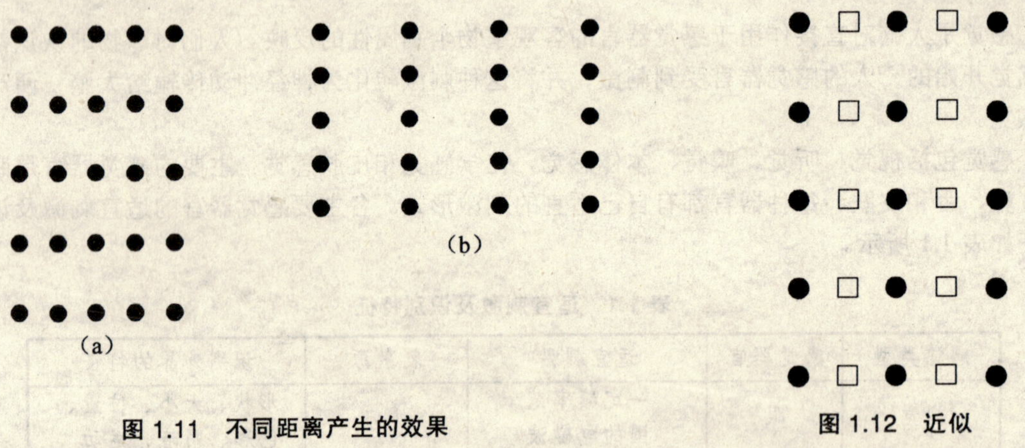

图 1.11　不同距离产生的效果　　图 1.12　近似

c. 封闭图形。如图 1.13（a）所示的六条等距离的直线，如果将其相邻的两条封闭，形成三个矩形，如图（b）所示，那么人在认知上则会认为是三条线。

d. 连续。图 1.14（a）所示的图形，由于受连续因素的影响，人在知觉上会认为是图（b）所示的两条连续曲线，而不会认为是图（c）所示的两条折线。

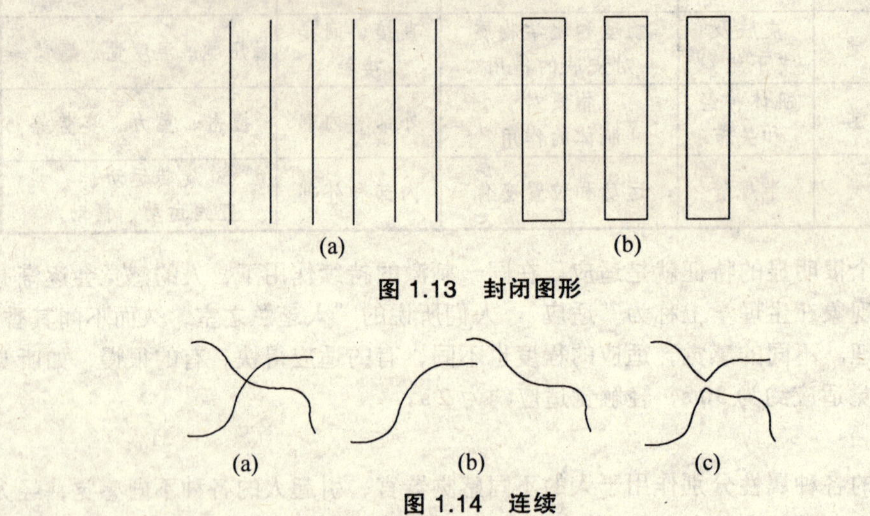

图 1.13　封闭图形

图 1.14　连续

e. 简洁。对视觉对象，一般会将复杂的图形简单化，如图 1.15 所示的图形，人眼会将其看成是两个方框，而不是八个三角形。

f. 上下文。根据上下文的不同，或者图形所处的环境和背景不同，其含义也会有所不同。

如手写体符号 B 在 A，B，C 的语义环境中会被认成是字母 B，而在数字环境中则被认成数字 13（见图 1.16）。

图 1.15　简洁

12

A B C

14

图 1.16　上下文

g. 图案和背景。相同的图案元素在不同的背景下会有不同的知觉效果，而且在知觉上图案的主体会有所改变（见图 1.17）。

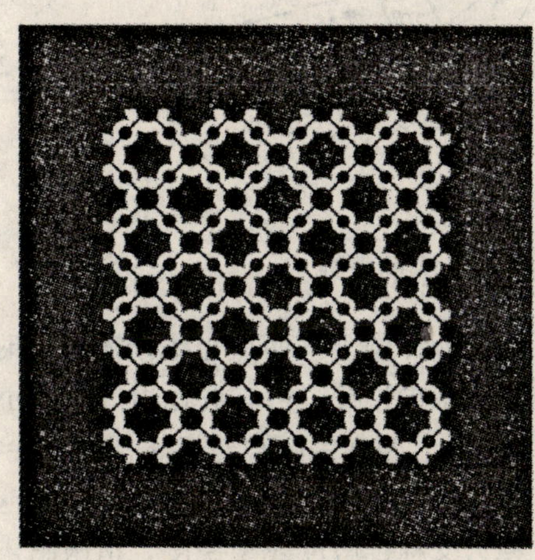

图 1.17　图案在不同背景下的效果

h. 运动。如果视觉对象中的某些元素具有动感，如现在的网页设计或霓虹灯设计，那么这些运动元素组成的图案在人的知觉上具有优先性。

③ 人的视觉。

人的所有感觉中，视觉是最重要的。人有 80%～90% 的信息知识是通过视觉接受的，所以视觉在人类认识和改造自然的过程中起着举足轻重的作用。

视觉的适宜刺激是光，也就是一定波长范围内的电磁波。正常情况下，人的眼睛所能感受到的光线的波长范围为：$380\times10^{-9}\sim780\times10^{-9}$ m，波长短的一端为紫色，长的一端为红色，中间的则为蓝、绿、黄等常见颜色的光。超出这个范围的，人肉眼感受不到的相对应的则分别为紫外线和红外线。

a. 视野。在人机工程设计中，视野是个非常重要的考虑因素，一般用角度表示。所谓视野，就是人的头部和眼睛都不动时所能感受到的光的刺激的空间范围，超出这个范围，人眼便不能感受到。

在竖直面内，人的最大视野为 153°，固定视野为 115°，有效视野为 60°，即水平视线以上 25°，以下 35°；在水平面内，最大视野为 190°，固定视野为 180°，有效视野为 70°，中心线左右各 35°。围绕视野中心水平 8°、竖直 6° 范围的椭圆形区域称为中央视野，落在该区域的对象能看得最清楚，离该区域越远，分辨能力越低（见图 1.18）。人的眼睛对不同的颜色的刺激敏感度也不同，所以对不同的颜色也有不同的视野。对白色的刺激敏感度最高，所以白色的视野最大，然后是黄、蓝、红、绿依次递减（见图 1.19）。

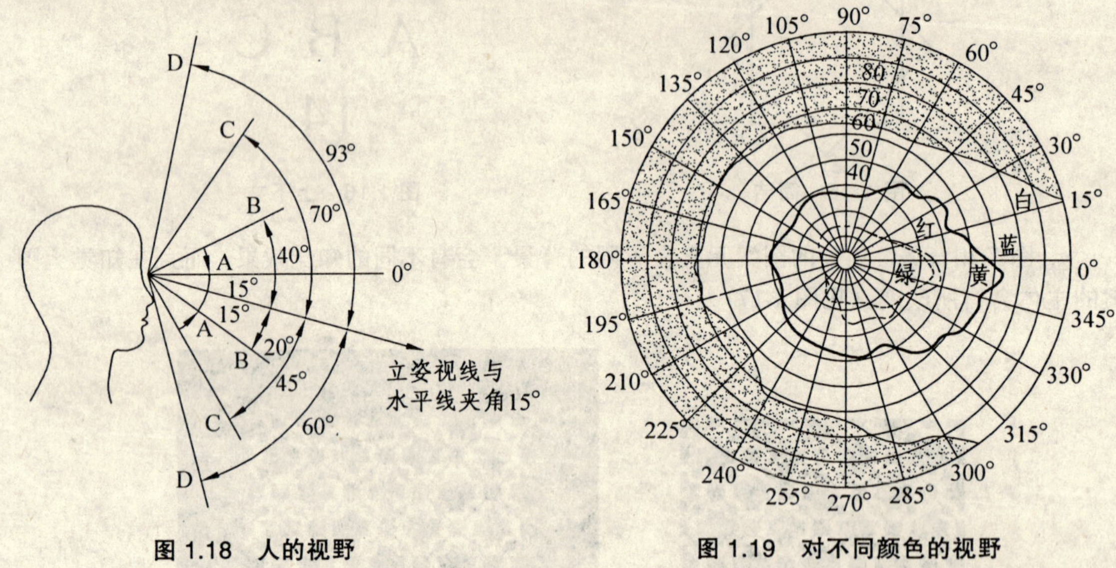

图 1.18　人的视野　　　　图 1.19　对不同颜色的视野

b. 视角。被看物体的上下两点光线投入眼球时的交角，叫做视角。视角的大小与被看物体的大小和观察距离有关系。它与被看物体的大小成正比，与观察距离成反比，也就是说，物体越大，视角越大，观察的距离越远，视角就会相应地越小。在同样的条件下，视角越大，眼睛的辨别能力也就越大；视角越小，辨别能力越小，眼睛越容易疲劳。

c. 视力。视力又称视敏度或视锐度，指眼睛辨别物体的能力，通常用被辨别物体最小间距所对应的视角倒数表示。在相同的条件下，能分辨物体的细节的视角越小，视敏度越高，视力也就越好。视力与人的年龄、光照亮度及物体的运动有关系。一般年轻人的视力较年龄大的人的视力要好。光线的强弱对视力的影响也很明显：在较低的照明条件下，只要有较小的照明度提高，就能引起视力的较大提高。另外，物体的运动与否、运动的快慢也都影响人的视敏度：运动时的视敏度比不运动的情况下低，运动快时视敏度比运动慢时低。所看对象与背景的对比度也是影响视力的重要因素。对比度高的对象比对比度低的对象容易辨别。

根据视觉的这些特性，我们就可以在一些对视觉方面有特殊要求的标志、广告字体的大小方面进行设计，如字体的大小。大的字好辨别，但太大了又会增加人眼的扫描时间，影响人的阅读，太小则不易辨认。因此，确定大小合适的字体是非常必要的，字母的大小跟观察的距离、照明以及这些字母符号的重要性有关系。有人则根据这些因素提出了字母尺寸的计算关系式：

$$H=0.0056\,D+K_1+K_2$$

式中：H——字母高度，cm；

D——视距，cm；

K_1——照明与视觉条件的校正系数，当照明条件较好，阅读条件较好时取 0.15，较差时取 0.41，在照明很低阅读条件又差时取 0.66；

K_2——重要性校正系数，当字母的阅读重要性大时取 0.19，不重要时取 0。

d. 视觉的反应时间和视觉暂留。一个视觉刺激物体对人眼的刺激，必须经过一段时间才能使人产生“视觉”，尽管这时间很短。因为这个过程包括眼球的自动调节、视觉细胞对刺激的反应和产生相应的信息、视觉信息在视神经中的传播以及大脑对这些信息的处理等。眼睛对光线的变化或快或慢都有个相应的变化过程，这种现象叫适应。从亮处进入暗处时，人眼会感到特别暗，但随着时间的推移，人眼会慢慢看清原来看不太清的东西，这种由亮处进入暗处慢慢适应的过程，叫暗适应。相反的，由暗处进入亮处慢慢适应的过程叫明适应。完全的暗适应过程大约需要 30 min 或更长的时间；而明适应的时间则相对很短，大约只需要 90 s。

视觉刺激物从人的视野中消失的时候，它对人眼的刺激并不会马上从视神经中消失，这种现象叫视觉暂留。电影、电视就是根据人眼的这个特点，将一幅幅的静止画面组成连续的精彩镜头。放映机以 15 幅/s 的速率将胶片上的画面投在银幕上，人眼在观看的时候，前一幅画面还留在视网膜上，而后一幅又出现了，所以，人眼感觉起来就是连续的活动画面。电视也是根据类似的原理，用电子枪将画面以一定的速率扫描在荧光屏上的。

④ 人的听觉。

听觉是人获得外界信息的另一重要途径。相对视觉来说，听觉具有流动性。声音在给耳朵一定的刺激后就没有了，因而时间很短。听觉的适宜刺激是一定频率的声波，一般为 20～20 000 Hz 的声波才能引起人的听觉。可以听见的声音，除了取决于其频率外，还要取决于声音的强度。在物理学上，声音的强度一般用声能密度（$J \cdot m^{-2}$）或声压（Pa）表示，但在现实生活中，这些单位使用起来很不方便，所以人们就常常采用它们经过换算的单位分贝（dB）来表示。一些常见环境中的声音强度（dB）如表 1.2 所示。

表 1.2　常见环境中的声音强度

场　所	声音强度/dB	场　所	声音强度/dB
播音室	20	地　铁	100
安静的办公室	40	铆钉工厂	110
平稳的汽车	50	雷　鸣	120
平常的交谈	60	令耳朵感到刺痛的声音	130
繁忙交通	80	喷气式飞机	150

人耳对声音强度的感受能力有一定的限度，如在理想的条件下，人耳对 1 000 Hz 纯音感受的最小值为 0.000 02 Pa，最大值为 20 Pa，当声音小于最小值时，人耳就感受不到，而如果声音大于最大值，耳朵就会感到疼痛，甚至受到伤害。但这两个值并不是一成不变的，当声音的频率变化时，这两个值也会跟着改变。

听觉的空间性：我们在听到某个声音时，不光能辨别它的大小和方向，而且还能判断出声源的距离。这主要是因为来自不同方向的声源与左右耳的距离存在差异，导致声音到达左右耳的时间不同引起的，这就是所谓的“双耳效应”或者是“立体声效应”。

与视觉特性不同，声音具有迫使人们去听的特性，它不受光线、空间和地理位置的影响，只要能传到耳朵里，人们无论处于什么工作状态，都能不经意地接受到声音信息。而且声音具有穿透烟雾、墙壁和绕过障碍物的特点，所以，它的传递受到的限制很小，很适合用于一些报警信号，如救护车和救火车的警报声、警笛、控制台的嗡鸣声、电话铃声等。人们听到不同的声音信号，便可判断出声音所赋予的含义。声音信号的设计应用随处可见。微软公司的 Windows 操作系统就大量地使用了声音设计，不同的声音提示不同的操作，如打开文件夹、菜单、出错、进入系统、清空回收站等均用不同的声音提示，并且用户可以自己设置所喜欢的声音。

(2) 人与机器的关系。

在实际的工作过程中，人所要面对的主要是各种各样的产品，并通过这些产品来达到自己的工作目标。所以人与机器之间就发生一定的交互作用，而人机交互界面则成为人和机器之间的联系纽带。通过一定的人机界面，人和机器才能实现沟通和对话，所以人机界面是人和机器交互的最主要环节。

① 数字、符号。

在显示界面中，数字符号是常见的信息传递方式，也是使用非常广泛的方法之一。在家用电器、电子消费品、机床控制台等都有广泛的使用。我们常见的电子数字显示器有液晶显示（LCD）和发光二极管显示（LED）两种。液晶显示需要有良好的外部环境照明才能看清楚，在黑暗处需要另加光照才行，所以一般被用于照明条件比较好或者是显示的内容不太重要的情况下，如电子手表、数字式万用表以及电子产品的显示指示等。发光二极管则因为其本身发光，所以不需要环境照明，在黑暗的地方也能看见，所以常用于条件相对较差的环境中，如交通路口的时间指示器、机床设备的控制台等。

电子式显示的数字一般由七段直线段构成，技术原理非常简单，它能很方便地与计算机或各种简易控制设备相连，成本低廉，可广泛应用于许多场合，但缺点是容易误读，尤其是当需要快速阅读时，仔细辨认的时间要加长。

与数字一样，在人机界面中，图形符号也是传达信息的一种重要手段。它是对客体也就是表达内容的高度概括和抽象处理后形成的简易图形。一般情况下，它与客体之间都存在着某种联系，或相似或相关。简洁、生动、易识别的符号设计可以使人快速地获取所需要的信息，并且能够减少失误，提高工作效率。所以符号在设计中的应用也变得越来越广泛，并且显得也越来越重要，它的设计直接关系到人机界面设计的成败。

符号不仅在产品中应用广泛，而且随着计算机的发展和普及，它在计算机界面中更是得到了广泛的应用。如我们所熟悉的 Photoshop，其工具图标的设计就非常形象。以下为符号设计的一般规律。

a. 形象性。虽然不是所有的符号都需要非常形象，但形象化的符号会使人们便于认读、避免歧义，而且形象化的符号可以被不同国籍和文化背景的人看懂，不受文化水平和地域的限制等，所以容易普及。

b. 简洁性、概括性。简洁和概括是符号设计的重要特点。它因为需要被应用于不同场合，所以应该能尽可能地被任意放大或缩小，而不丧失其认读性，这就要求其必须简洁和概括。而且简洁、概括的符号方便人们获取信息。但这种简洁是有一定限度的，有些过于简化的符号，有时会使人产生歧义或误解，不利于人们获取所需要的信息。

c. 易理解性。符号设计的目的是为了传达某种信息。要达到这个目的，它就必须使人们能很容易地、快速地获取它所要表达的信息，所以，易理解性是符号设计成败的关键。如当人们在看到一个电话听筒的符号时，就会自然而然地想到电话，而不会误解为其他物体。

d. 整体性。每个符号都应该是一个统一的整体，无论它是由单个元素还是由多个元素构成，都应该给人一个整体的印象，而不应当过于分散、零碎。符号之间要有比较肯定的界限，而且如没有特别的设计需要，在同一界面中的各个符号应做到在视觉上大小一致，这样人们会将每个单元区域内的元素看做一个符号，而不至于产生混淆。如表示左右转向的两个箭头，如果单独看，人们会认为是两个符号，而若将其跟其他符号放在一起，那么大小不同的箭头就有了不同的表示含义。

e. 标准性。对于一些常用的、大家都已经习惯了的或者是标准化了的标志、符号，在设计的时候应该使用这些人们熟悉的形象，而不应当自创一个全新的符号标志。尤其是对于交通、安全、生产等方面的专用标志符号，在使用的时候绝不允许随意改动。对于未经制订标准，但已经被广泛使用的符号，应尽量采用现有的形式。如在电路设计中，各种电子元件都有一个统一的标准符号来表示，并且在国际上都是通用的，不同国籍和不同语言的工程师都能通过这些符号来了解电路的设计，而工人也可以利用这些符号来进行电路装配和维修。

② 指示、显示设计。

在现代的机器设备中，仪表、指示器的应用十分广泛，其设计在生产应用当中也显得非常重要。优良的指示、显示设计，可以减少操作人员的失误，避免损失和危险事故的发生，并使工作人员能够正确地作出判断，进而采取适当的行动。一般情况下，指示、显示器的设计应考虑或遵循下面几个因素：

a. 观测距离。指示器与观察者的距离是决定指示器的大小，细部的精细程度以及显示界面的颜色、对比度和照明条件的主要因素。我们工作时的阅读、观察图形以及与电脑显示器的距离一般不超过 40 cm，而一些仪表盘，如驾驶室内的仪表、机床设备的控制仪表等的观测距离一般不超过 70 cm。

b. 照明。照明是指示、显示读数能否被正确观测的必要条件。没有光线，也就无所谓观测了。有些用于光线较好的环境，而也有些会被用于光线不好的环境中，因而需要另加光源，如汽车驾驶室内的仪表在晚上可以打开内置灯。

c. 色彩对比度。指示显示器的界面颜色与文字符号的对比度也是影响观测效果的重要因素。在视觉上，高对比度比低对比度的界面容易分辨，因而，一定的颜色对比度可以保证观测的准确性。

d. 观测角度。众所周知，视线只有与一些仪表盘垂直时，读数才能准确，因为指针与表盘的刻度之间总是有一定距离的，不同的观测角度会有不同的误差。而电子式的显示、指示器虽然不存在这种问题，但一定角度下，屏幕的反光也会影响读数的准确性。

e. 环境状况。指示、显示设备并不是孤立存在的，它们都是在一定的环境中运行的。因而机器的振动、加速度等外部原因都会影响观测的效果。设计时必须考虑到这些外在的环境因素。

f. 指示刻度的长、宽、高。指示刻度的长、宽、高比例也会影响到观测的准确程度。但由于受照明、观测距离、振动等因素的影响，对它很难有一个固定的标准设计尺寸，但还是有一个大致的规律可循的，其长、宽、高存在着一定的设计比例。如各种不同的刻度之间存在着一个缩放比率 H，各指示刻度的比例值如图 1.20 所示。

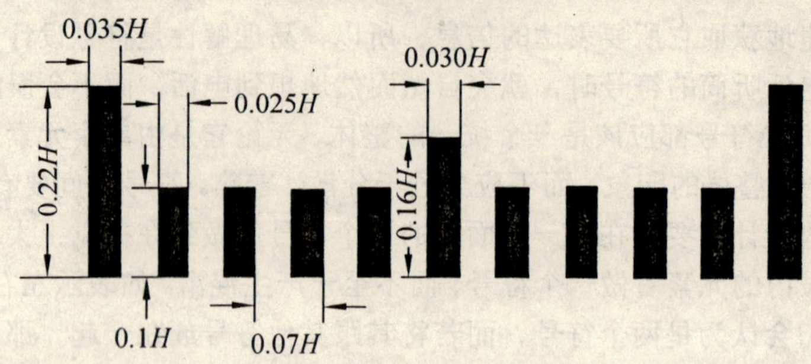

图 1.20　各指示刻度的比例值

(3) 人与环境。

环境系统是指人与机器为达到一定的工作目的而所处的场地、空间、位置、温度、照明等一系列复杂的综合体。环境系统是保障作业活动经济、高效、安全和舒适的必要前提，尤其是在长时间作业的情况下，环境系统会直接影响到工作效率和工作人员的身心健康。

① 工作空间。

工作空间是指人和机器工作所处的地理位置及其所占有的三维空间。工作空间设计是环境系统中的重要内容，其设计的合理性，直接关系到生产、工作的有序性、经济性和高效性，并且在很大程度上影响着工作人员的舒适性和身心健康。随着现代工作和生活的节奏越来越快，使得职业病的防治也逐渐受到社会的重视。而许多设计不合理的传统工作空间或人机系统则是诱发职业病的直接原因，所以合理地设计可以减少甚至避免这种情况的发生。以下是工作空间设计中要考虑的一些因素。

a. 人体的生理参数。人体的各部位生理参数是决定工作空间设计的最主要因素。人要在该空间中工作、活动，所以它是否适合人体的各部分的特点和尺寸参数，直接影响到工作的效率和安全。如办公室的工作桌面高度和坐椅的设计必须考虑人处于坐姿时的相关尺寸，并且要考虑人最舒服的坐姿；汽车驾驶室的各种操纵设备和仪表，也必须以人的最舒适范围的角度作为依据。人体的生理参数不是一成不变的，种族、性别、年龄等因素的差异都会使其有显著的区别，如西方人一般比东方人高大，男性的生理尺寸也一般都大于女性等。随着全球化趋势的发展，同一产品会被不同国家和民族的不同人群使用，因此在为他们设计产品时，必须要参考他们的人体尺寸。

b. 工作类型和特点。工作的类型和特点不同，也决定了工作空间的差异。如脑力活动者的工作一般是静态的，对工作空间的要求就比较小；而车床工人则需要比较大的活动空间，以满足对车床的操控以及搬运工件的要求；冰箱制冷剂的灌装需要通风条件良好的车间，以避免泄漏的制冷剂积聚使得周围空间内的浓度过高而引发事故；喷漆车间则需要在密闭、真空条件下才能进行，否则在工件上的一点灰尘也会造成表面很大的瑕疵。

c. 作业方式。在长时间作业的情况下，人的作业方式一般为坐或站立的形式；短时间的作业则会有蹲、弯腰以及仰卧（如汽车维修）等形式。不同的作业方式，同样对工作空间也有不同的要求。在站立的情况下，人的活动空间比较大，所能达到的空间也相对比较大，因而相对应的工作空间也可以大；而坐着的时候人的活动受到限制，所能达到的区域也是有限的，因而比较小的工作空间就可以满足工作的要求。

d. 安全性。在生产生活中，经常要强调安全第一，可见安全性在工作空间设计中是多么的重要。在设计的时候，应当将危险区域，如有车道、电源、开关、急速运转的飞轮和皮带、高温部位或有毒的气体等容易对人体造成伤害的地方与正常作业区域隔离开来，并应该有一定的示警标记。

e. 灵活性。所谓灵活性，是指工作空间的设计要考虑到将来改动的可能性，尽量让改动的成本降到最低，使其具有一定的延展性，并且能满足尽可能多的操作人员的操作要求。

f. 经济性。工作空间的布置、设计应当使操作人员的活动尽可能地减少，使他们能在活动很少的情况下就能满足尽可能多的操作，从而达到提高效率和节约时间的目的。另外还要充分利用有效的三维空间，尽可能少地占用平面空间，节约土地资源，为生产降低成本。

② 照明。

照明在环境系统中也是一个十分重要的因素，其优劣程度对人的视觉作业很大的影响，并且在很大程度上影响人的工作心境。如明亮的照明条件使人感觉明快、心情舒畅，而阴暗的照明条件则使人感觉相对比较压抑或心情平静。在人休息、放松的杯境中，如酒吧，人们需要平静，所以不需要太亮的照明；而如果在工作中则对照明的要求恰恰相反，但环境照明的照度并不是越大越好，照度过大，不仅浪费能源，而且容易产生眩光，不利于人们的工作。

a. 光源。在工厂、车间中，被广泛采用的是人工照明，主要分为热辐射光源（如白炽灯、碘钨灯等）和放电光源（如荧光灯）两大类。表征光源的参数主要为功率和颜色。功率为光源提供照明而所能消耗的电量，一般用瓦表示。一般情况下，功率大的光源所能提供的照明强度也较大。光源的颜色也是光源的主要特征之一，包括色表和显色性两方面的因素。色表是人眼直接观看光源时所能看见的光源颜色；显色性是指与一定的参照标准相比，光源使得物体能够显示其参照标准颜色的能力或程度。因为在人工照明的条件下，所有物体的颜色都会或多或少地受到影响而发生改变，从而使颜色失真。人们通常将日光作为评价光源显色性的参考标准，物体在某光源下的颜色越接近其在日光下的颜色，那么该光源的显色性就越好。光源的显色性用显色指数 R_a 来表示，R_a 值越大，光源的显色性越好，表 1.3 列出了几种常见光源的显色指数。

表 1.3　光源的显色性

光源名称	功率/W	显色指数
白炽灯	500	95 ~ 100
镝灯	1 000	85 ~ 95
荧光灯	40	70 ~ 80
荧光高压汞灯	400	30 ~ 40
高压钠灯	400	20 ~ 25

光源的照明方式又可以分为直接照明、半直接照明、漫射照明、半间接照明和间接照明等几种类型。

b. 照明的颜色效应。因为光源与物体都有自己的属性颜色，因而在灯光下，物体的真实颜色会有一定的变化。如白色物体在红灯照射下会显示出淡红色而黄色物体则会显示出橙色等。这种效果常常被用于商业展示和艺术设计上，以达到丰富的视觉效果。

③ 噪声。在现代，噪声已经成为环境污染的重要原因之一，它不仅影响人的学习、工作、休息和生活，还会损害人的身心健康，影响人的听力系统、神经系统以及心血管系统等的正

常功能，这已经是被大量的科学研究证明了的。长期在噪声的影响下，人的内耳听觉器官会发生器质性病变，这在医学上称之为噪声性耳聋，并且还有可能产生神经衰弱，使人产生头痛、头晕、失眠、多梦、记忆力减退等症状。噪声对人体的其他系统也有一定的危害，如使人体内分泌失调、产生甲亢、血液中肾上腺素含量增加等一系列的病变。

另外，噪声还与人的主观心态、性格、情绪、环境等因素有很大关系。如一般来说音乐并不是噪声，是人们休闲娱乐的一种重要方式。但对于那些想工作、休息或其他需要安静的人来说，再美妙的音乐也都是噪声。可见噪声有它客观的存在性，也受到人的主观意识等因素的影响。

为了尽可能地降低噪声，保证人们的正常工作、学习和生活，保障人们的身心健康，必须对噪声污染进行控制和治理。控制措施可以从声源、传播途径以及受影响者这三个方面入手，最有效的方式是对声源的控制。因为声源是噪声的直接来源，对它的控制可以根治噪声，可以采用减振、隔声、吸音、安装消音设备等方法来实现，还可以运用吸音材料、吸音结构设计等措施对噪声的传播途径进行控制，降低其进一步扩散的可能性；而对受噪声影响的人，则主要采用佩戴耳塞、防音头盔等措施，从而杜绝噪声进入人的耳朵。

④ 温度、湿度、通风。

工作环境的温度、湿度和通风条件等因素对人的生理、心理都有不同程度的影响，并进一步影响到人的工作效率。人体是一个复杂的热交换机器，为了保持恒定的体温，使各种器官能够正常地工作，人体不断地与外界环境进行热量交换，让人体内产生的热量与散发出去的热量保持大致相等的状态。环境周围空气的温度、湿度和通风条件等因素对人体散发热量的多少和快慢都会有很大的影响，所以就进一步影响到人体各器官的正常功能。

当环境温度过高时，人体会出现相应的生理调整，逐步适应高温的气候环境，这时体温调节能力提高，毛孔张开，汗腺会分泌大量的汗液，而汗液的蒸发会带走大量的热量，使体温下降；同时人体的产热量也跟着减少，并且对钠、氯等微量元素的吸收会增强，以保持体内的盐分。但汗液的蒸发还是会带走大量的盐分，所以高温条件下作业的人应该及时补充适量的盐分，以满足肌体的需要，否则就会出现抽搐、休克等症状。而如果人体的热负荷超出了正常调节的范围，就会导致一定的病理反应，如中暑等，严重的还会发生死亡。

2）人机工程学的研究方法

人机工程的研究方法十分广泛，随着科学技术的发展，其研究方法和手段也不断地得到发展和更新，但基本上还是保持了原有的传统方法和手段。常用的研究方法有：

(1) 观察法。

该方法长期以来一直是非常实用的传统方法，成本低廉，不需要什么昂贵的设备、仪器，所以在实际的研究当中被广泛采用。传统的方法是用肉眼观察，现在也借助一定的辅助工具来实现，如照相机、摄像机等影像记录设备，这些投资也不大，因而使用也比较普遍。现在，国外许多设计公司和组织开始比较重视用户的行为研究，这就需要一定的记录工具来帮助人们“观察”，为后期的设计提供足够的证据和资料。如在设计冰箱时，用摄像机记录下不同的人们开冰箱时的习惯动作，以此来研究人们的行为方式，并为产品设计提供证据。

(2) 调查法。

采用市场调查的方法收集数据是最常见、也是最普遍的一种方法，这样得到的数据非常有说服力，也比较正确。许多问题都需要用这种方法来解决。调查法一般采用访谈、问卷的形式，现在随着网络的普及，大量的调查也可通过网络来进行。无论是访谈还是问卷调查，都要编制问卷。编制问卷要注意：语言、文字清楚易懂，避免歧义，不要使用专业性强的词语，避免暗示性用语，不能或尽量少涉及个人隐私的问题（在网络调查中，该项可以放宽一点）等。

（3）实测法。

实测法，顾名思义就是对研究的对象进行实际测量的一种方法。前面讲的人体的各种生理参数就是在抽样测量后得出的统计数字。

（4）实验法。

实验法是进行研究的一种重要方法，它在很大程度上能验证人们在理论上的一些推测或猜想。如飞利浦公司在研究人们的行为方式时，列出两种设计风格完全不同的录音机让人们评测，人们都认为设计新颖的一款比较漂亮，而最后研究人员将这两款录音机作为礼物送给他们，并让他们选择其一时，他们却都不约而同地选择了设计比较保守的一款。像这种实际结果跟最初的推测相去甚远的实验，可以非常有力地验证人们的一些直觉。这种以实验来对人们的行为和心理进行研究的方法，可以十分有效、准确地指导企业行为，降低企业的投资风险。

（5）模拟实验法。

在进行人机研究的过程中，常会遇到一些比较复杂或者非常昂贵的机器系统，或者非常危险的情况（如汽车碰撞实验）。在这种情况下，常会采用模拟实验的方法，如驾驶系统、安全保护系统的研究等。某些企业还建立了气候模拟实验室，以研究不同国家和地区的不同气候条件对人和产品的各种影响。另外，在研究太空的一些环境条件的时候，也需要建立相应的模拟实验室，因为研究人员直接去太空非常昂贵也很不方便。

（6）计算机模拟。

随着计算机技术的发展和广泛应用，现代人机工程学的研究也越来越多地采用了计算机技术。这种方法不仅成本低、周期短，而且容易控制。许多复杂的、比较昂贵的系统或人不易到达的、危险的系统，都可以很方便地运用计算机进行模拟研究。

（7）分析法。

分析法是对所拥有的数据资料进行研究，寻找规律的一种方法。分析法的重要前提是要拥有足够多的、正确的数据、资料。这些数据资料的采集可以运用以上几种方法来获得，也可以采用其他相应的方法获得，如参考现有的研究成果、数据资料等。

3）产品设计中的人机一体化系统总体结构

在人机一体化机器产品设计定义下的人机系统在三个层面上实现一体化，即感知层面、控制层面（对输入系统的信息判断、识别推理、决策和创造）和执行层面，三个层面的有机结合，就构成了人机一体化机器系统的总体结构，如图 1.21 所示。

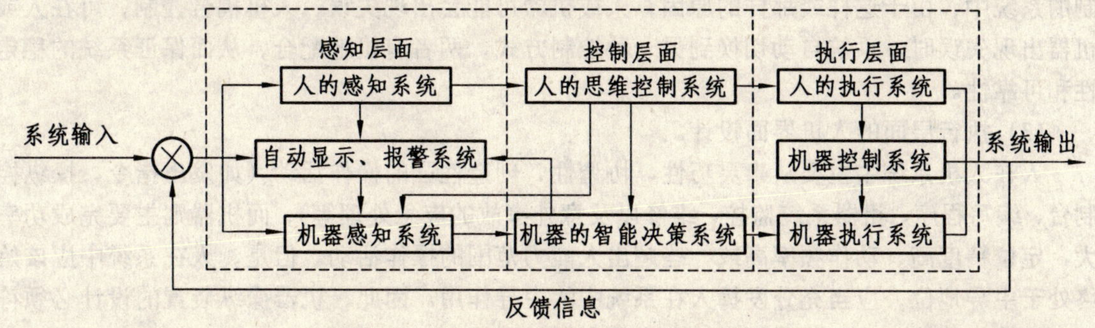

图 1.21 产品设计中的人机一体化系统

（1）感知层面上的人机界面设计。

人的视觉、听觉、嗅觉、运动觉、触觉等感知系统和机器的感知系统对输入系统的指令信息、环境信息联合进行多维综合信息感知。例如，输入制造系统的信息主要是：毛坯、加工指令、工艺文件、工装、零件数量、作业计划及外部环境温度、照明、运输、在制品暂存等信息。人机感知的联合作用体现在：制造系统可精确地输入系统信息、环境信息、人及机器本身的定量信息（如毛坯几何尺寸、加工工序要求、切削速度、环境温度、压力、振动、人的心电信号、脑电信号等），并可通过拓宽感知范围感知人类不能感知的信息（如微波、红外线、超声波等）；而人类则利用自身的创造性思维与模糊综合判断决策能力的优势，对机器感知和决策出来的信息作一次综合感知，正确识别、判断机器系统运行所需的正确输入信息和反馈信息。因此，通过人机界面的优化设计（如显示器、传感器等的人机工程设计）感知多维综合信息，充分利用机器视野广阔、定量感知精确，人对复杂现象模糊定性感知和创造性思维、预测能力强的特点，提高人机系统信息感知的全面性、可靠性、多维性、准确性，为系统智能定量控制提供支持，从而提高整个系统的可控性，改善系统的综合性能。

（2）控制层面的人机界面设计。

在人机系统中，人主要从事形象思维、灵感思维等创造性思维，人的中枢神经系统通过对人、机、环境所感知信息的综合处理、判断和决策，向运动系统下达执行指令或向机器智能决策系统提供必要信息；机器的智能决策系统根据机器对人、机、环境感知的综合信息进行复杂数据的快速计算和严密的逻辑推理，向人提供必要信息，并在特殊情况下自动作出必要决策，驱动控制系统或执行系统执行必要的操作任务。如自动化制造系统能根据加工任务信息进行制造过程动态仿真，并将加工仿真结果显示给人，由人判断该加工方法是否达到加工要求，若能达到，则可按此方法运行直至达到要求为止。这一过程就充分体现了人机联合控制系统工作的执行效果。

控制层面的人机界面设计可体现三种控制策略：第一种为“机主人辅”控制策略，人在信息综合分析、定性问题处理、模糊控制以及灵巧动作的执行等方面有远远高于机器的能力。所以，机器系统在处理较复杂的加工活动时，特别是由机器处理非结构化、非线性、模糊性及随机性强的事件时，往往都要得到人的帮助。另外，在有些情况下，让机器完成复杂控制活动需付出巨大代价，这时“机主人辅”的控制策略就起着减少这种代价的作用。第二种为“人主机辅”控制策略，即由机器的智能决策系统来辅助人进行控制，机器完成人类感知范围以外的信息处理，大规模数据定量处理及严密的快速逻辑推理等工作，如工艺决策支持系统将辅助人完成被加工零件的工艺方案设计。第三种为“人机耦合”控制策略，在人机联合控制的系统中，由于这样或那样的原因，人或机器可能会出现失误，人机耦合控制，可在人或机器出现失误时，系统自动切换到另一种控制方式，两者有机地配合，从而保证系统的稳定性和可靠性。

（3）执行层面的人机界面设计。

人在人机系统中主要从事灵巧性、协调性、创造性强的操作活动（如发出指令、操纵控制台、编写程序、机器系统监控、维修以及意外事故的应急处理等），而机器则主要完成功率大、定位精度高、动作频率高或一些超出人能力范围的操作活动。但是，人在系统中应该始终处于主导地位，应当充分发挥人在系统中的主导作用。因此，机器操纵装置的设计必须符合人的操纵特性，达到使用舒适、安全和方便的目的。

4）人机系统设计方法与主要步骤

产品的人机一体化设计是为了解决产品开发中人和机器作业效能、匹配关系、系统安全性、作业人员劳动保护等问题。人机一体化设计并非单一机器设备的人机关系设计，而是适合于所有产品的一种通用设计方法。一般来说，狭义的人机一体化设计是指对机器系统物理设备本身人机界面进行的分析和设计。而广义的人机一体化设计理论和方法，除进行狭义人机一体化设计外，还强调人、机器、环境和社会因素构成的大系统的总体协调与配合，包括人机作业方式，作业人员的选择与培训，系统维护，作业辅助（作业动机、人员关系、心理负荷平衡……）等一系列人机系统的匹配和“支持系统”的设计。

人机一体化设计属于多学科联合设计，因此，只有采用系统工程的方法才能综合各学科的知识，实现设计的优化。人机一体化设计方法在解决新产品开发设计时，多运用系统化的设计策略，并制订与其他技术设计相匹配的进度，从总体方案设计开始就充分考虑人的因素，追求人与机器的完美结合。新产品开发的人机一体化设计步骤体现在如下几个方面：

（1）定义新产品系统目标和作业要求。

产品人机一体化设计的最初阶段是定义新系统的目标和作业要求。定义系统目标就是用规范性术语描述机器系统或设备；作业要求是说明为了实现系统目标，机器系统必须干什么。从内容上讲，产品系统作业要求的定义应包括三个方面的内容：

① 产品做什么？

② 评价标准是什么？

③ 如何进行度量？

从人机工程学的角度看，产品概念设计阶段就要开始考虑人的因素，应从以下几个方面进行考虑：

① 产品未来的使用者。

② 目前同类产品的使用和操作方法。

③ 使用者的作业需求。

④ 确保产品目标实现时，人对产品的要求和产品对人的要求。

由于人是具有较大个性特征差异的生物体，因此，在定义作业要求时，要从人的生理、心理、技能素质、社会性等各个方面的特征进行数据收集和抽样调查，应对相当大的样本数据进行统计，才能获得正确的设计数据和依据。

定义新产品系统目标和作业要求的结果是得到一个或多个系统设计方案要求，供后续的系统定义选择与优化。

（2）系统定义。

系统定义阶段是“实质性”设计工作的开始。系统目标和作业要求的定义已经为系统定义提供了概念基础。系统定义的第一步，就是设计者与决策层人员一起作出一些重要的决策，其中最主要的决策工作是选择“目标方案”。这种目标方案的选择将从更大范围和更高层次上优化决策，最终筛选、综合出满足系统目标的最佳方案。其次是定义系统的输入、功能和输出。这里“功能”是用文字描述的一组工作，系统必须完成自己的功能任务，才能实现系统的目标。在系统定义阶段，应避免“功能分配”，只定义功能是什么，不定义怎样实现这些功能，尤其不能将功能马上“分配”给人或机器，以免过早增加人或机器的设计约束。

(3) 概念设计。

进入概念设计阶段，系统的各个硬件，各个专业的设计活动都全面展开，这时应始终注意人机一体化要求与各个硬件、软件设计与设计决策的协调一致性，保证系统设计的全过程都有人机工程专业设计人员的参与，都应考虑到人的影响因素。

人机一体化产品的概念设计是指围绕产品系统设计所进行的功能分配、作业要求研究和作业分析。

① 功能分配。

功能分配是指把已定义的系统功能按照一定的分配原则，“分配”给人、机器或软件，设计者根据已经掌握的资料和人机特性制订分配原则。有的系统功能分配是直接的、自然的，也有的系统功能分配需要更详细的研究才能制订出分配方案。对于分配给机器和软件的功能，在其他的人机工程学书籍中有专门的论述，此处不再赘述。而对于可能由人实现的系统功能，必须认真研究分析。第一，人是否有“能力”实现该功能，这是针对人力资源特征而判断的；第二，预测人是否乐意长时间从事这一功能，这是因为人也许具备完成某种功能的技能和知识，但缺乏做好该功能的作业动机，也不能保证系统功能的正常完成。

人机功能分配的过程是先根据系统的使用对象和共作范围定义系统的基本功能，并按主要功能和子功能两个层次进行分解，然后根据人和机器的功能特征进行分配，并使分配给人和机器的功能关系协调。人机功能分配设计的概念模型如图 1.22 所示。

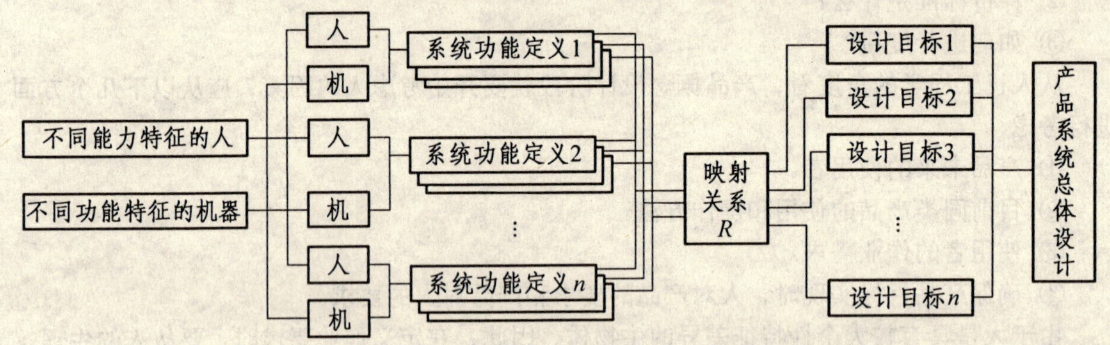

图 1.22　新产品开发中的人机功能分配概念模型

② 作业要求研究。

每一项分配给人的功能都对人的作业提出作业品质的要求，例如精度、速度、技能、培训时间、满意度，设计者必须弄清与作业要求相关的人体特征，作为后续人机界面设计、作业辅助设计的依据。

③ 作业分析。

作业分析是按照作业对人的能力、技能、知识和态度的要求，对分配给人的功能作进一步的分解和研究。作业分析包括两方面内容：第一是子功能的分解与再分解，因此一项功能可能分解为若干层次的子功能群；第二是每一层次的子功能的输入和输出的确定，即引起人的功能活动的刺激输入和人的功能活动的输出反应，是刺激—反应过程的确定。作业分析的功能分解到可以定义出“作业单元”的水平为止。能够作为特定使用者最易懂易做的那个功能分解水平，就是作业单元。因此，作业分析的概念就是指将分配给人的系统功能分解为使用者或操作者的输入和输出，它是一个有始有终的行为过程。

（4）人机界面设计。

完成人机系统概念设计后，就确定了系统的总体功能结构，从而可以转入人机界面设计阶段。人机界面设计主要是指作业空间、信息显示、控制操作、运行维护以及它们之间联系的设计。应使人机界面的设计符合人机信息交流的规律和特征，人机界面设计主要体现在四个方面：第一，机器总体布置与人的作业空间设计；第二，信息流处理中的人机界面设计；第三，物料流处理中的人机界面设计；第四，系统运行维护中的人机界面设计。人机界面设计是人机一体化产品总体设计各阶段中较为“硬化”的设计活动，通过对系统中人机结合部硬软件的设计来保证人机界面的协调性。因此，人机界面设计是与其他专业设计相互配合来完成的。图 1.23 所示的是在数字样车的概念设计阶段进行的驾驶室人机界面设计，图 1.24 是汽车新产品概念设计过程中人机工程学的数字化评价，以验证所设计的车内空间和驾驶员、乘员姿势、活动范围是否满足国家强制性汽车法规的要求，如果满足则人机界面设计完成，如果不满足则必须进行改进设计，直至满足法规要求为止。

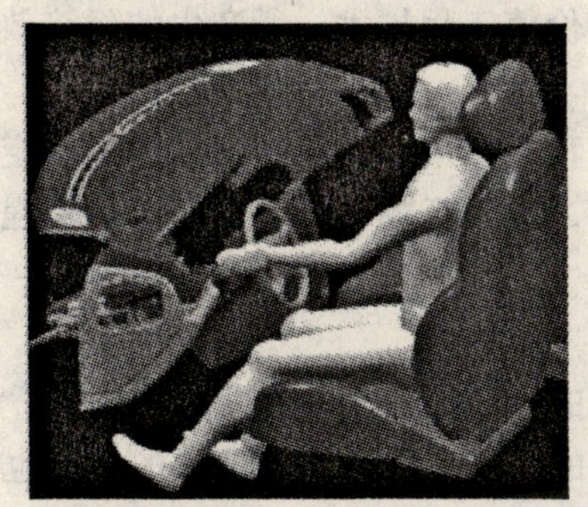

图 1.23　数字样车概念设计中的人机界面设计

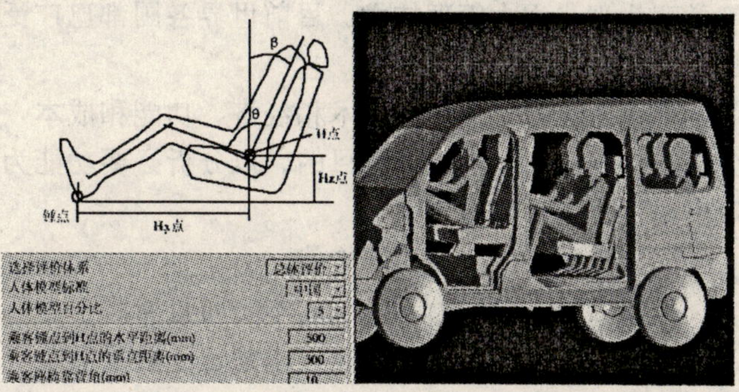

图 1.24　汽车新产品设计中的人机工程学数字化评价

（5）作业辅助设计。

为了获得高效能的作业效果，必须设计各种作业辅助技术和手段。作业辅助设计的内容主要包括三个方面：

① 适合机器系统特定要求的人员选择；

② 系统操作人员的技能培训；

③ 其他辅助作业设计。

许多高度自动化产品的出现和应用，使得机器系统的操作者与系统的关系发生了根本的变化，即由传统的直接操作机器变为通过计算机等信息设备来控制整个系统的运行。这样操作人员就大为减少，而要求有更多的技术专家和工程师来管理和维护系统。由此可见，自动化机器系统的出现和大量采用，对人的知识基础和技能提出了更高的要求。因而，应根据自动化机器系统特定的功能分配，按照科学的标准来选择合适的作业人员，并进行操作技能培训，使操作者能胜任某项特定的作业任务。

（6）系统检验。

新产品设计的人机关系设计方案，最后通过生产制造转变为产品实体。其中系统的每一个实体环节（硬件、软件、人）都要经过个体检验，然后整个系统再作整体检验。因此，设计和审核，制造和检验都是不可分割的过程。系统检验是要验证系统是否达到系统定义和设计的各种目标。人机系统的验证在产品系统开发的各个时期均应进行，如人机界面设计，作业辅助设计等都可在系统的“物化”设计中得到验证。

人机系统的验证是以人的作业效能，以及人通过计算机或其他控制系统实现产品的作业效能为主要验证标准，人机系统必须保证人的作业符合整个系统的作业要求。

1.4.3　产品设计中的价值工程

价值工程是 20 世纪 40 年代由美国通用电气公司设计工程师 L.D.麦尔斯首创的，他从功能的角度来研究和解决材料的代用问题。此后，麦尔斯在产品设计和降低成本的研究工作中，把解决采购材料问题的思路用于改进型产品设计，彻底理解用户所要求的产品功能，进一步把设计新产品的问题转换为用最低成本向用户提供所需功能的问题。由此总结形成了一套较为系统的、以最小成本耗费提供产品必要功能、获得最高价值的科学方法。20 世纪 70 年代初，美国把价值工程与系统分析、计算机在管理中的应用、管理数学、网络技术和行为科学等并列为现代六大管理技术。目前世界各国都已广泛采用价值工程技术，所产生的经济效益是十分显著的。

价值工程的实质是把技术和经济、功能和成本、企业利益和用户要求结合起来进行定量分析，它以提高实用价值为目的，以分析必要功能为核心，以降低成本为途径。价值工程体现出如下特征：

(1) 着重于提高产品的价值。

价值工程不仅致力于降低成本，而且着眼于提高产品的价值，使功能满足用户需求。它不同于成本管理和质量管理。成本管理一般只着重于成本的降低，而且降低成本的措施也往往侧重于增加产量或减少生产过程中的各种消耗，并不是从产品功能上考虑问题。但实际上，产品成本在很大程度上取决于产品的功能。因此，只有合理确定产品的功能，才能大幅度地降低产品成本。质量管理虽致力于产品性能的提高，却又不侧重于解决成本降低问题。而价值工程则兼顾功能、成本两个方面，致力于产品价值的提高。

(2) 侧重于产品开发阶段的分析工作。

在产品开发、生产、使用的全过程中，价值工程侧重在产品的开发阶段，而质量管理和成本管理则侧重在产品的生产阶段。实践证明，在新产品的设计阶段，是否采用价值工程分析方法对产品的质量和成本影响最大。

(3) 把功能分析作为自己独特的研究方法。

价值工程以功能分析为核心，它有一套发现问题、分析问题和解决问题的方法。它不直接研究产品的实物本身，而是抽象地研究用户所要求的功能。这一独特研究方法把功能、成本、用户有机地联系起来，可以在设计上取得较大的突破。例如，从手表的基本功能是显示时间出发进行功能设计，才会出现电子表。它同样可以达到显示时间的目的，但成本却降低了很多，因而大大提高了产品的价值。

1）价值工程的数学描述

在价值工程中，产品的价值是指产品所具有的功能与取得该功能所需成本的比值，即

$$V=\frac{F}{C}$$

式中：V——产品的价值；

F——产品具有的功能；

C——取得产品功能所耗费的成本。

由此定义可见，价值的概念实际上与我们常说的经济效果的概念是近义的。经济效果和价值均是比较的概念，所表示的意思都是衡量付出的代价与获得的效果是“值得”还是“不值得”。“值得”表示产品的价值高或者经济效果好，“不值得”表示产品的价值低，或者经济效果差。

在上述价值公式中，分子 F（功能）是个使用价值的概念，而分母 C（成本）则是可用货币量表示的，因此二者不能直接进行计算，为了解决这个矛盾，必须使 F 也能用货币表示。通常的做法是，用实现 F 的理想最小费用，或者社会最小成本来代表 F 的数值。这样，分子 F 表示为最小理想成本，或者表示为采用最新技术及其他改进措施后可能达到的最低成本。分母 C 是改进前实现该功能的现状（实际）成本。于是，V 就可以计算出来了。

V 值的大小可以作为衡量功能与成本关系的标准。当 $V=1$ 时，表示以最低成本实现了相应的功能，两者的比例是合适的。当 $V<1$ 时，表示实现相应的功能付出了较大或过大的成本，两者的比例是不合适的，应该改进。

2）价值工程的一般工作程序和步骤

价值工程是为了达到某种特定的目标，通过功能和成本分析，利用创新手法来提高产品价值的有目的、有组织的活动，所以，必须要有一个科学的工作程序，以便对价值工程的相关工作进行展开和管理。一般来说，运用价值工程要经过四个阶段，分 12 个步骤进行（见表 1.4）。下面对工作程序作几点说明。

表 1.4　价值工程的一般工作程序

阶　段	工作步骤	说　　明
准备阶段	1．对象选择 2．信息收集	1．确定价值工程的对象，并明确目标和限制条件 2．收集与对象有关的资料
分析阶段	3．功能定义 4．功能整理 5．功能计量 6．功能价值评价	3．它的功能是什么 4．它的地位如何 5．它的功能是多少 6．它的成本是多少 7．它的价值是多少
创新阶段	7．方案创新 8．概略评价 9．方案具体化和试验研究 10．详细评价	8．有哪些方法能实现该功能 9．新方案的成本是多少 10．新方案能满足要求吗
实施阶段	11．方案实施 12．成本总评	11．实施的效果怎样 12．成本符合要求吗

(1) 对象选择。

随着价值工程理论的不断完善和发展，它的应用也变得越来越广泛，不仅被大量应用于第一、第二产业，而且还有向第三产业（服务行业）发展的趋势，无论是“硬件”还是“软件”，都可以在一定程度上应用价值工程的原理和思想来进行分析和改进。

在产品设计过程中，价值工程的对象主要是生产工艺，产品材料、结构、外观，标准化、模块化以及管理等方面。从理论上讲，任何产品的这几方面都可以作为价值工程展开的对象，但在实际的操作中，有些方面限于企业的能力、资金以及其他相关的因素等，并不能全都进行，因此，只能从中选择一个或几个对象来进行。具体选择哪几个，这要根据企业的实际情况及其经营目标来作出决定，否则如果只是盲目地、机械地决定价值工程的对象，而不考虑实际情况和企业的承受能力便作出决定，那么只可能会降低价值工程的成功率，甚至会给企业的生产和经营带来困难。

产品价值工程的对象选择，一般可按操作性的难易程度从以下顺序来考虑：

材质—标准化与模块化—结构—形状—工艺—管理

其中各个环节的顺序是可以变动的，并非是一成不变的，它只是一个比较通用的考虑过程，具体的要根据不同的产品和企业目标来进行决策。

（2）信息收集。

要顺利地开展价值工程，没有足量的正确信息是不行的，对象的选择、功能的分析以及方案创新和评价等都离不开信息资料的支持，没有足够的信息和资料就缺少说服力，开展价值工程就成为一句空话。信息的收集并不是漫无边际地进行，而是要有针对性、有目的性地去搜集、整理并加以分析，以得出富有建设性的结论。

一般所要收集的信息包含以下内容：

① 对象信息。包括现有产品的功能、材料、结构、生产工艺等相关内容。

② 技术信息。对产品改进相关的主要技术信息以及最新的技术动态和科研成果等，包括新材料、新结构方式以及新工艺等。技术信息相对来说应该是信息收集的主要内容。

③ 企业状况。正确地了解企业的经营、生产状况，企业经营理念、方针、战略以及设计和生产能力等。掌握了这些情况，才能用来对价值工程工作进行指导，这也是顺利进行价值工程的有力保障。

④ 其他相关信息。包括国际环境和局势，国家有关该行业方面的政策、法律、法规以及会影响企业决策和经营的一切相关信息等。

（3）功能价值分析。

消费者购买产品的目的不是产品本身，而是产品所具有的功能，无论是使用功能还是其他相关的辅助功能，产品只是这些功能的物质载体。不同的产品和部件，所具有的功能也是各不相同的，数量也是多少不一，但无论多少功能，它都有主要功能和次要功能之分。例如，手表的主要功能是显示时间，其外观的装饰性、日期提示等均为次要功能；电视机的主要功能是播放电视信号，而增加的 VCD 功能则是它的辅助功能；洗衣机的主要功能是洗衣服，而甩干、杀菌等都是它的次要功能，虽然这些功能在很多情况下都是必要的。产品的主要功能和次要功能并非是一成不变的，在一定的条件下，它们是可以互相转换的，也就是说主要功能会变成次要功能，而原来的次要功能则成为新条件下的主要功能。再以手表为例，在很长的时期内，毫无疑问它的主要功能是显示时间，但是随着时间的推移，现在它在许多人的身上却变成了一种装饰品，是某种身份、品位和时尚的象征，在这里，它的欣赏功能超过了它的使用功能，其显示时间的功能显得一点都不重要，而其造型与外在的品质则上升为第一位。

确定了产品的主要功能和次要功能，就可以对其进行定性分析了，每一项功能在产品中是不是都是必须的，以及它能给产品带来的价值等，这都是价值工程展开过程中需要首先弄清楚的。

另外，对产品功能进行分析时，还必须要明确用户的需求本质是什么。任何产品都是根据用户对功能的需求来设计的，所以，通过价值工程手段对产品的功能实质实行进一步的分析、确认，有利于用更低的成本来实现其原有功能。

3）价值工程的技术方法

价值工程的每一项程序都对应着一种具体的技术方法，即对象选择方法、功能评价方法、方案创造方法、方案评价和选优方法。

(1) 对象选择方法。

① ABC 分析法。

ABC 分析法也称成本比例分析法，它是价值工程对象选择的常用方法之一。通过众多产品的成本分析可以发现，占总数 10% 左右的零件，其成本往往占整个产品成本的 60%～70%，把这类零件定义为 A 类；占总数 20% 左右的零件，其成本也占总成本的 20% 左右，把这类零件定义为 B 类；占总数 70% 左右的零件，其成本占总成本的 10%～20%，把这类零件定义为 C 类。利用这种分类方法，可以实现对零件成本的分类控制。

在利用 ABC 分析法进行对象选择时，首先将零件按其成本大小进行排队，优先选择成本大的少数零件作为价值分析的对象（见图 1.25）。ABC 分析法的优点是能抓住重点，把数量少而成本大的零部件选为价值分析对象，有利于集中精力，重点突破，最大限度地降低产品成本。

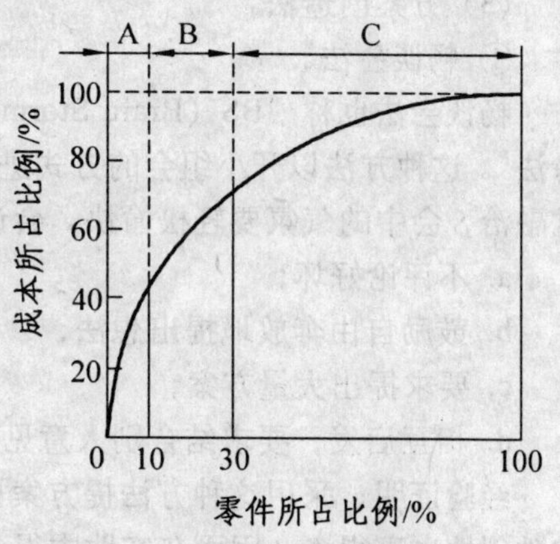

图 1.25　产品成本分析的 ABC 方法

② 百分比法。

这是一种按某项费用或某种资源，在不同产品和作业或某一产品或作业的不同组成部分中所占的比例大小来选择对象的方法。例如，某企业生产的某种产品材料消耗大大超过同类企业的一般水平，为了进行成本分析，首先分析各产品材料消耗之比例，如表 1.5 所示。

表 1.5　各产品材料消耗之比例

产品	A	B	C	D	E	F	G	合计
材料消耗比例/%	34	29	17	10	5	3	2	100

其次，与各产品的产值比例进行比较，如发现 A、B 两种产品材料消耗比例超过产值比例，就确定 A、B 两产品为成本分析的对象，设法降低 A、B 两产品的材料消耗和成本。

(2) 功能评价法。

功能评价法的特点是以功能的必要（最低）费用来计量功能，其步骤如下：

① 确定一个产品（或部件）全部零件的现实成本。

② 零件成本核算成功能成本。在实际产品中，常常会有下列情况，即一个功能要由几个

零件来共同完成，或者一个零件要完成几个功能。因此，零件成本并不等于功能成本，要把零件成本换算成功能成本。换算的方法是：一个零件有一个功能，则零件成本就是功能成本；一个零件有两个或两个以上功能，就把零件成本按功能的重要程度分摊给各个功能；上位功能的成本是下位功能的成本之和。

③ 确定功能的必要成本（或目标成本）。确定的方法是：从实现每个功能的初步改进方案中找出最低的成本方案（要对改进方案的成本进行估算），以此方案的成本为功能的必要成本；或从企业内外已有的相同或相似零件的成本中找出最低成本，以此来确定功能的必要成本。

④ 计算各功能的价值。计算公式仍采用 $V=F/C$，但这里的 V 以价值系数表示，F 是以实现这一功能的必要成本来计算，C 表示实现这一功能的现实成本。

通过这样的计算，就知道了每一功能现实价值的大小，计算出的功能价值（价值系数）一般都小于 1，即现实成本高于必要成本。现实成本和必要成本之差（$C-F$）就是改善的幅度，也称期望值。按价值系数从小到大的顺序排队，确定价值工程对象、重点、顺序和目标。

（3）方案创造法。

① 畅谈会法。

畅谈会法也称“BS（Brain Storming）法”，意思是突如其来的好想法，或称做“头脑风暴法”。这种方法以开小组会的方式进行，人数不宜太多，以 5～10 人为宜。人们的关系要非常融洽，会中的气氛要轻松愉快。会议有四个原则：

a. 不评论好坏；

b. 鼓励自由奔放地提出想法；

c. 要求提出大量方案；

d. 相互启发，要求结合别人意见提出设想。

经验证明，采用这种方法提方案比同样的人数单独提方案的数量要大 65%～90%，方案的独创性也高得多，因而在实践中得到广泛应用。

② 哥顿法。

这是美国人哥顿在 1964 年提出的方法。其指导思想是，把要研究的问题适当抽象，以利于开阔思路。会议主持者并不把要解决的问题全部摊开，只把问题抽象地介绍给大家，要求参加者海阔天空地提出各种设想。例如，要研究一种新型割稻机，则只提出如何把东西割断和分开，大家围绕这一问题提方案。会议主持者要善于引导，步步深入，等到适当时机，再把问题讲明，以作进一步研究。

（4）方案评价和选择的方法。

① 优缺点列举法。

它是从质量、性能、成本等各个方面详细列举出各方案的优缺点，根据方案的优缺点对比结果选择最优方案。这种方法灵活简便，也便于全面地考虑问题，但评价比较粗糙，缺乏定量依据。

② 定量评价法。

该方法又分两类：第一类是直接打分法，这种方法是根据各种方案能够达到各项功能要求的程度，按 10 分制进行打分，然后算出每个方案达到功能要求的总分。比较各方案的总分，初步分出不用、保留、采纳的方案。然后再算出保留、采纳方案的成本，进行成本比较，决定最优方案。第二类是加权打分法，这种方法的特点是把成本、功能各种因素，根据要求的不同予以加权计算，然后算出综合分数再加以选择。

1.5　新产品开发中的项目管理

1.5.1　项目管理的基本概念

新产品开发计划任务书的制订是产品概念设计的几大内容之一。根据新产品开发的要求，在产品策划时需考虑产品整个开发过程的项目进度计划、人员需求计划、设计资源需求计划、开发设备需求计划、供应商协同设计需求计划、开发资金需求计划等的制订。产品开发的成功与否，在很大程度上取决于这些计划的制订是否科学、合理，以及执行这些计划的可控性。为了保证产品开发项目计划制订的科学性和可控性，在新产品开发中常采用项目管理的一整套方法和技术，其中与本章内容相关的就是项目计划管理。事实上，任何项目管理都是从制订项目计划开始的，项目计划是有效协调项目工作、推动项目顺利进行的最重要工具。

1）计划及项目计划

(1) 计划。

计划是组织为实现一定目标而科学地预测并确定未来的行动方案。任何计划都是为了解决三个问题：一是确定组织目标；二是确定达到目标的行动时序；三是确定行动所需的各种资源。所以，制订计划就是根据既定目标，确定行动方案，分配相关资源的综合管理过程。具体而言，就是通过过去和现在、内部和外部的有关信息进行分析和评价，对未来可能的发展进行评估和预测，最终形成一个有关行动方案的建议说明——计划文件，并以此文件作为组织实施工作的基础。计划通常需要在多个方案中进行分析、评价和筛选，最终形成一个可行的——能够实施并达到预期目标、最优的——实现资源最佳配置的——方案。

(2) 项目计划。

项目计划是项目组织根据项目目标的规定，对项目实施工作进行的各项活动作出周密安排。项目计划围绕项目目标的完成，系统地确定项目的任务、安排任务进度、编排完成任务所需的资源预算等，从而保证项目能够在合理的工期内，用尽可能低的成本和尽可能高的质量完成。

项目计划是项目实施的基础。计划就如同航海图或行军图，必须保证有足够的信息量，决定下步该做什么，并指导项目组成员朝目标努力，最终使项目由理想变为现实。

2）项目计划的目的及作用

(1) 制订项目计划的目的。

项目计划为企业决策部门与项目经理、职能经理、项目组成员及项目委托人之间的交流沟通提供依据，以确保项目的顺利完成。因此，从某种程度上讲，项目计划是方便项目的协调、交流及控制而设计的，而不在于为参与者提供技术指导。项目计划的具体目的表现为：

① 确定并描述为完成项目目标所需的各项任务（活动）范围。

② 确定负责执行项目各项任务（活动）的全部人员。

③ 制订各项任务（活动）的时间进度表。

④ 阐明每项任务（活动）所需的人力、物力和财力。

⑤ 确定每项任务（活动）的预算。

(2) 制订项目计划的作用。

制订项目计划的作用表现在如下六个方面：

① 可以明确项目组各成员的工作职责和权利，以便按要求去指导和控制项目的工作，减少风险。

② 可以促进项目组成员及项目委托人和管理部门之间的交流与沟通，增进顾客满意度，并使项目各项工作协调一致。

③ 可以使项目组成员明确自己的奋斗目标，实现目标的方法、途经及期限，并确保时间、成本及其他资源需求的最小化。

④ 可作为分析、协商及记录项目范围变化的基础，也是制定时间、人员和经费的基础。这样就为项目的跟踪控制过程提供了一条基线，可用以衡量进度，计算各种偏差及决定预防或整改措施，便于对变化进行管理。

⑤ 可以了解项目各组成部分的结合部在哪里，如何组织才能使结合部最少，并以标准格式记录关键性的项目资料，以备他用。

⑥ 可以把叙述性报告的需要减少到最低量。用图表的方式将计划与实际工作作对照，使报告效果更好。这样也可以提供审计跟踪以及把各种变化写入文件，提醒项目组成员及委托人如何作出这些变化。

3）项目计划的形式

项目计划按计划制订的过程，可分为概念性计划、详细计划和滚动计划三种形式。

(1) 概念性计划。

概念性计划通常称为自上而下的计划。概念性计划的任务是确定初步的工作分解结构（Work Breakdown Structure，WBS）图，并根据图里的任务进行估计，从而汇总成为最高层的项目计划。在项目计划中，概念性计划的制订规定了项目的战略导向和战略重点。

(2) 详细计划。

详细计划通常称为由下而上的计划。详细计划的任务是制订详细的工作分解结构图，该图需要详细到为实现项目目标必须做的每一项具体任务。然后由下而上再汇总估计，成为详细项目计划。

(3) 滚动计划。

滚动计划意味着用滚动的方法对可预见的将来逐步修订详细计划，随着项目的推进，分阶段地重估自上而下计划制订过程中所定的进度和预算。每次重新评估时，对最后限定日期和费用的预测会一次比一次更接近实际。

滚动计划的制订是在已经编制出的项目计划基础上，每经过一阶段（如一周、一月、一季度等，这个时期叫滚动期），根据变化了的项目环境和计划实际执行情况，从确保实现项目目标出发，对原项目计划进行主动调整。每次调整时，保持原计划期限不变，而将计划期限顺序逐期向前推进一个滚动期。

4）项目计划的内容

项目计划内容可分为九个方面：

(1) 工作计划。

工作计划也称实施计划，是为保证项目顺利开展、围绕项目目标的最终实现而制订的实施方案。

工作计划主要说明采取什么方法组织实施项目，研究如何最佳地利用资源，用尽可能少的资源获得最佳效益。具体包括工作细则、工作检查及相应措施等。工作计划也需要时间、物资、技术资源，并须反映到项目总计划中去。

（2）人员组织计划。

它主要是表明工作分解结构图中的各项工作任务应该由谁来承担，以及各项工作间的关系如何。其表达形式主要有框图式、职责分工说明式和混合式三种。

人员组织计划的编制通常是先自上而下地编制初步计划，然后再自下而上地进行修改确定，它是项目经理与项目组成员共同商讨确定的结果。为此，项目经理在与项目组主要成员商讨前，对将要分配给各个主要成员的职责范围大小及其能力预先要有估计，实际上，这个估计是个预测性和试验性的计划。所以，编制出一个好的计划，需要花费一定的时间，并要对项目组成员的能力有深入的了解；而且，这个计划的预计结果将在成本估计和进度计划中反映出来。

（3）供应链管理计划。

一个新产品的开发往往要由多家供应商提供零部件的开发信息才能完成，因此，在新产品开发项目管理中，多数的项目都会涉及零部件的采购、供应计划。有的非标零部件还包括试制和试验计划，此种计划应由采购供应部门的职能经理来制订。项目经理要检查所订的计划是否能保证项目管理总目标的实现。供应链管理计划是非常重要的，因为项目实施中常常会因零部件等资源供应周期不准而拖延项目完成的工期。

（4）变更控制计划。

由于新产品开发项目的一次性特点，在项目实施过程中，计划与实际不符的情况是经常发生的。通常是由下列原因造成的：开始时预测得不够准确，在实施过程中控制不力，缺乏必要的信息等。有效处理项目变更可使项目获得成功，否则可能会导致项目失败。变更控制计划主要是规定处理变更的步骤、程序，以及确定变更行动的准则。

（5）进度报告计划。

它分为进度控制计划和状态报告计划：项目实施前所编制的进度计划是完成各活动的工作量和时间的期望值。但项目实施工作一开展，问题就会逐渐暴露出来，造成实际进度与计划进度的不符。因此，要定期检查实际进度与计划进度的差异，并且要预测有关活动的发展速度。为了完成所定工期、成本和质量目标，需要修改原来的计划和调整有关活动的速度，此即为进度控制计划。

状态报告计划是指项目经理在项目实施过程中需要随时了解项目的进展情况和存在的问题，以便预测今后发展的趋势，解决存在的问题。状态报告计划要求简明扼要、表达清楚，必须明确谁负责编写报告、向谁报告、报告的内容和报告所需的信息涉及面的大小及程度。

（6）财务计划。

财务计划主要说明需要何种预算细则、核算哪些成本、进行哪些对比、用何种技术方法收集和处理信息，以及如何及时检查和采取解救措施等。

（7）文件控制计划。

文件控制计划是由一些能保证项目顺利完成的文件管理方案构成的，需要阐明文件的控制方式和细则，建立并维护好项目文件，以供项目组成员在项目实施期间使用。包括文件控制的人力组织和控制所需的人员及物资数量。

（8）应急计划。

项目经理在制订计划时要保持一定的弹性，在工期和预算方面留有余地，以备应急需要。

这种难以预料的需要称之为“意外需要”，这是预先无法确定的需要，这种需要并不包括那些预先能估计到的困难。

(9) 支持计划。

项目管理有众多的支持手段，主要有软件支持、培训支持和行政支持。对于这些支持内容要制订相应的支持计划，保证支持手段或技术的顺利实施。

5）项目任务分解工具

在制订项目计划的过程中，首先要对项目任务进行分解，采用的方法是工作分解结构（WBS）图。WBS 图是将项目按照其内容在结构或实施过程中的顺序进行逐层分解而形成的结构示意图，它可以将项目分解到相对独立的、内容单一的、易于成本核算与检查的工作单元，并能把各工作单元在项目中的地位与构成直观地表示出来。

WBS 图是实施项目、创造最终产品所必须进行的全部活动的一张清单，也是进度计划、人员分配、预算计划的基础。

(1) WBS 图的层次。

工作分解既可按项目的内在结构，又可按项目的实施顺序进行。项目本身的复杂程度、规模大小也各不相同，从而形成了 WBS 图的不同层次。但在实现项目分解时，有时层次会较少，有时层次会较多，如图 1.26 所示的是层次较多的 WBS 图。

0级　大项目
1级　项　目
2级　阶　段
3级　过　程
4级　活　动
5级　任　务
6级　子任务
7级　工作包
8级　工作单元

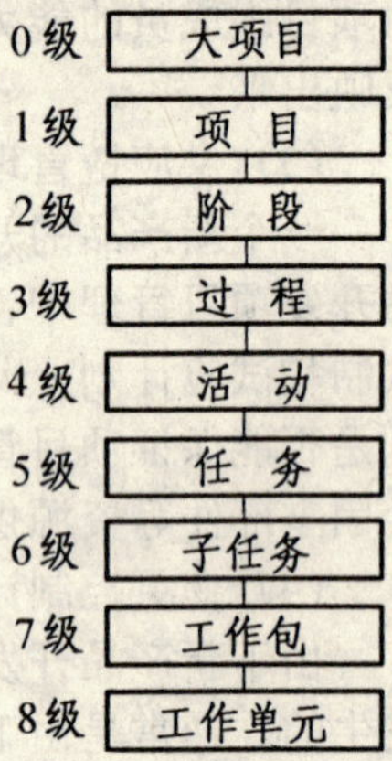

图 1.26　9 级 WBS 图

(2) WBS 图的编码。

为了简化 WBS 图的信息交流过程，常利用编码技术对 WBS 图进行信息转换。图 1.27 所示的是某企业安装和试运行新设备项目的 WBS 图及编码。

在图 1.27 中，WBS 编码由四位数组成，第一位数表示处于 0 级的整个项目，第二位数表示处于第 1 级的子工作单元（或子项目）的编码，第三位数是处于第 2 级的具体工作单元的编码，第四位数是处于第 3 级的更细更具体的工作单元的编码。编码的每一位数字，由左至右表示不同的级别，即第 1 位表示 0 级，第 2 位表示 1 级，第 3 位表示 2 级，第 4 位表示 3 级。

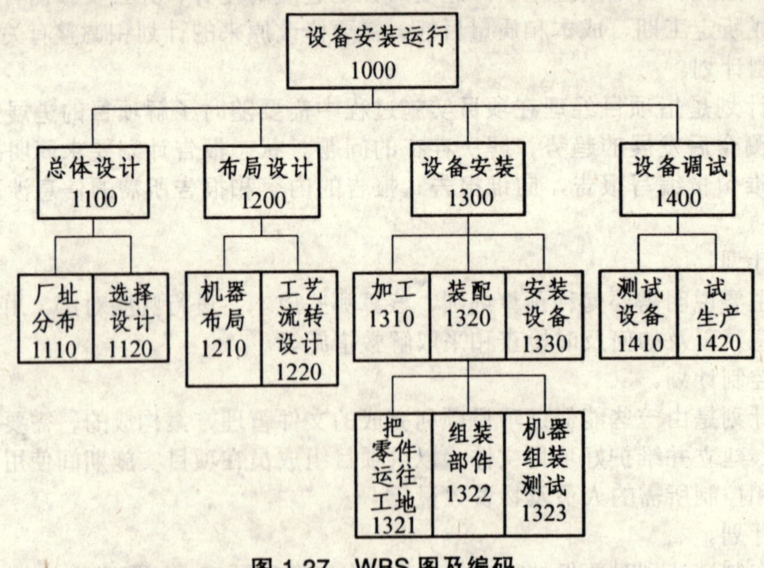

图 1.27　WBS 图及编码

1.5.2　项目进度计划的编制

1）制订项目进度计划的方法

常用的制订项目进度计划的方法有以下三种：

（1）关键日期法。

这是最简单的一种进度计划表，它只是列出一些关键活动和进行的日期。

（2）甘特图。

它是进度计划最常用的一种工具，由于其简单、明了、直观，易于编制，因此它成为小型项目管理中编制项目进度计划的主要工具。即使在大型工程项目中，它也是高级管理层了解全局、基层安排进度时有用的工具。但是，由于甘特图不表示各项活动之间的关系，也不指出影响项目工期的关键所在，因此，对于复杂的项目来说，甘特图就显得不太适宜。

（3）计划评审技术（Program Evaluation and Review Technique，PERT）。

PERT 是 20 世纪 50 年代后期出现的一种进度计划描述方法。随着科学技术和生产的迅速发展，出现了许多庞大而复杂的产品开发和工程项目，它们工序繁多，协作面广，常常需要动用大量人力、物力和财力。因此，如何合理而有效地把它们组织起来，使之相互协调，在有限资源下以最短的时间和最低的费用，最好地完成整个项目，就成为一个突出的问题。PERT 就是在这种背景下出现的。这种计划方法的基本原理是用网络图来表达项目中各项活动的进度和它们之间的相互关系，并在此基础上进行网络分析，计算网络中各项时间参数，确定关键活动与关键路线，利用时差不断地调整与优化网络，以求得最短工期。然后，还可将成本与资源问题考虑进去，以求得综合优化的项目计划方案。因这种方法是通过网络图和相应的计算来反映整个项目的全貌，所以又叫做网络计划技术。

由于甘特图的直观性和 PERT 网络计划的全面性，因而，在新产品的开发项目计划制订过程中，常采用这两种方法，以下着重介绍这两种方法及其在新产品开发中的应用。

2）甘特图的绘制及其在新产品开发项目管理中的应用

甘特图又称为横道图，是以横条代表项目中各活动的时间进度及任务开始点、任务结束点，以及各任务或子任务之间的紧前紧后关系，如图 1.28 所示。图中，左边表示的是项目任务的分解情况，分解出的各子任务对应图中各横道条，每条横道代表一个任务或子任务的时间进程，各任务进程条之间的起始状态还能表示它们间的并行执行过程。具有紧前紧后逻辑关系的甘特图如图 1.29 所示。

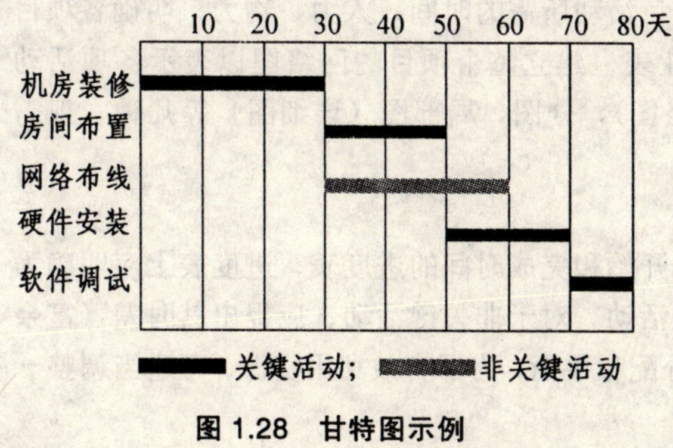

图 1.28　甘特图示例

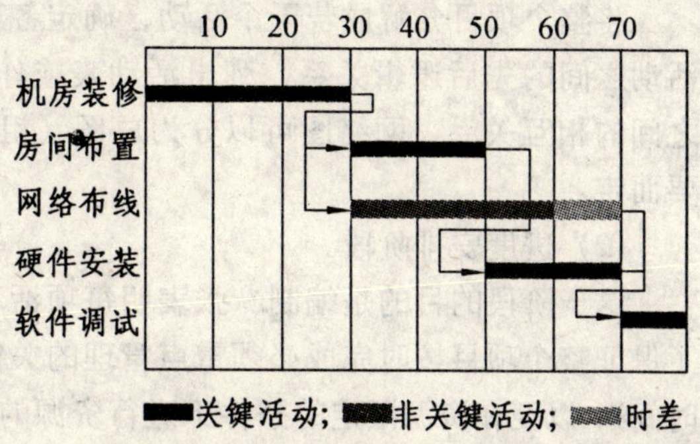

图 1.29　带有逻辑关系的软件产品开发的甘特图

甘特图的绘制重点在于项目计划的分解，即根据 WBS 图的分解原则，将产品开发项目逐级分解，并对分解后的子项目或子任务进行起止时间节点的定义，同时定义有逻辑联系的各子任务或活动，然后按时间进程的先后排列，就可绘制出甘特图。图 1.30 是某汽车新产品改型开发项目规划甘特图。

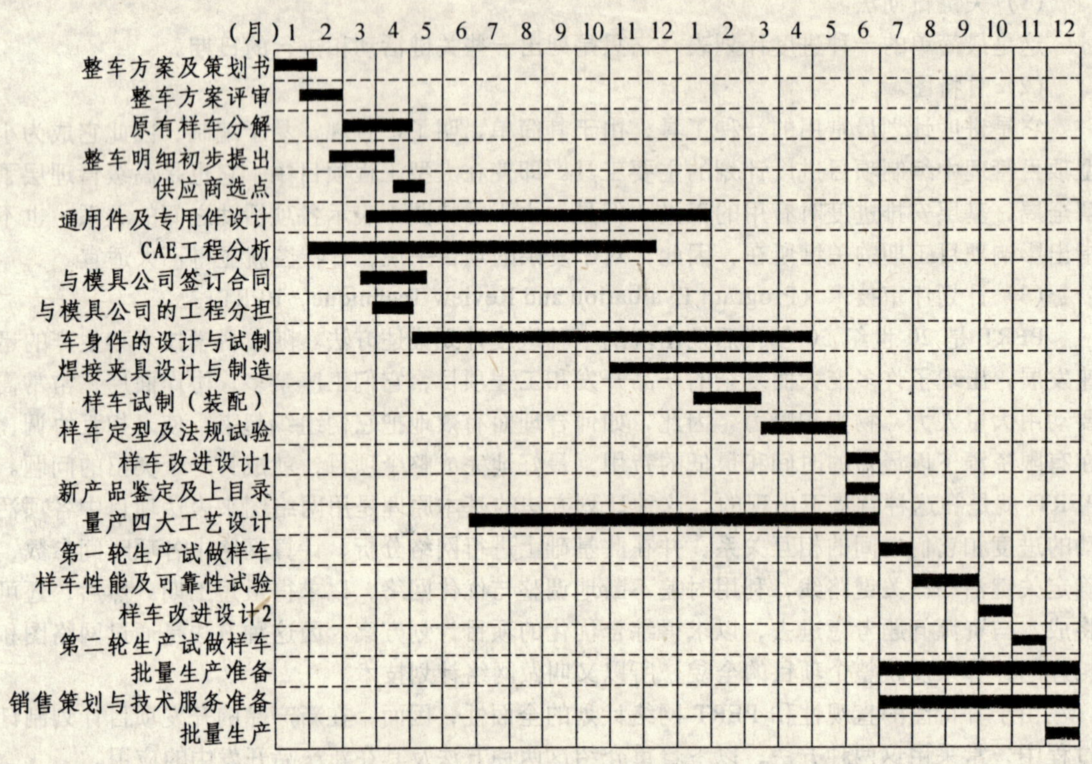

图 1.30　某汽车新产品改型开发项目规划甘特图

3）网络计划在新产品开发项目管理中的应用

网络计划最初是作为大型开发研究项目的计划、管理方法而被开发出来的，现已广泛应用在各种项目管理中。例如，美国政府规定承包与军事有关的项目时，必须以 PERT 为基础提出预算和进度计划并取得批准。在产品开发项目管理中，网络计划的应用主要有三个阶段：

（1）计划阶段。

将整个项目分解成若干个活动，确定各项目活动所需的时间、人力、物力，明确各项目活动之间的先后逻辑关系，列出活动表或作业表，建立整个项目的网络图以表示各项活动之间的相互关系。网络图可以分为总图（粗略图）、分图、局部图（详细图）等几种，视需要而定。

（2）进度安排阶段。

这一阶段的目的是编制一张表明每项活动开始和完成时间的进度表，进度表上应明确为了保证整个项目按时完成必须重点管理的关键活动。对于非关键活动，应提出其时差（富余时间），以便在资源限定的条件下进行资源的分配和平衡。为了有效利用资源，可适当调整一些活动的开始和完成日期。

(3) 控制阶段。

应用网络图和时间进度表，定期对实现进展情况作出报告和分析，必要时可修改和更新网络图，决定新的措施和行动方案。

4）网络计划的编制

(1) 网络图的组成。

网络计划的一个显著特点，就是借助网络图对项目的进度过程及其内在逻辑关系进行综合描述，这是进行计划和进度时间计算的基础。因此，研究和应用网络计划首先要从网络图入手。

网络图由圆圈或方框、箭线与箭线连成的路线组成。圆圈是两条或两条以上箭线的交节点，称为节点。网络图分为节点式（以节点表示活动）和箭线式（以箭线表示活动）两大类。

① 节点式网络图。

其又称为单代号网络图，活动用方框表示，如同逻辑依存关系一样，显示出一个活动紧随另一个活动的节点式关系。图 1.31 是有四个活动 A、B、C、D 的简单节点式网络。其中，B 和 C 紧随 A 之后，D 在 B 和 C 之后。

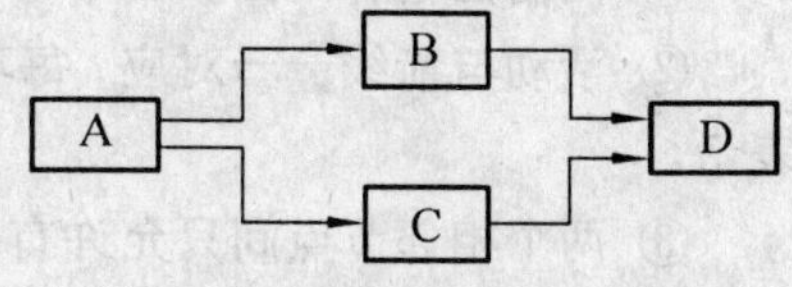

图 1.31　简单的节点式网络

活动的逻辑依存关系有以下四种类型，如图 1.32 所示。

a. 结束—开始型（End—Start）：B 在 A 结束之前不能开始，如图 1.32（a）所示。

b. 结束—结束型（End—to—End）：B 在 A 结束之前不能结束，如图 1.32（b）所示。

c. 开始—开始型（Start—to—Start）：B 在 A 开始之前不能开始，如图 1.32（c）所示。

d. 开始—结束型（Start—to—End）：B 在 A 开始之前不能结束，如图 1.32（d）所示。

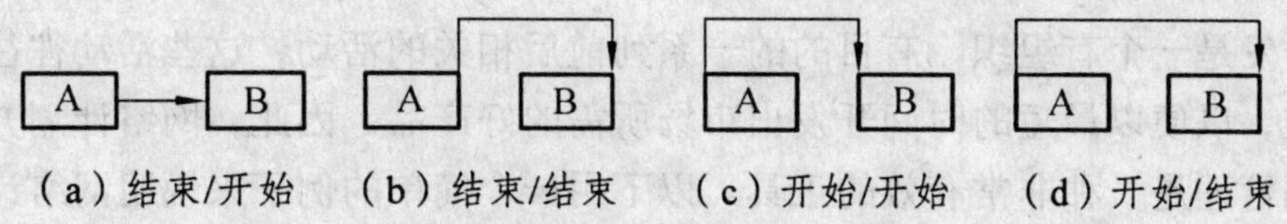

图 1.32　网络计划中四种类型的逻辑依存关系

其中，结束—开始型是最为常见的。结束—结束型和开始—开始型节点式关系是最自然的，它允许某项工作和其紧后工作在某种程度上可以同时进行；使用结束— 结束型和开始—始型节点式关系，可以使项目跟踪和项目设施的建立更加快捷。开始—结束型节点式关系的建立只是完全数学意义上的，现实生产中比较少见。

② 箭线式网络图。

箭线式网络计划图又称双代网络图，因为每个活动都由两个数字（i，j）（开始/结束）来定义。在箭线式网络中，活动由连接两个节点的弧（箭线，Arrow）表示，每个活动因此就可由这两个节点的数字来表示。在新产品开发项目计划的制订中，这种箭线式网络用得非常多，图 1.33 是用箭线式网络表示的图 1.31，活动 A 变成了活动（1，2），活动 B 变成了活动（2，3）等。由于不同的活动不能由相同的两个节点来标志，因此，活动 B 和活动 C 分别结束在节点 3 和

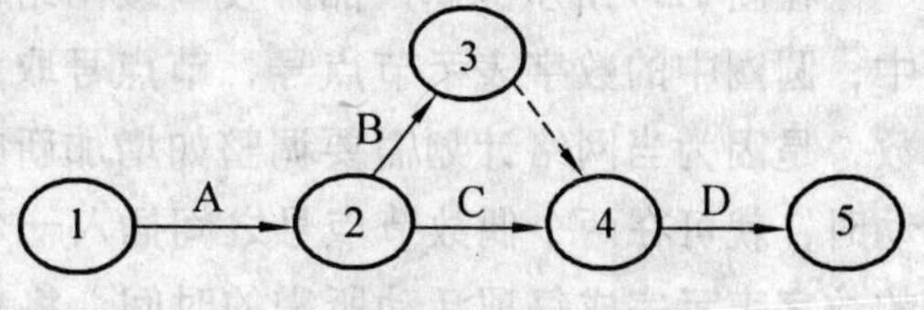

图 1.33　简单的箭线式网络图

节点 4 上，然后用一个虚活动（Dummy Activity）连接起来。因为活动是通过节点联系起来的，因此逻辑依存关系只能是结束—开始型。不过，如果引入虚活动，也可以表示其他三种节点式关系。

③ 复合型网络图。

这种类型的网络是前两种类型的综合。活动既可以由方框（节点）表示，又可以由线条（箭线）表示。更有甚者，方框和线条并不表示活动，而只表示时间上的事件和逻辑上的依存关系。线条在开始或结束时并不必连接到方框上。在高级复合网络上，节点和线条的区别也消失了。

（2）网络图的绘制规则。

绘制网络图时应遵守下列规则：

① 网络图是有向图，图中不能出现回路。

② 活动与箭线一一对应，每项活动在网络图上必须、也只能用连接两节点的一根箭头线表示。

③ 两个相邻节点间只允许有一条箭线直接相连。平行活动可引入虚线，以保证这一规则不被破坏。

④ 箭线必须从一个节点开始，到另一节点结束，不能从一条箭线中间引出其他箭线。

⑤ 每个网络图必须、也只能有一个始点事项和一个终点事项。不允许出现没有先行事项或没有后续事项的中间事项。如果在实际工作中发生这种情况，应将没有先行事项的节点用虚箭线同网络始点事项连接起来，将没有后续事项的节点用虚箭线同终点事项连接起来。

（3）网络计划在新产品开发中的应用。

新产品开发是一个有组织、有目的的一系列前后相关的活动，这些活动往往都有严格的时间周期限定，以便以最短的时间开发出市场所需的好产品。因此，网络计划方法用于产品开发项目计划管理是一种非常有效的工具。以下用一个简单的例子来说明网络计划方法在新产品开发中的应用。

新产品开发项目一般有四项设计活动需按相应的时间期限完成，且它们之间存在先后的依存关系，这四项设计活动是：A—新产品概念设计，B—新产品总体结构设计，C—新产品零部件结构设计，D—工艺设计。根据网络计划图的绘制规则，将这四个活动及它们之间的联系绘制成箭线式网络计划图，如图 1.34 所示。

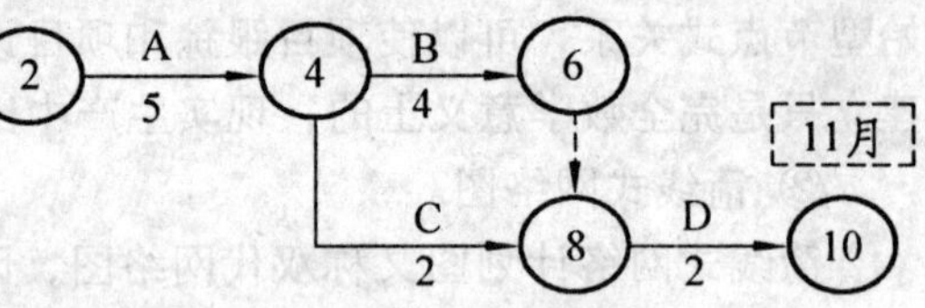

图 1.34　新产品开发的箭线式网络图

在图 1.34 所示的新产品开发一级网络计划中，圆圈中的数字表示节点号，节点号取为偶数，是因为当网络计划需要调整如增加新的活动时，就可在两个偶数节点号之间插入一个奇数节点号而不影响原来的节点编号。箭线下方的数字表示完成每项活动所需的时间，将有前后依存关系的活动且完成活动所需时间最多的箭线连接起来，就构成了往来计划图中的关键路线。图 1.34 中的关键路线是 A—B—D，项目完成的总时间是 11 个月。

在执行该项目计划的过程中，发现 A 活动完成后与 C、B 活动同时进行的还有 E 活动（如

CAE 工程分析)，因此，要增加 E 活动。由于在原网络计划编号时已考虑了增加活动的可能性，留有备用号，在这种情况下就不必打乱原来的编号，只需增加活动箭线和节点并补一个空号即可，其结果如图 1.35 所示。

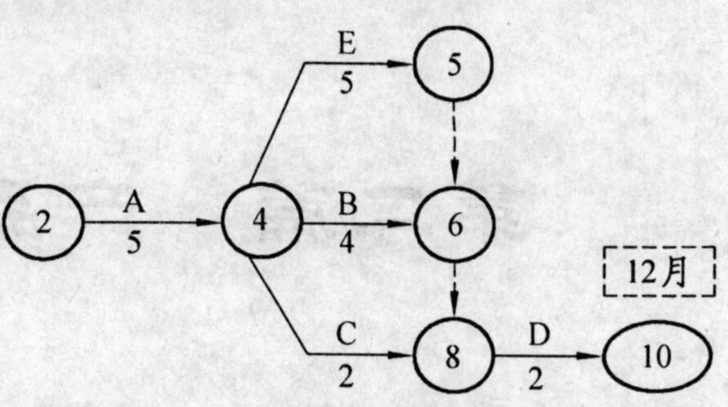

图 1.35　新产品开发的网络计划调整

重新计算时间参数后，发现关键路线已经转移，总工期也由原来的 11 个月延长到 12 个月了。从图 1.35 可见，增加的 E 活动设计分析时间大于 B 活动,故关键路线转移到 E 活动上,总工期也相应延长了 1 个月。如果应用并行工程原理,从产品概念设计开始就引入 CAE 方法,则活动 E 就从起点节点一直连接到终点节点。完成 CAE 分析的内容虽增加了概念设计的部分，但由于从新产品开发的一开始就考虑 CAE 问题，从而使工程分析的总时间反而会下降为 10 个月，因此，调整后的关键路线又转移到 A—B—D 上，总工期仍为 11 个月，如图 1.36 所示。通过对网络计划图中各项活动时间参数的计算，可以优化网络计划的关键路线，从而有效控制产品开发项目计划的完工时间，使新产品开发工作在最短时间内完成。

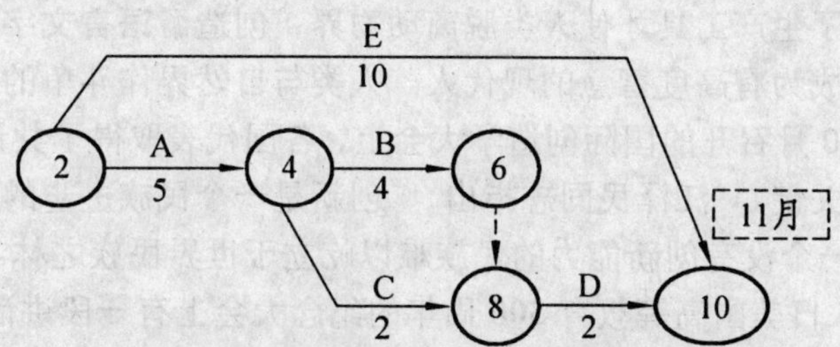

图 1.36　新产品开发项目进度计划的优化调整

将以上介绍的甘特图和网络计划图方法封装在软件系统中，就形成了 PDM 系统中项目管理的有效工具，并可采用可视化技术定义甘特图和网络计划图，用数字化手段帮助人们进行新产品开发项目的管理。

第二篇　产品创新设计理论

第二章　创新·创造·创造技法

2.1 创新·创造·创造力

2.1.1 创　新

创新是指能为人类社会的文明与进步创造出有价值的、前所未有的全新物质产品或精神产品。创新过程就是创造性劳动的过程，没有创造就谈不上创新。人类要生存、要发展，就必须创新。因为创造了生产工具才使人类脱离动物界，创造了语言文字才使人类脱离原始人的蒙昧状态逐渐发展成为有高度智慧的现代人。人类与自然界作斗争的每一次胜利都是创新的结果。在1991年10月召开的国际创造学大会上，各国代表取得了共识，就是："创造力开发是民族生死存亡的关键。"江泽民同志指出："创新是一个民族进步的灵魂，是国家兴旺发达的不竭动力。……一个没有创新能力的民族难以屹立于世界民族之林。"相对论之父爱因斯坦在1936年10月15日美国高等教育300周年的纪念大会上有一段讲话："没有个人独创性和个人志愿的统一规格的人所组成的社会，将是一个没有发展可能的不幸的社会。"管理大师德鲁克说，对企业来讲，要么创新，要么死亡。可见，创新对企业、社会、民族、国家乃至全球的发展都具有十分重要的作用。

那么，什么是创新呢？

创新，英文叫 innovation，这个词起源于拉丁语，它原意有三层含义，第一，更新；第二，创造新的东西；第三，改变。意为抛开旧的，创造新的，也叫革新，或者是指技术和经济领域里所采用和出现的一些新方法、新制度和新事物等，因此，创新最重要的表征就是新颖和独特，以体现"首创"和"前所未有"的特点。

创新也指现实生活中一切有创造性意义的研究和发明、见解和活动，包括创造、创见、创业等意。美籍奥地利经济学家 J.A.熊彼特在其1912年出版的《经济发展理论》一书中提出该词及理论，并在其1939、1942年出版的《经济周期》和《资本主义、社会主义和民主主义》两书中使该理论系统化。熊彼特的创新是一个经济学概念，包括五个方面：① 研制或引进新产品；② 运用新技术；③ 开辟新市场；④ 采用新原料或原材料的新供给；⑤ 建立新组织形式。熊彼特的创新理论受到经济学界的重视，尤其是20世纪70年代以后。21世纪初所说的创新，在熊彼特的基础上有了很大的延伸和发展，已从单纯的经济学概念演变为含义宽广的哲学概念，包括思想理论创新、科学技术创新、管理创新、经营创新、机制创新、制度创新、知识创新等。

其实，“怎样认识创新”是一个国际性议题。2003年，欧盟提出要重新认识创新概念。2004年，美国国家创新行动计划中反复强调创新的变化特征。“怎样认识创新”还是创新经济的基本问题，因为创新对资源配置也具有基础性作用。就是说，创新与价格是市场经济两只不同的手——“有形的手”和“无形的手”。彼得·德鲁克指出，21世纪，企业唯一重要的事情就是创新。因此，这个议题对企业更重要。

从本质上讲，创新是一个多元性的概念，具有内在动态性，而且内涵和性质一直在演变。这些特性逐步为人们所认识。

创新的多元性，首先表现为创新来源的多样化。相当多的人认为，研发是创新的唯一来源。但现实中，创新绝不仅仅来自研发，而是源自很多方面——意外发现、人类对清洁能源的需要、可持续发展、市场、用户、设计、经济结构、管制变化……甚至某个失败的项目都可能产生创新机遇。青霉素就是弗莱明的意外发现。作为创新之源，这些渠道的重要性不低于研发。

创新多元性的第二个方面，是其内涵非常丰富。创新远远不只是技术创新和产品创新，还包括业务流程创新、商业模式创新、管理创新、制度创新、服务创新以及创造全新市场以满足尚未开发的顾客需要，甚至新的营销和分销方法等。星巴克、eBay、维基百科都是极其出色的商业模式创新。品牌管理、事业部制则是价值卓越的管理创新。这些都表明，创新经济不仅限于高技术部门。

创新在程度上的巨大差别，是创新多元性的第三个重要方面。既有微处理器这种革命性创新，也有外观设计变化这类渐进性创新，还有结构式创新、跳跃式创新以及随身听（索尼）这种创造空缺市场的创新等。深受社会关注的行业标准，一般都是同结构式创新所形成的主导设计转化而来，施乐914复印机、IBM-PC以及福特早年推出的T型车都是这样。

互联网和全球化大大扩展了创新构思的来源和协作范围。创新的多元性还意味着正确寻找和选择创新构思、有效组织实施创新，并在适当的时间限度内把创新带向市场，也就是企业创新方式的创新。2006年，IBM召集数十万精英在互联网上展开创新风暴，出资十亿美元以求最佳创新理念。宝洁则提出，到2010年必须有一半的创新来自外部。

参与者的多样化，也是创新多元性的一种体现。创新不是某个部门或少数几个人的任务，而是遍布整个企业的思维方式。现代的创新甚至不能局限于一个企业的内部，而是呈现出网络化协作的特征，研发和设计部门、合作企业、用户、供应商、大学、政府，甚至竞争对手，都可能参与其中。如礼来制药早就实现了创新流程的国际化。

现代创新还有一个显著特征：仅靠单纯的技术创新一般说来无法取得商业成功。一方面，创新包含的知识产权和技术越来越多，单个技术创新不能保证整个创新成功；另一方面，企业要想从某个技术创新中取得实在的商业利益，常常需要其他多种创新的配合。苹果电脑推出iPod产品时用了7种创新，其中包括音乐下载平台iTunes这一商业模式创新。

创新的动态性和变化性特点表明，任何关于创新概念的解释都不能算是最终的定义。20世纪90年代，创新的主要议题是技术、质量控制和降低成本。今天，创新的含义大大扩展了——企业以效率为中心而组织，以创新和成长为中心而再造，以及把设计当做创新和差异化之源等。

也许根本就没有必要严格地界定创新，那样反而限制了思维创新。企业也不要把创新看得高不可攀。其实，创新并非什么高深莫测的神话，而是人类最普遍的行为。有句话非常形象地描述了创新的真谛：创新无处不在，无人不能。

2.1.2　创造与创造性

创造的本质就在于提出新颖的构想或创意，实现有价值的科学发现、技术发明和技术创新等。创造力是指一个人从事创造性活动并获得创造性成果的能力。我们说一个人是高创造力的人，主要不是就他的创造力潜能而言的，而是就他已做出的创造性成果来评价的。一个人要成为高创造力的人，重要的是开发和释放自己的创造力潜能，并使之转化为现实的创造性成果。

1）创　造

早在古希腊时期，亚里士多德就将“创造”定义为“产生前所未有的事物”，这一定义不仅包括了精神领域，也包括了物质世界。从中文词的根源上看，“创”在《辞源》的义项上主要有戕伤、始、造、惩等意思，反映出来的主要倾向是“破坏”和“开始”；“造”的义项主要有建设、始、制备等意思，反映出来的主要倾向是“构建”和“成为”。我们不难看出“创造”一词的原意应该是“破坏和建设相统一”。因此，从语言学角度看，广义的创造是在破坏和突破旧事物的前提下，重新构建并产生新事物的一种活动。我国的《辞海》把创造界定为“首创前所未有的事物”。

2）创造性

创造性（Creativity）源于拉丁文 create 一词，create 意指创造、创建、生产和造就等。关于创造性迄今为止还没有一个统一、精确的定义，不同的心理学家对“创造性”一词的理解和使用有很大的差异。有的强调创造的主观性，有的强调创造的目的性；有的侧重创造过程，有的侧重创造结果；有的从创造的认知风格方面出发，有的从创造的动机人格因素入手；有的则采取数者兼顾的方式来界定创造性。

美国著名心理学家斯腾伯格提出，关于创造性的定义存在两个共同要素，即“新颖性”和“适用性”，他将创造性定义为“创造性是一种创造既新颖又适用的产品的能力”。这一创造性的定义逐渐得到多数心理学家的认同。需要说明的是，这一界定是根据结果来判定创造性的，判定标准其一是新颖性，指前所未有、推陈出新的，也包括独创的、独特的、预想不到的；其二就是适用性，指在特定的情境中，不超出现有条件的限制，并且产品是有用的，或者有社会价值，或者有个人价值。

2.1.3　创造力

创造力（Creativity Ingenuity）是人类特有的一种综合性本领。一个人是否具有创造力，是一流人才和三流人才的分水岭。它是知识、智力、能力及优良的个性品质等复杂多因素综合优化构成的。创造力是指产生新思想、发现和创造新事物的能力。它是成功地完成某种创造性活动所必需的心理品质。例如，创造新概念、新理论，更新技术，发明新设备、新方法，创作新作品都是创造力的表现。创造力是一系列连续的、复杂的、高水平的心理活动。它要求人的全部体力和智力高度紧张，以及创造性思维在最高水平上进行。

真正的创造活动总是给社会产生有价值的成果，人类的文明史实质是创造力的实现结果。对于创造力的研究日益受到重视，由于侧重点不同，出现两种倾向：一是不把创造力看做一种能力，认为它是一种或多种心理过程，从而创造出新颖和有价值的东西；二是认为它不是一种过程，而是一种产物。一般认为它既是一种能力，又是一种复杂的心理过程和新颖的产物。

有人认为，根据创造潜能得到充分的实现，创造力较高的人通常有较高的智力，但智力高的人不一定具有卓越的创造力。根据西方学者研究表明，智商超过一定水平时，智力和创造力之间的区别并不明显。创造力高的人对于客观事物中存在的明显失常、矛盾和不平衡现象易产生强烈兴趣，对事物的感受性特别强，能抓住易为常人漠视的问题，推敲入微，意志坚强，比较自信，自我意识强烈，能认识和评价自己与别人的行为和特点。

创造力与一般能力的区别在于它的新颖性和独创性。它的主要成分是发散思维，即无定向、无约束地由已知探索未知的思维方式。按照美国心理学家吉尔福德的看法，当发散思维表现为外部行为时，就代表了个人的创造能力。

1）创造力的构成

创造力构成可归结为三个方面：

(1) 作为基础因素的知识，包括吸收知识的能力、记忆知识的能力和理解知识的能力。吸收知识，巩固知识，掌握专业技术、实际操作技术，积累实践经验，扩大知识面，运用知识分析问题，是创造力的基础。任何创造都离不开知识，知识丰富有利于更多更好地提出创造性设想，对设想进行科学的分析、鉴别与简化、调整、修正；并有利于创造方案的实施与检验；而且有利于克服自卑心理，增强自信心，这是创造力的重要内容。

(2) 以创造性思维能力为核心的智能。智能是智力和多种能力的综合，既包括敏锐、独特的观察力，高度集中的注意力，高效持久的记忆力和灵活自如的操作力，也包括创造性思维能力，还包括掌握和运用创造原理、技巧和方法的能力等。这是构成创造力的重要部分。

(3) 创造个性品质，包括意志、情操等方面的内容。它是在一个人生理素质的基础上，在一定的社会历史条件下，通过社会实践活动形成和发展起来的，是创造活动中所表现出来的创造素质。优良素质对创造极为重要，是构成创造力的又一重要部分。

优良的个性品质如永不满足的进取心、强烈的求知欲、坚韧顽强的意志、积极主动的独立思考精神等是发挥创造力的重要条件和保证。

总之，知识、智能和优良个性品质是创造力构成的基本要素，它们相互作用、相互影响，决定创造力的水平。

2）创造力的行为表现特征

创造力的行为表现有三个特征：

(1) 变通性。思维能随机应变，举一反三，不易受功能固着等心理定势的干扰，因此能产生超常的构想，提出新观念。

(2) 流畅性。反应既快又多，能够在较短的时间内表达出较多的观念。

(3) 独特性。对事物具有不寻常的独特见解。

聚合思维在创造能力结构中同样具有重要作用。所谓聚合思维是指利用已有定论的原理、定律、方法，解决问题时有方向、有范围、有程序的思维方式。发散思维与聚合思维二者是统一的、相辅相成的。人们在进行创造性活动时，既需要发散思维，也需要聚合思维。任何成功的创造性都是这两种思维整合的结果。创造力与一般能力有一定的关系，研究表明，智力是创造能力发展的基本条件，智力水平过低者，不可能有很高的创造力。另外，创造力与人格特征也有密切关系，综合多人研究的结果表明，高创造力者具有如下一些人格特征：兴趣广泛，语言流畅，具有幽默感，反应敏捷，思辨严密，善于记忆，工作效率高，从众行为少，好独立行事，自信心强，喜欢研究抽象问题，生活范围较大，社交能力强，抱负水平高，态度直率、坦白，感情开放，不拘小节，给人以浪漫印象。

3）创造力的研究

近半个世纪以来，有关创造力的研究取向不外乎下列四个 P：

(1) 个人的特质（Personality）：探讨创造力高的人具有什么样的特质。

(2) 产品（Product）：探讨什么样的产品创意高。

(3) 历程（Process）：创意产生于什么样的历程。

(4) 压力（Press）：探讨什么样的压力或环境因素有利于创造。

4）创造力的培养

创造力的培养概括为以下几个方面：

(1) 激发求知欲和好奇心，培养敏锐的观察力和丰富的想象力，特别是创造性想象，以及培养善于进行变革和发现新问题或新关系的能力。

(2) 重视思维的流畅性、变通性和独创性。

(3) 培养求异思维和求同思维。

(4) 培养急骤性联想能力。急骤性联想是指集思广益方式在一定时间内采用极迅速的联想作用，引起新颖而有创造性的观点。

2.1.4 创造和创造力的本质

创造和创造性的基本内涵是新颖性。但从社会学意义上考察，创造和创造性还具有价值性等社会属性。同样，创造力也可依其自然性和社会性划分为潜在性创造力和现实性创造力，后者是体现在创造性成果中的创造力。

1）创造和创造性

创造，用日本学者的话说，就是干人所未干，想人所未想，其中包括对已有成果的模仿性改造；用美国创造学家的话说，就是发明制造出世界上没有的东西，从“无”中生有，其中最宝贵的是原创性的创造发明成果，如爱因斯坦的相对论、微处理器的发明等。

1982 年 6 月，日本创造学会曾向全体会员征询关于“创造”的定义，得到 83 种不同的定义。其中包括：创造是对未知领域进行直观类推等，并形成有价值的、独创性的思想的人类意识活动；创造是把已知的信息或事物用至今未有的方法结合起来，产生新的有价值的东西的过程；创造是把包括意识和下意识的全部信息有目的地加以综合运用，产生出一种新文化的全身心的创作；创造是不受传统观念束缚，从多角度的自由联想中发明创新的活动；最高的创造是自我实现，这对于影响面很大的科学研究尤其必要。总之，不同的创造者有不同的创造体验，因而也有不同的创造定义。

美国心理学家米哈伊 · 奇凯芩特米哈伊说，从学科发展的意义上讲，创造性是某种改变现存专业或使某个现存专业转变成一个新专业的行动、观点或产品。具有创造性的人就是某个以其思想或行动改变了某个专业或创造了某个新专业的人。

一位经营蛋糕生意的企业家说：“真正的创造是将各环节有机地融合在一起，使企业高效运转。每个人都会做蛋糕。创造能力体现在如何与员工相处，如何使顾客满意，如何保证产品质量，如何确保不断地赢利等环节上。”

上述几种定义都是不同的创造者根据自己的创造体验总结和概括出来的，因而程度不同地揭示或反映了创造的种种属性，这对于我们认识创造的本质、开发自身的创造潜能具有重要的意义。但是，仅靠罗列诸种定义还难以为我们进一步研究提供必要的理论背景。这里，我们对创造和创造性提出如下界定：

(1) 创造和创造性是同等意义上的描述性语言，其主要的内涵是新颖性。

就其现实性来说，创造是对习以为常的活动的一种超越，而且这种超越是以提出解决问题的新方式、新思路来实现的。之所以说“超越”，是因为对问题解决的新方式、新思路，常常隐含着对旧的传统的思想框框的摆脱和突破。

“疯狂英语”(Crazy English) 创始人李阳最初按传统的办法学习英语，结果总是不理想。后来他打破常规，找到理想的英语学习方法，并使英语听说技能的培训变成一种社会产业。李阳的创造活动就表现出一种对习以为常的英语学习和教学方法的超越。

这里需要强调的是，人的思维有一种惰性，一旦有了一次成功的解决问题的经验，常常就会有意无意地把这次成功的经验模式化，在以后处理新问题时，总是要自觉不自觉地重复使用这个现成模式，而很少再去寻找更好更新的解决方法。这样习以为常的选择自然会妨碍问题的创造性解决，因而常常遭遇失败。

1908 年，汽车大王亨利·福特首创 T 形汽车车型大获成功。但直到 1927 年，他仍然固执地继续生产同一型号的汽车，并且声言顾客不要任何其他颜色的汽车——除非汽车是黑色的。由于福特公司顽固地信奉曾经富有创造性的东西，把过去的核心竞争力刚性化，结果在新的竞争中失去了进一步发展的优势。

英特尔公司在葛罗夫的领导下，相当壮烈地实现了公司核心竞争力的变移，使英特尔公司从生产存储器的一家微利企业变成了生产微处理器芯片的超强企业。葛罗夫因此曾提出“只有偏执狂才能生存”的醒世良言。

总体而言，发现一条科学定律，设计一种机器零件，推销一种新产品，画一幅画，都需要创造和创造性活动，解决问题同样也需要创造和创造性，这其中的关键是解题思路的新颖性和独创性。如果你不想再使自己愚蠢，不想再使自己平庸，不妨超出现行的解题（不仅仅是学术意义上的解题）思路去寻找更有效、更便捷的方法，也许你会成功，并最终把自己引向成功者和自我实现者的行列。

(2) 创造是一种满足某种渴望和需求的途径和过程，它指向的是一个多种可能性的世界。

虽然人们所期望的许多新事物、新状况通常是难以实现的，但这种渴望和追求却常常可能在创造过程中得到满足，而且也能从创造结果（产品或服务）中得到满足。在科学发现、技术发明和技术创新活动中，不仅创造者对宇宙和谐、臻美至善等的渴望和内在追求可能在创造过程和创造性成果中得到实现，而且创造者对理想生活状态以及对财富的追求等也可能得以满足。总之，创造指向的是一个多种可能性的世界，每一种梦想和渴望都对应一种可能性的世界，但这种可能性的世界要转化为现实，就必须借助于创造这一中介活动。

(3) 从社会学意义上看，创造和创造性活动还具有价值属性。

米哈伊·奇凯岑特米哈伊在《创造性——发现和发明的心理学》中对美国 91 位高创造力的人的创造活动进行分析说，仅仅研究那些使新思想、新事物出现的认识还无法全面理解创造性。创造性是一种新的、有价值的思想或行动，它不能仅按某人自己的说法作为判断的标准。除非参照某种标准，否则就无法知道某种思想是否新颖；除非能通过社会的评价，否则就无法分辨它是否有价值。这就像森林里的一棵树轰然倒地，如果没有人在场，这声音就没人听见。创造性思想的情况也是如此，如果没有人把它们记录下来，并且付诸实践，创造性的思想就会消失。如果没有懂行的人作评价，没有可靠的方法来确定那些自称有创造性的人的说法是否有道理，一个创造性的思想就很难得到社会的承认，也很难对社会发生应有的作用。因此，创造性是在人的思想和社会文化环境的相互作用中发生的。它不是一种个体现象，而是一种相当复杂的社会现象。

创造性源于一个由三要素组成的系统的相互作用：一种包含符号规则的文化，一个把新奇事物带进符号领域的人，以及一个能够认出并证明其创造性的专家圈子。要产生创造性的思想、产品或发现，这三者是不可缺少的。如果没有先前的知识，离开了促使他们思考的知识和社会网络，没有那些承认并传播他们伟大发现和杰出发明的社会机制，爱迪生、爱因斯坦以及比尔·盖茨的创造性工作都是不可想象的。说相对论由爱因斯坦创立实际上类似于说火花引起了火。火花确实是必要的，但要是没有空气和引火物就不会有火焰。

奇凯岑特米哈伊的分析强调了创造者和社会有效互动的必要性，也点出了社会个体开发和利用创造性潜能即创造力的现实途径，这就是首先要学习和充分利用已有的各种文化资源，并坚持不懈地推广和宣传自己的创造性想法或成果。

2）创造力及其内涵

创造力的内涵是十分丰富的，对此，我们可以从不同的角度作出不同的概括。

心理学家布莱安·马提曼指出："创造力最简单的表现形式就是在两个或两个以上看上去毫不相关的事物或概念之间建立起某种联系。"

心理学家沃尔施勒格认为，创造力是人"揭示新的内在联系的能力，是改变现行规范的能力"。

著名心理学家吉尔福德从创造过程的主体意义上总结说："从狭义上说，创造力是指创造者最富有特色的能力。"

美国心理学家沃拉斯等人强调创造活动的过程性，他们认为，创造力是一种特殊的解题能力，在提出问题和界定问题上，在解题的方法和思路上，在解题成果等方面均有独到之处。

美国心理学家巴伦、布鲁纳等人则突出创造成果的重要性，认为获得创造性成果才是创造力的明显标志，而且创造性成果必须具备新颖性、独创性与价值性。或许可以说，创造力就是看到的是每个人都看得到的，想到的却是别人没有想到的。

德雷夫达尔从"目的性"出发认为，创造力是人产生任何一种形式思维结果的能力，而这些思维结果在本质上是新颖的，是产生它们的人事先所不知道的。

美国心理学家罗伯·史登堡和特德·鲁巴特在《不同凡响的创造力》中强调说："所谓创造力是带来更新、更好的改变。"他们分析说，当一个产品很新颖、很适宜时，我们说这是一个有创意的产品。新颖（Novel）和适宜（Appropriate）是创意或创造性设想的两个必要条件。所谓新颖，从创意上说是不寻常的、不同于一般人所制造出来的东西。一个新颖的东西一定要有原创性。所以，创造力是产生有创意的产品的能力。具有创造力的人，是指那些能够把想法落实，用富有想象力的技巧和方式创造出新东西的人，或能够赋予现有的东西一种新的价值和意义的人。

根据众多已有的研究成果，我们对创造力的理解可以概括如下：

(1) 创造力是人们根据已有的经验和知识创造性地解决问题的能力。所谓创造性地解决问题，是指对旧有知识和经验有所突破和超越，以新的方式、观念和思维解决问题。创造性地解决问题与一般性地解决问题存在着十分重要的区别。一般性地解决问题，无论是解决知识性问题，还是解决日常生活的问题，均可依赖已有的知识经验、现成的方案，按照已有的解题程序进行；而创造性解决问题，却没有现成的方案，它要求对现有的信息进行创造性的思维加工和整合，进而超越常规，找到解决问题的新思路和新答案。

（2）创造力是人的思维活动能力，特别是人的原创性思维和特异性思维能力。这种思维活动表现为大脑活动的有意识地探索和无意识地思考的结合，它一方面需要借助于现有的知识和理性，另一方面更需要倚仗独特的想象和直觉，即非理性思维；一方面需要发散思维来不断伸展自己的活动触觉，另一方面又需要收敛思维来逐渐地聚集自己的活动能量，渐渐逼近求解问题的方法和观念，最终通过这种思维活动的张力来达到问题的独特新颖和出乎意料地解决。

（3）创造力是人的自我完善的结果，也是人自我实现的基本素质。创造力是个体的创造潜能，那种把创造看做是某种特殊的智力活动，是发生在某些特别人物头脑里的创见的说法具有误导性，它会让人觉得创造力是个别成功人士的专利品，从而看轻自己的创造发明潜能，失去积极进取的自信和动力。任何人都有创造潜能，但一个人要发现和开发自己的创造潜能，必须通过自我完善和自我教育来完善其个性和人格。

3）内在天赋只是创造力的必要条件

创造力可以划分为潜在的创造力和现实的创造力两类。潜在的创造力是一个人做出创造性成果的内在天赋，它是一个人从事创造性活动最基本的生理学和心理学前提。一个人的天赋是指其能把某事做得非常好的天生的能力。但是，仅仅有天赋是不够的。我们说迈克尔·乔丹是一个有天赋的运动员，或者说莫扎特是一个有天赋的钢琴家，并非意味着他们仅仅是因为自己的天赋而具有创造性的。

天赋固然对一个人的智力发展和事业成功会起很大的作用，至少它会提高一个人在某项事业和专业领域中获得创造性成果的可能性，但一个人的创造力的开发和利用绝对离不开环境和其他因素的影响。鲁迅先生曾经说："其实即使天才，在生下来的时候的第一声啼哭，也和平常的儿童的一样，决不会就是一首好诗。"苏联著名作家高尔基认为："天才就是劳动，人的天赋就像火花。它既可能熄灭也可能燃烧，而使它成为熊熊烈火的方法只有一个，那就是劳动，再劳动。"

20 世纪 80 年代初期，中国科技大学等几所重点大学曾先后开办了少年"神童"班，但由于仅仅注重智力开发，对情感智慧的教育和开发不够，10 年后的一项追踪调查结果表明，这些"神童"们虽然目前多数仍在国内外的科研机构中工作，但很少有人获得"突破性"成功。一些专家对此分析说，如果我们在强化智力训练的同时，能更好地注意情感智慧的培养和开发，更擅长传授情感智慧的话，我们将会培养出更多的富有创造性的专业人才。

大量的事实表明，促使一个人的潜在创造力转化为现实创造力的两个重要的因素是智力和情感。在多数人都有机会接受教育的今天，或许情感（或"情商"）更重要。美国贝尔实验室曾对 150 名电气工程师进行过一项调查，结论是，他们中最有成就和价值的人，是"为人和善，在危机和变化的时刻能脱颖而出的人物"。据说当该实验室的一位经理被要求列出他最杰出的下属时，他提出的人选不是智商最高的人，而是一位对所收到的电子邮件都能给予回答的人。那些助人为乐、受同事欢迎的员工比那些不善交际、孤家寡人的天才更可能得到人们的合作，因此也就可能更好地表现自己的创造力潜能。

因此，高创造力的天赋只是提供了一种做出重大创造性成果的可能性，这种可能性并不等于现实性。真正使这种可能性变为现实性的途径只有一条，就是劳动、实践或者“干”。只有当一个人所具有的这种潜在的能力变成现实的创造性成果之后，他的创造力才能被社会所承认。因此，我们在更多的时候，常把创造力归结为一个人在现实情境中所显现出来的创造性的做事能力。

4）科学发现、技术发明和技术创新

美国宾夕法尼亚州州立大学心理学博士曾志朗分析说，在科学上，发现、发明和创造的层次是不同的。哥伦布发现新大陆是发现，因为新大陆在哥伦布之前早已存在，他不发现，别人迟早也会发现；爱迪生发明电灯泡是发明，因为当时各种条件都已具备，也有好几个人同时在进行同样的研究，不是爱迪生必然也会有别人发明电灯泡。只有创造是不同的，创造是无中生有，它的个人性很强，没有这个人就没有这个作品出来；或许别人也会去创造，但是他的创造作品和你的创造作品不一样，因为他不是你。改变历史的、替人类带来精神文化遗产的多半是“创造”，而不是前面所说的“发现”或“发明”。曾先生在这里将创造的概念界定得太狭隘、太抽象，以至于我们只能把创造看做是某种神秘性的东西。这对于我们讨论创造力潜能开发和训练等问题显然是一个误导。

事实上，创造并不是什么高不可测的抽象的东西，而是体现在我们日常行为和活动中很具体的内容，它只有与科学发现、技术发明和技术创新等现实的人类活动相联系时才可能进行。而且，众多科学发现、技术发明和技术创新的完成，非得借助于创造性的力量或构想才能实现。因为科学发现、技术发明和技术创新都有一个根据已知和现实去开拓和创造未知与未来的环节，而从已知到未知，从现实到未来，其间不存在任何必然的逻辑关联。要搭建连接这两岸之间的桥梁，想象力和创造力是必不可少的。因此，在一定意义说，科学发现、技术发明和技术创新都是最基本的创造性活动，它们都是创造的具体的表现形式，而不是异于创造的不同层次的东西。

科学发现是出于人类解释世界、认识世界以及改造世界的需要而进行的探索自然世界和人类社会的本质和规律的创造性活动。科学发现的基本形式是假说。科学发现并不完全等同于“看见”或者“找到”某种事实或现象，更重要的是对这些“看见”或者“找到”进行创造性的理论解释。科学发现是基本的创造性活动。

技术发明，是指从事前人和他人从未进行过的技术或工艺活动，即“创制新的事物，首创新的制作方法”。作为创造活动的一种形式，技术发明也必须具有新颖性的特点。除此而外，技术发明还具有价值性和可行性等特点。和一般的创造过程不同，技术发明强调其最后结果，在获得发明结果之前的每一步骤都不能称为发明。

技术创新不同于科学发现，也不同于技术发明。尽管在技术创新过程中科学家、工程师或发明家起了很大作用，但是，技术创新的主体已经从科学家和发明家群体转移到企业家群体。如果没有需求和市场的推动，技术创新的成功，尤其是技术创新成果的产业化是难以想象的。技术创新本质上是技术资源和产业资源以新的方式或构想重新整合或配置的过程和结果。技术创新和创造都是对已有的知识和经验的整合。但创造仅仅涉及个人设问能力的不确定性，而创新既涉及个体解题能力的不确定性，也涉及社会经济环境的不确定性。创新是一个创造性的活动，但具有创造性的活动并不一定就是创新。创造性活动追求的主要是概念或产品的新颖性，而创新主要看中的却是概念或产品的商业价值或商业目的。

2.2 创造性思维

2.2.1 创造性思维的一般含义

“思维”是人脑对客观事物间接的和概括的反映，它既能动地反映客观世界，又能动地反作用于客观世界。“思维”是人类智力活动的主要表现方式，是精神、化学、物理、生物现象的混合物。“思维”通常指两个方面，一指理性认识，即“思想”；二指理性认识的过程，即“思考”。思维有再现性、逻辑性和创造性。它主要包括抽象思维与形象思维两大类。

创造性思维（Creative Thinking）是一种具有开创意义的思维活动，即开拓人类认识新领域，开创人类认识新成果的思维活动，它往往表现为发明新技术，形成新观念，提出新方案和决策，创建新理论，对领导活动而言，其表现在社会发展处于十字路口时所作出的重大抉择等，这是狭义上的理解。从广义上讲，创造性思维不仅表现为做出了完整的新发现和新发明的思维过程，而且还表现为在思考的方法和技巧上，在某些局部的结论和见解上具有新奇、独到之处的思维活动。创造性思维广泛存在于政治、军事决策中和生产、教育、艺术及科学研究活动中。如领导工作实践中，具有创造性思维的领导者可以想别人所未想、见别人所未见、做别人所未做的事，敢于突破原有的框架，或是从多种原有规范的交叉处着手，或是反向思考问题，从而取得创造性、突破性的成就。

“创造性思维”又称“变革型思维”，是反映事物本质和内在、外在有机联系，具有新颖的广义模式的一种可以物化的思维活动，是指有创见的思维过程。创造性思维不是单一的思维形式，而是以各种智力与非智力因素为基础，在创造活动中表现出来的具有独创的、产生新成果的、高级的、复杂的思维活动，是整个创造活动的实质和核心。但是，它决不是神秘莫测和高不可攀的，其物质基础在于人的大脑。

创造性思维的结果是实现了知识即信息的增殖，它或者是以新的知识（如观点、理论、发现）来增加知识的积累，从而增加了知识的数量即信息量；或者是在方法上的突破，对已有知识进行新的分解与组合，实现了知识即信息的新的功能，由此便实现了知识即信息的结构量的增加。所以从信息活动的角度看，创造性思维是一种实现了知识即信息量增殖的思维活动。

创造性思维的实质，表现为“选择”“突破”“重新建构”这三者的关系与统一。所谓选择，就是找资料、调研、充分地思索，让各方面的问题都充分想到、表露，从中去粗取精、去伪存真，特别强调有意识的选择。法国科学家 H. 彭加勒认为：“所谓发明，实际上就是鉴别，简单说来，也就是选择。”所以，选择是创造性思维得以展开的第一个要素，也是创造性思维各个环节上的制约因素。选题、选材、选方案等，均属于此。

创造性思维进程中，决不去盲目选择，重点在于突破，在于创新。而问题的突破往往表现为从“逻辑的中断”到“思想上的飞跃”。孕育出新观点、新理论、新方案，使问题豁然开朗。

选择、突破是重新建构的基础。因为创造性的新成果、新理论、新思想并不包括在现有的知识体系之中。所以，创造性思维最关键之点是善于进行“重新建构”，有效而及时地抓住新的本质，筑起新的思维支架。

总之，创造性思维需要人们付出艰苦的脑力劳动。一项创造性思维成果往往需要经过长期的探索、刻苦的钻研，甚至多次的挫折之后才能取得，而创造性思维能力也要经过长期的知识积累、智能训练、素质磨砺才能具备。创造性思维过程还离不开推理、想象、联想、直觉等思维活动。所以，从主体活动的角度来看，创造性思维又是一种需要人们，包括组织者、创造者付出较大代价，运用高超能力的一种思维活动。

产品创新设计离不开创造性思维活动，设计的内涵就是创造，设计思维的内涵就是创造性思维。

2.2.2　创造性思维的生理学基础和心理学前提

创造性思维是相对于再现性思维或常规性思维而言的，其特点在于思维结果的新颖性。创造性思维有其独特的生理学基础和心理学前提，具体表现为大脑左右两半球之间的协调共济。

1）创造性思维的生理学基础

关于创造性思维活动的生理学基础的研究主要体现在两方面。

（1）现代神经生理学家对大脑两半球认知功能及其协调共济机制的研究。

现代神经生理学研究表明：大脑分为左右两个半球，通过脑桥的大量神经纤维相互贯通。左右半球在思维功能上是不对称的。一般来说，大脑左半球在语言思维、逻辑思维以及运算思维能力上比较出色，因而又被称为理性的脑。与之相比较，右半球则在形象思维、直观思维以及对空间的把握、形象辨识等方面比较出色，被称为感性的脑。右半球的病变会直接影响到人的辨认能力，如果切除右半球的某些部位，则会引起语言方面的困难。进一步的研究还表明，大脑左右半球之间存在某种功能性联系的实体——胼胝体（Corpus Callosity），它是连接左右半球的横行神经纤维束，起着连接左右半球全部皮质的作用。

日本学者恩田彰等在《创造性心理学——创造的理论和方法》中对大脑左右半球的机能差别作了如下比较（见表 2.1）。

表 2.1　大脑左右半球的机能差别

左半球	右半球
语言的	非语言的、形象的
分析的	综合的
逻辑的	直观的
线性的、历时的处理信息	非线性的、共时的处理信息
形成概念的	图形的感觉
数学运算的	几何学的
闭合的思考	开放的思考
因果的	非因果的
理性的认识	感性的认识
数理的联想	类推的联想

恩田彰等人分析说，至今的智力开发，过分注重于大脑左半球，即以逻辑思维、闭合思维的智力开发为重点，而对创造性思维具有重要作用的大脑右半球的机能开发得很不够。要想开发一个人的创造力潜能，决不能忽视右半球的想象力、直观思考等重要思维力量，而应尽可能使大脑两个半球的作用统一起来，使左边的语言脑与右边的形象脑的相互联系活跃起

来，也就是使形象思维与语言思维、直观思考与逻辑思考、开放性思考与闭合性思考，以及共时的信息与历时的信息处理彼此协调统一起来。

美国康奈尔大学教授卡尔·萨根在其畅销书《伊甸园的飞龙》一书中分析说，在日常生活中，大脑两半球的相对独立性表现得非常明显。但是，对左右半球功能的独立性不应当估计过高，应当强调大脑左右半球的彼此协同合作。他说，像胼胝体这样复杂的神经系统的存在，意味着两半球的交互作用是人们维持生命所必需的。如果两半球的联系被削弱，甚至被切断，人体就会出现许多莫名其妙的现象。人类的各种创造性活动有赖于两半球功能的结合。

在阐述大脑左右半球在思维过程中的作用时，萨根说，直觉见解在我们以往的个人体验或进化感受的范畴内是大有作为的，理智努力的方向，在很大程度上最终取决于通过知觉见解所揭示出的人类本质。如果没有创造的和直觉的见解，没有对新模式的研究，即使是一个决定性的思想也不会有结果，并且注定要失败。另一方面，没有经过左半球的详尽研究，没有必要的逻辑分析和论证，就无法断言通过左右半球推断出来的模式是现实的还是虚构的。因此，在骤变的环境中，要解决复杂问题就需要人脑两个半球的共同活动。

萨根还具体分析了凯库勒发现苯环结构式和笛卡儿发明解析几何学的创造过程。他认为，凯库勒发现苯环结构的过程是一个典型的图形识别过程，而不是一种分析活动。这是通过做梦而完成的最著名的创造活动过程。这种行为是右半球而不是左半球的活动。因此，要有效地获得知识，需要两个半球的协同工作。对于笛卡儿的发明，他说，代数方程式是大脑左半球的结构原型，而一条普通几何曲线，则是大脑右半球特有的产物。在一定意义上说，解析几何就是数学上的胼胝体。解析几何把代数方程和几何曲线这两种描述数量关系的方式相结合，开辟了近代数学研究的崭新思路。萨根因此预言说，只有通过大脑左右半球的合作，人类的科学、艺术等方面的创造活动才可能大量涌现。

(2) 对爱因斯坦等天才人物的大脑生理基础的研究。

近年来，许多科学家开始对人脑的独特贡献，即创造性思维过程产生浓厚的兴趣。加州大学伯克利分校、麻省理工学院的研究人员都在苦苦地探索造就像爱因斯坦这样的天才人物的生理和心理基础。他们的研究方法不尽相同，有的分析人脑的形状和构造，有的利用电脑模仿人脑的创造性思维过程，有的则试图发明一种能够自我创造的电脑。通过多年的研究，人们已经逐步接受了这样一种观念，即创造性思维是一种多层面的现象，一个人只有在和他身处的环境相互作用时才能迸发出智慧的火花。

美国的达利亚·扎德尔博士为了研究天才人物与平常人的大脑到底有什么不同，特意对爱因斯坦死后不久取下的两块脑切片进行了分析。这两块切片包含爱因斯坦脑部海马区的细胞，这个区域主要承担记忆和语言功能。扎德尔将爱因斯坦的大脑组织与10位普通人的大脑组织进行了比较，结果发现，“爱因斯坦脑部海马区的左侧神经细胞比右侧神经细胞大得多。他分析说，这可能意味着其左脑海马区和大脑皮层之间神经细胞的联系较之右脑更加紧密。由于无法确定爱因斯坦脑部的上述不对称现象的形成原因，扎德尔明确表示：“我也不清楚这种不对称现象到底与爱因斯坦具有超常智商之间有什么联系。”

美国加州大学伯克利分校的 M. 戴蒙德教授为了揭示爱因斯坦现象，特别仔细地观察了从1955年起就保存在甲醛内的爱因斯坦的大脑，结果发现：人脑的下顶骨小叶中有一个被称之为“胶形脑回”的大脑区，其中有神经胶质小细胞，而爱因斯坦的这部分神经胶质小细胞的密度特别大。“胶形脑回”的主要作用是控制有关数量信息的处理。

总体而言，科学家还没有发现天才人物与普通人在大脑生理结构方面的明显不同之处。不管最终的结论如何，对大脑进行创造性思维的生理活动机制的研究只是对大脑潜能的认识，是对创造性思维活动得以进行的可能性研究。要使这些潜能和可能性变为现实，主要取决于一个人与社会其他因素的互动作用。

2）创造性思维的心理学前提

创造性思维活动的进行，不仅具有生理学的基础，还具有重要的心理学前提。创造性思维活动是人的心理活动过程，它既以知觉作为其活动的前提和条件，又以意象和内觉等作为其成果再现和实现的内在机制和必要中介。创造性思维的心理学本质根源于人的大脑感知能力的局限性和大脑识辨能力的不确定性和可拓展性。

(1) 知觉：创造性思维的前提条件。

创造性思维呈现的基本要素是经验和图像，而知觉是获得这些要素的前提条件。

首先，知觉可以再现当时在场的事物，如我在校园里看见一朵玫瑰，闻到了它的芳香，触摸到了沾有露珠的花瓣，我把花摘下来时听到了花梗轻微的折断声，手还会被它的刺扎痛。在短短的时间里，为了感知这朵玫瑰，我动用了视觉、嗅觉、温觉、动觉、听觉和痛觉。在这一知觉过程中，这朵玫瑰是直接呈现的，我并没有运用我的想象来认定它的存在，尽管我能想象到与所有这些知觉非常相符的感觉。

生理学家和心理学家们指出，知觉的简单性与直接性并不表明心理过程的简单性。知觉包括了介于感性刺激和有意识注意之间的那些复杂过程。这些过程首先包括一个过滤机制，它能够使我们：

① 把某些刺激记下来；

② 把其他一些刺激删除掉；

③ 对那些被记录下来的边缘的感性事件加以组织；

④ 构造一个整体的经验。

这样一来，对象在我们的头脑中就有了恒常性，即不管我们从近处或远处观察，它都表现出同样的形态。

其次，知觉在我们日常生活中是很实用和很方便的工具。当我们阅读书页上的印刷字母时，尽管字母可能书写得很不规则、很潦草，但我们还是能很快地、毫不费力地对它进行辨认。当我们在行走时，我们无需费力马上便可认出前面的客体，如果左边有声音，我们就听到它在左边，如果前边有个沟坎，我们会及时地跨过去。当我们拿起一支铅笔时，并没有意识到思想过程参与下述过程：认出那件东西是铅笔，控制手臂去抓这件东西，使用铅笔等。

但是，知觉对信息的认知是有阈值的。如果越出知觉思维的信息阈值，我们对客体信息的感知就会模糊不清。这时候，要认清客体对象，就必须依靠知觉之外的其他心理因素的支持，如通过数据驱动或者概念驱动，或者二者的交互作用来增加信息量，实现对认知客体的知觉识辨。

更重要的是，知觉能使我们接触到外部世界，获得对外部世界的经验和图像。但同时知觉又是个简化系统，通过知觉获得经验和图像的方式是不能与不断变化的外部世界相匹配的，因为每一种知觉形式都只是一扇通向具有潜在的无数刺激的外部世界的小窗口，我们看到的和听到的仅仅是种种刺激的一部分，我们的直觉本能地只趋向于去注意那些我们能够随后理解的，或是能把它置于某种范畴之中的部分，而对其余的一切则视而不见。如不这样，我们就会被大量不相干的刺激所淹没而不知所措。

再者，知觉的整体性特征为人们的创造性活动提供了重要的心理基础。画出一幅有趣的画的基本要领是提供一个兴趣焦点，办法是在重复的模式中加入某种类型的分类。许多当代画家都精于发现构图的多样性，它们可用来提供有趣的图形和背景组合。如果仔细分析这些图画，就会发现其中的要素组织是被动的，有时采用一种形式，有时采用另一种形式，但是对图画总要给予某种组织方式，即使画家有意要避免某些标准的组织方式，观众也会给它加上去。

爱因斯坦说："我们的心理经验包括一个丰富多彩的序列：感觉经验，对它们的记忆形象，表象和情感。""在我们的许多感觉经验当中，我们在头脑里任意取出某些反复出现的感觉形象的复合（部分地同那些被解释为标记别人的感觉经验的感觉印象结合在一起），并且给它们一个概念。""这个概念的意义和根据都唯一地归源于那个使我们联想其他的感觉印象的总和。"所有这一切，就是科学创造活动的一个重要的心理机制。

（2）意象：创造性思维再现的基本机制。

意象是产生和体验形象的过程。与依赖于外在感官的知觉相反，意象纯粹是一种内心活动。意象不仅可以再现不在场的事物，它还能使我们保持对不在场的人或事所拥有的感受和情感。比如，母亲的形象能唤起儿女对她的爱。

意象可能成为外在对象的替代物，它实际上是一种内在的事物，即人脑的产物。当然，为了获得母亲的形象，我们必须在外在的世界中确实看到过她才行，然而这种形象一旦形成，她就成了我们自身的组成部分，属于我们的内在生活了。因此，意象不仅能帮助人更好地理解世界，而且还帮助人创造出一种外部世界的代用品。不管一个人靠意象和随后的认识过程觉察到或体验到了什么，它们都会成为这个觉察者或体察者内心世界的组成部分。

意象是创造力培育和开发训练中最受重视的心理成分之一。许多创造学家如高桥浩一再强调：构想或者创意是根据需要而调动和整合存储在头脑中的各种各样的知识、经验和图像的结果，虽然这些知识、经验和图像有时会以从未有过的组合形式表现出来，但却不会出现人所没有的知识、经验和图像的组合形式。这里尤其不能把知识、经验和图像局限于在学校或其他地方有意识学到的东西，那些在不知不觉中所经历的事物及其意象也会成为材料。有些人尽管有着丰富的知识和经验，却拿不出像样的点子，主要原因就在于他们不能灵活地应用意象和材料。

意象的种类很多，有多少种感觉就有多少种意象。总体来讲，意象可以归结为视觉型意向和听觉型意象两种。由于大多数人是用语词来思考的，而语词一般体验为听觉的形象。比如，我心里想："创造力是未来的冲击波"，在我"心灵的耳朵"里，我几乎是听到了我的声音或者有一种轻微的回声在说着这句话。如果排除语言的意象，我们就会感受视觉意象的重要作用。

爱因斯坦在回答数学家阿达玛所准备的一组创造心理学问题时这样写道："写下来的词句或说出来的语言在我的思维机制里似乎不起任何作用。那些似乎可以用来作为思维元素的心理实体，是一些能够'随意地'使之再现并且结合起来的符号和多少有点清晰的印象。当然，在那些元素和有关逻辑概念之间有着某种联系。很显然，希望在最后得到逻辑上相联系的概念这一愿望，就是用上述元素进行这种相当模糊活动的情绪上的基础。但从心理学的观点看，在创造性思维同语词或其他可以与别人交往的符号的逻辑构造之间有任何联系之前，这种结合的活动似乎就是创造性思维的基本特征。对我来说，上述那些元素是视觉型的，也有一些是肌肉型的。”

在爱因斯坦的创造体验中，视觉型的意象和肌肉型的意象似乎是创造性思维产生的强力要素。这一点，也引起了许多研究者的共鸣。心理学家沃尔克普写道，至少在科学领域中，创造者常常借助于强烈的视觉形象。他们“在自己的创造领域里差不多是运用幻觉的”。“有关复杂机制的形象思维……这表明，那种要靠画在纸上才能掌握住的观念用不着把它画在纸上就能形象化地体现出来……并且，所看见和所感觉的自然是奇特的，它几乎就像正在被想象着的那个客观一样。”

一位作家在数学家欧拉的传记中曾提到这样一个故事：有一次，双目失明的欧拉躺在藤椅上听他的两位学生讨论某个积分方程的计算结果，两个学生怎么计算也得不出一个共同的计算结果，但都认为自己的计算没有问题，争论了半天，也找不出解决问题的好办法。这时，欧拉说话了，他建议他们仔细检验一下该方程第 100 位的某个数字转换结果是否搞错。问题恰在这里，两个学生因此很快得出共同的计算结果。这位传记作家在解释这段故事时只提到欧拉的惊人记忆力，而没有意识到欧拉的惊人的“看见”能力，即运用视觉型意象从事科学发现的能力。

意象是短暂易逝的，一个人只能在很短的时间内保持一种意象，当再次唤起这种意象时就会以稍微不同的形式出现。除了幻觉以及有时在梦中出现的那些特殊情况的意象之外，大多数意象都是朦胧、含混、模糊的。除非作出强烈的、有意识的努力，意象是不能完整地再现出整个情境的。特别地，在对整体有一种模糊不定的视觉显现的情况下，所意识到的意象是从一个情景很快转换成另一个情景。然而，在人的思想中，尽管他集中注意的是某一局部，但在心理上无疑是着眼于总的情境的。意象的这一流动特性或可拓展性实际上是创造性思维活动中最宝贵的品质。

阿瑞提在《创造的秘密》中比喻说，意象不同于知觉，知觉可以在刺激的影响下呈现并且易于再现，而意象则像一位历史学家的作品，这位历史学家试图不用实证史料，而是用自己所能有的最好方式追踪过去的遗迹。意象是拙劣的历史记载，或者是拙劣的档案记录，但是它却是最初的创造力萌芽。具体到每个人来说，显然他的意识是试图再现以往的知觉，但这种再现远不是完整无缺的。他可能想看到自己青年时期一位恋人的面庞，但不会像她出现在眼前那样清楚。意象对于知觉的复现只满足到这样一种程度，那就是使这个人体验到一种其与再现的原型之间存在的某种印象和情感。而且，大多数意象很快就和那些在时空上与它相近的其他意象联系在一起。也就是说，它倾向于再现在空间上与前一个意象刺激相接近的事物的形象。比如，我产生了一棵树的意象，这棵树的形象就容易使我产生此树所在森林或花园的意象，产生那个地方的景色的意象，产生和我同游此地的人的意象。

某些意象具有显著突出的部分，如月牙状的意象可产生月亮的意象，或月牙状海岸的意象，或一只香蕉的意象。有的意象并没有显著突出的部分，而是一连串容易相互代替的部分。有的意象则是另一些形象的凝缩或融合，而这些意象原来的形象在现实世界中本来是分离的，如龙的意象。意象总是朝着一个方向运动，不断地形成变化着，这就有可能使人在很少信息刺激或资源的情况下找到解决问题的创意或实现自己意愿的妙方。

因此，意象不仅仅是再现或代替现实的第一个或最初的过程，而且也是创造出非现实的第一个或最初的过程。意象由于不是忠实地再现现实，因而它是一种可能超越现实的力量。意象是与“不在场”的事物进行接触的一种方式，是赋予这种事物以心理的呈现或心理的存在的一种方式。意象具有把不在场事物再现出来的功能，但也具有产生出从未有过的事物形象的功能——至少在它最早的初步形态上是如此。通过心理上的再现去占有一个不在场的事物，这可以在两个方面获得愿望的满足。它可能满足一种可望而不可得的渴求，还可能成为通往创造力的出发点。如果意象再现出了那些实际存在而不可得到的事物形象，就会促使人去行动，去探求以找到或创造那个渴望获得的事物；如果这种事物实际上并不存在，就会促使人去创造；如果既不能找到它也不能创造出它，人就会在白日梦中去幻想它。然而靠白日梦的幻想并非总能让人满足，于是人们就会再一次地去探求或创造。当然，意象过于强烈可能会导致一种不把观念的现实和外部世界的现实加以区分的精神病患。因此，寻找某种途径或采取某种机制大量地抑制意象或把它压入到无意识状态，这对于心灵的健康发展是必要的。或许这也是一些高创造力的人把自己的创作或创造活动说成是一种生存的本能或需要的深层原因。

(3) 内觉：创造性思维呈现的心理中介。

意象虽然是创造性思维活动中的一种常见的、非常重要的心理成分，但它本身不能构成创造产品。要把意象变成有益的创造产品还有赖于一系列心理中介，内觉就是其中之一。

内觉是对过去经验、知觉、记忆和意象的一种原始性的组织。它虽然超越了意象阶段，但由于还不能再现出任何类似知觉的形象，因此不易被认识到，不能转化为语词的表达而停留在前语词的水平。与意象相比较，内觉在认识上已经得到相当的扩展，但这种扩展仍然是以主观上不能觉察为代价的。内觉只有在被转化为其他的表现形式时才能传达给别人，如转化为语词、音乐、图画等。没有这种转化，对内觉的认知或许是不可能的事。

在某种强烈的情绪状态下，如陪伴自己的恋人或者处于一种动情的艺术欣赏状态，内觉就变得格外明确。这时候，想把这种体验用语词表达出来的人常常会说“语言破坏了感情”。他会说“我懂得其中的意思和感受，但就是说不清”。“美，尽在不言中”。有些诗的用词暗示了更多的没有说出来的而只能靠内觉去体验的内容。内觉体验就像非言语表达的联想一样，倾向于用不确定的方式扩展，所有这些都会使人产生艺术的或审美的体验，进而有助于激发独创性的创造性思维火花。

阿瑞提在《创造的秘密》中分析说，一些理智的、受过良好教育的人，由于过分偏爱逻辑推理思维和经验事实而对问题的思考常常表现出“平面性”，缺少深度，其智力活动表现出某种机械性。在早期教育和生活实践中，这种人只被训练去接受概念而完全抑制了内觉，因而他们的思维能力就受到了某种限制。而有些产生内觉体验的人，包括一些有创造力的人，好像对人以及对任何真实的生活不感兴趣。这种人并非真的不感兴趣，而是他一时专注于自己的问题而难于被外在的事物或内在的表现所打动，因而好像激动不起来。

在某些创造性的时刻，内觉就会直接变成某种语言或某种视觉艺术，激励人们完成一些创造性的作品，如一幅画或一件雕刻。这就出现了所谓的“直觉”或“灵感”。这好像是一种无需准备就显示出来的知识，或者是一种直接获得知识的方式。实际上，并不存在那种没有任何准备、任何资料和任何加工就能直接获得知识的情况。在多数情况下，“直觉”和“灵感”是通过一个漫长的有意识努力阶段之后才从内觉中脱颖而出的。

内觉多数处于一种不确定的活动状态之中，当某种合适的形式被找到以后，才可能变成为一种创造产品。有时，内觉会以梦的形式出现，或呈现为易于把握的形象，并能立刻被创造性地表达出来；有时，它却呈现为一种悬浮不定的状态，引出一种模糊朦胧的意念。一些剧作家或小说家经常从自己的内觉中蓦地感受到一种幻景，并以这一决定性的景象为中心创造出精彩的作品。最接近内觉的创造形式就是音乐和抽象的视觉艺术。音乐并非必须模仿溪流或鸟鸣这样的声音，否则耳聋的贝多芬就无法创造出富有感染力的“律动”作品。同样，抽象艺术中的色、线、形或许并不是用来再现任何自然存在的事物的，而只是企图表现艺术家心中的内觉。哲学家尼采在《查拉图斯特拉如是说》中描述说，他“从对于音乐所产生的那种突然的、深刻的决定性转变中”体验到一种他喻之为“预兆”的感受，他发现“音乐的长生鸟在我们头顶上盘旋，装饰着比以往任何时候都更加美丽更加闪亮的羽毛”。

借助于内觉，思维可以直接从意象进入到逻辑思维状态。正像爱因斯坦在给阿达玛的复信中提到的那样，他的认识过程开始于视觉型和肌肉型的意象，语词后来参与进来，但纯粹是以听觉的形式参与进来的。爱因斯坦写道，他能随意地再现这些意象并把它们结合起来，大量地运用意象并能够从意象直接进入最抽象的思维。爱因斯坦卓越的直觉能力与他的内觉体验是不可分割的，这种借助于少量信息把握无限世界的创造性思维活动能力及其成果，突现了知觉、意象和内觉这些心理学前提对创造性思维活动展开的重要作用。

有意识地试着投入你的所有的感官，这对你的创造力潜能的开发很有帮助。如果你力求创造性地解决某一问题，那就尝试着想象某些非现实的组合或情景。爱因斯坦说相对论是他躺在草地上做白日梦，想象着一道光在作太空旅行时悟出的。珍妮特·沃斯和戈登·德莱顿在《学习的革命》中一再地强调“画脑图”，以便通过某种随意的新方式把自己感受到的各种信息连接在一起，进而使自己的思想观念突破某种单一方向和特定限定，找到解决问题的新思路和新构想。

(4) 潜意识与创造发明。

精神分析学的创始者、奥地利病理学家弗洛伊德认为：“我们至今所认识的只是脑的功能的一小部分，就像冰山的一角。我们人脑的其他大部分功能，就像潜藏在海平面下的庞大冰山一样，潜藏着许多非意识、无意识的更多的功能。这种无意识功能中的大部分被称为潜意识。潜意识是我们人类智慧的仓库，在潜意识中潜藏着智慧，它们不分昼夜地工作着，可以转变为情感或创造的知觉。”

潜意识是新思想的孵化器。一些研究者发现，潜意识不仅潜藏着个人耳闻目睹的各种经验和知识，而且还潜藏着我们人类种族的祖先所体验过的知识、感情，这些种族的体验代代相传，根深蒂固地潜藏在各人潜意识深处，一旦遇到适宜机会，就会发挥作用或支配感情，整合成为绝妙的构思，跃进意识范围，影响人们的行为。

汽车大王福特很注意利用潜意识的力量来推进自己事业的发展。他说：“我们内心深处所潜藏的祖先们亲身体验的知识和解决问题的方法，在我们需要时，将会对我们有所帮助，即使有些是经过学习后获得的知识与经验，其中也包含着祖先们在生存竞争中所积累的知识经验的精华。”

美国小说家普罗姆斯·弗特曾说：“我发现训练发挥潜意识作用对写作很有帮助。当我写作时，每逢遇到技巧方面或构思方面的难题，就依赖潜意识在睡眠中加以解决，按照梦中或睡眠后的启示去办。”我国宋代作家欧阳修谈到自己的创作体会时说：“余平生所做文章，多在三上，乃马上、枕上、厕上也；盖惟此，尤可以属思尔。”这里的“枕上”就体现了通过睡眠即潜意识来促使思想和见解产生的意思。

梦是潜意识的一种具体形式。梦和创造性的想象在产生新的表象方面有着相似之处。梦是“在睡眠中见到像现实一样的种种事物”，但这是非现实的表象幻觉。弗洛伊德说，梦是幻觉式的无意识的愿望满足，是对妨碍睡眠的身心方面的种种刺激产生的紧张反应，是在睡眠中大脑产生的一系列表象活动。白日梦是醒着时处于精神恍惚状态的空想。想象则是将在过去经验的基础上产生的各种表象结合起来，形成新的表象。在人类精神生活中，有直接发生的不受人控制的精神活动即无意识的活动，它对我们的发明创造是有用的。许多创造者具有通过梦来满足自己未实现的欲求并表达它的能力。事实正是如此，有不少科学家、发明家和艺术家声称曾经在梦中获得发明创意、文学构思以及音乐旋律。

德国化学家凯库勒受梦的启示提出了苯环结构的设想，实现了有机化学领域中的一场革命。化学家门捷列夫精心设计的化学元素周期表也是在梦中发现的。日本著名的物理学家汤川秀树也是在上床刚入睡时想出了介子观点，之后加以完善从而获得了诺贝尔物理学奖。爱迪生说他在进入梦乡时常有新的发现。牛顿也常常在睡梦中解决难题。硫化橡胶的发明者查尔斯·古德伊尔的成功，来自梦见一个人告诉他试着加硫黄。诺贝尔奖获得者洛伊在梦中得到一个非常宝贵的想法，可是第二天梦境全无。当天夜里又做相同的梦，他醒后非常细致地作了记录。后来他用实验得到的数据证实了他梦中发现的结果。他发现当神经刺激引起肌肉活动时，和某些化学物质有关，从而给生理学家和医学家开拓了一个全新的工作领域。

日内瓦大学的研究者曾对数学家作过一个调查，在 69 个数学家中，51 个认为睡眠中能够解决问题。剑桥大学对各种学科中有创造性的学者的工作习惯也进行过调查，有 70% 的科学家承认自己从一些梦中得到帮助。

著名生理学家塞里叶分析说，直觉的出现，有很多是在半睡半醒时分出现的，这种半睡眠状态是处于刚入睡或快醒时的半意识状态。这时没有生理或心理上的种种抑制，直觉的灵感可以不费力地清楚闪现。而当醒来之后，生理或心理上的种种抑制也恢复了，再产生灵感就困难了。

从梦中获得灵感而功成名就的故事，曾使许多人羡慕不已。其实，“夜有所梦”完全是“日有所思”的结果，没有有意识的努力求索过程，即使灵感在梦中闪现，你也很难意识到它的价值。日本创造学家恩田彰等人对此解释说：“在睡眠中，由于入睡切断了原来的信息回路，这个被切断的回路自由地转换并重新结合形成了新的回路。于是，梦的内容超越了现实，自由奔放地驰骋，从而诞生了创造性的思想见解。”

创造性思维活动是一个有弛有张的特殊心理活动过程。一方面，只要我们专心致志、全神贯注地思考问题，就能有效地挖掘思维的潜在能力，即使在睡梦中也能闪烁出智慧的火花，为人类作出卓越的贡献；另一方面，在紧张的研究探索之余，适当地放松和休息不仅无碍于创造性工作的开展，还能起到激活创造性思维的作用。一些研究者指出，“游戏”和“玩”是动员潜意识力量的好方式。“游戏” 和“玩” 就像处于两轮之间的弹簧，起着积蓄精力的作用。如果没有“游戏”和“玩”，创造发明活动就缺少缓冲和张力，相应的探索活动就可能没有效率和新意。20 世纪最富有创造精神的哲学家维特根斯坦常常在工作结束后立即到电影院去，顺路买块面包或馅饼，然后一边嚼咽一边看电影，他总是坐在最前一排，让银幕占据整个视野。他说："这真像一场淋浴。"爱因斯坦和海森堡等人也经常在紧张的研究工作之余拉小提琴。

创造性解决问题的过程既包含严肃审慎的思索，也包含轻松的娱乐，二者不可偏废。人们往往忙于工作而没有意识到，放松、娱乐和享受也是创造性解决问题过程中必不可少的心理条件。很多成功的创造发明家都强调说，在紧张的工作之余，听一些轻松的古典音乐，参观艺术画廊，或在河边或海边散散步，都会有助于创造性思维活动的展开。总之，凡是能让头脑开始做新的组合的事或游戏都可以试试。

2.2.3　创造性思维的形式

创造性思维在本质上高于抽象思维和形象思维，是人类思维的高级阶段。它是抽象思维、形象思维、想象思维、联想思维、横向思维、求异思维、逆向思维、发散思维、立体思维、收敛思维、直觉思维、灵感思维等多种思维形式的协调统一，是高效综合运用、反复辩证发展的过程。而且与情感、意志、创造动机、理想、信念、个性等非智力因素密切相关，是智力与非智力因素的和谐统一。

1）抽象思维

抽象思维亦称逻辑思维，是认识过程中用反映事物共同属性和本质属性的概念作为基本思维形式，在概念的基础上进行判断、推理，反映现实的一种思维方式。其使认识由感性个别到理性一般再到理性个别。一切科学的抽象，都更深刻、更正确、更完全地反映客观事物的面貌。随着社会的进步，科学技术的发展，现代设计方法的确立，抽象思维的作用更显重要。

德·伊·门捷列夫发现元素周期律，完成了科学上的一个勋业。当时大多数科学家均热衷于研究物质的化学成分，尤其醉心于发现新元素，但却无人去探索化学中的"哲学原理"。而门捷列夫却在寻求庞杂的化合物、元素间的相互关系，寻求能反应内在、本质属性的规律。他不但把所有的化学元素按相对原子质量的递增及化学性质的变化排成合乎自然规律、具有内在联系的一个个周期，而且还在表中留下了空位，预言了这些空位中的新元素，也大胆地修改了某些当时已公认了的化学元素的相对原子质量。这是抽象思维十分典型的实例。

归纳和演绎、分析和综合、抽象和具体等，是抽象思维中常用的方法。所谓归纳的方法，即从特殊、个别事实推向一般概念、原理的方法。而演绎的方法，则是由一般概念、原理推出特殊、个别结论的方法。所谓分析的方法，是在思想中把事物分解为各个属性、部分、方面，分别加以研究。而综合则是在头脑中把事物的各个属性、部分、方面结合成整体。作为思维方法的抽象，是指由感性具体到理性抽象的方法；具体则指由理性抽象到理性具体的方法。它们都是相互依存、相互促进、相互转化的，彼此相反而又相互联系。

2）形象思维

形象思维是指用直观形象或表象来进行思维活动、解决问题。它是用表象来进行分析、综合、抽象、概括的过程。当人利用他已有的表象解决问题时，或借助于表象进行联想、想象，通过抽象概括构成一幅新形象时，这种思维过程就是形象思维。

所谓表象，是通过视觉、听觉、触觉等感觉、知觉，在头脑里形成所感知的外界事物的感知形象——映象。通过有意识、有指向地对有关表象进行选择和重新排列组合的运动过程，产生能形成有新质的、渗透着理性内容的新象，则称意象。

"协和"飞机的外形设计，是对鹰的仿生。但其设计构思，既不是鹰外形表象的简单再现，也不是以往所有飞机外形的照搬，而是设计师根据“协和”飞机的各种功能要求，在上述“鹰”等表象的基础上，有意识、有指向地进行选择、组合、加工后所形成的新象，即渗透着设计师的主观意图，又是一种与原有表象既似又不似的新象——意象。尤其是机首部分，为改善不同航速、起落时的航行性能，机首可以转动调节，十分富有新意。

形象思维在每个人的思维活动和人类所有实践活动中，均广泛存在，具有其普遍性。许多设计，许多科学的发明创造，往往是从对形象的观察、思维中受到启发而产生的，有时还会取得抽象思维难以取得的成果。爱因斯坦特别强调想象力的作用，他说：“想象力比知识更重要，因为知识是有限的，而想象力概括着世界上的一切，推动着进步，并且是知识进化的源泉。严格地说，想象力是科学研究中的实在因素。”钱学森认为：“人们对抽象思维的研究成果曾经大大地推进了科学文化的发展”，那么“我们一旦掌握形象思维学，会不会用它来掀起又一次新的技术革命呢？这是值得玩味的设想”。

3）想象思维

想象思维也是创造性思维的主要表现形式之一。法国思想家伏尔泰曾精辟地说：“想象是每个有感觉的人都能切身体会的一种能力，是在脑子里想象出可以感觉到的事物的能力。”德国著名哲学家黑格尔认为，最杰出的艺术本领就是想象。

古希腊哲学家亚里士多德认为，想象力是发明、发现等一切创造性活动的源泉。德国古典哲学家康德指出：“想象力作为一种创造性的认识能力，是一种强大的创造力量，它从实际自然所提供的材料中创造出第二自然。”

想象思维大体上是心理学家称之为“意识流”之类的东西，即把一个人的正常思维行程打乱，让其沿着任何可能的思想方向拓展。睡觉时的梦境时常会出现一些荒唐的场面，但也可能产生一些有价值的想象思维成果。梦幻中所产生的各种思想和图像，都有可能生成解决某一个现实难题的创意胚胎。

从科学思维史的意义看，想象思维是原创性科学理论形成的重要酵素。爱因斯坦的相对论、魏格纳的大陆漂移说、沃森和克里克提出的 DNA 双螺旋结构等，都是借助于想象思维而完成的。许多伟大的科学家试图解决问题时，总是习惯于用形象化符号代替语言符号。某些科学家甚至把自己想象成是问题的要素之一，如原子核中的一个粒子，或者人体中同进犯的细菌搏斗的一个细胞等。人们不仅应当仔细地去寻求事物间的联系和类同，还应让思想自由驰骋，以引导他们的思想超越现实的种种局限，沿着某些先前尚未探索过的路径前进。

量子力学的奠基者、德国物理学家普朗克深有体会地说：“每一个假说都是想象力发挥作用的产物。”爱因斯坦说：“想象力比知识更重要，因为知识是有限的，而想象力概括着世界上的一切，推动着进步，并且是知识的源泉。严格地说，想象力是科学的实在因素。”

想象思维也是技术发明和技术创新的重要推动力量。美国克莱斯勒飞机制造公司的设计人员认为，想象是“照亮通往未来的大道，调查通往未来线索的指针，并为计划走此路线的人提供了最佳的指导方法”。

1894 年，俄国科学家齐奥科夫斯基就通过大胆地想象提出了未来宇宙航行的设想。其内容包括：“① 制造带翅膀和一般操纵装置的火箭式飞机；② 以后飞机的翅膀略有缩小，牵引力和速度增加；③ 穿入稀薄大气层；④ 飞至大气层外及滑翔降落；⑤ 建立大气层外的活动站（人造卫星）；⑥ 宇宙飞行员用太阳能解决呼吸、饮食及其他日常生活需要；⑦ 登月；⑧ 制造太空衣，以便完全地从火箭进入太空；⑨ 在地球周围建立宽广的居民点；⑩ 太阳能不仅用于饮食和使生活舒适，而且是绕整个太阳系移动的动力；⑪ 在小行星带上和太阳系里其他不大的天体上建立移民区；⑫ 在宇宙中发展工业，宇宙站的数目增加；⑬ 达到和谐社会的理想；⑭ 太阳系居民比目前地球居民多 1 000 万倍，已达到饱和点，之后就要住到整个银河上去；⑮ 太阳开始熄灭，太阳系的残存居民转至别的‘太阳’。”这听起来好像是在叙述航空航天事业发展的历史，其实当齐奥科夫斯基提出上述设想的时候，莱特兄弟的飞机尚未问世。今天，由于实用火箭、喷气式飞机、人造卫星、阿波罗登月计划、航天轨道站以及航天飞机等的相继出现，齐氏的设想大多已经实现。仅从这一案例，我们就可体会到想象思维巨大的超越力量。

当然，在科学和技术发展史上，也可以找到许多因缺乏想象思维能力而丧失科学创造机会的例子。如最早发现电磁波的德国人赫兹，由于缺乏必要的想象力，未能意识到电磁波的实用价值，甚至当他的朋友提议利用电磁波传递信息时，赫兹还回答说：“如果要用电磁波通信，大概得有像欧洲大陆那样大的巨型反射镜才行。”但后来的发展与赫兹的估计完全相反。

想象是人在有意识的和清醒的状态下产生或再现多种符号功能的能力，但又不是有意组织的功能，如清醒的意象、意念，有顺序的词语、句子和感受等。想象与精神分析学所称的“自由联想”有些相似，但是自由联想主要涉及的是可以用语词来表达的内容，而想象则能够呈现为非语词的形式。

在对想象的解释中，符号是一个非常重要的概念。有没有符号的特征，这是人的心理功能与其他动物的心理功能的主要区别，并且还是创造力的基础。一个符号代表某物，即使这个“某物”完全不在场。日常生活中最常见的符号就是语词。心理学家曾经用这样的方法来检验一个人产生思想的能力即创造力：用给定的三个语词，如湖、月亮、小孩这三个词语，造一个有意义的句子。当然不同的受试者会造出不同的句子来。有的可能说“月亮下孩子在游泳”，也有人可能说“小孩在湖中看到月亮的影子”，等等。这是运用符号对想象进行加工解释的最简单的例子。

符号的使用在想象思维中很普遍，如果我说“这美丽的风景”，听到我说话的人就清楚地知道语言“美丽”代表了什么，“风景”代表了什么。在普通语言里，我们按照特定目的选择词语并把它们按特殊的顺序排列成句，而在纯粹的想象中，词语可以像自由联想那样自由地浮现出来。

美国数学家维纳根据自己的切身经验，在《我是一个数学家》中写下了这样一段话：“事实上，如果说一种品质标志着一个数学家比任何别的数学家更有能力，那我认为这就是能够运用暂时的情感符号，以及能够把情感符号组成一种半永久的可以回忆的语言。如果一个数学家做不到这点，那他很可能会发现，他的思想由于很难用一个还没有塑成的形态保存起来而消失。”

创造心理学家阿提瑞指出，创造过程由于运用各种符号因而不同于人脑的普通功能，并且它还按照不同的前后关系或不同的比例配合使用符号，从而构造出某些从未被表征过的事物的符号，或者构造出某些在以前是用不同方式来表征的事物的符号。这种符号化过程就是创造的基本过程。

4）联想思维

联想思维是人们在头脑中把一事物与另一事物联系起来，将关于一事物的思想或表象推移到另一事物上去的一种思维方法，并由此形成创造构想和方案。其实质是一种简单的、最基本的想象。

大发明家爱迪生说过："在发明道路上如果想有所成就，就要看我们是否有对各种思路进行联想和组合的能力。"联想在创意过程中起着催化剂和导火索的作用，许多奇妙的新观念和创意，常常由联想的火花点燃。事实上，任何创造发明都离不开联想，是联想思维把人引导到创意思维上去的。

联想是人与生俱来的天赋。不过，作为一种创造能力，它有赖于我们的后天发展。这种能力越强，就越会把在意义上差距很大的两件事物串联在一起，为创造发明另辟途径。无疑，这有赖于经验和知识的积累，也就是把它们记忆在头脑中。这样，人们在联想时就能够左右逢源，得心应手。总的归纳起来，联想思维有下列几种类型：

(1) 相似联想——由于事物间性质上或形式上有相似点或比较接近而形成的联想。如看到鸟联想到飞机，看到电灯想到火把等。

(2) 强制联想——把看起来毫不相关的事物强制地糅合在一起而形成的联想，有时可能会产生意想不到的创意。如法国卢米埃尔兄弟硬是把缝纫机缝纫时的压脚一动一停的动作与活动电影机的间歇运动联想在一起，解决了银幕上的影片模糊不清的一大难题。

(3) 离奇联想——有些人会从某些奇特的不合情理的思路上突发出一种创意的联想。如美国一位工程师把炸药与油漆离奇地联想在一起，从而发明出具有活化性的油漆添加剂，数年后可使油漆轻而易举地从墙上剥落下来。

(4) 质疑联想——这是对旧事物、旧理论进行质疑，并因此构思新事物和新理论的联想。如美国华裔物理学家李政道和杨振宁大胆怀疑牛顿三大定律的一条，并把它推翻而另外创造了一条新定理，从而获得 1957 年诺贝尔物理学奖。

(5) 审美联想——这是指对创意对象的形态、结构、色彩等进行美感和美学的联想。如麦克斯韦尔方程就是对电磁原理的公式表述进行审美追求而获得的新成果。此外还有文学艺术创作中的"美的联想原理"等。

(6) 情景联想——是指围绕与思维对象可能关联的诸多因素和情境而展开的联想思维活动。

要使联想创新获得成功，思维过程必定不是那种随心所欲的自由联想，而是一种定向的联想。那么，这种联想靠什么来定方向呢？观察表明，决定联想的方向并且使它转变成思维的动力是目的。对于创新思维来说，其目的就是解决问题的新创意、新思路，即使是大胆的离奇联想思维也是围绕着目的来展开的。

我国汉末医者华佗，有一次看到蜘蛛被马蜂蜇后落在一片绿苔上打了几个滚，肿便消失了。他联想到绿苔可用来为人治病。通过试验，消肿解毒良药便问世了。美国工程师斯潘塞在做雷达起振实验时，发现口袋里的巧克力熔化了，原来是雷达电波造成的。由此，他联想到用它来加热食品，进而发明了微波炉。

军事学家们常常用棕色或绿色的斑点来伪装飞机和舰艇，正是利用蝴蝶翅膀上色彩斑斓的纹饰伪装联想的结果。不仅如此，航天专家们还利用彩蝶体表鳞片抗高温的原理为卫星与其他太空飞行器的外表专门设置了这种能控制温度的"鳞片"——高温瓦，从而在高温下保护了卫星星体。

联想思维方法不仅应用于科学创造、技术发明，而且也广泛应用于文艺创作、经营管理等方面。联想思维是建立在逻辑思维之上的正确想象的必然结果。联想思维要遵守三条法则：

(1) 有接近才能联想，即联想的事物之间必须有某些方面的接近与联系，能在时间或空间上使人脑与外界刺激联系起来。

(2) 有相似才能联想，即联想事物对大脑产生刺激后，大脑能很快作出反应，回想起与同一刺激或环境相似之经验。

(3) 有对比才能联想，即大脑能想起与这一刺激完全相反的经验。

联想思维是最基本也是最重要的一种思维方式。联想思维说白了无非是在事物之间搭上关系，就是寻求、发现、评价、组合事物之间的相关关系。如艺术设计创意常用的“詹姆斯式思维”方法，这种思维方式就是在根本没有联系的事物之间找到相似之处。具有詹姆斯式思维能力的人，有着敏锐深邃的洞察力，能在混杂的表面事物中抓住本质特征去联想，能从不相似处察觉到相似，然后进行逻辑联系，把风马牛不相及的事物联系在一起。

联想与想象思维方法的训练，较常采用综摄类比法。这是由美国创造学家、麻省理工学院教授威廉 · J. 戈登首创的一种从已知推向未知的一种创造技法。综摄法有两个基本原则，即异质同化——运用熟悉的方法和已有的知识，提出新设想；同质异化——运用新方法“处理”熟悉的知识，从而提出新的设想。

5）横向思维

英国剑桥大学的爱德华 · 博诺在一系列论著中首先引入横向思维这个概念，并将其作为纵向思维的对立方式加以概括和总结。在博诺的理论体系中，纵向思维是指科学活动和日常生活中的一般思维方式，它是直线性的、传统的思维方式，需要一步一步地推理，思想的每一个环节都沿着最大可能性的路线前进。在多数情况下，这是一种自然的心理活动方式，特别对受过训练的头脑，更是如此，而且在大多数情况下它也是最有效的方式。横向思维则不同，它是一种完全不同的思维方式，其中每一步正确性的几率都很低，但它能使我们摆脱旧有的思维模式和思维习惯，有助于我们寻找尽可能多的不同的解题途径和思路。纵向思维选择最可能的探索思路而排斥其他的思维方式，横向思维则并不企图使每一步都正确，意在寻找更新、更好的解题思路。人们开拓一些未必靠得住的途径，希望从中发现始所未料的新概念，然后再用纵向思维来检验它们。纵向思维是由一种想法从始至终地贯穿下来，直到解决问题为止；横向思维则是在探讨解决方案之前，考虑对问题的种种解法。

博诺曾用挖井作比喻来说明纵向思维和横向思维的差异，他说：“逻辑好比是用来挖掘又深又大的井的工具，是为了挖出更理想的井而使用的。但是，如果井的位置不适当的话，无论如何努力，也是挖不好的。有一点十分清楚，比起重新选址从头开始，在原来的位置上继续挖下去总是比较容易些。纵向思维是要把同一口井继续挖深，横向思维则是要试试其他位置。”继续在同一位置挖掘具有重要的意义，他说：“挖了一半的井对我们确定下一步努力的方向是更有效的”，确实有许多井挖到了不适用的深度，而且有不少井存在选址不正确的问题，但是，创造性思维火花的闪现往往发生在中途放弃已挖成一半的井，另外寻找其他位置重新开始的时候。

博诺还把大脑看做是一个机械系统，它以某种特定模式对其接收的各种信息进行加工。人的记忆可以比做一块冻肉的表面，在这块冻肉的表面上浇上了热水而形成许多沟壑。这些沟壑又会影响到后来浇上去的水的行为。模式一经形成，就会随着使用而越来越多地走向化，因而其后只需要一点暗示，思想机器就会沿着相同的路线自动运转。这种积习是颇难克服的，但也存在一些有助于改掉这种积习思维的技巧和方式，这就是横向思维的技巧和方式。

在《横向思维：关于创造性的教科书》（*Lateral Thinking*：*A Textbook of Creativity*）一书中，博诺曾总结了若干个横向思维方法的要诀，它们是：

（1）要养成寻求尽可能多地探讨问题的不同方法的习惯，而不要死抱住显得好像最有希望解决问题的某种办法不放。你可以给自己提出一个可供选择的方法的限额，这可能起一种刺激作用，从而使你的头脑不断地寻求观察问题的其他办法，寻求类比和可能的联系。只要坚持不懈地探求，你总能找到一些可供选择的解题新方案。

（2）要对各种假定提出质疑和诘难。通常情况下，人们在思考某件事情时，总可作出几种假定——它们往往看来是如此明显，以致我们会无意识地把它们视若当然。但当我们抱着怀疑的态度仔细追究时，它们就可能被证明是不可靠的或不恰当的，这就要求我们重新界定问题或选择解题思路，将思想上的障碍扫清。

（3）不要急于对头脑中涌现出的想法或创意加以判断。许多科学发现都曾以假线索作为先导，在没有探究某种想法会引导出什么结果之前，不要草草地将其放弃。也许它会孕育出更进一步的种种想法，目的在于发现一种新的有意义的思想组合，而不问其是通过何种途径来实现的。

（4）使问题具体化，使之在头脑中构成一幅图像。这幅图像可以通过改变各个组成部分，或对它们进行重新组合与构思而得以形成。注意到各个组成部分的分歧点，发现相互间的关联性，考虑到各组分的功能以及对其整合的限度。

（5）要把问题分成独立的几部分，其目的在于对各部分作出鉴别，以便将它们重新排列。在重新组合时，应该尽量使各部分颠倒和混合。显然，这不同于传统的分析法，传统的分析法是一种系统的、完全的分解法，其意图在于对问题作出解释，而这里的目的在于获得新的变化和解题思路。

（6）要从问题之外寻求偶然的刺激。有几种办法可以做到这一点，例如，逛商场或书店，并不刻意寻找与问题直接有关的东西，这会强化已有的想法。一个人应该在头脑中留有空白处，随时等待着接受某种值得注意的东西。偶然碰到的事件或现象都可能引发一些有关的想法，进而使某些问题迎刃而解。

（7）要参加各种可能产生新观念的启发性集会。博诺说，冲突是改变观念的唯一方法。为了对抗和打破观察事物的现存方式，横向思维值得审慎地使用。人的记忆和传统的思维习惯对于引导他的思想路线具有强烈的选择性影响，如果要克服各种障碍，开拓出新的线索，就必须抑制传统的思维习惯。各种激烈交锋的思想集会最有助于人们解放思想，摆脱思维的枷锁。

一对美国夫妇在乡间公路旁开了一家药店。为了招揽生意，他们需要做一些广告宣传。通常的情况是在公路边打出“××药店开业”或“××药店几折优惠”一类的招牌，可这对夫妇却从顾客的角度进行了思考和策划，他们在路旁竖起了“本店免费供应冷水——××药店”的牌子，结果引起不少人的好奇心，许多乘车过往的人都不由得停车去看。这对夫妇不计得失地把冷水送给来店的人，客人不好意思拿到冷水扭身就走，总要在这家药店转转，买点什么才走。就这样，这家店铺很快就发达起来。高桥浩先生对此案例分析说：“只要没有相当严重的疾病患者，即使在公路旁打出售药广告，也不会有有意停车前去光顾的人。但是，以顾客的视点来考虑问题：‘他们是不是要喝水呢？’这一考虑却成了这家药店获得成功的原因。”

在现实生活中，这样的实例和机会是很多的。据说，美国西部大开发时，当许多人竞相在矿区投资金矿采掘时，有一个人独具慧眼，就在采矿者的驻地投资办起了餐馆和各种娱乐设施，结果大获成功。为什么呢？从采矿者的需要考虑问题。

当美国硅谷众多高技术创始型企业掀起一轮又一轮的高技术创业潮时，硅谷很快就出现了为这些高技术创业精英服务的各种生产联合企业、风险投资企业以及各种代理服务机构，这一方面为高技术创始型企业的高速成长提供了良好的生态条件，另一方面也使这些参与服务的企业和机构能够分享高技术创新成果的巨额收益，从而也获得很大的发展和成功。

6）求异思维与逆向思维

求异思维是相对于常规思维来说的，其思维活动的要诀在于不受任何框架、模式的约束，从而突破传统观念和习惯势力的禁锢，从新的角度认识问题，以新的思路、新的方法解决现实难题或创造更好、更美的东西。逆向思维是求异思维的一种重要形式，也是众多创造性思维成果诞生的重要运思策略。

顾名思义，逆向思维就是反过来想一想，不采用人们通常思考问题的思路，而是从相反的方向去思考问题。逆向思维具有挑战性，常能出奇制胜，取得突破性解决问题的方法。

逆向思维就是大违常理，从反面进行探索问题和解决问题的思维。

人类的思维具有方向性，存在着正向与反向之差异，由此产生了正向思维与反向思维两种形式。

正向思维与反向思维只是相对而言的，一般认为，正向思维是指沿着人们的习惯性思考路线去思考，而反向思维则是指背逆人们的习惯路线去思维。

正反向思维起源于事物的方向性，客观世界存在着互为逆向的事物，由于事物的正反向，才产生思维的正反向，两者是密切相关的。人们解决问题时，习惯于按照熟悉的常规的思维路径去思考，即采用正向思维，有时能找到解决问题的方法，收到令人满意的效果。然而，实践中也有很多事例，对某些问题利用正向思维却不易找到正确答案，一旦运用反向思维，常常会取得意想不到的功效。这说明反向思维是摆脱常规思维羁绊的一种具有创造性的思维方式。

为了修建一个动物园，决策者举行了一个专家会议，讨论怎样才能捉住老虎。会上有一位拓扑学家发言说："不必再谈了，老虎已经捉到了！我采用一个拓扑变换，可以把笼子内部变成外部，把外部变成内部，不管哪里有老虎，都可以用这种办法捉到。"荒谬吧？但决策人却从中受到了启发，建立了天然动物园。在这种动物园中，老虎和其他野兽在自然环境下生活，参观者却被关进笼子——在密封的汽车中游览，正所谓"把笼子的内部变成外部"。目前在世界上，这样的天然动物园已不止一个，而且因为体现环保精神，让动物尊严地生存，非常受游客和国际绿色组织的欢迎。

把人关进"笼子"，而把老虎放出来，这样一种逆向思考，确实会产生奇妙的解决方案。你会因此看到通常正向思考所不能看到的东西，并从根深蒂固的框框中解脱出来。日本丰田汽车公司独具一格的"看板"管理模式，就来源于当时的副总经理大野耐一的逆向思考。当时，大野在考察汽车组装流水作业线时，发现由于零部件送交不及时，经常造成流水线各环节脱料停车，而仓库为了防止零部件跟不上，往往储备大量暂时不用的零件，导致资产积压。怎样解决这个问题呢？按常规思维，人们在考虑改进流水线工作时，往往是从前一工序向后一工序逐步下推，这样很难发现积压浪费、互不衔接的停工待料现象。大野采用逆向思考，从后一工序往前一工序推，让后一工序去前一工序取正好需要数量的那些工件。这样，前一工序只要生产后道工序所需要的数量的那部分工件就可以了。这样，只要各工序之间明确了"某种东西需要多少”，便可衔接起来，既消除了零部件积压造成的浪费，又根除了缺料误工的现象。

如果你偶尔打破平时的行动常规和思考模式，从相反方向走一走、想一想，往往可以获得意想不到的新感受、新思路。有一位作家每天早上沿固定路线散步一圈，天天如此，从无变化。有一天，因修路他只好沿反方向散步，结果，刚拐弯就看到一排盛开着蔷薇花的墙，心里一阵激动，“好漂亮的蔷薇花，谁家栽的呢？”再往前，有家卖烟的小店，往里一瞧，里面坐着一位漂亮的姑娘，“想不到附近还有这么漂亮的卖烟姑娘。”他边走边回头看，突然发现，根本不是那么回事，还是天天路过的烟店，坐在里面的还是原来那个姑娘。再顺着刚才的路往回走，刚才还觉得漂亮无比的蔷薇花墙也变得平淡无奇了。

19世纪之前，欧几里得几何学几乎被所有的数学家认为是唯一正确的几何体系。只是有一些数学家对其中的第五公设有所保留。第五公设也称平行公设，其内容是：过已知直线外一点可以而且只能引一条和它平行的直线。由于这条公设不像其他公设那样简明，含义也不太明确，加上欧几里得在推导前28个定理时也未引用该公设。据此，有人怀疑第五公设是否可以算作公设？它是否可以用其他公设和定理加以证明？问题一出，就立即引起了许多数学家的注意，并因此开始了试证第五公设的漫长探索。

从公元前3世纪到19世纪，几乎各个时代最优秀的数学家都把试证第五公设难题作为对人类智力的挑战，千方百计想要证明它是一条定理。他们给出了一系列的“证明”，但仔细推敲，就会发现这些证明都自觉不自觉地引进了与第五公设等价的命题做前提，这就犯了逻辑循环的错误，因而终归失败。尽管如此，这些数学家在论证过程中积累起来一些有益成果，为最后解决第五公设难题提供了理论上的准备和认识上的启迪。

试证第五公设的长期失败，激发了一些数学家的逆向思维，促使他们调转思路，从反面考虑问题的解决途径——欧氏第五公设或许不可证，即根本就不存在第五公设的证明问题，过去长期失败的主要原因在于证明推理的前提本身是错误的。于是，在19世纪20年代，德国数学家高斯、俄国数学家罗巴切夫斯基、匈牙利数学亚·鲍耶不约而同地从这一新的视角开始进行认真探索，最后都从理论上证明了“第五公设不可证”这样一个结论，并因此创立了两套新的非欧几何体系，为后来大尺度物理空间和晶体结构的研究提供了重要的数学工具。

逆向思维法可分为反转型逆向思维法、转换型逆向思维法、缺点逆用思维法三大类型。也可分为原理反转、功能反转、属性反转、状态反转、结构反转等几种类型。

(1) 原理反转，即从已有事物间的因果关系和已有的原理规律，有意识地颠倒，反过去由“果”去发现新的“因”（现象、规律），寻找解决问题的方法。这种思维程式的积极成果常常会引出新的科学发现和技术发明成果。

丹麦物理学家奥斯特发现电流能产生磁场的电磁效应现象，英国物理学家法拉第便进一步设想：“磁场能否产生电流？”此后，经过多次试验，他在1831年发现了电磁感应定律，并发明了发电机的基本原理和构型。

电影的原理一直都是观众不动而电影胶片的画面在银幕上移动，从而产生影片图像的连续动作。将这一原理逆反过去如何？让影片画面不动而观众迅速移动，这是否很荒唐而无法实现？德国一位青年摄影师研究了这个原理，并计划在地铁中加以实施。他设想在车窗等高处的地铁墙壁上挂出一幅幅连续变化的图画，当车辆运行时，图画正好以24幅/s的速度映入乘客眼帘，这样乘客就可以坐在地铁里看见墙壁上的“活电影”。想想看，生活中还有没有这种原理逆反的例子？

(2) 功能反转，即从现存事物的相反功能去设想和寻求解决问题的新途径，获得新的创造发明的思维方式。这种思维程式常常诱发许多具有商业价值的技术创新成果。

德国某一工厂生产的一种纸严重化水无法使用，按常规只能打浆返工。有个工程师考虑到化水原因是吸水性太强，能否专门用这种纸来吸水呢？经过进一步“扩大缺点”制成了专用吸水纸，并申请了专利，增加了工厂收益。

彩电制造，屏幕越来越大，功能越来越强，按键越来越多，成本越来越高，使用越来越复杂，有厂家及时推出功能少、使用方便、价格低廉的大屏幕电视，结果销售量大增，这同样是求异思维的结果。

一位建筑师设计了位于中央绿地四周的办公楼群。竣工后园林管理局的人来问他，人行道应该修在哪里？“在大楼之间的空地上全种上草”，这位设计师别出心裁地回答说。夏天过后，在大楼之间的草地上踩出了许多小道。这些踩出来的小道优雅自然，走的人多就宽，走的人少就窄。秋天，这位建筑师就让工人沿着这些踩出来的痕迹铺设人行道。这些道路的设计相当优美，同时完全满足了行人的需要。

(3) 状态反转，即将事物的现存状态反转过来，去发现或创造一种新的状态以获得新颖的解题思路。

大家都在小学课本中学过“司马光砸缸”的故事。小孩落水会淹死，要救出落入水缸的小孩，常规方法是把人拉出水面。把一个小孩拉出水缸，对大人不成问题，但对还是少年的司马光来说，要把同伴从水缸中拉出来却不是一件易事，弄不好自己还可能被对方拉下水。司马光考虑的不是常人想的“人离水能活”这一状态，而是反过来想“水离人，人也能活”的逆反状态，结果砸破水缸救出小孩。

诸葛亮表演的“空城计”，就是最绝妙的一招御敌之策。面对司马懿的突然袭击和寡不敌众的严峻形势，他巧用司马懿的多疑心理采用逆向思维，不费一兵一卒就吓退前来围城的数万魏兵，保全了小城百姓的性命和财产。

德·波诺举的例子，最能说明这种思考模式。一个男人借别人的钱不能如期偿还，按当地法律，他得去坐牢。可是，债主建议“让这男人的女儿决定他的命运”。规则是：债主在口袋里装进一黑一白两颗石子，如果女儿摸到黑子就嫁给债主抵债；摸到白子，则所有债务一笔勾销。然而，在游戏开始的时候，细心的女儿却看见债主偷偷在口袋里同时放进两个黑子。这时，她面临的可能性选择似乎只有三种：① 拒绝去摸，父亲坐牢；② 揭穿债主，父亲还得去坐牢；③ 硬着头皮摸出一个，嫁人抵债。怎么办呢？聪明的小姑娘采用逆向思维想出了另一种可能的结局。她首先飞快地从债主的口袋中摸出一颗石子佯装无意失落在地上，然后对公断人说：“请以口袋里剩下的石子公断。”这样，当债主无奈地掏出口袋里剩下的黑石子时，她摸到的就被推定为白石子。聪明的女儿因此救了她父亲。

(4) 属性反转，即有意识地用某一属性相反的属性去取代已有的属性，逆化已有的属性，进而作出新的创造发明成果。

1924 年，德国青年谢·布鲁尔提出用空心材料替代实心材料制作家具的创意，并率先用空心钢管制成了名叫“瓦西里” 的椅子，在社会上引起轰动。后来，他又采用这一属性逆反的原理完成了包括日内瓦联合国教科文组织大厦在内的许多著名设计，成为当时最富有创新精神的建筑设计师。

当然，这些逆反思维的程式只是提供一种解题的可能思路，其最终结果怎样还得靠事实和各种现实条件确定。比如说让水泵的叶轮固定而使壳体旋转，就抽水这一特定功能来说，目前还很难实现，它只具备抽象可能性。尽管如此，打破常规，巧用智慧，我们终会因此找到创造性地解决问题的好办法，发现实现理想的好途径和好方法。

（5）结构反转，比如，市场上出售的无烟煎鱼锅就是把原有煎鱼锅的热源由锅的下面安装到锅的上面。这是利用逆向思维，对结构进行反转型思考的产物。

缺点逆用思维法，这是一种利用事物的缺点，将缺点变为可利用的东西，化被动为主动，化不利为有利的创造发明方法。这种方法并不以克服事物的缺点为目的，相反，它是将缺点化弊为利，找到问题的解决方法。例如，金属腐蚀是一种坏事，但人们利用金属腐蚀原理进行金属粉末的生产，或进行电镀等其他用途，无疑是缺点逆用思维法的一种应用。

法拉第发现电磁感应定律，火箭、导弹的发射所采用的倒计时方法，我国发明家苏卫星发明的"两向旋转发电机"，无一不是运用逆向思维方法进行创新的典范。

7）发散思维

突破常规是创造性思维的本质所在，这一点在发散思维中表现得十分明显。吉尔福德说："正是在发散思维中，我们看到了创造性思维最明显的标志。"

在吉尔福德看来，创造性思维的最重要的品质就存在于发散思维之中。他指出，发散思维是针对一个有待解决的问题，沿着各种不同的方向去思考，从多方面提出解决方案，寻求各种各样的解决办法，以求得最佳解决方案的思维形式。换句话说，发散思维是指在解决问题时，思维能不拘一格地从仅有的信息中尽可能扩展开去，朝着各个方向去探寻各种不同的解决途径和答案。由于发散思维不受已经确立的方式、方法和规则或范围的约束，因此常常能形成一些奇思妙想，又被称为"开放式思维"。

与横向思维和求异思维相比较，发散思维是一种更宽泛的创造性思维形式，它更深刻地体现着创造性思维的本质特征。发散思维比想象思维更无拘无束。发散思维的倡导者相信，人们可以通过蓄意制造一种混乱的、非理性的情绪，从中寻求出解决问题的各种特异构想。一般在正常情况下会被潜意识排除的异乎寻常的类比，在发散思维中却能进入有意识的头脑中。

发散思维在现实的认知活动中有着十分广泛的应用。

1844年，维也纳总医院第一产科病房的医生艾格纳兹·塞麦尔维斯发现，在产科病房分娩的大部分孕妇都得了一种致命疾病——产褥热。通过发散思维，他提出六种可能性假说对此进行分析。①产褥热可能来自于某种"流行性影响"，是"宇宙—地球—大气变化"传播到地区并引起分娩妇女生病；②病房过分拥挤是产褥热出现的原因；③在该科病房实习的医科学生的粗暴检查造成的；④给临终妇女做最后圣礼的教士的铃声造成了病人的恐惧和忧伤，因而导致了产褥热；⑤由于采取仰卧式分娩造成的；⑥受到了某种传染性物质的感染。最后经过仔细调查，证实第六种假说是正确的。

发散思维具有灵活性、流畅性和独创性三个最重要的特征。

（1）灵活性，即产生异质构想或创意的倾向和能力，它体现着发散思维的广度。敢于突破思维定式，善于从不同侧面考虑问题，就容易找到解决问题的方法。思维的范围愈广、种类越多，产生的设想就愈多，解决问题的可能性也就愈大。

（2）流畅性（即敏捷性），即作出大量反应的能力，它反映思维的速度。由于重视思维的发散，重视联想和想象，重视从不同角度思考问题，因而思维过程中少有阻滞，便于扩散，在很短时间内就能产生大量新的观念、设想和方案。

(3) 独创性，指产生的思想具有新颖性，它反映了思维的深度。独创性是创造性思维的最高层次。心理学家霍尔曼曾列举了独创性的四个特征：新颖性、意外性、独特性和惊异性。其中新颖性，就是新鲜的、没有先例的意思；意外性就是从至今得到的经验中设想不到的意思；惊异性则是伴有新的价值发现的意思。

产生发散思维的基本方法是：

(1) 产生尽可能多的想法。如果你要写一份感谢信，或者一份报告，你先找出一个关键词，然后想出尽可能多的同义词，去找意义相同但思路相异的表述。一开始追求数量，然后再从质量角度进行选择和编辑。如果你要做一个周末或假期计划，你也可以采取同样的做法：首先列出你所能够想到的尽可能多的选择，哪怕它们看起来并非很吸引人。大侦探福尔摩斯在开始进行案件调查时，总是对"谁作的案"这一问题持一种审慎的开放态度。他常常对一个受害者致死的原因提出许多猜测，不肯放过任何蛛丝马迹，即使死因看上去很明显，也绝不先入为主，过早作出判断。一个疯狂的想法也许会突然把你的思路引到一个新的方向，从而导致更有价值的方案。

(2) 得出尽可能不同的想法。数量是重要的，但要试着提高一下质量。在谈话、选音乐、从菜单点菜时，多样性一般总是受到欢迎。摩托罗拉公司的罗伯特 · 加尔万曾强制自己做这样的练习：一旦有人说什么，他就问自己，如果其对立面是真的呢？尽管这种做法 99% 不会有用，但另外 1% 的时间很可能就产生出具有独创性的真知灼见。

(3) 试着想出不可能的主意。独创性是创造性思维的标志之一。有创见的人往往会提出一些与众不同的主意。用独创的方式思考困难很大。试着每天从报纸上随意找一段话，看看自己能否找到独特的、更令人难忘的方式来表达同样的意思。

(4) 讨论是增加思想和反应的流利性、灵活性和独创性的有效方法。你不妨养成把别人说的话记成简单摘要的习惯，然后很快对别人的表述提出不同的说法，或者从一种更容易理解的角度把各种观点组合起来。不要固守自己以前的立场、观点，尽可能地利用讨论中冒出来的想法提出新的思考。

类比方法是发散思维的一种重要方法，也是一种或然性极大的逻辑思维方式，它的意义在于通过类比已有事物以开启创造未知事物的发明思路，其中隐含有触类旁通的含义。发明创造中的类比思维，不受通常的推理模式的束缚，具有思维灵活性的特点。

17 世纪伟大的天文学家开普勒写道："类比是我最欣赏的，是我最信赖的大师。它们知道所有自然界的秘密。"在谈到星球的运动时，他发现"这个天体运行的机制不是跟神仙相似，而是跟钟表行走的方式相似……所有的动作都是由一个简单、单一的磁场力量在驱动，就像钟表的运动来自一个重物的摆动"。

贝尔发明电话的思路主要也来自类比思维。贝尔在谈到自己的发明过程时说："我突然想到，耳骨和脆弱单薄的耳膜相比要粗糙得多，但是耳膜可以使耳骨振动，所以我想，假如这么薄的膜可以振动耳骨，为什么一张比较厚、比较韧的膜不能去震动不锈钢呢？……于是电话的构想就产生了。"

在各类创造发明活动中，常见的类比形式有：形式类比、功能类比和幻想类比等。

(1) 形式类比。它包括形象特征、结构特征和运动特征等几个方面的类比，不论哪个形式都依赖于创造目标与某一装置或客体在某些方面的相似关系。如飞机高速飞行时机翼会产生强烈震动，有人根据蜻蜓翅膀的减震结构设计了飞机的减震装置。再比如，一位美国发明家在一次理发时看到理发推子的动作，突然与其正在思考的收割机方案联系起来，成功地开发出利用理发推子动作原理的新型收割机。

(2) 功能类比。它是根据人们的某种愿望或需要类比某种自然物或人工物的功能，提出创造具有近似功能的新装置的发明方案，这种方法在仿生学研究上有广泛应用，如各种机械手、鳄鱼夹的创造发明等。

(3) 幻想类比。它是根据幻想中的某种形象、某种作用、运动装置进行发明创造的类比思维形式。例如，根据《海底两万里》中幻想的一种能长时间在海底活动的潜艇，科学家经过几十年的努力制成了现代潜艇。

当然，一项成功的发明也可以是以上多种类比的综合，如各种机器人的出现绝非是一种单纯的创造性思维所能奏效的。

中国哲学家胡适曾在美国实用主义哲学的基础上，提出了“大胆猜测，小心求证”的科学方法论原则。从某种意义看，胡适先生的这一原则可以看做是对发散思维形式的注解。“大胆猜测”实质就是强调发散思维，对有待解决的问题作多侧面、多角度的猜想和求解。“小心求证”则是对所有可能的解题思路进行仔细分析，从中找出真正有价值的创意和解法。

8）立体思维

立体思维是指跳出点、线、面的限制，能从上下左右、四面八方去思考问题的思维方式。立体思维实际上是一种发散思维。这种思维方法强调占领整个立体思维空间，并有纵向垂直、水平横向、交叉重叠的组合优势，把研究对象摆在三维空间中去思考，让思维细胞在立体中撞击和接通，扩大思维活动的跨步，拓宽可能性空间。特点：思维纵横捭阖，行动左右逢源。

立体思维要求人们跳出点、线、面的限制，有意识地从上下左右、四面八方各个方向去考虑问题，也就是要“立起来思考”。

立体思维思考问题时常有三个角度：一是有一定的空间。世界上的万物都在一定的空间存在。立体思维充分考虑了事物存在的空间，就能跳出事物的本身，用更高的角度去观察、思考问题。二是一定的时间。世界上的事物都是在一定的时间中存在，从时间的角度去思考，往往可以使我们作今昔的对比，从而瞻望未来，具有超前意识。三是万物联系的网络。世界上的事物都不是孤立存在的，它们相互组成一定的联系。我们在事物的千丝万缕、在联系的网络中去思考问题，就容易找出事物的本质，从而拓宽创新之路。

其实，有不少东西都是跃出平面，伸向空间的结果。小到弹簧、发条，大到奔驰长啸的列车、耸入云天的摩天大厦……最典型的要数电子王国中的“格里佛小人”——集成电路了。在电子线路板上也制造出立体形的，它不仅在上下两面有导电层，而且在线路板的中间设有许多导电层，从而大大节约了原材料，提高了效率。

科学家在研制飞机、导弹和卫星时需要运用非常复杂的电子设备，装配这些设备往往需要几十万甚至几百万个晶体管、电阻、电容等电子元件，这样的设备体积十分庞大，携带和使用也不方便。后来，他们将各种电子元件由平面式的接线方式改为立体式的连接，充分利用真空扩散、表面处理等方法，制成了平面型的晶体管、电阻、电容，这些很薄很薄的元件通过层层重叠的方式组装起来，就构成了微型组合电路，再在一个单晶硅片上做成集成电路。这样，1 个 5 mm^2 的硅片上可集成 27 000 个元件。正是由于有了这种集成电路，才有了电子手表、电子计算器等袖珍电子产品。

怎样掌握和运用立体思维呢？

首先，要养成整体看问题的习惯，克服平面思维的单一性。由于我们从小就在学习一个问题一个答案，找到一个答案便自以为是万事大吉；由于我们从小就学习在平面上考虑问题，忽视在空间、在立体中考虑问题；由于我们总是将问题静止地摆在面前以求解决，忽视在动态中考虑问题；由于我们所受的教育多属集中思维，思维形式单调等；我们形成了极为狭窄的解决问题的模式，而且已形成思维定式。思维定式虽然有解决问题可以触类旁通的好处，但对创造发明却是不利的。因此，要练习立体思维，就要突破这种思维定式，养成整体看问题、在立体中思考问题、在动态中看问题的习惯。

其次，要养成多角度看问题的习惯，克服平面思维的片面性。一个有较多空间结构知识、熟悉各种空间几何图形的人，比一个只有较少平面结构知识、只了解一些平面几何图形的人，想象能力要大得多。

再次，要养成勤于动手、勇于实践的习惯，克服好高骛远思想。

9）收敛思维

收敛思维亦称集中思维、求同思维或定向思维，是以某一思考对象为中心，从不同角度、不同方面将思路指向该对象，以寻找解决问题的最佳答案的思维形式。在设想的实现阶段，这种思维形式常占主导地位。收敛思维模式示意图如图 2.1 所示。

在创造性思维过程中，发散与收敛思维是相反相成的。只有把二者很好地结合使用，才能获得创造性成果。美国哲学家库恩认为："科学只能在发散与收敛这两种思维方式相互拉扯所形成的张力之下向前发展。如果一个科学家具有在发散式思维与收敛式思维之间保持一种必要的张力的能力，那么这正是他从事最好的科学研究所必需的首要条件之一。"

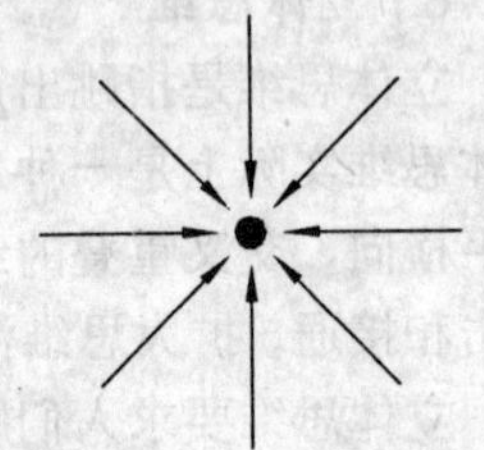

图 2.1　收敛思维模式示意图

举一个病人去医院看病的简单例子：病人向医生诉说常常低热不退。这仅仅是一个"症状"。究竟是什么原因引起此症状呢？医生常用的即是发散思维的方法——可能是体内炎症？可能是肺结核？可能是神经官能症或者是癌症？……医生就要继续询问各种病征，并作必要的检查、化验。待病因确诊后，就用收敛思维的方法，用一切可行的方案集中力量将病治好。

10）直觉思维

青年数学家阿普顿刚到爱迪生工业研究所时，爱迪生想考考他的能力，就让他去求一个灯泡的容积。这位年轻的数学家施出浑身解数进行各种复杂的测量和计算，但因为灯泡形状是不规则的，很难利用已有的数学方法求解。一个小时后，爱迪生发现阿普顿还在忙着做各种计算和测量，禁不住随口说道："要是我，就往灯泡里灌满水，再用量筒测出水的体积。"爱迪生借助于直观思维轻而易举地求出了灯泡的容积，而阿普敦则习惯于按照常规的数学思维方式解题，缺少像爱迪生那样的直观思维或直觉思维能力。

直觉思维是相对于逻辑思维来说的，它是指人们不经过逐步分析而迅速对问题的答案作出合理猜测或突然顿悟的思维形式。直觉思维着眼于对研究对象的整体性把握，它与逻辑思维强调对研究对象的局部性分析是完全不同的。直觉思维能力强的人常常会从一些偶然事件中突然领悟问题的实质。如"阿基米德原理"正是通过直觉思维使阿基米德在坐入浴盆的瞬间顿悟，牛顿从苹果落地而发现"万有引力定律"也是直觉思维的结果。

直觉思维是创造性思维活动的一种表现，它是当研究者的思维活动在某个问题的意识边缘持续活动，脑功能处于最佳状态时，旧神经联系突然沟通形成新的联系时的表现。创造性思维过程是直觉思维与逻辑思维（分析思维）互动共济的过程，是在彼此相对应的心理机能的综合统一中实现的。

许多事例表明，因顿悟而产生的新构想多数是在一些与研究课题完全无关的情境中发生的。由于某种适用于其他领域的想法出乎意料地适用于创造者所求解的问题，这种异质环境常常有利于新构想的直觉思维的发生。

卢瑟福发现原子核的存在，提出了原子结构的行星模型，在物理学领域作出了许多开创性的贡献，其中直觉的判断起到了重要作用。1912 年，法国气象工作者 A. L. 魏格纳从地图上发现了非洲西海岸与南美洲东海岸的轮廓十分吻合，如图 2.2 所示，利用直觉思维，一位气象学家创建了地质学的新学说——大陆漂移说。

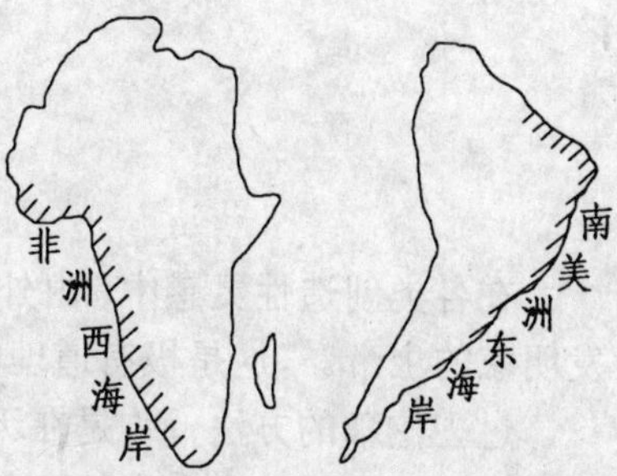

图 2.2　非洲、南美洲地形简图

伟大的科学家爱因斯坦认为："真正可贵的因素是直觉。"他认为科学创造原理可简洁表达成：经验—直觉—概念—逻辑推理—理论。他说："我相信直觉和灵感。"美国哲学家库恩说："科学的新规律是通过'直觉的闪光'而产生的。"苏联科学史专家凯德洛夫也指出："没有任何一个创造性行为能够脱离直觉活动。"可见直觉的重要性。

当然，直觉思维也可能有其自身的缺点。例如，容易把思路局限于较狭窄的观察范围里，会影响直觉判断的正确、有效性。也可能会将两个本不相及的事纳入虚假的联系之中，个人主观色彩较重。所以，关键在于创新者主体素质的加强和必要的创造心态的确立。而且，还必须有一个实践检验过程，这是重要的科学创造阶段。

11）灵感思维

灵感是人们借助于直觉启示而对问题得到突如其来的领悟或理解的一种思维形式，是一种把隐藏在潜意识中的事物信息，在需要解决某个问题时，其信息就以适当的形式突然表现出来的创造能力。它是创造性思维最重要的形式之一。有人称灵感是创造学、思维学、心理学皇冠上的一颗明珠，是很有道理的。

科学业已证明，灵感不是玄学而是人脑的功能。在大脑皮层中有对应的功能区域，即由意识部和潜意识部两个对应组织所构成的灵感区。意识部和潜意识部相互间的同步共振活动主导灵感的产生。灵感的产生亦需一定的诱发因素，有其客观的发生过程，是偶然性与必然性的统一。

灵感的出现不管在空间上还是在时间上都具有不确定性，但灵感的产生条件却是相对确定的。它的出现有赖于知识长期的积累，有赖于智力水平的提高，有赖于良好的精神状态、和谐的外界环境，有赖于长时间、紧张的思考和专心的探索。

法国数学家热克 · 阿达马尔把灵感的产生分为准备、潜伏、顿悟、检验四个阶段。也有人把其分为准备期、酝酿期、豁朗期、验证期。这两者是相一致的。准备与潜伏期，是长期积累、刻意追求、循常思索的阶段；顿悟是由主体的积极活动和过去的经验所准备的、有意识的瞬时的动作，是思维过程中逻辑的中断和思想的跃升，是偶然得之、无意得之、反常得之的顿悟思索阶段。在灵感突发时，往往会伴随一种亢奋性的精神状态。

可以把灵感分为来自外界的偶然机遇型与来自内部的积淀意识型两大类，如表 2.2 所列：

表 2.2 灵感的分类

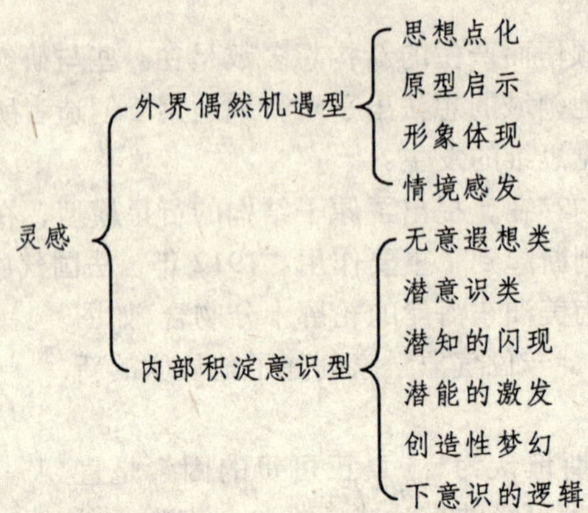

在各类创造性灵感中，由外部偶然的机遇而引发的灵感最为常见、有效。有人说："机遇，发明家的上帝。"这是极有道理的。

过去挖藕的方法，均是在天冷时由人用耙子下到水中去挖，又脏又累。有一次，一人挖藕时放了一个屁，众人大笑，但其中一人却马上想到：如果用压缩空气吹入池底，是否可挖藕？经试验，将水加压后喷入池底，则藕非但被挖出，而且又干净又不损坏。于是，一种新的挖藕的方法得到普遍采用。

12）分合思维

分合思维是一种把思考对象在思想中加以分解或合并，以产生新思路、新方案的思维方式。将面块和汤料分离，发明了方便面；将衣袖与衣身分解，设计了背心、马夹；把计算机与机床合并，设计了数控机床……这些都是运用分合思维的实例。

13）科学思维

科学思维就是一种实证的思维方式，一种建立在事实和逻辑基础上的理性思考。具体包括以下内涵：

（1）相信客观知识的存在，并愿意通过自己的探究活动去认识客观的世界。

（2）对于未知的事物会作出猜想，并知道主观的猜想是需要客观事实来证明的。

（3）相信事实，只有在全面地考察事实之后才会得出结论。

（4）通过对事实进行合乎逻辑的推理而得出结论，并知道任何结论都是暂时性的，它需要更多的事实来证明，结论也可能被新的事实所推翻。

科学思维常常用于创造的验证，也可由此产生新的创意。

创造过程是十分复杂的，是多种创造性思维协同作用的结果。因此，了解创造性思维的各种形式并能灵活运用到创新实践中具有十分重大的意义。

2.2.4 创造性思维的过程与本质

1）创造性思维的过程

创造过程中人的思维过程是极为复杂的，对于创造性思维的活动过程与活动阶段，很难作出精确的分析与研究。目前，对其阶段的划分及认识也极不一致。其中具有代表性的是英国心理学家瓦拉斯（Wallas）的提法，他将人们的创造性思维过程分为四个既有区别又有联系的阶段。

（1）准备阶段。

从事创造活动，必须有一个充分的准备期。这种准备包括必要的事实和资料，必要的知识和经验的储存，技术和设备的筹集，其他条件的提供等。创造者在创造之前需要对前人在同类问题上所积累的经验有所了解，对前人在该问题上已解决到什么程度，即哪些问题已经解决，哪些问题尚未解决，作深入的分析。这样，既可避免重复前人的劳动，又可使自己站在新的起点从事创造工作，还可帮助自己从旧问题中发现新问题，从旧关系中发现新关系。从前人的经验中，不仅能获得知识，还能获得启示。

例如，爱迪生为发明电灯所收集的有关资料据说竟写了200本笔记，总计达4万页之多。

在准备期间，创造者通过储存经验，收集资料，分析、整理资料，形成概念，以便以后把这些东西铸成新的形态。总之，要有目的、有计划地为所规划的创造项目作好充分的准备。

（2）酝酿阶段。

这一阶段也有人称之为“孵化期”“育化期”或“潜伏期”。这一阶段主要对前一阶段所获得的各种资料、知识进行消化和吸收，从而明确问题的关键所在，并提出解决问题的各种假设与方案。在这个阶段中，有些问题虽然经过反复思考、酝酿，但仍未获得完满解决，思维常常出现“中断”的现象。在此种情况下，从表面上看来，创造者的思考活动好像已经中断，但事实上思考可能仍在潜意识中断断续续地进行着，有时在梦中还思考着待解决的问题。

不少创造者在这一阶段往往表现为狂热或如痴如醉状态。我们所非常熟悉的牛顿煮手表、安培不认识自己的家门以及黑格尔一次思考问题竟在同一地点站了一天一夜等故事，都充分说明了处于这一思维阶段中的人，常常被认为是“某种程度上的狂人”。

这个阶段可能是短暂的，也可能是漫长的，有时甚至延续好多年。在这个时期中，创造者的观念仿佛是在“冬眠”，等待着“复苏”。一旦酝酿成熟，创造者在内部突如其来的“闪光”，或在外部事件的触发下，新概念就会脱颖而出。

（3）顿悟阶段。

又称豁朗阶段（Illumination），经过潜伏期的酝酿之后，由于创造者对问题经过周密的甚至长时间的思考，创造性的新概念可能突然出现，思考者大有豁然开朗的感觉。对这一心理现象人们通常称之为“灵感”或“顿悟”。

灵感的来临往往是突然的、不期而至的，有时甚至是戏剧性的。灵感有时出现在半睡眠状态，有时甚至出现在梦中，有时出现于闲暇或从事其他活动之时。总之，它常常是在意想不到的时候来到的。如德国数学家高思为证明某个定理，苦苦思索了两年仍一无所得。可是有一天，正如他自己后来所说的：“像闪电一样，谜一下解开了。”实际上这种突然来到的灵感并非“无思之通”，而是在前一阶段的长期思考或过量思考的基础上才会产生的，没有苦苦的“过量思考”，灵感是决不会到来的。

（4）验证阶段。

这一阶段又叫做表现阶段，也就是把前面所提出的假设、方案，通过理论推导或者实际操作来检验它们的正确性、合理性和可靠性、可行性，从而付诸实践。通过检验，很可能会把原来的假设方案全部否定，也有可能作部分修改或补充。因此，创造性思维常常不可能一举就获得完满的成功。

2）创造性思维的本质

(1) 创造性思维是发散思维与集中思维的统一。

美国著名心理学家 Guiford 于 1967 年提出，创造性思维的本质是发散思维。发散思维(Divergent Thinking) 又称求异思维、扩散思维等，是指沿着各种不同的方向去思考，重组眼前的信息和记忆系统的信息，从而产生出大量独特的新思想。它克服了常规思维中单向思维的缺陷，是一种不依常规，寻求变异，从多方面探索答案的思维形式，是创造性思维的重要组成部分。Guiford 认为流畅性、变通性和独创性构成了发散性思维的三个维量。

其实，创造性思维并不完全等同于发散性思维，它是发散性思维与集中思维的统一。

集中思维（Convergent Thinking）也称聚合思维，指思维过程中对信息进行抽象、概括，使之朝着一个方向集中、聚敛，从而形成一种答案、结论或规律。

集中思维在创造性思维中的重要性已经引起心理学家的重视。例如，国内的一项实验研究（刘敏等，2007）探索了决策过程中信息的创造性整合的机制、策略、影响因素。

该实验中，要求被试者阅读下面的 6 条关键信息以后，提出一个投资建议：

① 美国居民最常吃的食物是牛肉。

② 墨西哥刚刚爆发了一种罕见的畜牧类瘟疫。

③ 此瘟疫在畜牧类动物（如猪、牛、羊）中传播非常快，全世界都还没有方法成功地控制这种瘟疫的快速传播。

④ 德州是美国最主要的牛肉产地，占全国牛肉产量的一半。

⑤ 德州与墨西哥接壤。

⑥ 美国法律明文禁止疫区食品不能外运。

这是根据美国大商人亚默尔的一个真实的成功案例自编的投资决策问题。正确的答案是：以最快的速度在德州大量收购牛肉，外运到其他州储存起来。几个月以后，当墨西哥的畜牧瘟疫传到德州，德州牛肉禁止外运，导致牛肉价格暴涨的时候再出售。结果 10 min 内正确回答者占 42.1%。

但是，如果在上述 6 条关键信息的基础上，增加 14 条与“德州牛肉”问题无关的干扰信息，给被试者 30 min 时间提出方案，再给被试者呈现原来的 6 条关键信息 10 min，结果正确率下降为 8.6%。其中 30 min 内得出正确方案者占 5.7%，呈现 6 条关键信息后正确回答者占 2.9%。

结果证实，人们面临冗余信息干扰作用的时候，对信息的创造性整合会发生困难。而现实中，人们会面临纷繁复杂的大量冗余信息，在这种条件下的决策中，集中思维就表现出极端的重要性。

总之，创造性思维是发散思维和集中思维的对立统一。这种对立统一关系主要表现为：

① 第一，只有集中才能更好地发散。一方面，发散不是毫无目标的胡乱联想，而是应该在一定的思维方向上进行发散；另一方面，自由发散的结果并不都是有价值的，还要最后通过集中思维得出正确的结论。

② 第二，只有发散了才能进一步集中。发散度高，集中性才好，创造水平才会高。

③ 第三，创造性思维是一个集中—发散—集中……多次循环往复、螺旋式上升的过程。

(2) 创造性思维是直觉思维和分析思维的统一。

根据得出结论是否经过明确的思考步骤以及主体对其思维过程有无清晰的意识，可以将思维划分为直觉思维和分析思维。

直觉思维是一种没有完整的分析过程与逻辑程序而获得答案的思维。分析思维则是严格遵循逻辑规律，逐步分析与推导，最后得出合乎逻辑的正确答案和结论的思维活动。

与分析思维相比，直觉思维具有以下几个方面的显著特征：① 既没有某种明确的逻辑规则，也没有经过严密的推理，因而具有非逻辑性。② 总是以跳跃的方式径直指向最后结论，似乎不存在中间的推导过程，因而具有直接性。③ 直觉思维是一个自然而然的过程，无需主体作出有意识的努力，表现出自动化特征。④ 由直觉思维得出的结论很可能是正确的，但也可能发生错误，具有或然性。

分析思维与直觉思维相互促进、相互联系才能促进创造性活动的顺利开展。分析思维是直觉思维的基础，没有这个基础直觉思维可能成为错觉。但是没有直觉思维做先导，难以提出新问题、新设想。可以说，直觉思维在创造活动中起着决定性的作用。但新思想、新设想提出之后，仍需要用分析思维进行推理和论证。因此，创造性思维是在分析思维和直觉思维的交叉状态下进行的，也是循环往复、螺旋式上升的过程。

(3) 创造性思维是横向思维和纵向思维的统一。

根据思维进行的方向可以将思维划分为横向思维和纵向思维。

所谓纵向思维，是指在一种结构范围中，按照有顺序、可预测、程式化的方向进行的思维方式。我们平常生活、学习中大都采用这种思维方式。

所谓横向思维，是指突破问题的结构范围，从其他领域（或学科）的事物、事实、知识中得到启示而产生新设想的思维方式。它不一定是有顺序的，同时它也不能预测，不受范式的约束。横向思维不同于解决问题的一般思路，它试图从别的方面、方向入手，其广度大大增加，有可能从其他领域中得到解决问题的启示。因此，横向思维已成为创造性思维的重要组成部分。

但这绝不是说，在创造活动中要完全抛弃纵向思维而由横向思维取而代之。相反，一个真正有创造性的人，往往是将两者有机结合起来运用，在纵向思维中发现不能解决的新问题，用横向思维激发解决问题的新方法，最后用纵向思维检验横向思维的结果。

(4) 创造性思维是逆向思维和正向思维的统一。

逆向思维是与正向思维相对而言的。所谓逆向思维，与一般的正向思维相反，它要求在思维活动时从相反方向去观察和思考，避免单一正向思维和单向度的认识过程的机械性。这样往往独具一格，常常导致创造性的发现，取得突破性的成果。

科学上的许多创造发明都离不开逆向思维，例如，电可以转变成磁，磁能否转变成电？这就导致了发电机的诞生。又如，解决半导体杂质问题的办法是在半导体中添加杂质。由此可见，逆向思维往往在创造活动中发挥着重要作用，因而，逆向思维也是创造性思维的组成部分。

然而应该看到，逆向思维与正向思维之间存在着互为前提、相互转化的关系。在某种情况下的正向思维，在另外一种情况下很可能就变成了逆向思维。逆向思维的运用常常是建立在一定的正向思维的基础上的，没有正向思维为基础，是很难产生逆向思维的。

(5) 创造性思维是潜意识思维和显意识思维的统一。

现代思维科学的研究表明，人们可以在潜意识水平上处理并理解所见到的现象，潜意识能阻碍来自客观的大多数刺激，而让少数几种选择的刺激信息浸入潜意识思维过程。在显意识过程中不能组合加工的信息，能在潜意识思维过程加工形成结合块。因此，潜意识思维常常在创造中起着重大的作用。创造活动中的孕育阶段实际上就是潜意识思维的过程。

此外，科学上的许多事实表明，做梦能激发创造，如凯库勒通过梦而发现苯的分子结构。剑桥大学的一份关于各类科学家工作习惯的调查中，有70%的科学家回答说他们曾在一些梦中得到过帮助。而睡梦中潜意识的信息容易浸入到显意识中来，使人豁然开朗。

总之，创造性思维是一个很复杂的认知加工过程，需要从不同的角度去揭示它的本质。

2.2.5 创造性思维的特征

1）独创性或新颖性

创造性思维贵在创新，它或者在思路的选择上，或者在思考的技巧上，或者在思维的结论上，具有"前无古人"的独到之处，具有一定范围内的首创性、开拓性。一位希望事业有成或生活出意义来或作一个称职的领导的人，就要在前人、常人没有涉足，不敢前往的领域"开垦"出自己的一片天地，就要站在前人、常人的肩上再前进一步，而不要在前人、常人已有的成就面前踏步或仿效，不要被司空见惯的事物所迷惑。因此，具有创造性思维的人，对事物必须具有浓厚的创新兴趣，在实际活动中善于超出思维常规，对"完善"的事物、平稳有序发展的事物进行重新认识，以求新的发现，这种发现就是一种独创、一种新的见解、新的发明和新的突破。

2）极大的灵活性

创造性思维并无现成的思维方法和程序可循，所以它的方式、方法、程序、途径等都没有固定的框架。进行创造性思维活动的人在考虑问题时可以迅速地从一个思路转向另一个思路，从一种意境进入另一种意境，多方位地探索解决问题的办法，这样，创造性思维活动就表现出不同的结果或不同的方法、技巧。例如，面对一个处于世界经济趋于一体化、竞争日趋激烈环境之中的小企业的前途问题，企业的经理们不能无动于衷或沿用老思路，否则，只有死路一条。企业经理们必须或是考虑引进外资，联合办厂；或是改组企业的人力、财力、物力的配置结构，并进行技术革新；或是加强产品宣传，并在包装上下工夫；或是上述三者组合或并用。企业经理们也可以考虑企业的转产，或者让某一大型企业兼并，成为大企业的一个分厂。这里的第一条思路是方法、技巧的创新，第二条思路是结果的创新，两种不同的创新都是创造性思维在拯救该企业问题的应用。创造性思维的灵活性还表现为，人们在一定的原则界限内的自由选择、发挥等。一般来讲，原则的有效性体现在它的具体运用上，否则，原则就变成了僵死的教条。

3）艺术性和非拟性

创造性思维活动是一种开放的、灵活多变的思维活动，它的发生伴随有"想象""直觉""灵感"之类的非逻辑、非规范思维活动，如"思想""灵感""直觉"等往往因人而异、因时而异、因问题和对象而异，所以创造性思维活动具有极大的特殊性、随机性和技巧性，他人不可以完全模仿、模拟。创造性思维活动的上述特点同艺术活动有相似之处，艺术活动就是每个人充分发挥自己才能，包括利用直觉、灵感、想象等非理性的活动，艺术活动的表面现象和过程可以模仿，如凡·高的名画《向日葵》，人们都可以去画"向日葵"，且大小、颜色都可以模仿，甚至临摹。然而，艺术的精髓和内在的东西及凡·高的创造性创作能力只属于个人，是无法仿造的。任何模仿品只能是“几乎”以假充真，但毕竟不是真的，所以，才有人愿冒生命之危险，设法盗窃著名画家的真迹。同样，创造性的领导活动的内在的东西也是不可模仿的。因为一旦谈得上可以模仿，所模仿的只是活动的实际实施过程，并且自己是跟在他人后面，一步一个脚印地学习他人。尤其是，创造性的思维能力无法像一件物品，如茶杯，摆在我们面前，任我们临摹、仿造。因此，创造性思维被称为一种高超的艺术。

4）对象的潜在性

创造性思维活动从现实的活动和客体出发，但它的指向不是现存的客体，而是一个潜在的、尚未被认识和实践的对象。例如，在改革浪潮席卷全球的今天，无论是发达国家，还是发展中国家，都在寻求适合本国国情的改革之路，那么，这条路究竟怎么走，各国正在探索，即各国的领导者们分别依据本国所面临的各种现实情况，进行创造性的思索，大胆试验，所以，这条路至今还不太清晰，还是潜在的，至多是处在由潜在向现实的不断转变之中。所以，创造性思维的对象或者是刚刚进入人类的实践范围，尚未被人类所认识的客体，人们只能猜测它的存在状况；或者是人们虽然有了一定的认识，但认识尚不完全，还可以从深度和广度上加以进一步认识的客体，这两类客体无疑带有潜在性。

5）风险性

由于创造性思维活动是一种探索未知的活动，因此要受着多种因素的限制和影响，如事物发展及其本质暴露的程度、实践的条件与水平、认识的水平与能力等，这就决定了创造性思维并不能每次都取得成功，甚至有可能毫无成效或者得出错误的结论。创造性思维活动的风险性还表现在它对传统势力、偏见等的冲击上。传统势力、现有权威都会竭力维护自己的存在，对创造性思维活动的成果抱有抵触的心理，甚至仇视的心理。例如，西欧中世纪，宗教在社会生活中占据着绝对统治地位，一切与宗教相悖的观点都被称为“异端邪说”，一切违背此原则的人都会受到“宗教裁判所”的严厉惩罚。但是，创造性思维活动是扼杀不了的，伽利略、布鲁诺置生命于不顾，提倡并论证了“日心说”，证明教皇生活于其上的地球不是宇宙的中心。无法想象，如果没有两位科学家甘冒此风险，“日心说”不知何时被提出。所以，风险与机会、成功并存。消除了风险，创造性思维活动就变为了习惯性思维活动。

此外，创造性思维在方向上具有多向性、求异性，在进程上具有突发性、跨越性，在效果上具有整体性、综合性，在结构上具有广阔性、灵便性，在表达上具有新颖性、流畅性等。掌握创造性思维的特点有利于我们创造力的发挥，更好地进行产品创新设计。

2.2.6　创造性思维的作用

（1）创造性思维可以不断地增加人类知识的总量，不断推进人类认识世界的水平。创造性思维因其对象的潜在特征，表明它是向着未知或不完全知的领域进军，不断扩大着人们的认识范围，不断地把未被认识的东西变为可以认识和已经认识的东西，科学上每一次的发现和创造，都增加着人类的知识总量，为人类由必然王国进入自由王国不断地创造着条件。

（2）创造性思维可以不断地提高人类的认识能力。创造性思维的特征已表明，创造性思维是一种高超的艺术，创造性思维活动及过程中的内在的东西是无法模仿的。这内在的东西即创造性思维能力。这种能力的获得依赖于人们对历史和现状的深刻了解，依赖于敏锐的观察能力和问题分析能力，依赖于平时知识的积累、拓展和人生的经历。而每一次创造性思维过程就是一次锻炼思维能力的过程，因为要想获得对未知世界的认识，人们就要不断地探索前人没有采用过的思维方法、思考角度去进行思考，就要独创性地寻求没有先例的办法和途径去正确、有效地观察问题、分析问题和解决问题，从而极大地提高人类认识未知事物的能力，所以，认识能力的提高离不开创造性思维。

(3) 创造性思维可以为实践开辟新的局面。创造性思维的独创性与风险性特征赋予了它敢于探索和创新的精神，在这种精神的支配下，人们不满于现状，不满于已有的知识和经验，总是力图探索客观世界中还未被认识的本质和规律，并以此为指导，进行开拓性的实践，开辟出人类实践活动的新领域。在中国，正是邓小平同志对社会主义建设问题进行创造性的思维，提出了有中国特色的社会主义理论，才有了中国翻天覆地的变化，才有了今天的轰轰烈烈的改革实践。相反，若没有创造性的思维，人类躺在已有的知识和经验上坐享其成，那么，人类的实践活动只能留在原有的水平上，实践活动的领域也非常狭小。

创造性思维是将来人类的主要活动方式和内容。历史上曾经发生过的工业革命没有完全把人从体力劳动中解放出来，而目前世界范围内的新技术革命，带来了生产的变革、全面的自动化，把人从机械劳动和机器中解放出来，从事着控制信息、编制程序的脑力劳动，而人工智能技术的推广和应用，使人所从事的一些简单的、具有一定逻辑规则的思维活动，可以交给“人工智能”去完成，从而又部分地把人从简单脑力劳动中解放出来。这样，人将有充分的精力把自己的知识、智力用于创造性的思维活动，把人类的文明推向一个新的高度。

2.2.7　创造性思维的技巧和策略

创造性思维虽然没有固定的模式，但总归还是可以找到一些有益于跳出常规思维框架的技巧和视角。这一节，我们主要介绍一些创造性思维的技巧，并在此基础上提出一些进行创造性思维的策略。

1）创造性思维的基本技巧

假设在过去的几个月中，你生活在与世隔绝的环境中，有一天，你突然被带到了一个繁华都市的“时代”广场，这时你就会体会到一个人必须具备什么样的能力才能生存，你将如何应付突如其来的感官刺激？你能使杂乱的场景、声音、气味、滋味条理化吗？当拥挤的人群围住你时，你惊慌吗？此时此地，无论你多么不善于应付，你都不会太紧张，因为你可以援引你头脑里已经建立的某种思维方式和你过去生活中某些经验来处理（组织、联系、整理）周围大量杂乱无章的事情。抬头看看路标，你甚至可以创造性给这个地方起个名字：“时代广场”。在适应新环境的过程中，你会逐渐意识到各种必要的创造性思维技巧的重要性。特别地，你会感受到顺序、联系、关系、观点及层次技巧的重要性。

要发展创造性思维，首先要充分了解创造性思维的组成部分和技巧：顺序、结构和关系。

(1) 顺序。

顺序是指事件或问题在时间、空间上的变化（生长、转化、发展、进化）。作为一个概念，它强调一个已被科学接受的前提，即我们都生活在一个“运动着”的世界里。在这个世界里，一切都在以不同的速度不停地变化着。我们理解顺序的能力，即我们感受变化的能力，直接关系着我们驾驭或解决现实问题的能力。

亨利 · 波恩卡欧指出：“一个数学证明不是一个简单的资料推理的并置，而是置于一定顺序的演绎推理。这些推理所处的顺序要比它们本身重要得多。”菲利普 · 杰克逊和塞缨 · 梅可西在《人物传》中指出：堆在院子里的一堆瓦砾与经过一位艺术家整理安排过的同种材料可以用来说明这里所作的区别。来自不规则废物堆的任何意义都是偶然的，它们不是从材料间的偶然联系中得到的，就是从该材料在观察者眼中所激发的不规则联系中得到的。与之相比较，有次序的排列，如果值得艺术欣赏的话，包含有多种意义，不易一看就理解。物体的颜色和形状，它们的质地、空间位置、原来的功能协同增加了它们的美感。

切记，这里的顺序不是秩序感上的顺序，而是着意于"变化的产生和发展"。在创造性思维过程中，一般使用顺序技巧时所采用的词语和所考虑的问题是：

➢ 它可以扩张吗？把它加进时间、空间、重复、强化、结合、增加成分、加厚、组合。
➢ 它可以缩减吗？从时间、地点上把它浓缩减少、限制它，给它增加频度，取消它，减轻它。
➢ 它可以被重新组织吗？随着时间的变化，煮沸、冻结、变软、象征化、抽象化、剖析等。

(2) 结构。

结构讲的是差别（比较、区别）。结构具有如下含义：我们见到的世界上的所有东西，都是独特的和不同的。我们应该通过各种方法来意识到事物之间的差别。

我们时常总以为我们自己听到了一支曲调，实际上，我们一次只能听到其中一个音符，记忆以及在某种程度上的预觉把独立的音符组成我们所谓的"曲调"，相连部分（指音符）的排列（指拍子安排）提供了高层次结构（度数）来圆满地定出更高层次结构（曲调）的概念。

我们能够在不同层次上把结构改变成相对、相反、相对抗的状态。"结构"也不是反映要素之间结合方式的结构，而是指事物本身的特殊性。在创造性思维过程中，我们可以在不同层次上使用结构技巧来考虑并应用下列词语和问题：

➢ 它可以被编码吗？它与什么相似？这是什么东西？有哪些种类？起什么作用？为什么？
➢ 它可以分类吗？它的性质是什么？性能是什么？属于哪一种？等等。

(3) 关系。

关系讲的是相似（连贯性、附属性）。"关系"告诉我们：尽管有了对差别的认识，我们还是利用关系技巧来观察相似并作出反应。

"关系"似乎是对不同事件或事物的"不变性"的概括。在创造性思维过程中，我们可以在不同层次上运用关系的技巧来思考和使用下列词语和问题：

➢ 它可以被颠倒吗？它的对立面怎么样？设法在不同的方向上进行颠倒。
➢ 它可以重新安排吗？它是什么的部分？其整体是什么？分散部分又是什么？形式和局部可以变化吗？可以调换吗？
➢ 关系是否可被更改？什么可以被更改？是意义、目的、用法、还是目标？等等。

顺序、结构和关系是正确思维的基本技巧，因而也是创造性思维的基本技巧。它们共同构成我们认识对象的一张网。通过在实践中不断地运用它们，我们可以完善和提高我们的创造力。

艾斯特·W. 艾斯诺曾把具有创造力的儿童分为四类：第一类是"范围扩大者"，因为他们似乎总想扩大物质概念的范围，他们关心的主要问题是确立关系；第二类是"美的组织者"，因为他们的画显示了对美的结构有明显的意识；第三类是"发明者"，他们通过组织材料创造新的物质；第四类是"界限冲破者"，他们拒绝接受"别人认为是理所当然的所有假设而提出新的假设，并着手发展全新的思维体系”，在这一类新的思维体系中，结构、顺序和关系得到了充分考虑。

对任何事物的结构、顺序及关系作全面理智地分析，将有助于认识“问题”是什么，而且还可能做到对这些问题的创造性解决。采用同样的手段，你可以重新组织思维的建筑材料去建立（对你来说）可能形成新结构的结构、顺序和联系，从而做出富有创造性的思维成果。

新的、富有创造性的解题方法将影响你的生活。你是愿意成为他人创造性奋斗的旁观者呢，还是愿意加入到改变结构、顺序、关系层次以及观点的创新活动中去呢？如果你选择了后者，你也就选择了作为创造者的道路。

2）创造性思维的衍生技巧

改变观点和层次是创造性思维的两种衍生技巧。我们先看两者的基本含义。

(1) 层次。

有一个人病了，大夫首先会按着经验对他的病症归类，看它属于哪一个层次。要治精神疾患，就要用心理分析方法；要治某个器官或躯体的疾病，就要采用外科手术；要调整某个组织系统功能，就得用特别的饮食。许多时候，某一种治疗方法不起作用，多数是因为没有搞清楚与疾病有关的、恰当的层次。一般而言，我们观察世界的角度越多，对环境的认识就越充分。但是，我们多数人不能认识我们分析层次的巨大数量，也认识不到我们经常需要在不同层次上理解事物。同时，我们生活所处的文化背景也会影响我们把握事物的层次。

了解了众多层次和它的等级，我们至少可以找到一个适合解决某一个具体问题的层次。在使用改变层次这一创造性思维技巧时，你也同时改变了你的观点及结构、顺序和关系，这就有可能为你的问题找到一个创造性的解决方案。

(2) 观点。

我们瞬间的观点是顺序、结构、关系及我们参与层次的总和。当我们理智地掌握、并有意识地熟练地运用观点时，这一创造性思维的技巧才得以发展。扩大每一个经验，并使其更加有意义；增加我们个人观点以外的见识；扩大选择范围，鉴别他人的观点是否正确；超越自己观点的狭隘性等，这些都有助于我们发展这一思维技巧。

要想创造性地理解我们周围的事物，我们必须学会尝试性地改变观点的创造性技巧。这样，我们就能从不同的角度观察和分析周围世界正在发生的事情。这不仅能够提高我们观察问题的洞察力，而且能够使我们以新颖、独特的观点去理解和处理事物之间的许多关系。著名画家克劳德 · 莫奈在一天不同的时间，给同一堆草画了15幅不同的画。从逻辑上说，草堆的实际形状是不变的。通过变化光，15幅画就各不相同。特别地，在不同时间，画家的观点可能不同。

成年人经验丰富，他们从经验中“学习”，但常常也被经验所束缚。因此，改变观点（能像其他人那样对待自己周围的一切）和改变层次（从宏观层次向微观层次转变）的思维技巧最有助于成年人冲破旧有经验的约束，获得创造性解决问题的新体验。运用你的观点，你就可以打开通向创造力的大门。在改变观点的过程中，你也在改变结构、顺序和关系。

通过在不同层次上采用不同观点来探讨一篇著作，每个批评家都会发现某部著作的新意义。心理学家认为，文学上的暗喻隐含着人类创造性本质的线索。暗喻所涉及的不仅仅是联系，而且涉及顺序（发现过程）及结构（组织一个物质实体的行动）。一个“好”的暗喻应当包括三项基本成分：结构、顺序和关系。不妨找一些暗喻分析分析，看它们是如何利用结构、顺序和关系来创造性地描述新境界的，看看它们在不同的层次和文化观点上所蕴含的意旨有什么不同。

观点、层次、结构、顺序和联系是我们手中掌握的五种思维工具，通过有意识地运用这些工具，我们能使自己的创造性思维能力获得更大的提高。1945 年，德国心理学家沃特海默在解释“能生产的思维”时指出，创造性思维过程是从一种结构上不完整或不令人满意的情境（S1）走向一种提供了结构上完整和令人满意的情境（S2）。在从 S1 到 S2 的过程中，缺陷被填补，相关的问题被解决。他说，这种集合、组织和形成结构的过程在所有“能生产的思维”中都存在着。因此，把整体分成亚整体并且把各个亚整体看成一体，这是创造性思维中最重要的阶段。此外，创造者还可能首先设想出 S2 的某些特征，然后依靠这少量的特征回忆推断出完整的 S2。这个过程是以一种探索过程开始的，这种探索不仅是寻找把各要素连接起来的那些关系，而且还要“寻找它们相互依存的内在本质”。创造性思维的过程是“一个连贯的思维过程”。

在笔者看来，由 S1 走向 S2 的创造过程可以用我们这里所讲的五大思维技巧——顺序（变化）、结构（差异）、关系（相似）、层次、观点——的反复运作来实现。由 S1 到 S2，必然会涉及整体到亚整体的变化，S1 下的亚整体和整体肯定与 S2 下的亚整体和整体不同；由 S1 过渡到 S2 必然是通过 S1 和 S2 之间的某种连贯因素或相似成分来转换完成的；S1 到 S2 的变化肯定会涉及观点和层次的变化。因此，要理解和掌握整个“能生产的思维”——创造性思维——过程，掌握上述五大思维技巧，并在实际的解题过程中加以灵活运用至关重要。

田忌赛马的故事一定听说过吧？试用我们这里讲的思维技巧分析看，这种能产生新结局的博弈是如何通过顺序（变化）、结构（差异）、关系（相似）、层次、观点的反复运作来实现的。技巧通过反复地实践才可能内化为一种能力，一旦你掌握了创造性思维的技巧，你的创造潜能就会得到更好的发挥，你的生活和未来也将随之丰富多彩。

3）创造性思维的要诀

要掌握创造性思维的高超技巧，首先就得了解创造性思维的要诀。概括地说，创造性思维的要诀就在于打破常规，独辟蹊径，化种种“不可能性”为“现实可能性”，从而找到成功地解决问题的思路和方法。

（1）打破常规，独辟蹊径。

“创造性思维就是以不同于他人的方式看同样的事情。”即从同样的事实和现象中发现别人观察不到的联系和规律。新闻记者罗伯特·怀尔特说：“任何人都能在商店里看时装，在博物馆里看历史。但是具有创造性的开拓者却能在五金店里看历史，在飞机场上看时装。”创造性思维的根本就在于独创性。

独辟蹊径、打破常规思维的创造性思维，在科学、技术和工商领域中比比皆是。这里举几个例子加以说明。

将来自粒子源（某种放射性物质）的带电粒子置于电场之中，带电粒子就会受到电场力的作用，而这种力会随着电场电压的升高而加大。当电压足够高时，电场力能使带电粒子加到很高速度。早期的离子加速器，就是利用电源的高电压来加速带电粒子的，并在历史上首次利用人工加速过的粒子实现了核反应。但是电场电压进一步升高就比较困难。1932 年，美国物理学家劳伦斯转换思维，不再着眼于提高电场电压，而是利用电压较低的高频电源对封闭于环形轨道中的带电粒子进行周期性地多次加速。这种循环加速带电粒子的构想确实奇妙无比，它能使带电粒子在环形轨道的狭小空间越跑越快，最后使粒子获得巨大的能量，最高时可以达到 2×10^7 eV，基本适应了高能粒子实验研究的需要。

1993 年 3 月 1 日，《美国新闻与世界报道》中有一篇题为《艾滋病的三种综合治疗方式》的文章，报道了一位在麻省医院实习的医学院学生周永刚的一个奇思妙想。当时，已有好几种药物显示出抑制艾滋病病毒的功效，但只有 AZT 和 DDI 是医生手中的常用药。艾滋病病毒异乎寻常的变异本领使得药物控制变得十分困难。假如一种药物对它有效，很快地，这种病毒就会发生突变，成为另一种形式的病毒，从而使新药物失效。单独使用任何发明的药物似乎都不足以杀死艾滋病病毒。怎么办呢？难道……周永刚想出了一个好办法：他把最常用的 AZT 和 DDI 混合起来，再加上 pyridinone 和 nevirapine，制成几种药物的混合剂。这种混合剂将迫使病毒突变很多次，直到最后无法生存。采用这样的思想，就可使病毒突变的能力变成对自己致命的伤害。以前突变是病毒最有力的武器，它快速突变以致药物追不上它，现在三种药物迫使病毒突变快到其无法生存，这就使病毒最有力的生存武器最终变成使其毙命的利器。这个想法有创意吧？尽管在周永刚手中，这样一种治疗艾滋病的实验只成功过一次，后来再未复制成功，但这个独特的想法还是启发了后来者的思路。华裔学者何大一博士在此基础上，经过反复试验，最终成功地提出了艾滋病的“鸡尾酒疗法”。

长期以来，厂家总是不遗余力地通过广告宣传自己的产品如何“优质”“精妙”，但在 1962 年，美国的巴本赫广告公司为德国大众汽车公司设计了这样一则公告。广告的图案是：一辆大众车的旁边写着大大的“次品”二字。下面的文字提示：该车驾驶室仪表板上的小储藏室柜里有一道划痕，被大众车的检验员发现而定为次品。这种打破常规的广告自然引起了消费者的极大兴趣。

日本的高桥浩先生在《怎样进行创造性思维》一书中也提供了几个同样有趣的例子。这里不妨列举出来，以开阔大家的眼界。

有一年，大雪袭击了美国北方，电线上积满了冰雪，大跨度的电线被积雪压断造成事故。电讯公司召集专业技术人员开会研究如何清除电线上的积雪。会上，有人提出设计一种带机械手的专用电线清雪机；也有人建议研制一种电热装置去融解电线上的积雪……公司经理认为，这些想法虽然在技术上可行，但研发费用高，周期长，一时难以奏效。这时，一位正在清扫室内卫生的清洁工插话说：“让我坐直升机去扫雪就行了。”带着扫帚乘直升机去扫雪，这真是个荒唐的想法！大家顿时哄笑起来，然而，当一名工程师在听到坐直升机扫雪的想法时，一种简单可行的、高效率的方法就冒了出来。他想，每当大雪过后，出动直升机沿积雪严重的电线飞行，依靠高速旋转的螺旋桨不就可以将电线上的积雪吹落吗？于是提出“用直升机吹雪”的新方案。专家们经过讨论，认为这是一种富有创意的设想，值得一试。第二天现场试验，果真奏效，一个颇费脑筋的难题就这样轻松地解决了。

东京大学的科学家在研究火箭时遇到了一个问题，即火箭上升到一定高度时，便偏离规定的飞行方向。为什么会这样呢？经过调查，发现其原因是火箭内部的固体燃料在火箭达到一定高度气温急剧下降时便出现冻裂痕，燃料不能顺利燃烧。原因找到了，解决的办法却不易找到。据说，当时有个年轻工程师在大学校园看到孩子用粘虫胶粘蝉，就突发奇想：将粘虫胶加进燃料，黏糊糊的粘虫胶不就可以使固体燃料不再出现裂痕？大家虽笑话这个近乎孩子式的想法，但又没有别的办法，只好先拿来试试。结果出乎意料，一个高技术问题就这样解决了。

有一伙人在池塘挖藕，用耙子大小的工具沿着池底挖。其中一个人在挖藕的过程中放了个响屁。"哎呀，请原谅"，那人连忙向旁边的人表示歉意。旁边的人开玩笑说："你这种响屁朝池底放上两三个，那藕恐怕也要被吓得蹦出来了。"说者无意，听者有心。这一句玩笑话却让旁边的另一个人产生出一个想法：用导管把压缩的空气输送到池底再喷放出来会怎样？着手试验，结果只冒气泡而不出藕。"需要更强的力量！"于是改用管道对水加压，结果大获成功。藕不仅被喷出来了，而且这种做法还不像耙子会伤及藕的皮肉，喷出来的藕还被冲得干干净净。

一些荒诞不经的玩笑话，一旦被不单纯地当做笑话来看，而是抱着"试试看"的态度予以重新考虑，或许就能因此提出原创性的构思和妙想。遇事多联想，肯定会有"让你的船冲出险滩"的良策智谋，也肯定会有逆境顺转的好机遇降临。

创造性思维是一种独创性的思维方式，它关注的是解决问题的新颖性和价值性，而不太考虑产生构想或创意的具体诱因或根据。在科学和技术发展史上，有许多由不完善甚至不科学的前提出发而获得原创性构想和原理的例子，科学和技术的探索活动的原创性主要是依据成果的新颖性和价值性来进行评价的，对其论证的科学性和严格性则常常要通过后来的科学家的长期努力才能完成。

创造性的例子还有很多，诸葛亮的"草船借箭""火烧赤壁""空城计"，招招都是独辟蹊径，化险为夷；曹冲"称象"、司马光"砸缸"、哥伦布"竖蛋"，不都因打破"常规"而为天下人所传诵？毛泽东的军事谋略和"建立农村根据地"的主张、邓小平建立"经济特区"与"一国两制"的构想等也都是独创性思维的典范。创造性思维面向生活的各个角落，它把创造的光芒投射到每一个可能存在的问题中。只要你善于思考，善于运作，你总会自己摸索出一套解决现实困难的奇招异策，最终取得成功。

(2) 向种种"不可能性"挑战。

打破常规、独辟蹊径，首先面对的是各种"不可能性"的限定。因此，一个立志于进行创造性思维的人必须敢于质疑种种"不可能性"，向"不可能性"挑战。

在铀核裂变发现前，一些著名的科学家如卢瑟福、爱因斯坦和玻尔对核能利用的估计都是很悲观的。1933 年 9 月，卢瑟福在不列颠协会的演讲中说："一般说来，我们不能指望通过这种途径来取得能量，这种生产能的方法是极端可怜的，效率也是极低的。把原子嬗变看成一种动力能源，只不过纸上谈兵而已。"他甚至断言说："由分裂原子而产生能量，是一件毫无意义的事情。任何企图从原子蜕变中获取能源的人，都是在空谈妄想。"1934 年，当记者问爱因斯坦原子何时能够有效地加以应用时，他打了个比喻："那只不过是黑夜里在鸟类稀少的野外捕鸟。"1935 年，玻尔说道："我们关于核反应的知识越广，离原子能可用于人类需要的时间越远。"

原子能能被开发利用吗？不可能！这是当时压倒一切的看法。20 世纪初几个有头脑的专家就是这么认为的。这种看法几乎断送了科学家探索的一切可能性，把粒子物理学家逼迫到一个狭隘的可能性空间之中。科学屈服了吗？1945 年 7 月 16 日，美国在新墨西哥州的洛斯阿拉莫斯沙漠成功地进行了第一颗原子弹的爆炸试验。同年 8 月 6 日和 9 日，美国分别在日本的广岛和长崎各扔下一颗原子弹。1954 年，苏联建成了世界上第一座核电站，人类因此拉开了原子能和平利用的序幕。今天原子能的开发利用尽管存在这样那样的问题，如核废料的处理、核泄漏对生态的影响等，但原子能电站依然在为人类提供着洁净丰富的能源。

"不可能"因什么不可能？因人们观念和视阈的狭隘，因传统思维模式的僵化。"不可能"

由于什么又变得“可能”？因为科学家们的创造精神和独创性思维。19 世纪 40 年代，当有线电报的发明者莫尔斯捧出他的心血结晶——发报机时，遇到的却是人们的冷眼。没有人相信他能用电传递信息，更没有人愿意把钱投资在那个“粗劣的玩具”上，因为人们认为那是“不可能”的。为了让自己的梦想成为现实，莫尔斯上书国会申请试验资金，提案被无情地否决了。尽管他只能靠卖画谋生，但他对自己发明构想的完善却一刻也没有停止过。精诚所至，金石为开。6 票的微弱优势终于让他从国会得到了 3 万美元的财政资助。1842 年，他从华盛顿的国会大厦发出了人类历史上第一份长途电报：“人类创造了何等的奇迹”，一桩“不可能”事件竟成就了划时代的伟大发明。

科学无禁区。创造性思维使一个个科学和技术领域中的“不可能”变成了“可能”。1924 年 11 月 24 日，一个原来学历史、后来转攻物理的研究生路易斯·德布罗意，向巴黎大学理学院提交了一篇使在座的各位教授感到十分惊奇的博士论文。他认为爱因斯坦提出的那种辐射既像波又像粒子的光的二重性同样适用于一般物质实体。由于他从物理学最基本的假定出发所作出的推理的严谨性确实无懈可击，而理论的独创性又给人以深刻的印象，因此，尽管他的结论大胆得近乎疯狂，使考试委员会的教授们很难相信他的结论在近期内有获得试验证明的可能，他还是顺利地通过了博士论文的答辩。

其实早在 1923 年，德布罗意就曾在法国科学院《报道》期刊上连续发表了三篇短文，论述了其理论要点。但当时并没有得到应有的重视。1924 年，德布罗意为了申请博士学位，将论文送交巴黎大学物理学教授郎之万。郎之万对他的思想大为吃惊，一时不知说什么好，就将德布罗意的论文副本寄给他的老朋友爱因斯坦，向他征求意见。爱因斯坦收到论文后，立即回信称赞说：“德布罗意的工作给我留下了深刻的印象，一幅巨大的帷幕的一角卷起来了。”爱因斯坦的评价促使郎之万接受了德布罗意的论文申请。此外，爱因斯坦还写信给玻恩，建议他读一读这篇论文，他指出，即使这篇论文看来极不合理，但仍然是独具一格的。1924 年 12 月，爱因斯坦在此论文的基础上发展了量子统计理论；1927 年，美国科学家戴维森在精密的实验条件下，做了电子束在镍晶体表面反射时产生散射现象的实验，经计算证实了德布罗意的假设。1929 年，德布罗意“由于发现了电子的波动性”而荣获诺贝尔物理学奖，成为历史上第一个因博士论文而获奖的物理学家。再后来，奥地利物理学家薛定谔沿德布罗意开辟的道路，建立了一个新的力学体系——量子力学的波动方程形式。

科学只遵从独创性，谁拥有独创性，谁就能够在“不可能”和“可能”之间搭起想象的桥梁，科学就将最高的荣誉授予谁。当然，这样的人必须是一位勇士，他必须拥有大胆的想象和创造的勇气。科学界如此，工商领域和其他领域也如此，一切敢于向“不可能性”挑战的人最终将不断拓展他的事业，取得辉煌成就。

日本一家纺织公司的董事长大原总一郎，曾经提出一项维尼纶工业化的计划。但是，该计划在公司内部遭到普遍的反对，被判定为不可能。大原总一郎不屈不挠，坚持推行自己的原定计划，终于变不可能为可能，获得了极大的商业成功。大原总结说：“一项事业，10 个人中有 1～2 个赞成就可以开始了；有 5 个人赞成时，就已经迟了一步；如果有 7～8 个人赞成，那就太晚了。”可见，独创性构想是挑战种种“不可能性”的锐利武器。

日本的小西六公司在世界上第一个开发出了自动聚焦相机，其成功起因于该社社长对技术部门下达的“把自动聚焦仪装进柯尼卡相机，其他事情不必考虑”的强硬命令。社长断然拒绝听取技术部门“没法完成这种不现实要求”的一切说明，坚持不改原意。

在暗处摄影需用闪光灯之类的闪光装置，过去这种装置是同相机分离的，拍照时装上取下，很是麻烦。“能不能把闪光灯装置在照相机内？”这是谁都会提到的问题，也是很早以前就在制造商和局外人之中屡屡提及的建议，可当时制造商总是把这个建议判定为“不可能”。理由是：① 统计资料显示，使用闪光灯拍照的人不到摄影者的1/10；② 相机内装闪光灯，要大大增加相机的体积和成本，售价也随之增加。因此，这类相机即使能生产出来也卖不出去。小西六公司的K先生开始向这个“不可能”投以“果真如此？”的怀疑目光。

他首先到处虚心征询各种人对于闪光灯是否需要的意见，结果获得了意外的发现。他了解到许多人本来想在暗处拍照，由于使用闪光灯的技术过于复杂，迫于无奈只好在明处拍照。从调查结果得知，在相机内装上闪光器，使任何人都能够使用，其使用量不会少于10%。开发这种新产品是有市场前景的，问题是如何应对相机体积和成本因此而增大的定论？的确，两个分离的东西合起来的体积应该是两个东西的大小之和的想法是合乎情理的。然而，果真是这样的吗？如果把闪光器的零件拆散分别装于相机的空隙处会怎么样？在专家的协助和努力下，通过各种尝试和试验，终于找到了在基本上不增加相机体积的前提下将二者组装的办法。

就这样，已有定论的“不可能”事情就因K先生的“果真如此？”式的反复追问变成了“可能”事情。据说这就是柯尼卡傻瓜相机发明的开端。发明是什么？发明就是指完成迄今所不能完成的成果，或者制成迄今所没有的东西。惠特曼发明标准化的生产技术，马本安·E·霍夫设计的第一台微处理器，吉斯·坎布尔培育的第一头克隆羊“多利”等都是发明。这些都是人的创造性的辉煌体现，是对不可能性的挑战，都是对人类既往的经验和知识的质疑和否定，都是在“果真如此”和“或许是这样”……的反复思考和尝试中实现的。不断地超越种种“不可能性”，不断做出世界“第一”，这正是创造性思维给人类文明进步不断提供动力的根本所在。

也许看到这里，你会认为这些人之所以能使“不可能”变成“可能”，一举功成名就，是因为他们出身好、机遇好，或是因为他们能力强、天赋好，非一般人可比。其实，这种想法是错误的。首先，我们生逢社会转型和变革的时代，机会和问题成堆，我们只要随手抓住其中的一个就可能使我们摇身一变而成为时代的佼佼者。只是在现实中，我们中的许多人习惯于等待、习惯于听天由命、习惯于模仿和服从，而很少用自己的头脑去多问一个“果真如此？”，去多想一个“如果这样，或许……”。其次，通过大学四年的专业教育，我们已经基本掌握了各种信息接受和加工的技术和方法，具备了从事创造发明的基本素质。只是我们过于习惯并满足于这一切，过于麻木，或者过于盯着别人的背影而很少认真思考自己脚下的土地，思考自己身边的问题，要不然，我们也许会……

美国华盛顿斯密森博物馆的第一任馆长约瑟夫·亨利说：“伟大发明的种子其实都一直漂浮在我们四周，但是它们只会在已经准备好接纳它的心灵中生根。”只要我们保持有理性的怀疑精神，并积极大胆地去尝试和设想，我们一定会将自己事业发展道路上的种种“不可能性”转化为“可能性”，从而取得事业的成功。

（3）破除枷锁，广开思源。

追根究源，要获得化种种“不可能性”为“可能性”的独创性思维，就得广开思源，大胆设想，让独创性的思想涌流而出。这其中最最关键的一点是要首先打破思维定式，确立积极思维的态度。

世界著名的科普作家阿西莫夫从小就很聪明，他曾多次参加“智商测试”，得分总在160左右，属于“天赋极高”之列。有一次，他遇到一位非常熟悉的汽车修理工。修理工对他说：“嗨，博士，我来考考你的智力，出一道思考题，看你能不能回答正确。”阿西莫夫点头同意。修理工便开始出题：“有一位聋哑人，想买几根钉子，他来到五金商店，对售货员做了这样一个手势：左手食指立在柜台上，右手握拳做出敲击的样子。售货员见状，先给他拿来一把起子。聋哑人摇摇头。于是售货员就明白了，他想买的是钉子。聋哑人买好钉子，刚走出商店，接着进来一位盲人。这位盲人想买一把剪刀，请问：盲人将会怎样做？”

阿西莫夫顺口答道：“盲人肯定会这样——”，他伸出食指和中指，做出剪刀的形状。听了阿西莫夫的回答，汽车修理工开心地笑起来：“哈哈，答错了吧!盲人想买剪刀，只需要开口说‘我买剪刀’就行了，他干吗要做手势呀？”

阿西莫夫借用这一故事来说明思维定式对后继思维的消极影响。事实上，由于思维定式等影响而失去创造发明机会的例子在科学史上是相当多的。1774年，英国化学家普利斯特里就发现了氧气，但由于受传统的“燃素说”思维框框的束缚，他不敢理直气壮地提出，因而错失了科学发现的机会。约里奥·居里夫妇用α粒子轰击轻核发现人工放射性，但在轰击重核时遇到困难。由于受已有认识的束缚，他们只考虑如何提高α粒子的强度和速度，结果毫无进展。意大利科学家费米另开思路，选用刚刚发现不久的中子做炮弹——别人考虑的是炮弹的“轰击”问题，他考虑的却是轰击的“炮弹”，结果立即取得新的突破，荣获诺贝尔物理学奖。然而，费米在解释中子轰击钠所产生的生成物时，却将已有的知识凝固化，想当然地去解释新事实，结果两次错过发现核裂变的机会。

因此，要进行有效的创造性思维，重要的是打破各种人为设置的思维枷锁，让思想冲破牢笼。为此，我们必须做到以下几点：

① 必须充分认识到习惯和从众行为的消极性。

美国心理学家詹姆士说过：“我们从清晨起床到晚上睡觉，99%的动作纯粹是下意识的、习惯性的。穿衣、吃饭、跳舞，乃至日常谈话的大部分方式，都是由不断重复的条件反射行为固定下来的千篇一律的东西。”习惯是一种非创造性的因循守旧的形式，是我们已经熟练掌握的不假思索的自动调节的反应行为和适应行为。这种对待生活的一成不变的、习惯性的态度尽管给我们的日常生活带来很多方便，但却很可能成为我们进行创造性思维的重要障碍。

创造性思维，就是打破常规的认知思维方式。然而，已经养成的习惯，就像一双旧鞋一样，一旦穿上就舍不得脱下，因为它与脚最为相合。与此相类似，尝试新的试验、以独创性的观点观察和解决问题往往就像穿一双新鞋，虽然内心早就希望得到，但又顾忌穿上后夹脚。我们之所以懒得投入必要的时间培养自己的创造性思维能力和从事创造性活动，是因为我们经常满足于习惯所带来的种种好处。习惯使我们对各种异常和“反例”熟视无睹，结果失去很多发明创造的机会。

心理学家发现，我们一旦犯了错误，如把一大串数字加错了，往往有一再重复这个错误的倾向。这种现象被称为固执性错误。思考问题时情况也一样，我们的思想每采取特定的思路一次，下一次采取同样思路的可能也就越大。在一连串的思想中，一个个观念之间形成了联系，这种联系每利用一次就变得更加牢固，直至最后，这种联系紧紧地建立起来，以致它们的连接很难破坏。这样，正像条件反射一样，思考受到条件的限制。我们很可能具备足够的资料来解决问题，然而，因为我们局限于旧有的解题思路，我们常常错失创造性地解决问题的良机。

一位研究者甚至说，创造性思维的能力还因向别人学习而受到限制，这种学习可以通过别人的讲授也可以通过阅读别人的著作。不加批判地阅读可能对人的创造性思维产生不利影响，一切学习都可能使思想受到限制，从而不利于独创性思想的形成。

奥尔福德·斯隆有一次主持通用汽车公司的董事会议，有位董事提出了一项建议，其他董事立即表态支持。一位附和者说："这项建议将使公司兴旺。"另一位说："应尽快付诸实施。"第三人起立表示："实施这项建议可击败所有竞争对手。"见与会者纷纷表示赞成，斯隆提议依程序表决。结果，大多数人点头赞成。最后轮到斯隆，他说："我若也投赞成票，便是全体一致通过。但是，正因为如此，我打算将此议案推迟到下个月再作最后决定，我个人不敢苟同诸位刚才的讨论方式，因为大家都把自己封闭在同一个思考模式里。这是非常危险的决策方式。我希望大家用一个月时间，分别从不同方面研究这项议案。"一个月后，该建议遭到董事会否决。

从众行为有时是必要的。社会生活需要互相合作，如果没有一致的行动，社会组织势将崩溃。况且，在特定的情况下，当你茫然不知所措时，仿效他人的行为和见解不失为一种明智之举。假如你走进一家自助洗衣店却不知如何操作洗衣机，这时你应先观察别人的操作方法，然后如法炮制。然而，太多从众的行为牺牲了我们的个性，妨碍我们创造性思维能力的提高，销蚀了我们的独创精神。如果大多数人的想法都很接近，就等于没有人真正开动脑筋。所以，从一定意义上说，随众附和也不利于创造性思维，而独立思考则有助于发展创造力。

② 必须清醒地对待各种权威和已有的理论成见，确立有理性的怀疑精神。

贝弗里奇分析说，科学上的伟大发现在作出的时候，人们对它们的看法与现在截然不同。当时，很少人能认识到自己对该问题原来一无所知，因为无论对问题视而不见，还是在该问题上已经有了普遍接受的观念，都必先驱除后才能建立新概念。概括地讲，思维活动中最困难的是重新编排一组熟悉的资料，从新的角度看待它，并且摆脱当时流行的理论。这是每一个独创性的科学发现都会面对的巨大的精神障碍。

在哈维建立血液循环理论之前，普遍流行的看法是：存在两种血液；血液在血管中来回流动；血液可从心脏的一侧流向另一侧。但哈维发现头部和颈部静脉瓣膜所朝的方向不符合当时的假说，这个无法解释的细节促使他对流行的理论产生了怀疑。他因此解剖了不下 80 种动物，包括爬行类、甲壳动物和昆虫。当时，确立循环理论的最大困难是找不到动脉末段和静脉之间任何可看到的联系，哈维不得不假设存在一种毛细血管，这是后来才被科学家发现的。对此，哈维写道："关于血液流量和流动缘由方面尚待解释的内容是如此新奇独特、闻所未闻，我不禁害怕会招致敌人嫉恨，而且想到我将因此与全社会作对，不免不寒而栗。"哈维的疑惧不是没有根据的，他因为提出新的血液循环理论受到了嘲笑和辱骂，前来求诊看病的人也因此减少。直到 20 多年之后，血液循环理论才被普遍接受。

据说，在伽利略生活的时代，有一次，一位教士借助于望远镜看到了太阳"黑子"。但由于《圣经》上说：太阳是圣洁无瑕的天球，绝不会产生"黑子"，这位教士便自言自语地说："幸好《圣经》上早有说法，不然的话，我几乎要相信自己亲眼看见的东西了。"可悲么？迷信权威竟然到不相信自己眼睛的地步！如此痴愚，怎么可能打破常规、独辟蹊径，做出原创性的思维成果呢？

这里，我们要指出的是，权威之所以是权威，是因为他能根据自己所掌握的相关事实和材料、他所接受的教育和训练以及所积累的经验和直觉，在一些特定的领域能够对特定的问题作出比较准确的判断。但是，正如我们上面谈到的卢瑟福等众多原子物理学权威对原子能开发技术的判断一样，权威对自己分内的问题并非总有十分准确的判断和认识。权威的声名是建立在他过去的工作成就之上的，这些声名只能说明他过去的能力和见识，并不必然地证明他对一切新的问题也有同样准确的判断力。

英国皇家学会的会徽上雕刻着这样一句名言："不要迷信权威，人云亦云。"一个人只有确立科学的理性精神，才有可能在尊重权威和常规的基础上做出独创性的成果。伽利略借助于理性的力量，巧妙设计了一个逻辑推论，推翻了亚里士多德提出的一个流传了 1 000 多年的理论。亚里士多德认为，自由下落的物体，重量越大则下落速度越快，重量越轻则下落的速度越慢。伽利略对此分析说，如果将一个重的物体和一个轻的物体捆绑在一起会怎么样？这会导致一种逻辑矛盾，因而亚里士多德的理论不成立。

1903 年，英国大名鼎鼎的物理学家汤姆生提出一种假设：原子中的正电荷以均匀的密度分布在一个大小等于整个原子的球体内，而带负电荷的电子则一粒一粒地分布在球内不同的位置上。这种假设由于能精确地算出原子的半径，被当时大多数物理学家所接受。汤姆生教授的弟子卢瑟福，在认真分析的基础上，向老师的理论发起了挑战。他通过粒子散射实验，发现少数 α 粒子偏离了原来的方向，因此提出了原子中心有一个带正电荷的原子核，电子则环绕着原子核不断地做圆周运动，就好像太阳系里行星绕着太阳转一样。卢瑟福的新假设后来为实验所证明，这为原子物理学的发展奠定了更坚实的基础。

德国哲学家尼采在《查拉图斯特拉如是说》中曾经这样比喻说："查拉图斯特拉决心独自远行。在分手的时刻，他对自己的弟子和崇拜者们说：你们忠心地追随我，数十年如一日。我的学说你们都已经烂熟于胸、出口成诵了。但是，你们为什么不扯碎我头上的花冠呢？为什么不以追随我为羞耻呢？为什么不骂我是骗子呢？只有当你们扯碎我的花冠、以我为羞耻并且骂我是骗子的时候，你们才真正掌握了我的学说！"尼采的寓意很明确，思想真正的发展只有建立在对权威和已有成果超越的基础之上。权威的思想不能锈化为我们头脑中的思维定式，否则，我们就很难做出真正有独创性的东西。

③ 必须尽可能广泛地寻找各种新的构想和观念，保持积极的思考精神。

广告业巨头西蒙 · 雷纳德说："我的脑子里总是想着大目标，我能在短时间内做大量的工作。我能在 3 小时内处理 60 桩业务。我让我的各种想法从潜意识中流出。通常在我忙于其他事物的时候，在潜意识中的一些奇思妙想就孕育而生了。我不会认真分析每一个想法，就让它们自由流动。我会有几百个想法，然后选定几个付诸实践。我认为在创造过程结束后分析当初的想法更有意义，而不是在创造过程中。对我来说，创造是逻辑和魔力的结合。我会登上 10 级逻辑的阶梯，然后跳入创造的时空。正是创造性思维和逻辑思维的结合才产生了伟大的构想。"

获得创意的量是创造性思维的核心，也是获得原创性的创造发明的首要条件。爱迪生发明白炽灯泡时曾考虑过 3 000 种不同的方案，每一种都合乎逻辑，表面上挑不出什么毛病。然而仅有两个方案经受了实验的考验，最终转化为发明专利。他曾经说，为了解决一个技术难题，他不惜尝试一切材料，就连奶酪也不放过。发明家凯特林为了设计一种新型的柴油发动机，在 6 年里，他尝试了一个又一个方案，最后才找到理想的方案。

不仅科学发现和技术发明有赖于众多的创造性方案的涌流，艺术创造也是如此。在最后定稿之前，画家总是先画出上百幅草稿，选了又选，挑了又挑，这还不包括他们没有画出的“腹稿”。凡·高也说过，他总是不停笔地画，直到出现一幅与众不同的画稿。

法国学者查铁尔说：“你在做事时如果只有一个主意，这个主意是最危险的。”我们有同样的理由认为，你在思考问题时如果只有一个视角，这个视角是最容易进入歧途的。为了达到预定的目标，我们提出的策略（行动方案）必须至少有两个以上，而且必须说明各自的优劣和得失，这样我们才可能进行进一步的考虑和选择。最不利于创造性成果实现的情形是：在作出决定时，可供选择的方案太少了。因此，广泛地收集相关素材和事实，是完成创造性思维成果的重要条件。

一般而论，一个人所掌握的知识和经验越丰富多彩，越有利于信息的组合，迸发出创造性的思想火花。当然，最重要的一点是大胆设想和猜测各种事物或观念组合的各种可能性。牛顿在总结他成功的秘诀时明确指出：“没有大胆的推测，就作不出伟大的发现，我一直在思考、思考、再思考。”没有大胆的猜测和想象，我们所收获的只能是别人已有的知识和经验，只能嚼别人咬过的馍，只能跟在别人的后面亦步亦趋，很少有自己独特性的贡献，这自然就谈不上打破常规、超越种种“不可能性”的挑战而进入创造佳境。

④ 积极地看待创造性思维过程中的错误和失败，宽容地对待各种可能的观念和创意。

心理学家吉尔福德指出，能够在单位时间产生大量观念的人，才有获得较大的有价值的观念的机会。大量的事实告诉我们，优秀的观念和创意总是在不断地尝试和探索后才姗姗来迟，总是在历经不断的失败和错误之后才会出现。貌似蹩脚的方案往往是形成优秀方案的基础或启发。因此，对各种新颖的构想和观念保持理解和宽容，应该成为我们进行创造性思维的基本原则。

总体而言，富有创造力的人具有观念的复合性、思维的冒险性和判断的独立性。这些特点使他们思想解放，心胸开阔，善于通过各种各样的渠道汲取解决问题的设想。不论自己的内心世界、他人的批评建议，还是外在的自然环境，都包含着游离分散的有益的思想或暗示。他们能够将这些散兵游勇组织成有序的解决问题的大军。他们能够提出一些独创性的问题，虚构一些解决方案，宽容那些片面的、不成熟的、有时是愚蠢的设想，因为这些设想可能诱发出较为合理的设想。他们能够长期忍受找不到直接答案的焦虑和煎熬，坚持不懈地努力。

4）进行创造性思维的12个步骤

美国的珍妮特·沃斯和新西兰的戈登·德莱顿在《学习的革命——通向21世纪的个人护照》一书中总结了在商业、学业及生活中进行创造性思维的12个步骤，它们是：

(1) 预先明确而不限制地界定你的问题。

(2) 界定最佳结果并设想它如何实现。

(3) 收集所有的材料：特殊的、一般的。除非你对一个情况或问题掌握了一大堆材料，否则你就未必能找到新的最好的解决方式。材料可以是特殊的，那些直接与你的工作、行业或问题相关联的材料；也可以是一般的，那些你从千百种不同来源搜集到的材料。如果你是一个不知疲倦的信息搜寻者、一个乐于也善于思考的人、一个用笔记和神经细胞的树突来储存信息的人，你就可能会成为一个伟大的创意者。

(4) 打破模式。要创造性地解决问题，你必须开辟新的道路、寻找新的突破点、发现新的联系，打破原有的思维模式和行为习惯。不妨从那些能改变你的观点入手，假如你面临的问题严重一倍、减轻一半、重新组合、部分消除或完全消除，哪会怎么样？假如你能替换掉它的一部分，使它精简、变小、变短或变轻，那又怎样？如果你动用全部的感官从多个维度去审视问题，又会怎么样？

(5) 走出你自己的领域。放弃先入之见，尽可能从不同的学科和行业经验来看待问题，尽可能广泛地阅读，特别是阅读那些远离你自己专业的、谈论未来和挑战的文章和作品，或许你关于某一个育种问题的答案可能得益于太空探索中的某项创新成果。

(6) 尝试各种各样的组合。创造性思维的成果多数是旧有要素的新组合，因此，尝试各种各样的解题方案的新组合或许是孕育创意的最好途径。大胆地猜想，不断地试验，并随时记录各种可能的组合，你总会找到解决问题的创造性思路的。

(7) 使用你所有的器官，努力从多方面去感受和思考问题。

(8) 关掉——让它酝酿。创造性思维的“消化液”是潜意识。记下那些你正在思考的问题，然后把你的大脑放到最有接受性和创造性的状态中去。

(9) 使用音乐或自然放松。

(10) 划定问题解决的最后期限，把你的问题和思考带进睡眠之中。

(11)“我找到了!”它突然出现了。或许你正在刮胡须、在洗淋浴或者在山中漫步，突然之间，创造性思维的奇迹呈现，一种豁然开朗的感受涌流而出。

(12) 再检验它。找到解题的思路或创造性构想并不意味创造性思维活动的结束，还必须对这些思路和构想做进一步的检验和完善。

2.3 创造法则

人类综合各方面的信息，经过准备与提出问题阶段，酝酿与多方假设阶段，顿悟与迅速突破阶段，完善和充分论证阶段，产生有社会价值的、前所未有的新思想、新理论、新设计、新产品的活动，即为创造。创造有其基本规律和法则，创造法则大致有下面几条：

1）综合法则

这是指在分析各个构成要素的基础上加以综合，使综合后的整体作用导致创造性的新成果。这种综合法则在设计、创新中广为应用。它可以是新技术与传统技术的综合，可以为自然科学与社会科学的综合，也可以是多学科成果的综合。如计算机，即综合了数学、计算技术、机电、大规模集成电路技术等方面的成果。人机工程学是技术科学、心理学、生理学、社会学、卫生学、解剖学、信息论、医学、环境保护学、管理科学、色彩学、生物物理学、劳动科学等学科的综合。美国的“阿波罗”登月计划可算是当代最大型的各种创造发明、科学技术的综合，该项计划准备了 10 年，动员了全美国 1/3 的科学家参加，2 万多个工厂承做了 700 多万个零件，耗资达 240 亿美元。

2）还原法则

人的头脑并无多少优劣之分，起决定作用的是抓取要点的能力和丢弃无关大局的事物的胆识。还原法则即是抓事物的本质，回到根本，抓住关键，将最主要的功能抽出来，集中研究其实现的手段与方法，以得到具有创造性的最佳成果。还原法则又称为抽象法则。

洗衣机的创造成功是还原法则应用的成功例子。其本质是“洗”，即还原。而衣物脏的原因是灰尘、油污、汗渍等的吸附与渗透。所以，洗净的关键是“分离”。这样，可广泛地考虑各种各样的分离方法，如机械法、物理法、化学法等。根据不同的分离方法，因而创造出了不同的洗衣机。我们不妨设想一下，为什么汽车一定是四个轮子加一个车身呢？为什么火车一定是车头拉着车厢在铁轨上滚动呢？因为交通运输工具的本质，应该是将人、货从一处运到另一处。同样是火车，却可以是蒸汽机车、内燃机车、电力机车或是磁悬浮列车。还原到了事物的创造起点，相信会有与现今不同形式的交通运输工具设计创造出来。

3）对应法则

俗话说“举一反三”“触类旁通”。在设计创造中，相似原则、仿形仿生设计、模拟比较、类比联想等对应法则用得很广。机械手是人手取物的模拟；木梳是人手梳头的仿形；液视装置是猫头鹰眼的仿生设计；用两栖动物类比因而得到了水陆两用工具……这些事例均属对应法则。

4）移植法则

这是把一个研究对象的概念、原理、方法等运用于另一研究对象并取得成果的有效法则。“他山之石，可以攻玉”。应用移植法则，打破了“隔行如隔山”的界限，可促进事物间的渗透、交叉、综合。

日本开始生产聚丙烯材料时，聚丙烯薄膜袋销路不畅，推销员吉川退助在神田一酒店稍事休息，女店主送上手巾给他擦汗，因是用过的毛巾，气味令他嫌恶。他突然想到：如果每块洗净的湿毛巾都用聚丙烯袋装好，一则毛巾不会干掉，二来用过与否一目了然。于是申请了小发明，仅花 1 500 日元，而获利高达 7 000 万日元。

上海原有 104 万只煤饼炉，居民为晚上封炉子而烦恼。封得太紧，白天起来已灭掉；封得稍松，早上煤饼已烧光。一位中学生将双金属片技术移植到炉封上，发明了节能自控炉封，使封口间隙随炉内温度而自动调节，既保证了封炉效果，也大大节省了煤饼。

移植的方法亦可有所不同。可以是沿着不同物质层次的“纵向移植”，在同一物质层次内不同形态间的“横向移植”，多种物质层次的概念、原理、方法综合引入同一创新领域中的“综合移植”等。

5）离散法则

上述的综合法则可以创新，而其矛盾的对立面——离散，亦可创造。这一法则即是冲破原先事物面貌的限制，将研究对象予以分离，创造出新概念、新产品。隐形眼镜即是眼镜架与镜片离散后的新产品。音箱是扬声器与收录机整体的离散；活字印刷术是原来整体刻板的分离。为了节约木材，应用离散法则将火柴头与火柴梗分离，在火柴头内加铸铁粉，用磁铁吸住一擦就燃，发明了磁性火柴。

6）强化法则

强化法则又称聚焦原理。如利用激光装置及专用字体创造成的缩微技术，使列宁图书馆 20 km 长书架上的图书，缩纳在 10 个卡片盒内。对松花蛋进行强化实验，加入菊花、山楂及锌、铜、铁、碘、硒等微量元素，制成了食疗降压保健皮蛋。两次净化矿化饮水器，采用了先进的超滤法，含有 5 种天然矿化物层，大大增强了净化矿化效果，还能自动分离排放细菌及污染物。仅用一滴血在几分钟内就可做 10 多项血液化验的仪器、浓缩药丸、超浓缩洗衣粉、增强塑料、钢化玻璃、采用金属表面喷涂或渗碳技术以提高金属表面强度等，均是强化法则的应用。

7）换元法则

换元法则即替换、代替的法则。在数学中常用此法则，如直角坐标与极坐标的互换及还原，换元积分法等。C. 达维道夫用树脂代替水泥，发明了耐酸、耐碱的聚合物混凝土。A. G.

贝尔用电流大小的变化代替、模拟声波的变化，实现了用电传送语言的设想，发明了电话。高能粒子运动轨迹的测量仪器——液态气泡室——的发明，是美国核物理学家格拉肖在喝啤酒时产生的创造性构想。他不小心将鸡骨落到了啤酒中，随着鸡骨沉落，周围不断冒出啤酒的气泡，因而显示了鸡骨的运动轨迹。他用液态氢介质“置换”啤酒，用高能粒子“置换”鸡骨，创造了带电高能粒子穿过液态氢介质时同样出现气泡，从而能清晰地呈现出粒子飞行轨迹的液态气泡室，获得1979年诺贝尔物理学奖。

8）组合法则

组合法则又称系统法则、排列法则，是将两种或两种以上的学说、技术、产品的一部分或全部进行适当结合，形成新原理、新技术、新产品的创造法则。这可以是自然组合，亦可以是人工组合。

同是碳原子，以不同空间排列、不同晶格的组合，便可合成性能、用途完全不同的物质，如坚硬而昂贵的金刚石和脆弱的良导体石墨。计算器用太阳能电池，装上日历、钟表，组合得到了新产品。不同金属与金属或非金属可组合成性能良好的各种复合材料。在煤饼炉炉底加上一导电加热的铁板，设计成了电热煤饼炉新产品，使引燃煤饼时不用木柴、纸张，也消除了滚滚浓烟。现代科技的航天飞机即是火箭与飞机的组合。20世纪80年代上海建筑艺术“十大明星”的龙柏饭店，因它在虹桥机场邻近，故建筑高度受限制。设计师在六层客房前用三层层高布置两层高的贵宾用房，使贵宾用房的室内空间更为舒适。贵宾休息室又设计成上面向内倾斜、呈四分之一圆的台体，再加上波形瓦饰面的陡直屋面。这种高低组合、曲直几何组合的创新设计，使饭店既具有新时代的特征而又不失民族特色。

组合创造是无穷的，但方法不外乎主体添加法、异类组合法、同物组合法及重组等四种。① 主体添加法就是在原有思想、原理、产品结构、功能等之中补充新的内容。② 两种或两种以上不同领域的思想、原理、技术的组合，为异类组合法，这种方法创造性较强，有较大的整体变化。③ 同物组合则在保持事物原有功能、意义的前提下，补足功能、意义，产生新的事物。④ 将研究对象在不同层次上分解，以新的意图重新组合，称为重组，重组能更有效地挖掘和发挥现有科学技术的潜力。

9）逆反法则

一般来说，如果仅仅按照人们习惯使用的顺理成章的思维方式，是很难有所创造的。因为就创造的本质而言，本身就是对已有事物的“出格”。应用逆反法则，即是打破习惯的思维方式，对已有的理论、科学技术、产品设计等持怀疑态度，“反其道而行之”，往往就会得到极妙的设计、创造发明。花园、环境绿化，顺理成章是在地面上。但应用逆反法则，现在下沉式、空中式、内庭式、立体绿化等等比比皆是，由此创造了一种美好的生活空间。如果只想到“水往低处流”，就发现不出虹吸原理。别人都在炼纯锗，而日本的江崎于奈和宫原百合子却在锗中加杂质产生了优异的电晶体而分别荣获诺贝尔奖、民间诺贝尔奖。以0.1 mm的药流在15 MPa下注入皮下组织而毫无痛感的无针式注射器；人倒退走路，使脊柱相反受力而治疗腰肌劳损等疾病，亦是逆反法则在医疗技术上的应用。过去总说“生命在于运动”，而现在“生命在于静止”的静默疗法，让病人运用想象力来表达自己与疾病作斗争的愿望；用静功来运行全身气血，可使精神放松，改变体内生理生化状态，增强机体免疫功能，以战胜疾病。美国科学家发明了一种放在眼球上的长效眼药，可按控制的速度均匀地释放药效400 h，以治疗青光眼等长期眼疾，一改以往的供药方式。

在服装设计中，过去袖子、领子、口袋总是左右对称。如果要绣花、挑花，也是对称为主。而现在，袖子不同色彩，口袋左右不同，领子两面不一的服式更显时尚。衣料亦一反常态，用水洗、沙洗起皱；用石子磨旧，也别具风格。

苏格兰一家图书馆要搬迁，图书馆发出了取消借书数量限制的通告，在短期内大量图书外借，到还书时还到新址，完成了大部分图书的搬运任务，节约了费用。这也是逆反法则、离散法则的实际应用。

10）群体法则

科学的发展使创造发明越来越需要发挥群体智慧，集思广益，取长补短。现代设计法也摆脱了过去狭隘的专业范围，需要大量的信息，需要多学科的交叉渗透，成为发挥“集体大脑”作用的系统性的协同设计。所以，群体法则在设计、创造中越显其重要性。

据美国著名学者朱克曼统计，1901—1972年，共有286位科学家荣获诺贝尔奖。其中185人是与别人合作研究成功的，占获奖总人数的2/3。而且，随着时间的推移，发挥群体作用的比例明显增加。在诺贝尔奖设立后头25年，合作研究而获奖者占41%，第二个25年中，占65%，第三个25年中则上升为79%。控制论的创立者维纳，常用“午餐会”的形式从各人海阔天空的交谈、发言中捕捉思想的新闪光点，激发自己的创造性。美国纽约布朗克斯高级理科中学仅仅在1950年级中就出了8位蜚声世界的物理学博士，其中格拉肖、温伯格于1979年获诺贝尔物理奖。这就是一种“共振”“受激”的群体效应。

2.4 创造技法

所谓创造技法，就是创造学家根据创造性思维发展规律总结出的创造发明的一些原理、技巧和方法。在创造实践中总结出的这些创造技法可以在新的创造过程中加以借鉴使用，能提高人们的创造力和创造成果的实现率。

从方法上，总结创造活动中所具有的一些技巧、方法，并不是从创造学诞生之后才开始的，相反，正是前人总结出许多有关创造发明的技巧和方法，才促使创造学这门学科的产生。同时也是随着创造技法不断地被总结和发现出来，创造学才得以不断发展并趋于成熟。比如，我国劳动人民在几千年前就注意从自己的创造活动中总结出许多为世人所瞩目的创造工艺和创造技法。如司南发明后，北宋时期根据司南的创造原理，即用灯草串在针上，使针浮在水中，创造出了“水浮法”；继战国时代秦始皇的石刻印刷之后，出现了“泥活字”法，接着王祯又把活字置于转盘上，创造出“造活字印书法”；等等。

但现代创造学上的创造技法并不同于古代的创造技法。古代的创造技法，在总结的方法上，如“水浮法”，只限于总结以往的经验，是创造活动的物质过程和手段；而现代创造学在总结创造技法上，注重的不是创造活动中的具体的创造过程和手段，而是创造主体的思维方法的开发和培养。如“智力激励法”就不是告诉你去具体创造机器，而是从心理学上发掘出创造主体的创造力的发挥规律。因此，我们对现代创造学上所说的创造技法，不能把它理解为某个部门或某项技术的工艺法，它是具有广泛应用价值的开发和培养创造力的科学方法。

创造技法各国称谓略有不同。如美国称为“创造工程”，苏联称为“创造技术”，日本叫“创造工学”或“发想法”，德国则称“主意发现法”。不管怎样，都是进行创造发明的技巧与方法。目前，世界各国总结出的方法达300余种，有的还是按照各国人民不同的思维方式与国情特点进行的总结。现就几种常用的方法作简单介绍。

2.4.1 智力激励法

1）头脑风暴法

英文原名是 Brain Storming。Brain 的意思是“大脑”，Storming 的意思是“风暴”，因此也有人把它直译为“头脑风暴法”。这是美国创造学家 A. F. 奥斯本于 1901 年提出的最早的创造技法，又称为脑轰法、智力激励法、激智法、奥斯本智暴法、BS 法等，是一种激发群体智慧的方法。一般是通过一种特殊的小型会议，使与会人员围绕某一课题相互启发、激励，取长补短，引起创造性设想的连锁反应，以产生众多的创造性成果。与会人员一般不超过 10 人，会议时间大致在 1 h 之内。会议目标要明确，事先有所准备。会议的原则应是：

① 鼓励自由思考，设想新异。

② 不允许批评其他与会者提出的设想。

③ 与会者一律平等，不提倡少数服从多数。

④ 有的放矢，不泛空谈。

⑤ 力求将各种设想补充、组合、改进，从数量中求质量。

⑥ 及时记录、归纳总结各种设想，不作过早定论。

⑦ 推迟评价，把见解整理分类，编出一览表，再召开会议，挑出最有希望的见解并审查其可行性。

这种方法可获得数量众多的有价值的新设想，有广泛的使用范围，特别适于讨论比较专门的创造课题。

据国外资料统计，头脑风暴法产生的创新数目比同样人数的个人各自单独构思要多，其对比关系如图 2.3 所示。

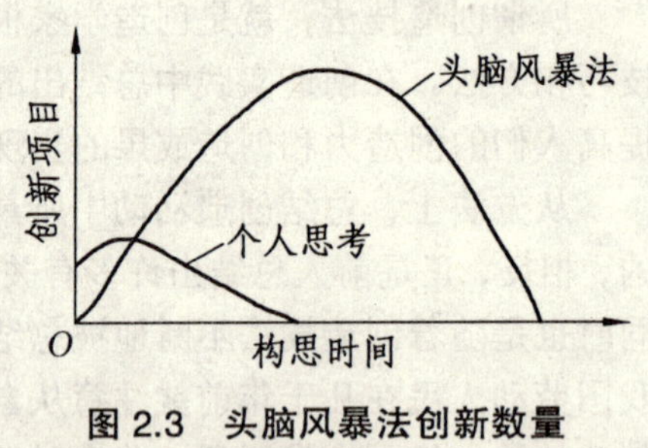

图 2.3 头脑风暴法创新数量对比关系图

(1) 头脑风暴法的基本原则。

布法罗大学的帕尼斯教授在《创造性思维的基础著作》中对头脑风暴法基本原则阐述为：在解决问题的设想探索阶段要遵循延迟判断（Deferred Judgement）这一原则。如果不用方法论的格式而是用基本原则的模式来理解“BS”法，则可以发现“BS”法中有两个基本原则：

① 延迟判断。

延迟判断是在提出设想阶段只专心提出设想，而不进行评价。

② 数量产生质量。

数量产生质量（Quantity Breeds Quality），从奥斯本自己在说明该原则时引用的调查结果可以发现，在同一时间内思考出两倍以上的设想的人，即使在同一献计献策会议中，会议后半期也可产生多达 78% 的好设想。

一般而言，把有效地遵循这两个原则并按集体形式进行的献计献策会议称之为“BS”。在这一过程中还必须遵循四条基本规则。这四条基本规则是两条基本原则的具体化，其他附加的规则可以根据具体情况而相应地发生变化。正因为这四条规则是基本原则的具体化，所以违反这些规则的就不能称之为“BS”法，并且也无法得到“BS”法所能产生的效果。

这四条规则是：

① 不做任何有关缺点的评价。

所有与会者，包括主持者和发言人，对别人提出来的设想，不允许进行是好是坏的评论。这是因为各人的思考方法、大脑的结构、行动方法以及个性都不相同，要让每个人都不受限制，克服大脑的思考禁区，发觉潜在的创造性，就不能进行评价；否则，就可能使与会者一边倒，人云亦云，不能提出有创见的设想或方案。

② 欢迎各种离奇的假想。

让与会者的心情像是独自外出散步时一样，想到什么就说什么。例如，某公司在召集单位职工讨论开发面包烤箱时，请了一位老年清洁女工。她提出要能够生产一种带捕鼠器的烤箱就好了。大家听到将老鼠与面包放在一起的意见，顿时哄堂大笑。但是主持者并没有把这种离奇的发言置之不理，而是让这位老年女工说明道理。这位老年女工根据自己的经验，说因为烤面包箱总是留下不少面包屑，容易招来老鼠。根据这位老年女工的提案，终于开发出了不掉面包屑的烤箱，没有面包屑也就不会引来老鼠了。

③ 追求设想的数量。

提出来的假想、方案、主意越多越好，即要求达到足够的数量。这样才能从众多的假想方案、主意中选择最佳方案，或者得到创造性的启发。但发言者要进行自我控制，不要说废话以免浪费时间。

④ 鼓励巧妙地利用并改善他人的设想。

一般认为，妨碍人们进行创造性思考的三道难关，是“认识关”“知识关”和“感情关”。采取严禁批评的原则，就是为了克服上述“三关”的障碍。

由于是举行集体讨论会，某一个人的“闪念”可能会将许多人的联想点燃。俗话说“三个臭皮匠，抵一个诸葛亮”，就是这个道理。与会者相互启发，可以不费气力提出很多新的想法。

(2) 头脑风暴法的特点。

“BS”法已广泛地被社会各界所接受，它之所以受到如此广泛的欢迎，有以下五条原因，这五条也正好是“BS”法的特点：

① 消除了过去妨碍自由想象的清规戒律。

② 让过去从各自专业角度出发参加献计献策会议的成员，站在共同目标的同一立场上提出设想。

③ 在开会时有轻松愉快的气氛。

④ 把他人的设想加以综合和修正，形成敢于打破清规戒律的局面，因此通过综合进行设想就变得轻而易举了。

⑤ 如能理解“BS”法规则，则技术上实现起来就不会感到太难。

(3) 头脑风暴法的实施程序。

① 头脑风暴法小组的组成。

a. 人数的确定。头脑风暴法小组应有多少人才合适，现有研究并未明确规定或指示。一般而言，参加人数的多少取决于领导风格、个体的变化情况等因素。奥斯本在《发挥独创力》一书中认为，以 5～10 人为宜，包括主持人和记录员在内，以 6～7 人为最佳。小组人数过多，则某些人就无畅所欲言的机会；过少则场面冷清，影响参与者的热情。参与者最好职位相当，对问题均感兴趣，但不一定都是内行。

b. 不宜有过多行家。如果行家太多，就很难避免在“BS”过程中作各种评价，并且难以形成自由开放的气氛。然而，在企业中进行“BS”时，参加者往往是各个部门汇集而来的各种行业的专家，在这种场合，无论主持人还是参与者，都应注意不要从专业角度发表评论。

c. 最好有不同的学科背景。如果小组成员具有相同的学科背景，他们又是某一方面的专家，那么很可能会循着其专业的常规思路来开发思想，产生观念。但如果小组成员背景不同，他们提出的观点就可能千差万别，从而达到“BS”法的目的。

d. 对小组领导的要求。领导者必须特别注意以下三点：掌握会议时应严格遵循前面所述四条规则；要使会议保持热烈的气氛；要让全体参加者都能献计献策。

领导者必须具有丰富的“BS”经验，并且必须充分把握主题的本质。帕里斯教授认为，“BS”会议的领导者需要具有熟练的技术，他应乐于接受“BS”所造成的奔放而接近狂热的气氛，努力使参加者忘却自我并且变得更为自由，他应积极地发现参加者朝哪个方向提出设想，并会很巧妙地将脱离正确方向的参与者引回到既定的目标方向上来，他应该是演技相当细腻的演员。

此外，头脑风暴法小组成员候选人应在日常的会议中表现出具有有效的人际沟通能力，应避免把那些唯我独尊或优柔寡断的人选入。同时，小组成员中最好有一两位创造力较强的人，以供激发他人的思考。

② 热身会。

这主要是针对小组成员缺乏经验的情况而实施的一步。由于小组成员缺乏经验，他们要达到很高的思想水平就不会那么容易；同时要他们迅速遵从“推迟判断评价”的原则也很困难。这就需要在正式进行头脑风暴法前召开一个预备会议，以期营造一种有利于头脑风暴法的气氛。在这样的热身会上，应向成员解释说明“BS”法的基本规则和创造力激发的基本技术，并对成员所作的任何发挥创造力的简单尝试都给予鼓励，让成员形成一种思维习惯来适应头脑风暴法，也让成员马上适应头脑风暴法的气氛。

③ 确定议题。

议题应该尽可能具体，最好是实际工作中遇到的亟待解决的问题，目的是为了进行有效的联想。

议题应由主持人在召开“BS”会议前告诉参加者，并附加必要的说明，使参加者能够收集确切的资料，并按正确的方向思考问题。此外，问题的涉及面不宜太广，应有特定的范围，这样才能使会议的参加者集中思想并向同一目标努力。

如果由委托人直接向“BS”会议的参加者说明问题，则说明一结束，委托人就应退场，把全部工作委托给小组。

④ 提出设想。

a. 各抒己见。主持人或领导者重新叙述议题，要求小组人员讲出与该问题有关的设想。与会者想发言的先举手，由主持人指名开始发表设想；发言力求简单扼要，不要作任何论述，一句话的设想也可以。一般情况下，发言者首先提出自己事先准备好的设想，然后再提出根据别人的启发而得出的设想。从这一阶段开始，就存在着“BS”的创造性思维方法。因此在这一阶段，主持人必须充分掌握时间，根据参加者的量和质的情况，会议持续 1 h 或者 2 h，形成的设想不会少于 100 种。需要指出的是，最好的设想往往是会议快要结束时提出的。帕里斯认为可以从预定的结束时间开始，会议再继续延长 5 min，因为在这段时间里人们容易提出更好的设想。

b. 激发思考。在小组人员提出设想的时段，主持人必须善于运用激发思考的方法，妙趣横生，使场面轻松，而且能使参与者坚守头脑风暴法的规则，即任何发言都不能否定或批评别人的意见，只能对别人的设想进行补充、完善和发挥。这也避免了头脑风暴法沦为自由讨论，产生发言不平均的现象，或是演变成一场辩论会，少数人争得面红耳赤，造成浪费时间的现象。基于此，鲍查德（Bouchard，1971）提出了轮流发言法。应用此方法时，某参加者若是一时想不出设想，他可以放弃这一轮的机会等待下一轮，如此一轮再轮，以使每个人都可贡献设想。

一次会议意见发表不完的，可以再次召开会议，直至各种设想充分发表出来为止。最后一定能从大量的设想中选取最佳的方案。

头脑风暴法进行到人人已临黔驴技穷时，主持人必须再来救场，务使每人再接再厉，尽力想出妙计。奇思妙想往往在挖空心思的压力下产生。主持人在遇到会议陷于停滞时可采取以下措施：

首先，发给每个人一张与问题无关的图画，然后要求组员讲出从图画中所获得的灵感。

其次，休息几分钟，让参与者自行选择休息的方法，散步、唱歌、喝茶等，然后再来几轮头脑风暴法。

最后，用奥斯本所提议的下列检验方法以使设想源源涌出。

- 移作他用：该设想维持原样，还有其他用途吗？如果修改一下，还有其他用途吗？
- 移植：还有什么与此相同？过去是否提出过类似的想法？可以模仿什么？借用什么？难点何在？
- 修改：还有什么其他新的孪生想法？改变意义？颜色？运动？声音？气味？形式？款式？其他方面？
- 增大：是否要增大什么？更多的时间？更大的频率？高度？长度？厚度？重量？强度？成分或特殊价值？
- 缩小：是否要缩小什么？更小一些？浓缩一点？低点？短点？轻点？省略一些？精简一些？分离一些？打点折扣？
- 替换：还有什么可替换？其他人？其他过程？其他设备？其他材料？其他元件？其他动力？其他特点？其他途径？其他音调？
- 重新安排：是否需要改变结构？其他模式？别的造型？别的布局？别的元件？别的次序？因果互换？改变步调或计划？
- 颠倒：是否需要正反、里外、上下、前后颠倒？反推它的作用？交换一下位置？转动一下图表？改变一下问题的角度？
- 组合：需要怎样的组合？组合部件？组合材料？组合目的？组合方案？外形上的组合？思想的组合？

这九种方法不但可以在头脑风暴法中提示意见，而且可以在创造过程中作为自我质问之用，其主要作用在于破除固执性，使一个人的思想变得更有伸缩性。

c. 记录设想。这一阶段实质上是与提出设想阶段同时进行的。执行记录任务的是组员，也可是其他职员，根据提出设想的速度，有时应配备两名记录员。头脑风暴法的效果，如果因为会议记录这种事务性的理由而受到阻碍，就太不值得了。

记录下来的设想是进行综合和改善所需要的素材，所以必须放在全体参加者都能看到的地方。因此要裁成可以挂在大型画架上的纸张，或把记录用纸贴在墙壁上，也可使用黑板，但在这种场合，要由另一个人同时作记录。每一个设想必须以数字注明顺序，以便查找。必要时可以用录音机辅助记录，但不可以取代笔录。

d. 评价。对设想进行评价的选择是很重要的事情。因为对要解决的问题而言找到最佳解决办法才是最终目的，同时这也是头脑风暴法在实践中起作用的时候。这就要对所提出的那些设想进行评价。对设想的评价不能在进行头脑风暴法的同一天进行，最好过几天进行。这有两条原因：一是再邀请相同组员进行评价时，他们有可能会各自提出在这期间考虑到的新设想；二是若当天就进行评价，则仍处在“BS”那种热烈的气氛中，不可能有冷静、客观的评价。

对设想进行选择必须先确定选取的标准。比较通用的标准有可行性、效用性、经济性、大众性等。有些公司的组织不愿好设想外泄，那么主持人可根据小组决定的或自己拟订的标准自行决定采取哪种办法、设想。

2）综摄法

这又称“提喻法”“集思法”或“分合法”，是 W. 戈登于 1944 年提出的，也可以说是“头脑风暴法”最重要的变种技法。在 A. F. 奥斯本的“头脑风暴法”中，思想的奇异性是由“激智”小组里不同专家所进行的无关联类比来获取的；而“综摄法”则使“激智”过程逐步系统化。“头脑风暴法”在开会时明确又具体地摆出必须思考的课题，而“综摄法”在开始时仅提出更为抽象的议题。其基本方法是：在一位主持人召集下，由数人至十数人构成一个集体，这些成员的专业范围应较广，即要为互补型人才。这一小组不是随便凑成的，要经历人才选择、“综摄法”训练、把人员结合到委托方的环境中去这样三个阶段。会上，课题提得十分抽象，有时仅为极简单的词汇。各人自由思考，凭想象漫无边际地发言。主持人将各人发言要点记到黑板上。当设想提到某种程度时，主持人才把所委托的课题明确宣示，看这些随意想出来的想法能否成为解决委托课题的启示。其中不乏“哎呀，原来是……”这样的新构思的种子。

例如，所委托的课题是在车站附近开发自行车停车场。主持人一开始仅提出抽象的、极为简单的词汇——存放。小组成员就“存放”发表出许多意见：“放进竹筒里去”“流到池子里去”“存到银行里去”……然后，主持人点出主题——开发停自行车的车场。小组成员根据上面种种想法，围绕主题就可得出许多方案。如：

“放进竹筒里去”的想法，可启发为：① 车站附近建塔式建筑存车；② 月台下挖地洞存车；③ 河底装大塑料管存车；等等。

“存到银行里去”的想法，又可启发为：① 在车站附近设存车处，按取车的时间先后分别归类；② 用卡车先将自行车运到别处空地上，到时候再运回交存车人；等等。

然后再进行检验、评价、细化，以得到创造方案。所以，小组成员的心理素质要好，要富有设想，要能团结共事。应有不同领域的专家参加，不能一开始就局限于邀请有关领域的专家。只有当需检验设想方案的可行性时，才引进几位有关领域的专家，起百科全书、吹毛求疵、方案变成现实的技术咨询等作用。同时，一个好的召集人，对抽象议题的提出、对课题有创造性设想也是至关重要的。

3）"635"法

"635"法又称默写式智暴法，是德国人鲁尔巴赫根据德意志民族习惯于沉思的性格提出来的。与奥斯本智暴法原则上相同，其不同点是把设想记在卡上。智暴法虽规定严禁评判，自由奔放地提出设想，但有的人对于当众说出见解犹豫不决，有的人不善于口述，有的人见别人已发表与自己的设想相同的意见就不发言了。而"635"法可弥补这些缺点。

具体做法如下：每次会议有 6 人参加，坐成一圈，要求每人 5 min 内在各自的卡片上写出 3 个设想（故名"635"法），然后由左向右传递给相邻的人。每个人接到卡片后，在第二个 5 min 再写 3 个设想，然后再传递出去。如此传递 6 次，半小时即可进行完毕，可产生 108 个设想。这种方法还可以避免由于数人争着发言而使设想遗漏的情况。

4）"KJ"法

"KJ"法是东京工大教授川喜田二郎于 1964 年提出的，"KJ"是他姓名的英文缩写。他在多年的野外考察中总结出一套科学发现的方法，即把乍看上去根本不想收集的大量事实如实地捕捉下来，通过对这些事实进行有机的组合和归纳，发现问题的全貌，建立假说或创立新学说。后来他把这套方法与头脑风暴法相结合，发展成包括提出设想和整理设想两种功能的方法，这就是"KJ"法。这一方法自 1964 年发表以来，作为一种有效的创造技法很快得以推广，成为日本最流行的一种方法。"KJ"法的主要特点是在比较分类的基础上由综合求创新。在对卡片进行综合整理时，既可由个人进行，也可以集体讨论。此法的要点是将基础素材卡片化，通过整理、分类、比较，进行发想。大致过程如图 2.4 所示。

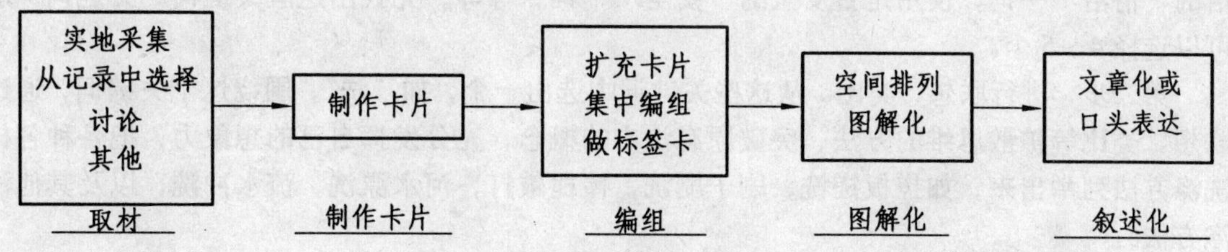

图 2.4　"KJ"法的大致过程

卡片要全，要尽量具体又要精练、易懂。通常可制作 50～100 张。关键是取材的质量，否则，即使卡片很多，还是得不到创造性设想。

卡片分组与扩充，就是把已制作的许多卡片铺开放在桌上，慢慢地审视卡片，将相近、有关的卡片集在一起，上面加做一张小标签。这张小标签即是这一组卡片最主要的要点。最好把小标签作为新设想，并可用红笔写。再把上述小标签与原来不成组的卡片放在一起，再编组，制作中标签，可用另一种色笔写，一直到大约编成 10 组为止。

在一张白纸上将这些编好的组放到最能显示其相互关系的结构空间位置上，并可用各种记号如>-<（相反）、←→（相互有关）＝、＋、↗等，表示出卡片组间的逻辑关系，即图解化的过程。

根据图解所显示的逻辑关系，进一步思考、补充、分析，并抓住关键之处，形成流畅的文章或口头表达方式，然后讨论。

对复杂的问题，可多次采用此法循环求解。

5）"NM"法

"NM"法是日本创造学家中山正和于 1968 年首先提出的一种创造发明方法。后经各国发明家补充完善了这种创造发明法。此法既具有综摄类比法那种思维灵活、思路开阔的特点，又具有卡片整理法那种直观性和逻辑性强的特点。它是把综摄类比法和“KJ”法结合起来的一种方法。

中山正和教授根据人的高级神经活动理论，把人的记忆分为“点的记忆”和“线的记忆”。由第一信号系统对具体事物形成的条件反射，称为“点的记忆”；由第二信号系统对事物的抽象化而形成的条件反射，称为“线的记忆”。如果通过联想、类比等方法来搜索平时积累起来的“点的记忆”，再经过重新组合，把它们连接成“线的记忆”，这样就会涌出大量新的创造性设想，作出新的发明。

“NM”法的基本程序：问题→关键词→问题类推→背景问题→概念提问→形成解题概念。

“NM”法的具体步骤如下：

(1) 搜索“点的记忆”：横向排列；

(2) 连成“线的记忆”：纵向排列；

(3) 选取与联想；

(4) 确定设计方案。

第一步，确定关键词。洗衣机的发明过程就运用了“NM”法。采用“NM”法发明洗衣机，不是先去设想它的具体结构，而是先把它抽象化，找出能反映洗衣机本质（或者发明一种洗衣机所要达到的目标）的“词”。例如，反映洗衣机能洗东西的“洗”一词，洗得是否清洁的“清洁”一词，使用是否安全的“安全”一词，等等，先找出这些关键词。关键词一般可以选择 4～5 个。

第二步，进行联想、类比。从这些关键词中选出一个，如“洗”，围绕这个关键词，通过联想、类比等扩散思维的方法，突破原有洗衣的概念，充分发挥自己的想象力，把各种各样洗涤方法列举出来，如搓板搓洗，刷子刷洗，棒槌敲打，河水漂洗，流水冲洗，以及其他洗涤方法。

第三步，进行集中思维。对设想出来的各种洗涤方法进行本质的研究，找出关键：水流速度问题。

第四步，应用类比方法。设想出各种可以加速水流速度的结构，以及如何把粘附在衣服上的污物冲掉的方法。如找出可用以加快水流速度的结构：泵、喷嘴、甩水、超声波发生器等，然后根据价值观以及现有技术条件进行可行性评价，选出最经济又可行的设计方案。

如果选择“洗”一词不能达到目标，可以另选关键词，用上述相同的步骤重新寻找设计方案，直至找到较理想方案为止。也可以同时选几个关键词，找出几个方案，进行分析比较，从中选出最佳方案。

6）卡片法

卡片法也称卡片式智力激励法。创造主持者主持“卡片法”会议，通过每位与会者写卡片和发言陈述表露其发明思路，互相启发，从而使发明设想更加完备。

卡片法的具体做法有以下两种：一种叫 CBS 法， 另一种叫 NBS 法。

CBS 是由日本创造力开发研究所所长高桥发展而成，其具体做法是：会前明确会议讨论的发明目标。每次发明小组会议由 3～8 人参加，每人发几十张卡片，桌上另放一些备用卡片，会议时间为 1 h。最初 10 min 各人在卡片上填写构想出来解决问题的设想，每张卡片上定一个设想。接下来的 30 min，每个人轮流宣读自己的设想，一个人只读一张卡片。宣读之时，其他人可提出质询，若受到启发产生新设想可填入桌上备用卡片中。最后 20 min，让与会者相互交流和探讨各自提出的设想，从中再诱发出新的设想。

NBS 法的具体做法是：会前明确主题，发明小组会议由 5～8 人参加，每人必须提出 5 个以上的设想，每个设想填写在一张卡片上。会议开始时，各人出示自己的卡片，并依次给予说明。在别人宣读设想时，如果自己发生"思维共振"产生新的设想，就立即写在卡片上，待会议发言完毕，将所有卡片集中起来，按内容进行分类，横排在桌子上，并在分类卡片上加上标题，然后再进行讨论，挑选出最好的方案。

2.4.2　类比法

所谓类比法，就是一种确定两个以上事物间同异关系的思维过程和方法。即根据一定的标准尺度，把与此有联系的几个相关事物（这既可是同类事物，也可以是不同类事物）加以对照，把握住事物的内在联系进行创造。

类比法，在人们的日常生活中也常常用到。比如，为了买一样称心如意的商品，常要跑几个商店，从商品的价格、功能状况、使用价值和经久耐用的程度等方面进行比较，然后确定是否买下。但这不是类比发明，因为他没有创造，只是在同类产品中挑选较好的，与我们讲的类比发明法是不同的，这里要求的是在类比中有新的创造。

瑞士著名的科学家阿 · 皮卡尔就运用类比发明法创造了世界上第一艘自由行动的深潜器。皮卡尔是位研究大气平流层的专家，他设计的平流层气球曾飞到过 15 690 m 的高空。后来他又把兴趣转到了海洋，研究海洋深潜器。尽管海和天是两个完全不同的世界，然而海水和空气都是流体。因此，阿 · 皮卡尔在研究海洋深潜器时，首先就想到利用平流层气球的原理来改进深潜器。在这以前的深潜器既不能自行浮出水面，又不能在海底自由行动，而且还要靠钢缆吊入水中。这样，潜水深度将受钢缆强度的限制，钢缆越长，自身重量就越大，也更容易断裂，所以过去的深潜器一直无法突破 2 000 m 大关。皮卡尔由平流层气球联想到海洋深潜器。平流层气球由两部分组成：充满密度比空气小的气体的气球和吊在气球下面的载人舱。利用气球的浮力，使载人舱升上高空，如果在深潜器上加一只浮筒，不也就像一只"气球"一样可以在海水中自行上浮了吗？皮卡尔和他的儿子小皮卡尔设计了一只由钢制潜水球和外形像船一样的浮筒组成的深潜器，在浮筒中充满密度比海水小的汽油，为深潜器提供浮力，同时，又在潜水球中放入铁砂作为压舱物，使深潜器沉入海底。如果深潜器要浮上来，只要将压舱的铁砂抛入海中，就可借助浮筒的浮力升至海面。再配上动力，深潜器就可以在任何深度的海洋中自由行动，这样就不需要拖上一根钢缆了。第一次试验就下潜到 1 380 m 深的海面下，后来又下潜到 4 042 m 深的海面下。皮卡尔父子设计的另一艘深潜器"理雅斯特号"下潜到世界上最深的洋面下——10 916.8 m，成为世界上潜得最深的深潜器，皮卡尔父子也因此获得了"上天入海的科学家"的美名。

类比发明是一种富有创造性的发明方法，人们可以用各种不同的事物进行类比，将会不断地产生出新的创造设想，获取更多的创造成果。但是，从异中求同、从同中见异的类比发明法也有缺点，就是运用这种方法推导出来的结论，或提出的创造设想，成功的可靠性不高。有时会把人引入迷途，尽管如此，它仍然是一种常见的创造性的发明方法。

类比发明法，还可根据不同的类比形式分为许多种，下面大致介绍几种。

1）直接类比法

发明者从自然界或已有的技术成果中寻找出与发明对象类似的现象或事物，从中获得启示，从而发明设计出新的发明项目，这就叫做直接类比法。例如：

利用石头刃→石刀、石斧；鱼骨→针；茅草叶的齿→锯；鸟飞→飞机；照相照出照片→电影；鱼游→潜水艇；蛋→薄壳仿蛋屋顶；收音机、录音机→收录机；太阳能电池→太阳能发电站、太阳能收音机、太阳能手表、太阳能计算器、太阳能自行车、太阳能汽车；树叶的结构→伞；梳子垫在剪子下剪头发→安全剃头刀。

1889 年，法国的马莱运用直接类比法，根据视觉暂留现象进行类比思维，发明设计了电影机。1890 年，马莱取得动态摄影机专利权。1891 年，美国的爱迪生取得早期活动电影观赏机的美国专利权。1893 年，马莱取得放映机的专利权。1895 年，卢米埃兄弟在法国巴黎首次经营商业电影院。

直接类比中对象的关联属性十分重要，例如：

机械电子技术化→机械电子技术的应用；民用器具→价廉、省能、小型；工厂自动化→自动、省力、计算机辅助设计生产等；飞机→超高速、具有安全性能等；汽车→节能、排气、净化等；海洋开发→使用海底机器人等；宇宙开发→新材料的开发等。

2）间接类比法

间接类比法就是用非同一类产品类比，产生创造。在现实生活中，有些创造缺乏可以比较的同类对象，这就可以运用间接类比法。如空气中存在的负离子可以使人延年益寿、消除疲劳，还可辅助治疗哮喘、支气管炎、高血压、心血管病等，但负离子只有在高山、森林、海滩、湖畔较多。后来通过间接类比法，创造了水冲击法产生负离子，后吸取冲击原理，又成功创造了电子冲击法，这就是现在市场上销售的空气负离子发生器。

采用间接类比法，可以扩大类比范围，使许多非同一性、非同类的产品、行业互相渗透，由此得到启发，开拓新的创造活力。

3）幻想类比法

发明者在发明创造中通过幻想类比进行一步步的分析，从中找出合理的部分，从而逐步达到发明的目的，设计出新的发明项目，这就叫做幻想类比法。

1834 年，英国发明家巴贝治绘制出通用数字计算机图样。

1946 年，美国的莫奇利（Mauchly）博士和他的学生埃克特（Eckert）运用幻想类比法，发明设计并制成世界上第 1 台 ENIAC 计算机。第二次世界大战期间，美国军方为了解决计算大量军用数据的难题，成立了由宾夕法尼亚大学莫奇利博士和他的学生埃克特领导的研究小组，开始研制世界上第 1 台计算机。经过 3 年紧张的工作，第 1 台电子计算机终于在 1946 年 2 月 14 日问世了，它由 17 468 个电子管、6 万个电阻器、1 万个电容器和 6 000 个开关组成，质量达 30 t，占地 160 m^2，耗电 174 kW，耗资 45 万美元。这台计算机只能运行 5 000 次/s 加法运算，称为“埃尼阿克”（Electronic Numerical Integrator and Calculator，ENIAC）——电子数字积分计算机。

从第 1 台计算机诞生至今已过去半个多世纪了，在这期间，计算机以惊人的速度发展着，首先是晶体管取代了电子管，继而是微电子技术的发展使得计算机处理器和存储器上的元件越做越小，数量越来越多，计算机的运算速度和存储容量迅速增加，当年的“埃尼阿克”和现在的计算机相比，还不如一个袖珍计算器，但它的诞生为人类开辟了一个崭新的信息时代，使得人类社会发生了巨大的变化。

4）因果类比法

因果类比法是指两个事物的各个属性之间，可能存在着同一因果关系，因此，我们可以根据一个事物的因果关系推出另一事物的因果关系，这种类比法就是因果类比法。

例如，在合成树脂（塑料）中加入发泡剂，使合成树脂中布满无数微小的孔洞，这样的泡沫塑料又省料，密度也小，并有良好的隔热和隔音性能。日本一个叫铃木的人运用因果类比法，联想到在水泥中加入一种发泡剂，使水泥也变得既密度小又具有隔热和隔音的性能，结果发明了一种气泡混凝土。

又如，牛黄是一种珍贵的药材，过去一直靠宰牛取得，数量少，远不能满足医学上的需要。人工河蚌育珠，是将沙子放入蚌内，蚌分泌出黏液将沙包住，形成珍珠。牛黄的生成也是由于胆囊里混进了异物，周围凝集了许多分泌物，长时间形成胆结石的结果。通过类比，对牛施行外科手术，在牛的胆囊里埋入异物，一年后，取出胆囊里的结石，它和天然牛黄一模一样。

5）仿生类比法

发明者模仿生物的结构和功能等，搞出新的发明项目，就叫做仿生类比法。例如：

人走路→步行机；人体→机器人；人眼→人造眼；蛙眼→电子蛙眼；鹰眼→电子鹰眼；蜻蜓眼和苍蝇眼→复眼照相机；手臂→新式掘土机。

中国西汉将领陈平在2000年前，运用仿生类比法发明设计出古代机器人。

1962年，美国一家公司制造并售出了世界上首批工业用机器人。

中国江西省南昌市三中16岁学生熊杰，运用仿生类比法发明设计了管内机械手，荣获第三届中国青少年发明一等奖。

6）综摄类比法

发明者借助于分析法变陌生为熟悉，这是确定发明课题的前提；再通过亲身类比、比喻和象征类比等综合类比，发明设计出发明项目，就叫做综摄类比法。

美国创造学家威廉·戈顿发现创造性思维明显地分两个阶段：变陌生为熟悉的阶段和变熟悉为陌生的阶段。这两个阶段有不同的思维特点，在创造性过程中有不同的作用。

变陌生为熟悉是第一阶段。这个阶段主要用分析的方法，了解问题，查明问题的主要方面以及各个细节。人的机体本质上是保守的，它排斥任何陌生的东西。思维也一样，当人们遇到陌生的事物时，总是设法把它纳入一个可以接受的模式中，通过把陌生的事物和熟悉事物联系起来，把陌生的转换成熟悉的。没有这个思维过程，人们很难真正了解所要解决的陌生的问题。

在创造性思维的研究中有两种常见的误解：一是认为创造性主要体现在解决问题阶段，而把了解问题阶段忽略了。二是在分析问题、了解问题、变陌生为熟悉的过程中，由于产生各种小小的发现会得到一些比较肤浅的答案，因此，人们往往把这个了解问题的阶段误认作解决问题的阶段。这第二种误解是非常有害的。尽管为了更深刻地了解所要解决的问题，我们尽可能多地掌握它的细节和信息是有益的，但是，把这样的了解当做创造性地解决问题，过分沉湎于问题细节的分析，就会舍本逐末，贻误发明创造。因为创造解决问题的实质不是了解了或解决了一个新问题，而是以全新的方式、全新的设计解决问题；也因为发明者搞发明设计，经过分析、了解问题，从而确定发明课题是发明的头等重要问题。

变熟悉为陌生是第二阶段。变熟悉为陌生就好像一个弯下腰来从两腿间看世界的孩子，你会突然发现这个世界整个都倒过来了，变样子了。要使人们的思维跳出已有的习惯是困难的，起码是非常规的。发明者运用亲身类比、比喻和象征类比等综合类比，能使自己的发明逐步由陌生变为熟悉，从而发明设计出新的发明项目。

创造性思维是一种非常规思维，它是一种粗糙的、有裂缝的、有时是非理性思维，因而创造性思维可以互相激励、互相渗透。这个思维过程也可以互相浸入。因此，用发明小组的形式把各种不同知识背景的有创造潜力的人员组织在一起，通过互相启发、互相补充的讨论，可以产生更奇妙的创造性设想。

综摄类比法的操作步骤：给定问题→分析问题→斟酌问题→引导问题/亲身类比/比喻/象征类比→解决问题→解法。如果问题未得到解决，返回到前面从头再来，直到问题解决。

2.4.3 联想法

由一事物的现象、语词、动作等想到另一事物的现象、语词或动作等，称为联想。利用联想思维进行创造的方法，即为联想法。那么，联想是什么呢？普通心理学认为，联想就是由一事物想到另一事物的心理现象。这种心理现象不仅在人的心理活动中占据重要地位，而且在回忆、推理、创造的过程中也起着十分重要的作用。许多新的创造都来自于人们的联想。

例如，上海新巷地段医院的朱长生，就运用联想发明法成功的发明了“注射青霉素过敏快速试验法”。

联想可以在特定的对象中进行，也可在特定的空间中进行，还可以进行无限的自由联想。而且这些联想都可以产生出新的创造性设想，获得创造的成功。我们还可从联想的不同类型发现不同的联想方法，去进行发现、发明和创造。联想的方法一般为接近联想、对比联想、相似联想、自由联想和强制联想。例如，由“大陆”想到“大海”是对比联想，由“大海”想到“江河”是相似联想，由“江河”想到“桥”是接近联想，再由“桥”想到“电”是强制联想。

1）接近联想

大脑想起在时间或空间上与外来刺激接近的经验、事物或动作，称为接近联想。奥地利医生奥斯布鲁格受叩桶估酒的启发，通过联想发明了叩诊诊断疾病。日本的竺绍喜美贺女士，从幼年捕鱼、捞水草的网，联想发明了洗衣机中的吸毛器。日本池田博士有一次喝汤时觉得味道十分鲜美，经了解，是汤内放了海带。他想：海带里一定含有某种“鲜”的物质，因此对海带进行深入分析，经多次试验，最终得到了 $C_5H_9NO_4$ 的结晶体，这正是鲜物质——谷氨酸，并由此发明了味精。

1939 年，德国化学家哈思和奥地利物理学家麦特纳宣布一项重大发现——研究中子在粒子加速器中轰击铀所产生的现象。意大利物理学家费米为了逃避法西斯政权的统治，流亡美国。费米运用接近联想法，由上述重大发现进行接近联想，于 1942 年 12 月 2 日，在美国芝加哥大学一个石墨块反应堆上进行中子裂变试验，从而产生核能。

2）对比联想

大脑想起与外来刺激完全相反的经验、动作或事物，叫对比联想。亦可说是逆反法则在联想中的应用。

在进行联想构思时，联想构思的结果可能是已有的创造发明，也可能是有意义的新创意，还可能是无意义的联想，如表 2.3 所列。

表 2.3　联想构思

	钥匙	灯	雨	螺纹	冲击	脚踏	笔
浆糊	×	×	×	×	×	×	△
电	△	○	×		×	×	○
折叠			×		×	×	
过滤			×		×	×	
罩		○			×	×	
记数	△	△	×				○
网					×	×	
绳	○	○			×	×	×

注：○——已有的创造发明；×——无意义联想；△——有意义联想。

黑→白，大→小，水→火，黑暗→光明，温暖→寒冷，都具有相反的特点，每对既有共性，又具有个性。例如，黑暗亮度小，光明亮度大，都是表示亮度。对比联想具有背逆性，这里用了逆向思维。对比联想还具有挑战性。逆向思维有时能得出荒谬的结论，例如，吸鸦片有害人的健康→用鸦片能给人治病，也是对比联想关系。

对比联想又可分为下列几种：

(1) 从性质属性对立角度进行对比联想。

例如，日本的中田藤三郎关于圆珠笔的改进就是从属性对立的角度进行思考才获得成功的。1945 年圆珠笔问世，写 20 万字后漏油，后来制成的笔，书写 20 万字后恰好油被使用完，就把圆珠笔扔掉。这里就运用了对比联想法。

(2) 从优缺点角度进行对比联想。

在从事发明设计时，既看到优点，看到长处，又想到缺点，想到短处；反之亦然。

例如，铜的氢脆现象使铜器件产生缝隙，令人讨厌，这无疑是一个缺点，人们想方设法去克服它。可是有人却偏偏把它看成是优点加以利用，这就是制造铜粉技术的发明。用机械粉碎法制铜粉相当困难，在粉碎铜屑时，铜屑总是变成箔状。把铜置于氢气流中，加热到 500～600 °C，时间为 1～2 h，使铜屑充分氢脆，再经球磨机粉碎，合格铜粉就制成了。这里就运用了对比联想。

(3) 从结构颠倒角度进行对比联想。

从空间考虑，前后、左右、上下、大小的结构，颠倒着进行联想。

例如，中国的史丰收就是运用此种对比联想。一般人进行数学运算都是从右至左、从小到大进行运算，史丰收运用对比联想，反其道而行之，从左至右、从大到小来进行运算，运算速度大大加快。

再者，日本索尼公司的工程师，运用对比联想，由大彩电开始进行对比联想，制成薄型袖珍电视机，显像管只有 16.5 mm。

(4) 从物态变化角度进行对比联想。

即看到从一种状态变为另一种状态时，联想与之相反的变化。

例如，18 世纪，拉瓦锡把金刚石锻烧成 CO_2 的实验，证明了金刚石的成分是碳。1799 年，摩尔沃成功地把金刚石转化为石墨。金刚石既然能够转变为石墨，用对比联想来考虑，那么反过来石墨能不能转变成金刚石呢？后来终于用石墨制成金刚石。

3）相似联想

这是对相似事物的联想，又可称类似联想。如由劳动模范想到战斗英雄，由瓦特想到爱迪生，由铣床想到刨床等，它反映了事物的相似性和共性。这种联想也可运用到创造发明过程中来，进行创造发明。

1957 年 10 月 4 日，苏联运用相似联想法，成功地发射了世界上第一颗人造地球通信卫星，这颗卫星就是世界上第一艘太空船。

4）自由联想

这是在人们的心理活动中，一种不受任何限制的联想。这种联想成功的概率比较低，大都能产生许多出奇的设想，但难以取得成功，可有时也会收到意想不到的创造效果。

如荷兰生物学家列文虎克就曾从自由联想中发现了微生物。1675 年的一天，天上下着蒙蒙细雨，列文虎克在显微镜下观察了很长一段时间，眼睛累得酸痛，便走到屋檐下休息。他看着那淅淅沥沥下个不停的雨，思考着刚才观察的结果，突然想起一个问题：在这清洁透明的雨水里，会不会有什么东西呢？于是，他拿起滴管取来一些水，放在显微镜下观察。没想到，竟有许许多多的"小动物"在显微镜下游动。他高兴极了，但他并不轻信刚才看到的结果，又在露天下接了几次雨水，却没有发现"小动物"。过几天后，他再接雨水观察，又发现了许多"小动物"，于是，他又广泛地观察，发现"小动物"在地上有，空气里也有，到处都有，只是不同的地方"小动物"的形状不同、活动方式不同罢了。列文虎克发现的这些"小动物"，就是微生物。这一发现打开了自然界的一扇神秘的窗户，揭示了生命的新篇章。列文虎克正是通过自由联想而获得这一发现的。

5）强制联想

它是与自由联想相对而言的，是对事物有限制的联想。这限制包括同义、反义、部分和整体等规则。一般的创造活动都鼓励自由联想，这样可以引起联想的连锁反应，容易产生大量的创造性设想。但是，具体要解决某一个问题，有目的地去发展某项产品，也可采用强制联想，让人们集中全部精力，在一定的控制范围内去进行联想，也能有所发明和创造。在创造活动中，这类创造发明的例子也是屡见不鲜的。

例如，悬挂式多功能组合书柜就是采用"书柜"与"壁挂"的强制联想设计成功的。

壁挂是装饰手段较丰富的室内装饰物。书柜与壁挂强制联想，把书柜按照形式美的规律做成像壁挂那么美观的形式，挂在墙上，放上书籍，有更广泛的表现力。

联想的方法是很多的，我们还可以从对象的因果联系上去进行联想，也可依据事物的同类原则去进行联想，还可以从事物之间的相关特性去进行联想。各种各样的联想方法都是可以产生出创造性设想的，获得创造的成功。这里关键不是运用哪一种联想方法，而是我们要解决什么问题？需要进行什么创造？要达到怎样的目的？或者什么样的预期目的都没有，只是想有所创造发明。那么，我们就应根据各自的不同要求和想法，有意地或无意地去进行联想，从联想产生的设想中去获得创造成功。

2.4.4 移植法

所谓“移植法”，就是将某个学科领域中已经发现的原理、技术、方法，移植、应用或渗透到其他学科、技术领域中去进行创新的技法，也称为“渗透法”。现代社会不同领域间科技的交叉、渗透已成必然趋势，而且，应用得法，往往会产生该领域中突破性的技术创新。例如，将卤化银加入玻璃中生产出变色玻璃，广泛用于眼镜等产品中，就是照相底片感光原理的移植。将电视技术、光纤技术移植于医疗行业，产生了纤维胃镜、纤维结肠镜、内窥技术等，减少了病人痛苦，提高了诊疗水平。激光技术、电火花技术应用于机械加工，产生了激光切割机、电火花加工机床等新设计、新产品。将“粘虫胶”涂在纸上，伊东发明了“捕蝇纸”。当直升机用于运输生意清淡时，将其移植于植树造林、撒药灭虫、抢险救护方面，使直升机打开了销路。将集成电路控制的防抢防盗报警器移植到手提式公文箱上，设计成了新一代的电子密码公文箱，一旦不法之徒想抢劫、偷窃，它便“呜呜呜……”地自动报警，直到主人走近，它才停止报警，更可在报警的同时放射灼人的电流，使案犯手臂麻刺、痛苦不堪。

拉链的设想，是美国发明家 W. L. 贾德森所提出，并于 1905 年申请了专利。其“开”“合”功能，经一个世纪的发展，几乎渗透到了人类生产、生活的每个角落，成为20 世纪重大发明之一。衣、裤、鞋、帽、裙、睡袋、公文包、文具盒、钱包、沙发垫……无处不见拉链。目前又被移植到了医疗、食品工业中。美国外科医生 H. 史栋将拉链技术移植于人体胰脏手术后腹部的炎症处理，将他夫人裙子上用的一根 18 cm 拉链消毒后直接缝合于病人刀口处。医生可随时打开拉链检查腹腔内病情，使病人不必多次开刀、缝合，大大减轻了病人的痛苦，康复率提高，从此开创了“皮肤拉链缝合术”。食品工业中也出现了“拉链式香肠保鲜技术”，延长了保鲜期，便于出售及食用。

过去，仓库内粮食的贮存，防霉变、防虫蛀，一直采用化学物品，价贵又不可避免地残留毒素，引起污染。现已有将中草药防霉、防虫蛀的功能移植于粮食的贮存中，在粮食上放置中草药药袋，达到了防蛀、防霉的功能，无毒性残留，价格又低廉，将会带来极大的效益。

从思维的角度看，移植法可以说是一种侧向思维方法。它通过相似联想、相似类比，力求从表面上看来仿佛是毫不相关的两个事物或现象之间发现它们的联系。因而，它与类比法、联想法有着密切的联系，在很多情况下还与灵感思维有关。

1）技术手段移植

将其他学科领域中的技术移植到本学科领域，从而出现新技术或分支学科。如将射电技术应用于天文学，产生了射电天文学。将激光技术应用于生物学和医学，产生了激光生物学和激光医学。X-射线衍射技术在医学上的应用，形成了电子显微镜技术。同样，也可将其他产品的技术移植到所要开发的产品上，创造出新的产品，例如，将电吹风技术移植到烘干机，创造出被褥烘干机。

2）原理移植

如电话，美国发明家贝尔运用移植法，在技术原理方面进行移植借用，“簧片振动传声→人的声带振动发生传声”，从而发明设计出电话，并于 1878 年取得了美国专利权。

3）技术功能移植

1838 年，莫尔斯运用移植法，采用技术功能移植“烽火传信号→电报传信号”，从而发明设计了电报并取得了美国专利权。

掌握移植法，要善于联想，从其他事件、现象中寻求启示。

19 世纪中叶，由于外科技术落后，患者因感染而化脓，死亡率很高。英国医生李斯特为找出化脓原因，苦思冥想，不得其解。后来，李斯特从巴斯德所发表的关于有机物腐败和发酵的研究成果：有机物腐败是由于微生物——细菌——所引起，进行联想，病人伤口感染化脓，不就是细菌在作怪吗？于是他决定采取石炭酸消毒的办法，在 1865 年发明了无菌手术，使术后死亡率从 80% 降至 15%，成功地移植了巴斯德的研究成果，发展了外科手术的消毒法。

要想更好地运用移植法，还要努力提高自己的“辐射”能力，即善于从“看来无关”的事物中寻找启示和线索。

一个人踩到香蕉皮上会滑倒，这是众所周知的常识。香蕉皮为什么滑溜呢？想到这个问题的人也许不多，把它当做一个问题去研究的人可能更少。用显微镜对香蕉皮加以观察会发现它由几百个薄层构成，层与层间可以滑动。据此，有人推断，如果能找到类似结构的物质，就可以由此发明性能优异的润滑剂。在对许多物质研究后，终于发现二硫化钼和石墨的结构类似于香蕉皮的结构。石墨早已被用做润滑剂，二硫化钼却是通过这种移植方法被发现的。它具有极薄的层结构，厚度为 0.1 μm，仅为香蕉皮层厚的 200 万分之一，其易滑性相当于香蕉皮的 200 万倍。它的熔点高达 1 800 °C，是一种良好的耐热性润滑剂。

移植法，有时可以使对某个学科自身来说是一种很普遍的原理或技术，移植到另一学科领域后却产生崭新的科学成果。例如，红外辐射，它在物理学中是一种常识性的知识，因为它不过是一种很普遍的物理过程——不同温度的物体会发射不同的红外辐射，可是，当把它移植到临床医学上，出现了全新的医疗手段和诊断技术；把它应用于遥感，可用来勘测资源、农业估产、植物保护、军事目的；将它用于国防科学、工业生产和国民经济其他部门，形成了一门崭新的现代红外技术。所以，在科研活动中，应重视和理解其他领域内的新发现对于自己研究工作的意义。

英国科学家 W. I. 贝弗里奇指出：移植法是科学研究中最有效、最简单的方法，也是应用研究中运用得最多的方法。这不无道理。

移植法不仅适用于科学技术领域，在其他领域中也有广泛的应用价值。例如，排球运动中的“时间差”进攻技术，就是从篮球运动中投篮的假动作移植而来。同样，篮球运动中也引进了排球运动中的“二传”技术，产生一种“二传式”投篮。

2.4.5　设问法

设问法可围绕老产品提出各种问题，通过提问发现原产品设计、制造、营销等环节中的不足之处，找出需要和应该改进之点，从而开发出新产品。有“5W2H 法”“检核目录法”“阿诺尔特提问法”等。

1）“5W2H”法

发明者用 5 个以 W 开头的英语单词（Why，What，Who，When，Where）和 2 个以 H 开头的英语单词（How，How much）进行设问，发现解决问题的线索，寻找发明思路，进行设计构思，从而搞出新的发明创造，这就叫做“5W2H”法。

提出疑问对于发现问题和解决问题是极其重要的。创造力高的人，都具有善于提问题的能力，众所周知，提出一个好的问题，就意味着问题解决了一半。提问题的技巧高，可以发挥人的想象力。相反，有些问题提出来，反而会挫伤我们想象力。发明者在设计新产品时，常常提出：为什么（Why）、做什么（What）、何人做（Who）、何时（When）、何地（Where）、怎样（How）、多少（How much）。这就构成了“5W2H”法的框架。如果提出的问题中常有“假如……”“如果……”“是否……”这样的虚构，就是一种设问，设问需要更高的想象力。

在发明设计中，对问题不敏感，看不出毛病，是与平时不善于提问有密切关系的。对一个问题追根刨底，有可能发现新的知识和新的疑问。所以从根本上说，学会发明首先要学会提问，善于提问。阻碍提问的因素，一是怕提问多，被别人看成什么也不懂的傻瓜；二是随着年龄和知识的增长，提问欲望渐渐淡薄。如果提问得不到答复和鼓励，反而遭人讥讽，结果在人的潜意识中就形成了这种看法：好提问、好挑毛病的人是扰乱别人的讨厌鬼，最好紧闭嘴唇，不看、不闻、不问，但是这恰恰阻碍了人的创造性的发挥。

下面说明“5W2H”法的应用程序。

(1) 检查原产品的合理性。

① 为什么（Why）。

为什么采用这个技术参数？为什么不能有响声？为什么停用？为什么变成红色？为什么要做成这个形状？为什么采用机器代替人力？为什么产品的制造要经过这么多环节？为什么非做不可？

② 做什么（What）。

条件是什么？哪一部分工作要做？目的是什么？重点是什么？与什么有关？功能是什么？规范是什么？工作对象是什么？

③ 何人做（Who）。

谁来办最方便？谁会生产？谁可以办？谁是顾客？谁被忽略了？谁是决策人？谁会受益？

④ 何时（When）。

何时要完成？何时安装？何时销售？何时是最佳营业时间？何时工作人员容易疲劳？何时产量最高？何时完成最为适宜？需要几天才算合理？

⑤ 何地（Where）。

何地最适宜某物生长？何地生产最经济？从何处买？还有什么地方可以做销售点？安装在什么地方最合适？何地有资源？

⑥ 怎样（How）。

怎样做省力？怎样做最快？怎样做效率最高？怎样改进？怎样得到？怎样避免失败？怎样求发展？怎样增加销路？怎样提高效率？怎样才能使产品更加美观大方？怎样使产品用起来方便？

⑦ 多少（How much）。

功能指标达到多少？销售多少？成本多少？输出功率多少？效率多高？尺寸多少？重量多少？

(2) 找出主要优缺点。

如果现行的做法或产品经过 7 个问题的审核已无懈可击，便可认为这一做法或产品可取。如果 7 个问题中有一个答复不能令人满意，则表示这方面有改进余地。如果哪方面的答复有独创的优点，则可以扩大产品这方面的效用。

(3) 决定设计新产品。

克服原产品的缺点，扩大原产品独特优点的效用。

2）检核目录法

每一个设计、创新，可包括很多方方面面，而每一方面又都有其独特的含义、内容。这样，创新的思路亦各有所长、各有所异。检核目录法即针对某一方面的独特内容，把创新思路逻辑地归纳成一些用以检核的条目，使思路系统化，克服漫无边际的遐想，有效地帮助人们突破原有设计而闯入新境界。缺点是一般难以取得较大的突破性成果，往往用于改良性产品设计等方面。

目前有许多各具特色的检核目录法，但大多是奥斯本检核目录法的演绎。奥斯本的检核目录法大致有如下几条：

(1) 转化：这件东西能否用做他用？改变一下能有新用途吗？

例如，电吹风不但可以吹发型，还可用来烘干食品、干燥被褥、消灭蟑螂等。汉代已有，唐代就开始盛行于布依族、苗族、瑶族、仡佬族等民族中的蜡染印染工艺，虽然历史悠久、工艺独特，但主要以蓝色为主，仅用以做少数民族穿戴的衣裙、包单等。而现在，蜡染已发展成多色，因而在艺术、服装、室内装饰等方面应用日益增多，也不仅在白布上印染，还发展到麻、丝等材料，在国内外越来越受欢迎。

(2) 引申：有别的东西与之相似吗？可否由此想出其他东西？能否将此引入其他东西中或作相反的引申？

例如，将圆珠笔引入钢笔中，将电子计算机引入机械。美国原有一种象棋的玩法与我国相同，棋盘四方共 64 格，每人 16 个棋子。而纽约州罗切斯特大学学生在此基础上作了引申发展，创造了三人走棋法，获得了专利。棋盘改为六角形共 96 格，黑、白、红三色棋子各 16 枚。可两人联攻，当一方被将死下台后，其留在盘上的残棋成为胜方的“俘虏”，胜方有权支配败方的残子，与自己原有的棋子联合一致与第三方战斗，形成两色阵容向另一色棋子猛攻的新格局，别有风趣。

(3) 改变：改变原有的形状、颜色、气味、形式、结构、功能等，会有什么效果？还可有什么改变？

例如，1898 年亨利 · 丁根将滚柱轴承中的滚柱改成圆球形，从而发明了滚珠轴承。过去，要将电动机的旋转运动变成往复运动，需用曲柄连杆机构。现在，应用回旋螺纹槽的结构形式，设计成了同心轴往复运动机。在台灯灯座周围涂上一层导电漆，这种导电漆的绝缘电阻被控制在最佳状态，人触及后通过感应使灯座内电子电路通或断，一改传统台灯的一灯一开关形式，设计制造了遍体是开关的新颖台灯。

在饮料中加几块冰块使之冰镇，清凉爽口，别具风味。但冰块融化会冲淡饮料成分，真是美中不足。现在发明了塑料冰块，可扬长避短。而且，可将塑料冰块做成各种色彩，在不同的饮料中沉浮，增加了美的享受。

(4) 放大：在这件东西上另加些什么从而改变其性能和用途可以吗？加强一些、高一些、长一些、厚一些、大一些行吗？合成一下会怎样？

例如，在两块玻璃间加入钢丝，可做成防碎玻璃；加入电热丝，生产了电热玻璃。在牙膏中加入氟化钠、中草药，即成各种药物牙膏。将红、蓝、绿、黑四色圆珠笔芯放在一支笔杆中，设计了四色圆珠笔，扩大了使用功能。

1989 年汉堡汽车展览会上，展出了奔驰公司设计制造的 13 m 长的轿车，其后部有一心形浴池，可在行驶中使用。无独有偶，日本本田汽车公司 18 名设计人员联合设计制造了一辆特大摩托车，长度 6.4 m，可同时乘坐 20 人。

(5) 缩小：在原有东西上减少些什么会怎样？变小、变低、变短、变轻、浓缩、省略、分割……会有什么结果？

例如，应用集成电路技术设计制造了袖珍立体声收录机，超浓缩肥皂粉，可以随意分合的软家具等，均是这种检核思维的结果。

(6) 代替：有没有其他东西可以代替现有的东西？或代替其中一部分、某种成分、某个过程……

伟大的发明家诺贝尔，改变赛璐珞配方，用硝化甘油代替其中的樟脑，于 1887 年制成了颗粒状的无烟火药，燃烧速度快而又无残渣。日本最近推出了一种纸制手表，款式新颖、价廉物美，可显示日、月及时间，每月误差仅 1 s，用 9 个月左右，用完即丢。奔驰公司以氢气代替汽油为燃料，设计试制的新型轿车，其排出的废气只是蒸汽而不是污染环境的二氧化碳。

用稀土三基色荧光粉代替卤磷酸钙荧光粉，设计制造的电控式紧凑型节能荧光灯，其灯管很细，使紫外线密度增大，稀土荧光粉又使紫外线转换成可见光的效率提高，所以通过同样的电流，可发出比原有灯管强 4～6 倍的亮度，使用寿命比白炽灯长 3～5 倍。这种新颖灯具不仅节约电能，还有使用方便、装饰性强的优点，颇受消费者青睐。

(7) 变换：构件能否更换顺序？变一下模式、序列、布置形式或改变因果关系、速率、时间、材料……会有什么结果？

服装面料、花型、领子、袖子、袖口……稍作变换，就会设计出许多新颖的款式来。卡车的驾驶室原先均是固定的，为了根据不同路况特点，保证视野与安全，改变了这种模式，设计出了驾驶室可升降的卡车，如图 2.5 所示。

(8) 颠倒：可否颠倒、反转使用？

瑞士发明家阿 · 皮卡尔曾成功地发明平流层气球，后来他又颠倒过来设想，成功地发明了海洋深潜器。历来电冰箱设计，都是冷冻室在上、保鲜冷藏室在下。海尔公司率先设计开发了冷冻室装配在下的电冰箱。常用的烤箱是烤箱在下，鱼、肉等被烤食物在上。这样，烤时油腻下滴，烤箱油污极难清洗。现在设计了新型的烤箱，将其位置颠倒，使用很方便。在商标设计中，颠倒一下的想法也取得过很好的效果。世界上名牌奶制品商标名 KLIM，即英文单词“牛奶”（MILK）的颠倒；著名的力波啤酒商标名 REEB，亦即英文单词“啤酒”（BEER）的颠倒，如图 2.6 所示。

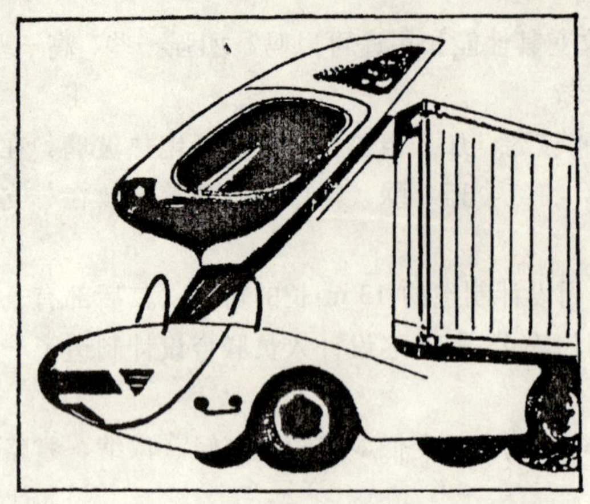

图 2.5 驾驶室可升降的卡车

图 2.6 力波啤酒的商标名称

(9) 组合：现有技术能否组合成新产品？

收录机即是收音机、录音机、扩音机等技术的组合；一种新型儿童车，可让儿童站靠、端坐，也可做躺椅、坐椅。将播种、施肥、锄草的功能合而为一，产生了新的农业技术。世界上先进的第五代家用多功能电脑缝纫机，可缝制波纹、网眼、脉冲型等 30 多种不同花型，可双针缝、单针缝、钉纽扣、缝拉链、反面缝、加固缝，还能织补、卷边、绗缝、暗缝……这也是功能、技术的组合。电热器与茶杯的组合，产生了电热杯。新一代的"蒸汽多用熨斗"，加上了干洗刷子和加水杯，即可烫平布、绸、化纤、呢绒服装，也可干洗毛料服装，还可对腰肌劳损病人进行热敷。瑞典发明了一种杂合钉，即普通钉与木螺钉的组合，前半段与普通钉一样，后半段及钉帽与木螺钉一样。这样，先用锤子钉入，再像螺钉一样旋入而不会撕裂木纤维，又可旋紧。

将现有的科学技术原理、现象、产品或方法进行组合，从而获得解决问题的新方法、新产品的这种发明技法，称为组合法。它代表了技术发展的一种趋势，也是一种容易取得成功的创造技法。

2.4.6 列举法

列举法是指通过列举事物的特征属性以期进行创造的技法。它分为特性列举法、缺点列举法、希望点列举法和成对列举法等。下面着重介绍缺点列举法和希望点列举法。

1）缺点列举法

缺点列举法就是通过发掘事物的缺陷，详细列举出它的缺点，针对具体问题进行革新的一种创造技法。社会总在发展、变化、进步，永远不会停止在一个水平上。当发现了现有事物、设计等的缺点，就可找出改进方案，进行创造发明。工业设计中改良性产品设计，就是设计人员、销售人员及用户根据现有产品存在的不足所作的改进。价值分析方法，也就是分析产品功能、成本间存在的问题，设法提高其价值，故又可称为"吹毛求疵法"。例如，针对原来手表功能单一的缺点，发明了双日历表、全自动表、闹表、带计算器的表等。日本鬼冢喜八郎抓住原来运动鞋打球时易打滑、止步不稳、影响投篮准确性的缺点，将原来的鞋底改成像鱿鱼触足上吸盘状的凹底，设计出了独树一帜的新产品。针对原来炒菜锅煎东西要粘底的缺点，设计生产了不放一滴油，照样可以烹煎锅贴、荷包蛋之类食品的杜邦平底煎锅、炒菜锅。普通的玻璃虽然有不少优点，但不能切削加工，不耐高、低温差的变化，为此，发明了微晶玻璃，克服了上述缺点，在家庭器皿、天文望远镜等方面广为应用。伦敦街头行驶的有轨电车，车轮与轨道间的敲击声、吱吱声增加了城市的噪声，针对此缺点，铺设了硬压橡胶制造的轨道，从此，伦敦街头出现了小噪声的电车。

过去常用的螺口灯泡与灯座，当灯泡金属螺丝头接触到带电的灯座中的金属螺口后，如人误碰到金属螺丝头，就会引起触电伤亡事故。如果未装灯泡，当人体误碰到灯座内带电的金属螺口或中心金属弹片时，也会发生触电伤亡事故。上海因这一原因触电伤亡者占全市触电死亡人数的 43%。可见，这种灯座、灯泡在使用上不安全。另外，因灯泡的螺丝头和灯座的螺口是金属制的，金属耗量大，且锈蚀后灯泡不易拧出。针对这种缺点，一中学生创造发明了安全螺口灯泡、灯座，获亿利达青少年发明奖。安全螺口灯泡与灯座的结构如图 2.7 所示。安全螺口灯泡由绝缘螺丝头代替原来的金属螺丝头，由原来导线连接金属螺丝头的焊点改成了上端面上的边锡头，螺丝头还能启闭安全螺口灯座里控制机构的电源。对安全螺口灯座 [见图 2.7(b)]，设计了一个能根据螺口里有无灯泡或灯泡是否松动会自动启闭电源的控制装置。当灯泡绝缘螺丝头拧入灯座绝缘螺口时，由于旋转力的作用，将活脚（2）往上顶，迫使弹簧（7）收缩。由活脚头（6）带动跷板头（5）向上，使另一端的导线桩（12）向下，于是，动触点（13）与连接螺丝（16）头上的静触点（14）接触。由于连接螺丝通过中间挡板（15）分别拧住螺口里的金属圈（17）和中心金属弹片（19），因此当灯泡螺丝头上的中心锡头、边锡头与螺口里的中心金属弹片和金属圈接触时，灯泡就发光。如灯泡螺丝头离开了螺口里的活脚，则弹簧伸展，把活脚与跷板头压下，另一端带电的导线桩就向上，使动触点和静触点脱开，便自动切断了金属圈或中心金属弹片上的电源，杜绝了触电伤亡事故。

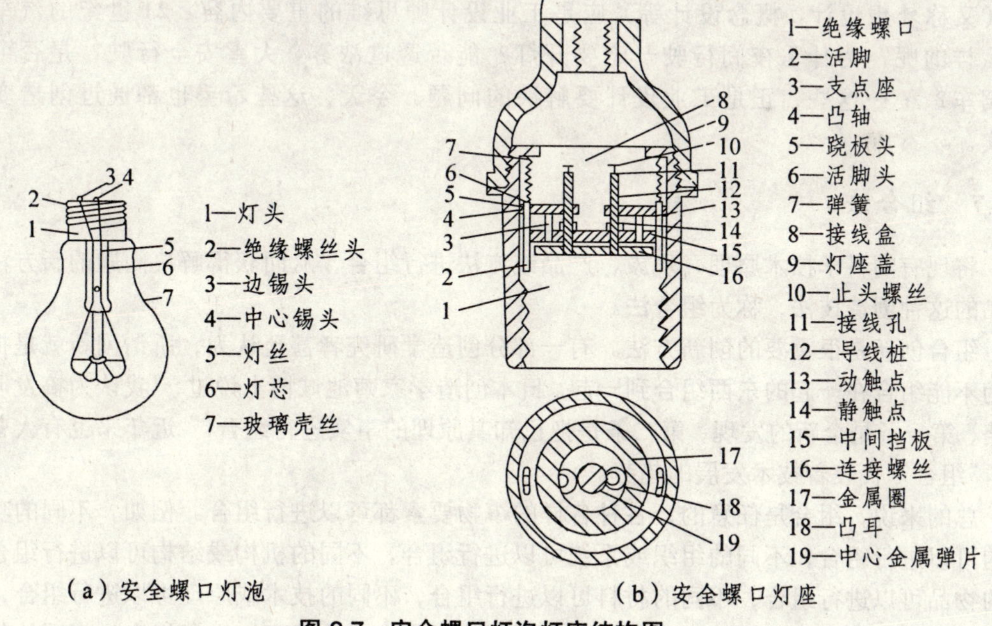

图 2.7　安全螺口灯泡灯座结构图

2）希望点列举法

上述缺点列举法是围绕现有物品、设计的缺点提出改进设想，因此，离不开物品、设计的原型，是一种带有被动性的技法。希望点列举法是通过列举事物被希望具有的特征，以寻找设计创新的技法。可以按发明人的意愿提出各种新设想，可不受现有设计的束缚，是一种更为积极、主动型的创造技法。人们希望像鸟一样在蓝天上翱翔，终于发明了飞机；人类要像神话故事中的嫦娥一样奔向月球，终于发明了卫星、宇宙飞船；人们希望能在黑夜中视物，发明了红外线夜视装置；人们提出的希望服装不起皱，免烫，不要纽扣，重量轻而保暖性、透气性好，两面可穿，一衣多用……这些均已在生活中得以实现。

莫尔斯发明了电报，但还需将文字译成电码，再由电码译出原文，有时还会译错、发错。人们就想：能否直接用电传送人的语言呢？经不少人 20 多年的探索，1875 年 6 月 2 日傍晚，这一愿望终于由 A. G. 贝尔实现了。电话的发明，大大改变了人们的生活方式。在实际应用中，人们又提出各种新的希望与要求：如果打电话时人不在，能否将电话内容记录下来呢？最好通话时能看到对方的形象。相隔遥远的两地，是否可以不通过长途台而直接拨号呢？电话机是否能不要电话线以便随身携带呢？等等。于是，录音电话、电视电话、程控电话、无线电话相继问世。

外出办事、居家旅游时，罐头食品有其方便之处。但吃不到热的食物，总感到不甚满意。能否打开罐头时自动加热食品呢？于是，利用化学物品发热、利用金属箔通电加热等可加热的罐头食品设计生产出来了。

现在，一般人均喜爱彩色摄影，但一则彩色胶卷很贵，二来普通彩照易褪色，不能长期保存。是否能用黑白胶卷进行彩色摄影呢？这是人们所期望的。在我国，经多年潜心研究，终于获得成功。这对一般消费者、国防、公安、教学、档案存储、新闻工作等，均有重要意义。

创新设计的主要目的是设计人类明天的生活方式，设计明天的产品。所以，未来设计（又称梦想设计、概念设计等）应是工业设计师思维的重要内容。21 世纪的汽车应是什么样的呢？为什么夜间行驶一定要开灯？能否透过浓雾、大雪安全行驶？是否可以无人驾车？……这些，正是工业设计要解决的问题。今天，这些希望也都通过创造变成了现实。

2.4.7　组合法

将现有的科学技术原理、现象、产品或方法进行组合，从而获得解决问题的新方法、新产品的这种创造技法，称为组合法。

组合创新是很重要的创新方法。有一部分创造学研究者甚至认为，所谓创新就是把人们认为不能组合在一起的东西组合到一起。日本创造学家菊池诚博士说过：“我认为搞发明有两条路，第一条是全新的发现，第二条是把已知其原理的事实进行组合。”近年来也有人曾经预言，“组合”代表着技术发展的趋势。

总的来说，组合是任意的，各种各样的事物要素都可以进行组合。例如，不同的功能或目的可以进行组合，不同的组织或系统可以进行组合，不同的机构或结构可以进行组合，不同的物品可以进行组合，不同的材料可以进行组合，不同的技术或原理可以进行组合，不同的方法或步骤可以进行组合，不同的颜色、形状、声音或味道可以进行组合，不同的状态可以进行组合，不同领域、不同性能的东西也可以进行组合；两种事物可以进行组合，多种事物也可以进行组合；可以是简单的联合、结合或混合，也可以是综合或化合等。下面着重介绍一下形态分析法。

这是由在美国任教的瑞士天文学家 F. 茨维克创造的技法，又称“形态矩阵法”“形态综合法”或“棋盘格法”。根据系统分解和组合的情况，把需要解决的问题分解成各个独立的要素，然后用图解法将要素进行排列组合。如可按材料分解，按工艺分解，按成本组成分解，按功能分解，按形态分解等。从许多方案的组合中找到最优解，可大大提高创新的水平。F. 茨维克在参与美国火箭研制过程中，用形态分析法按火箭各主要组成部件所可能具有的各种组合，得到上千种不同的火箭构造方案，其中不少极有价值，并在方案中包含了当时德国正在研制而严加保密的带脉冲发动机的 F-1 型巡航导弹和 F-2 型火箭。

此技法通常步骤如下：

(1) 明确用此技法所要解决的问题（发明、设计)。例如，要设计制造一种搬运物品的新型运输工具。

(2) 将要解决的问题按重要功能等列出有关的独立因素。例如，经分析，这种新型运输工具的独立因素为：装载形式、输送方式、动力来源。

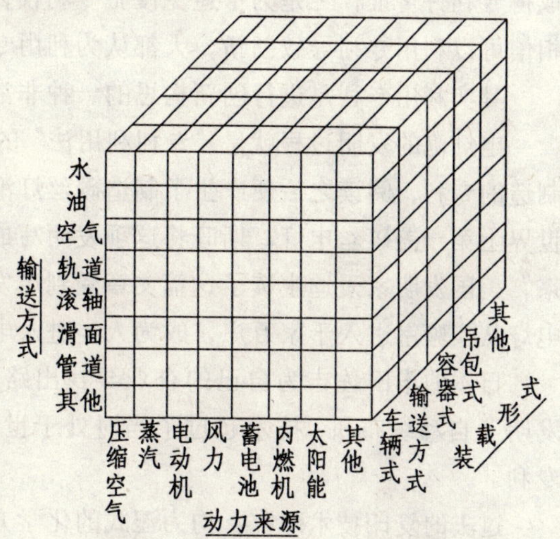

图 2.8 独立因素所含要素图解

(3) 详细列出各独立因素所含的要素。针对此例，列出明细表（见表 2.4)，并进行图解，如图 2.8 所示。

表 2.4 独立因素所含要素明细表

装载形式	输送方式	动力来源
1. 车辆式 2. 输送带式 3. 容器式 4. 吊包式 5. 其他	1. 水 2. 油 3. 空气 4. 轨道 5. 滚轴 6. 滑面 7. 管道 8. 其他	1. 压缩空气 2. 蒸汽 3. 电动机 4. 风力 5. 蓄电池 6. 内燃机 7. 太阳能 8. 其他

(4) 将各要素排列组合成创造性设想。此例可获 5×8×8＝320 个组合方案。从中选出切实可行的方案再细化。如方案很多，可用计算机分析。

应该注意，方案并不是越多越复杂就一定越好。

2.4.8 专利利用法

专利利用法就是利用专利构思创新的一种方法。可以利用专利产生创新想法，也可以利用专利解决某一创新项目中的问题。

全世界每年申报许多专利，而且其中发明的新技术有 90%～95% 发表在专利文献上。但我国目前专利真正发挥作用的还不足 10%。因此，借用专利构思创新、设计开发，是创造发明非常有用之法、成功之路。

一般人都认为利用专利，一是为了解决设计中（而不是创造中）的某些问题；二是为了取得专利许可证；三是为了避免侵犯专利权；四是为了使自己的创新取得专利权。很少有人相信可以利用专利导致创新，大都认为利用专利解决创新中的问题是知侵权而偏要侵权。

其实利用专利是进行创新构思的一种非常有效的方法。

电灯泡的发明过程就是“专利利用法”的典范，1845 年英国的斯旺看到一份关于电灯泡制造的专利，阅读之后便产生了制造碳丝灯泡的想法，经过 10 多年的努力，1860 年发明了世界上第一盏碳丝电灯。斯旺将这项发明写成文章发表在美国的《科学美国人》杂志上。后来，美国发明家爱迪生读了这篇文章受到启发，制成了一种具有实用价值的碳丝灯泡，从此电灯从实验室进入千家万户，成为人类进入电气时代的标志。

日本的丰田佐吉为自己的企业寻找出路，订阅了全部专利文献，从中找到发明的思路，发明了自动织布机，技术超过了当时处于世界领先地位的英国，连英国人也不得不购买其专利。

过去的复印技术研究，均为湿式的化学方法。卡尔森查阅了大量专利文献，掌握了前人的研究方法后改用物理方法，发明了现代干式复印技术，即光电效应与静电技术相结合的静电复印机。

专利不仅仅是知识产权的保护手段，更重要的是，它是人类发明创造中最重要的知识宝库（现在人们的全部发明创造有 90%～95% 申请专利，只有 5%～10% 发表在技术刊物上或没公开发表）。它不仅是人类发明创造智慧的结晶，而且也是人们从事发明创造重要的源泉。下面举例说明如何利用专利进行创新构思。

（1）通过专利寻找创新的目标或寻找创新题目。某些创新者在选择创新题目、觉察需要的时候，尽管有时感觉到了某种需要，由于缺少解决的办法而往往不将其视为有创新价值的需要，或者根本觉察不到需要。专利是满足各种需要的技术的集成；但它并不是满足各种需要的全部技术，或最好的方案，也有些技术没有全部揭示出其他能够满足的全部需要。基于这种情况，若能经常阅读专利文献，则可以使需要和技术更有机会联系起来，从而觉察到更多有创新价值的需要。阅读专利文献不一定整天埋头阅读详细的专利说明书，经常使用的方法是阅读专利文摘或专利公报，这样往往能给自己的创新思路以很好的启发，致使思路开阔、联想丰富。详细地阅读专利说明书，则会不自觉地受现有技术的束缚。

美国制造照相材料和复印机的哈洛依德公司，原先是一家不知名的小企业，后来他们从专利文献中发现了复印技术，经研究他们发现这是一种能满足人们快速复制文字和图像的很好技术，非常具有商业价值，于是这家公司就在这份专利的基础上投入力量，终于发明了一种新的复印机。

（2）当已觉察到某种需要，确定了创新题目后，进行专利文献检索可以避免花费过多的时间和高昂的代价从事他人早已取得成功或失败的劳动，端正思考方向。如果经过检索找不到任何有关的专利文献资料，说明该问题是一个未开发的领域，从而可以增强创新的信心。一般来讲，通过专利文献检索和详细阅读有关的专利说明书，可以基本上确定自己可以取得创新成果的范围。有时候是满足某种需要或解决某一问题的新原理、新方法，有时候至少是某一项现有专利的补充或改型。

发明现代干式复印技术的卡尔森，就是在查找大量的专利文献并经过分析后决定采用静电技术获得成功的。他经过查找专利文献和其他文献发现，以前解决复印技术的方法都是采用化学方法，化学方法有很多缺点，限制了它的推广使用，要想使复印技术普遍应用，必须开辟新的原理和方法，他竭力想从文献中发现以前的发明家忽略的现象。后来他发现以前某位发明家曾使用粉末来形成静电图像，于是把这种想法和他关于对光敏感的静电干板的想法结合起来，就完成了这项发明。

(3) 对现有专利进行引申、联想或综合等思考，往往可以导致新的发明创造。

专利都是为满足某种需要的新的独创技术，既然是独创或首创，因此往往缺乏多人的审查以及长期实践的考验，这样就使专利技术一般都具有不完备性，所以都可以进一步引申，臻于完善，创新者可以以此为思路较容易地取得创新成果。

此外，由于专利技术的首创性，也就是说世界上尚不存在这种技术，因此以前一般不会被人联想到或因此而联想到别的东西，所以以它为思考对象往往可以联想到许多可以创新的东西。或是它的新应用，或受它的启发（有时是受它的创新思路的启发）产生别的创新的想法。

将各种专利技术进行综合（包括组合和叠加）往往能创造出比较高级的技术创新，如在历史上英国的纺织工业和纺织机械在世界上一直处于领先地位，但自动织布机并不是英国人发明的，而是日本的丰田佐吉发明的，他就是综合了当时一些专利技术发明了丰田自动织布机。

2.4.9 参数分析法

这种创造技法是20世纪70年代美国麻省理工学院技术创新主任李耀滋博士推出的创新技术方法。

参数分析创新法的基本精神是运用参数分析和综合的方法发现和解决创新问题。

对于“参数”这个词，一般工程技术人员都是比较熟悉的，在数学、物理和各种工程技术书籍中经常用到这个词。这里所使用的参数的含义与它们基本相同。参数是表明某个现象、设备或其他工作过程中某一重要性质的量。如汽轮机中蒸汽的压力、温度等就是该汽轮机蒸汽的参数，电流、电压和电阻等是电路的参数。任何一个问题都可以用参数表示它，如一个零件可用各种尺寸、重量、材料和质量等参数表示它；一台机器可用外形尺寸、重量、性能、质量、经济、外观等参数表示它；一种药品可用各种配方参数表示它；一种方法可用各种工艺参数表示它；一种运动可用运动轨迹、速度和加速度等参数表示它。因此，任何一个创新问题都可以用参数分析它、表示它。用参数表示一个问题，往往非常概括、明了、简洁而深刻，如用功率等于单位时间内所做的功来表示一台机器能力的大小就是这样，如果不用功率这个参数则很难说明一台机器的能力。用参数分析法进行创新，往往能使一些问题很好地被分析和综合，从而能使问题很容易得到解决。

应用参数分析法进行技术创新的步骤和方法大致是这样的：

(1) 平时注意对现存的各种现象、产品和方法进行认真的技术观察、学习和研究，识别影响其重要性能的关键参数，从而增加自己的技术储备（这些技术储备即是将来自己创新的非常有用的“营造材料”），同时也会逐步地提高自己识别影响事物性质关键参数的能力。

(2) 对需要创新的问题进行参数分析和参数识别，识别出影响创新问题解决的最关键的参数和第二关键的参数。

(3) 挑选自己平时储备的“营造材料”，对这些“营造材料”进行反复地筛选合成，进行创造性的综合，以求得创新关键问题的解决。

现举例说明参数分析法在技术创新中的实际应用。

人力飞行问题是人类长时期渴望实现的事情，很多人曾做过人力飞行的尝试，结果均告失败，直到 20 世纪 70 年代，人们的这一长久渴望才被美国麦克律底设计的飞行器实现了。

麦克律底通过参数分析后发现，之所以以前许多人力飞行的尝试都失败了，最根本的原因是他们被传统的飞机结构所束缚，不能产生满意的功率重量比。尽管以前也有一些人想用一些新发现的特种材料（如石墨纤维、树脂板等）来试图尽量减小飞行器的重量，但毕竟仍然没有抓住解决该创新问题的关键参数。

麦克律底经过认真的技术观察和参数识别分析发现，人力飞行这一创新问题最关键的参数是：一个强健的运动员，若连续做功，其功率仅为 245 W，以此作为这一创新问题的突破点，从而取得了成功。

从上述参数分析法的基本过程可知，在找出创新问题的关键参数后，要解决这一关键问题，就要对自己平时所存储的“营造材料”进行挑选，并反复合成迭代，进行创造性的综合。麦克律底是这样进行的，在他所收集存储的“营造材料”中，他挑选了如下参数：

① 对于飞机来说，功率与速度的立方成正比。

② 机翼的面积与速度的平方成反比。

这两个重要参数意味着，对于仅有 245 W 的飞机来说，只能采用极低的速度和非常庞大的机翼。从麦克律底的飞行器结构来看，并不是很理想的，重量并不算太轻，他认为这不是关键参数，因为在他存储的技术材料中，虽有牵引力与速度平方成正比，但由于功率与速度的立方成正比这一关键参数已决定飞行器的速度应极低，故牵引力所消耗的功率必然很小，所以牵引力并不是一个关键参数。

当然，以上只是别人成功以后的总结，看起来很容易。对于旁观者来说，当别人的一件创新成果推出以后，往往看起来原理并不复杂，好像很容易就可创造出。其实不然，创新者要作出一些像样的创新成果，决不是靠一时的幸运，而是要付出长期的艰苦劳动，包括平时多观察、多分析、多学习，从而尽可能多地积累各种各样的“营造材料”，在创新思考的过程中又必须反复地琢磨、分析、合成，创造性的综合最后才能取得成功。

参数分析法是一种非常有效的技术创新方法，尤其是对大多数“学院式”的工程技术人员来说，大都有使用参数分析法处理问题的习惯，但多是传统的设计问题，通过一定的学习和练习，把参数分析法应用于技术创新将是很容易的事。对于大多数有志于创新的青年工人朋友来说，掌握和运用参数分析法可能会费些力气，但是也希望能逐步掌握这种方法。这种方法较用想象、机遇、灵感等方法解决创新问题更实惠些，它犹如在想象、机遇和灵感到解决创新问题之间架起一座桥梁，从而使想象、机遇和灵感等变得具体而有方向。

2.4.10　灵感法

灵感法是靠激发灵感，使创新中久久得不到解决的关键问题获得解决的创新技法。其特征是：突发性、突变性、突破性，是突然闪出的领悟，是一种认识上质的飞跃。

A. G. 贝尔发明电话的试验是从 1873 年夏天就开始了。但日复一日，过了两年，无数个方案均遭失败。有一天夜里，助手沃特森请他聆听窗外隐隐传来的吉他弹奏声。贝尔听着听着，忽然跳起来朝沃特森猛击一拳："有啦！有啦！沃特森，你真行呀！"原来，他们以往设计的送话、受话器灵敏度太低，声音微弱得难以听到。他们从吉他的共鸣中获得了灵感，当即动手拆了床板做助音箱，一连三天改进装置，终于在 1875 年 6 月 2 日傍晚成功了。"沃特森先生，过来，我等你。"这是世界上用电话传送的第一句话。

平板玻璃出厂后，由于包装运输问题，有 20% 以上遭破损，已成世界一大难题。全国生产的平板玻璃，每年运输中的破损量，相当于 5 个秦皇岛耀华玻璃厂的年产量，保险公司每年赔偿损失费 1 亿元。为了解决这个包装技术难题，从玻璃破碎的原因，对装卸、起吊、落地、运输进行了全过程分析，得出的结论是：归根结蒂是要减小玻璃所受到的冲击力。因此，必须设计出稳定性好、防振性好的包装架，以满足装卸、运输要求。但究竟如何能设计出这样的装置呢？设计者从过去买鸡蛋放在塑料袋里挂在自行车车把上，鸡蛋会破损，而拎在手上骑自行车，未发现鸡蛋破损，产生了灵感。这是因为对鸡蛋来说，直接振动变成了有弹性的间接振动。那么，玻璃在运输中的破损与否，原因何尝不是这样呢？于是，设计出了平板玻璃"双重隔振包装架"，使玻璃在运输中的振动通过两次缓冲才能传到玻璃本身。而且，玻璃本身脆性大，如单片受力则不堪一击。若将 80 cm 左右厚度的一箱玻璃捆成一体，则可大大提高玻璃本身的抗震能力。这样经严格的静载、动载测试以及碰撞、跌落等试验，证明破损率仅为 1% 左右。

2.4.11　模仿创造法

人的创造源于模仿。大自然是物质的世界、形状的天地。自然界的无穷信息传递给人类，启发了人的智慧和才能。高楼大厦源于"鸟巢""洞穴"；飞机的原型是天空中的飞鸟……从人造物的最基本功能来看，都源于自然界的原型。超音速飞机高速飞行时，机翼产生有害振动甚至会使其折断。设计师为此绞尽脑汁，最后终于在机翼前缘设置了一个加强装置才有效地解决了问题。令人吃惊的是，早在 3 亿年前，蜻蜓翅膀的构造就解决了这个难题——在翅膀前缘有一较厚的翅痣区。

模仿创造技法是指人们对自然界各种事物、过程、现象等进行模拟、科学类比（相似、相关性）而得到新成果的方法。所谓"模拟"，就是异类事物间某些相似的恰当比拟，是动词性的词，所谓"相似"，是指各类事物间某些共性的客观存在，是名词性的词。

人们自觉地把生物界作为各种技术思想、设计原理和创造发明的源泉，产生了新兴的科学——仿生学。J. E. 斯蒂尔博士给仿生学定义为："仿生学是模仿生物系统的原理来建造技术系统，或者使人造技术系统具有类似于生物系统特征的种子。"其研究范围为机械仿生、物理仿生、化学仿生、人体仿生、智能仿生、宇宙仿生等。有的是功能的仿生，有的是形态的仿生，而其中又有抽象、具象仿生之分。

模仿苍蝇眼睛制成的摄影机，一次能拍上千张照片，分辨率达 4 000 条/cm，可用于复制显微线路。目前银行用的点钞机，就是对人手快速点钞的机械仿生。瑞士人斯美托拉打猎时常看到牛蒡子牢牢地附着在猎狗身上。有一次他用放大镜观察，原来是牛蒡子上长的小钩钩把种子挂在了卷曲的狗毛上，而且既可拿下，还可再钩住。于是他想："能不能把这种结构派上用场呢？"经研究，粘合自如的尼龙搭扣发明了。

国际市场上蛇皮、鳄鱼皮、玳瑁壳制造的拎包、票夹、皮带等产品很畅销。但一则价格贵，二来受动物保护法律的限制，不可多得。利用模仿创造技法，发明了表面镀饰新工艺，使产品酷似天然，美观而价廉。该项技术是先用塑料覆于真皮上印出天然纹理，制成"塑料模"；在其上喷银浆使其能导电；然后用适当的电镀液进行电铸，得到坚硬的"电铸模"；在其上镀一层薄金，就成为压铸人造花纹的模具。

人类废弃的有机物不断污染海洋，但海洋却有一定的自身净化能力。经研究发现海洋中生长着净化细菌，有机物经其消化后变成水和二氧化碳。于是，模仿这一机理设计了净化池，池中放入含有净化细菌的物质，再输入氧气，使之大量繁殖，将废水变成无污染的净水。

由此可见，仿生学不是纯生物科学，它是把研究生物作为向生物体索取技术设计蓝图的第一步。每当我们发现一种生物奥秘，就可能变为新的设计，就可能带来一种新的生活方式。仿生学也不是纯技术科学，它是一条发展科学技术、工业设计的新途径、新源泉。其主要原理如图 2.9 所示。当然，模拟、仿生不是原封不动地抄袭原型，而是以原型为楷模，通过创造性思维再造的、创新的二次甚至多次元的形态，反复思维以达到"异化"的程度，这可用图 2.10 简单表示。

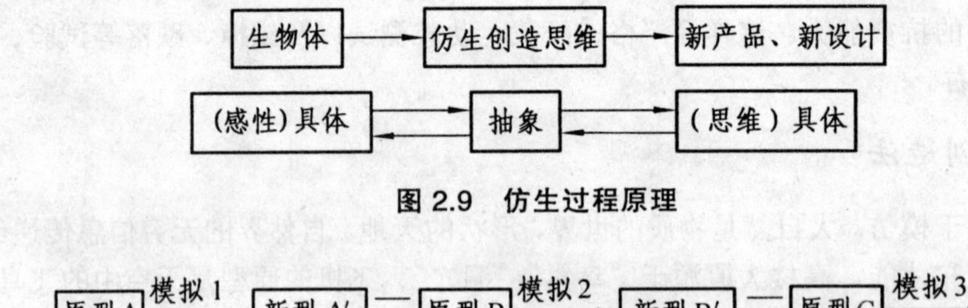

图 2.9　仿生过程原理

原型A —模拟1（仿生）→ 新型A′ ＝ 原型B —模拟2（仿生）→ 新型B′ ＝ 原型C —模拟3（仿生）→ …

图 2.10　模拟、仿生设计过程

在产品外观设计时，仿生造型常采用直感象征手法和含蓄、隐喻的手法。前一种手法是一种较直观的创造方法；后一种则形态概念隐而不显，使人产生更多的联想而耐人寻味，如图 2.11、图 2.12 所示。

图 2.12 左图为勒·柯布西埃设计的朗香教堂，让人联想到一位虔诚信徒向上苍顶礼膜拜的双手，一只善良的鸽子安详地伏卧在大地上，一只鸭子静静在水面上浮游。它也像一艘轮船或古代法国人所戴的帽子。图 2.12 右图为埃洛·萨里宁设计的纽约 TWA 候机楼，可喻为展翅欲飞的大鹏，可比拟为从天而降的雄鹰，也象征飞机航班。图 2.12 中图为 L. 柯拉尼设计的"奥拍"型茶具，是以"卵"为原型，经倾斜、平底、凹腹等一系列造型艺术处理，成为模拟设计的优秀范例。

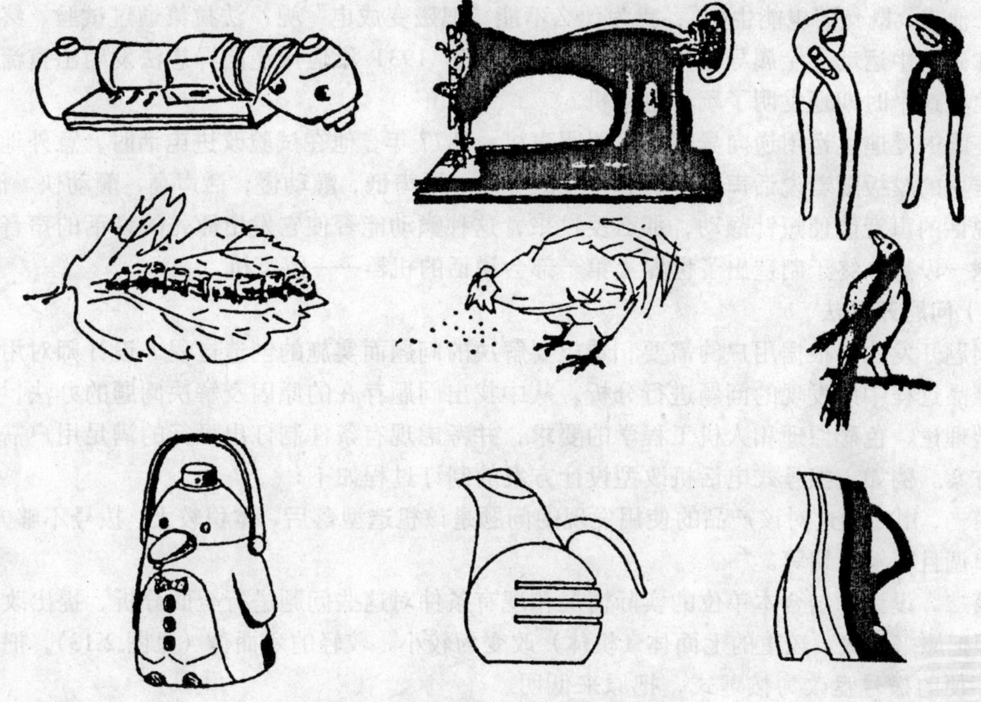

图 2.11　产品设计中的直感象征手法

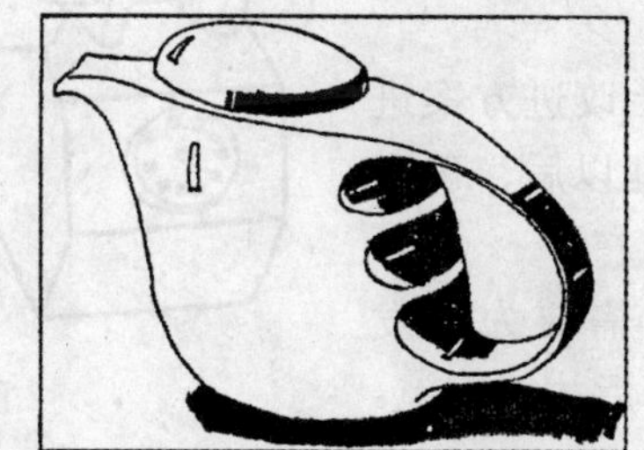

图 2.12　产品设计中的含蓄、隐喻手法

2.4.12　其他常用创造技法

1）逆向异想法

创造者运用逆向思维来构思创造项目，从而创造设计出新产品或新方法，这就叫做逆向异想法。

逆向异想法又称“负乘法”“反面求索法”等，是从常规的反面、从构成成分的对立面、从事物相反的功能等考虑，寻找设计、创新的办法。即原型→反向思考→设计新的形式。

金属腐蚀本是坏事，但利用腐蚀原理却发明了刻蚀、电化学加工工艺等，也产生了不锈钢。驾驶员的眼睛如一会儿向前看，一会儿向后看，容易疲劳，出事故，用反光镜解决了看后面东西的矛盾。电冰箱有了冷冻室确实很实用，但如果突然来了客人想做菜，化冻来不及，利用逆向发明法，设计出了带有化冻室的电冰箱。

电子之父（电磁学奠基人）——英国的法拉第——是一位逆向思维科学家。1820 年奥斯特发现了金属导线通电后，在其周围产生磁场，能使附近的磁针运转。这一消息引起法拉第注意，他想：既然“电能生磁”，我为什么不能“把磁变成电”呢？法拉第通过试验，终于发现了在磁场中运动的金属导线中能够产生电流，于 1931 年运用逆向异想法发明出直流发电机。他在这个时期还发明了玩具电动机。

美国的爱迪生运用逆向异想法发明留声机。1877 年，他在试验改进电话时，意外地发现传话器里的膜板随着说话声音会引起相应的颤动。话声低，颤动慢；话声高，颤动快。他想：既然说话的声音能使短针颤动，那么反过来，这种颤动能否使它发出原先的说话的声音呢？根据这一设想，终于制造出了世界上第一部会说话的机器——留声机。

2）问题开发法

问题开发法是根据用户的需要和希望要解决的问题而实施的创造过程。设计师对用户在使用产品过程中所发现的问题进行分析，从中找出问题存在的原因及解决问题的办法，再按照造型理论、色彩原理和人机工程学的要求，并考虑现有条件制订出可行的满足用户需要的设计方案。例如，拨号式电话机改型设计方案的制订过程如下：

第一，用户通过对该产品的使用发现的问题是该机造型落后、体积较大、拨号不够方便、色彩单调且不够亲切等。

第二，设计师结合本单位的实际情况和现有条件对这些问题进行全面分析，提出改进方案，即把原来较大、较重的七面体（机体）改变为较小、较轻的六面体（见图 2.13），把原来拨号不便的拨号盘改为按键式，把原来低明度的重色改变为明度较高的柔和色；对其他结构也作了相应的改进。

第三，组织专家小组对以上改进方案进行评议、分析、审查，认定合理以后，确定设计方案，并投入设计。

以上过程必须以满足用户需要为出发点，最后结果也要经过用户认可后才能实施。

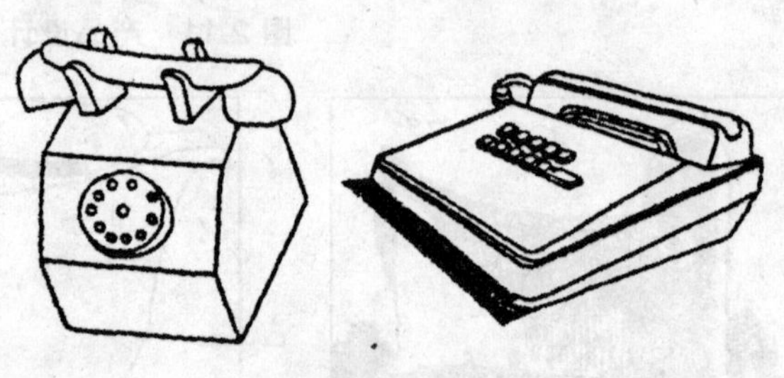

图 2.13　电话机

3）废物利用法

随着人们活动范围的扩大，生活水平的提高，废物越来越多。处理废物已成为人类一大难题，对生态平衡、环境保护的意义亦相当大。在创新的思考中考虑到废物利用、变废为宝，将使创新的价值大大提高。如利用粉煤灰制砖，利用钢渣、煤渣制造水泥等建材，从垃圾中提炼石油、贵金属，从照相洗片的废液中提取白银，用稻壳培植蘑菇，由粪便发酵生成沼气等，均是这种发明技法。

本田技研工业最高顾问本田一郎看到第二次世界大战时发电用的小型发动机在战争结束后失去用处而扔掉时，便想到是否可把它改装于自行车上，使之商品化。他不顾周围人的极力反对，廉价买进大量废弃发动机，获得了意外的成功。今天驰名全球的本田摩托车即由此发展而来。

牲畜的骨、角、蹄、血等原亦是废物，但用它们制成骨胶、骨粉、骨油、食用蛋白质、血粉等，价值则很高。被人视为“四害”之一的苍蝇，在动物蛋白质饲料主要来源的鱼粉日趋紧张时，人工养殖蝇蛆却是一条解决动物蛋白质来源、变废为宝的好途径，是养猪、鱼、鸭、鸡的好饲料。

松果、山果等，原来亦是废物，现将其制成圣诞礼品出口，仅 1989 年圣诞节就创汇 100

多万美元。回丝画、树根造型、麦秆编织、贝雕画、布贴画、沥青画……在艺术品中，这些废物利用技法亦很多见。

莫斯科弗拉基米尔·伊里奇工厂的布·别列金，别具匠心地用回转式车刀加工切削下来的切屑进行工件的研磨加工，把加工与微研磨过程并为一体，既提高了工效，又利用了废物。

4）人机设计法

人机设计法是从“人的因素”出发，把原来不好用的产品转变为好用的，把原来不安全、不可靠、不舒适的方面转变为安全、可靠、舒适的。这种方法应该以人机工程学为基础，它能够较好地满足用户的要求。例如，原始的造船工艺是从下向上的，电焊工在建造各层甲板时就必须仰头工作，这样工作起来不仅不舒服，而且也不安全。后来有人提出了自上而下的设想，结果大大提高了工人的工作效率，显著地加快了制造速度。又如，通过对普通轿车车门进行人机分析发现，乘车者上下车不够方便，对于这个问题，设计师分析不足的原因后提出了改进措施，即轿车车门由原来的侧开式改为向上的大开式，这样改进以后，不仅方便了乘车者，也在造型方面获得了独特风格，深受广大用户欢迎。

5）戈登法

戈登法是由美国人威廉·戈登创始的，这是一种由会议主持人指导，进行集体讲座的技术创新技法。

戈登认为奥斯本智暴法存在以下缺点：

第一，奥斯本智暴法在会议一开始就将目的提出来，这种方式容易使见解流于表面，难免肤浅。

第二，奥斯本智暴法会议的与会者往往坚信唯有自己的设想才是解决问题的上策，这就限制了他的思路，提不出其他的设想。

为了克服上述缺点，戈登法规定除了会议主持人之外，不让与会者知道真正的意图和目的。在会议上把具体问题抽象为广义的问题来提出，以引起与会者广泛的设想，从而给主持人暗示出解决问题的方案。

戈登法设会议主持人1人，与会者5～12人。人选的要求与奥斯本智暴法大致相同。

下面以开发新型剪草机为例说明戈登法的步骤。

(1) 确定议题。

主持人的真正目的是要开发新型剪草机，但是不让与会者知道。剪草机的功能可抽象为“切断”或“分离”，可选“切断”或“分离”为议题。但是如果定为“切断”，则使人自然想到需要使用刃具，对打开思路不利，于是就选定“分离”为议题。

(2) 主持人引导讨论。

主持人：这次会议的议题是“分离”。请考虑能够把某种东西从其他东西上分离出来的各种方法。

甲：用离子交换树脂或电解法能够把盐从盐水中分离出来。

主持人：您的意思是利用电化学反应进行分离。

乙：可以使筛子将大小不同的东西分开。

丙：利用离心可以把固体从液体中分离出来。

主持人：换句话说，就是旋转的方式吧，就像把奶油从牛奶中分离出来那样……

(3) 主持人得到启发。

例如，使用离心力就暗示使滚筒高速旋转。从这个暗示中，主持人就得到这样的启发：剪草机是否可以使用高速旋转的带锯齿的滚筒，或者电动剃须刀式的东西。主持人把似乎可以成功的解决措施记到笔记本上。

(4) 说明真实意图。

当讨论的议题获得了满意的答案后，主持人把真实的意图向与会者说明，可以与已提出的设想结合起来研究最佳方案。

6）机遇发明法

机遇，被称为"发明家的上帝"。重大的设计、创造，有时需"运气"，靠"机遇"。当然，机遇只投向寻找它的人的怀抱，即靠创造性的艰苦劳动。"机遇"是指由意外事件导致的科学发现、艺术创造、产品设计。它的基本特征是非预测性、非意料性。人不能预知机遇，但可及时抓住机遇，解决设计、创造问题。

橡胶硫化法的发明就十分偶然。固特异不小心将做试验用的橡胶掉到实验室桌下的硫黄上。他本来想将粘在橡胶上的硫黄清除，但已渗入，难以除去，他心里很不痛快，却无意中发现粘过硫黄的橡胶有了前所未有的优异弹性，不像原先那样冷时硬热时黏。一种橡胶硫化的新方法就此产生，奠定了橡胶工业的基础。

一位东北的科学工作者有一次将洗洁精剩液倒入了牛粪中。这纯粹是无意识的偶然行为，但结果发现牛粪不臭了。由此，发明了一种治狐臭的药水。一位饲养生猪的农户不小心将 2 kg 废沼气液错倒入猪食槽，结果猪却很爱吃。在做了吃与不吃废沼气液的对比实验后，发现吃沼气液的猪两个月多长了 15 kg。这一"机遇"使利用废沼气液养猪的方法产生了。

以上仅介绍了一些常用的创造技法，此外还有如信息交合法、特性列举法、OCU 法、演绎法、驱虫法、TCT 法、ARIZ 法、变害为益法、自我服务法、功能思考法等。种类虽然很多，但其原理大致可归结为以下五大类：

(1) 强化创造动因的群体激智方法，如头脑风暴法、635 法、德尔菲法、CBS 法、KJ 法、OCU 法等。

(2) 扩展思路的广角发散技法，如设问法、特性列举法、缺点列举法、希望点列举法、形态分析法、检核目录法、逆向发明法、专利利用法等。

(3) 非推理因素的直觉灵感方法，如综摄法、灵感法、机遇发明法等。

(4) 以思维为主的一般定性创造技法，如联想法、类比法、模仿创造技法、移植法、功能思考法、演绎法、组合法等。

(5) 定量的现代设计科学方法学，即信息论方法学、系统论方法学、对应论方法学、突变论方法学等。

应注意，不要机械地使用某种创造技法。许多方法有其内在的相似性及联系。在创造过程中，一种技法可以重复使用几次，也可以同时使用多种方法。

这种种技法，是前人的经验总结，实践证明是行之有效的方法。学习与掌握这些技法，无疑可取得一些创新的手段和途径。然而，作为一个优秀的创新者或设计师，最基本的是要具备较强的创新能力和创造性人才的品质。

构成一个人的创新能力的因素是多方面的，如创新思维的能力、知识和经验、品德与修养、自然素质与精神素质、创造技法的熟练程度等。其中主要的有以下七条。

(1) 觉察能力，即人们对客观事物的感觉和观察能力。

(2) 记忆能力，即对经历过的事物能记住、再现、再认识的能力。这对学习知识、创新活动有相当重要的意义。

(3) 联想能力，即由一事物想到另一事物并能从中引出新事物的综合能力。

(4) 分析与综合能力。分析就是在思维中把事物分解成各部分、阶段、方面，将事物的特性、联系加以区分，获得对事物某些侧面或联系的正确认识。综合就是在思维中把事物的各部分、阶段、方面及个别特性结合起来，把握整个事物的复杂联系和规律。所以，分析与综合是有机联系、相互转化的。

(5) 想象能力，即在过去的经验、知识基础上，通过思维产生新形象、新设想的能力。

(6) 直觉能力，一般指不经过逻辑推理，在信息不甚丰富、时间尚不充裕等情况下，就直接认识真理、抓住本质、进行决策的能力。

(7) 完成能力，指不畏艰辛、一丝不苟地使创新设想得以实现的能力。如设计能力、绘图能力、工艺制作能力、实验能力、语言和写作能力、外语能力、计算机应用能力、转移经验能力、组织能力、评价能力、自学能力、总结宣传推广能力等。

对创新者、设计师来说，必须通过不断学习、训练、实践，逐渐培养，才会具有这些创新能力。

第三章　创造性解决问题（TRIZ）的理论和方法

3.1　TRIZ 概述

TRIZ 是俄文 теории решения изобретательских задач 的英文音译 Teoriya Resheniya Izobreatatelskikh Zadatch 的缩写，其英文全称是 Theory of the Solution of Inventive Problems（发明问题解决理论）。1946 年，苏联 G. S. Altshuller（阿奇舒勒）开始了发明问题解决理论的研究工作。当时阿奇舒勒在苏联里海海军专利局工作，在处理世界各国著名的发明专利过程中，他总是考虑这样一个问题：当人们进行发明创造、解决技术难题时，是否有可遵循的科学方法和法则，从而能迅速地实现新的发明创造或解决技术难题呢？答案是肯定的。阿奇舒勒发现任何领域的产品改进，技术的变革、创新和生物系统一样，都存在产生、生长、成熟、衰老、灭亡的过程，是有规律可循的。人们如果掌握了这些规律，就会能动地进行产品设计并能预测产品未来发展趋势。以后数十年中，阿奇舒勒穷其毕生的精力致力于 TRIZ 理论的研究和完善。在他的领导下，苏联的数十家研究机构、大学、企业组成了 TRIZ 的研究团体，分析了世界近 250 万份高水平的发明专利（并按照创新程度把这些专利分成 5 个创新级别，见表 3.1），总结出各种技术发展进化遵循的规律模式，以及解决各种技术矛盾和物理矛盾的创新原理和法则，建立一个由解决技术问题，实现创新开发的各种方法、算法组成的综合理论体系，并综合多学科领域的原理和法则，建立起 TRIZ 理论体系。

表 3.1　创新的级别

创新级别	创新程度	所占比例/%
第一级别	技术系统的简单改进	32
第二级别	包含一个解决技术冲突的创新	45
第三级别	包含一个解决物理冲突的创新	18
第四级别	包含突破性解决方法的新技术	4
第五级别	新现象的发现	1

TRIZ 的核心是技术进化原理。按这一原理，技术系统一直处于进化之中，解决矛盾是其进化的推动力。其组成（如图 3.1 所示）可以分为三类：

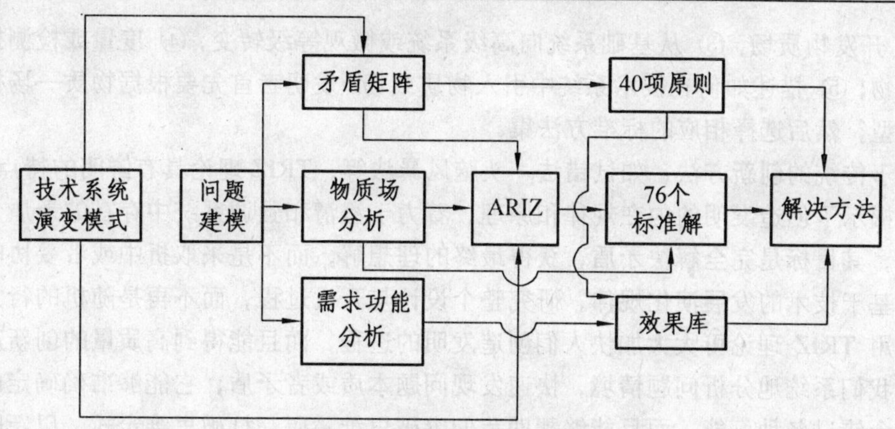

图 3.1　TRIZ 理论体系结构

TRIZ 理论基础：Altshuller 给出了技术系统演变的八个模式，它们对于产品的创新具有重要的指导作用：

(1) 技术系统演变遵循产生、成长、成熟和衰退的生命周期；

(2) 技术系统演变的趋势是提升理想状态；

(3) 矛盾的导致是由于系统中子系统开发的不均匀性；

(4) 首先是部件匹配，然后失配；

(5) 技术系统首先向复杂化演进，然后通过集成向简单化发展；

(6) 从宏观系统向微观系统转变，即向小型化和增加使用能量场演进；

(7) 技术向增加动态性和可控性发展；

(8) 向增加自动化，减少人工介入演变。

分析工具：

(1) 解决技术矛盾的矛盾矩阵。为了解决由参数变化引起的技术矛盾，Altshuller 从他所研究的 4 万个专利解决方法中发现只有 39 个参数改进或劣化，每个问题可以描述为 39 个参数中任意 2 个参数间的冲突，过去的许多专利从不同领域多次重复地解决了这些矛盾，他根据这些解决方法总结了 40 条创新原则用于解决这些矛盾。他把 39 个参数分别作为改善参数和劣化参数作为一张表的行和列，由此组成了一个 39×39 矛盾矩阵，并为行列交叉点形成的每个矛盾提供了最常用的创新原则。但值得注意的是，并不是每个参数都构成矛盾。

(2) 物质—场分析：物质通过能量作用于另一物质。

(3) 发明问题解决算法（ARIZ）：ARIZ 是为复杂问题提供简单化解决方法的逻辑结构化过程，是 TRIZ 的核心分析工具。随着时间推移，它出现了多个版本，主要的有 1977、1985 和 1991 版本，各版本之间差异在于设计步骤数目不同。

(4) 需求功能分析。

知识库工具：

(1) 40 个创新原则。

(2) 解决物理矛盾的分隔原则（时间分隔、空间分隔、部分与整体间的分隔、按条件分隔）。

(3) 76 个标准解决方法：为了快速构造物质场模型并解决基于技术系统演化模式的标准问题，TRIZ 提供了 76 个标准建模和解决方法，并将这些方法分为五类：① 建立或破坏物质场；② 开发物质场；③ 从基础系统向高级系统或微观等级转变；④ 度量或检测技术系统内一切事物；⑤ 描述如何在技术系统中引入物质或场。发明者首先要根据物质—场模型识别问题的类型，然后选择相应的标准方法集。

相对于传统的创新方法，如试错法、头脑风暴法等，TRIZ 理论具有鲜明的特点和优势。它成功地揭示了创造发明的内在规律和原理，着力于澄清和强调系统中存在的矛盾，而不是逃避矛盾；其目标是完全解决矛盾，获得最终的理想解，而不是采取折中或者妥协的做法；而且它是基于技术的发展演化规律，研究整个设计与开发过程，而不再是随机的行为。实践证明，运用 TRIZ 理论可大大加快人们创造发明的进程，而且能得到高质量的创新产品。它能够帮助我们系统地分析问题情境，快速发现问题本质或者矛盾；它能够准确确定问题探索方向，不会错过各种可能，而且能够帮助我们突破思维障碍，打破思维定式，以新的视觉分析问题，进行逻辑性和非逻辑性的系统思维；还能根据技术进化规律预测未来发展趋势，帮助我们开发富有竞争力的新产品。

如今，TRIZ 理论经过多半个世纪的发展已成为一套解决新产品开发实际问题的成熟的理论和方法体系，并经过实践的检验，为众多知名企业和研发机构取得了可观的经济效益和社会效益。如：

2001 年，波音公司邀请 25 名俄罗斯 TRIZ 专家，对波音 450 名工程师进行了两星期培训加讨论，取得了 767 空中加油机研发的关键技术突破，最终波音战胜空客公司，赢得了 15 亿美元空中加油机订单。

2003 年“非典”肆虐时，新加坡的研究人员利用 TRIZ 的 40 条创新原理，提出了防止“非典”的一系列方法，许多措施为新加坡政府采用，收到了很好的效果。

2004 年，UT 斯达康通讯有限公司利用 Pro/Innovator 解决机顶盒天线连接问题和电磁兼容问题，缩短了新产品研发周期，节省大量研发经费。

TRIZ 引入中国时间不长，但它已经逐渐得到国内诸多科研结构、公司和专家的重视，在以 TRIZ 理论为核心的创新方法与技术研究应用方面，走在前列的是我国的亿维讯集团公司。该公司是一家从事计算机辅助创新技术及相关工具开发和技术咨询的高新技术企业。他们将创新技术研发中心设在世界创新技术理论和应用研究的发源地——白俄罗斯的明斯克，那里有数百名创新技术理论专家，是当今世界上创新技术研究的领跑者；在中国则设有行业创新技术研发中心，着力于创新技术在以中国为中心的地区工程技术领域的应用和推广。

创新理论和创新实践证明，创新能力是人的一种潜能，是人人都具有的一种能力，而且这种能力可以经过一定的学习和训练得到激发和提升。现实生活中人们将发明创造更多地归结为发明家的任务，其实这是对创新活动存在的一个认识上的误区。事实证明，创新和其他活动一样，也具有自身一套内在的规律和方法。熟知和掌握这些创新规律与原理知识对于提升我们的创新水平和效率都具有重要的价值。创新知识一旦被人们所掌握，就会为其受体带来极大的创新能力，使其获得运用创新思维和创新方法打开通往其他知识大门的钥匙。学习、研究、应用、推广 TRIZ 理论可以大大缩短发明创造的进程，提升产品的创新水平。

3.2　产品进化模式与进化定律

3.2.1　产品进化的四个阶段

用历史的观点看，产品进化分为四个阶段：

（1）为系统选择零部件。

（2）改善零部件。

（3）系统动态化。

（4）系统的自控制。

3.2.2　产品进化的最终理想解

1）理想化

在 TRIZ 中，理想化的应用包含：理想系统、理想过程、理想资源、理想方法、理想机器和理想物质等。

理想机器：没有质量、没有体积，但能完成所需要的工作。

理想方法：不消耗能量及时间，但通过自身调节能获得所需要的效应。

理想过程：只有过程的结果而无过程本身，突然就获得了结果。

理想物质：没有物质，功能得以实现。

理想化分为局部理想化与全局理想化两类，局部理想化是指对于选定的原理通过不同的实现方法使其理想化；全局理想化是指对于同一功能，通过选择不同的原理使之理想化。前者由加强、降低、通用化、专用化四种模式实现，后者通过功能禁止、系统禁止、原理改变等模式实现。通常首先考虑局部理想化，所有的尝试都失败后才考虑全局理想化。

2）理想化水平

技术的理想化水平与有用功能之和成正比，与有害功能之和成反比，采用公式表示为：

$$L_i = \sum F_u \Big/ \sum F_h \tag{3.1}$$

式中：L_i——理想化水平；

$\sum F_u$——有用功能之和；

$\sum F_h$——有害功能之和。

由上式可知，增加理想化水平可通过如下四种方式实现：

$d\left(\sum F_u\right)/dt > d\left(\sum F_h\right)/dt > 0$，分子的增加速率大于分母增加速率。

$d\left(\sum F_u\right)/dt > 0,\ d\left(\sum F_h\right)/dt < 0$，分子增加，分母减少。

$d\left(\sum F_u\right)/dt = 0,\ d\left(\sum F_h\right)/dt < 0$，分子不变，分母减少。即有害功能减少。

$d\left(\sum F_u\right)/dt > 0,\ d\left(\sum F_h\right)/dt = 0$，分母不变，分子增加。即有用功能增加，有害功能不变。

为了研究分析方便，理想化水平也常表示为：

$$L_i = \sum B \Big/ \left(\sum E + \sum H\right) \tag{3.2}$$

式中：L_i——理想化水平；

B——效益；

E——代价，包括原料成本、系统占用空间、所消耗能量及产生噪声；

H——技术理想化水平中的危害因素。

由式（3.2）可知，产品或系统的理想化水平与其效益之和成正比，与所有代价及所有危害之和成反比。不断增加产品理想化水平是产品创新的目标。

3）理想解

在进化的某一阶段，不同产品进化的方向是不同的，如降低成本、增加功能、提高可靠性、减少污染等都是产品可能的进化方向。如果将所有产品作为一个整体，低成本、功能完备、高可靠性、无污染等是产品的理想状态。

产品处于理想状态的解称为理想解（IFR，Ideal Final Result），具有以下四个特点：

（1）消除了原系统的不足。

（2）保持了原系统的优点。

（3）没有使系统变得复杂。

（4）没有引入新的缺陷。

理想解可采用与技术及实现无关的语言对需要创新的原因进行描述，创新的重要进展往往通过对问题深入的理解来得到。确认那些使系统不能处于理想化的元件是使创新成功的关键。

3.2.3 产品进化理论和产品进化模式图

自从 TRIZ 诞生以来，国际许多学者对其中的技术进化理论进行了研究和探讨，主要有：Savransky 的技术进化理论（ET，Evolution of Technique），Fey and Rivin 的技术进化引导理论（GTE，Guide Technology Evolution），Zusman 的直接进化理论（DE，Directed Evolution），Petrov 的技术进化定律（the Law of System Evolution），下面对其中的几个主要理论进行讨论。

1）直接进化理论

该理论有如下八种进化模式。

模式 1：技术系统的生命周期分为孕育期、引入期、幼年期、成长期、成熟期、衰退期。（如图 3.2，其横轴表示时间，纵轴表示技术系统的性能参数），用来确定各不同子系统的相对成熟度。考虑到原有技术系统与新技术系统的交替，可描述为六个阶段：

（1）系统还没有存在，但出现的重要条件已经发现。

（2）高级别的创新已出现，但发展很慢。

（3）社会认识到新系统的价值。

（4）初始系统的资源已用尽。

（5）新一代产品开始出现，并代替原系统。

（6）原系统的部分应用可能与新系统共同存在。

模式 2：增加理想化水平。

在实现了所有有用的功能的同时排除了所有的有害功能，即达到了理想解（IFR）。但事实上在取得期望功能的同时并不能排除所有有害功能，这种理想的系统是不存在的。

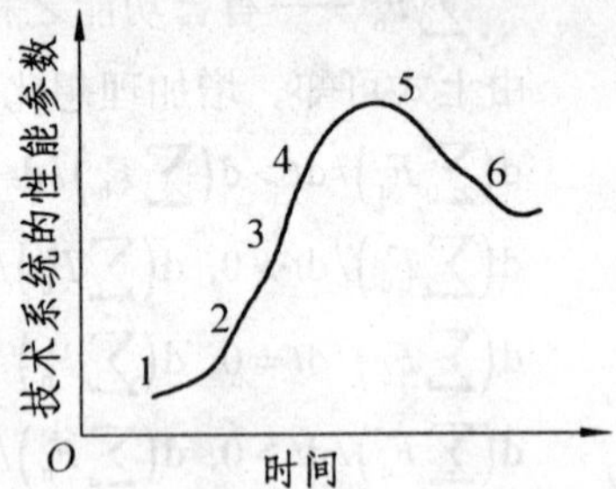

图 3.2 技术系统生命周期

模式 3：子系统的不均衡发展导致冲突的出现。

在一个复杂的技术系统中，每个子系统都有各自的 S 曲线。这种类型系统的发展会出现技术矛盾和物理矛盾，它伴随着这些矛盾的解决而演化。最先达到极限的子系统将要阻止整个系统的发展。如设计者关注引擎的功率而不是关注改善旧车的安全性。

模式 4：增加动力系统及可控性。

动力是一种机械类型，当机械力从僵硬系统传递到有弹性的胶合系统时就产生了。经典的描述如早期的汽车由引擎的速度控制着，然后靠手动变速箱、自动传输系统控制，最后由连续可变的传输系统控制。

模式 5：通过集成增加系统功能。

系统增加了有用的功能时，就增加了系统的组成部件。从集成的角度，这些功能必须保证具有最小的组成成分。现代的计算机组件由字处理器、电子制表软件、数据库和其他一些程序构成。

模式 6：部件的匹配与不匹配交替出现。

组合装置最开始是按照综合设计由一些不协调的零件构成，这些零件可以按照需求改变其特性。

模式 7：由宏观系统向微观系统进化。

不断地分离事物的状态，直到使用场分析而不是当做物质来分析。例如，切削工具最初是一个钢锯，然后是流体切除，最后是激光。同样，电脑也越来越倾向于微型化。

模式 8：增加自动化程度，减少人的介入。

当系统涉及执行一些单一重复的功能的时候，现在更多的是自动化或者机械来做，总是让人力来做更多具有挑战性的工作。

不同的模式会使产品沿着不同的进化路线发展，通常情况下一个系统从其原始状态开始沿模式 1 和模式 2 进化，当达到一定水平后将沿其余六种模式进化。

2）产品进化模式图

由于一个技术进化系统通过各种不同的进化路线向理想解进化，其进化模式图的研究尤为重要。图 3.3 为 Jamea F. Kowalick 提出的进化模式，外圆表示一个基本工作系统；内圆表示性能达到理想状态的理想系统，实际上是不存在的，所以用虚线表示；各进化路线间为并列关系，都是技术系统进化的可能方向。

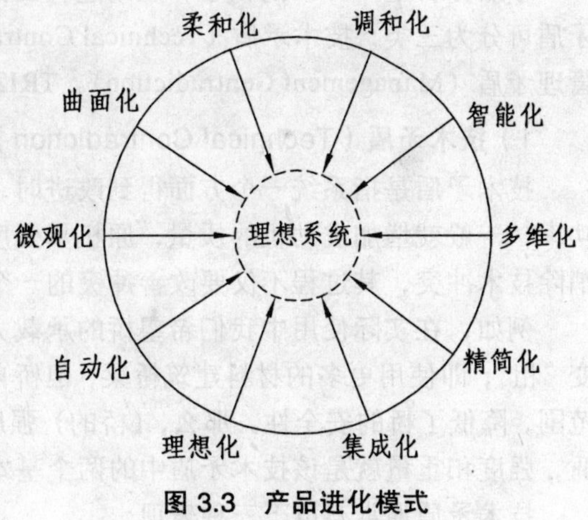

图 3.3　产品进化模式

3.2.4　产品进化定律

Altshuller 通过大量的专利分析，提出了八条产品进化定律。

定律 1：组成系统的完整性。一个完整的系统必须由四个部分组成：能源装置、执行机构、传动部件和控制装置。缺少任何一个部分的系统都是不完整的系统，将会被竞争者的产品所替代。

定律 2：能量传递。技术系统的能量从能源装置到执行机构的传递效率向逐渐提高的方向进化。选择能量传递形式是很多发明问题的核心。

定律 3：交变运动和谐性。技术系统向着交变运动与零部件自然频率相和谐的方向进化。

定律 4：增加理想化水平。技术系统向增加其理想化水平的方向进化。

定律 5：零部件的不均衡发展。虽然系统作为整体在不断改进，但零部件的改进是单独进行的、不同步的。

定律 6：向超系统传递。当一个系统自身发展到极限时，它向着变成一个超系统的子系统方向进化，通过这种进化，原系统升级到一种更高水平。

定律 7：由宏观向微观传递。产品所占空间向较小的方向进化。

定律 8：增加物质—场的完整性。对于存在不完整的物质—场的系统，向增加其完整性的方向进化。

3.3 矛盾分析与创新原理

任何产品都具有一个或多个功能，如汽车具有运输、牵引等功能，手机具有通话、上网、拍照等功能，铅笔具有书写、绘画等功能……可以说，产品是多种功能的复合载体，为了实现这些功能（即产品应当具有与其相关的性能），产品就要由多个零部件（且相互关联）组成。为了提高产品的市场竞争力，需要根据市场需求不断地对产品的某个或某些性能进行改进或创新设计。当改变某个零部件的设计即提高产品某方面的性能时，可能会影响到与被改进零部件相关联的零部件，结果就可能导致产品的另一方面的性能受到影响。如果由于改进而产生的影响是负面影响，则改进设计就出现了矛盾。因此可以说，创新设计要做的工作就是解决改进设计过程中的各种矛盾，将主要工作聚焦于“矛盾”上。

3.3.1 TRIZ 矛盾分析及矛盾的分类

矛盾分析是 TRIZ 的核心，应用这种工具可使设计人员对任何给定的矛盾找出多个解。矛盾可分为三类：技术矛盾（Technical Contradiction）、物理矛盾（Physical Contradiction）及管理矛盾（Management Contradiction）。TRIZ 只研究前两种矛盾的解决方法。

1）技术矛盾（Technical Contradiction）

技术矛盾是指系统一个方面得到改进时，削弱了另一方面的期望。如增加飞机发动机的功率，一般就增加发动机的质量，原机翼强度不一定足够，即削弱了机翼的强度。创新就是消除技术冲突，其过程不仅要改善冲突的一个方面，同时又不降低另一方面的希望。

例如，在实际使用中我们希望桥的承载力越大越好，为了获得更大的承载力，可以让桥变“粗”，即使用更多的材料建筑桥梁，但桥自身的重量太大将有可能超过桥的强度所允许的范围，降低了桥的安全性。那么，（桥的）强度和（桥自身的）重量之间就产生了一个技术矛盾，强度和重量就是该技术矛盾中的两个基本参数。

技术矛盾通常有以下三种表现：

(1) 一个子系统中引入一种有用性能后，导致另一个子系统产生一种有害性能，或增强了已存在的有害性能；

(2) 一种有害性能导致另一个子系统有用性能的变化。

(3) 有用性能的增强或有害性能的降低使另一个子系统或系统变得更加复杂。

2）物理矛盾（Physical Contradiction）

在产品设计中，某一部分同时表现出的两种相反状态称为物理矛盾。物理矛盾的一个经典例子是当增加一个零件的强度时，往往该零件的质量或尺寸增加，而设计者不希望增加零件的尺寸或质量，因此，出现了物理矛盾。该矛盾的解决即应增加零件的强度，又不增加其质量或尺寸。

例如，为了便于加速并降低加速时的油耗，汽车的底盘应有较小的重量，但为了保证高速行驶时汽车的安全，底盘又应有较大的重量，这种要求底盘同时具有大重量和小重量的情况，对于汽车底盘的设计来说就是物理矛盾，解决该矛盾是汽车底盘设计的关键。

物理矛盾的两种表现：

(1) 一个子系统中有害性能降低的同时导致该子系统中有用性能的降低。

(2) 一个子系统中有用性能增强的同时导致该子系统中有害性能的增强。

3.3.2　解决两类矛盾的原理

1）技术矛盾的解决与创新原理

G. S. Altshuller 通过对发明专利的分析研究，抽出了 40 条发明创造所遵循的原理，成为 TRIZ 解决技术矛盾的关键。40 条原理及其内容如下：

(1) 分割。

➢ 把一个物体分成几个部分。

➢ 将物体分段组装。

➢ 提高物体的分割度。

(2) 抽出。

➢ 从物体中抽出产生紊乱的部分或属性。

➢ 从物体中抽出必要的部分或属性。

(3) 部分改变。

➢ 将物体的均一构成或外部环境及作用改为不均一。

➢ 让物体的不同部分各具不同功能。

➢ 让物体的各部分处于各自动作的最佳状态。

(4) 对称性。

➢ 改变左右对称的形状为非对称。

➢ 已经是非对称的物体，增强其非对称性。

(5) 组合。

➢ 将同质或做相近作业的物体组合。

➢ 将相同性质的作业在同一时间组合。

(6) 多面性、多功能：使物体具有复合功能以代替多个物体的功能。

(7) 嵌套构成：把一物体嵌入另一物体，然后再嵌入另一物体中。

(8) 配重、平衡重。

➢ 通过对某一物体的重量进行调节，提高与其他物体重量的平衡。

➢ 通过空气动力学特性、流体力学特性的相互作用调节物体的质量。

(9) 事先反作用。

➢ 事先预置反作用。

➢ 对受拉伸力作用的物体，事先设置反拉伸力。

(10) 动作预置。

➢ 预置必要的动作、机能。

➢ 在适当时机、方便的位置加入所需动作、机能。

(11) 事先对策：通过事先预防对策，补足物体的低可靠性。

(12) 等位性：改变物体的动作、作业状况，使物体不需要经常提升或下降。

(13) 逆问题。

➢ 用相反的动作代替要求指定的动作。

➢ 让物体的可动部分不动，不动部分可动。

(14) 回转、椭圆性。

➢ 将直线、平面变成弯曲的形状，将立方体变成椭圆体。

➢ 使用滚筒、球状、螺旋状。

➢ 改直线运动为回转运动，使用离心力。

(15) 动态性。

➢ 自动调节物体，使其在各动作阶段的性能最佳。

➢ 将物体分割成既可变位又可相互配合的数个构成要素。

➢ 使不动的物体可动或相互交换。

(16) 过渡的动作：所期望的效果难以 100% 实现时，在可以实现的程度上加大动作幅度，使问题简化。

(17) 一维变多维。

➢ 将做一维直线运动的物体变成二维平面运动。

➢ 单层构造的物体变为多层构造。

➢ 将物体倾斜或侧向放置。

(18) 振动。

➢ 使物体振动。

➢ 已振动的物体，提高振动频率。

➢ 使用共振。

➢ 用压电振动代替机械振动。

➢ 超声波振动和电磁场共用。

(19) 周期性动作。

➢ 将连续动作改为周期性动作。

➢ 已经是周期性的动作，改变其频率。

➢ 在脉冲中再加入周期性。

(20) 有用动作持续：持续物体的有用动作，停止空闲或中间性的动作。

(21) 高速作业：将危险或有害的作业在超高速下运行。

(22) 变害为益。

➢ 利用有害的因素，得到有益的结果。

➢ 将有害的要素相结合变为有益要素。

➢ 增大有害动作的幅度直至有害性消失。

(23) 反馈。

➢ 引入反馈。

➢ 已引入反馈时，将反馈反方向进行。

(24) 中介。

➢ 使用中介物实现所需动作。

➢ 把一物体与另一容易去除物体暂时接合在一起。

(25) 自助机能。

➢ 让物体具有自补充、自修复功能。

➢ 灵活运用剩余的材料及能量。

(26) 代用品。

➢ 用简单、廉价的代用品替代复杂、高价、易损、难以使用的物品。

➢ 按一定比例扩大或缩小图像，用复印图、图像代替实物。

(27) 用便宜、寿命短的物体代替高价耐久的物体：用大量便宜的物体取代高价耐久的物体实现同样的功能。

(28) 机械系统的替代。

➢ 用光学系统、听觉系统、嗅觉系统取代机械系统。

➢ 使用与物体相互作用的电场、磁场、电磁场。

➢ 场的取代：可变场与恒定场相取代；固定场与随时间变化的可动场相取代；随机场与恒定场相取代。

➢ 把场与强磁粒子组合使用。

(29) 空压机构、液压机构：将物体的固体部分用气体或流体代替，利用气压、油压、水压产生缓冲机能。

(30) 可挠性膜片或薄膜。

➢ 使用有可挠性的膜片或薄膜构造改变已有的构造。

➢ 使用可挠性的膜片或薄膜，使物体与环境隔离。

(31) 使用多孔性材料。

➢ 使物体变为多孔性或加入具有多孔性的物体。

➢ 已使用了多孔性物体，事先在多孔里添加所需物质。

(32) 改变颜色。

➢ 改变物体或其周围的颜色。

➢ 改变难以看清物体或过程的透明度。

➢ 在难以看清的物体或过程中使用有色添加剂。

(33) 同质性：把主要物体及与其相互作用的其他物体用同一材料或特性相近的材料做成。

(34) 零部件的废弃或再生。

➢ 废弃或改造机能已完成或没有作用的零部件。

➢ 迅速补充消耗或减少的部分。

(35) 物体的物理或化学状态的变化：改变物体的凝聚状态、密度分布、挠度、湿度等。

(36) 相变化：利用物质相变化时产生的效果。

(37) 热膨胀。

➢ 使用热膨胀或热收缩材料。

➢ 组合使用不同热膨胀系数的材料。

(38) 使用强力氧化剂。

➢ 将通常的空气与浓缩空气相互取代。

➢ 将浓缩空气与氧气相互取代。

➢ 将空气或氧气中物体用电离放射线处理。

➢ 使用离子化氧气。

(39) 不活性环境。

➢ 通常的环境与不活性环境相取代。

➢ 使用真空环境。

(40) 复合材料：均质材料与复合材料相取代。

在解决技术问题时，当改善系统的某个属性时，往往会使系统中其他属性恶化，这时便产生了系统矛盾对立。例如，质量和强度、汽车的速度和燃料费等。Altshuller 通过对矛盾的深入研究已发现了 39 个技术特性，任何一个技术矛盾都可用其中的一对特性来描述；他同时还发现，由其中一对技术特性描述的任一技术矛盾都有创新解，求该创新解的过程即是在 40 条原理中确定解决技术问题的原理的过程。Altshuller 还发明了一种矛盾矩阵，该矩阵的首行与首列元素都由 39 个技术特性组成，其他矩阵元素给出了解决相应技术矛盾可用原理在 40 条中的序号。

Altshuller 把所抽象的 39 项技术特性分别作为 x，y 轴，做成了如表 3.2 所示的技术特性矛盾对比表。表中 x 轴表示希望改善的技术特性，y 轴表示恶化的技术特性。x，y 轴上各技术特性交点处的数字表示用来解决系统矛盾对立所应使用的发明创造原理的编号，其中规定每个交点处最多有四个原理。因为使用原理过多反而会使问题解决复杂化，所提供的原理既可单独使用也可以组合使用。例如，欲改善运动物体质量时（表中 x 轴第 1 项），往往会使运动物体的尺寸（表中 y 轴第 3 项）特性恶化。为了解决这一矛盾，TRIZ 提供了四个解决原理，分别为 8，15，29，34。

表 3.2 技术特性矛盾对比

希望改善的技术特征 / 解决原理 / 恶化的技术特征	(1) 运动物体的质量	(2) 静止物体的质量	(3) 运动物体的尺寸	(4) 静止物体的尺寸	(5) 运动物体的面积		(22) 能量的浪费		(39) 生产性
(1) 运动物体的质量			15，8 29，34		29，17 38，34		6，12 19，34		3，24 35，37
(2) 静止物体的质量				10，1 29，35		…	15，18 19，28	…	1，15 28，35
(3) 运动物体的尺寸	8，15 29，34				15，17 4		7，9 35		4，14 28，29
(4) 静止物体的尺寸		28，29 35，40					6，28		7，14 26，30
(5) 运动物体的面积	2，4 17，29		4，14 15，18				15，17 26，30		2，10 26，34
		↓		⋮			↓		↓
(33) 操作性	2，13 15，25	1，6 13，25	1，12 13，17		1，13 16，17	…	2，13 19	…	1，15 28
		↓		⋮			↓		↓
(39) 生产性	24，26 35，37	3，15 27，28	4，18 28，38	7，14 20，26	10，26 31，34	…	5，10 28，29	…	

希望改善的技术特性和恶化的技术特性的项目均有相同的 39 项，如下：

① 运动物体质量；② 静止物体质量；③ 运动物体尺寸；④ 静止物体尺寸；⑤ 运动物体面积；⑥ 静止物体面积；⑦ 运动物体体积；⑧ 静止物体体积；⑨ 速度；⑩ 力；⑪ 拉伸力、压力；⑫ 形状；⑬ 物体的稳定性；⑭ 强度；⑮ 运动物体的耐久性；⑯ 静止物体的耐久性；⑰ 温度；⑱ 亮度；⑲ 运动物体使用的能量；⑳ 静止物体使用的能量；㉑ 动力；㉒ 能量的浪费；㉓ 物质的浪费；㉔ 信息的浪费；㉕ 时间的浪费；㉖ 物质的量；㉗ 可靠性；㉘ 测定精度；㉙ 制造精度；㉚ 作用于物体的坏因素；㉛ 副作用；㉜ 制造性；㉝ 操作性；㉞ 修正性；㉟ 适应性；㊱ 装置的复杂程度；㊲ 控制的复杂程度；㊳ 自动化水平；㊴ 生产性。

技术特性对比表所提供的原理往往并不能直接使问题得到解决，而是提示了最有可能解决问题的探索方向。解决问题时必须根据所提供的原理及所要解决问题的特定条件，提出解决问题的具体方法。按图 3.4 所示的过程，当针对具体问题确认了一个技术矛盾后，在用该问题所处技术领域中的特定术语描述该矛盾之后，要将矛盾的描述翻译成一般术语，由这些一般术语选择标准矛盾技术特性。技术特性决定的是一般问题，并可选择可用解决原理。一旦某一原理被选定后，必须根据特定的问题应用该原理以产生一个特定的解。对于复杂的问题，一条原理是不够的，原理的作用是使原系统向着改进的方向发展。在改进的过程中，对问题的深入思考、经验都是需要的。

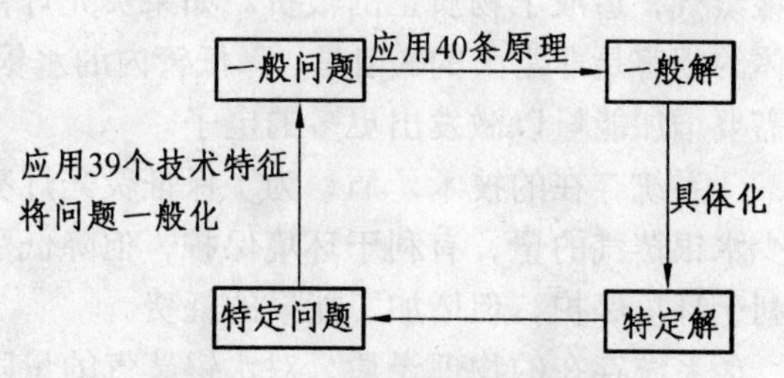

图 3.4　技术矛盾的解决过程

2）物理矛盾的消除与分离原理

TRIZ 为解决物理矛盾提供了四条分离原理。

（1）从时间上分离相反的特性：在一时间段内物体表现为一种特性，在另一时间段内物体表现为另一种特性。

（2）从空间上分离相反的特性：物体的一部分表现为一种特性，另一部分表现为另一种特性。

（3）从整体与部分上分离相反的特性：整体具有一种特性，而部分具有相反的特性。

（4）在同一种物质中相反的特性共存：物质在特定的条件下表现为唯一的特性，在另一种条件下表现为另一种特性。

当一个问题被抽象为物理矛盾之后，往往首先采用分离原理解决矛盾。

3.3.3　TRIZ 应用实例——菲利普灯泡的改进

应用背景：绿色家电是当今家电产业的发展趋势之一。所谓绿色家电，是指家电的生产和消费能够降低对生态环境的破坏，减少资源浪费。白炽灯由于存在耗电量大、耐久性低、使用寿命短等缺点，已经不符合这种家电的发展趋势。Philips 公司开发的小型荧光灯（Compact Fluorescent Lamp，CFL）是白炽灯良好的替代产品。它具有省电、使用寿命长、易回收再利用和环保的优点。

有何经济效益和社会效益：荧光灯具有省电、节能的优点，有很高的经济效益和社会效益。1997 年的一份调查显示：1994 年全年共销售了 20 亿只 Philips 小型荧光灯，并且以每年 15%～20% 的速率稳步增长。这些荧光灯至少 10 倍寿命于相同功能的白炽灯。也就是说，相当于 200 亿只白炽灯。而且，一只 18 W 的 Philips 小型荧光灯相当于 75 W 的白炽灯，节省了约 3/4 的电能。可以算出，一只荧光灯可以节约约 200 L 用于发电的石油。

问题描述：荧光灯的发光原理是，荧光灯管里充满了水银蒸气，灯管内壁涂有荧光剂，水银蒸气受高压电激发使电子脱离出来，部分电子撞击荧光剂后发出白光。在长期使用的情况下，荧光灯往往亮度变弱。这是由于真空玻璃管吸收水银蒸气，造成管中的水银蒸气不断减少。这不仅削弱了荧光灯的亮度，而且缩短了荧光灯的寿命。由此可见，如果管内水银蒸气量过少，会降低荧光灯工作的可靠性，使产品在市场上缺乏竞争力。由于对真空玻璃管的水银吸收率缺乏真实的统计数据，以及不精确的制造技术，传统的荧光灯往往填充过量的水银蒸气，造成了物质上的浪费。如果荧光灯管破损，大量的水银蒸气释放出来，对环境和人体的损害是非常大的。但是，降低管内的水银蒸气量会增加电能的耗费，因为为了保证亮度，需要增加能量以激发出更多的电子。

系统存在的技术矛盾：为了保证荧光灯亮度的稳定性，就不得不增加水银蒸气的量；减少水银蒸气的量，有利于环境保护，但降低了荧光灯工作的可靠性；减少水银蒸气的量，有利于环境保护，但增加了能量的耗费。

系统存在的物理矛盾：对水银蒸气的量同时具有多和少的要求。

解决思路和关键步骤：本例可以使用 TRIZ 矛盾矩阵和原理来分析，解决问题。

使系统性能提高的技术特性是：

- 物质的量。
- 作用于物体的坏的因素。

使系统性能降低的技术特性是：

- 可靠性。
- 能量的浪费。
- 静止物体使用的能量。

这样，得到三组技术矛盾：

- 减少水银蒸气的量（物质的量），但荧光灯工作的可靠性降低（可靠性）。
- 减少水银蒸气的量（物质的量），但需要耗费更多的电能（能量的浪费）。
- 有利于环境保护（作用于物体的坏的因素），但荧光灯使用的能量增加了（静止物体使用的能量）。

对这三组技术矛盾分别运用技术矛盾解决矩阵的方法，得到三个创新原理提示以开拓思路：

- 减少水银蒸气的量（物质的量），但荧光灯工作的可靠性降低（可靠性）。由技术矛盾矩阵（物质的量/可靠性）得到第 28 条创新原理提示：机械系统的替代。
- 减少水银蒸气的量（物质的量），但需要耗费更多的电能（能量的浪费）。由技术矛盾矩阵（物质的量/能量的浪费）得到第 7 条创新原理提示：嵌套。
- 有利于环境保护（作用于物体的坏的因素），但荧光灯使用的能量增加了（静止物体使用的能量）。由技术矛盾矩阵（作用于物体的坏的因素/静止物体使用的能量）得到第 37 条创新原理提示：热膨胀。

最终结果：在创新过程中应用了第 7、第 28 和第 37 条创新原理。

(1) 应用第 7 条创新原理。

解决方案：在真空管的里面内嵌一个玻璃囊。

(2) 应用第 28 条创新原理。

解决方案：用高频的电磁场来打破这个玻璃囊。

(3) 应用第 37 条创新原理。

解决方案：利用金属线和玻璃囊的热膨胀系数的不同释放水银蒸气。

结论：经过计算满足性能要求的最小剂量的水银蒸气被密封在玻璃囊中。在玻璃囊的内壁上嵌着金属线圈。该玻璃囊被内嵌在真空管的一端。荧光灯被制造出来后，通过一个高频的电磁场来加热玻璃囊。由于玻璃囊和金属线圈的热膨胀系数不一样，使得金属线圈能够切断玻璃囊，释放出水银蒸气。同一般的荧光管制造技术相比，用这种新的制造技术，至少可以减少 75% 的水银含量，减少了对环境的污染。

3.4　物质—场分析与 76 个标准解

物质—场分析是用符号表达技术系统变换的建模技术，物质—场分析将功能分解为两种物质及一种场。产品功能的实现可以认为是物质间的相互作用使之朝着期望的方向演变。其分析模型如图 3.5 所示。

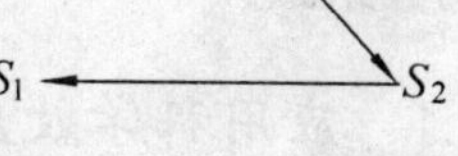

图 3.5　物质—场模型

物质 S_1 可以是被控粒子、材料和物体或过程，物质 S_2 是控制 S_1 的工具或物体，F 是用于 S_1 与 S_2 之间相互作用的能量，如机械能、液压能、电磁能等。如图 3.5，能量 F 作用于工具 S_2，使 S_2 变换为 S_1。举例来说，某专题项目专家为了改变土壤的温度和硬度，在土壤中撒入铁粉，并在场地四周插入磁棒，以控制土壤中的铁粉和磁棒间的磁场的特性，来间接改变土壤的性质。这个例子中，土壤为 S_1，铁粉为 S_2，磁场能为 F。

技术系统构成要素物体 S_1、作用体 S_2、能量 F 三者缺一就会造成系统的不完整。而当系统中某一物质所特定的机能没有实现时，系统就会产生问题。为了控制这一物质产生的问题，有必要引入另外的物质。由此产生这些物质之间的相互作用并伴随能量（场）的生成、变换、吸收等，物质—场模型也从一种形式变换为另一种形式。因此各种技术系统及其变换都可用物质和场的相互作用形式记述。

利用物质—场分析方法分析系统存在的问题，建立系统的物质—场模型并提出问题解决对策的步骤如下：① 指定物体 S_1；② 指定场；③ 建立物质—场初期模型；④ 指定作用体 S_2；⑤ 生成所希望的物质—场模型；⑥ 提出解决问题的对策。

依据该模型，Altshuller 提出了 76 种标准解，分为以下五类。

(1) 几乎不改变现有的系统来改善系统：13 种标准解。

(2) 改变现有系统来改善系统：23 种标准解。

(3) 系统传递：6 种标准解。

(4) 检查与测量：17 种标准解。

(5) 简化与改善策略：17 种标准解。

产品设计过程中，应将标准解变为解决具体问题的特定解以形成设计方案。

3.5 功能分析与效应知识库

功能分析是从实现产品功能的角度来完成产品设计，它是基于效应知识库的分析方法。效应知识库是从以前大量的专利分析中得出的许多抽象的功能模块和效应（Effects)。这些效应都是为了实现某种特定的功能的技术方法。如采用数学、化学、生物及电子等领域中的原理，解决机械设计中的创新问题；通过效应知识库中的相关定律解决工艺设计中的问题。在产品设计过程中，当明确了产品的功能要求，但单凭设计人员的经验并不能准确地制订设计方案时，可以考虑用效应知识库来辅助设计人员以形成设计方案。

用功能分析来对新产品进行设计分析时，首先确定产品应该实现的功能，然后在效应知识库中找出相应的功能模块，在此功能模块中找出与产品功能最接近的功能。这样知识库就给出了实现功能的效应。相应的软件还会给出效应应用于产品设计的具体案例。如 TRIZ Explorer 软件可以用来进行分析。

以往，我们是以“中性”的观点学习物理、化学、几何和生物等学科的知识，即学习它们的理论、解释和分析现象，而不是积极地以知识应用为目的。当我们在实践中应用这些学科的知识时基本上都比较茫然。现在，我们重新回顾这些科学知识并加以应用，为我们解决过去看来不能解决的技术难题。

科学效应和现象在 TRIZ 中是一种基于知识的解决问题工具。现在，研究人员已经总结了近万个效应，其中 4 000 多个得到了有效的应用。下面对部分物理效应和现象及应用作简单的介绍。

3.5.1 应用科学效应解决问题的一般步骤

(1) 首先要对问题进行分析。

(2) 确定所解决的问题要实现的功能。

(3) 根据功能查找效应库，得到 TRIZ 所推荐的效应。

(4) 筛选所推荐的效应，优选适合解决本问题的效应。

(5) 把效应应用于功能实现，并验证方案的可行性；如果问题没能得到解决或功能无法实现，重新分析问题或查找合适的效应。

(6) 形成最终的解决方案。

3.5.2 利用物理效应解决实际问题

例如，电灯泡厂的厂长将厂里的工程师召集起来开了个会，他让这些工程师们看一叠顾客的批评信，顾客对灯泡质量非常不满意。

(1) 问题分析：工程师们觉得灯泡里的压力有些问题。压力有时比正常的高，有时比正常的低。

(2) 确定功能：准确测量灯泡内部气体的压力。

(3) TRIZ 推荐的可以测量压力的物理效应和现象：机械振动、压电效应、驻极体、电晕放电、韦森堡效应等。

(4) 效应取舍：经过对以上效应逐一分析，只有“电晕”的出现依赖于气体成分和导体周围的气压，所以电晕放电适合测量灯泡内部气体的压力。

（5）方案验证：如果灯泡灯口加上额定高电压，气体达到额定压力就会产生电晕放电。

（6）最终解决方案：用电晕放电效应测量灯泡内部气体的压力。

应用科学效应和现象解决技术问题是再简单不过的事情了，这就像我们到超市买东西一样，选择好要买东西的种类，衡量一下几种同类产品的性价比，我们就可以作决定了。其实TRIZ 提供的所有工具都一样，只要我们有"解决问题"的欲望，任何"方案"都很简单地就属于自己了。

3.6　发明问题解决算法（ARIZ）

按照 TRIZ 对发明问题的五级分类，一般较为简单的一到三级发明问题运用创新原理或者发明问题标准解法就可以解决，而那些复杂的非标准发明问题，如四、五级的问题，往往需要应用发明问题解决算法（ARIZ）做系统的分析和求解。

ARIZ（Algorithm for Inventive Problem Solving）——发明问题解决算法，是 TRIZ 理论中的一个主要分析问题、解决问题的方法，其目标是为了解决问题的物理矛盾。该算法主要针对问题情境复杂、矛盾及其相关部件不明确的技术系统。它是一个对初始问题进行一系列变形及再定义等非计算性的逻辑过程，实现对问题的逐步深入分析和转化，最终解决问题。该算法尤其强调问题矛盾与理想解的标准化，一方面技术系统向理想解的方向进化，另一方面如果一个技术问题存在矛盾需要克服，该问题就变成一个创新问题。ARIZ 的构成见图 3.6。

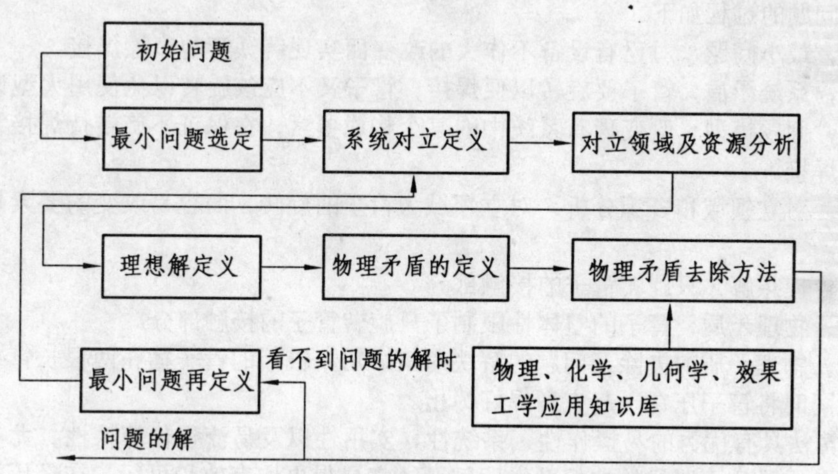

图 3.6　发明问题解决算法（ARIZ）的构成

TRIZ 认为，一个问题解决的困难程度，取决于对该问题的描述或程式化方法，描述得越清楚，问题的解就越容易找到。TRIZ 中，发明问题求解的过程是对问题不断描述、不断程式化的过程。经过这一过程，初始问题最根本的冲突被清楚地暴露出来，能否求解已很清楚，如果已有的知识能用于该问题则有解，如果已有的知识不能解决该问题则无解，还需等待自然科学或技术的进一步发展。该过程是靠 ARIZ 算法实现的。

ARIZ 算法主要包含六个模块。

第一个模块：情境分析，构建问题模型。

第二个模块：基于物质—场分析法的问题模型分析。

第三个模块：定义最终理想解与物理矛盾。

第四个模块：物理矛盾解决。

第五个模块：如果矛盾不能解决，调整或者重新构建初始问题模型。

第六个模块：解决方案分析与评价。

ARIZ 首先是将系统中存在的问题最小化，原则是尽可能不改变或少改变系统而实现必要机能；其次定义系统的矛盾对立，并将矛盾对立简化为“问题模型”；然后将对立领域明确化，并分析系统中可以使用的资源；进一步定义系统的理想解。通常为了实现系统的理想解，系统对立领域的最重要构成要素应是相互对立的物理特性。例如，冷的同时发热、导电的同时绝缘、透明的同时不透明等。接下来是定义系统内的物理矛盾以及消除物理矛盾。物理矛盾的消除需要最大限度地利用系统内的资源及物理、化学、几何学、效果工学应用知识库。如果问题得不到解决，则要返回最初的地方，对问题进行再定义。

应用 ARIZ 取得成功的关键在于在理解问题的本质前，要不断地对问题进行细化，直至确定了问题所包含的物理矛盾。

下面是用 ARIZ 算法解决一个有关摩擦焊接问题的实例。

问题：摩擦焊接是连接两块金属的最简单的方法。将一块金属固定并将另一块对着它旋转，只要两块金属之间还有空隙就什么也不会发生，但当两块金属接触时，接触部分就会产生很高的热量，金属开始熔化，再加以一定的压力，两块金属就能够焊在一起。一家工厂要用每节 10 m 的铸铁管建成一条通道，这些铸铁管要通过摩擦焊接的方法连接起来。但要想使这么大的铁管旋转起来需要建造非常大的机器，并要经过几个车间。

解决该问题的过程如下。

第一步，最小问题：对已有设备不作大的改变而实现铸铁管的摩擦焊接。

第二步，系统矛盾：管子要旋转以便焊接，管子又不应该旋转以免使用大型设备。

第三步，问题模型：改变现有系统中的某个构成要素，在保证不旋转待焊接管子的前提下实现摩擦焊接。

第四步，对立领域和资源分析：对立领域为管子的旋转，而容易改变的要素是两根管子的接触部分。

第五步，理想解：只旋转管子的接触部分。

第六步，物理矛盾：管子的整体性限制了只旋转管子的接触部分。

第七步，物理矛盾的去除及问题的解决对策：用一根短的管子插在两根长管之间，旋转短的管子，同时将管子压在一起直到焊好为止。

ARIZ 算法具有优秀的易操作性、系统性、实用性以及易流程化等特性，尤其对于那些问题情境复杂、矛盾不明显的非标准发明问题，它显得更加有效和可行。在经历了不断完善和发展的过程后，目前 ARIZ 已成为发明问题解决理论（TRIZ）的重要支撑和高级工具。

第三篇　产品概念形成

第四章　产品市场调研和分析

4.1　市场调查基础

4.1.1　市场调查的主要内容

对市场调查的理解有狭义的和广义的，也有介于两者之间的，广义的市场调查也叫市场研究、市场调研或市场营销研究，它包含了从认识市场到制定营销决策的一切有关市场营销活动的分析和研究。狭义的市场调查或市场研究则偏重于信息的收集和分析。目前大家都普遍接受的市场调查的定义是：市场调查就是以科学的方法、客观的态度，明确研究市场营销有关问题所需的信息，有效地收集和分析这些信息，为决策部门制定更加有效的营销战略和策略提供基础性的数据和资料。

市场调查通过信息把消费者、顾客和公众与商家联系在一起，有利于消费者和商家之间的双向交流。市场调查所得的信息一般用于识别和定义市场营销中的机会和问题，是制定、改进和评估营销活动的有效途径。

在产品设计开发中，市场调查的内容主要包括需求调查、企业调查和技术调查。

1）市场调查

市场、企业和产品三者的关系构成一个相关三角形（见图 4.1），其中任何一方的变动都将对其他两方产生直接的影响。

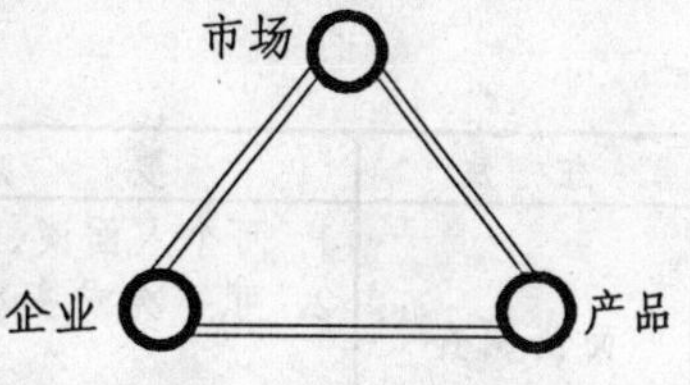

市场调查包括五个方面：

(1) 市场环境调查：指调查影响企业营销的宏观市场因素，这对企业来讲多为不可控制因素，如有关政策法令、经济状态、社会环境（人口及文化教育、年龄结构等）、自然环境、社会时尚、科技状况等。

市场

企业　产品

图 4.1　市场、企业和产品相关三角形

(2) 市场需求调查：即产品的调查（规格、特点、寿命、周期、包装等），消费者对现有商品的满意程度及信任程度，商品的普及率，消费者的购买能力、购买动机、购买习惯、分布情况等。

(3) 商品的销售调查：分析企业的销售额、变化趋势及原因，企业的市场占有率的变化，市场价格的变化趋势，需求与价格的关系，企业的定价目标、中间商的加价情况、影响价格的因素、消费心理等，以制定合理的价格策略。

(4) 对竞争者的调查：即要了解竞争企业的数量和规模，竞争对手各管理层（董事会、经营单位、母公司与子公司等）的结构、经营宗旨与长远目标，竞争对手对自己和其他企业的评价，它的现行战略（低成本战略、高质量战略、优质服务战略、多角化经营战略），对手的优势和弱点（产品质量和成本，市场占有率，对市场的应变能力和财务实力，设计开发能力，领导层的团结和企业的凝聚力，采用新技术、新工艺，开发新产品的动向等）。

(5) 国际市场的调查：应收集国际市场的有关商情资料、进出口和劳务的统计资料、主要贸易对象的国情、产品需求与外汇管制、进口限制、商品检验、市场发展趋势等。

2）企业调查

经营是企业最基本、最主要的活动，是企业赖以生存发展的第一职能。对企业的调查主要是经营情况的调查，包括产品分析、销售与市场调查、投资调查、资金分析、生产情况调查、成本分析、利润分析、技术进步情况、企业文化、企业形象及公共关系情况等。根据产品开发的需要可选项调查。

3）技术调查

掌握技术动向，了解技术集中和分布的情况，特别是技术上空白的情况，以便集中人员和资金进行研究。有不少发明创造和专利，当用到生产中时还要进行技术开发，这也是经营者在产品开发时要重视的。

市场调研与分析在产品开发各阶段的侧重点是不同的。

在产品规划初期，为了制定企业产品整体策略，主要调查以下内容：产品市场定位，目标消费群体，区域分布，产品市场容量、需求大小。

在概念产品雏形形成过程中，必须不断进行新产品测试与销售研究，以最终为企业确定：产品功能、样式、品牌、价格，市场竞争状况及对策。

在整个产品生命周期过程中，都必须重视消费者意向研究，包括：购买心理、动机、行为、态度、习惯，客户满意度调查研究，市场细分研究。

在产品投放市场前或者投放过程中，市场预测分析将发挥非常重要的作用，它主要包括：产品市场占有率或份额，产品销量和市场走向，市场动态和预警。

4.1.2 市场调研方法

1）询问法（问卷调查）

按问卷传递方式不同可分为面谈调查、电话调查、邮寄调查及留置问卷和网上调查五种，其适用范围及优缺点见表 4.1。

表 4.1 询问调查法

方 法	要 点	优 点	缺 点
面谈调查	1. 可个人面谈、小组面谈 2. 可一次或多次谈	1. 当面听取意见 2. 可了解被调查者习惯等多方面情况 3. 回收率高	1. 成本高 2. 调查员面谈技术影响调查结果
电话调查	电话询问	效率高，成本低	1. 不易取得合作 2. 只能询问简单问题
邮寄调查	问卷邮寄给被调查者，并附邮资及回答问题的报酬或纪念品	1. 调查面广 2. 费用低 3. 避免调查者的偏见 4. 被调查者时间充裕	1. 回收率低 2. 时间长
留置问卷	调查员将问卷面交被调查者，说明回答方法，再由调查员定时收回	介于面谈和邮寄之间	介于面谈和邮寄之间
网上调查	将调查问卷发表到网上	调查面广，成本低	调查结果的可靠性很难保证

2）观察法

这是由调查员或用仪器在现场观察的一种方法，由于被调查者并不知道正在被调查，一切动作均很自然，有较强的真实性和可信性。

(1) 顾客行为观察：可观察到顾客对商品的喜爱程度，为新设计提供资料。

(2) 操作观察：可观察到使用者使用产品时的操作程序、习惯等，为改进产品提供资料。

3）实验法

实验法是把调查对象置于一定的条件下，有控制地分析观察某些市场变量之间的因果关系。例如在调查包装、价格对销售量的影响时，就可以先后在试销过程中逐渐变动价格，或者同时在控制组（正常条件下的非实验单位）和实验组（采用实验的包装、价格）之间进行对比。此法同样可进行质量、品种、外观造型、广告宣传等方面的调查。

有时也可将实际产品交由受测者使用，或者在小范围内试销，然后收集信息，经分析研究作出改进设计。此法比较客观，富于科学性，但需时较长，且成本较高。

4.1.3　市场调查的程序

市场调查的整个过程实际上也就是一个对市场信息进行搜索、处理、分析的过程。按照信息论的观点，市场研究是以用户或市场信息作为其“源泉”的，市场调查则是寻找这些源泉的工具，而市场研究的相关理论模型就是对市场信息进行具体分类、归纳、分析、抽象的处理器。在整个过程中，将涉及四种角色：决策者、管理者、研究者、消费者。消费者是企业决策者考虑企业发展过程中需要满足的对象，由决策者决定企业的产品战略和市场策略，由管理者来执行这一战略，而研究者又为决策者决策和管理者运行新产品策略提供重要的理论依据和实际手段，构成市场的消费者自然就成了研究者的研究对象。按照信息的流向，整个市场调查的过程可以分为如下四个步骤：确定信息源，摄取信息，处理信息，归纳信息。

1）确定调查问题和提出假设

市场调查的第一步也是最重要的一步是明确并定义调查研究的问题，提出必要的研究假设。一般有以下几个过程：

(1) 理解调研问题的背景。

- 企业为什么要作市场调查?
- 企业以往的经营情况、销售情况、市场占有率、与竞争对手相比的优势和劣势?
- 企业对市场前景的主观预测?
- 客户要作的决策及要实现的目的?
- 现有消费者的基本情况及其消费行为怎样?
- 相关的法律环境和经济环境如何?

(2) 与决策者充分交流，明确决策者希望从市场调查中得到什么；同时使决策者了解从市场调查中可以得到什么，有什么限制。

(3) 明确管理决策问题。主要回答决策者需要做什么，可能采取什么行动，这是管理者面对的问题。

(4) 定义调查研究问题。主要回答为解决管理决策问题，需要什么信息和怎样最好地得到这些信息，这是研究者面对的问题。

(5) 在许多调查研究项目中，需要有理论的框架和分析模型的支持，研究者才能确定要调查的变量及变量间的关系，从而帮助研究者明确有关的调查问答题和进一步研究提出假设。假设是关于研究者感兴趣的某个因素或者现象的还未证明的陈述或主张。

确定以上问题后就应该拟订调查计划了。

2）确定调查范围，摄取信息

确定调查范围十分重要，直接影响数据的真实性和有效性。就汽车市场调查而言，调查的对象就包括一般消费者（乘客）、汽车发烧友、司机、经销商、售后服务人员、维修人员、专卖店促销员等。在摄取当前市场信息的同时，文案调查也是非常重要的，包括历史统计资料、法规、标准等。

在确定了调查的目的和范围以后，就应该确定调查方式、抽样方法，进行样本设计、问卷设计，最后实施调查。

3）处理信息

在这一阶段需要做的工作是，检查数据的正确性、分析问卷的信度与效度、数据输入统计、编码等。

4）归纳信息

在数据统计与验证完成以后，应用相关统计分析方法或者相关数学模型，对所收集的数据进行相应处理分析，用直观易懂的方式得出对目前市场的分析结论，并将分析结论形成调查报告。

调查报告要有充分的事实，对数据应进行科学的分析，切忌道听途说和一知半解。具体而言，调查报告应达到以下四点要求：

(1) 要针对调查计划及提纲的问题回答。

(2) 统计数字要完整、准确。

(3) 文字简明，要有直观的图表。

(4) 要有明确的解决问题的方案和意见。

整个市场调查程序如图 4.2 所示。

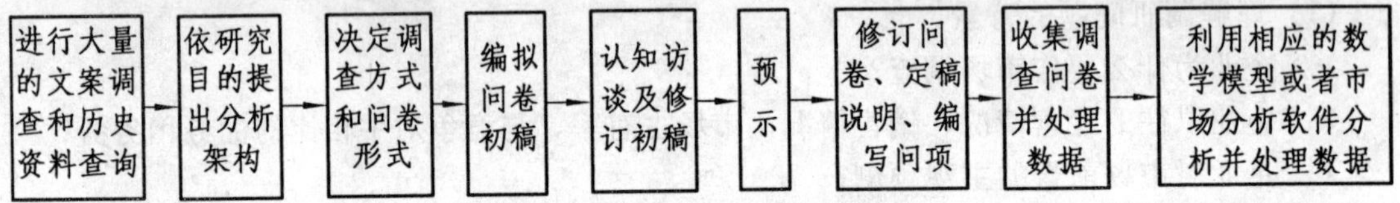

图 4.2 整个市场调查程序

4.1.4 调查技术

在实际调查中，除善于针对不同类型的调查采用不同类型的方法外，还要熟悉各种询问方式、问卷设计及抽样分析等各种调查技术。

1）询问调查技术

(1) 二项选择法。

二项选择法亦称是非法，回答项目为两个：非此即彼，只择其一。例如，“你对某产品是喜欢还是不喜欢？”此法的优点是能得到明确的答案，缺点是不能表现出程度的差别。

(2) 多项选择法。

多项选择法是准备多项答案，提示给被调查者，使其选择一项或几项的方法。拟订问卷时应注意：答案应事先编号以利统计；答案应尽可能包括所有可能项目，避免重复；答案以不超过 10 项为宜。

(3) 自由回答法。

自由回答法中，回答者针对问题自由讲述意见，不受约束。其优点是问题容易拟定，回答不受约束，易于得到意外的建设性意见。缺点是容易得到不确定的回答，受被调查者表达能力影响而出入较大，同时统计困难，且不好分析。

(4) 顺位法。

顺位法是在若干供选择的项目中，使被访问者按重要程度排出顺序。可以“选出最重要的一项”“选出两三项较重要的”或“按重要程度排出顺序”“A 与 B 哪一个重要”“B 与 C 哪一个重要”等多种方法选用。应注意：

① 要顺位的项目不宜超出 10 个。

② 顺位到第几项，由调查目的决定。

③ 在 10 个项目中取第一位、第二位时，首先应选出重要的，再从选出的对象中顺位，这样可以得出更可靠的判断。

(5) 倾向偏差调查询问。

当需要调查意见和态度的程度时用此法。以某种产品为例：

问题 1:“现在你用什么牌子？”答：A 牌。

问题 2:“目前最受欢迎的是 B 牌，当你更换时是否仍选 A 牌？”答：是或不是。

问题 3：对答是的，“如 B 牌降价，你是否考虑买 B 牌？”答：是或否。

问题 4：对问题 3 答是者，“降低多少？”

用此法可调查出偏差到何种程度方能使被访问者改变原态度，以测定其支持的程度，以此确定新设计的依据。

(6) 一对比较法。

这是决定顺序的一种方法，当一个项目有数种选择时，将其在“良”与“不良”等评价下两两排列，不仅能顺位，也可作出程度的评价。

例如，要评价 A，B，C，D，E 五种产品的耐用性，可设计成如图 4.3 的问卷，被访者在认为适当的栏中画“√”。

图 4.3　一对比较法

(7) 图解评价法。

此法用于要求被调查者对调查项目根据他的意见选取一个数值。问卷可设计成图 4.4 所示形式。

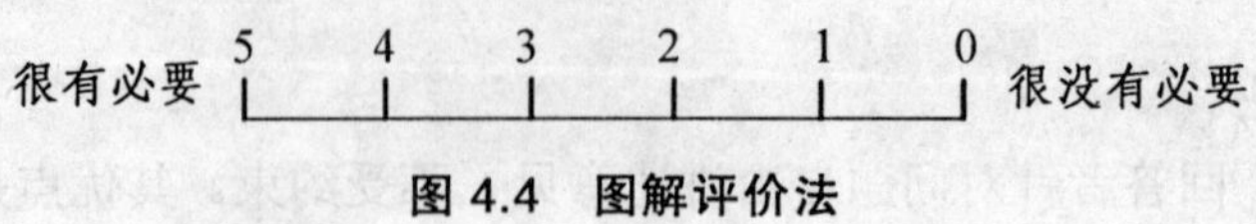

图 4.4 图解评价法

(8) 项目核对法。

列出产品的各种特征，探询被访者的意见，问卷可设计成如表 4.2 所示。

表 4.2 项目核对法

重要度	不重要	比较重要	重要	很重要	非常重要
方便性					
舒适性					
⋮					

(9) 嘉德曼法。

根据嘉德曼的理论，人的行为是由“单向度的内在态度”引发的。因为是单向度的，所以每个人对一个对象所持的态度，便可以在此向度上找到一个相应的点，它们是一一对应的，由此就可以比较出每个人所持的态度。

假设 A 对某物持的态度值 a 大于 B 的态度值 b，则根据单向度的规定，A 比 B 对某物持有较好的态度；反之，当已知各种态度表现的大小关系，便可由一个人的表现推测其态度值。

当已知对某事物可能有 5 种态度 1，2，3，4，5 时，为确定其态度值，可选用 A、B、C、D、E 5 个人测试，可得出如下的资料行列式（◎表示有此态度，×表示无）（如图 4.5 所示）。

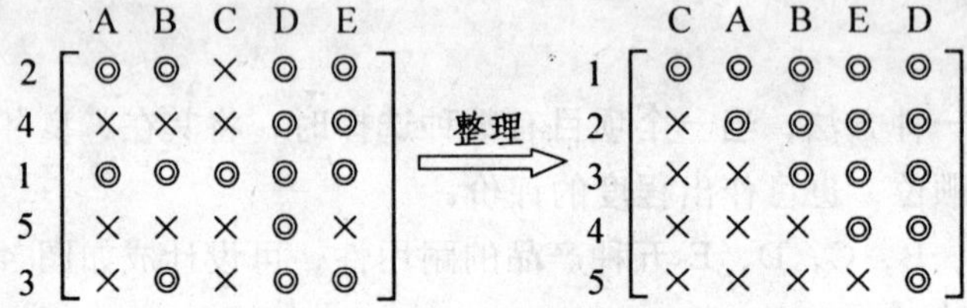

图 4.5 嘉德曼法

由图 4.5 可知，有态度 2 的，必有态度 1；有态度 3 的，必有态度 1，2……；态度 1 是共有的，因而也是最普通的表现，态度 5 是最高的表现。只要看到某人的态度即可知其态度值，如某人有态度 3，即有中等的态度。

2）抽样调查技术

(1) 抽样方法。

① 分层随机抽样法。

先将全部用户按主要特征（年龄、收入、职业、不同用途）分成若干组，每组即为一层，然后用该组人数占总人数的百分比去乘调查样本数，所得结果就是在该组内应抽取的样本数。

然后用简单随机抽样或机械抽样法从该层中抽取这个样本数。此法可避免简单随机抽样可能带来的样本过于集中在某一地区或某一特征，而遗漏某种特征的缺点。这样细分之后，再根据各层人员在总盘子中所占比例确定应抽多少，以使抽样分布均匀，整个调查样本具有充分的代表性。

每层应该抽取的样本数计算公式为：

$$\text{各层应抽样本数}=\frac{\text{该层个体数}}{\text{总盘子数}}\times\text{调查样本数} \tag{4.1}$$

② 目的抽样法。

按照调查目的和要求，根据一定的标准来抽取样本，在总盘子中的每个个体被抽取到的机会是不相等的。目的抽样法包括：配额抽样法、判断抽样法、典型抽样法、集中抽样法、随意抽样法。其中配额抽样法应用最广泛。

配额抽样法是指在已知总盘子数和拟调查样本数的情况下，选定调查对象的若干重要特征，然后根据各特征重要性的大小，将样本数分派给各特征。其步骤如下：

a. 确定总盘子数和要抽的样本数。

b. 选定分类特征，作为细分标准。

c. 决定总盘子中属于各种特征的人员所占百分比。

d. 根据这个百分比决定属于各特征的样本数。

e. 抽取属于各特征的样本。

这种方法的优点是简单易行、节省费用，若调查人员的素质好，抽样结果的可信度也较高。但一般只适用于小规模市场调查。

(2) 样本确定。

① 样本确定原则。

抽样调查基本目的在于从搜集得来的信息中得出有效的结论，以供决策者参考。一般而言，有效的抽样调查应遵循下面三项原则。

a. 有效原则：抽样调查应符合调查目的所需，所获信息价值应超过抽调进行所支付之成本。

b. 可测量原则：抽样之正确程度必须能够测量，否则抽调结果便失去意义。

c. 简单原则：保持简单性，符合一般统计方法的简约原则之要求，使抽样调查能进行顺利。

② 实践中样本的确定根据。

a. 目标市场。

b. 市场的地域范围。

c. 资金预算。

(3) 样本大小的确定。

在抽样调查中，样本的数量直接影响调查的精确度和成本。一般说来，样本数量越大，调查精度越高，调查费用也愈高，需时亦愈长。若取样数量少，调查误差可能大。合理选取样本是调查首先遇到的问题，有两种方法解决。

① 经验分析法：调查人员根据对所调查的母体的熟悉程度，调查问题的性质、目的和要求，通过分析，利用自己的经验决定样本的数量。当调查人员对母体较熟悉时，样本的数量可适当少一些；母体数量较大时，样本数应适当多一些；调查误差允许大一些时，样本数可适当少一些。

② 定量法：对于无限母体样本大小的确定，一般抽样样本数的计算式为：

$$n=\frac{N\cdot Z_{\alpha/2}^{2}\cdot\sigma^{2}}{(N-1)\cdot\varDelta^{2}+Z_{\alpha/2}^{2}\cdot\sigma^{2}}\tag{4.2}$$

式中：N——总体样本数；

$Z_{\alpha/2}$——样本分布函数在$\alpha/2$时的值；

α——产生误差的概率；

σ^2——样本标准方差；

$\varDelta$——允许误差。

(4) 结果的评价。

因为市场调查是采取抽样调查的方式，因此误差是不可避免的，为了保证调查的准确性，所以要对调查结果进行相关的评估。主要有以下评估参数：

① 抽样误差：因抽样时样本可能会偏离母群体，其间的差距称为抽样误差，可用统计方法估计其大小。

② 信赖水平：以样本估计值推论母群体实际值大小时，正确估计的概率有多少便称为信赖水准，调查者以此表示正确估计程度。

③ 容忍误差：在抽样调查时，设定母体平均数上下各多少百分点作为估计的容忍误差。精确度不可能百分之百，容忍误差便是调查者事先设定的容忍范围。

4.1.5 市场数据的分析方法

在市场上，一个新产品要具有竞争力则必须最大限度地满足顾客的需求，但是如果只是肤浅地对市场上收集的原始数据进行简单的统计，则很难得到顾客真正的需求。为了通过有限的市场调查数据来推演顾客心理需求的普遍规律，从积累的顾客需求来进行市场预测、新产品开发组织、生产规模确定，就必须利用数据分析方法对市场调查数据进行深入的分析。市场分析的方法有许多，如因子分析、聚类分析、判别分析、多维图示分析、结合分析等。而本文作者认为聚类分析和结合分析在新产品开发中研究消费者的偏好时，比传统的方法有更多的优越性。

1）因子分析

因子分析（Factor Analysis）通过研究众多变量之间的内部依赖关系，探求观测数据中的基本结构，并用少数几个“类别”变量来表示基本的数据结构。每一类变量代表了一个“共同因子”。因子分析的主要目的是将众多观测变量浓缩为少数的几个因子。在市场研究中，此方法常与其他分析联合使用，多应用于市场细分、满意度等领域。同时它也是一种数据简化的技术，即用相对很少量的几个因子，去表示许多相互有关联的变量之间的关系。被描述的变量是可以观测的显在变量，而因子是不可观测的潜在变量。

因子分析的基本思想是，将观测变量分类，将相关性较高的即联系比较紧密的变量放在同一类中，每一类的变量实际上隐含着一个因子；而不同类的变量之间则相关性较弱，即各个因子之间又是不相关的。因子分析就是要找到这些具有本质意义的少量因子，并用一定的结构和模型去表达或解释大量可观测的变量。

因子分析的基本假设是，可以用潜在的因子来解释复杂的现象。常用的因子分析模型为正交因子模型，如式（4.3）：

$$Z_i = u_i + \alpha_{i1}F_1 + \alpha_{i2}F_2 + \cdots + \alpha_{ip}F_j + C_iU_i \tag{4.3}$$

式中：Z_i——第 i 个观测变量，共有 k 个变量；

F_j——第 j 个公共因子，共有 p 个因子，因子个数一般远远小于变量个数（$p \ll k$），因子间是两两相互正交的；

α_{ij}——第 i 个变量在第 j 个因子上的负荷（$j=1, 2, 3, \cdots, p$）；

u_i——第 i 个变量的均值，如果变量是标准化的，则均值项为零；

U_i——第 i 个变量的特殊因子，也叫误差，特殊因子与公共因子互不相关；

C_i——Z_i 与 U_i 的相关系数。

因子分析的具体实例将在第五章中阐述。

2）聚类分析

聚类分析（Cluster Analysis）是根据研究对象特征对研究对象进行分类的一种多元分析技术，把性质相近的个体归为一类，使得同一类中的个体都具有高度的同质性，不同类之间的个体具有高度的异质性。聚类分析主要用于辨认具有相似性的事物，并根据彼此不同的特性加以“聚类”，使同一类的事物具有高度的相同性。说得简单一点，就是把事物按其相似程度进行分类，并寻找不同类别事物特征的分析工具。

（1）距离和相似系数。

为了得到比较合适的分类，首先要采用适当的指标来定量地描述研究对象（样品或变量，常用的是样品）之间的联系紧密程度。常用的指标为“距离”和“相似系数”。假定研究对象均用所谓的“点”来表示。在聚类分析中，一般的规则是将“距离”较小的点或“相似系数”较大的点归为同一类，将“距离”较大的点或“相似系数”较小的点归为不同的类。

分别用 X 和 Y 表示 s 空间中的两个点，如果是对变量聚类，那么 X 和 Y 分别表示两个变量，其维数 s 就是样本量 n；如果是对样品聚类，则 X 和 Y 分别表示两个个体（样本点），维数 s 就是聚类变量的个数 k。常用的距离或相似系数指标按照数据的不同性质有以下三种：

① 对于定距的或定比率的数据，常用的距离指标 D（Distance）和常用的相似系数指标 S（Similarity）有：

a. 欧氏距离（Euclidean Distance），如式（4.4）所示。

$$D(X, Y) = \sqrt{\sum_i (X_i - Y_i)^2} \qquad i = 1, 2, \cdots, s \tag{4.4}$$

b. 欧氏距离的平方（Squared Euclidean Distance），如式（4.5）所示。

$$D(X, Y) = \sum (X_i - Y_i)^2 \qquad i = 1, 2, \cdots, s \tag{4.5}$$

c. 曼哈顿距离（Block），如式（4.6）所示。

$$D(X, Y) = \sum_i |X_i - Y_i| \qquad i = 1, 2, \cdots, s \tag{4.6}$$

d. 切比雪夫距离（Chebychev Distance），如式（4.7）所示。

$$D(X, Y) = \max_i |X_i - Y_i| \qquad i = 1, 2, \cdots, s \tag{4.7}$$

e. 冥距离（Power or Customized Distance），如式（4.8）所示。

$$D(X,\ Y)=\left[\sum_i (X_i-Y_i)^p\right]^{1/r} \quad i=1,2,\cdots,s \tag{4.8}$$

注意，冥距离实际上是所有距离的统一形式。

常用的相似系数指标 S（Similarity）有：

a. 余弦系数（Cosine）如式（4.9）所示。

$$S(X,\ Y)=(\sum_i X_iY_i)\Big/\sqrt{(\sum X_i^2)(\sum Y_i^2)} \quad i=1,2,\cdots,s \tag{4.9}$$

b. 皮尔逊相关系数（Pearson Correlation），如式（4.10）所示。

$$S(X,\ Y)=\sum_i Z_{xi}Z_{yi}\Big/(s-1) \quad i=1,2,\cdots,s \tag{4.10}$$

式中：Z_x，Z_y——X，Y 的标准正态得分。

② 对于定类数据或计数数据，常用的距离指标 D（Distance）有：

a. 卡方距离（Chi-aquare Measure），如式（4.11）所示。

$$D(X,\ Y)=\sqrt{\sum_i\left[X_i-E(X_i)\right]^2\Big/E(X_i)+\sum_i\left[Y_i-E(Y_i)\right]^2\Big/E(Y_i)} \quad i=1,\ 2,\ \cdots,\ s \tag{4.11}$$

b. 法方距离（Phi-aquare Measure），如式（4.12）所示。

$$D(X,\ Y)=\frac{\sqrt{\sum_i\left[X_i-E(X_i)\right]^2\Big/E(X_i)+\sum_i\left[Y_i-E(Y_i)\right]^2\Big/E(Y_i)}}{s} \quad i=1,\ 2,\ \cdots,\ s \tag{4.12}$$

显然，法方距离消除了卡方距离中维数的影响。

③ 对于二分数据，假定 X 和 Y 的 2×2 列联表如表 4.3 所示。

表 4.3 X 和 Y 的 2×2 列联表

	$Y=1$	$Y=0$
$X=1$	a	b
$X=0$	c	d

那么常用的距离指标 D（Distance）有：

a. 欧氏距离（Euclidean Distance），如式（4.13）所示。

$$D(X,\ Y)=\sqrt{b+c} \tag{4.13}$$

b. 欧氏距离的平方（Squared Euclidean Distance），如式（4.14）所示。

$$D(X,\ Y)=b+c \tag{4.14}$$

c. 规模差距离（Size Difference Distance），如式（4.15）所示。

$$D(X, Y)=(b+c)^2/(a+b+c+d)^2 \tag{4.15}$$

d. 模式差距离（Pattern Difference Distance），如式（4.16）所示。

$$D(X, Y)=bc/(a+b+c+d)^2 \tag{4.16}$$

e. 方差距离（Variance Distance），如式（4.17）所示。

$$D(X, Y)=(b+c)/4(a+b+c+d) \tag{4.17}$$

f. 形状距离（Shape Distance），如式（4.18）所示。

$$D(X, Y)=\frac{(a+b+c+d)(b+c)-(b-c)^2}{(a+b+c+d)^2} \tag{4.18}$$

g. 兰斯和威廉斯距离（Lance and William Distance），如式（4.19）所示。

$$D(X<Y)=(b+c)/(2a+b+c)^2 \tag{4.19}$$

h. 对于二分数据，也可计算相似系数指标，如式（4.20）所示。

$$S(X, Y)=(ad-bc)/\sqrt{(a+b)(c+d)(a+c)(b+d)} \tag{4.20}$$

（2）常用聚类方法。

聚类方法分为两大类：谱系聚类法（Hierarchical Clustering）和非谱系聚类法（Non-Hierarchical Clustering），而每一类中又进一步派生出多种方法。

① 谱系聚类法。

谱系聚类法也叫做系统聚类法，是一种聚类过程可以用谱系结构（Hierarchy Structure）或树形结构（Treelike Structure）来描绘的方法。具体又可以分为聚集法（Agglomerative Clustering）和分割法（Divisive Clustering）两种。聚集法是先将所有的研究对象（样品或变量）各自算作一类，将最“靠近”（距离最小或相似系数最大）的首先聚类；再将这个类和其他类中最“靠近”的结合，这样继续结合，直至所有的对象都合并为一类为止。分割法正好相反，先将所有的对象看成一大类，然后分割成两类，使一类中的对象尽可能“远离”另一类的对象；再将每一类继续这样分割下去，直至每个对象都自成一类为止。

下面介绍几种常用的聚类法：

a. 连接法（Linkage Methods）：连接法是最常用的聚类法，根据事先定义的类与类之间的距离的计算法则，将各个类逐步合并。由于类间距离的定义不同，连接法又可以再细分为三种：

（a）单一连接法（Single Linkage）：也叫做最短距离法或最近紧邻连接法，两个类之间的距离定义为分别来自两类中的元素对之间的最短距离，并以此类间距离选择最“靠近”的类来合并。

（b）完全连接法（Complete Linkage）：也叫做最长距离法或最远紧邻连接法，两个类之间的距离定义为分别来自两个类中的元素对之间的最长距离，并以此类间距离选择最“靠近”的类来合并。

（c）平均连接法（Average Linkage）：两个类之间的距离不取两类中元素对之间的最短距

离，也不取最长距离，而是将两个类之间的距离定义为取所有分别来自两类中的元素对之间距离的平均值，并以此类间距离选择最“靠近”的类来合并。

b. 方差法（Variance Method）：也叫做沃德法（Ward's Procedure），其分类思想和方差分析类似，即在分类过程中使类中元素间的变差平方和尽可能小，而类间的变差平方和尽可能大。

c. 重心法（Centroid Method）：两个类之间的距离定义为这两个类的重心间的距离，然后与连接法类似，将类逐步合并。

② 非谱系聚类法。

非谱系聚类法也叫做逐步聚类法、动态聚类法、k-均值聚类法（k-means Clustering）或快速聚类法。这种类型的聚类法又可以分成以下三种：

a. 序贯阀限法（Sequential Threshold Method）：事先规定一个阀限值，选取一个中心（Center）或凝聚点（Seed），将与该中心的距离在阀限值之内的所有对象（点）都归为一类；然后再选取一个中心，对还没有归类的点重复上述过程；如此继续，直至所有的点都归为某类为止。

b. 平行阀限法（Parallel Threshold Method）：与序贯阀限法类似，所不同的只是所有的聚类中心是同时选取的，将阀限范围之内的点归为离中心最近的那一类。

c. 最佳分离法（Optimizing Partitioning Method）：与前面两种阀限法不同的是，最佳分离法允许重新分配已归类的点到其他类别中去，以使总的分类标准达到最佳。分类标准可以事先规定，如取类中距离的平均。

(3) 聚类分析的基本步骤。

聚类分析虽然一般都可以借助计算机统计软件来实行，但在待分类对象的个数不多的时候，通过手工的计算也是可以达到目的的。聚类分析一般有以下几个步骤：

① 确定待研究的问题。

正如其他任何分析方法那样，首先确定待研究的市场问题和待分类的对象，随后就是选取分类所应依据的变量。正确选取的变量应该与待研究的市场问题密切相关，而且应当能够描述研究对象之间的相似性。如果选入了某些没有关联的变量，会将原本可能很好的结果搅乱。变量的选取应该根据以往的研究、相关的理论和要研究的问题，有时可能还要结合研究者的经验和直觉。

② 选择聚类用的距离和相似系数。

为了将尽可能“靠近”的研究对象归入同一类，要选择适当的距离或相似系数统计量。一般来说，对样品（或个体）聚类时多采用距离统计量，而对变量聚类时多采用相似系数统计量。相比之下，最常用的还是对象点之间的距离。应注意的是，为了消除不同度量单位的影响，在聚类前最好将数据标准化（使均值为 0，标准差为 1）；同时由于选择不同的距离统计量，可能会导致不同的聚类结果，因此，最好能试用几种距离统计量并比较所得的解，以争取最终得到较为合理的分类结果。

③ 选择聚类方法。

聚类的方法很多，一般情况下所选的方法与所选的距离是有关的。例如，选用欧氏距离平方时，一般就对应地选择沃德法；使用非谱系聚类法时也常常选用欧氏距离平方。小样本的情况下使用谱系聚类法时也常常选用欧氏距离平方。小样本的情况下谱系聚类法较为常用，而且一般认为其中的平均连接法和沃德法效果较好。大样本的情况下非谱系聚类法较为常用，因为这类方法的速度比谱系聚类法快。但是非谱系聚类法也有两个明显的缺点：需要事先规定类别的个数，而且中心的选择带有随意性。为了综合两类方法的优点，建议两种方法“串联”使用。即利用谱系聚类法（如平均连接法或沃德法）先得到一个分类的初始解，然后将所得到的类别数和聚类中心作为非谱系聚类法（如最佳分割法）的输入，再进一步分析以找到较理想的结果。

④ 确定类别的个数。

在聚类分析中应该将研究对象分成几类，并没有确定的规则。一般从以下几个方面来考虑合适的类别个数。首先是从相关的理论或实践上的需要来决定类别的个数，例如，如果是市场细分，销售部经理可能已经对分类的个数有所考虑；如果采用的是谱系聚类法，那么类别的个数可以根据聚类过程或从树形图（Dendrogram）中所显示的合并距离来确定。例如，考虑聚集的最后几个阶段，如果发现某个（些）阶段合并的距离有很大的跳动，则提示取合并前的个数可能更为合适；如果采用的是非谱系聚类法，那么类别的个数可以根据合计的类内变差与类间变差的比值随类别个数的变化来确定。假定作出了比值和类别个数的曲线图(Scree Plot)，那么该曲线的坡度发生突变的地方可能就指示了合适的类别个数，因为图示说明再增加类别的个数已经不值得了；最后，类别数的确定还是要看所分的类别是否真的有实际意义。

⑤ 评价聚类分析的效果。

虽然有些研究者对聚类分析结果的可靠性和有效性进行过讨论，但是其理论和方法相当复杂，而且对其适用性仍有争论。在实际应用的场合，更多的是采用一些简便易行的方法，来检查聚类分析的解是否稳定可靠。例如，选用不同的距离或相似系数，或采用不同的聚类方法，看聚类的结果是否稳定；将样本随机地分成两半，分别进行聚类分析，比较两个分类的结果；用类似刀切法的方法，随机地删除一个或多个样品，再进行聚类分析，与整个样本的分析结果比较；在非谱系聚类法中，聚类中心的事先确定可能与样品（个案）的排列顺序有关，可以随机地安排个案的排列顺序，以得到较为稳定的解。

⑥ 解释聚类分析的结果。

在解释聚类分析的结果时，一般是通过比较各类别的中心来识别各个类别的意义，从而给各个类别命名。比较中心就是比较各个类别在一些主要变量上的平均值或中位数值（对定距或定序变量），或比较相应的频数或百分数（对定类变量）。除了考虑聚类用的变量外，还可以按其他的变量来比较这些中心，如消费者的背景资料、消费心理变量、产品使用情况变量、媒介接触行为变量等。通过判别分析或方差分析等方法，还可以检测出能显著地区分各个分类的主要变量，这对指导市场营销的运作可能会很有意义。

3）判别分析

判别分析就是研究判断个体所属类型的一种多元统计方法。具体来说，判别分析中的因变量或判别准则是定类变量，而自变量或预测变量基本上是定距变量。分析的过程就是建立自变量的线性组合（或其他非线性函数），使之能最佳地区别因变量的各个类别。例如，因变量是否为某种产品的价格敏感型用户和非敏感型用户，自变量为按 5 级李克量表对一组消费观念的态度得分。在判别分析中要做的事主要有：

① 建立判别函数，即找到自变量的能最佳地区分因变量的各个类别的现行组合；或确定

后验概率，即计算每个个体落入各个类别的概率。

② 考察各个类别在预测变量（自变量）方面是否存在显著的差异。

③ 确定哪些预测变量是区分类别差别的最重要的变量。

④ 根据预测变量的值对个案进行分类。

⑤ 对分类的准确程度进行评价。

(1) 判别分析模型和有关的统计量

判别分析模型用一个或几个判别函数来表示，在两个类别的情况中只需一个判别函数。最简单的也是比较常用的判别函数是线性函数，如式（4.21）：

$$D_i = b_0 + b_1 X_{1i} + b_2 X_{2i} + \cdots + b_k X_{ki} \tag{4.21}$$

式中：D——判别得分，D_i表示对应于第 i 个个体（消费者、商店）的得分（$i=1, 2, \cdots, n$）；

b——判别系数或权重，b_j表示对应于第 j 个自变量或预测变量的系数（$j=1, 2, \cdots, k$）；

X——自变量或预测变量，X_{ji}表示对应于第 i 个个体和第 j 个自变量的值。

根据所收集样本的数据，可以计算出一个判别临界值 D_c，作为判定某个个体归属到哪一个类别的基准。例如，假定要判别的是"购买组"还是"非购买组"，那么可能的结果是：

➢ 如果 $D_i > D_c$，则判定第 i 个个体到"购买组"；

➢ 如果 $D_i < D_c$，则判定第 i 个个体到"非购买组"。

在判别分析中有一个基本的假设：每一个类别都是取自一个多元正态总体的样本，而且所有正态总体的协方差矩阵或相关矩阵都假定是相同的。如果不满足正态总体的假定，则需要对非正态化数据作正态化交换；如果不满足协方差矩阵相同的假定，则可能要采取非线性的判别函数如二次判别函数；等等。在市场研究的实际应用中，一般不太可能去考虑分布问题，常用的方法是将原始数据随机地分成两部分，用其中的一个样本（叫分析样本或训练样本）进行分析，求出判别函数；使用另外一个样本（叫验证样本）来检查判别的效果。

判别分析一般是通过现成的统计软件进行的，其中涉及的统计量主要有：

① 先验概率（Priors，或 Prior Probabilities）：指的是个体来自各子总体（类别）的概率，一般用原始样本中属于各子总体（类别）的样本数的比例来估计。

② 后验概率（Posterior Probabilities）：指的是按判别准则及判别函数计算的个体落入各子总体（类别）的概率，判别的方法之一是将某个个体归入具有最大后验概率的子总体（类别）。

③ 判别系数（Discriminate Coefficients）：即判别函数中自变量的系数，变量标准化（均值为 0，标准值为 1）后得到的判别系数叫做标准化的判别系数。

④ 判别得分（Discriminate Scores）：等于所有非标准化的判别系数与对应自变量取值的乘积之和。

⑤ 分类矩阵（Classification Matrix）：指的是样本中原类别的个体数以及按判别准则重新归类后的个体数的交叉表，其对角线上的元素表示正确判定的个案数，非对角线上的元素表示错误判定的个案数。由分类矩阵可以计算判别比率（Rate）和正确判定的比率（Hit Rate）。

⑥ 中心（Centroid）：某个类别的中心指的是按该类别所计算的判别得分的均值所构成的多维点或向量。

⑦ 广义平方距离（Generalized Squared Distance）：用于估计类别间距离的一种统计量。

⑧ 典型相关（Canonical Correlation）：也叫正准相关，是表示判别得分和各个类别的联系的紧密程度的一个统计量。

⑨ 特征值（Eigenvalue）：是表示判别函数作用大小的一个统计量，等于类别间变差与类别内变差的比值，大的特征值对应于较好的判别函数。

⑩ F 比值（F Values）：指的是将某个预测变量当做因变量，而将原分类变量（判别分析中的因变量）当做因变量所在的单因素方差，分析所得到的统计量。显著的 F 比值对应着重要的预测变量。

⑪ 合并协方差矩阵（Pooled Within-group Covariance Matrix）：指的是所有类别的协方差矩阵的平均。

⑫ 总协方差矩阵（Total Covariance Matrix）：是将所有个体都看做一个总样本的个案时计算得到的。

⑬ 结构相关（Structure Correlation）：又叫做判别负荷（Discriminate Loading），指的是预测变量和判别函数的简单相关系数。

⑭ 韦克斯系数（Wilk's λ）：也叫做韦氏λ值或 U 统计量，某个预测变量的韦氏λ值等于该类别的类别内变差与总变差的比值，接近于 0 的值表示类别的均值之间可能有显著的差异，接近于 1 的值表示没有什么差异；也可以针对整个判别函数计算韦氏λ值，等于判别得分的类别内变差与总变差的比值。韦氏λ值可以换算成 F 比值或卡方值。

（2）两总体判别分析的基本步骤。

大量的判别问题是两总体问题，或是可以化为两总体问题的。其步骤如下：

① 确定研究问题。

主要是明确研究的目的，确定因变量即准则变量，确定自变量即预测变量。因变量必须是二分变量，否则就转换成只有两个类别的变量。自变量的选择需要考虑相关的理论并参考以往的研究结果。

② 确定分析样本和验证样本。

将样本分为两部分，一部分用于确定判别函数，另一部分用于检查判别的效果。如果样本量很大，可将样本平均地或随机地分为两部分。应注意的是，分析样本和验证样本中的类别分布应与总样本基本一致。分析和验证是可以反复进行的，即可将样本反复地分割成两部分，进行一系列的试验。

③ 估计判别函数或后验概率。

估计的过程涉及大量繁杂的计算，一般都是采用现成的统计软件如 SAS，SPSS 或 BMDP。主要的计算过程包括：分别计算两个类别的协方差矩阵，计算合并的协方差矩阵，计算该协方差矩阵的逆矩阵，以此逆矩阵乘两类别的各个自变量均值之差组成的矩阵从而得到判别系数。后验概率可通过判别函数计算。

④ 评价判别模型的效果。

通过合并协方差矩阵检查预测变量间是否存在共线性，根据 F 比值判断各个预测变量在判别分析中的作用（有时要考虑它们的交互作用），用特征值指示类别间和类别内变差的比例，通过典型相关系数的平方估计此判别模型所能解释的方差的比例。

⑤ 检验模型的显著性。

模型显著性研究的零假设为“两个类别的判别得分的均值是相同的”。研究的方法在 SAS 中采用 F 统计量，在 SPSS 中采用韦氏λ值。如果零假设被拒绝，说明判别分析模型是显著的。

⑥ 解释分析的结果。

如果判别分析模型是显著的，那么对判别系数的解释与对多重回归系数的解释有些相似。根据结构相关系数（判别负荷）的大小，可以对判别函数的意义给予适当的解释。标准判别系数和结构相关系数都可以用于比较预测变量在判别中的相对重要性。不过需要注意，前提是在没有严重共线性存在的情况下。

⑦ 检查判别的效果。

除了根据分析样本的分类矩阵来计算错判比率和正确判定的比率之外，一般还要将判别函数用于验证样本，通过验证样本的错判比率和正确判定的比率来确定判别的效果。对于正确判定的比率应该达到多少才能被接受，并没有严格的规定。不过一些研究者建议，正确判定的比率至少应该超过随机分类比率的 25%。例如，如果分成两类，正确判定的比率应该超过 75%（100%/2＋25%）；如果分成三类，正确判定的比率应该超过 58%（100%/3＋25%），才能考虑接受判别分析的结果。

（3）多总体判别分析的基本步骤。

多总体判别分析是针对两个总体以上的情况，如判别：重度使用者、中度使用者和轻度使用者，经常购买者、偶尔购买者和从不购买者，等等。多总体判别分析的步骤与两总体的情况类似。假设有 G 个总体或类别，与两总体不同的只是：

① 因变量必须是分为 G 类的定类变量，否则就要转换成含 G 个类别的变量。

② 需要估计 $G+1$ 个判别函数，而不是一个函数。其中第一个判别函数的特征值最大，因此所能解释的方差比例也越大；第二个判别函数的特征值其次，而且第二个函数与第一个不相关；以此类推。$G-1$ 个判别函数中，并不一定所有的函数在统计上都是显著的。经常的情况是，只用前面的 2～3 个显著的判别函数，所能解释的方差比例（如 90%）可能就已经足够了，因此没有必要使用全部 G－1 个判别函数。

③ 模型显著性研究的零假设为“G 个类别的判别得分的均值是相同的”。首先同时检验所有函数得分的均值是否相同；然后逐次去除一个判别函数，同时检验其余函数得分的均值是否相同；以此类推。例如，在三个总体的情况下，有两个判别函数。如果将第一个函数去除后对应于第二个函数的 F 统计量或韦氏λ值是不显著的，则说明第二个判别函数对类别间的差异没有什么贡献。

④ 可以分别用第一个和第二个判别函数为两个坐标轴，作出所有类别中个体的散点图（Scatter-gram Plot）以及表明各个类别的分界线的区域图（Territorial Map），在图中还可以表明各个类别的中心，从而直观地解释判别的结果。

4）多维图示分析

在市场研究中，常常会得到相当复杂的或烦琐的数据表格，如何用最直观简洁的方法向客户和有关决策者解释这些数据中所隐藏的内在联系、规律或趋势，是市场研究的结果能否真正成为经营决策者参考依据的重要因素。多维制图技术是“探索”和“观看”多维数据的强有力的方法。在市场研究中最为有用的多维制图技术是以下面三种数据探索技术为基础的：

(1) 多维偏好分析。

(2) 对应分析。

(3) 多维尺度法。

通过分析，可以帮助市场研究者回答诸多的市场问题。例如:

- 谁是我的用户?
- 还有谁应该是我的用户?
- 谁是我的竞争对手的用户?
- 相对于我的竞争对手的产品，我的产品定位于何处?
- 我还应该开发哪些新产品?
- 我应该将目标指向哪些新的潜在消费者?

多维偏好分析用的数据典型格式是表示成 n 个消费者对 k 个产品的评价得分。偏好数据也可以是排序的或成对比较的。对应分析是探索研究分类变量之间关系的一种专用技术，也可以认为是分析列联表的一种图示技术，特别是当分类变量的水平数比较大时，对应分析可以将列联表中众多的行和列的关系在低维空间中表示出来。对应分析用的数据的典型格式是列联表或交叉频数表，表示不同背景的消费者对若干产品或产品属性的选择的频数；背景变量或属性变量可以并列使用，也可以单独使用；视研究的目的要求，可以看成是两个变量间的简单对应分析，也可以看成多个变量间的多元对应分析。

多维尺度法是探索研究事物之间的相似性程度的一种专用技术，这种相似程度可在低维空间中用点与点之间的距离表示出来，并有可能帮助识别那些影响事物间相似性的未知量或因素。多维尺度法所要求的数据格式是表示待比较事物接近程度的矩阵，可以用两种方式获取，直接比较法和间接推导法。

5）结合分析

结合分析（Conjoint Analysis）是通过将产品表述成属性水平组合的形式，请消费者按其喜好程度给产品组合打分或排序，然后采用数理分析方法，测算消费者对每个属性水平的喜好程度，从而分析研究消费者的选择行为。

结合分析方法的基本思想是把顾客的需求描述成一系列的产品属性，每个属性又分成不同的属性水平，不同属性及水平组合形成不同的模拟产品，让顾客根据自己的喜好对这些虚拟产品通过打分、排序等方法进行评价。与传统让受访者对每个属性进行评估的定性调查方法不同，联合分析让受访者同时对多个属性进行选择或评分，并利用不同的统计方法计算出每个属性的相对重要性以及各属性水平的相对重要性。具体选用什么分析工具以及用这些统计方法获得的绝对数值并不重要，重要的是各种属性的相对重要程度或各属性彼此之间的关系。

结合分析的基本模型可以用公式（4.22）（4.23）来表示。

$$Y = a + \sum_{i=1}^{m}\sum_{j=1}^{k_i} b_{ij}x_{ij} \tag{4.22}$$

$$U(x) = \sum_{i=1}^{m}\sum_{j=1}^{k_i} b_{ij}x_{ij} \tag{4.23}$$

式中：Y——全轮廓的偏好得分，即消费者对包含所有属性的组合分别进行评价；

a——截距；

b_{ij}——第 i 个属性（$i=1, 2, \cdots, m$）第 j（$j=1, 2, \cdots, k_i$）个水平的效用值或分值贡献；

k_i——第 i 属性的水平数；

m——属性数；

x_{ij}——指定不同属性水平的亚变量；

$U(x)$——全轮廓的总效应。

属性的重要性 I_i 定义为该属性水平的最大分值与最小分值之差，如式（4.24）：

$$I_i = \max(b_{ij}) - \min(b_{ij}) \tag{4.24}$$

对每个 i 属性的相对重要性 w_i 是经过归一化处理得到，以此表示其相对别的属性的重要性，如式（4.25）：

$$w_i = I_i \Big/ \sum_{i=1}^{m} I_i \tag{4.25}$$

其中 $\sum_{i=1}^{m} w_i = 1$。

这里，属性指的是所选用的构成产品的主要特征或指标。例如，在一项有关汽车产品的营销中，选用了品牌、外形、价格、性能、安全和环保六个属性。水平表示属性所规定的取值，如品牌名称有四个水平，即有四个取值：A，B，C 和 D；价格有三个水平，其取值分别为 5 万元、10 万元和 15 万元等。全轮廓指的是所有属性按设计规定的水平所构成的组合。

6）层次分析

层次分析法（Analytic Hierarchy Process，AHP）是美国运筹学家沙旦于 20 世纪 70 年代提出的，是一种定性与定量分析相结合的分析方法，是一种较常用的因素重要性权值确定方法。其基本思想是首先将所要分析的问题层次化，根据问题的总目标，将这些影响因素进行层次分解，并按照这些因素之间的相互关联影响以及隶属关系进行不同层次的聚集组合，形成一个多层次分析结构模型。

（1）AHP 法原理。

设有 n 件物体 $A_1, A_2, \cdots, A_n$，它们的重量分别为 $w_1, w_2, \cdots, w_n$，若将它们两两比较重量，其比值可构成 $n \times n$ 矩阵 $\boldsymbol{A}$。

$$\boldsymbol{A} = \begin{bmatrix} w_1/w_1 & w_1/w_2 & \cdots & w_1/w_n \\ w_2/w_1 & w_2/w_2 & \cdots & w_2/w_n \\ \vdots & \vdots & & \vdots \\ w_n/w_1 & w_n/w_2 & \cdots & w_n/w_n \end{bmatrix}$$

A 矩阵具有如下性质：

重量向量 $$\boldsymbol{W} = (w_1, w_2, \cdots, w_n)$$

右乘矩阵 $$\boldsymbol{AW} = n\boldsymbol{W}$$

$$(\boldsymbol{A} - n\boldsymbol{I})\boldsymbol{W} = \boldsymbol{0}$$

由矩阵理论可知，$\boldsymbol{W}$ 为特征向量，n 为特征值。若 $\boldsymbol{W}$ 为未知，则可根据决策者对物体之间两两相比的关系，主观作出比值的判断。

(2) 一致性判断。

人们对复杂事物的各因素采用两两比较时，不可能做到判断完全一致，而存在估计误差，这必然导致特征值及特征向量也有偏差。为了避免误差太大，所以要衡量判断矩阵的一致性。判断矩阵的一致性采用一致性指标（I_c）进行判断，一致性指标（I_c）的计算采用（4.26）式：

$$I_c = \frac{\lambda_{max} - n}{n-1} \tag{4.26}$$

当 $\lambda_{max}=n$，$I_c=0$，为完全一致；I_c 值越大，判断矩阵的完全一致性越差。一般只要 $I_c \leqslant 0.1$，认为判断矩阵的一致性可以接受，否则重新进行两两比较判断。判断矩阵的维数 n 越大，判断的一致性将越差，故应放宽对高维判断矩阵一致性的要求。于是引入修正值 I_r，见表 4.4，并取更为合理的 I_{cr} 为衡量判断矩阵一致性的指标。

表 4.4 修正值 I_r

维数 n	3	4	5	6	7	8	9
I_r	0.58	0.96	1.12	1.24	1.32	1.41	1.45

(3) 标度。

为了使各因素之间进行两两比较得到量化的判断矩阵，引入 1～9 的标度。根据心理学家的研究提出：人们区分信息等级的极限能力为 7±2，表 4.5 为两两比较标度方法。

表 4.5 两两比较标度方法

标度 a_{ij}	定 义
1	i 因数比 j 因数相同重要
3	i 因数与 j 因数略重要
5	i 因数比 j 因数较重要
7	i 因数比 j 因数非常重要
9	i 因数比 j 因数绝对重要
2，4，6，8	为以上两判断之间的中间状态对应的标度值
倒 数	若 j 因数和 i 因数比较，标度值 $a_{ji}=1/a_{ij}$

(4) 层次模型。

根据具体问题一般分为目标层、准则层和措施层（见图 4.6）。复杂的问题可分为总目标层、子目标层、准则层（或制约因素层）、方案措施层，或分为层次更多的结构。

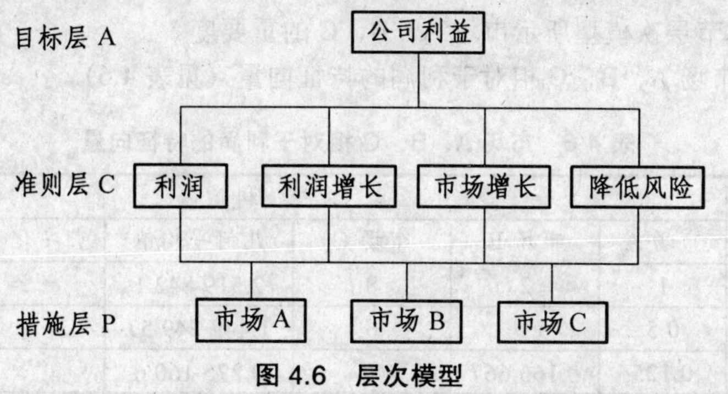

图 4.6 层次模型

（5）计算方法。

一般地讲，在 AHP 法中计算判断矩阵的最大特征值与特征向量，并不需要很高的精度，故用近似法计算即可。最简单的方法是求和法及其改进的方法，但方根法更好，这里介绍方根法。方根法是一种近似计算法，其计算步骤为：

① 计算判断矩阵每行所有元素的几何平均值：

$$\overline{w}_i = \sqrt[n]{\prod_{j=1}^{n} a_{ij}} \qquad i=1,2,\cdots,n \tag{4.27}$$

得到 $$\overline{w} = (\overline{w}_1, \overline{w}_2, \cdots, \overline{w}_n)^{\mathrm{T}}$$

② 将 $\overline{w}$ 归一化，即计算

$$w_i = \frac{\overline{w}_i}{\sum_{i=1}^{n} \overline{w}_i} \qquad i=1,2,\cdots,n \tag{4.28}$$

③ 计算判断矩阵的最大特征值 $\lambda_{\max}$：

$$\lambda_{\max} = \sum_{i=1}^{n} \frac{(\boldsymbol{A}\overline{w})_i}{n\overline{w}_i} \tag{4.29}$$

其中 $(\boldsymbol{A}\overline{w})_i$ 为向量 $\boldsymbol{A}w$ 的第 i 个元素。

④ 计算判断矩阵一致性指标，检验其一致性。

⑤ 组合权重计算。

设有目标层 A、准则层 C、方案层 P 构成的层次模型（层次更多的模型，计算相同），准则层 C 对目标层 A 的相对权重为：

$$\overline{w}^{(1)} = (w_1^{(1)}, w_2^{(1)}, \cdots, w_k^{(1)})^{\mathrm{T}}$$

方案层 P 对准则层的各准则 C_i 的相对权重为：

$$\overline{w}_l^{(2)} = (w_{1l}^{(2)}, w_{2l}^{(2)}, \cdots, w_{kl}^{(2)})^{\mathrm{T}} \qquad l=1, 2, \cdots, k$$

那么各方案对目标而言，其相对权重 $v^{(1)} = (v_1^{(2)}, v_2^{(2)}, \cdots, v_k^{(2)})^{\mathrm{T}}$ 是通过权重组合而得到的：

$$v_1^{(2)} = \sum_{j=1}^{k} w_j^{(1)} w_{1j}^{(2)} \cdots v_n^{(2)} = \sum_{j=1}^{k} w_j^{(1)} w_{nj}^{(2)} \tag{4.30}$$

例：试分析本节层次模型所示市场 A，B，C 的重要度。

解：① 计算市场 A，B，C 相对于利润的特征向量（见表 4.6）。

表 4.6 市场 A，B，C 相对于利润的特征向量

	利润				
	市场 A	市场 B	市场 C	几何平均值	归一化（特征向量）
市场 A	1	2	8	2.519 842 1	0.593
市场 B	0.5	1	6	1.442 249 57	0.341
市场 C	0.125	0.166 667	1	0.275 160 6	0.066

② 一致性检验：

$$AW=\begin{bmatrix}1 & 2 & 8\\ 1/2 & 1 & 6\\ 1/8 & 1/6 & 1\end{bmatrix}\begin{bmatrix}0.593\\ 0.341\\ 0.066\end{bmatrix}=\begin{bmatrix}1.803\\ 1.034\\ 0.197\end{bmatrix}$$

$$\frac{(A\overline{w})_i}{\overline{w}_i}=(1.803/0.593,\ 1.034/0.341,\ 0.197/0.066)=(3.04,\ 3.032,\ 2.985)$$

$$\lambda_{\max}=\frac{3.04+3.032+2.985}{3}=3.019$$

$$I_c=0.010 \qquad I_{cr}=0.017$$ （一致性检验合格）

③ 计算其他特征向量并确定市场的优劣（见表 4.7）。

表 4.7　层次模型相关的特征向量

		单一标准下的三个市场的特征向量			
利　润　0.398		利润	利润增长	市场增长	降低风险
利润增长　0.218	市场 A	0.593	0.123	0.087	0.265
市场增长　0.085	市场 B	0.341	0.320	0.274	0.655
降低风险　0.299	市场 C	0.066	0.557	0.639	0.080

所以，市场 A 总得分：0.398×0.593＋0.218×0.123＋0.085×0.087＋0.299×0.265＝0.349；市场 B 总得分：0.425；市场 C 总得分：0.226。通过比较可知市场 B 为最优。

4.2　市场轮廓分析

市场轮廓，顾名思义就是某类产品市场的大致情况，具体包括市场的规模、市场增长率以及该市场上的产品品牌情况等。对于准备开发产品的企业来说，市场轮廓分析是非常必要的，只有通过市场轮廓分析，企业才能对市场的整体情况有一个比较确切的了解，为制定产品策略打下基础。

4.2.1　市场规模分析

进行市场规模分析的主要目的是通过市场研究人员对某类产品的分析来透视市场上所有该类产品的市场表现，让企业能够清晰地掌握整个市场状况。市场规模分析主要内容是进行产品/品牌销售指标的统计和分析，如销量、销售额、销售增长率等指标。按照目前国际上的惯例，企业在进行市场规模研究时，一般要考虑到过去五年的市场规模变化，并要尽量预测未来五年的市场发展趋势。在市场规模分析过程中，企业一般需要从以下几个方面入手：

1）判断消费走向

根据消费需求和消费特征的变化，分析这些因素对市场规模的影响，看看哪些产品得到市场认可，那些产品不被市场接受，以及这些现象背后的原因。

2）确定产品处于产品生命周期的位置

研究人员首先需要判断出目标市场是否是一个新的市场，或者该市场处于成长期、成熟期还是衰退期，以及市场发展的速度。

3）分析市场供应品牌的发展趋势

了解市场供应方面，如新产品开发或者老产品退出以及同质化竞争等现象给市场结构带来的影响，分析产品特征、品牌的变化对产品销量的影响。

4）判断价格走向

进行市场价格结构调查，了解价格变化情况；分析价格因素对消费者购买行为的影响，以及价格变化给产品销量带来的影响。

5）分析影响市场规模的主要因素

要完成以上工作，研究人员需要获取这样一些数据：

- 过去 5 年的市场容量大小。
- 过去 5 年市场增长情况，如品牌增长情况等。
- 过去 5 年市场主要品牌的销量。
- 市场变化量，增大或减小，以及具体变化幅度。

至于这些数据的来源问题，各种政府机构、贸易公司、数据服务机构一般都能够提供有关市场总量的数据，具体产品品牌的数据可以从各个厂商年度发布的业绩中获得。对于消费产品则可以使用一些权威市场研究机构出售的信息。至于耐用消费品，已经存在很多专业数据服务，如各种行业协会。就汽车产品来而言，每年中国汽车工业协会都会发布年度整个汽车行业的销售情况。

4.2.2　市场轮廓预测

市场轮廓预测是经济预测的一部分。它的主要内容包括潜在市场需求的预测、企业销售量预测、市场占有率预测、购买者行为预测、企业投资效果预测、产品生命周期预测、有关科技前景及新产品开发预测等。一般的预测系统可以用图 4.7 表示。

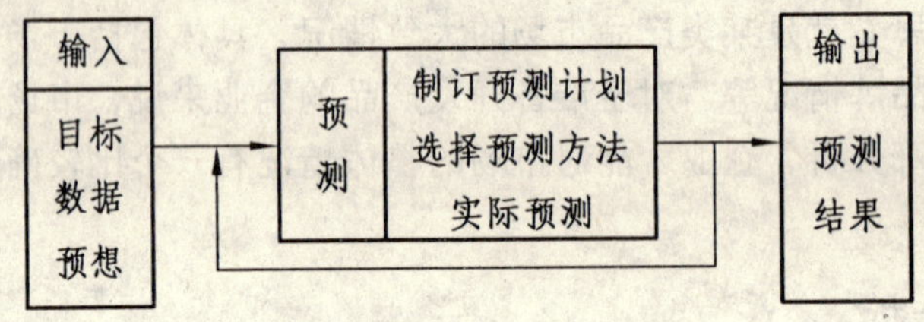

图 4.7　预测系统

1）专职人员预测法

请一部分有经验、分析能力强，并有预见性的人员，可以由经理召集销售、市场研究、生产管理、财务负责人员，或由主管召集销售人员等参加会议。前者即为经理人员评判意见法，后者为销售人员意见评判法，也可以综合经理人员和销售人员的意见而成为综合判断法，为了能反映各种意见，可以采用求推定平均值的办法加以计算，其计算公式为：

$$Y=\frac{a+4b+c}{6} \tag{4.31}$$

式中：Y——预测值，即推定平均值；

a——最乐观的估计值；

b——最可能的估计值；

c——最悲观的估计值。

这些方法多用于销售量或未来市场需求的预测。此方法简单，预测速度比较快；缺点是容易忽视总体市场的需求而产生过于乐观或悲观的估计。

2）类推法

类推法是根据个人的直觉，对未来的发展趋势作出合乎逻辑的推理判断。

(1) 相关类推法：是从已知相关的各种市场因素之间的变化推断预测目标的发展趋向。因此，这种预测方法首先要找出与预测目标有关的因素。例如，从每年结婚者数目预测家具、服装、家庭用具及住宅的需求量，从出生率预测婴儿用品购买量，从替代品市场的变化预测本企业产品的需要量，从互补性商品（如住宅建设与室内装饰、家具等）及先行、后行产品的市场需求变化等来预测产品的市场需求，等等。

(2) 对比类推法：此法是分析与预测目标相类似的已有事物，由此来推断预测目标的未来发展趋势。例如，对比国外已有产品的市场生命周期、产品的更新换代情况来预测我国同类产品的有关指标及发展变化趋势等。

(3) 推测法：又称百分率增加法，是根据过去的实际销售资料来推算未来的销售值。其推断公式为：

$$Y_{n+t} = Y_t(1+m)^n \tag{4.32}$$

式中：Y_{n+t}——n 期后的预测值；

Y_t——基期的市场实绩；

m——平均增长率。

推测法中关键是找出平均增长率 m。m 可由经验得出，也可用式（4.33）进行计算。

$$1+m = \sqrt[n]{\frac{Y_n}{Y_0}} \tag{4.33}$$

3）转导法

这是预测者根据部门经济，即某一行业的总产值所占国民生产总值的比率以及本企业的市场占有率，来推算本企业产品的年预测销售值。预测下期销售值可用连续比率法求出，即

$$Y_t = G(1+R_P\%)R_1\%R_S\% \tag{4.34}$$

式中：Y_t——下期销售预测值；

G——本期国民生产总值；

$R_P\%$——下期将增减的比率；

$R_1\%$——某行业生产总值占国民生产总值的百分比；

$R_S\%$——本企业市场占有率。

4）时间序列分析法

所谓时间序列分析法，就是将历史统计资料按时间顺序加以排列，构成一组变动的观察值数列，分析此数列，然后找出变化的规律，以推测发展趋势。常用的时间序列分析法有以下几种：

(1) 简单平均法：此法是以观察期数据之和除以数据个数所得平均数作为下期预测值。计算式为

$$Y_t = \frac{\sum_{i=1}^{n} x_i}{n} \tag{4.35}$$

式中：Y_t——预测值；

x_i——第 i 期的观察值；

n——选取的观察值个数（资料期数）。

简单平均法的优点是简单易算，缺点是误差较大。

（2）加权平均法：此法中为了考虑各观察值重要性的不同，可以分别给以不同的权数。按预测法则“近期影响大，远期影响小”赋权。其计算公式为：

$$Y_t = \sum_{i=1}^{n} w_i x_i \tag{4.36}$$

式中：w_i——各个权数，且 $\sum w_i = 1$。

（3）几何平均法：此法运用历史资料，计算出平均发展速度，以此作为预测的依据。其计算公式为：

$$Y_t = x_n \sqrt[n-1]{\frac{x_n}{x_1}} \tag{4.37}$$

几何平均法在计划工作中经常用到，例如，测算商品供应量、商品流转额、职工人数、国民收入、人均收入等。

（4）指数平滑法：是用过去的时间序列的实际值和预测值加权平均来进行预测，其基本模型为：

$$F_{t+1} = \alpha \cdot Y_t + (1-\alpha)F_t \tag{4.38}$$

式中：F_{t+1}——第 $t+1$ 时期的时间序列的预测值；

Y_t——第 t 时期的时间序列的实测值；

F_t——第 t 时期的时间序列的预测值；

α——平滑系数（$0 \leqslant \alpha \leqslant 1$）。

例：某公司的产品最近 10 年的销售量如表 4.8 所示，用指数平滑法预测第 11 年产品的销售量（$\alpha = 0.3$）。

表 4.8 某公司产品最近 10 年的销售量

周　数	1	2	3	4	5	6	7	8	9	10
时间序列值	62	51	72	64	50	48	67	54	63	73

解：按式（4.32）进行计算，计算结果如表 4.9 所示。

预测第 11 年的产品销售量：

$$F_{11} = 0.3 \times Y_{10} + (1-0.3)F_{10} = 0.3 \times 73 + 0.7 \times 59.23 = 63.36$$

第 2 年到第 10 年的预测偏差平方值的平均数为 107.30，并把此数据作为第 11 年预测偏差的平方值。用不同的 α 值可得到不同的预测偏差值，通常选用偏差值最小的 α 值作为选定的平滑系数。

表 4.9　计 算 结 果

年　数	时间序列值	α=0.3 时指数平滑法预测值	预测偏差	预测偏差平方值
1	62			
2	51	62	－11.00	121.00
3	72	58.70	13.30	176.89
4	64	62.69	1.31	1.72
5	50	63.08	－13.08	171.09
6	48	59.16	－11.16	124.55
7	67	55.81	11.19	125.22
8	54	59.17	－5.17	26.73
9	63	57.62	5.38	28.94
10	73	59.23	13.77	189.61
合　计				965.75

(5) 回归分析法。

回归分析法是通过对预测目标诸影响因素的分析，找出它们之间的统计规律性，由此建立回归方程的一种定量分析方法。如果研究的因果关系只涉及两个变数，称为一元回归分析；如涉及两个以上的变数，就称为多元回归分析；视变量是否呈线性关系，又可分为线性回归和非线性回归。当用一元线性回归预测法进行预测时，回归方程为：

$$y = b_0 + b_1 x \tag{4.39}$$

式中：x——影响因素；

y——预测目标；

b_0，b_1——回归系数，可以利用最小二乘系数，其计算公式为：

$$b_0 = \overline{y} - b_1 \overline{x} \tag{4.40}$$

$$b_1 = \frac{\sum xy - \frac{1}{n}\sum x \sum y}{\sum x^2 - \frac{1}{n}(\sum x)^2} \tag{4.41}$$

$$\overline{y} = \frac{\sum_{i=1}^{n} y_i}{n} \tag{4.42}$$

$$\overline{x} = \frac{\sum_{i=1}^{n} x_i}{n} \tag{4.43}$$

相关系数 R：对模型的合理性和可信度进行检验，相关系数的等级如表 4.10 所示。

$$R = \frac{\sum xy - \frac{1}{n}\sum x \sum y}{\sqrt{\left[\sum x^2 - \frac{1}{n}(\sum x)^2\right]\left[\sum y^2 - \frac{1}{n}(\sum y)^2\right]}} \tag{4.44}$$

表 4.10 相关系数等级表

相关程度	最　高	高	中	低	最　低	不
R（±）	1.0 ~ 0.9	0.89 ~ 0.7	0.69 ~ 0.4	0.39 ~ 0.2	0.19 ~ 0.10	0

如果研究的因果关系涉及多个变数，称为多元回归分析，多元回归的模型为：

$$y = b_0 + b_1 x_1 + b_2 x_2 + \cdots + b_k x_k \tag{4.45}$$

式中：b_0，b_1，…，b_k——回归系数，其大小值可以通过统计软件求取。

（6）Bass 模型。

Bass 模型是一个反映市场生命周期规律的，并以产品过去的销售数据为基础的数学模型，这个模型基于这样一种假设：认为某一个时间的首次购买率是以前购买者总数的线性函数。最初，购买率依赖于市场开拓者，随着购买者数量增加以后，购买率就会随着时间而增加。从数学上看，这个模型暗示购买率等于创新者影响程度的值加上一个代表产品信息传播过程影响力的变量，这个变量等于一个常数乘已经购买产品的消费者的比例。Bass 模型的公式表达式为：

$$P_t = p_0 + q(y_{t-1} / m) \tag{4.46}$$

式中：P_t——到时间 t 购买的概率；

p_0——最初选定的购买率；

y_{t-1}——到时间 $t-1$ 期末，已经购买了产品的总人数；

m——产品潜在的购买总人数；

q——所估计的传播率的参数。

这个模型是一个体现所有市场购买者互动趋势的一个模型，购买者越多，则购买率越高。每一个特定阶段的预期销量 S_t 是还没有购买产品的人数乘他们购买的概率。如式（4.47）所示：

$$S_t = (m - y_{t-1}) P_t \tag{4.47}$$

将式（4.46）和式（4.47）整理后得式（4.48）：

$$S_t = p_0 m + (q - p_0) y_{t-1} - (q / m) y_{t-1}^2 \tag{4.48}$$

由于创新者的影响和信息的传播，市场销售额会首先增长，然后，当市场饱和的时候会下降，这是因为市场上购买产品的人越多，剩下的未来购买产品的人就越少，当然这里指的是在一个产品生命周期中的情况。这个函数反映了类似生命周期规律的曲线，如图 4.8 所示。

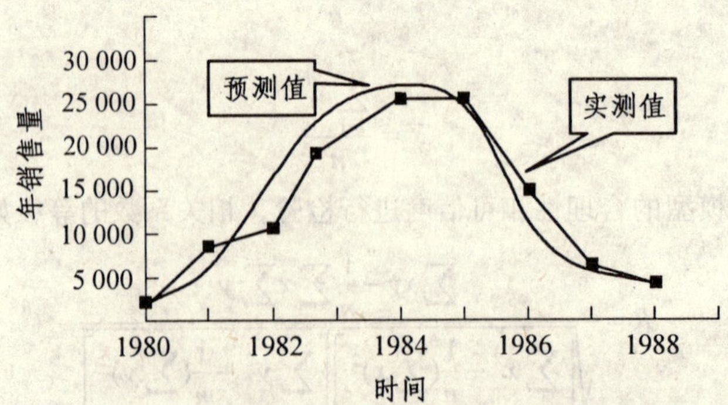

图 4.8 Bass 模型函数曲线（某耐用消费品销量预测图）

需要说明的是，Bass 模型对于快速消费品的销量预测比较准确，而对于耐用消费品来说，这个模型预测了产品生命周期的初始销售额，但不能预测产品用旧以后的替换状况。Bass 模型有助于确立某类产品的最初增长率，从而有利于提高新产品刚上市时的竞争力。由于 Bass 模型的形状和某个市场生命周期的形状类似，而且对于新产品在市场上逐步扩散的模式有比较好的抽象，因此其应用效果要优于其他时间序列预测方法。由图 4.8 看出模型预测的最高点和实际的数据基本吻合，实际和预测的最大销量和萎缩期的年份也基本一致。到目前为止，全球已经非常广泛地应用并发展了 Bass 模型。在长久地应用 Bass 模型后，可以总结出各参数的经验值，如汽车企业进行整体市场规模预测的时候，取 $p(0)=0.04$，$q=0.3$ 与实际结果比较吻合。

市场轮廓预测的各种方法很多，据统计已超过 150 种，但上述几种是最常用的，要想取得符合实际的预测结果，应该对各种预测方法进行有效综合利用。

4.2.3　市场轮廓分析标准

就某个具体企业来说，进行市场轮廓分析之前必须确定，本企业产品进行完整的市场轮廓分析应该包括哪些标准。在确定完这些标准后，还要考虑企业目前所具备的能力是否满足这些标准的要求。企业的技术能力与其市场是否匹配，在甄选新产品开发项目时尤其重要。下面根据一些典型企业的经验，列出了市场轮廓分析的一些考虑因素，以及公司能力与市场要求的一致性指标，如表 4.11 所示。

表 4.11　市场轮廓分析指标

市场指标	企业能力
市场规模	技术能力
销售增长率	资金多少
所处市场周期的阶段	销售渠道是否通畅
进入市场的顺序	制造能力
盈亏平衡点	市场协调能力
市场份额	市场应变能力
投资回报率	
市场壁垒高低	
⋮	⋮

在确定了一系列指标之后，根据各个因素的重要性来确定评价权重，这是市场轮廓分析的一个必要步骤。而具体每个指标的权重，应该由决策者、市场研究人员、研发人员集体讨论，得出最终结果。

在上述工作之后，使用前面得到的评价指标对选定的市场进行评价，以确定出较优的市场，评分可以相对于公司现有产品的市场，用 5 级量表来进行，如表 4.12 所示。

表 4.12　市场指标评价量表

−2	−1	0	1	2
非常差	较差	一般	较好	非常好

最后将打出的单项分数进行综合（权重×得分），就可以根据最后得分界定出各个市场的优劣、吸引力的强弱。

市场轮廓分析的最后结果是得到一组值得进一步研究的高潜力的市场和用来引导这些研究的优先顺序。然而，在准备确定新产品战略之前，必须更仔细地确定所谓的市场具体的细分组成、市场边界，即市场界定。

4.3 市场细分

随着人们物质文化和生活水平不断的提高，人们已不满足于标准化的产品和服务来统一消费水准和消费方式，原有消费模式受到前所未有的挑战。统一的市场已不是主体，个性化市场日益明显，在这个背景下企业应广泛地使用市场细分策略。市场细分就是根据消费者需求上可能存在的各种差异，将整体市场划分成若干个消费者群，每一个消费者群都是一个具有相同需求和欲望的细分子市场。市场细分将有助于企业投资于能够给其带来经济效益的领域，使产品开发和市场营销针对性强、效益高，避免因盲目投资而造成资源浪费，还有助于企业通过产品的差异化建立起竞争优势。企业通过市场调查和市场细分，将会发现尚未被满足的顾客群体。如果企业能根据这一顾客群体的需求特征，设计出独具特色的服务产品，就会获得巨大成功。

要界定细分市场，就必须明确市场界定的各个指标。一般来讲，市场的界定指标分为竞争产品、顾客需求、消费者自然属性、消费者社会属性、消费者态度几大类。如果用几何的概念来描述市场，市场实际上是一个多维空间，每一个维度都有其特定的单位，将一定数量的标准单位空间任意组合，就形成了所谓的细分市场。下面用乘用车产品为例进行说明。

乘用车的消费者购买产品时，对于各种因素的考虑顺序一般是：用途、价格、品牌等。以上只是第一层次的约束。当这几大因素确定以后，消费者心目中的产品要求基本上也就有了大致轮廓。至于具体是哪种产品，还要进一步了解其他的各种因素，如安全性、油耗、外观、性能等。在研究消费者需求时，可以根据不同的目的，按照相应的层次和顺序来对市场上的产品进行细分，同时每一层次上可以依靠相应的坐标进行定位，这样的模型称为分层多维市场细分模型，如图 4.9 所示。

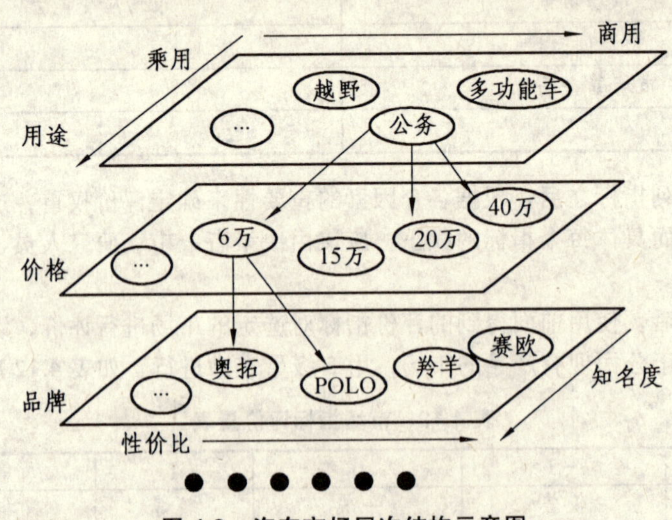

图 4.9　汽车市场层次结构示意图

在产品开发的机会识别阶段，厂家都企图寻找这样的市场：它能为产品开发提供使用目标。如果这个市场定得太宽，例如“轿车”，那么我们就难以评价市场、选择目标顾客、了解竞争状况并揭示在这个市场获得成功的产品必备的条件。相反，如果市场界定得太窄，例如，“适合 20～30 岁年轻人驾驶、单门、四缸、红色跑车”，那么可能会导致市场研究人员认为市场太小，开发成本过大而错过机会。

从消费者的角度来看，在同一个市场内，假设一个顾客购买了一个产品并且发现这个产品能够满足他的需要。即使第二个进入者承诺其产品优于第一个产品，顾客也不大可能转换选择第二个进入者。因为第二个进入者有可能并没有说得那么好，也可能它提供的利益与顾客想要的不一致。这样，第二个产品不仅要更好，而且还要提供足够的利益，使顾客值得冒风险使用新产品而不是首先进入此市场的产品。这就意味着后入者要么提供更多的利益、更优的价格，要么安于比先入者较低的市场份额。因此，与其这样，还不如通过进一步发掘新的更具体的，同时也是先入者比较薄弱的细分市场，这样的市场策略更符合企业的利益。日本丰田公司研发部门的研究员就说过，丰田为所有 16～80 岁的不同类型的顾客都准备了相应的车型，从丰田公司的产品资料中随便抽出一本就可以说出它对应什么样的顾客：年龄、社会地位、收入、性别……这正是丰田公司取得成功的关键因素之一。

拿汽车行业为例，某个企业的“市场”是汽车还是微型汽车、小型家用汽车、小型家用双门汽车或是家用轿车……目标顾客是要满足上班族需要还是私营业主、企业家、政府机关、运动、休闲的需要……目标顾客的年收入是 50 万元还是 20 万元、10 万元或者 2 万元……这一切的确定，都必须要有科学、精确的依据。

在实际新产品开发中，界定的细分市场越具体，则遇到竞争的可能性就越小，但同时也意味着市场也越小，利润不会太高。反之，如果将新产品的目标市场锁定在一个很大的范围内，如果你不是早期进入的产品的话（事实上在各个领域都已经有了众多的成熟产品），那么你将遇到众多的先入产品的激烈抵制和挑战，从而也将面临更大的失败风险。因此如何为开发团队界定一个恰当的能确保给企业带来巨大利润的细分市场，一直是所有企业市场研究人员追求的终极目标。

4.3.1　市场细分变量

要准确地把握市场细分，就必须进一步提出一整套细分市场的等级体系及划分标准。很难说什么是最好的或最正确的定义细分市场的方法，虽然统计学有时可以有所帮助，但最后仍然需要决策者的判断。进行市场细分的目的并不是想要追求所有的细分市场，而是挑选出合适的目标细分市场。所有的细分市场必须符合 4R 原则：可测性（细分市场的大小和特性能够测量），稳固性（有一个最小的获利规模），可及性（能够进入这一细分市场），可行性（能够通过实施战略来服务于细分市场）。下面介绍市场细分的相关变量：

1）消费者自然属性

消费者自然属性可以从地理和社会经济两个方面进行划分：

(1) 依据地理变量的自然属性细分。

① 地理变量——地域（东、南、西、北），气候，城乡。如某企业最初生产的汽车在香港使用，由于香港气候潮湿，雨多，汽车喷漆没有作防锈处理，用了半年底部都锈了。还有汽车卖到哈尔滨要保证供暖，以便冬季时车好启动，防止汽缸冻裂。卖到南方防雨、防锈要好。还有欣赏品位要作仔细的研究，像亚洲与欧洲的欣赏品位就有所不同。

② 人口统计变量——通过分析人口统计变量，估计投资一个产品最终能挣多少钱。

③ 民族与宗教问题——向伊斯兰国家出销肥皂，要用牛油制作的。

(2) 依据社会经济的细分。

① 收入支出变量——直接影响人的购买力。如总收入水平（年）、可支配收入（除去消费的，随时可拿出的钱）、收入稳定性（靠工资，工作稳定）、阶段性支出（人的一生有不少阶段性支出，如上学、结婚、生孩子等）。

② 职业特征变量——能反映出人的生活方式和审美特点，如教师、科技人员、售货员、演员、工人、农民等。

③ 教育程度变量——以学历划分，如中专、大专、本科、研究生、博士等，可加上留学人员。

④ 家庭结构——包括单人家庭、双人家庭、核心家庭以及三代人的大家庭。

⑤ 住房变量——可按住房结构划分，如公寓、一居、二居、三居等。

⑥ 社会阶层变量（最难确定也是最有效的）——上述加起来的总和。

在当前的研究中，人们一直将地理变量和社会经济变量看做分离的实体，这样可以很好地说明这些自然属性的差异性和相似性。但是如果将两者组合起来则更便于实际研究中的计划与分析，如性别、年龄、婚姻状况、家庭规模、子女年龄、收入、职业、地理位置、教育、是否拥有住房等。如果这些因素都与顾客需求、信息的获得或者消费者购买行为有关的话，那么消费者自然属性细分就可以作为市场细分的一个代用方法。例如，年收入只有 5 万元的家庭，对汽车产品的定位可能就在于其“经济性”；而有年幼子女的家庭，则定位于以“安全性”著称的品牌市场上。当这些人口统计变量很好地代表了顾客偏好时，它们就为我们提供了一种简洁明了而且容易使用的顾客细分工具。

消费者按人口细分也能发现未来的机会。从 1990 年起的 30 年中，处于快速增长年龄段的那部分消费者会成为年龄超过 55 岁的群体，人数增长预计会超过 50%（从 1990 的 20.9% 到 2020 年的 30.9%）。因为那时人们的预期寿命更长，有更多可随意支配的收入，所以年龄较大的细分市场将成为许多公司的主要机会。

2）消费者行为属性

消费者行为研究是对一系列过程的研究，而这一系列过程是由于个人或团体的选择、购买、使用或处理商品以满足需求和欲望时所引起的。人们行为属性（如他们的生活、兴趣、习惯、对宣传媒体的反应和购买行为）以及对生活的研究（如他们的态度、信仰、观点、感情、需求、欲望和价值观）是决定他们使用某种产品和服务的更重要的原因。

下面就心理、消费行为、消费习惯、消费效用这几个常用的行为变量来分析市场：

(1) 心理分析。

心理分析在市场细分的研究中应用越来越多，根据市场研究实践和专家分析，心理分析应该定义为：心理分析 = 个性特征分析 + 生活方式研究。

心理分析变量更多地用于高层次的分析，而不是对市场进行初级细分。如果按照心理分析变量来分析汽车市场的话，人们可能基于各种各样的非人口统计因素购买汽车。如某多功能汽车市场可根据购买动机进一步细分。心理分析提供一个目标细分市场的轮廓。

(2) 消费者行为。

不同的人在购买商品时所采取的行为也是各不相同的。通过分析消费者的行为，研究人员可以更好地理解消费者在商场上的行为。购买者行为受消费态度、品牌、对商店或公司的忠诚度、个人动机、观念和偏好等因素的影响。例如，“中华”轿车的成功在于它突出了“中国第一款具有自主知识产权的轿车”，这种定位满足了市场上很多具有强烈民族感的用户。另外，市场上也有相当一部分用户向往知名品牌，追求知名品牌可带来的产品之外的满足感，这是消费者的正常心理，为迎合这一部分消费者，国内很多汽车企业纷纷与跨国知名汽车公司签订合作协议，给本土生产的汽车产品挂上知名的汽车品牌，这也大大提高了其产品的销量和知名度。不管是打国内民族品牌也好，还是挂国外知名品牌也好，这都是企业在揣摩不同的目标顾客的心理以后所采取的营销策略。顾客对于产品在不同方面的态度，往往也是企业开发新产品的根据之一。比如，有些对全球大气污染很关心，非常爱护环境，因此污染很小的环保型车可以赢得这部分细分市场；还有个很好的例子，那就是，当日本车刚刚进入美国市场时，并不受欢迎，因为美国人喜欢宽敞、动力足、豪华的汽车，而日本车则属于典型的经济型车，在经过调查后，日本开始开发适合美国人口味的轿车，如凌志、皇冠等，果然一举攻入了美国轿车市场。

(3) 消费习惯。

根据消费者的习惯不同可以把顾客分成八种类型：冲动型、理智型、激进型、保守型、中长型、从众型、朴拙型和节俭型。

(4) 消费效用。

效用是能满足个人需求的产品利益的总和。它超出满足顾客对产品使用功能的需求，上升到从生理、情感和精神上满足顾客的需求。下面这两句话能够很好地说明什么是消费效用：“汽车作为人们的代步工具，这一作用已经逐渐退到了第二位，从更大的程度上来看，一辆汽车更好比是汽车拥有者地位和身份的象征。”“如果说女性离不开五颜六色的霓裳来装扮的话，那么汽车则是现代男性不可缺少的时装。”效用细分探索用户的购买动机，并且可以很好地解释消费者的行为。通过效用分析来进行市场细分时，一个基本群体就可以被发现。

3）价格敏感性

有一部分顾客需要优质的产品并愿意为之付出，这也可能形成一个细分市场。类似的也存在中等质量、价格便宜的产品市场。对于中国大多数普通的汽车用户来说，整车销售价格固然是他们必然考虑的重要因素，而汽车的日常使用成本也是其非常重视的价格因素之一。因此，就价格来说的话，应该分为一次性价格和使用成本两个因素来考虑。

4）竞争产品分析

竞争产品分析是比较哪些产品在相互竞争。如果能够找出一类现有的产品，它们有明确的竞争者，那么通过研究那些产品提供给顾客的利益以及顾客的属性，便可以找出改进的切入点。比如，雷诺公司第一个提出多功能车（MPV）的概念，就是因为当时欧美的汽车普及率已经很高，在同一市场上有很多产品进行激烈竞争，同时很多家庭已经在考虑购买第二辆轿车作为旅游休闲之用，但人们又感觉全家人周末出行坐轿车很不方便，于是雷诺公司适时推出了第一款 MPV 车，并一举获得了巨大成功。这个例子告诉我们，当在高一级市场上如果没有用户偏爱的那种产品时，顾客宁愿转向次一级的市场也不愿转向不属于次一级市场的产品，因此应该用一组产品来定义次一级的市场，以抓住在上级市场找不着合适产品的顾客。

目前在同一级市场上只存在唯一产品的情况几乎已经不存在，在同级市场上众多的产品就围绕价格、服务、安全性、油耗、外观、总体性能、品牌等因素进行激烈竞争。

4.3.2　多维市场细分

新产品开发设计时，市场细分的目的是找出产品目标市场。如果市场分得太宽，那么就难以评价市场、选择目标顾客、了解竞争状况并归纳在此市场上获得成功的要素，或者盲目增加了企业的开发成本。相反，市场定得过细，容易使开发人员忽视它，从而错过了赢得市场的机会。上述几种细分市场的方法，每种方法都提供了一种界定市场的观点，而所有的细分市场必定都是由多维特征属性约束而成的，因此这几种细分方法都具有天生的相关性。在这种多维细分市场的分析中，应该综合运用前面几种方法，定义出能够很好平衡市场广度和深度的最后概念产品。每一个指标都反映了市场的不同方面，开发人员必须在这里逐项考虑，究竟哪一项才是与自己关系最大的。根据重要性来确定将哪种标准作为一级市场的划分依据、哪种标准作为次一级市场的划分依据，以此类推。在具体操作时，可以将整个市场看做是一个多尺度空间，每一个细分标准就是市场空间的一个维度，按照多个标准进行界定的一个细分市场则是这个 n 维空间的一个小象限。根据企业的不同定位，可以划分不同的市场维度，以目标维度标准对市场进行细分。

下面以汽车市场为例说明：

在汽车市场这一多维空间中存在以下几个多维子空间：自然属性空间（N）、行为属性空间（B）、价格属性空间（P）、竞争产品空间（C）等，其中：

用户 $\begin{cases} N=\text{（性别，年龄，地域，收入，学历，职业，婚姻状况……）} \\ B=\text{（态度，信仰，观点，兴趣，需求，价值观……）} \end{cases}$

产品 $\begin{cases} P=\text{（一次价格，服务费用，维护费用，油耗，维修费用……）} \\ C=\text{（价格，服务，安全性，油耗，外观，性能，品牌……）} \end{cases}$

在进行市场细分时，根据实际需要，从每个子空间中选取最重要的变量进行市场细分，或者只用某个子空间的市场细分变量来对整个市场进行细分。这样一来，整个汽车市场就可以表示为：

$$V=\begin{bmatrix} X_{11} & X_{12} & \cdots & X_{1n} \\ X_{21} & X_{22} & \cdots & X_{2n} \\ \vdots & \vdots & & \vdots \\ X_{m1} & X_{m2} & \cdots & X_{mn} \end{bmatrix} \tag{4.49}$$

式中：n——选取的细分变量的个数；

m——市场调查的样本数；

X_{ij}——市场样本在 n 维变量空间中的位置。

市场空间的数学模型建立以后，就可以应用数学分析方法来对其进行研究。一个实际汽车市场的空间模型可能如图 4.10 所示，不同的用户群对于不同的产品因素的关注度（z 轴坐标）都不尽相同。沿着与用户轴和因素轴平行的方向剖切此多维模型，可以得到所有用户族对某一因素的关注度对比，以及同一用户族对所有因素的关注度对比，形成一系列以用户偏好度（即关注度）为交点的多维网格细分市场，此模型空间中的每一个曲面空间都是一个特定的细分市场。

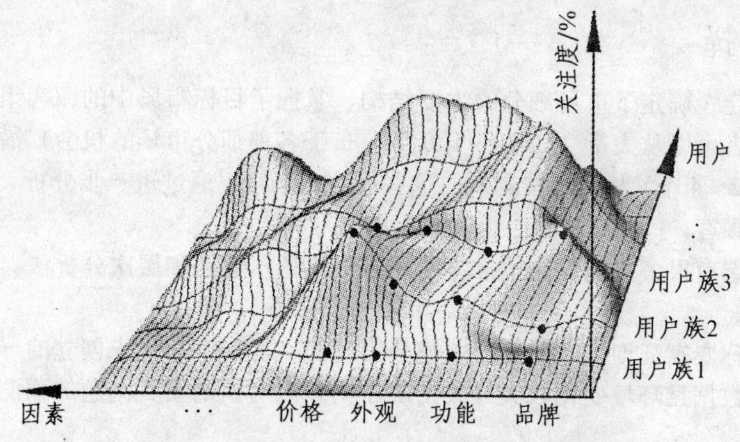

图 4.10　多维网格市场细分结构示意图

在众多的市场数据处理方法中，将聚类分析（Clustering Analysis）与结合分析法（Conjoint Analysis）相结合的分析方法，是比较理想和完善的市场细分手段，可以综合两种分析方法的优势，又能互补各自的不足（二者侧重点不同：一个偏重于用户细分，一个偏重于需求细分和产品细分），从而得出比较系统的市场细分方案。目前比较流行的统计分析软件，如 SPSS、SAS 中都包含有聚类分析和联合分析的模块（用这两种软件得出分析结果，在国际上都被广泛接受，无需证明）。根据不同的细分原则将用户进行聚类以后，就可以根据已有的用户细分结果设计出联合分析所需的产品属性卡片；再通过联合分析就可以得出目标细分市场中的产品细分特征，从而最后得出包含用户细分以及需求细分和产品细分的多维市场细分结果。具体过程如下：首先通过联合分析和因子分析将用户属性和需求因子都收敛为三个，建立三维空间坐标，再根据顾客属性和需求因子的分值分别将所有的顾客和需求在两个三维坐标上定位，利用多维聚类分析将用户群和需求群进行聚类，可以得到比较清晰的顾客聚类和需求聚类图，如图 4.11 所示。图中黑体箭头表示用户细分群体与需求细分聚类之间的映射关系，所得的数据用于对后面的用户需求定位。

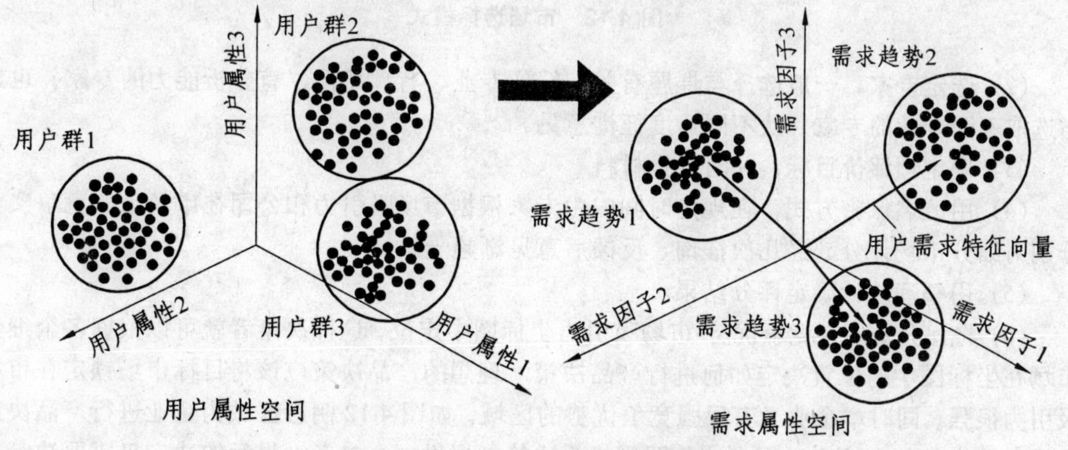

图 4.11　顾客聚类和需求聚类图

4.4 市场选择

通过市场界定，确定了市场细分的主要结构，掌握了目标市场中的顾客组成。通过市场轮廓分析，研究者可以从大量（如 30～100 个分布于各种细分市场的机会）潜在机会筛选出相对较少的（如 2～4 个）机会。在剩余的这些候选市场中，通过进一步分析，可以识别出市场的边界和目标顾客。

市场机会筛选有很多方法，这里推荐两种方法：德尔菲法和层次分析法。

1）德尔菲法

德尔菲法又称专家征询法，是美国兰德公司在 20 世纪 40 年代末创立的一种定性预测法适用于缺乏系统数据且环境变化较大（或情况不明）时对新的重大问题的预测。其方法步骤如下：

(1) 建立竞争优势-市场吸引力分析框图：根据市场吸引力与本公司在相关市场的竞争优势建立二维坐标图，企业按照自身的实际情况和对市场的认识，将坐标图分成若干区域，如图 4.12 所示，其中阴影部分为重点考虑的细分市场的区域。

竞争力 / 吸引力	很强	强	一般	弱	无
很大	* □	● □	■	■	×
大	● □	● □	■	■	×
一般	■	■	■	■	×
弱	×	■	×	×	×
无	×	×	×	×	×

* 理想市场
● 需要建立竞争优势的市场
□ 优先考虑的市场
■ 不被优先考虑的市场
× 没有价值的市场

图 4.12 市场选择模式

(2) 选定专家。一般选择与课题有关、精通专业、有预见性、有分析能力的专家，也适当选取不同专业的专家，从不同角度征询意见。

(3) 确定预评价目标，并附背景材料。

(4) 用匿名保密方式，在规定时间内由专家根据市场吸引力和公司在市场上的竞争实力分别对细分市场评分。经几次征询、反馈后意见渐趋一致。

(5) 用整理统计确定评分结果。

(6) 将评分结果在竞争优势-市场吸引力坐标图中定位，这样决策者就可以根据各个细分市场在坐标图中的位置决定如何进行产品决策。理想的产品决策应该将目标市场锁定在市场吸引力很强，同时本企业又有很强竞争优势的区域，如图 4.12 阴影区域为企业进行产品决策的取向。当然，在这个过程中，此图只是为决策者提供一个参考，最后的决定仍需要决策者综合各方面信息，进行主观的决断。

2）层次分析法（AHP）

应用本书 4.1.5 节所述 AHP 法选择细分市场并将所有的市场研究人员、开发人员、决策者召集在一起，向他们提供获得的市场信息以及营销研究信息，以公司获取最大利益为总体目标评价不同的市场。通过两两比较，得到各细分市场相对于总目标的得分，从而评价出各细分市场的优劣（见图 4.13）。

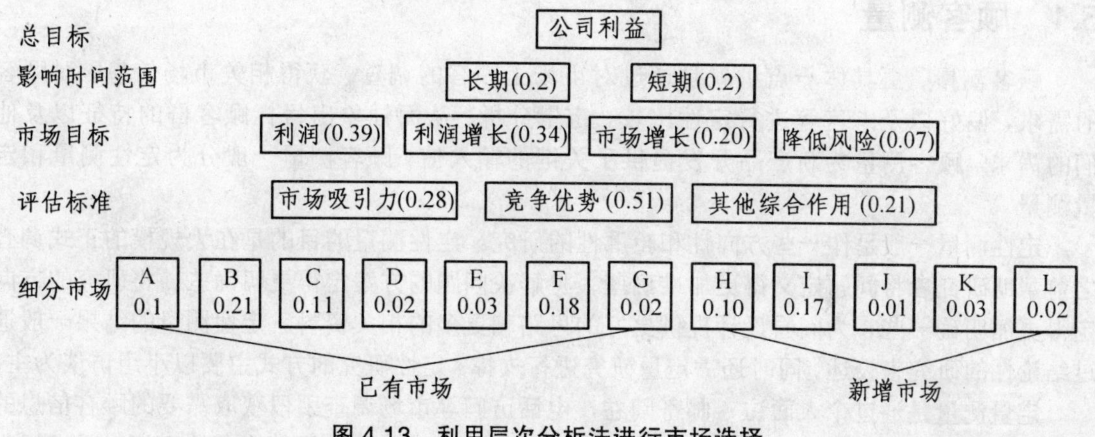

图 4.13 利用层次分析法进行市场选择

企业决策者在进行市场选择时设立了 3 个标准：市场吸引力、竞争优势以及其他因素综合作用。这些标准的重要度随着公司达到利润、利润增长、市场增长和降低风险四个目标的能力变化而变化。这些目标在以短期利益或长期利益为目的时，重要性会发生变化。按照图 4.13 中的各种标准权重，对 12 个现有和新增市场进行评价时，揭示了其中 3 个细分市场——D、E、G——不是很有吸引力，应当退出。而上述 3 个标准的权重由其对达到公司 4 个目标（这 4 个目标的权重由其对取得公司短期与长期利益的重要性来确定）的重要性依次来确定。而对确定的 5 个新增市场进行评价后，其中 2 个细分市场 H 和 I 被认为比较有价值，值得进一步投入，而 J、K、L 3 个市场则没有进行投入的价值，应该不予考虑。最后确定公司的下一步目标市场是 A，B，C，F，H，I。同时对此 6 个市场，在进行战略决策时，也可以有其不同的优先权。

第五章　产品设计过程中顾客测量与产品定位

5.1　顾客测量

顾客测量，更具体一点讲就是通过对市场上顾客的调查，获得相关市场信息，对顾客的需求、偏好以及态度等进行定性比较、定量分析，从而抽象出目标顾客群的特征以及他们的需求。顾客测量为新产品开发提供了关键的输入值。顾客测量一般分为定性测量和定量测量。

定性测量一般是作一些方向性和轮廓性的研究。定性测量的目的是在大规模的正式调查之前帮助研究者将问题定义得更加准确些，将解决问题的方案定得更明确些，将研究的方向定得更加明确一些，为问卷设计提供更好的思路和更多的相关资料。定性测量的结果一般通过结论性的研究来表述，同时还需定量研究进行支撑。定性研究的方式主要以小组访谈为主。

定量测量是通过个人面访、邮寄问卷、电话访问等市场调查手段获取需要的顾客信息的一种顾客测量方法。它为特定战略分析技术提供输入信息，为衡量消费者的喜好、需求提供可测量的标准。定量测量的成败取决于调查问卷的质量。

顾客测量的一般过程如图 5.1 所示。

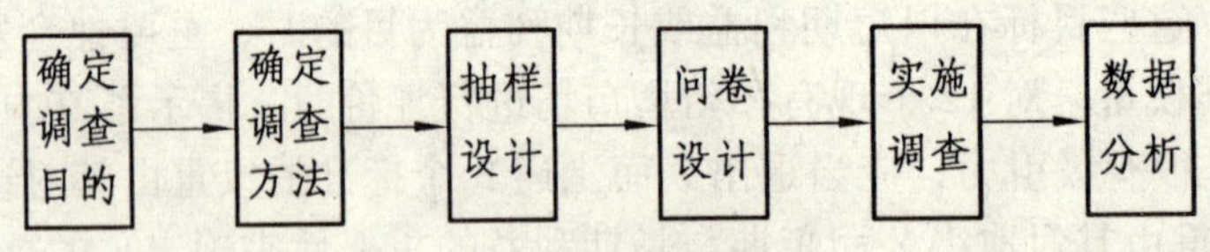

图 5.1　顾客测量过程

图 5.1 所示的调查方法和抽样设计可以参见前面章节的描述，下面重点介绍问卷设计。

5.1.1　问卷设计

问卷设计是根据调查目的和要求，将所需调查的问题具体化，使研究者能顺利地获取必要的信息资料，以便于统计分析的一种手段。

1）问卷设计程序

通常问卷设计可分为六个步骤，如图 5.2 所示。

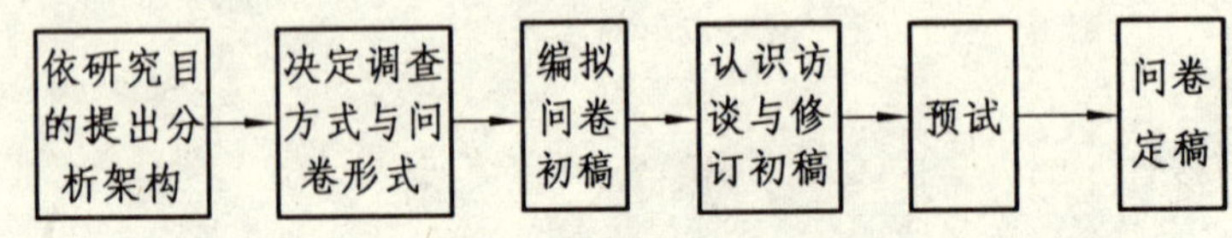

图 5.2　问卷设计流程

(1) 依研究目的提出分析架构。根据调查的内容和要求列出所需资料清单，并汇总出资料清单。

(2) 决定调查方式与问卷形式。

(3) 编拟问卷初稿。列出初步问题后，必须对每一个问题进行认真的推敲和修改，以易答性原则确定问题的类型，对问题的难易进行调整，并且编排出问题顺序。问项产生流程如图 5.3 所示。

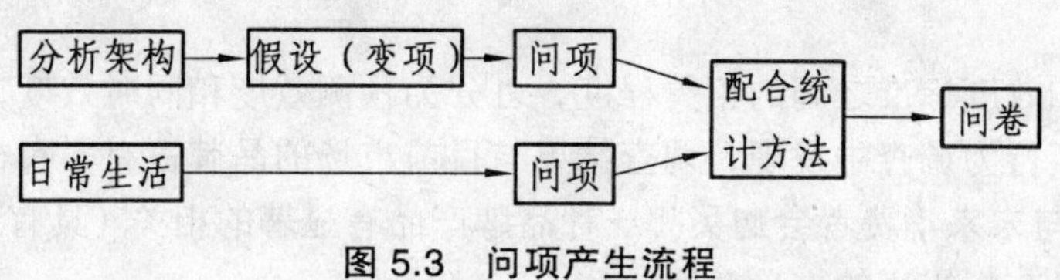

图 5.3　问项产生流程

(4) 认知访谈与修订初稿，可按照资料清单中每一项资料列出若干初步问题。

(5) 预试。

(6) 问卷定稿。通过反复修订问卷，确定问卷的最终形式，编写问项说明。

在问卷设计时一定要避免出现一些易犯的但是很致命的错误，它们包括：语义错误，开头不好难以激起顾客兴趣，难以回答的问题，回答者不熟悉的领域，没有预先测试，抽样有问题等。尤其要注意避免一些诱导性的错误，如：

➢ 您认为这款车好吗？

而应该改为客观的提问方式：

➢ 你对这款车感觉如何？

A. 很好　B. 好　C. 一般　D. 差　E. 很差

2）问卷质量分析

一份良好的问卷应具备两个主要的条件：信度（Reliability）与效度（Validity）。

(1) 信度。

信度又名“可靠性”，指所用的测量工具所衡量出来的结果的稳定性及一致性。问卷内容的同构型及受访时间间隔是影响信度的两个主要因素。一致性高的问卷便是指同一群人接受性质相同、题型相同、目的相同的各种问卷测量后，在各衡量结果间显示出强烈的正相关。稳定性高的测量工具则是指一群人在不同时空下接受同样的衡量工具时，结果的差异很小。

问卷的信度愈高，受到人、时、地、物的干扰便愈低，其所能反应事实或让人采信的程度愈高，因此在问卷实施前如何有效提高信度是问卷成败的关键。欲了解测验分数的可靠性，需要考虑到测验分数的一致性，这种一致性即为信度。信度指针是经常被用来衡量信度高低的一种统计方式，常见的信度指针如肯得尔系数（Kendall Coefficient of Concordance）、Cronbach's α系数等，所采取的方式通常是先求得量表的平均数、变异数、相关系数等资料，将每一个评分项目逐一测验，计算删除某一评分项目之后所对整体量表信度的影响，最后再依据分析的结果，将可能会降低信度的项目修改或删除，以提升问卷的整体信度。

为保证问卷的信度，在问卷设计时，最开始一般要设置几道对象过滤问题，如您 2 年之内有购车计划吗？如果有，请从第 n 题开始填写问卷，如果没有请从第 m 题开始回答。通过类似的筛选引导，可以尽可能使不同的调查对象去回答为之特别设计的问题。

(2) 效度。

效度又名“正确性”，是指使用的测量工具（问卷）能否正确衡量出研究者所欲了解的特质。评估效度的高低程度，可用内容效度、准确效度及架构效度三个项目加以评判。

① 内容效度。

指衡量工具的内容反映出切合研究主题的程度。为了建立具有内容效度的问卷，研究者必须依循理论架构，搜集所有相关的问题与变量，并从中选择能够完整涵盖所界定的研究范围的问题，如此才能使问卷具备充分的内容效度。

② 准确效度。

指测量结果和效度标准之间的相关程度，可分为预测效度和同时效度，例如，从一项冷气机消费者的购买行为调查中发现，调查结果与目前市场的品牌占有率有相当的关联性（具有同时效度），亦与未来消费者会购买哪一种品牌产品有显著的相关（具有预测效度）时，显示此一调查问卷具有相当高的准确效度。

③ 架构效度。

指衡量工具所能衡量到理论概念的程度，也就是说若将衡量工具所得的结果中之二组或多组题型相结合，而二者间有某种预期的相关关系存在时，就表示此衡量工具具有某种程度的架构效度。架构效度主要反映对某一理论维度或特质测量的准确性，是一种处理效度较新的方法。检验架构效度常用的数理方法之一是因子分析。

因子分析的方法有很多种，如正交转轴法、斜交转轴法、主要成分分析法、未加权最小平方法、最大概率法、Alpha 法等，可采用转轴法并加入相关系数之显著水准分析并结合 KMO（Kaiser-Meyer-Olkin Measure）值检定。

一般而言 KMO 在 0.9 以上时代表效度极佳（Marvelous），0.8～0.9 代表是有价值的（Meritorious），0.7～0.8 代表中度良好（Middling），0.6～0.7 代表不好不坏普通的（Mediocre），0.5～0.6 代表不佳的（Miserable），0.5 以下代表无法接受。

5.1.2　态度量表

在定量测量收集的大部分信息中，大部分是以消费者态度尺度为基础的。态度尺度主要用于测量消费者的需求，这些需求是以定性测量中识别出的结构为基础的，但也可以用这些尺度来测量产品的相似性、顾客的满意度、顾客对不同产品特性的偏好等。

进行定量研究的问卷设计时用得最多的是 Likert 量表，常用的量表形式是用最强烈的语气描述产品的某种属性，让被访者在 5 级或 7 级量表上标出他们对某个问题持肯定或否定态度的程度。表 5.1 是一个比较典型的 Likert 量表。

表 5.1　Likert 量表

请就下列问题的重要程度在相应的数字上画圈					
问　题	极不重要	不重要	无所谓	重要	极其重要
请问您如何看待轿车的价格	1	2	3	4	5
请问您如何看待轿车的外形	1	2	3	4	5
⋮					

Likert 量表的优点是它测量人们对某句话赞同的程度，易于调查，顾客回答起来也容易；主要缺点是按照顺序尺度而不是间距尺度来测量属性。例如，表 5.1 中可以看出“重要”比

“不重要”的程度更高，但是这不能表明“重要”的权重要比“不重要”高一倍。不过经验证明，就间距假设来说，这些量表还是非常有效的，至少它揭示了人们不同语义权重不同的这种趋势，这在顾客测量中是非常重要的。为便于后面统计分析，不同的级别设定了不同的分数：这里采用了5分制，最低为1分，最高为5分。

下面给出一个某公司某款汽车需求重要度调查表（见表5.2）。

表5.2　某公司某款汽车需求重要度调查表

请就下列问题的重要程度在相应的数字上画圈					
问题	极不重要	不重要	无所谓	重要	极其重要
车内空间合理	1	2	3	4	5
外观造型美观	1	2	3	4	5
行驶舒适	1	2	3	4	5
操作性好	1	2	3	4	5
动力性能好	1	2	3	4	5
环保性好	1	2	3	4	5
制动性能好	1	2	3	4	5
通过性强	1	2	3	4	5
振动噪声低	1	2	3	4	5
发动机效率高	1	2	3	4	5
价格适中	1	2	3	4	5
可维修性	1	2	3	4	5
安全性高	1	2	3	4	5
使用寿命长	1	2	3	4	5

5.2　顾客需求识别

5.2.1　顾客需求定义

1）需求模型

需求是人类对客观世界的某种不满，体现为人类生产或生活活动中的物质需要和精神需要。美国心理学家马斯洛在1943年发表的《人类动机的理论》一书中提出了需求层次论，把人类需求内容分为五个层次，即众所周知的马斯洛金字塔模型，如图5.4所示。马斯洛认为人类需求的强度并不都是相等的，它们按照一定的顺序出现。在这五个层次中，人类的需求是从低层次开始的，依次向上。只有当低层次的需求得到满足时，高一层次的需求才会起作用。

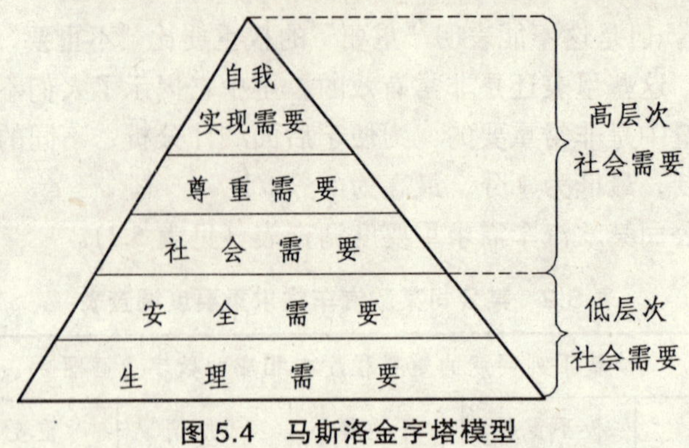

图 5.4 马斯洛金字塔模型

马斯洛金字塔模型是产品市场定位的重要根据。对设计者来说，了解需求层次的划分有助于确定产品设计目标。产品不但要满足顾客一般的生理需要和物质需要，而且要满足顾客心理追求和精神追求。然而，不同的产品重点针对的需求层次是不同的，如充饥用的食品和装饰用的珠宝。即使是同一类产品，也有不同的市场定位。例如，汽车仅仅作为交通工具时，它主要满足顾客的低层次基本需要，顾客追求的是它的基本性能，此时设计者应更多地从机动性、安全性、经济性等方面考虑设计方案；而当它作为一种社会地位的象征时，豪华与舒适等则成为顾客追求的目标，此时它体现的是顾客高层次社会需要。由此可以看出，需求层次的差异，必然导致设计目标的不同。

除了广义上的人类需求层次模型，目前在学术界被引用最多的顾客需求模型是日本的狩野纪昭博士（Noriaki Kano）建立的 KANO 模型。如图 5.2 所示，KANO 模型定义了三种类型的顾客需求：必需型（或期望型）、越多越好型（或顾客明确表达型）和惊喜型。

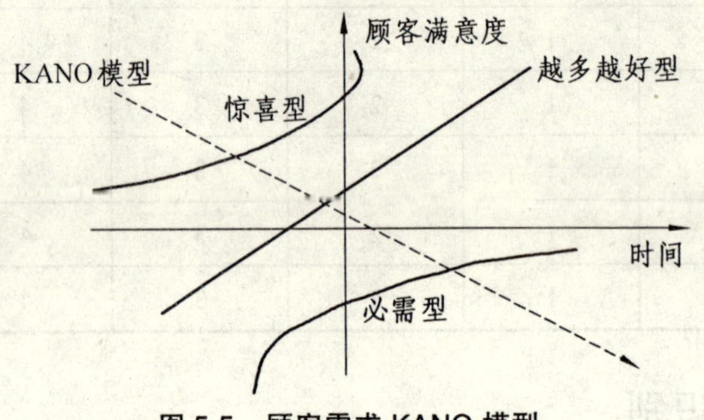

图 5.5 顾客需求 KANO 模型

必需型（或期望型）需求是顾客认为产品必须具备的功能。在一般情况下顾客是不会在调查中提到这类需求的，除非顾客近期刚好遇到产品失效事件。如果产品没有满足这些基本需求，顾客就很不满意；相反，当产品完全满足必需型需求时，顾客也不会表现出特别满意。例如，“汽车轮胎是安全的”就属于必需型（或期望型）需求，近年发生的福特汽车“Fire Stone 轮胎事件”就是这方面最典型的一个例子。

在市场调查中顾客所谈论的通常是越多越好型需求。这类需求在产品中实现得越多，顾客就越满意；也就是说顾客的满意度与这类需求的满足程度成正比。如“汽车省油”就属于越多越好型需求。

惊喜型需求是指令顾客意想不到的产品特征。如果产品没有提供这类需求，顾客不会不满意，因为他们通常没有想到这些需求；相反，当产品提供了这类需求时，顾客会有惊喜的感觉。惊喜型需求通常不容易发现，在市场调查中顾客也不会主动提出，建议设计者到产品使用现场捕捉能令顾客惊喜的需求。

值得注意的是，这三类顾客需求并非一成不变的，今天的惊喜型需求可能就是明天的越多越好型甚至必需型需求。例如，"在驾驶汽车的同时欣赏音乐"在过去还是一种惊喜型需求，而现在早已成为顾客对普通家用轿车的必需型需求了。

2）需求分类

上述的需求模型是从纯心理学角度出发考虑人类需求，在产品设计时不能完全以此为依据定位需求。通常在综合分析产品所要满足的最主要需求和有影响的需求前提下，将与设计关系最为密切的需求因素归纳为三个方面：生理性需求、心理性需求、智性的需求。

生理性需求：对待这种类型的需求，最重要的观念就是借助产品功能来弥补人们无法达到或不方便完成的许多工作。这种为满足基本生理需求所作的设计，不外乎就是把设计看成是人类本身系统的再延伸。例如，电话的设计就是听觉能力的再延伸，计算机是人脑的延伸。又如各类椅子、床等的设计，就是弥补人们自身所能承担的支撑能力范围的不足而产生的。

心理性需求：审美需求、归属需求、认知需求或自我实现的需求（马洛斯的分类）都是属于心理性的需求范围。产品设计中的造型美观、精致等一些使人赏心悦目的要求，就是出于这方面的考虑。为满足这种需求，对设计的要求是很高的。例如，要求产品能满足宜人性要求，要体现某种使用者的身份、地位、个性，要满足使用者的成就感和归属感要求等。

智性的需求：这类需求一般是指所设计的产品对人有一种特别的意义，如具有开拓智慧、智力的意义。智性上的需求大致包括人们提高智能水平、解决问题的能力、效益、速度等方面。如现代计算机代替算盘的设计，现代电子衡器代替以前机械衡具，现代办公系统等的设计，都是为了满足人们的这种需求。广义上讲，现代的符号语言设计也是为了适应信息传递高效、简便、可靠的要求而设计的，也是为了满足人们的智性上的需求。

企业在实际工作中对顾客需求通常采用科目分类方法进行分析，顾客需求科目分类方法来源于财务会计记账法，不同的行业顾客需求科目不同，在国际标准和国家标准出台前，重点依靠企业自身建设。以下为某企业顾客需求科目分类，这种分类方法主要考虑企业提供给顾客的是产品和服务，而顾客关心的是产品品质（外观、可靠性、功能），服务和价格，所以一级需求科目定义为产品、服务和价位三种，然后再按照表 5.3 那样细化下去，最终形成一套比较完善的企业顾客需求科目体系。另外企业还可以根据自己的需要按照需求的层次、顾客价值、需求的趋势等分类方法进行分类。

3）需求分解

在进行具体产品设计时，企业可以根据顾客对产品的具体需求包括顾客对产品的功能(产品能够干什么)、性能、外观、结构、材料等的具体要求，用一种树形分解结构来表示产品需求层次，并与前面的顾客需求科目进行映射。图 5.6 为产品的需求结构示意图。

表 5.3 顾客需求科目分类

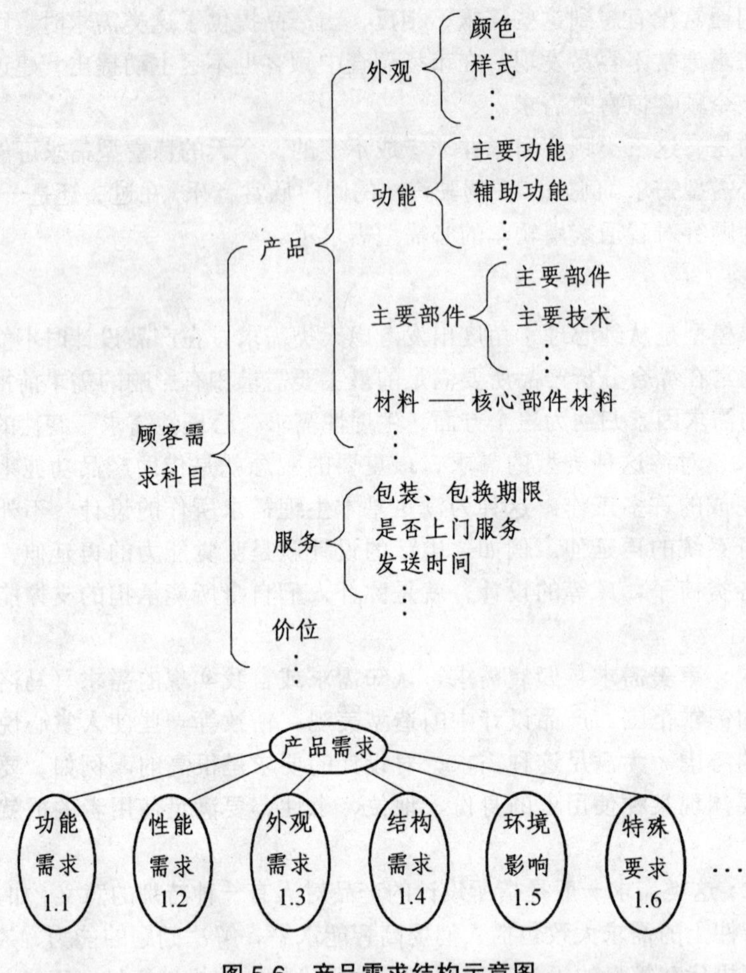

图 5.6 产品需求结构示意图

注：可根据分析需要继续分解为更细粒度的子需求。

图 5.6 中第一层节点是顾客对某产品需求的根节点，第二层节点是按顾客需求属性分解的粗粒度需求，第三层节点是按顾客各个需求属性分解的较细粒度子需求。顾客需求的分解可根据设计需要等逐层分解。各个需求节点所对应的节点数值一方面代表了需求的属性，另一方面表示了需求的粒度，即节点数值的小数位越多，则其所对应的需求粒度越细，需求粒度越细则表明顾客的需求越明确和具体，有助于准确把握顾客需求，便于定制产品在方案设计阶段主要设计参数的确定，也便于定制业务的后续处理，集成制造，即准确转化为制造参数和配送参数，从而优化企业的后续制造过程和配送过程。

实际定制情形中，顾客的需求往往是某个方面的功能需求或样式的偏好，标准化的零部件结构等已经能满足要求，因此这时不必考虑产品的结构等方面。值得注意的是同一个影响因素下的需求之间具有不同程度的关联性，底层因素对上层因素的影响也是交叉的，即顾客需求树形分解实际上是具有网状特征的层次结构。

企业在建立自己的顾客需求信息库时，可以将自己的产品需求结构与顾客需求科目进行关联，并将其分别归类于生理性需求、心理性需求、智性的需求，从而形成自己完善的顾客需求体系。在大量的需求信息面前，如何获取顾客的潜在需求，从而把握用户对产品的需求动态，进一步保证产品设计在满足顾客需求方面的前沿性是产品设计人员面临的一个难题。顾客感性认知图是目前帮助研究人员进行需求识别的有效工具之一。

5.2.2　顾客感性认知图

顾客对产品的购买是通过对产品物理特征的认知，产生对产品的偏好而形成的。其形成过程如 Brunswick 透镜模型（见图 5.7）所示。对企业而言，了解顾客认知，并通过改变顾客对产品的认知来影响其偏好，使之发生有利于厂家的偏好转移，这是企业成功的有效手段。

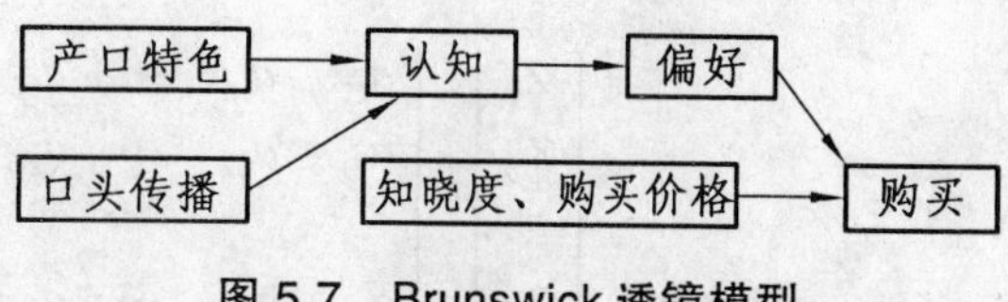

图 5.7　Brunswick 透镜模型

认知图从视觉上概括了顾客感知和判断产品的尺度，并且识别出竞争产品在这些尺度上是如何定位的。绘制认知图时值得注意的是尺度数量、尺度名称的合理确定，以及理解顾客形成这些尺度的细节。通过认知图企业可以知道竞争产品的定位、新产品的可发掘的机会在哪里等。认知图强调的是顾客的利益和需要，顾客一般根据感觉到的利益来确定其购买行为。在新产品开发的早期，正确掌握顾客对产品的认知可以帮助企业对需要开发的产品准确定位。

图 5.8 是多功能小车在某市场上顾客认知图，从图中可以看到，别克是最具现代特色和科技感的豪华型多功能小车，而国产多功能小车则可能要低一个档次，至于属于微型车行列的长安之星则是最初级的多功能小车。但由于价格因素和品牌因素，长安之星仍是用户最愿意购买的家用车。所以从这里可以看出，在确定认知图时，如何确定主要认知尺度的数量、名称是非常重要的。目前一般是通过因子分析法来归纳影响顾客认知产品的主要因素。

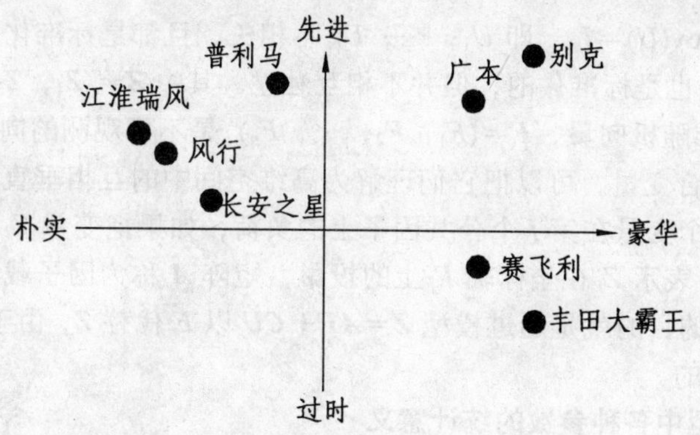

图 5.8　多功能小车市场调查顾客认知图

5.2.3　因子分析法分析顾客需要

通过因子分析可以找出一系列高度浓缩的影响因素，以此来概括包含几乎所有顾客需要的信息，从而降低分析的难度。像汽车这样复杂的产品，描述其综合性能的参数估计不下 30～50 个，但是顾客仍然能够记得不同品牌的特点，比如，奔驰的乘坐舒适性好，宝马的驾驶操纵性好，法拉利跑车则象征着奔放和激情，等等。我们不可能去详细分析每一个具体指标对顾客认知的影响，因子分析就是要用来归纳出产品可以带给顾客的最基本利益的影响因素。

因子分析的基本原理在前面的章节作了介绍，因子分析在顾客认知图绘制中的作用就是利用少量几个因子，使之能解释多个变量之间的相关性，并能概括多个变量。这样，确定下来的因子也就成为顾客认知图中的“尺度”，这些尺度可以作为顾客需求测量的主要元素。

1）因子分析模型的进一步诠释

式（4.3）所示的因子分析模型用矩阵表示如式（5.1）所示。

$$\begin{bmatrix} Z_1 \\ Z_2 \\ \vdots \\ Z_m \end{bmatrix} = \begin{bmatrix} a_{11} & a_{12} & \cdots & a_{1p} \\ a_{21} & a_{22} & \cdots & a_{2p} \\ \vdots & \vdots & & \vdots \\ a_{m1} & a_{m2} & \cdots & a_{mp} \end{bmatrix} \begin{bmatrix} F_1 \\ F_2 \\ \vdots \\ F_p \end{bmatrix} + \begin{bmatrix} c_1 & 0 & \cdots & 0 \\ 0 & c_2 & \cdots & 0 \\ \vdots & \vdots & & \vdots \\ 0 & 0 & \cdots & c_m \end{bmatrix} \begin{bmatrix} U_1 \\ U_2 \\ \vdots \\ U_m \end{bmatrix} \tag{5.1}$$

简记为：

$$\underset{(m\times 1)}{\boldsymbol{Z}} = \underset{(m\times p)}{\boldsymbol{A}} \cdot \underset{(p\times 1)}{\boldsymbol{F}} + \underset{\substack{(m\times m)\\(\text{对角矩阵})}}{\boldsymbol{C}} \cdot \underset{(m\times 1)}{\boldsymbol{U}}$$

且满足：

- $p \leqslant m$；
- $\mathrm{Cov}(F, U)=0$，即 F 和 U 是不相关的；
- $E(F)=0$，$\mathrm{Cov}(F)=\begin{pmatrix} 1 & & \\ & \ddots & \\ & & 1 \end{pmatrix}_{p\times p}=I_p$ 即 F_1，…，F_p 不相关，且方差皆为 1，均值皆为 0；
- $E(U)=0$，$\mathrm{Cov}(U)=I_m$ 即 U_1，…，U_m 不相关，且都是标准化的变量。

假定 Z_1，…，Z_m 也是标准化的，但并不相互独立。其中 $\boldsymbol{Z}=(Z_1, Z_2, \cdots, Z_m)^1$ 是可实测的 m 个指标构成 m 维随机向量，$\boldsymbol{F}=(F_1, F_2, \cdots, F_p)^{\mathrm{T}}$ 是不可观测的向量，F 成为 Z 的公共因子或潜因子，即综合变量，可以把它们理解为高维空间中的互相垂直的 p 个坐标轴；a_{ij} 称为因子载荷，是第 i 个变量在第 j 个公共因子上的负荷，如果把变量 Z_i 看成是 p 维因子空间中的一个向量，即 a_{ij} 表示 Z_i 在坐标轴 F_j 上的投影，矩阵 $\boldsymbol{A}$ 称为因子载荷矩阵；$\boldsymbol{U}$ 称为 $\boldsymbol{Z}$ 的特殊因子。因子分析的目的就是通过模型 $\boldsymbol{Z}=\boldsymbol{AF}+\boldsymbol{CU}$ 以 $\boldsymbol{F}$ 代替 $\boldsymbol{Z}$，由于 $p\leqslant m$，$p\leqslant n$ 从而达到简化变量维数的目的。

2）因子分析模型中各种参数的统计意义

为了便于对因子分析计算结果作解释，有必要对此模型中的各个量的统计意义加以说明。

（1）因子载荷。

因子载荷 a_{ij} 是第 i 个变量与第 j 个公共因子的相关系数，它表示 Z_i 依赖 F_j 的比重，用统计学的术语叫做权重，但是从心理学的角度还是称之为载荷，即表示第 i 个变量在第 j 个公共因子上的负荷，它反映了第 i 个变量在第 j 个公共因子上的相对重要性。结合到实际研究中，就是顾客的评价因素依赖于归纳后的认知尺度的权重。

（2）变量共同度。

变量 Z_i 的共同度定义为因子载荷矩阵 $\boldsymbol{A}$ 中第 i 行元素的平方和，即

$$h_i^2=\sum_{j=1}^{p}a_{ij}^2 \qquad i=1,2,\cdots,m \tag{5.2}$$

经过相应转化得：

$$h_i^2+{c_i}^2=1 \tag{5.3}$$

式（5.3）说明 Z_i 的方差由两部分组成：第一部分为共同度 h_i，它表示全部公共因子对变量 Z_i 的总方差所作的贡献，h_i 越接近 1，说明该变量的几乎全部原始信息都被所选取的公共因子体现，如 $h_i=0.97$ 说明 Z_i 的 97% 的信息被公共因子体现，说明由原始变量转化为因子空间后的性质很好，所以 h_i 是 Z_i 方差的重要组成部分。第二个部分 c_i 是 Z_i 与 U_i 的相关系数，称为特殊因子。

（3）公共因子 F_j 的方差贡献。

将因子载荷矩阵中各列元素的平方和记为：

$$S_j^2=\sum_{i=1}^{m}a_{ij}^2 \qquad j=1,\ 2,\ \cdots,\ p \tag{5.4}$$

称 S_j 为公共因子 F_j 对 $\boldsymbol{Z}$ 的贡献，即 S_j 表示同一公共因子 F_j 对各个变量所提供的方差贡献之和，它是衡量公共因子相对重要性的指标。S_j 越大说明越重要。

3）因子分析步骤

（1）通过平时市场调查，收集整理关于某产品的顾客评价出现频率很高的语句，将它们编号分类，在此基础上制作成问卷。

（2）科学抽样设计以后，进行问卷调查。

（3）数据验证，确认收集数据的正确性。通过消除变量间在数量级和量纲上的不同将原始数据标准化，经整理后可得原始数据矩阵：

$$\begin{bmatrix} Z_1 \\ Z_2 \\ \vdots \\ Z_m \end{bmatrix}=\begin{bmatrix} z_{11} & z_{12} & \cdots & z_{1n} \\ z_{21} & z_{22} & \cdots & z_{2n} \\ \vdots & & & \vdots \\ z_{m1} & z_{m2} & \cdots & z_{mn} \end{bmatrix}$$

（4）计算 $\boldsymbol{Z}$ 的样本相关矩阵 $\boldsymbol{R}$。

记：
$$r_{ij}=\frac{L_{ij}}{\sqrt{L_{ii}L_{jj}}}$$

其中
$$L_{ij}=\sum_{k=1}^{n}z_{ik}z_{jk}-\frac{1}{n}\left(\sum_k z_{ik}\right)\left(\sum_k z_{jk}\right)$$

$$L_{ii}=\sum_{k=1}^{n}z_{ik}^2-\frac{1}{n}\left(\sum_{k=1}z_{ik}\right)^2$$

称 r_{ij} 为 Z_i，Z_j 的样本相关系数。

记：

$$\boldsymbol{R}=(r_{ij})=\begin{bmatrix} 1 & r_{12} & r_{13} & \cdots & r_{1m} \\ r_{21} & 1 & r_{23} & \cdots & r_{2m} \\ \vdots & \vdots & \vdots & & \vdots \\ r_{m1} & r_{m2} & r_{m3} & \cdots & 1 \end{bmatrix}_{m\times m}$$

$\boldsymbol{R}$ 为 $\boldsymbol{Z}$ 的样本相关矩阵，是一个 m 阶对称矩阵。

再记对角矩阵：

$$\boldsymbol{C}=\begin{bmatrix} c_1 & 0 & 0 & \cdots & 0 \\ 0 & c_2 & 0 & \cdots & 0 \\ \vdots & \vdots & \vdots & & \vdots \\ 0 & 0 & 0 & \cdots & c_m \end{bmatrix}$$

可以证明 $\boldsymbol{R}$ 与因子负荷矩阵 $\boldsymbol{A}$ 及 $\boldsymbol{C}$ 之间满足如下形式：

$$\boldsymbol{R}=\boldsymbol{A}\boldsymbol{A}'+\boldsymbol{C}^2$$

记 $\boldsymbol{R}^*=\boldsymbol{A}\boldsymbol{A}'$，则有

$$\boldsymbol{R}^*=\boldsymbol{R}-\boldsymbol{C}^2=\begin{bmatrix} 1-c_1^2 & r_{12} & \cdots & r_{1m} \\ r_{21} & 1-c_2^2 & \cdots & r_{2m} \\ \vdots & \vdots & & \vdots \\ r_{m1} & r_{m2} & \cdots & 1-c_m^2 \end{bmatrix}$$

称 $\boldsymbol{R}^*$为剩余相关矩阵，$\boldsymbol{R}^*$与 $\boldsymbol{R}$ 相比，仅主对角线上的元素不同，后者主对角线全是 1，前者为$1-c_i^2=h_i^2$。

由于严格估计 h_i^2 存在困难，实际计算中有时忽略独特因子的作用，即取 $c_i=0(i=1,2,\cdots,m)$，也就是令

$$\boldsymbol{R}=\boldsymbol{A}\boldsymbol{A}'=(r_{ij})_{m\times m} \tag{5.5}$$

式中

$$r_{ij}=\sum_{i=1}^{n}a_{ik}a_{jk}$$

式（5.5）所示方法相当于预置 $h_i^2=1$，在此情况下提取主因子的方法称为主成分分析，如预置 $h_i^2<1$，则提取主因子的方法称为主因子分析。

（5）求主因子解。

得到测试变量 $\boldsymbol{Z}$ 的样本相关矩阵 $\boldsymbol{R}$ 之后，求主因子解还需按以下几步进行。

① 求 $\boldsymbol{R}$ 的特征根，即解方程

$$|\lambda\boldsymbol{E}-\boldsymbol{R}|=\begin{vmatrix} \lambda-1 & -r_{12} & \dots & -r_{1m} \\ -r_{21} & \lambda-1 & \dots & -r_{2m} \\ \vdots & \vdots & & \vdots \\ -r_{m1} & -r_{m2} & \dots & \lambda-1 \end{vmatrix}=0$$

由 $\boldsymbol{R}$ 是非负矩阵，解出的特征值都是非负的，将其非零特征值按从大到小排序并重新编码：

$$\lambda_1 \geqslant \lambda_2 \geqslant \cdots \geqslant 0$$

② 按预先规定所取的 p 个公共因子的累计方差贡献率达到的百分比（一般取 85%）使 $\dfrac{\sum_{i=1}^{p}\lambda_i}{\sum_{i=1}^{m}\lambda_i} \geqslant 0.85$ 的 p 即为所取的公因子数（可以证明 $\lambda_k \Big/ \sum_{i=1}^{m}\lambda_i = \dfrac{s_k}{m}$ 为第 k 个公共因子 F_k 的方差贡献率）。

③ 对选定的前 p 个特征值 $\lambda_1 \geqslant \lambda_2 \geqslant \cdots \geqslant \lambda_p > 0$ 求相应的单位特征向量

$$u_1^{\circ},\ u_2^{\circ}, \cdots,\ u_p^{\circ}$$

为此求 $\lambda_j (1 \leqslant j \leqslant p)$ 的特征向量 u_j，即解方程组：

$$\begin{cases} (\lambda_j - 1)x_1 - r_{12}x_2 - \cdots - r_{1m}x_m = 0 \\ \vdots \\ -r_{m1}x_1 - r_{m2}x_2 - \cdots + (\lambda_j - 1)x_m = v \end{cases}$$

即 $(\lambda_j \boldsymbol{E} - \boldsymbol{R})\begin{bmatrix} x_i \\ \vdots \\ x_m \end{bmatrix} = 0$，得 $u_j = (u_{1j},\ u_{2j},\ \cdots,\ u_{mj})'$，再标准化便得 u_j°。

④ 写出因子负荷矩阵：

$$\boldsymbol{A} = \begin{bmatrix} u_{11}^{\circ}\sqrt{\lambda_1} & u_{12}^{\circ}\sqrt{\lambda_2} & \cdots & u_{1p}^{\circ}\sqrt{\lambda_p} \\ u_{21}^{\circ}\sqrt{\lambda_1} & u_{22}^{\circ}\sqrt{\lambda_2} & \cdots & u_{2p}^{\circ}\sqrt{\lambda_p} \\ \vdots & \vdots & & \vdots \\ u_{m1}^{\circ}\sqrt{\lambda_1} & u_{m2}^{\circ}\sqrt{\lambda_2} & \cdots & u_{mp}^{\circ}\sqrt{\lambda_p} \end{bmatrix}$$

（6）求出主因子解后的进一步分析。

建立因子分析数学模型的目的不仅要找出公共因子并对变量进行分组，更重要的是要知道每个公共因子的意义，以便对实际问题作出科学分析。不难理解，由式（5.5）出发解出的因子负荷矩阵是不唯一的，事实上，用一个正交矩阵 $\boldsymbol{T}$ 右乘 $\boldsymbol{A}$:

$$(\boldsymbol{AT})(\boldsymbol{AT})' = \boldsymbol{A}(\boldsymbol{TT}')\boldsymbol{A}' = \boldsymbol{AA}' = \boldsymbol{R}$$

即知 $\boldsymbol{A}$ 在正交变换 $\boldsymbol{T}$ 下也是因子负荷矩阵。为此，当 $\boldsymbol{A}$ 的结构不便对主因子进行解释时，我们根据因子负荷矩阵的不唯一性，可用一个正交矩阵右乘 $\boldsymbol{A}$（即对 $\boldsymbol{A}$ 实施一个正交变换），由线性代数的知识，对 $\boldsymbol{A}$ 施行一个正交变换，对应坐标系就有一次旋转。因此称这种变换 $\boldsymbol{A}$ 的方法为因子轴的旋转，目的是使初始因子负荷矩阵 $\boldsymbol{A}$ 经一系列旋转后结构简化，即达到以下原则：

① 每个公共因子只在少数几个测试变量上具有高负荷，其余负荷很小或至多中等大。

② 每个测试变量仅在一个公共因子上有较大负荷，而在其余公共因子上的负荷较小或至多是中等大小。

可见，旋转的目的是使每一个测试矢量在新的坐标轴上的射影尽可能向 1 和 0 两极分化。对因子负荷矩阵旋转的方法有多种，如正交旋转、斜交旋转等，这里只介绍常用的 Kaiser 提出的方差极大正交旋转法（Varimax 法），为说明该旋转法的原理，首先考虑 $p=2$ 的情形。设因子负荷矩阵

$$A=\begin{bmatrix} a_{11} & a_{12} \\ a_{21} & a_{22} \\ \vdots & \vdots \\ a_{m1} & a_{m2} \end{bmatrix}$$

再按行计算公共度:

$$h_i^2 = a_{i1}{}^2 + a_{i2}{}^2 \qquad i=1,\ \cdots,\ m$$

考虑到各个变量 Z_i 的公共度之间的差异所造成的不平衡，需对 $\boldsymbol{A}$ 中元素作规格化处理，即每行元素用每行的公共度除，为简便规格化后的 $\boldsymbol{A}$，仍记为 $\boldsymbol{A}=(a_{ij}/h_i)\overset{\Delta}{=}(a'_{ij})$，取正交矩阵 $\boldsymbol{T}=\begin{bmatrix} \cos\varphi, & -\sin\varphi \\ \sin\varphi, & \cos\varphi \end{bmatrix}$，记 $\boldsymbol{B}\overset{\Delta}{=}(b_{ij})=\boldsymbol{AT}$，则

$$\boldsymbol{B}=\begin{bmatrix} a'_{11}\cos\varphi+a'_{12}\sin\varphi & -a'_{11}\sin\varphi+a'_{12}\cos\varphi \\ \vdots & \vdots \\ a'_{m1}\cos\varphi+a'_{m2}\sin\varphi & a'_{m1}\sin\varphi+a'_{m2}\cos\varphi \end{bmatrix}\overset{\Delta}{=}\begin{bmatrix} b_{11} & b_{12} \\ \vdots & \vdots \\ b_{m1} & b_{m2} \end{bmatrix}$$

为使 $\boldsymbol{B}$ 达到结构简化，就必须使旋转后的因子负荷矩阵 $\boldsymbol{B}$ 的两列元素的平方值向 0 和 1 两极分化（即两个公共因子对实测变量 Z 的贡献越分散越好，这实际上希望将变量 $Z_1, Z_2, \cdots, Z_m$ 分成两组，一组主要与第一主因子有关，另一组主要与第二主因子有关），因此要求 $(b_{11}^2,\ \cdots,\ b_{m1}^2)$, $(b_{12}^2,\ \cdots,\ b_{m2}^2)$ 两组数据的（样本）方差 V_1 和 V_2 尽可能大，为此，正交旋转的角度φ应满足使

$$V_1+V_2\overset{\Delta}{=}V=\max$$

即

$$V=\sum_{j=1}^{2}\left[\frac{1}{m}\sum_{i=1}^{m}(b_{ij}^2)^2-\left(\frac{1}{m}\sum_{i=1}^{m}b_{ij}^2\right)^2\right]=\max \tag{5.6}$$

由微积分求最值原理，令 $\dfrac{\mathrm{d}v}{\mathrm{d}\varphi}=0$（$b_{ij}$ 与φ有关，故 V 与φ有关），可解出

$$\tan 4\varphi=\frac{d-2ab/m}{c-(a^2-b^2)/m} \tag{5.7}$$

若记

$$v_i=(a_{i1}/h_i)^2-(a_{i2}/h_i)^2=a'_{i1}{}^2-a'_{i2}{}^2$$

$$w_i=2(a_{i1}/h_i)(a_{i2}/h_i)=2a'_{i1}a'_{i2}$$

则

$$a=\sum_{i=1}^{m}v_i\ ,\quad b=\sum_{i=1}^{m}w_i\ ,\quad c=\sum_{i=1}^{m}(v_i^2-w_i^2)\ ,\quad d=2\sum_{i=1}^{m}v_iw_i$$

根据式（5.7）的表达式中分子、分母的符号确定φ的取值范围，如表 5.4。

表 5.4　分子、分母的符号确定 φ 的取值范围

分子符号	分母符号	4φ 取值范围	φ 取值范围
+	+	$0\sim\frac{\pi}{2}$	$0\sim\frac{\pi}{8}$
+	−	$\frac{\pi}{2}\sim\pi$	$\frac{\pi}{8}\sim\frac{\pi}{4}$
−	−	$-\pi\sim-\frac{\pi}{2}$	$-\frac{\pi}{4}\sim-\frac{\pi}{8}$
−	+	$-\frac{\pi}{2}\sim0$	$-\frac{\pi}{8}\sim0$

一般地，如公共因子有 p 个，则需逐次对每两个公共因子进行上述旋转，实际上，当公共因子 $p>2$ 时，可以每次取两个，全部配对旋转，共需 $C_p^2=\frac{p(p+1)}{2}$ 次旋转，算是一轮循环完毕，记

$$V_{(1)}=\sum_{j=1}^{p}V_j=\sum_{j=1}^{p}\left\{\frac{1}{m}\sum_{i=1}^{m}(b_{ij}^2)^2-\left[\frac{1}{m}\sum_{i=1}^{m}(b_{ij}^2)\right]^2\right\}$$

则 $V_{(1)}$ 是第一轮旋转后所得因子负荷矩阵的总方差，如果我们对第一轮旋转后所得因子负荷矩阵

$$\boldsymbol{B}_1=\boldsymbol{A}\boldsymbol{T}_{12}\boldsymbol{T}_{13}\cdots\boldsymbol{T}_{p-1,\,p}$$

不满意，还可以重新开始进行第二轮 C_p^2 次配对旋转，并计算 $V_{(2)}$，如此继续下去，直到进行 s 次重复循环后，对预先设定的很小正数 ε 有 $|V_{(s)}-V_{(s-1)}|<\varepsilon$，便认为达到方差极大正交旋转的目的而终止。以上复杂的变换过程，可用 SPSS 等统计软件在电脑上实现，最后得到的 $\boldsymbol{B}_s$ 即为旋转后的因子负荷矩阵，而 $\boldsymbol{B}_s$ 的因子负荷已向两极分化，更有利于对各公共因子作解释并命名。

（7）计算因子得分。

采用回归估计法，Bartlett 估计法或 Thomson 估计法计算各因子线性组合得分。以各因子的方差贡献率为权，与各因子的线性组合结合得到综合得分，利用综合得分得到得分名次。

在汽车这类高度复杂、技术含量很高的商品的市场上，不同顾客群的特色需求更是数不胜数，例如：

➢　我喜欢×××颜色的轿车：年轻人喜欢亮丽的颜色，成功人士喜欢金属色等。

➢　我喜欢××型轿车：日本车的轮廓圆滑，美国车棱角分明。

➢　我是发烧友，喜欢马力强劲的越野车。

- 我是成功人士，喜欢豪华宽敞的轿车。
- 我需要家用皮卡车。
- 我喜欢速度快的车。
- 我爱驾驶，喜欢操纵感好的车。
- 我们老板喜欢宽敞豪华的车。
- 我比较能接受价位低的车。
- 我搞运营，这个车耗油量很小，我很满意。
- 我经常跑工地，我需要越野性能好的轿车。

…………

我们不可能针对每一项具体的需求来展开研究，只能从成百条顾客典型需求中归纳出他们共性的需求，抓住事物的重点，因子分析法提供了一个科学有效的手段。通过因子分析，可以把广大顾客的需求抽象成少数几个尺度，如经济性能、驾乘性能、安全性能、人机性能、外观性能等。再用这些尺度去调查消费者，对他们的认知进行有效分析，绘制出相对于不同尺度的顾客认知图。

5.2.4 确定认知图的尺度数量

认知图一般采用两个因素尺度，而不是更多，原因如下：

（1）从管理需求上来考虑，拥有两个坐标的二维平面图更直观、易于理解，也更有利于管理决策时的分析。

（2）统计学上的岩屑堆规则可以作为解释，岩屑堆在这里可看做统计偏差随因子个数变化的曲线形状。在因子分析中，按照因子得分，每个公共因子对解释偏差的贡献率都是依次降低的，如同时随着因子个数的增加，其对偏差的贡献率将越来越低，当因子数量达到一定量时，剩下的因子所能解释的偏差的数量就会达到稳定而且很有限。这就是所谓的“岩屑堆规则”，如图 5.9 所示，两个因素尺度是合理的。

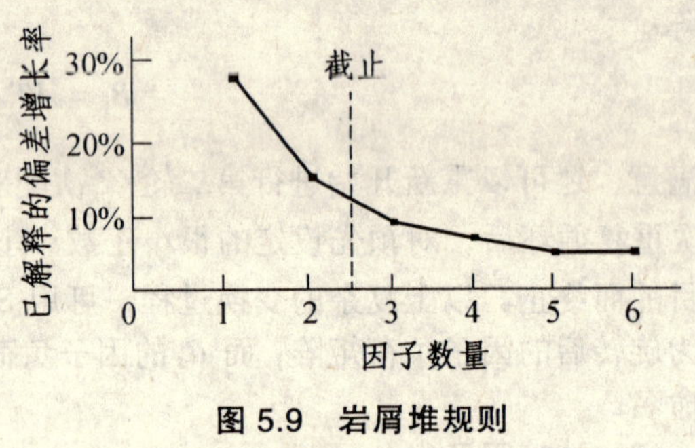

图 5.9 岩屑堆规则

实际操作过程中，还必须通过人为决策，权衡分析正确性和直观性，从而最终决定认知图尺度的数量。

5.3 顾客偏好分析和产品定位

顾客认知图帮助研究者识别了消费者心中的利益尺度，指出了产品相对于主要竞争者的定位，并提出了公司具有竞争优势的市场机会。但它们既没有告诉产品的最佳定位，也没有指出应该最先满足哪种客户群。通过偏好分析，可以知道哪些产品特性是顾客最喜欢的，哪些是一定要注意的；通过特性测量、重要度调查、满意度调查和联合分析可以准确得到用户的具体需要以及产品的正确定位。

5.3.1　重要度和满意度分析

通常用直接测量的手段去进行消费者的重要度和满意度测量。利用前文提到的 Likert 量表制作成重要度或满意度问卷（见表 5.5 和表 5.6），进行相应的市场调查，根据得到的结果进行重要度或满意度计算。目前相应的计算方法有两种：平均值法和重复频度法。

表 5.5　顾客重要度调查表

我们想了解你在购买轿车时，下列属性对您来说重要程度如何					
问题	不重要	比较重要	重要	很重要	非常重要
经济性	1	2	3	4	5
方便性	1	2	3	4	5
舒适性	1	2	3	4	5
动力性能	1	2	3	4	5
安全性能	1	2	3	4	5

表 5.6　顾客满意度调查表（×××车型）

我们想了解你在购买轿车时，您觉得该产品的下列属性是否能让您满意					
问题	不满意	比较满意	满意	很满意	非常满意
经济性	1	2	3	4	5
方便性	1	2	3	4	5
舒适性	1	2	3	4	5
动力性能	1	2	3	4	5
安全性能	1	2	3	4	5

平均值法是对得分求平均值的方法，但在求平均值时，针对不同的顾客所取得的数据，应该根据其与目标顾客群的接近程度给予不同的权重再求平均值；同时计算出标准偏差，注意它们的分布状态。如果将评价结果平均，中心值 3 出现的概率较大是可以预想的，即使同样评判为 3，偏差分布大与偏差分布小是不一样的，因此，有时也可以用出现频率较高的值作为评定值。在调查问卷的回答者较少的情况下，可以将最大值和最小值去除后进行平均。

重复频度法是利用原始数据的重复频率来获取评定值的一种方法，该方法要求根据市场调查法预先考虑选定用户对象，设定从全体的母集团中抽取样本的数量。如果不这样进行就很难认为得到的评定值没有偏差。

在重要度调查时，只是对顾客心目中的理想的产品进行调查，并不具体指向哪一个产品，这也就是所开发产品应该靠近的目标；而满意度调查时，是针对具体产品的，这一产品可以是市场上已有的产品，可以是竞争对手产品，也可以是本公司产品，还可以是设计的概念产品。

通过满意度调查我们可以对本企业产品进行纵向比较，还可以对整个市场上的同类产品进行横向研究（见图 5.10），这也是竞争性研究的一部分。按照波士顿矩阵的思想，以满意度和重要度得分为尺度的二维坐标，根据相应分值可分为：领先区、优势保持区、次要改进区和急需改进区。根据单元属性所位于的区间，可以清楚地判断产品在顾客心目中的位置，也就是根据顾客偏好，哪些属性令他们满意，哪些尚需改进，以及竞争产品所处的相对位置，都可以很清楚地进行判断，并根据所得结论采取相应措施。从图 5.10 可以发现顾客对 B 车的认知普遍比较满意，而且 B 车的各项属性在竞争对手中都基本占有优势，只是其价格还有待降低。而作为某公司产品的 A 车，除了经济性也就是成本方面具有优势以外，其余的各项性能都落后于竞争对手，需要采取措施赶上，同时还必须保持住原有的成本优势，这将是新产品开发小组的一个基本目标。

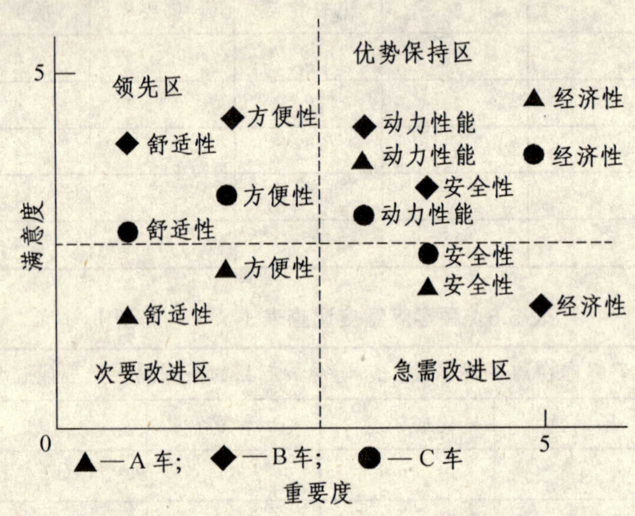

图 5.10　某城市汽车市场多功能车顾客满意度–重要度调查

5.3.2　产品定位与消费者偏好分析

企业进行市场研究的目的，最终要着眼于究竟要用什么样的产品来满足顾客，目标顾客到底定位于哪一个或哪一系列用户群，这就需要解决一个问题：产品与顾客群的相对定位问题。下面用多维尺度（Multi-Dimensional Scaling）分析方法解决这个问题。

多维尺度技术实际是基于向量模型的多维图示技术，所以又称为多维图示技术，它是研究多维数据尤其是市场顾客多维偏好数据的强有力工具。MDS 技术最早由 Torgerson 在 20 世纪 50 年代中期提出，后由 R.N.Shehard 加以发展，再经多位学者进行改进，最后由 P.E.Green 将此项技术用于市场研究。目前，MDS 技术已经广泛应用于市场研究的各个方面。它的主要作用有：

（1）形式简洁、直观，易于理解。

（2）有利于深入地探索内在的联系和模型。

（3）比用数字表格更加容易解释，更能形象地说明问题。

MDS 的基本原理是通过图示的方法，在集合空间中表示所研究对象的感觉和偏好。在各种刺激中形成的感觉或心理上的关系是通过所谓的空间图中点与点的集合关系来表示的，而空间图的坐标轴则假定是表示所研究对象用于形成对刺激的感觉和偏好时其心理基础或潜在维度。

具体将 MDS 技术应用到市场研究中，它可以识别：

➢ 消费者在感觉不同品牌时所用的维度个数即维度性质。
➢ 当前品牌在维度上的位置。
➢ 消费者的理想品牌在这些维度上的位置。
➢ 新产品开发过程中，利用定位图寻找市场空隙，该空隙则表示了新产品的潜在机会，同时，还显示出新产品所适用的消费者群。可以同时对所有品牌（包括新产品）在消费者心目中的概念进行统一评估。
➢ 可以通过人机交互的方式，确定研究认知图的尺度空间的维度和构成。

在 MDS 技术中用得最多的应该是多维偏好分析，它可以帮助市场研究人员解决诸如此类的问题：

➢ 谁是我的用户？
➢ 谁有可能是我的潜在用户？
➢ 我的新产品应该如何定位？
➢ 我们应该开发哪些新产品？
➢ 我们新产品的目标客户群是哪些？

MDS 分析所用的数据一般是最基本的消费者偏好数据，即 n 个消费者对 k 个产品的评价得分，得到一个偏好数据矩阵：

$$\begin{bmatrix} a_{11} & a_{12} & \cdots & a_{1k} \\ a_{21} & a_{22} & \cdots & a_{2k} \\ \vdots & \vdots & & \vdots \\ a_{n1} & a_{n2} & \cdots & a_{nk} \end{bmatrix}$$

多维偏好分析实际上就是顾客偏好数据的主成分分析，分析步骤如下：

（1）确定研究的问题。首先要确定研究的目的，一般都是产品定位分析和消费者偏好分析。然后确定品牌的数量，由于品牌数量和内容将直接影响到最终维度的性质和结构，因此选择时要认真考虑。经验表明，维度数量一般应该在 8～25 之间。所以调查的品牌数也应该在这个范围之内。

（2）抽样设计。一般采用分层随机抽样，注意，每一层的用户应该加以注明。

（3）获取偏好数据。让消费者对一组品牌进行打分。

（4）主成分分析。利用统计软件对偏好数据作主成分分析，确定选用的主成分个数，一般最好是 2 个，最多 3 个。

（5）作偏好分析并解释结果的意义。利用前两个主成分为坐标轴，空间图中近似地展示了消费者对品牌的偏好，解释这个维度的意义并分析结果。必要时要考虑以第一主成分和第三个主成分为坐标作图。

（6）评价分析的结果。主要根据所选用的主成分的累计方差贡献率进行评价。

主成分分析的计算过程前面已经讨论过，不再阐述。这里特引用某市场调查研究所所作的一个汽车市场调查的研究结果（见图 5.11），说明 MDS 技术的作用。

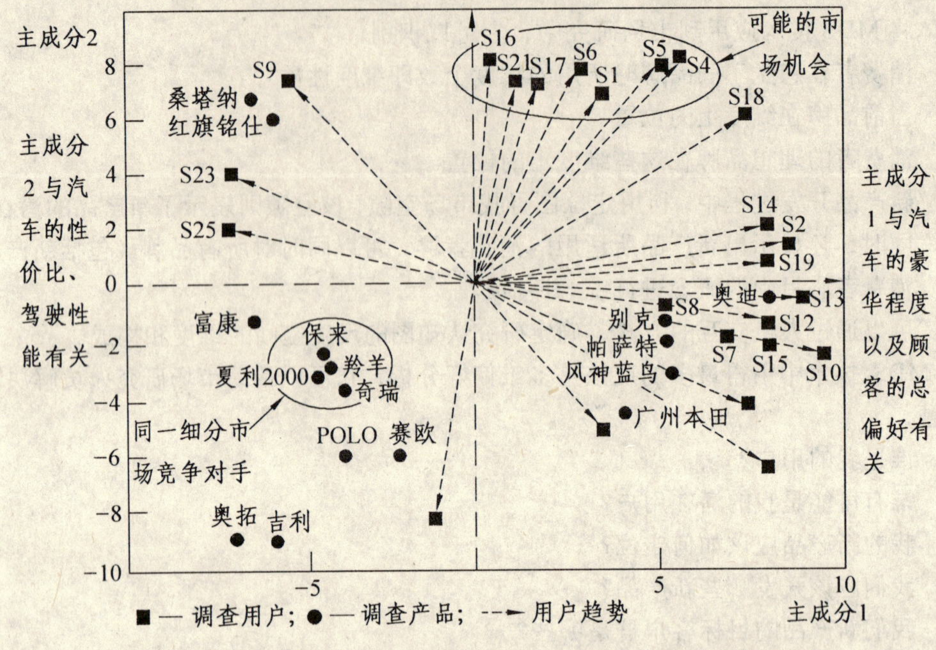

图 5.11　使用 MDS 技术分析形成的产品定位与消费者偏好图

由图 5.11 可看出轿车市场的整个态势，以及市场分割情况。研究人员可以从图中分析出同一层次的竞争对手，如左下角圆圈所包括的产品；还可以看出不同顾客偏好取向分布，以及相关产品的分布。通过图 5.11 可以得出这样的结论：别克、帕萨特、风神蓝鸟、广州本田在市场上比较受欢迎，因为这些产品在图上分布与顾客偏好取向基本重合；同时还可以发现：右上角的椭圆所包括的顾客偏好取向区域没有相应的产品，也许这意味着一个潜在的市场机会，研究人员有必要进一步分析什么样的产品适合这个市场。

通过市场轮廓分析、市场细分和市场选择，可以初步完成产品的市场定位；通过对顾客测量所获得的顾客感性认知图和多维尺度图的分析，可以初步完成产品的顾客定位和进一步完善产品的市场定位。在此基础上可以进行顾客的需求优化。

5.4　顾客的需求优化

此处的顾客需求优化是指在定制产品方案设计之前对顾客需求的确认，即第一次优化。顾客需求与设计方案之间要经过反复的调整，多次优化，才能在企业现有资源的情况下达到最优。

顾客需求第一次优化一般由企业相关人员和顾客交互完成。它包含了两个方面的含义，其一是由企业相关人员根据国家标准、企业标准、产品常识等，对顾客需求中的不合理成分进行剔除或加以修正；其二是根据顾客对产品各个属性需求的程度及偏好等，利用一定的分析方法，确定各个需求的重要性权值，按重要性的程度对需求进行排序，以便在解决需求矛盾、设计矛盾等的过程中予以权衡并抓住重点。

显然，从理论上讲，只有同层次上的需求才具有可比性，但在实际应用中，由于不同需求的分解层次不同，对顾客的重要性也不同，因此在具体处理时，应根据实际情况作出判断。

常用的重要性权值的确定方法主要有德尔菲法、专家调查法以及层次分析法等。

(1) 德尔菲法利用多个专家的智慧来确定某研究问题各个因素在决策时的重要性程度。它要求参加评议的专家不但要有深厚的专业知识，而且要熟悉和掌握所研究的领域问题。

(2) 专家调查法是根据所要决策问题的各个影响因素，制订调查表格，然后在本领域内，聘请阅历高、专业知识丰富且具有工程实践经验的专家对各影响因素的重要性程度作出评价，再对这些评价结果进行一定的处理，得出各影响因素的重要性权值。

(3) 层次分析法将需求项目的重要度进行量化，在两两比较客户质量需求相对重要性，评判两者间重要度比率的基础上，确定各个需求的绝对重要度。层次分析分为四个基本步骤:

① 在确定决策的目标后，对影响目标决策的因素进行分类，建立一个多层次结构。

② 比较同一层次中各因素关于上一层次的同一个因素的相对重要性，构造成对比较矩阵。

③ 通过计算，检验成对比较矩阵的一致性，必要时对成对比较矩阵进行修改，以达到可以接受的一致性。

④ 在符合一致性检验的前提下，计算与成对比较矩阵最大特征值相对应的特征向量，确定每个因素对上一层次该因素的权重；计算各因素对于系统目标的总排序权重并决策。

德尔菲法和层次分析法具体操作可以参照前面的章节的叙述完成。

对于企业来说，“顾客满意”已成为产品质量的最高标准。为了保证产品能满足顾客的需求，企业必须把获取的需求转换成最终产品的特征以及配置到制造过程的工艺和生产计划中去，以此为据完成产品的设计与制造，这样才能保证顾客需求得到满足。完成顾客需求向产品技术需求转化目前一般采用质量功能配置的方法来实现。

第六章 质量功能配置（QFD）

为了保证产品能为顾客所接受，企业必须认真研究和分析顾客需求，并将这些需求转换成最终产品的特征以及配置到制造过程的各工序上和生产计划中。这样的过程称做质量功能配置（QFD，Quality Function Deployment）。

6.1 QFD 的产生和发展过程

QFD 引起关注可以追溯到 20 世纪 80 年代美国人对“日本挑战”的响应，由于日本汽车的迅速成长，逐渐动摇了美国汽车工业大国的地位。经过多年的探索，美国人明白了导致日本人壮观成就的是超越文化问题的运行方式的区别，其中 QFD 是最重要的，它被认为是日本式质量管理最重要的特点。

在 20 世纪 60 年代，日本的质量管理完成了从统计质量管理（SQC，Statistical Quality Control）向全面质量管理（TQC，Total Quality Control）的过渡。到了 TQC 阶段后，日本人开始关注能否在产品未生产出来前，就对制造过程的质量控制作出指示。设计质量确定后，在后续工序中相关的质量控制的重点就已客观存在，为了提前揭示后续过程中的“瓶颈”问题，QFD 应运而生。

QFD 由日本质量专家水野滋（Shigeru Mizuno）和赤尾洋二（Yoji Akao）提出，原始构想诞生于 1966 年。1972 年第一次出现“质量配置（QD，Quality Deployment）”这一提法。随后三菱重工神户造船厂提出了质量配置表，最后形成了质量配置理论，即“将顾客需求转换成质量特征，控制产品设计质量，再进一步扩展到零部件质量、工艺特征以及它们之间的关系”。QFD 理论产生的另一来源是前文提到的价值工程（VE，Value Engineering），这就是所谓的狭义 QFD。广义 QFD 是 QD 与狭义 QFD 的结合。所以现在的 QFD 实际上是多流派、多概念的理论。

QFD 在丰田汽车公司等几家企业进行试行，取得了巨大的经济效益。相继被其他日本公司所采用，并伴随着精益生产方式的普及而广泛流传，成为精益生产方式下市场营销组合中产品策略的典型代表。

QFD 在 20 世纪 80 年代逐渐被一些西方工业国家引入，迅速得到广泛的重视，理论研究和推广应用进展很快。特别是美国引入 QFD 方法后，在汽车工业和国防工业中进行推广，进一步提高了 QFD 方法。美国专门从事质量管理和质量工程技术咨询服务的供应商协会等机构均积极开展了 QFD 方法的研究和推广应用工作。一些国际著名的大公司如麦道公司、福特汽车公司等也相继将 QFD 方法用于新产品的开发设计中。

QFD 传入我国有两个渠道，并在早期阶段形成了两个流派。以熊伟、张晓东、董乐群等利用在日本留学的机会，邀请赤尾洋二等以讲学的形式把日本 QFD 方法引入中国；与此同时，以邵家骏为主的研究者，利用在美国进行质量保证技术考察的契机，在 20 世纪 90 年代初期开始引入美国 QFD 方法。

我国在国家 863/CIMS 质量集成系统专题主持下，也在 20 世纪 90 年代中期围绕 QFD 开展了一系列的研究和推广应用工作，研究者们结合国内制造业的现实状况和特点，提出了一些有价值的观点和方法，对提高国内制造企业的新产品开发技术水平和市场竞争能力产生了重大影响。

QFD 在实践中不断吸收和应用各种管理思想和方法，使之发展壮大并具有很强的生命力。因此，将 QFD 技术应用于不同的环境、不同的理念、不同的方法，就会产生创新。如与并行工程思想（Concurrent Engineering，CE）相结合，可以保证开发者从一开始就考虑产品整个生命周期的全部要素。与故障分析方法（Failure Modes and Effects Analysis，FMEA）相结合，可以从逆向思维的角度鉴别设计上的薄弱环节。与统计过程控制（Statistical Process Control，SPC）相结合，根据过程能力的反馈实现产品设计的不断改进。与层次分析法相结合，为人们解决各种复杂的非结构问题提供了易于理解的思维模式。与联合分析方法(Conjoint Analysis，CA）相结合，很好地解决了设计质量要素之间的相关关系以权衡最优设计。与模糊集理论（Fuzzy Set）相结合，能够解决 QFD 过程中大量主观的、不确定的和边界模糊的语言信息。与群决策方法（Nominal Group Technique，NGT）相结合，能够解决跨职能部门多个成员的决策冲突问题。与人工智能技术（Artificial Intelligence，AI）相结合，还能够解决展开过程中大量的信息运算和逻辑推理问题。

随着 QFD 的日趋完善和计算机技术、信息技术等其他相关支持技术的发展，QFD 呈现以下发展趋势：

1）智能化、集成化计算机辅助 QFD 应用环境的出现

由于 QFD 应用过程中需要具有丰富经验知识的各个领域专家，专家系统技术在许多领域已显示或正在显示其强大的生命力。因此，为了减少在顾客需求提取过程和 QFD 配置过程中对专家的依赖，将专家系统技术应用于 QFD 是必然的趋势。另外，在 QFD 的配置过程中，需要大量的输入信息，这些输入信息在许多情况下是人为的，因此常常是模糊的，而处理模糊的知识正是模糊集理论的“专长”，所以模糊集理论在 QFD 的配置过程中大有用武之地。因此，智能化、集成化计算机辅助 QFD 应用环境的开发将是今后 QFD 研究的一个主要方向，同时它的出现也必将促进 QFD 在工业界的推广和应用。

2）QFD 的应用领域不断拓宽

尽管 QFD 主要是针对产品开发而提出来的，但人们已将 QFD 成功地应用于软件开发等领域中。随着 QFD 的不断发展，其应用领域必将不断地拓宽。

3）QFD 的标准化与规范化

尽管 QFD 是一种柔性很大的方法，但是随着 QFD 的日趋成熟和其应用的不断深入，有必要对其中某些共性的东西加以标准化、规范化，如 QFD 方法的工作流程、实施手段等。这也有助于 QFD 在企业中的推广和应用。

6.2 QFD 的定义和基本原理

6.2.1 QFD 的定义和作用

1）QFD 的定义

QFD 从字面上理解：质量（Q）——用户需要或期望是什么？功能（F）——如何满足用户的需求？配置（D）——使其在整个组织机构中执行。一般译为质量功能配置，也译为质量机能展开、质量功能展开、质量职能展开、质量功能部署等。QFD 目前尚没有统一的定义。

水野滋博士将 QFD 定义为：将形成质量保证的职能或业务，按照目的、手段系统地进行详细展开。

Bicknell & Bicknell 将 QFD 定义为：一种使用矩阵及其他量化和质化之技术，以系统化方法将顾客需求结合成可定义的并可测量之产品与步骤之参数。

Lou Colen 认为，QFD 是一种结构化的产品计划与开发方法，该方法使得产品开发小组能够清晰地了解顾客的需求，并能对所提出的产品或服务的性能，根据其对顾客需求的满足程度系统地进行评价。

赤尾洋二将 QFD 定义为：将顾客的需求转换为质量特性，进而确定产品的设计质量（标准），再将这些设计智利系统地展开到各个功能部件的质量、零部件质量或服务项目的质量上，以及制造工序各要素或服务过程各要素的相互关系上。

虽然 QFD 实际上是多流派、多概念的理论，但对其都有如下共同的认识：

（1）QFD 是一种顾客驱动的新产品开发方法，其显著的特点是要求企业不断地倾听顾客的意见和需求，然后通过合适的方法和措施在开发的产品中体现这些用户需求愿望。

（2）在实现顾客需求的过程中，QFD 帮助产品开发各个职能部门制订出各自的相关技术要求和措施，并使各职能部门能协调地工作。

（3）QFD 是一种在产品设计全过程各个阶段进行质量保证的系统方法。

（4）QFD 的目标是使产品以最快的速度、最低的成本和最优的质量占领市场。

一般认为，QFD 是从质量保证的角度出发，通过一定的市场调查方法获取顾客需求，并采用矩阵图解法将顾客需求的每一过程分解到产品开发的各个过程和各职能部门中去，通过协调各部门的工作以保证最终产品质量，使得设计和制造的产品能真正地满足顾客的需求。简单地说，QFD 是一种顾客驱动的产品开发方法。其核心思想是：注重产品从开始的可行性分析研究到产品的生产都是以市场顾客的需求为驱动，强调将市场顾客的需求明确地转变为产品开发的管理者、设计者、制造工艺部门以及生产计划部门等有关人员均能理解执行的各种具体信息，从而保证企业最终能生产出符合市场顾客需求的产品。

2）QFD 的作用

QFD 是当今质量管理界经常提到的一个方法，在提高新产品开发质量和速度方面效果显著。根据文献报道，运用 QFD 方法，产品开发周期可缩短 1/3，成本可减少 1/2，质量大幅度提高，产量成倍增加。QFD 在美国民用工业和国防工业已达到十分普及的程度，不仅应用于具体产品开发和质量改进，还被各大公司用于质量方针展开和工程管理目标的展开等。

QFD 作为一种强有力的工具被广泛用于各领域。它带给我们的最直接的益处是缩短周期、降低成本、提高质量。更重要的是，它改变了传统的质量管理思想，即从后期的反应式的质量控制向早期的预防式质量控制的转变。同时，它能帮助我们冲破部门间的壁垒，使公司上下成为团结协作的集体，因为开展 QFD 决不是质量部门、开发部门或制造部门某一个部门能够独立完成的，它需要集体的智慧和团队精神。

QFD 是一种利用多层次演绎分析理论，将顾客的需求愿望转化到产品开发设计过程中去，强调以市场为导向、顾客需求为依据，在开发初期就对产品的可行性和适用性实施全方位保障的系统方法。它将新产品开发中“顾客需求”转化为“功能需求”的研究从最初的思想意识层面逐渐发展到具有一定可操作性的理论及工具研究阶段。工业发达国家的实践经验表明，QFD 对保证产品质量、降低成本、缩短产品设计周期、降低新产品开发风险提供了一种行之有效的技术方法。

QFD 涉及如何去发掘客户明确或潜在的需求，如何利用一些工具去收集关于客户需求的信息并处理需求信息的变化，如何确认客户的需求系统在产品或服务的生产和交付中得到落实，如何帮助多种功能适应客户的需求和优先，同时满足市场中竞争生存的需要，如何明确了解提供的产品或服务与竞争对手的差异等一系列关键问题的解决。

6.2.2 QFD 的基本原理

质量功能配置（QFD）包括六个方面：展开的原理、细分化与统合化的原理、多元化与可视化的原理、全体化与部分化的原理、变换的原理和面向重点的原理。

1）展开的原理

质量功能配置（QFD）中的展开形式有在各种展开表中可以见到的树状展开以及从用户需求到生产现场的全体性展开。前者是在质量需求展开表、质量要素展开表及功能展开表中，系统地层次展开成 1 次水平、2 次水平、3 次水平等，越是层次低的抽象度越高，随着展开深入变得具体化。后者是从把握用户质量需求开始，向规划质量、设计质量、功能质量、零部件质量、生产工序管理点方向，上游（源流）向下游的展开。

2）细分化与统合化的原理

全体的质量由各个质量要素构成，各自的消费者的要求强度不同，质量不进行细分化，其实际状态就不明确。但仅靠细分化，质量整体形象就不清楚。因此像 3 次、2 次、1 次水平一样进行统合化，并用展开表进行归纳。各质量要素的层次水平和权重合计等，能具体确定整体质量水平。对以前比较模糊的服务质量等可以进行同样的评价。

3）多元化与可视化的原理

QFD 由各种展开表构成，这些可以被视为“多元的”。以前质量要素没有在企业高度进行体系化，而是依存于设计者个人的经验，缺乏客观性。通过“可视化”不仅可以进行相互交流，而且经营者进行客观的质量决策也成为可能。

4）全体化与部分化的原理

质量的集合是膨大的，通过将其展开为 1 次、2 次、3 次水平等，“全体化”和“部分化”就可以自由地进行。例如，到 2 次水平展开为止能把握整体的概要，利用计算机能将其中一部分进一步展开成 3 次、4 次水平并平衡部分最佳与整体最佳之间的关系。

5）变换的原理

能使膨大的质量集合得以展开的就是这个原理。质量表是一种从顾客的世界向技术的世界变换，并进一步向子系统、零部件、生产和质量信息等不同侧面变换的过程。在两种侧面的变换中，关系矩阵起着重要的作用。

6）面向重点的原理

正因为展开容易变得膨大，这个原理才显得更加重要。质量需求展开表注重网罗性，重点事项并不明确，为此，通过了解顾客的关心度及比较本公司与其他公司，选定战略性重点项目。利用各种展开表将重要度向下游进行变换，也就是说，不是笼统地，而是将质量信息的重点经过膨大的质量体系，系统地向生产阶段传达。

6.3 质量屋（HOQ）的构造

6.3.1 质量屋概述

QFD 是一种面向顾客的产品改进或新产品开发的有效工具，基本思想是在产品开发的全过程中，所有活动都由顾客的呼声（VOC，Voice of Customer）所驱动，它将顾客的需求恰如其分地转换成工程设计人员所能理解的工程指标，即从“满足设计需求”转变为“满足顾客需求”。

QFD 过程是通过一系列图表和矩阵来完成的。这些矩阵和图表的形状很像是一系列的房屋，所以被形象地称为“质量屋（HOQ，House of Quality）”，它是驱动整个 QFD 过程的核心。质量屋的结构借用了建筑上的称谓，好懂易记，并形象地喻示 QFD 方法的结果是顾客可以在质量大厦的庇护下，满意地享用他们所需要的产品或服务。

通常的质量屋如图 6.1 所示，其由以下几个广义矩阵部分组成：WHATS 矩阵，表示需求什么；HOWS 矩阵，表示针对需求怎样去做；WHATS 与 HOWS 相关关系矩阵，表示 WHATS 项与 HOWS 项的相关关系；HOWS 的相互关系矩阵，表示 HOWS 矩阵内各项目的关联关系；HOWS 评价矩阵，表示 HOWS 项的组织度或技术成本评价情况；竞争性或可行性评价矩阵，用于竞争力或可行性分析比较。质量屋建立完成后，通过定性和定量分析得到输出项——HOWS 项，即完成了“需求什么”到“怎样去做”的转换。

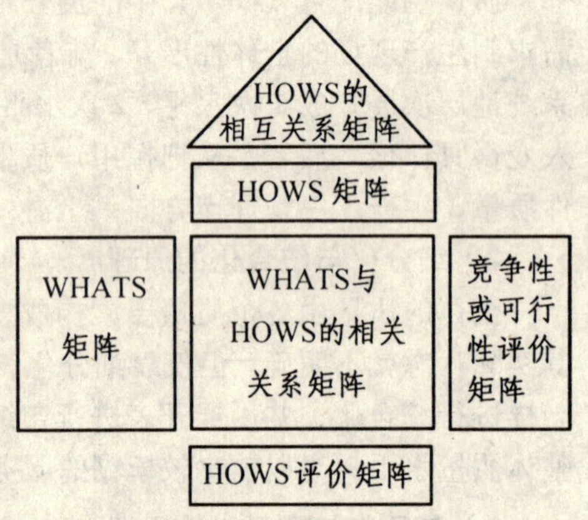

图 6.1 质量屋基本形式

图 6.2 是在分析、比较、综合国外各种形式质量屋的基础上，结合我国国情，并根据我国自己的实践经验设计的中国化的质量屋方案。在大量工程应用中，该方案具有良好的适用性，其结构要素主要如下：

(1) 左墙：WHATS 输入项。它表示需求什么，包含顾客需求及其重要度（权重），是质量屋的“什么”。顾客需求指的是由顾客确定的产品或服务的特性。重要度指的是顾客对其各项需求进行的定量评分，以表明各项需求对顾客到底有多重要。

(2) 天花板：HOWS 矩阵。它表示针对需求怎样去做，是技术需求（产品特征或工程措施），是质量屋的“如何”。技术需求（产品特征或工程措施）：由顾客需求转换得到的可执行、可度量的技术要求或方法。

(3) 房间：相关关系矩阵。它表示顾客需求和技术需求之间的关系。关系矩阵，描述顾客需求与实现这一需求的技术需求（产品特征或工程措施）之间的关系程度，将顾客需求转化为技术需求（产品特征或工程措施），并表明它们之间的关系。

(4) 地板：HOWS 输出项矩阵。通过定性和定量分析得到输出项——HOWS 项，即完成“需求什么”到“怎样去做”的转换。其中技术需求重要度表示技术需求（产品特征或工程措施）的重要程度。

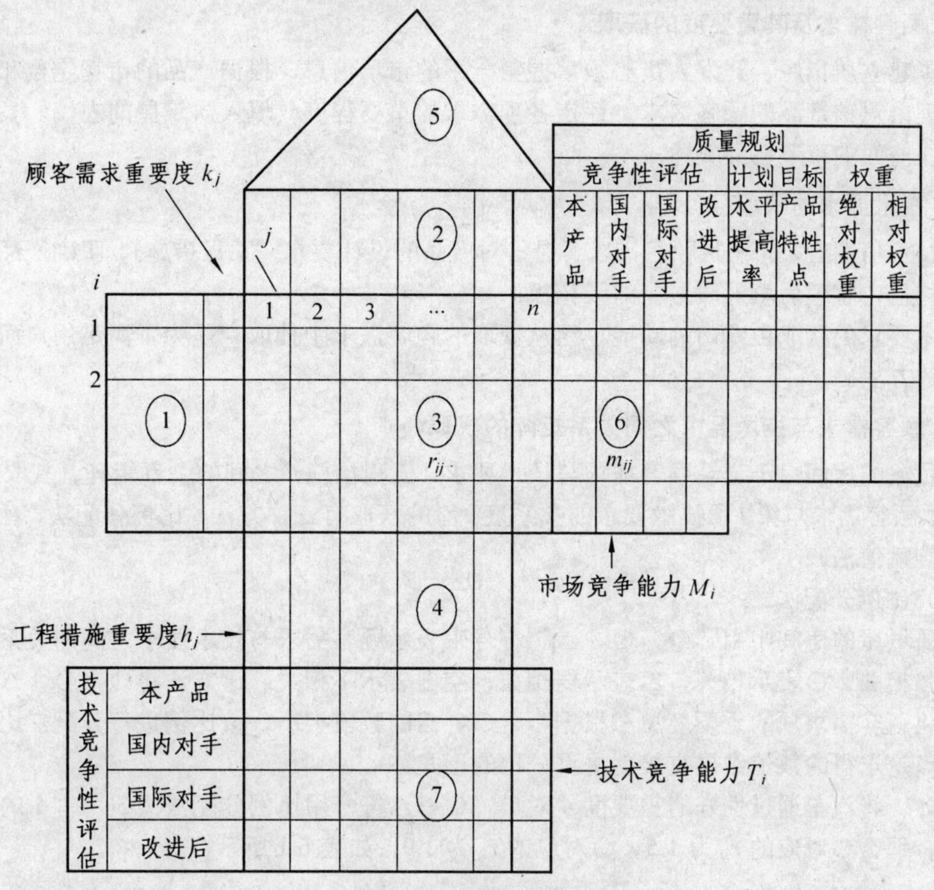

图 6.2　质量屋的结构

（5）屋顶：HOWS 的相互关系矩阵。它表示 HOWS（技术需求）矩阵内各项目的关联关系。相关矩阵：表明各项技术需求（产品特征或工程措施）间的相互关系。

（6）右墙：评价矩阵。评价矩阵指竞争性或可竞争力或可行性分析比较，是顾客竞争性评估，从顾客的角度评估产品在市场上的竞争力。市场竞争性评估：对应顾客需求进行的评价，用来判断市场竞争能力。企业产品评价：顾客对企业当前产品或服务满意的程度。竞争对手产品评价：顾客对企业竞争对手的产品或服务的满意程度。改进后产品评价：企业产品改进后希望达到的顾客满意的程度以及相应权重。

（7）地下室：技术竞争能力评估矩阵。技术竞争性评估：企业内部的人员对此项技术需求（产品特征或工程措施）的技术水平的先进程度所作的评价。同市场竞争性评价一样，它包括对本企业技术的评价和对手企业的技术的评价及改进后技术的评价。它们所不同的是，市场竞争性评估是由顾客作出的，是对产品特性的评价；而技术竞争性评估是由企业内部人员作出的，是对技术水平的评价。在评估完成后，要确定目标值，所谓的目标值就是为了具有市场竞争力，企业所需达到的技术需求（产品特征或工程措施）的最低标准。

6.3.2　质量屋信息的获取

质量屋是一种直观的矩阵框架表达形式，它是描述“想要什么”与“如何能够最好地交付”之间关系的矩阵图，相应的信息获取包括以下七个方面。

1）顾客需求及其重要度的获取

为了建立质量屋，开发人员必须掌握第一手的市场信息，根据产品的市场定位和顾客定位，整理出对该产品的顾客需求，评定各项需求的重要程度，填入质量屋的左墙。具体的实现过程在前面的章节已经叙述。

2）技术要求的获取

从技术角度看，为满足顾客需求，提出对产品的设计要求（工程措施），明确产品应具备的质量特性，整理后填入质量屋的天花板。

技术要求的获取由专门的功能小组从获取的顾客需求中抽取，是为了满足用户而采取的一系列的方法。

3）顾客需求与技术要求之间关系矩阵的获取

质量屋的房间用于记录顾客需求与技术要求（工程措施）之间的关系矩阵，其取值 r_{ij} 代表第 i 项顾客需求与第 j 项技术要求的关系度。r_{ij} 的获取有三种方法：比例分配法、独立配点法和直接赋值法。

(1) 比例分配法。

在质量屋的房间中用“◎、○、△”符号来表示顾客需求与技术要求之间的关系度时，◎表示强相关，○表示相关，△表示弱相关，空白表示不相关。该方法将◎、○、△进行数值化，将顾客需求项的重要度总和根据◎、○、△的数值大小，按比例进行分配。比例分配法的优点是求得的数值结果直接就是百分比的形式。

例如，将汽车通过性好的重要度 4 对◎、○、△符号用比例分配法按 3：2：1 的比例进行分配，那么◎对应的 r_{ij} 为 1.5，○对应的 r_{ij} 为 1.0，如表 6.1 所示。

表 6.1　用比例分配法的 r_{ij} 的计算

顾客需求 \ 技术要求	重要度	最大爬坡度	最小转弯半径	最小离地间隙	…
通过性好	4	◎/1.5	◎/1.5	○/1	
⋮					

(2) 独立配点法。

比例分配法中质量需求项目的◎、○、△数目和分布会影响技术要求重要度的算出结果，由于将顾客需求重要度按对应关系的比例进行分配，如果横向的◎、○、△数目多，那么，纵向的重要度就会产生过小评价。相反如果◎、○、△符号只有一个，顾客需求重要度就会直接变换给某一个技术要求。

独立配点法能改进这种过大或过小的评价问题。它是将顾客需求重要度直接与◎、○、△的数值相乘。◎、○、△的数值一般用◎：○：△＝5：3：1，有时也用 4：2：1 或 3：2：1。

例如将汽车通过性好的重要度 4 对◎、○、△符号用独立配点法按 3：2：1 的比例进行分配，那么◎对应的 r_{ij} 为 12，○对应的 r_{ij} 为 8，△对应的 r_{ij} 为 4，如表 6.2 所示。

表 6.2　用独立配点法的 r_{ij} 的计算

技术要求 顾客需求 \ 重要度		最大爬坡度	最小转弯半径	最小离地间隙	…
顾客需求	重要度				
通过性好	4	◎/12	◎/12	○/8	
⋮					

(3) 直接赋值法。

r_{ij} 可以直接采用 1，3，5，7，9 等关系度等级予以赋值，赋值可以参照下面的标准实行。

1：表示该交点所对应的技术要求和顾客需求有微弱的关系。

3：表示该交点所对应的技术要求和顾客需求有一定的关系。

5：表示该交点所对应的技术要求和顾客需求存在比较密切的关系。

7：表示该交点所对应的技术要求和顾客需求存在密切的关系。

9：表示该交点所对应的技术要求和顾客需求存在非常密切的关系。

根据实际情况，必要时可采用中间等级（如介于 1 和 3 之间的 2），有时也可只采用 1，3，9 三个关系度等级。

4）技术要求的权重

技术要求的重要度一般就是指加权后的技术要求的权重 h_j，可按公式（6.1）计算填入质量屋的地板。

$$h_j = \sum_{i=1}^{m} k_i r_{ij} \tag{6.1}$$

如果第 j 项技术要求与多项顾客需求密切相关，并且这些顾客需求均比较重要（k_i 较大），则 h_j 就比较大，表明该项技术要求就比较重要。

5）相关矩阵

质量屋的屋顶用于评估各项技术要求（工程措施）之间的相关程度。通常用下列符号表示相关度。

正相关○：表示该交点所对应的两项技术要求间存在互相加强、互相叠加的交互作用。

强正相关◎：表示该交点所对应的两项技术要求间存在很强的互相叠加的交互作用。

负相关×：表示该交点所对应的两项技术要求间存在互相减弱、互相抵消的交互作用。

强负相关＃：表示该交点所对应的两项技术要求间的作用强烈排斥，有很大矛盾。

6）市场竞争能力评估

一般来说，对本公司已有产品和竞争对手产品的顾客满意度可以通过对顾客市场调研获取，对需要进行设计开发的产品所要保证的顾客满意度可以通过后面将要叙述的质量规划和质量设计来获取。产品的市场竞争力可用用户综合市场竞争力指数来反映，用户综合市场竞争力指数可由式（6.2）进行计算。

$$M_i = \sum_{j=1}^{m} k_i m_{ij} \Big/ 5\sum_{j=1}^{m} k_j \tag{6.2}$$

式中：m_{ij}——i 产品对顾客的第 j 项需求的顾客需求满意度；

k_j——第 j 项顾客需求的顾客需求重要度。

M_i 的值越大越好，它越大说明 i 产品的市场竞争力越大。

7）技术竞争能力评估

从技术要求角度对本公司和竞争者的产品进行评估，并与用户综合市场竞争力的评估结果进行比较，检查两者是否一致，否则对所选择的技术需求要进行调整。由于每个技术需求的测量标准不一定相同，为了便于评估，通常将它们转化成统一的标准，叫做单项技术竞争力 t_{ij} （$j=1$，2，…，n），表示 i 产品第 j 项工程措施的技术水平。这里所谓的技术水平包括指标本身的水平、本企业的设计水平、工艺水平、制造水平、测试水平等。可取如下五个数值。

1：技术水平低下。

2：技术水平一般。

3：技术水平达到行业先进水平。

4：技术水平达到国内先进水平。

5：技术水平达到国际领先水平。

t_{ij}的值具体评定可以采用德尔菲法或专家分析法。

对 i 产品的技术竞争力可以由综合技术竞争力指数 T_i 的大小表示，T_i 可按公式（6.3）计算。

$$T_i = \sum_{j=1}^{n} h_j t_{ij} \bigg/ 5\sum_{j=1}^{n} h_j \tag{6.3}$$

T_i 越大说明 i 产品的技术竞争力越大。

对于 i 产品的综合竞争能力可以用综合竞争能力 C_i 指数表示，它是市场竞争能力指数与技术竞争能力指数的乘积，计算公式如式（6.4），C_i 值越大越好。

$$C_i = M_i T_i \tag{6.4}$$

值得注意的是式（6.2）和式（6.3）适合于 5 级评分标准。与质量屋中市场竞争能力评估相关的质量规划、与技术竞争能力评估相关的质量设计的细节将在下节讨论。

6.4 质量规划与质量设计

6.4.1 质量规划

根据顾客要求程度的重要度和与其他公司比较分析的结果设定营销重点（产品特性点也即是顾客需求满足闪光点）及计划质量。对于重要度高且本公司达成水平高而其他公司达成水平低的质量需求，可以直接作为产品特性点（顾客需求满足闪光点）用于营销战略。对于重要度高但本公司达成水平低而其他公司达成水平高的质量需求项目，至少要将计划质量目标设定为与其他公司同等，这类项目不能成为产品特性点。对于重要度高但本公司达成水平低而其他公司达成水平也低的质量需求项目，通过将计划质量设定为比他公司高，这样该项目可成为营销重点（产品特性点）。以这些想法为基础设定计划质量。这时如果能区别需求项目的类型是魅力性质量、期望的质量还是理所当然的质量，那么对营销重点（产品特性点）的设定是有帮助的。在新产品开发时，设定计划质量等同于设计开发产品的顾客满意度。

计划质量设定时的注意事项如下：

(1) 对于本公司现状水平比其他公司低的顾客需求满足度，至少设定成与其他公司同等水平。

(2) 对于本公司现状水平比其他公司高的顾客需求满足度，维持现状并作为营销重点(产品特性点)。

(3) 在设置顾客需求满足度时，必须考虑面向重点，并不是不管什么需求项目都瞄准高水平。

计划质量设定完成后，就可计算其水平上升率，它是表示本公司现状水平在质量规划中提高程度的尺度，用本公司水平作为分母，计划质量作为分子算出，如式（6.5）所示。

$$\text{水平上升率}=\frac{\text{计划质量}}{\text{本公司顾客需求竞争性评估得分}} \tag{6.5}$$

对营销重点（顾客需求满足闪光点）给出数值（量化），并乘重要度及水平上升率，这样就算出了绝对重要度（绝对权重），如式（6.6）所示。

$$\text{绝对重要度}=\text{重要度}\times\text{水平上升率}\times\text{营销重点} \tag{6.6}$$

一般以◎为 1.5，○为 1.2，空白为 1，对营销重点（产品特性点）进行量化，将绝对重要度合计，各项目所占的百分比（%）就是质量需求的权重。

质量规划包括市场竞争性评估、质量计划和权重计算。

首先，针对每项质量需求项目实施市场竞争性评估，它是为对应客户需求进行的对本公司产品和竞争者产品在满足客户需求方面的评估，用来判断市场竞争能力。市场竞争性评估主要有两部分内容：

(1) 本公司产品评价，即客户对本公司当前的产品的满意程度。

(2) 竞争对手产品评价，即客户对竞争对手的产品的满意程度。

竞争性评估反映了市场上现有产品的优势和弱点以及产品需要改进的地方。如前面所述，竞争性评估数据是通过市场调查得到的。一般用数字 1～5 来表示客户对产品的某项质量需求的满意度，其中 5 表示非常满意，1 则表示非常不满意。

其次，开展质量计划，它包含目标计划质量评估、水平上升率设定、产品特性点评估。目标计划质量评估是本公司产品改进后（上市后）希望达到的顾客满意的程度。质量水平上升率是目标质量评估值相对于本公司产品评价值的上升比率。产品特性点评估是从市场营销战略角度评估该需求项目能否成为产品特性点（营销重点），评估该项目能否让客户更多地感知本公司与竞争对手的差异，为客户创造更多的附加价值。

最后，计算重要度权重，它包含质量绝对重要度和质量相对权重计算。绝对重要度的计算如式 6.6 所示。质量相对权重的计算如式 6.7 所示。

$$\text{相对重要度}(W_r)=\frac{\text{绝对重要度}}{\text{各质量需求项目的绝对重要度之和}}\times 100\,\% \tag{6.7}$$

上述的实现例子如表 6.3 所示。

表 6.3　质量规划实例

技术要求＼顾客需求	重要度	最大爬坡度	最小转弯半径	最小离地间隙	…	质量规划							
						竞争性评估			计划目标			权重	
						本公司	竞争对手		计划质量	水平提高率	产品特性点	绝对重要度	相对权重
							A	B					
通过性好	4	◎/1.5	◎/1.5	○/1		3	4	3	4	1.33	○/1.2	6.4	7.4
					⋮								

6.4.2　质量设计

产品设计时需要有测定顾客需求是否得到满足的尺度，以及用此尺度达到什么样的目标值，这个目标值就是设计质量，也就是前文所说设计要求所需达到的目标值。

在设定这个设计质量时，像市场竞争性评估中对顾客需求项目实施比较分析一样，对技术要求项目（质量特性）也必须进行比较分析。通过试验、查阅有关文献等方式评估本公司产品和竞争者产品的质量特性指标。

在产品开发时，质量设计的实质是产品指标的确定，产品指标是产品必须达到的性能的精确描述，它是多个指标的集合。指标包含一个度量和一个数值，例如，某产品的某个指标为平均安装时间小于 75 s，其中“平均安装时间”是一个度量，“小于 75 s”是该度量的数值。数值可以是某个特定的数字，一个范围或一个不等式。开发团队可以通过下面的步骤来确定产品指标及其数值。

(1) 开发团队根据产品的市场定位、顾客定位、本公司现存产品的情况以及竞争对手产品的情况初步确定产品技术指标的项目。

(2) 根据顾客需求权重，按式（6.1）计算各技术指标项的权重。

一般来说，市场竞争性评估（技术指标项的权重）同技术竞争性评估（顾客需求重要度、顾客满意度）结果是一致的。但是，在某些情况下，两者也可能互相矛盾。通常造成两种评估互相矛盾的原因主要有以下几个：

① 质量特性（技术指标）测试并没有真正反映质量需求。

② 除了已选择的质量特性（技术指标）外，还有某些尚未列入的质量特性（技术指标）对该质量需求存在“强”关系。此时，应补充进新的质量特性（技术指标）。

③ 顾客使用产品的方式可能和测试不一致。因此，需要增加其他质量特性（技术指标）和技术测试。

(3) 初步设定开发产品的质量属性（技术指标）数值。

在初步设定开发产品的质量属性（技术指标）数值时，可以将质量属性（技术指标）项目整理成设计质量设定表，可以在这个表中记入本公司类似的产品进行探讨。一般来说，质量表（质量屋）的质量特性中，只有一部分项目的状况被掌握，而大部分项目的情况并不十分清楚。有些情况下的信息存在于设计者的大脑中，这些信息应变换成其他人也能看得见的形式，积累到设计质量设定表中。对于没有充分掌握的质量特性，可以借助营销部门的力量进行调查，或者购入几件其他公司的同类产品，在调查分析的基础上把握其他公司质量特性的动向，并用设计质量设定表进行信息积累。

根据质量属性（技术指标）的重要度来确定质量保证的重点方向，以便将时间、资源集中地用于真正重要的地方。综合考虑质量特性、质量属性（技术指标）重要度、技术竞争性评估结果、技术实施难度和成本、顾客需求与质量特性的关系矩阵和当前产品的优势和弱点，设定具体的质量属性（技术指标）的目标值，使其成为使产品具有市场竞争力而所需达到的规格值等的最低标准。

（4）最终产品质量属性（技术指标）的确定。

产品最终质量属性（技术指标）的设定可以参照下面五个步骤来完成：

① 建立该产品的各种技术模型。

产品的技术模型是针对特定的一组设计决策来预测其度量值的一种工具，既可以是产品的解析近似，也可以是产品的物理近似。

就理想情况来说，团队能够用解析方法建立产品的精确数字模型，比如，在电子表格或计算机仿真中求解模型方程，且无需使用昂贵的实物实验。这种解析模型通常需要 CAE 技术支持。在实际中，有许多技术指标的度量不能通过建立解析模型实现，此时可以对技术指标的度量进一步分解，在此基础上建立解析模型。如果根本无法建立解析模型，通常有必要实际建造多种不同类型的物理实体模型样机，以便探索设计变量多种组合的内涵。

技术模型建立完成后，便可通过探索设计变量的不同组合来预测任何特定的指标集合（如理想目标值）在技术上是否可行。这种模型和分析可防止团队设置无法在产品概念的可能自由度内实现的指标组合。创建模型的步骤只能在概念选择之后才能进行。

② 建立产品的成本模型。

这一步骤的目标是确保产品能以“目标成本”生产出来。目标成本是“公司及其销售商能获取足够的利润，同时又能以具有竞争力的价格向最终客户提供产品”的制造成本。

对于大多数产品，制造成本的第一次估计是通过列出材料明细（包括所有零件的列表）并估计每个零件的购买或制造价格而完成的。在开发过程的这个时间点，并非所有零件都为开发团队所知晓，但团队仍然要尽量列出认为需要的零部件。虽然早期估计一般集中在零部件的成本上，但开发团队通常也要对装配和其他制造成本（如一般管理费用）进行粗略估计。建立早期成本估计，包括要求供货商提供成本估计以及公司自己制造的零部件的生产成本。这个过程经常由采购专家和生产工程师完成。

记录成本信息的一种有用方法，是为每个条目列出高估值和低估值。这有助于开发团队理解估计中的不确定性。材料明细本身就是一种性能模型，但它不预测技术性能度量的值，而是预测成本性能。在整个开发过程中材料明细都非常有用，并且要定期更新（甚至每周更新一次）以便反映制造成本估计的当前状况。

开发团队对具有几百甚至几千个零件的复杂产品技术指标确定时，一般不可能把每一个零件都包含在材料明细中，而是列出主要部件和子系统，并根据以往的经验或者供应商的判断对其成本设置界限。

③ 对指标进行提炼，必要时进行权衡折中。

一旦开发团队建立了合适的技术性能模型并建立了初步的成本模型，这些工具就可以用来建立最终指标。对性能定稿的过程可以通过小组会议来完成。在小组会议中，通过使用技术模型可以确定各值的可行组合，并探索成本内涵。通过对此迭代反复，开发团队对那些使产品相对于竞争产品取得最佳定位，能最好地满足客户需求并确保足够的利润的指标将逐渐达成共识。

④ 适当地顺延这些指标。

顺延是把整体指标分解成每个子系统的指标。例如，一辆汽车的整体指标包括燃油经济性、0～100 km/h 加速时间、转弯半径等度量。然而，还必须对构成汽车的几十个主要的子系统制定指标，包括车身、发动机、传动、制动系统和悬挂等。发动机的指标包括最大功率、最大扭矩以及最高效率时的燃油消耗等度量。在顺延过程中要确保子系统的指标确实反映了整体产品的指标，即如果各子系统达到指标，那么整个产品也将达到指标。其次是要确保满足不同子系统的指标的难度相同。比如，发动机的重量指标与车身的重量指标相比不应过大。否则，整个产品的成本将很可能高于必需成本。

一些整体部件指标可以通过“预算分配（Budget Allocations）”来建立。例如，制造成本、重量和功率消耗等指标可以分配给子系统，因为一件产品的总成本、重量和功率消耗就是各子系统的这些量的总和。在某种程度上，几何体积也可以这样分配。对其他的部件指标，必须对子系统的性能如何与整体产品性能相关联进行更加复杂的理解之后才能确定。例如，燃油效率是车辆重量、轮胎阻力、空气动力学阻力系数、正投影面积和发动机效率等的一个相当复杂的函数。建立车身、轮胎和发动机的指标，需要一个这些变量如何与整体燃油效率建立关系的模型。

⑤ 对结果和过程进行反思。

当技术指标确定后，开发团体应该从下面三个方面对结果进行反思：

a. 该产品会是赢家吗？产品概念应该能让开发团队实际设置指标，以便产品可以满足客户需求并在竞争中超越对手。如果不能，那么开发团队应返回到概念生成和选择阶段，或者放弃这个项目。

b. 在技术模型和成本模型中存在多大不确定性？如果对竞争成功与否具有决定性影响的度量仍具有很大的不确定性，那么开发团队可能希望提炼技术模型或成本模型，以便提高达到这些指标的信心。

c. 开发团队所选的概念能最好地适合目标市场吗？或许它最能适合另一个市场（如中间市场以外的高端或低端市场）？所选择的概念实际上很可能是太好了。如果团队生成了一种梦幻般优于竞争产品的概念，那么他们可能会考虑将这个概念应用于要求更加苛刻、更有利润潜力的市场。

6.4.3　质量规划与质量设计的数学求解

按前面的方法进行质量规划与质量设计时没有考虑质量特性的自相关影响，质量规划与质量设计的相互关系通过手工调配来实现，同时也没有考虑设计时间的限制。这里引入优化技术的目标规划来进行质量规划与质量设计。目标规划能结合产品开发的目标及其所具备的各种资源，作出一个有效的产品设计规划，同时能够分析设计的产品达到各种目标的程度和距离各种目标的差距。目标规划模型力图使所规定的目标离差最小。习惯上，用 y_i^- 代表未达

到第 i 个目标的目标离差量，用 y_i^+ 代表超出第 i 个目标的目标离差量。这些离差变量必须出现在目标函数和目标约束中。

质量规划实质上是确定开发产品的各项顾客需求满足度的水平提高率 y_i。

质量设计实质上是确定开发产品的各项技术特性（质量特性）的水平提高率 x_i。

事实上，顾客对第 i 个顾客需求评价目标值的改善是通过与之相关的技术特性目标值的改善来获得的。也就是说，技术特性目标值的改善导致了顾客需求的改善。因此，第 i 个顾客需求的水平提高率 y_i 和各个技术特性的水平提高率 x_j 之间的关系可用下面的不等式来表示：

$$f_i(x_1, x_2, \cdots, x_n) \geqslant y_i \tag{6.8}$$

下面给出 x_j，y_i 用目标规划进行求解的数学模型：

$$\min F = \left\{ \left(\sum d_i y_i^-\right), y_c^+, y_t^+ \right\} \cdots\cdots \text{(a)}$$

$$\text{st.} \begin{cases} f_i(x_1, x_2, \cdots, x_n) + y_i^- - y_i^+ = y_i,\ i = 1, 2, \cdots, m \cdots\cdots \text{(b)} \\ x_j - g_j(x_1, x_2, \cdots, x_n) = 0,\ j = 1, 2, \cdots, n \cdots\cdots \text{(c)} \\ U(x_1, x_2, \cdots, x_n) + y_c^- - y_c^+ = C \cdots\cdots \text{(d)} \\ V(x_1, x_2, \cdots, x_n) + y_t^- - y_t^+ = T \cdots\cdots \text{(e)} \\ L_j \leqslant x_j \leqslant M_j \cdots\cdots \text{(f)} \\ x_j \geqslant 0,\ x_j^+ \geqslant 0,\ x_j^- \geqslant 0,\ y_i \geqslant 0,\ y_i^+ \geqslant 0,\ y_i^- \geqslant 0,\ i = 1, 2, \cdots, m,\ j = 1, 2, \cdots, n \cdots\cdots \text{(g)} \end{cases} \tag{6.9}$$

式中：（a）——目标函数，其工程意义为求取在尽可能满足开发成本和开发时间的情况下满意的 y_i，y_c，y_t；

y_i，y_c，y_t——开发产品的各项顾客需求满足度的水平提高率，也是目标函数的决策变量；

d_i——归一化后第 i 个顾客需求的权重；

（b）——y_i 和 x_j 之间的约束关系所形成的目标约束；

x_j——第 j 项技术特性（质量特性）的水平提高率；

（c）——技术特性（质量特性）互相关联所形成的函数式，对应于质量屋的屋顶；

（d）——技术特性水平提高率和所需单位总成本的函数关系；

C——预先确定的技术特性实施所能提供的单位总成本；

（e）——技术特性水平提高率和所需单位总时间的函数关系；

T——预先确定的技术特性实施所能提供的单位总时间；

（f）——技术特性（质量特性）水平提高率的上下限约束；

M_j——第 j 个技术特性（质量特性）允许的最大改善率；

L_j——第 j 个技术特性允许的最小改善率；

（g）——模型中各变量的限制条件。

该模型体现了 QFD 乃至并行工程的目标，即提高产品质量（Q）、降低成本（C）和缩短产品上市时间（T）。企业在产品质量规划和质量设计时，可以参照上面的模型，将其实例化。然后用数学求解软件（Matlab）求解 x_j，y_i，并将结果用到质量屋上，完成用户需求和技术特性（质量特性）之间的转换。

6.5 质量功能配置的实施方法

在我国企业组织实施 QFD 时，一般采用四阶段模式。即 QFD 可以看成由设计、零部件、工序、生产四个阶段组成的过程，该过程通过一系列矩阵和图表来完成，这些矩阵和图表依据“下道工序是上道工序的用户”的原则，将用户需求和有关的技术要求从产品规划和产品设计展开至工艺计划和车间级的工作。

由于产品开发一般要经过产品规划、零部件展开、工艺计划、生产计划四个阶段。因此有必要进行四个阶段质量功能配置。根据下一道工序是上一道工序的“顾客”的原理，各个阶段均可建立质量屋，且各阶段的质量屋内容有内在的联系。上一阶段质量屋的主要项目（关键工程措施及指标）将转换为下一阶段质量屋的左墙（顾客需求及其重要度），如图 6.3 所示。质量屋的结构要素在各个阶段大体通用，但可根据具体情况适当剪裁和扩充。

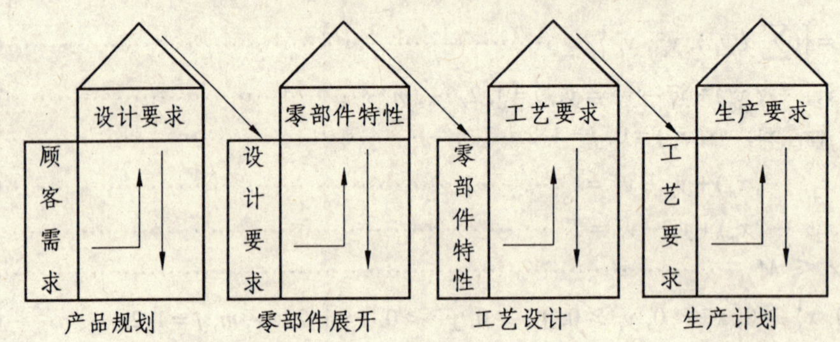

图 6.3 四个阶段的质量功能展开

产品规划阶段：通过产品规划矩阵（产品规划质量屋），将顾客的需求转化为产品的技术特征，并根据顾客竞争性评估，进行产品质量规划，即确定开发产品所需保证的顾客满意度。根据本公司的实际情况，进行质量设计，即确定各个质量特征（技术特征）的目标值。

零件配置（零部件展开）阶段：利用前一阶段定义的质量特征，从多个设计方案中选择一个最佳方案，并通过零件配置矩阵（零件配置质量屋）将其转化为关键的零件特征。

工艺设计阶段：通过工艺设计矩阵（工艺设计质量屋），确定为保证实现关键质量特征（技术特征）和零件特征所必须保证的关键工艺参数。

生产计划阶段：通过生产计划矩阵（生产计划质量屋）将关键零件特征和工艺参数转化为具体的生产（质量）控制方法和标准。

产品规划阶段的质量屋的实施方法在前面已经叙述，这里重点介绍零件配置阶段、工艺设计阶段、生产计划阶段的质量屋实施方法。

6.5.1 零件配置质量屋

零件配置质量屋如图 6.4 所示，此质量屋的输入项（WHATS 项）是产品的质量特性（产品特征或工程措施）矩阵（此处表示成列阵形式）。实现质量特性（产品特征或工程措施）的对策是若干项零部件特征（HOWS 项），以矩阵②来表示，这些零部件项是在产品结构体系构建时形成的，具体的细节见本书 7.4 节。矩阵③表示的是各种零部件特征间的相关性。同样，在质量特性（产品特征或工程措施）矩阵和零部件特征矩阵之间存在的关系矩阵④表示相互关系。矩阵⑤是可行性评价矩阵，表示零部件特征对应于质量特性（产品特征或工程措施）的可行性评价。矩阵⑥是技术评价矩阵，针对各项零部件特征进行技术和成本分析。

通过零件配置质量屋的建立和分析，可以找出实现工程特征要求的难点和薄弱环节，重新进行有关零部件特征的方案设计。零件配置质量屋的最终输出是能保证实现质量特性（产品特征或工程措施）的零部件特征要求。

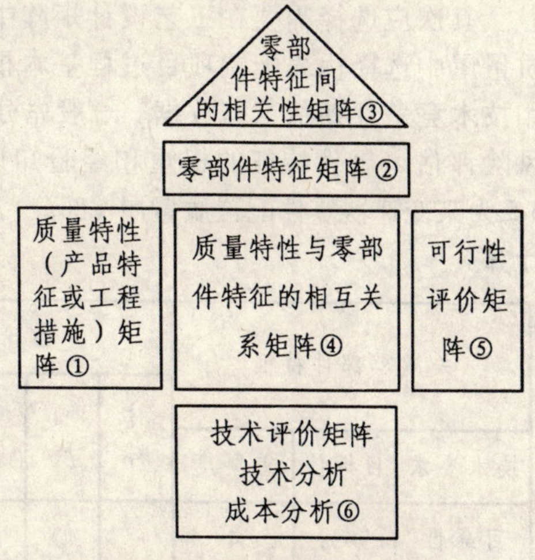

图 6.4　零部件配置质量屋

与产品规划矩阵不同，零件配置质量屋矩阵要简单得多。它仅包含了矩阵的几个基本组成部分：质量特性、关键零件特征、关系矩阵及关键零件特征目标值。零件配置质量屋矩阵的开发过程同产品规划质量屋基本相同。值得注意的是，关键零件特征只有在产品设计方案确定后才能确定。质量屋的建立一般有以下四个步骤：

（1）选择最佳设计方案。

选择设计方案最基本的方法是首先建立评价准则，然后再开发许多尽量满足评价准则的设计方案，根据评价准则分别评估各个设计方案，经过讨论后协同各个方案综合出一个最佳方案。

（2）分析潜在的故障原因。

在确定产品设计方案，完成初步设计之后，应对产品进行可靠性分析。它能促使企业考虑产品中潜在的故障，并通过设计需求控制、工艺控制和产品质量的检验来控制它。

（3）完成零件配置质量屋。

在完成方案选择和可靠性分析后，就可开始进行零件配置质量屋矩阵的工作。零件配置质量屋矩阵的几个基本组成部分如下：

① 质量特性（产品特征或工程措施）。它们是从产品规划矩阵中选择的、转移到零件配置矩阵的质量特性（产品特征或工程措施）及其目标值，是矩阵的“什么”。

② 关键零件特征。QFD 小组一般根据在可靠性分析中确定的失效原因、待配置的质量特性（产品特征或工程措施）和其经验来决定零件配置矩阵的关键零件特征。它们是矩阵的“如何”。

③ 质量特性（产品特征或工程措施）与关键零件特征的关系矩阵。用一组符号来表示质量特性（产品特征或工程措施）与关键零件特征的关系强弱程度。

④ 确定关键零件特征的技术规范。

（4）分析零件配置质量屋。

在完成零件配置质量屋后，首先应认真评审关系矩阵，检查关系矩阵的每一行和每一列，是否存在空行或空列。如果某一行无关系符号或只有“弱”关系符号，则意味着关键零件特征没有足够地满足对应的质量特性（产品特征或工程措施），应补充新的关键零件特征；如果某一列无关系符号或只有“弱”关系符号，则意味着其对应的零件特征是多余的，应予以剔除。除此之外，还要分析关系符号的填充率，它表示关键零件特征是否足够地覆盖了质量特性（产品特征或工程措施）。

其次应选择需要在工艺设计矩阵中配置的那些关键零件特征。其决策过程同产品规划质量屋中选择优先配置项目过程基本相同，只是在零件配置质量屋中没有顾客竞争性评估和技术竞争性评估这些数据。一般先分析那些“强”相关符号最多的零件特征，然后根据风险评估、零件特征的权重和经验知识等因素，选择那些需要配置的关键零件特征。图6.5为某变速器零件配置质量屋（部分），权重计算采用独立配点法，按◎：○：△＝5：3：1计算。

关键零部件特征			齿轮				轴		轴承		电机		润滑油	
技术要求	目标值	重要度	材料	硬度	强度	精度	材料	强度	类型	精度	功率	转速	类型	黏度
可靠性	99%	4		◎	◎	○		◎	○					◎
使寿命命	5年	5		○	○			◎	○					◎
价　格	<1 200	4	○		○	◎	○	○	◎	◎	○	◎	○	
	零部件特征目标值													
	权　重		12	35	47	32	12	57	47	20	12	20	12	45

◎—强相关；○—中等相关；△—相关；空白—不相关

图6.5　某变速器零件配置质量屋（部分）

6.5.2　工艺设计质量屋

产品的零部件特征要求明确之后，可以据此进行零部件的详细设计。为实现零部件特征要求，则要进行工艺规划设计，在质量功能配置（QFD）方法进程中对应的是工艺设计阶段质量屋的建立。该阶段的质量屋的内容如图6.6所示，质量屋的输入是零部件特征要求（质量屋的WHATS项），输出是制造工艺特征要求（HOWS项）。通过这一过程完成产品的零部件设计要求向工艺流程规划设计的转换。

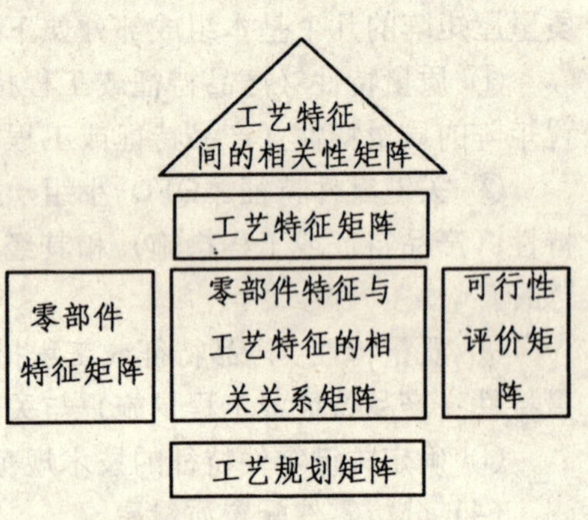

图6.6　工艺设计质量屋

在“下游”质量控制中继续质量功能配置（QFD）过程主要也是为了提高顾客满意度，加深整个企业员工对产品开发必须面向顾客需求的切身体会。工艺设计质量屋的开发步骤同零件配置质量屋基本类似。从零件配置质量屋中选择的关键零件特征被配置到工艺设计质量屋中，成为工艺设计质量屋矩阵的输入项。下一步是决定关键工艺特征，它们是为了保证满足待配置的零件特征和企业内部需求所必须控制的参数。然后，决定相关关系和建立工艺规范。最后一个步骤是分析工艺设计质量，决定应配置到生产控制阶段中的关键工艺特征。

1）确定工艺方案

与零件配置质量屋类似，关键工艺特征的决定与具体的工艺方案有关。因此，在确定关键工艺特征之前，必须先确定其工艺方案。在大多数情况下都使用现有工艺过程，因此没有必要进行工艺方案选择。然而，当产品开发人员考虑对加工工艺进行修改时，应使用方案选择方法或其他类似方法来选择加工工艺方案。

2）完成工艺设计质量屋

同零件配置质量屋类似，关键工艺特征也根据关键零件特征和经验来确定，它们是那些为了保证零件满足其需求而在制造过程中必须加以控制的要素。从严格的质量功能配置（QFD）观点出发，工艺设计质量屋应只包含满足以下两个条件的工艺特征。

（1）它们是工艺过程中的一些关键工艺特征。

（2）它们是直接针对工艺设计质量屋矩阵的关键零件特征而设置的。

工艺设计质量屋的分析同零件配置质量屋类似，也应选择需要配置的关键工艺特征。一般根据矩阵中每个工艺特征的重要度和经验来选择应配置到生产控制阶段的关键工艺特征。对于大多数工艺过程来说，其工序数和关键工艺特征数不会太多。因此，将所有关键的工艺特征配置到生产制造阶段问题不大。在实际操作中建议将工艺设计质量屋中所有关键的工艺特征转移到生产控制阶段中，因为这不会增加太多的时间，而且不需再选择配置到生产控制阶段的关键工艺特征，因所有的关键工艺特征都被转移到了生产控制阶段中。图 6.7 为变速器工艺设计质量屋。

	关键工艺特征	检查毛坯	正火		滚齿		插齿	齿轮倒角	剃齿	高频淬火		珩齿		磨齿		检测	存储
零件特征规范	目标值	按手册检查	保温时间	保温温度	分齿运动机精度	滚刀磨损	刀具磨损	齿轮倒角精	剃齿刀磨损	电流频率	电流大小	珩磨齿轮精	齿合速度	砂轮磨损	磨削深度	检测加工精度	按说明书存储
硬度	HB××		○	○						◎	◎						
强度	××MPa		◎	◎						○	○						
精度	××级				◎	○			◎			◎	○				
	工艺规范																

◎—强相关；○—中等相关；△—相关；空白—不相关

图 6.7　变速器工艺设计质量屋（部分）

6.5.3 生产控制质量屋

工艺设计阶段质量屋的输出是制造工艺特征要求。为满足这些要求，要有生产计划安排以形成明确的生产要求和控制方法，对应地建立质量功能配置(QFD) 的生产计划和控制阶段的质量屋。生产控制质量屋的形式如图 6.8 所示。此阶段质量屋的输入是产品的制造工艺特征要求，为了实现制造工艺特征要求则要有明确的生产计划安排，在生产计划安排中包含诸多的生产要求和控制方法，按这些要求和控制方法就可以去组织产品的具体生产了。生产控制质量屋的输出就是生产要求信息和控制方法。

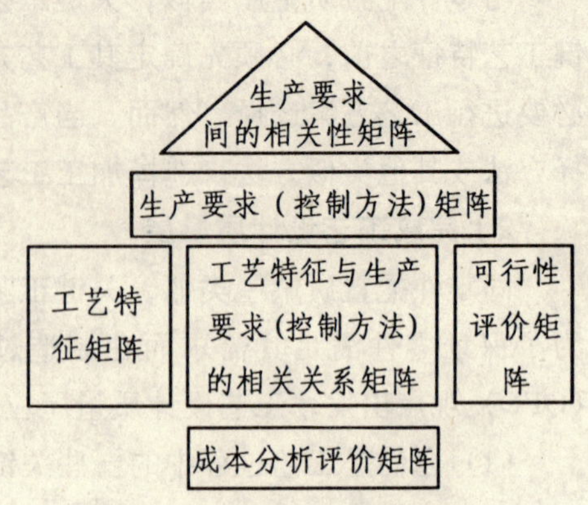

图 6.8　生产控制质量屋

6.6 需求获取和转换的综合应用

前面介绍了产品需求获取和转换的大量的知识和方法，本节将讨论这些知识和方法的综合应用。

6.6.1 顾客需求的获取

顾客需求获取的实质是通过市场调研和市场数据处理得到待开发产品的顾客需求重要度和相关产品顾客需求满足度，其实现过程如图 6.9 所示。

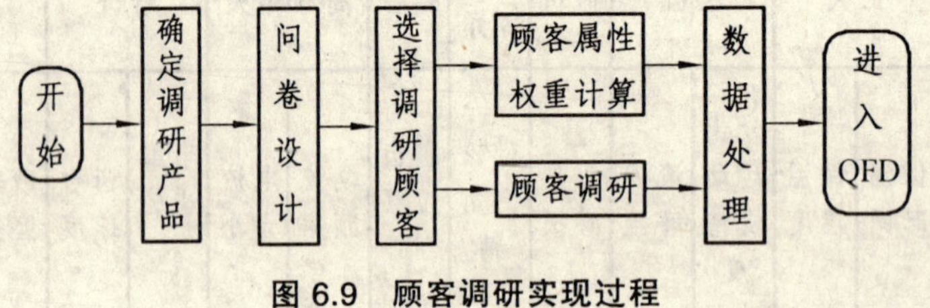

图 6.9　顾客调研实现过程

(1) 确定调研产品。

当企业决策层确定了待开发产品后，就需要根据产品的市场定位和顾客定位确定需要调研的竞争对手相应产品，具体可以采用文献[1]所述的多维尺度（Multi-Dimensional Scaling，MDS）分析方法实现，在 MDS 技术分析形成的产品定位与消费者偏好图上可以得到同一细分市场竞争对手产品，这些产品和待开发产品就构成了需要调研的产品集合。

(2) 问卷设计。

问卷设计时可采用前面所述的因子分析法（Factor Analysis，FA）找出调研产品高度浓缩的影响因素，以此来概括包含几乎所有顾客需要的信息。然后用这些因素作为问卷条目形成问卷。问卷有两种形式：顾客需求重要度调查问卷和顾客需求满意度调查问卷。这里以顾客态度尺度作为评分准则，采用 1～9 级评分刻度，具体情况如图 6.10 所示。

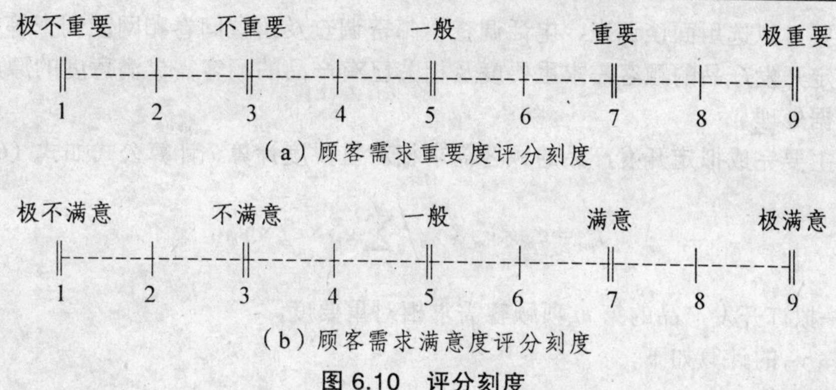

（a）顾客需求重要度评分刻度

（b）顾客需求满意度评分刻度

图 6.10　评分刻度

（3）选择调研顾客。

根据产品的市场定位和顾客定位来选择调研顾客，调研顾客数量直接影响调查的精确度和成本。一般来说，调研顾客数量越大，调查精度越高，调查费用也愈高，需时亦愈长。若取样数量少，调查误差可能大。调研顾客的数量 n 可以根据公式（4.2）来确定。

（4）顾客属性权重计算。

顾客属性项权重评定采用改进的层次分析法（Analytic Hierarchy Process，AHP），具体实现过程如下：

① 根据产品的目标客户群确定客户的影响属性，并将这些属性以树型层次结构表示。

② 建立各层属性的两两比较矩阵 $\boldsymbol{A}=(a_{ij})_{n\times n}$，设定矩阵 $\boldsymbol{A}$ 的相对重要性标度 a_{ij}，相对重要性标度定义如表 4.5 所示。

③ 按公式（6.10）分层计算各属性的相对权重 $wc_i^{(1)}$，并按公式（6.11）对其进行一致性检验。

$$wc_i^{(1)}=\sqrt[n]{\prod_{j=1}^{n}a_{ij}}\Bigg/\sum_{i=1}^{n}\sqrt[n]{\prod_{j=1}^{n}a_{ij}}\qquad i=1,2,\cdots,n \tag{6.10}$$

式中：1——属性处于 1 层；

n——1 层的属性有 n 个。

$$I_{\mathrm{cr}}=\frac{\lambda_{\max}-n}{n-1}\Bigg/I_{\mathrm{r}} \tag{6.11}$$

式中：$\lambda_{\max}$——判断矩阵 $\boldsymbol{A}$ 的最大特征值；

I_{cr}——一致性指标，当 $I_{\mathrm{cr}}\leqslant 0.1$ 时认为判断矩阵的一致性可以接受；

I_{r}——修正值，其取值如表 4.4 所示。

④ 按公式（6.12）计算组合权重 $wcc_i^{(1)}$，计算时根据顾客的属性结构，自上向下进行。

$$wcc_i^{(1)}=wc_i^{(1)}\times wc_k^{(1-1)} \tag{6.12}$$

式中：$wcc_i^{(1)}$——第 1 层中的第 i 个元素的组合权重；

$wc_i^{(1)}$——第 1 层中的第 i 个元素的相对权重；

$wc_i^{(1-1)}$——$wc_i^{(1)}$ 对应的父节点的相对权重。

（5）顾客调研。

根据上一步得到的顾客各属性的权重，将公式（4.2）得到的样本数按顾客属性进行分派，然后根据需要可以选用面谈调查、电话调查、邮寄调查及留置问卷和网上调查等方式进行调查，得到拟定开发产品的顾客需求重要度及相关已有产品的顾客需求满意度的原始数据。

(6) 数据处理。

该步骤主要完成拟定开发产品的顾客需求相对重要度计算，计算公式如式（6.13）所示：

$$f_m = g_m \times e_m \times y_m \Big/ \sum_{m=1}^{M} g_m \times e_m \times y_m \tag{6.13}$$

式中：f_m——拟订开发产品的第 m 项顾客需求相对重要度。

g_m，e_m，y_m 的计算如下：

① g_m 的计算。

g_m 为拟订开发产品的第 m 项顾客需求初始重要度，计算公式如式（6.14）所示。

$$g_m = \sum_{k \in L_r} \overline{g}_{mk} \times wcc_k \tag{6.14}$$

式中：$\overline{g}_{mk}$——第 k 项顾客属性对应的第 m 项顾客需求重要度的调查数据平均值；

wcc_k——第 k 项顾客属性的组合权重；

L_r——顾客属性树型结构的所有叶节点的集合。

② e_m 的计算。

e_m 为第 m 项顾客需求竞争性评估参数，一般采用信息理论中的焓方法计算，假定顾客对本公司和竞争对手现有相关产品的需求满意度如式（6.15）所示。

$$X = \begin{matrix} & C_1 & C_2 & \cdots & C_L \\ N_1 & x_{11} & x_{12} & \cdots & x_{1L} \\ N_2 & x_{21} & x_{22} & \cdots & x_{2L} \\ \vdots & \vdots & \vdots & & \vdots \\ N_M & x_{M1} & x_{M2} & \cdots & x_{ML} \end{matrix}_{M \times L} \tag{6.15}$$

式中：C_i——本公司和竞争对手的第 i 个相关产品；

N_i——顾客的第 i 项需求；

x_{m1}——现有第 1 个产品的第 m 项顾客需求满意度，具体值的计算可以采用公式（6.16）完成。

$$x_{ml} = \sum_{k \in RL} \overline{x}_{mk} \times wcc_k \tag{6.16}$$

式中：$\overline{x}_{mk}$——第 k 项顾客属性对应的第 1 个产品的第 m 项顾客需求满意度的调查数据平均值。

e_m 值可以按公式（6.17）进行计算。

$$e_m = \frac{-1/\ln(L)\sum_{l=1}^{L}(x_{ml} \Big/ \sum_{l=1}^{L} x_{ml})\ln(x_{ml} \Big/ \sum_{l=1}^{L} x_{ml})}{\sum_{m=1}^{M}\left[-1/\ln(L)\sum_{l=1}^{L}(x_{ml} \Big/ \sum_{l=1}^{L} x_{ml})\ln(x_{ml} \Big/ \sum_{l=1}^{L} x_{ml})\right]} \tag{6.17}$$

③ y_m 的计算。

y_m 为第 m 顾客需求项的目标提高率，这里采用下面三个步骤来完成 y_m 的设定计算。

a. 初步设置新产品各顾客需求项满意度 S_{nm}（$m=1, 2, \cdots, M$），设定原则为不低于竞争对手在对应项上的顾客需求满意度。

b. 针对各顾客需求项，确定新产品特性点 P_{Sm}（$m=1, 2, \cdots, M$），产品特性点是本公司产品的卖点，可取值为 1.0，1.2，1.5，值越大表示公司越致力于把该点打造为卖点。

c. 计算新产品各顾客需求项目标提高率 y_m（$m=1, 2, \cdots, M$）的计算如式（6.18）所示。

$$y_m = x_{ml} \times P_{Sm} \tag{6.18}$$

式中：x_{ml}——本公司相关产品的第 m 项顾客需求的满意度。

通过上面六个步骤的工作可以得到待开发产品的顾客需求结构、各需求项的顾客需求重要度、本公司和竞争对手顾客需求满意度、拟开发产品各顾客需求项的目标提高率，这些数据将作为质量屋输入项，通过质量屋工具完成产品的顾客需求向技术要求转换。

6.6.2　基于质量屋的顾客需求转化

顾客需求只有转化为产品的技术要求才能用于后续的产品开发，开发出来的产品能否最大限度满足设计的顾客需求取决于顾客需求转化的质量，这里给出基于质量屋的顾客需求转化计算模型，如图 6.11 所示。在输入顾客的需求结构、各需求项的相对重要度和相关产品的顾客需求满意度后，该模型采用下面六个步骤完成顾客需求转换。

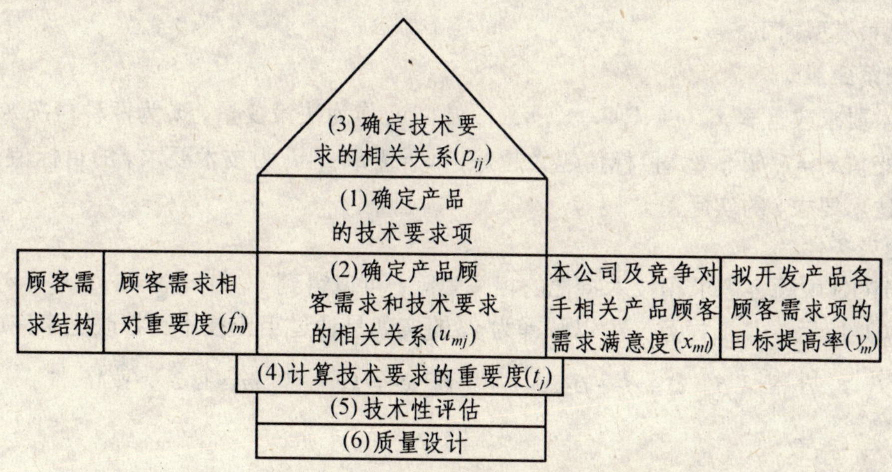

图 6.11　顾客需求转化计算模型

（1）确定产品的技术要求项。

产品的技术要求项来自于产品标准或为了满足顾客需求而产生的相应技术要求。由公司的技术人员或产品开发团队确定。

（2）确定产品顾客需求和技术要求的相关关系。

产品顾客需求和技术要求的关联程度（u_{mk}）如图 6.12 所示，由公司的技术人员或产品开发团队确定。u_{mk} 表示第 m 项顾客需求和第 k 项技术要求之间的关联程度。

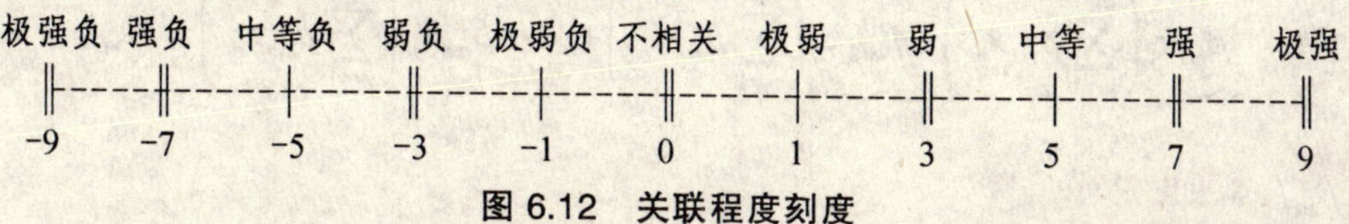

图 6.12　关联程度刻度

(3) 确定技术要求的相关关系。

产品技术要求各项的关联程度（p_{jk}）如图 6.12 所示，由公司的技术人员或产品开发团队确定。p_{jk} 表示第 j 项技术要求和第 k 项技术要求之间的关联程度。

(4) 计算技术要求的重要度。

技术要求重要度按式（6.19）计算。计算出来的技术要求重要度通常可以作为后续零部件展开设计的依据。

$$q_k = \frac{\sum_{m=1}^{M} f_m \times u_{mk}}{\sum_{k=1}^{n}\sum_{m=1}^{M} f_m \times u_{mk}} \tag{6.19}$$

(5) 技术性评估。

该步骤由公司技术人员或开发团队完成各项技术要求的上下限设定，以及本公司和竞争对手相关产品各项技术要求值的设定。

(6) 质量设计。

该步骤主要完成各项技术要求改善率的计算，这里采用优化技术的目标规划法完成。目标规划模型建立以前面设定的各项顾客需求目标提高率 y_m（$m=1, 2, \cdots, M$）为基础。这里假定除顾客目标需求满足度外，还有 s 个目标约束（如成本预算、开发时间等形成的目标约束），建立模型如下。

1）决策变量

用技术要求改善率 x_j（$j=1, 2, \cdots, n$），y_m^+，y_m^- 作为决策变量，x_j 为两种情况：① 目标值越小越好，$x_j = l_j^0 / l_j^*$；② 目标值越大越好，$x_j = l_j^* / l_j^0$，l_j^* 为技术要求 j 的目标值，l_j^0 为目前本公司技术要求 j 的实际值。

2）约束条件

根据 HOQ 中顾客需求和技术特性的相关矩阵，可以得到 y_m 和 x_j（$j=1, 2, \cdots, n$）的关系如式（6.20）所示，其工程意义可以解释为 y_m 的实现是通过相应技术特性改进来完成的。

$$\beta_{m1}x_1 + \beta_{m2}x_2 + \cdots + \beta_{mj}x_j + \cdots + \beta_{mn}x_n = ky_m \qquad m=1, 2, \cdots, M \tag{6.20}$$

式中：β_{mj}——系数；

k——关系系数，通常 $k \in (0, 2)$。

根据 HOQ 中技术特性的自相关矩阵可得 x_j（$j=1, 2, \cdots, n$）的相互关系如式（6.21）：

$$x_j = k_j(p_{1j}x_1 + p_{2j}x_2 + \cdots + p_{ij}x_i + \cdots + p_{nj}x_n). \qquad j=1, 2, \cdots, n \tag{6.21}$$

式中：p_{ij}——规范化后的技术要求自相关矩阵对应的相关系数；

k_j——修正系数。

将式（6.20）代入式（6.21）中，则得式（6.22）：

$$\beta_{m1}k_1\left(\sum_{m=1}^{n} p_{m1}x_m\right) + \beta_{m2}k_2\left(\sum_{m=1}^{n} p_{m2}x_m\right) + \cdots + \beta_{mn}k_n\left(\sum_{m=1}^{n} p_{mn}x_m\right) = ky_m \tag{6.22}$$

令 $u_{mk}^1 = \beta_{mk}k_k$，即：

$$\left(\sum_{k=1}^{n} u_{mk}^{1} p_{1k}\right)x_1+\left(\sum_{k=1}^{n} u_{mk}^{1} p_{2k}\right)x_2+\cdots+\left(\sum_{k=1}^{n} u_{mk}^{1} p_{nk}\right)x_n=ky_m \quad m=1, 2, \cdots, M \tag{6.23}$$

为了减少由映射屋中的计算而引起的偏差，应该对映射屋中的关系矩阵进行归一化。因此，对式（6.23）中的系数按式（6.24）进行归一化处理。

$$r_{mj}=\frac{\sum_{k=1}^{n} u_{mk} p_{jk}}{\sum_{j=1}^{n}\sum_{k=1}^{n}\left|u_{mk} p_{jk}\right|} \tag{6.24}$$

在式（6.24）中令 $u_{mk}^{1}=u_{mk}$，u_{mk}为第 m 个顾客需求和第 k 个技术特征的相关系数，考虑到 u_{mk}^{1}, u_{mk} 存在差异，引入目标约束变量 y_m^+，y_m^- 对其进行修正。式（6.23）约束的可以转化为目标约束式（6.25）：

$$r_{m1}x_1+r_{m2}x_2+\cdots+r_{mn}x_n+y_m^- - y_m^+ = ky_m \qquad m=1, 2, \cdots, M \tag{6.25}$$

其余目标约束如式（6.26）所示：

$$v_{i1}x_1+v_{i2}x_2+\cdots+v_{in}x_n+d_i^- - d_i^+ = b_i \qquad i=1, 2, \cdots, s \tag{6.26}$$

式中：$\boldsymbol{V}_i(v_{i1}, v_{i2}, \cdots, v_{in})$——第 i 个目标约束对应的约束矢量；

b_i——第 i 个目标约束对应的资源约束值。

3）目标函数

$$\min F = w_0\left(\sum_{m=1}^{M} f_m y_m^-\right)+\sum_{i=1}^{s} w_i d_i^- \tag{6.27}$$

式中：$w_0, w_i(i=1, 2, \cdots, s)$——满足顾客需求目标约束和其余 s 个目标约束两两比较所得到的相对权重。其核心思想是确保各约束劣于目标值最小。

最后建立优化数学模型如式（6.28）所示：

$$\min F = w_0\left(\sum_{m=1}^{M} f_m y_m^-\right)+\sum_{i=1}^{s} w_i d_i^+ \cdots\cdots(a)$$

$$\text{st.}\begin{cases} r_{m1}x_1+r_{m2}x_2+\cdots+r_{mn}x_n+y_m^- - y_m^+ = ky_m \cdots\cdots(b) \\ v_{i1}x_1+v_{i2}x_2+\cdots+v_{in}x_n+d_i^- - d_i^+ = b \cdots\cdots(c) \\ L_j \leqslant x_j \leqslant M_j, j=1, 2, \cdots, n \cdots\cdots(d) \\ 0 \leqslant y_m^- \leqslant LY_m, 0 \leqslant y_m^+, m=1, 2, \cdots, M \\ d_i^- \geqslant 0, d_i^+ \geqslant 0, i=1, 2, \cdots, s \end{cases} \tag{6.28}$$

式中：(a)——目标函数；

(b)——顾客需求目标提高率 y_i 和技术要求改善率 x_j 之间所形成的目标约束；

(c)——其余 s 个目标约束；

(d)——技术特性（质量特性）水平提高率的上下限约束；

M_j——第 j 个技术特性（质量特性）允许的最大改善率；

L_j——第 j 个技术特征允许的最小改善率；

LY_m——保证顾客需求满意度提高率不小于 1 所决定的极限，$LY_m=kY_m-k$。

用单纯型法对模型进行求解可以得到技术要求改善率 x_j，以此为依据可以确定各项技术要求的目标值，从而完成将产品的顾客需求转换为产品的技术要求。

4）应用实例

这里以铅笔设计开发为例，用前面的算法来完成产品的顾客需求重要度、顾客需求满意度以及顾客需求向产品的技术要求转换计算。

在收集用户反馈意见的基础上，用 FA 法将顾客的需求归结为以下四个方面：① 运笔舒适（I_{cr1}）；② 书写干净（I_{cr2}）；③ 字迹经久不褪（I_{cr3}）；④ 搁放稳定（I_{cr4}），并以此作为问卷条目。

假定某个地区客户量 N 为 100 万，取 $Z_{\alpha/2}=1.96$，$\sigma=1.2$，$\Delta=0.2$，由式（4.2）可得到调查样本数 $n=140$。

建立顾客的属性结构，用 6.6.1（4）所述的 AHP 法计算得到各属性的权重，将需要调研的样本数 n 按权重进行适当分配，并用 6.6.1（6）所述的方法进行数据处理，从而得到各需求项的顾客需求重要度、本公司和竞争对手顾客需求满意度、拟开发产品各顾客需求项的目标提高率，具体情况如表 6.4 所示。

表 6.4 顾客需求相对重要度计算表

$\overline{g}_{mk}$	职业（wcc_k）							g_m	c_1	c_2	c_3	e_m	满意度目标值	y_m	f_m
	学生（0.68）				教师 (0.16)	科技人员 (0.1)	其他 (0.06)								
	小学生 (0.44)	中学生 (0.14)	大学生 (0.07)	研究生 (0.03)											
I_{cr1}	5.2	5	5.2	5	5.1	5.2	4.9	5.132	5.5	5.5	5	0.26	5.5	1	0.19
I_{cr2}	6.7	7.1	7.3	7.2	7.2	7.1	6.9	6.945	6	4	7	0.25	7	1.17	0.29
I_{cr3}	8.2	8.6	8.4	8.6	8.9	8.7	8	8.432	7	8	8.5	0.25	8.5	1.21	0.38
I_{cr4}	4.3	4.2	4	4	4	4	4	4.16	7	4	3	0.24	7	1	0.14

表 6.4 中 c_1 为本公司相关产品满意度，c_2、c_3 为竞争对手的相关产品满意度。

开发团队根据领域知识确定铅笔具体的技术要求项为：铅笔长度（R_{t1}）、削后使用时间（R_{t2}）、铅尘产生量（R_{t3}）、横断面形状（R_{t4}）、擦后残迹（R_{t5}），并根据图 6.12 设定顾客需求和技术要求的相关关系（见表 6.4），得关系矩阵 $\boldsymbol{U}$；技术要求的相关关系（见图 6.13），规范化后得自相关矩阵 $\boldsymbol{P}$；由式（6.28）计算出 r_{mi}，可得归一化后顾客需求与技术要求之间相关矩阵 $\boldsymbol{R}$，结果如下：

$$\boldsymbol{U}=\begin{bmatrix}3&0&0&9&0\\0&3&9&0&-9\\0&0&0&0&9\\1&0&0&9&0\end{bmatrix}\qquad \boldsymbol{P}=\begin{bmatrix}1&0.11&0&0&0\\0.11&1&0&0&0\\0&0&1&0&0.33\\0&0&0&1&0\\0&0&0.33&0&1\end{bmatrix}$$

$$
\boldsymbol{R}=\begin{bmatrix} 0.24 & 0.03 & 0 & 0.73 & 0 \\ 0.02 & 0.20 & 0.39 & 0 & -0.39 \\ 0 & 0 & 0.25 & 0 & 0.75 \\ 0.1 & 0.01 & 0 & 0.89 & 0 \end{bmatrix}
$$

		R_{t1}	R_{t2}	R_{t3}	R_{t4}	R_{t5}					
	R_{t5}	9	1								
	R_{t4}	1	9								
	R_{t3}			9		3					
	R_{t2}				9						
	R_{t1}			3		9					
	重要度 f_m	R_{t1}	R_{t2}	R_{t3}	R_{t4}	R_{t5}	c_0	c_1	c_2	新产品满意度	目标提高率 y_i
I_{cr1}	0.19	3			9		5.5	5.5	5	5.5	1
I_{cr2}	0.29		3	9		－9	6	4	7	7	1.17
I_{cr3}	0.38					9	7	8	8.5	8.5	1.21
I_{cr4}	0.14	1			9		7	4	3	7	1
技术要求重要度		0.09	0.11	0.33	0.37	0.10					
单位		mm	min	mg	是否	mg					
l_j^0		150	25	0.5	圆形（1.0）	0.3					
l_j^1		160	26	0.6	圆形（1.0）	0.4					
l_j^2		150	24	0.4	圆形（1.0）	0.3					
最大允许值		180	不限	0.5	六角（1.1）	0.3					
最小允许值		150	25	不限	圆形（1.0）	不限					
技术要求改进率 x_i		1	1.06	1.5	1.1	1					
技术要求设计值 l_j^*		150	26.5	0.33	六角	0.3					

图 6.13　某型号铅笔的顾客需求转换质量屋

本例中的附加约束为产品成本约束，设目标成本为 7￠，约束矢量 $\boldsymbol{C}$（1.3，1.6，2.4，0.9，1.2），其中的每一个分量为对应项技术要求单位目标改善率所消耗的成本，考虑到改善率包含两部分：一部分是其他相关工程特性改进引起的改进，另一部分则是自身改进所引起的，所以单纯的技术改进所引起的成本消耗为：$c_j\left(x_j-\sum\limits_{\substack{k=1\\k\neq j}}^{n}p_{kj}x_k\right)$，则成本的约束系数计算可以由式（6.29）完成。计算可得 $\boldsymbol{V}$（1.12, 1.46, 2.0, 0.9, 0.41）。

$$
\min F = 0.143y_1^- + 0.218y_2^- + 0.285y_3^- + 0.105y_4^- + 0.25d_1^+
$$

$$
\text{st.}\begin{cases}
0.25x_1 + 0.75x_4 + y_1^- - y_1^+ = 1 \\
0.31x_1 + 0.1x_2 + 0.31x_3 + 0.28x_5 + y_2^- - y_2^+ = 1.17 \\
0.33x_1 + 0.09x_2 + 0.31x_3 + 0.27x_5 + y_3^- - y_3^+ = 1.21 \\
0.1x_1 + 0.9x_4 + y_4^- - y_4^+ = 1 \\
1.1x_1 + 1.4x_2 + 2x_3 + 0.9x_4 + 1.2x_5 + d_1^- - d_2^+ = 7 \\
1 \leqslant x_1 \leqslant 1.2,\ x_2 \geqslant 1,\ x_3 \geqslant 1,\ x_4 = 1 \text{ or } x_4 = 1.1,\ x_5 \geqslant 1 \\
y_m^- \geqslant 0,\ y_m^+ \geqslant 0,\ y_m^- y_m^+ = 0,\ m = 1,\ 2,\ \cdots,\ 4 \\
d_1^- \geqslant 0,\ d_1^+ \geqslant 0,\ d_1^- d_1^+ = 0
\end{cases} \tag{6.29}
$$

用 Matlab 求解式 (6.29) 时，$k \in (0, 2)$，取步长为 0.01，同时满足 $\min(d_1^- + d_2^+ + \sum_{m=1}^{M}(Y_m^+ - Y_m^-))$（目的是保证结果偏离目标值最小），求得：$k=0.19$，

$$
\begin{aligned}
&(x_1,\ x_2,\ x_3,\ x_4,\ x_5,\ y_1^+,\ y_1^-,\ y_2^+,\ y_2^-,\ y_3^+,\ y_3^-,\ y_4^+,\ y_4^-,\ d_1^+,\ d_1^-) \\
&= (1,\ 1.06,\ 1.50,\ 1.1,\ 1,\ 0,\ 1.13,\ 0,\ 0,\ 0,\ 0.88,\ 0.005,\ 0,\ 0,\ 0)
\end{aligned}
$$

顾客的满意度提高率修正按 $\min\left[\frac{1}{k}(ky_m - y_m^- + y_m^+),\ \frac{9}{c_{1m}}\right]$ 进行，修正为（1.64，1.16，1.29，1.1），对应的顾客满意度值为（9，7，9，7.7），满足预期设定的目标。最终的技术要求设计值如图 6.13 所示。

第七章　产品概念形成

7.1　概念生成

产品概念是对产品的技术、工作原理和形式的近似描述，是对产品将如何满足客户需求的简洁描述。概念通常表达为一幅草图或一个粗略的三维模型，并常伴有简洁的文字描述。产品使客户满意的程度以及商业化成功的程度，几乎完全取决于基本概念的质量。好的概念是商业化成功的必要条件，糟糕的概念则几乎不可能取得商业成功。与其他开发过程相比，概念生成的成本相对较低，完成也比较快。概念生成通常花费不到 5% 的预算和不到 15% 的开发时间。

概念生成过程从产品的市场定位和顾客定位开始，生成众多的产品概念，通过概念选择和概念测试，最后得到目标产品概念。概念生成与其他产品开发活动的关系见图 7.1。在大多数情况下，一个高效率的开发团队将生成几百个概念，其中 5～20 个概念在概念选择过程中将受到认真考虑。

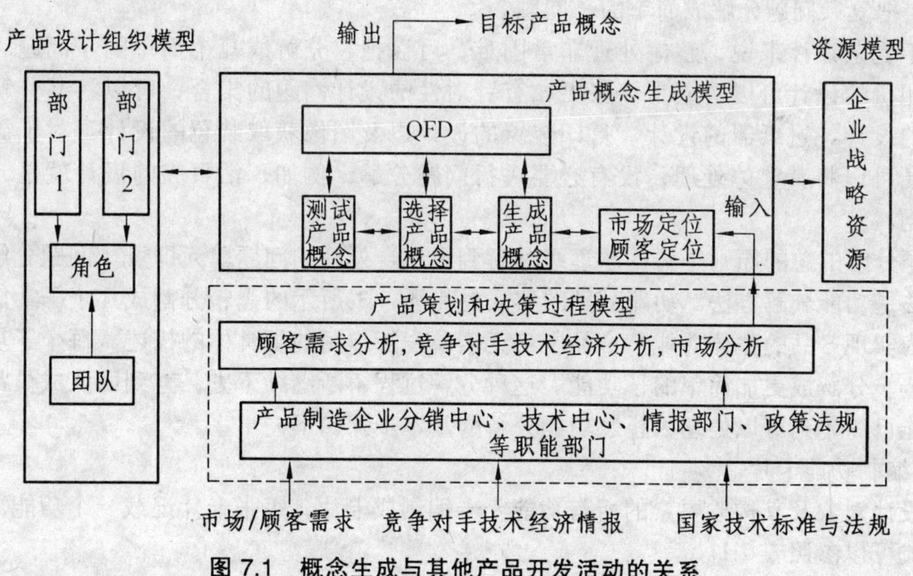

图 7.1　概念生成与其他产品开发活动的关系

好的概念生成可以使团队确信对选择余地的整个空间都进行了探索。在开发过程的早期就对选项进行彻底的探索，将大大降低团队在后期开发过程中碰到一个更优越的概念而踌躇不前的可能性，或者竞争对手抛出的产品的性能大大优于正在开发的产品的可能性。

概念生成的时候可以按图 7.2 所示的步骤进行：首先将一个复杂的问题分解成简单的子问题，随后通过外部和内部的搜寻程序为这些子问题确定解决概念；接着用分类树和概念组合表，系统地探索解决概念的空间，并将子问题的解决方案整合成一个总体解决方案；最后，团队向回退一步，以便反思结果和所采用的步骤的有效性和适用性。在实际操作中，这几个步骤是相互迭代的。

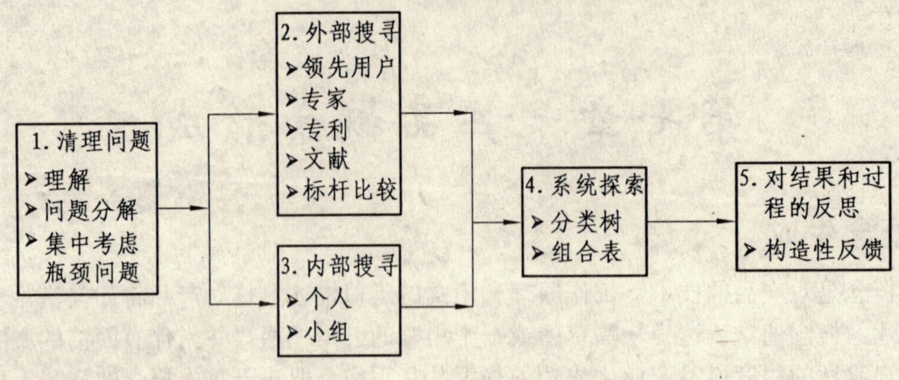

图 7.2　产品概念生成程序

1）清理问题

清理问题的步骤包括建立总体理解，然后根据实际情况将问题分解成子问题。在清理问题时，通常开发团体已经对产品进行了市场定位和顾客定位，并且通过质量规划和质量设计建立了目标产品指标。对于未参与前面步骤的团队成员，在概念生成活动开展之前应熟悉前面采用过的步骤及其结果。清理问题包含两个方面的内容：把复杂问题分解成简单的子问题，确定关键子问题。

(1) 把复杂问题分解成简单的子问题。

对于复杂设计来说，整体处理非常困难，可以把它分解成几个简单的子问题。例如，文件复印机的设计可以看成是一些更加有针对性的设计问题的集合，可以将其分解为文件处理器的设计、进纸器的设计、复印装置的设计以及图像获取装置的设计。对于简单设计而言，便可以将其整体处理，没有必要进行问题分解。例如，活页夹的设计就是一个简单设计问题。

问题分解的总的原则是将问题逐级分解到最适合处理的问题单元即可。问题分解比较常用的方法是功能分解方法。功能分解的实质是将图 1.3 所示的黑箱分割成几个子功能，以便形成（为实现产品的整体功能）产品中各元素所发挥作用的更具体的描述。每个子功能通常可以进一步分解成更加简单的子功能。这种分解过程不断继续下去，直到团队成员都同意每个子功能已简单到可以处理为止。功能分解的基本步骤如下：

① 编制功能卡片。

把设计对象及其构成要素的所有功能一一编制成卡片，每张卡片记载一个功能。功能卡片的形式可以参照表 7.1。

表 7.1　功能卡片

要素名称		备　注
功　　能		

功能卡片的制定以功能定义为基础。所谓的功能定义，就是给设计对象及其组成部分的功能下定义，以限定每一功能的内容，明确其本质。在功能定义时尽可能用一个名词和动词来表达，其中名词部分决定了功能的大致属性，动词部分决定了实现这一功能的方法和手段。功能定义要遵照下面五个原则：

a. 功能定义要简洁、明了、准确。

b. 功能定义尽可能做到定量化。

c. 功能定义表达要适当抽象。

d. 必须了解可靠地实现功能的制约条件。

e. 必须以事实为基础。

在功能卡片编制完成后，如有必要还需要对其进行检验，检验可以用下面的检查提问方法完成。

- 是否用了一个动词和名词简明扼要地给功能下定义？
- 功能的表达是否完整和一致？
- 对功能的理解是否正确和一致？
- 功能定义有没有遗漏？
- 功能的表述是否都能定量化？
- 是否有无法下定义的功能？
- 给功能下定义的时候，是否考虑了扩大思路，是否有利于引进各种先进技术？
- 是否凭主观推断功能定义？
- 为什么要实现这个功能，能否取消这个功能？

② 选出基本功能和辅助功能。

基本功能是指为达到设计对象的目的，发挥设计对象效用必不可少的功能。可以通过下面的提问方式进行基本功能的判断：

- 它的作用是必不可少的吗？
- 是主要目的吗？
- 如果它的作用改变了，它的制造、生产工艺和构成要素是否改变？

辅助功能是为了更好地实现基本功能而添加上去的功能，可以通过下面的提问方式进行辅助功能的判断：

- 它是不是对基本功能起辅助作用？
- 它是不是次要的？

当功能卡片数量很大时，为方便起见，首先抽出基本功能，只连接基本功能的相互关系，搭成功能系统图的主要骨架，然后再连接辅助功能的系统图。

③ 明确功能间的上下、并列关系。

第一步，可以从已抽出的基本功能卡片中任取一张，通过提问："它的目的是什么？""实现它的手段是什么？"来找出它们的上下位功能，并将上位功能摆放在左面，下位功能摆放在右面。这样继续分别向左和向右提问，并摆设下去，就能找到最终的目的功能和最终的手段功能，从而形成功能系统的骨架。在这个过程中，可能会发现功能定义遗漏或表达不当的功能，此时应追加或修改功能卡序。第二步，对剩下的辅助功能的卡片提问："它的目的是什么？""实现它的手段是什么？"进而明确它的上下位关系，并分别排列在相应的位置上。

④ 作功能系统图（关联树图）。

根据以上确定的功能之间的上下、并列关系，把上位功能画在左边，下位功能画在右边，并列关系的功能并列排放，从而就可画出功能系统图（关联树图）。图 7.3 为洗衣机的功能系统图。如有必要可以进一步用黑箱的方法，将物料流、能量流和信号流结合考虑，绘制得到功能结构图，图 7.4 为洗衣机的功能结构图。

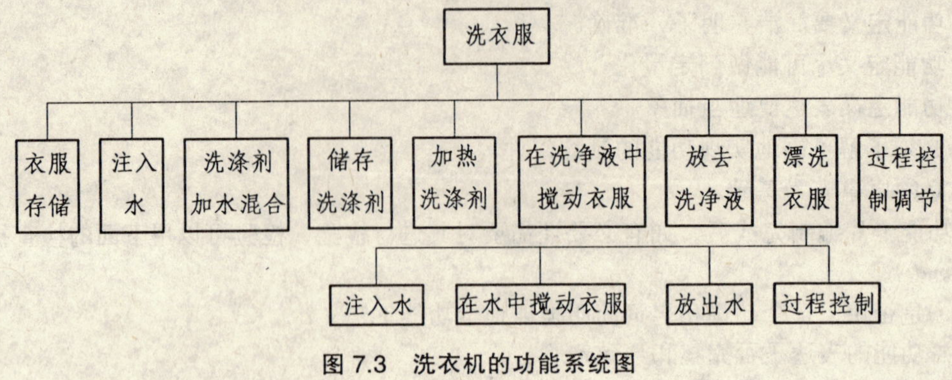

图 7.3　洗衣机的功能系统图

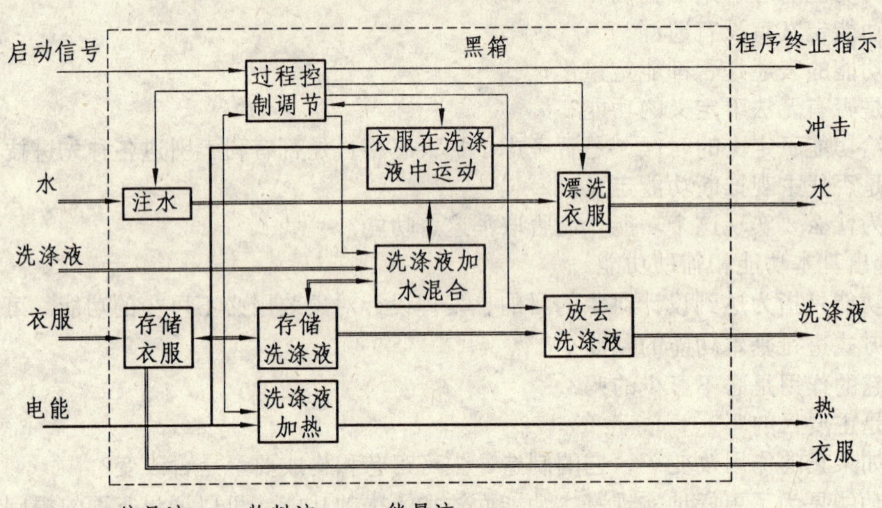

图 7.4　洗衣机的功能结构图

功能分解最适合技术型产品，它也适用于简单的和非技术型的产品；对于技术功能简单并包含许多用户交互的产品，可以按用户操作顺序分解；对于主要问题是形式而不是工作原理或技术的产品，可以按关键的客户需求分解。

(2) 确定关键子问题。

所有这些分解技巧的目的，都是将一个复杂问题分割成简单问题，以便集中精力处理这些简单问题。一旦问题分解完成，开发团队就应该确定哪些问题是关键问题，关键问题应该首先解决，其他问题推迟到以后再考虑，关键子问题一般和产品特性点强相关，并和基本功能对应。

2）外部搜寻

外部搜寻的目标是，为问题清理步骤所确认的总体问题和子问题寻找现有的解决方法。现有的解决方法通常比开发一种新的方法更快，更节约成本。使用现有解决方案，可以让团队将其创造性努力集中在先前还没有令人满意的解决方案的关键子问题上。更进一步，某个子问题的常规解决方案，经常可以和另一个子问题的新颖的解决方案结合在一起，从而产生一种优越的整体设计。因此，外部搜寻不仅包括对直接竞争产品的详细评价，还包括对具有相关功能的产品所使用的技术的详细评估。

解决方案的外部搜寻本质上是一个信息收集过程，通常先广泛收集可能与问题有关的信息，然后确定几个有前途的方向更仔细地探索。外部搜寻常用的方法有领先用户调查、专家咨询、专利检索、文献检索以及竞争性标杆比较五种。

(1) 领先用户调查。

在确认产品定位和顾客定位时，团队已经找出了领先用户。领先用户是那些在市场主体之前数月或数年就体验了需求，并且本质上一定会从产品创新中受益的客户，这些客户经常会发明满足自己需要的解决方案，尤其对于高度技术化的用户群更是如此。通常和领先用户一起讨论可以获得产品的一些新的概念。

(2) 专家咨询。

具有一个或多个子问题的知识的专家，不仅能直接提供解决概念，还能把搜寻工作导向更有成果的领域中去。专家可以是制造相关产品的公司里的专业人士、专业顾问，大学教师以及供应商的技术代表等。通过打电话和查询文章作者等方式就可以找到他们。虽然寻找专家可能是一项艰苦的工作，但和自己重新建立现有知识相比，它总是节省时间的。一个好的开发习惯是，每次都请被咨询的人推荐其他应该接触的人。

(3) 专利检索。

专利是一种工业产权，是国家允许的对创造发明的垄断经营，专利包含的技术信息丰富，是现成的可用的资源；在专利文献上通常有详细的绘图和对工作原理的解释。专利检索的主要劣势是，在近期专利中找到的概念是受保护的（一般从专利申请之日起 20 年），因此使用它们可能涉及专利权费的问题。然而，专利对观察哪些概念已受到保护，哪些概念必须避免或要得到许可等事宜是非常有用的。在没有注明全球覆盖的外国专利和过期专利中所包含的概念，可以不付专利权费而采用。

专利检索最方便快捷的手段是通过专利数据库检索，对于我国来说，目前常用的专利数据库有：

① 德温特专利索引（Derwent Innovation Index，DII）：是德温特公司与 ISI（Institute for Scientific Information）公司合作开发的基于 ISI 统一检索平台的网络版专利数据库。DII 将“世界专利索引（WPI）”和“专利引文索引（PCI）”的内容有机整合在一起，为研究人员提供了世界范围内的、综合全面的专利信息，DII 覆盖了全世界 1963 年以后的约 1 000 万项基本发明和 2 000 万项专利。每周增加来自全球 40 多个专利机构授权的、经过德温特专利专家深度加工的 20 000 篇专利文献。同时，每周还要增加来自 6 个主要的专利授权机构的被引和施引专利文献，大约有 45 000 条记录。这 6 个专利授权机构是：世界专利组织（WO）、美国专利局（US）、欧洲专利局（EP）、德国专利局（DE）、英国专利局（GB）和日本专利局（JP）。

② 世界专利数据库（worldwide）：约 70 多个国家和地区的专利文献。

③ WO 数据库：近几年 WIPO（世界知识产权组织）公开的国际专利文献。

④ EP 数据库：近几年欧洲专利局公开的专利文献。

⑤ 中国专利文献数据库。

通过 http://www.cnpat.com.cn 网址可以进入中国专利文献数据库，通过欧洲专利局（http://ep.espacenet.com）或者欧洲委员会（http://ec.espacenet.com）或者中国知识产权局网站（http://www.sipo.gov.cn）可以进入欧洲专利数据库。

在具体检索的时候可以使用字段、通配、一般逻辑组配、邻词、共存、范围、跨字段逻辑组配等检索方法来进行检索。

例如，已知专利名称中包含“汽车”和“化油器”，且“汽车”在“化油器”之前，检索时可以在专利名称栏填写“汽车化油器”，便可得到相关的专利信息。

(4) 文献检索。

出版文献包括期刊，会议论文集，贸易杂志，政府报告，市场、顾客和产品信息，以及新产品的发布。因此，文献检索是现有解决信息来源的最好途径之一。

电子检索经常是从出版文献中收集信息效率最高的方法。网上搜索经常是很好的第一步，尽管其结果的质量很难评价。从在线来源或大容量存储设备（如 CD-ROM）可以获得更加结构化的数据库。许多数据库只存储摘要而没有全文和图表。为获得完整信息，通常需要继续查询全篇文章。进行数据库检索遇到的两个主要困难是确定关键词和限制搜寻范围，使用多个关键词匹配可以缩小搜索范围。

收录技术信息的各种手册也可能是对外部搜寻非常有用的参考。此类工程参考书有《机械工程标准手册》《化学工程师手册》以及《机构与机械装置资料集》等。

(5) 竞争性标杆比较。

在概念生成的背景环境中，“标杆比较”就是研究与正在开发的产品或与团队正着力解决的子问题具有相似功能的现有产品。标杆比较可以揭示解决某个特定问题的现有概念，以及竞争者的强项和弱项等信息。

外部搜寻是收集解决概念的一种重要方法。外部搜寻的技巧是一种宝贵的个人能力。这种能力的培养，一是通过仔细观察周围的世界，丰富个人的知识体系，二是通过建立与专业人士联络的关系网。即便是在个人知识和关系网的帮助下，外部搜寻仍然是“侦探工作”，只有那些在追逐领先和机会方面锲而不舍并足智多谋的人，才能最有效地完成这项工作。

3）内部搜寻

内部搜寻是利用个人和团队的知识和创造性来产生解决概念的过程。在这一步骤中出现的所有概念，都是用团队已掌握的知识创造的。这是新产品开发中最不受限制的创造性的活动之一。内部搜寻可以看成是从人的记忆中追溯出潜在有用的信息片段，然后使该信息匹配手头上的问题的一个过程。

(1) 内部搜寻的原则。

内部搜寻时通常需要遵循下面四个原则：

① 暂缓概念评判。

在小组生成概念的时间段内，不允许对概念进行批判；对于察觉到概念中弱点的人，将其评判引导成改善的建议或另一个可供选择的概念。

② 尽量增加想法数量。

大多数专家认为，团队生成的想法越多，完全探索解决空间的可能性就越大。鼓励人们分享那些在其他情况下他们认为不值一提的想法，通过现有的想法产生新的想法，从而尽可能多地产生解决问题的想法。

③ 鼓励似乎不可行的想法。

一种想法越不可行，它就越能扩展解决空间的边界并激励团队考虑可能性的极限。因此，不可行的想法是相当有价值的，应当鼓励对这种想法的表达。

④ 尽量使用图形媒介和物理媒介。

用文字推演物理和几何信息是困难的。在描述物理实体时，文字和语言在本质上是低效率的载体。不论是以小组还是以个体进行工作，都应该提供充裕的绘图表面。在需要对形式和空间关系进行深入理解的问题上，泡沫、黏土、纸板和其他三维媒介可能都是合适的辅助工具。

在内部搜寻阶段，可以采用个人单独工作和小组会议相结合的方式进行工作，具体模式可以采用分配 1～2 个子问题给团队成员单独思考，要求想出 5～10 个解决概念；接着，小组聚在一起讨论和扩展每个人提出的概念。对于有前景的概念，则作进一步调查研究。在概念生成的时候采用一定的技巧方法，通常可以达到事半功倍的效果。

（2）概念生成的技巧方法。

① 进行类比。

在概念生成的时候，团队成员可以通过这样一些类比提问来拓展自己的思维：什么样的其他设备也解决了相关问题？ 对这个问题是否存在一种自然或生物的相似性？在不相关的领域中有什么设备在做类似的事情？

② 希望和疑问。

提出想法或评论时以“我希望我们能……”或“我很想知道如果……会怎样”开头，将有助于激励自己或小组考虑新的可能性。这些问题将导致对问题的边界的反思。

③ 使用相关激励。

相关激励是指在当前问题的背景环境中产生的激励。比如，使用相关激励的一种方法是在小组会议中让每个人写出一个想法列表（独立进行），然后把这个列表递给旁边的人。在对其他人的思想进行反思时，大多数人都能产生新的想法。客户需求陈述和产品使用环境照片也可以产生相关激励。

④ 使用不相关激励。

有时，随机的或不相关的激励也能有效激发新点子。这种技巧的一个例子，是从各种物体的照片中随机选择一张，然后考虑这个随机选择的物体与现有问题相关联的各种途径。另一种做法是把每个人都派到大街上，用数码相机拍摄各种随机照片，以供后面激励新想法之用（这也是让一个疲倦的小组换换脑筋的好办法）。

⑤ 设置定量目标。

设置定量目标就是给开发团队成员布置任务，要求他们完成一定数量的概念生成任务。定量目标是概念生成有用的驱动力量。

⑥ 使用画廊方法。

“画廊方法”是同时展示大量的概念以供讨论的一种方法。各种草图（通常是一张纸画、一个概念）粘在或钉在会议室的墙上，团队成员们穿梭走动，并查看每一个概念。概念的创建者可能会作一些解释，小组随后就会提出建议以改进此概念或自然而然产生相关的概念。这是将个人努力和小组力量结合起来的好方法。

另外还有别的一些创新技法，在第二篇中已经述及，这里不再重复。

4）系统探索

作为外部和内部搜寻活动的结果，团队已经收集到了几十或几百个概念“碎片”。系统探索的目的在于，通过组织和综合这些解决碎片而在开发的可能性空间中优化概念集合。以系统的思想优化概念集合常用的工具是“概念分类树”和“概念组合表”，分类树帮助团队将可能的解决方法分成独立类别，组合表引导团队有选择地考虑碎片的各种组合。

（1）概念分类树。

概念分类树用来把整个可能的解决方案空间分割成几个明确的类别，从而便于比较和删减。概念分类树在具体使用时有以下四个重要的用途：

① 删减没有前途的树枝。

如果开发团队通过分析分类树可以确认某一种解决方法没有什么优点，那么这种解决方法就可以被删减，从而团队能将精力集中在更有前景的树枝上。去掉一个树枝需要一些评估和判断，故应小心谨慎。产品开发通常资源有限，将可用资源集中在最有前景的方向上，是一个产品开发成功的重要因素。

② 确认解决问题的独立途径。

分类树的每一个树枝都可以看做是解决整体问题的一种不同方法。有些树枝几乎完全独立于其他树枝。在这些情况下，团队可以在两个或更多的个体或任务力量之间清楚地划分其开发工作。当两个树枝看起来都很有前景时，这种工作的划分可以减少概念生成活动的复杂性，并可在多种方法之间产生良性竞争。

③ 找出被不恰当强调的某些树枝。

一旦创建了分类树，开发团队应该对各树枝分配适当的精力，如果发现被不恰当强调的某些树枝，应该及时调整分配策略。

④ 为某个特定树枝量身分解。

有时候某些子问题的解决方案严重限制了其他子问题的可能解决方案，该子问题的分解应该仔细量身定做。对这样的子问题进行仔细考虑，通常会导致创建分类树的明确化。

（2）概念组合表。

概念组合表提供了一种系统考虑解决碎片组合的方法，表中的列对应于概念树确认的子问题，各列的每一项对应由外部和内部搜寻产生的子问题解决方法碎片。图 7.5 为某打钉机能量转移问题的概念组合表。

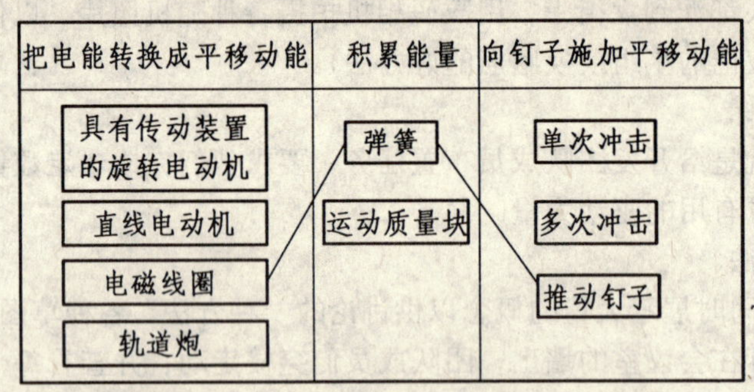

图 7.5　某打钉机能量转移问题的概念组合表

对整个问题的潜在解决方案，是通过组合各列的一个碎片而形成的。对打钉机案例来说，有 24 种可能的碎片组合（4×2×3）。选择一种碎片组合，并不能自发地导致对整个问题的一种解决方法。在形成一个完整解决方案之前，碎片组合通常都要进行开发和修正。这种开发或许根本就不可能，或许能产生更多的解决方案，但它至少要包含额外的创造性思想。在某种程度上，组合表只是将碎片强行连接起来的一种方法，以便激励进一步的创造性思想。选择某种组合的活动，本身绝不可能形成一种完善的解决方案。

对选择的有前途的碎片组合，可以给出其概念草图，图 7.6 为“电磁线圈”“弹簧”“多次冲击”碎片组合而成的打钉机能量转移概念草图。图中电磁铁反复压缩并释放弹簧，从而多次冲击驱动钉子。

概念组合表在具体使用时有两个技巧：

① 将与其他碎片组合不可行的碎片删除，可以大幅度降低组合数量。

② 将可以结合在一起的子问题尽量结合在一起，这样便于对问题的系统分析。

分类树和组合表是团队可以灵活使用的工具，它们是组织思维和引导团队创造性的简单方法。没有哪个团队只生成一个分类树和一个概念组合表，开发团队通常创建几个备选的分类树和几个概念组合表。在它们的伴随下，探索活动可以进一步修正原先问题的分解，或进行额外的内部和外部搜寻，从而可能产生更优的产品概念。

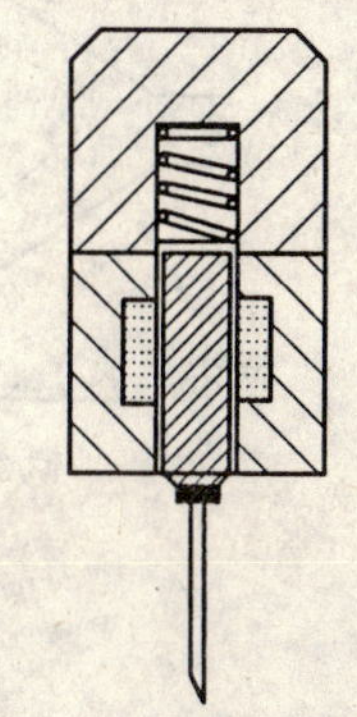

图 7.6　某打钉机能量转移问题的概念草图

5）对结果和过程的反思

对结果和过程的反思贯穿于整个概念生成阶段，开发团队在反思的时候可以针对下面的问题进行：

- 团队是否有信心已经彻底探索了解决方案空间？
- 还有别的功能图吗？
- 还有别的分解问题的方式吗？
- 外部资源被彻底探索过了吗？
- 是否每个成员的观点都被接受并结合在此过程中了？

通过“概念分类树”和“概念组合表”得到的有前途的产品概念，通常可以将其工作原理图和概念草图绘制出来，以备下一阶段的概念选择使用。

7.2　概念选择

概念选择是一个依据客户需求和其他标准评估概念的过程，通过比较各概念的相对优点和缺点，选出一个或多个概念进行进一步的调查、测试或开发。概念选择常用的方法有：

（1）外部决定：概念移交给委托人、客户或某些其他的外部实体进行选择。

（2）产品支持者：产品团队中有影响的成员基于个人偏好选择概念。

（3）直觉：根据感觉选择概念，不使用明确的标准或权衡。这样的概念只是看起来比较好。

（4）多数表决：团队的每个成员投票选出几个概念，得票最多的概念被选中。

（5）辩论：团队列出每种概念的优缺点并根据集体意见作出选择。

（6）原型和测试：相关单位建造每个概念的原型并进行测试，然后根据测试数据作出选择。

（7）决策矩阵：团队依据预先制定的标准，对每种概念评定分数。

在实际中概念的选择通常通过两个步骤进行，第一步称为“概念粗筛”，第二步称为“概念评分”。粗筛是一种快速、近似的评估，目的是产生较少的可行选项；评分是对这些相对较少的概念进行更仔细的分析，以便选出最有可能导致产品成功的那一个概念。这两个步骤的应用见图 7.7，从图中可以看到，概念的生成、选择和测试是紧密相关的一个迭代过程，概念粗筛和概念评分将帮助团队提炼和改进概念，从而产生一种或多种供后续测试的有希望的概念。

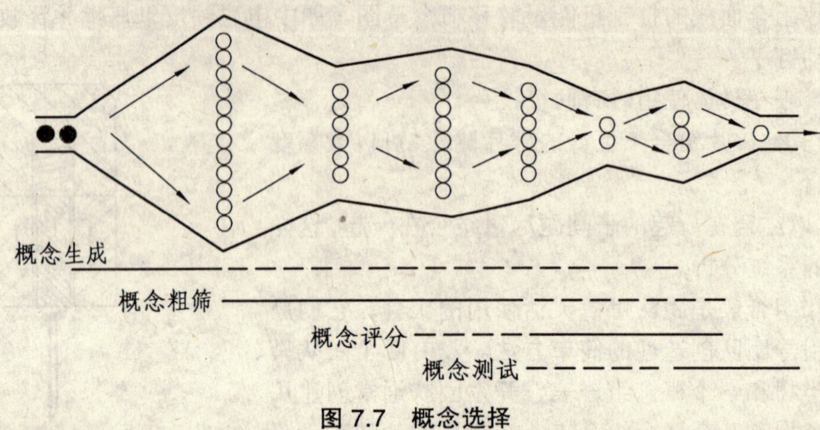

图 7.7　概念选择

1）概念粗筛

概念粗筛的目的是迅速缩小概念的数目，并改进概念。通常包含六个步骤：准备选择矩阵，对概念进行评价，对概念进行排序，对概念进行组合和改进，选择一个或多个概念，对结果和过程进行反思。

(1) 准备选择矩阵。

选择矩阵由待选概念和选择标准两个部分组成，当待选的概念在 12 个以上时，可以使用“多数表决”的方法将待选限定在 12 个左右，具体做法是团队成员用“打点”的方式选出 3～5 个他们最喜欢的概念。得点数最多的那些概念将被选出来进行粗筛。当然，如果有必要，也可以对大量的概念使用粗筛矩阵。

选择标准被列在粗筛矩阵的左边。这些标准的选定依据是产品的市场定位和顾客定位，如制造成本低、产品的责任风险最小等。这一阶段的标准通常是以相当抽象的方式表述的，并且一般包括 5～10 个维度。标准的选择应该有利于显示不同概念的差异。由于在概念粗筛方法中每个标准都被赋予了同样的权重，因此团队应注意，不要将过多不重要的标准列在粗筛矩阵中。否则，输出结果将无法清晰地反映各个概念。表 7.2 为某洗衣机的概念选择矩阵。

表 7.2　某洗衣机的概念选择矩阵

选择标准	概念							
	概念 A	概念 B	概念 C	概念 D	概念 E	概念 F	概念 G	概念 FG
噪声水平	0	0	0	+	0	0	0	0
洗衣质量	0	0	0	0	+	0	0	0
洗衣时间	0	−	0	0	0	+	−	+
漂洗质量	+	+	−	0	+	−	0	0
衣服损害率	+	−	−	0	−	0	+	+
＋号总计	2	1	0	1	2	1	1	2
0 号总计	3	2	3	4	2	3	3	3
－号总计	0	2	2	0	1	1	1	0
净分数	2	−1	−2	1	1	0	0	2
是否继续	是	否	否	是	是	组合	组合	是

(2) 概念评价。

在概念评价前，开发团队应选择一个概念作为“标杆”或称“参照概念”，标杆通常是团队成员非常熟悉的一种工业标准或一种直接的概念：它可能是一种商业化的产品、一件团队研究过的同类最好的标杆产品、该产品的上一代产品、正在考虑的任何概念，或是代表不同产品最佳特征的子系统的组合。

在概念评价时，基于选定的标杆，在矩阵的每个单元格中填入“优于（+）”“等于（0）”“劣于（-）”的相对分数，以表示在特定标准上每个概念与参照概念相比较的评价，如表7.2所示。当待选概念较少时，在一个标准上给出所有概念的相对分数后，再转移到下一个标准上。概念较多时，用相反的方法对一个概念的所有标准评价后，再对下一个概念进行评价。

对于缺乏客观度量的标准，评估可以用团队达成共识的方式进行。

(3) 概念排序。

在评价了所有概念之后，团队将“优于”“等于”“劣于”的数目加起来，并把和值填入每个概念对应的矩阵最下面一行。在表7.2的例子中，概念A有2个“优于”、3个“等于”，没有“劣于”。接下来，用“优于”的数目减去“劣于”的数目就计算出了每个概念对应的净分数。完成求和之后，团队就可以排列这些概念的次序。很显然，具有较多加号和较少减号的概念的排序较高。

(4) 组合和改进概念。

在概念评价和排序完成后，团队应该核实结果确有意义，然后考虑是否存在组合和改进某些概念的途径。一般通过下面两个问题来思考概念的组合和改进：

① 是否存在被一个劣质特征所败坏的全面良好的概念？是否存在一个不大的修改就能改善整个概念并同时仍保持它不同于其他概念的独特性？

② 是否存在两个概念，它们的组合保持了“优于”属性而消除了“劣于”属性？

组合和改进后的概念被添加到矩阵中，由团队进行评价，并与原先的概念一起排序。在表7.2中概念F和G组合在一起能消除好几个“劣于”，从而形成一个新概念FG。概念的排序为：A/FG，D/E，B，C。

(5) 选择一个或多个概念。

一旦团队成员对他们理解每个概念的程度和它的相对质量感到满意，他们就会决定选择那些概念进行进一步修正和分析。基于前面的步骤，团队应该对那些最有前景的概念形成了清楚的认识。被选出来进一步修正的概念的数目受团队资源（人员、资金、时间）的限制。在表7.2中，团队选择了概念A，D，E和组合产生的新概念FG。

(6) 对结果和过程进行反思。

团队的所有成员应该都对结果感到满意。如果有人不同意团队的决定，那么或者是粗筛矩阵缺失了一两个重要标准，或者是某个特定的评分有误或至少是不清晰的，团队还必须决定是否执行另一次概念粗筛。如果粗筛矩阵被视为已不能为评价和选择的下一步过程提供充足的解决方法，那就要进入带有权重的标准和更详细的评分计划的概念评分阶段。明确考虑是否每个人都理解结果的意义，将降低发生错误的可能性，同时提高整个团队齐心协力进行后续开发活动的可能性。

2）概念评分

在概念评分阶段，团队对选择标准的相对重要性赋予权重，并参照每个标准进行更精细的比较。概念的分值是各项评分的加权求和。概念评分也分为六个步骤进行：准备选择矩阵，对概念进行评价，对概念进行排序，对概念进行组合和改进，选择一个或多个概念，对结果和过程进行反思。

(1) 准备选择矩阵。

与粗筛阶段一样，团队准备一个矩阵并确定一个参照概念。矩阵由待分析的概念和分析标准两个部分组成，待分析的概念被填入矩阵的顶部，一般来说自从概念粗筛以来，这些概念已经被一定程度地提炼过，并且可能被更详细地描述出来。分析标准可以根据质量设计中的质量特性（技术指标）来确定，相应的权重值可以由质量屋的质量特性（技术指标）的重要度进行归一化得到。表 7.3 为某洗衣机的概念评分矩阵。

表 7.3 某洗衣机的概念评分矩阵

选择标准	权重	概念							
		概念 A		概念 D		概念 E		概念 FG	
		评级	加权分数	评级	加权分数	评级	加权分数	评级	加权分数
噪声水平	8%	3	0.24	5	0.4	3	0.24	3	0.24
洗衣质量	17%	3	0.51	3	0.51	5	0.85	3	0.51
洗衣时间	25%	3	0.75	3	0.75	3	0.75	5	1.25
漂洗质量	15%	5	0.75	3	0.45	5	0.75	3	0.45
衣服损害率	35%	5	1.75	3	1.05	2	0.7	5	1.75
净分数		4		3.16		3.29		4.2	
是否继续		否		否		否		是	

(2) 对概念进行评价。

和粗筛阶段一样，一般来说最容易的方式是团队每次集中在一个标准上对所有的概念进行评估。由于区分各竞争概念需要更高的分辨率，所以现在使用一个更细致的刻度。通常采用 5 级评分法，有时也采用 7 级评分法或 3 级评分法，刻度越细所消耗的时间和精力就越多。

用于比较性评价的参照概念并非总是合适的，除非参照概念纯粹巧合在所有标准上都恰好具有中等性能，否则用该参照概念评价所有的标准将会导致对某些标准的“刻度压缩”。例如，如果参照概念恰巧是最容易制造的概念，那么其余的所有概念都将在易于制造标准上得到 1，2 或 3 的值（“甚劣于”“劣于”或“等于”），从而把评价刻度从 5 级压缩成了 3 级。

为避免刻度压缩，可以对不同的选择标准项采用不同的参照点。参照点可以来自所考虑的若干概念、比较性标杆分析、产品指标的目标值或其他方式。值得注意的是采用这种方式时，团体成员需要彻底理解针对每个标准设置的参照点，才能实现直接的一对一比较。

(3) 对概念进行排序。

在填入了所有概念的评分之后，加权评分可以用原始评分乘标准的权重计算出来。每个概念的总分是各加权评分的和，计算式为：

$$S_j = \sum_{i=1}^{n} r_{ij} w_i \tag{7.1}$$

式中：r_{ij}——概念 j 在第 i 个标准上的原始评分；

w_i——第 i 个标准的权重；

n——标准的个数；

S_j——概念 j 的总分。

最后，根据各概念的总分进行排序。

（4）对概念进行组合和改进。

和粗筛阶段一样，团队也将寻求可以改进概念的变化或组合。虽然形式上的概念生成过程通常在概念选择开始之前就完成了，但最有创造性的提炼和改进，常发生在团队对产品概念的特定性质所固有的优缺点形成清晰认识的概念选择阶段。

（5）选择一个或多个概念。

基于选择矩阵，小组可能决定选择前两名或前几名概念。这些概念将被进一步地开发、制作原型和测试，以便得到客户反馈。

（6）对结果和过程进行反思。

在概念选择的每个阶段之后，团队对进一步删除的每个概念进行检查是十分有用的。如果团队认为任何一个被扔掉的概念在总体上比被保留下来的某些概念好，那么一定要找到造成这种不一致的根源，也许是遗漏了一个重要的标准，或者是权重不适当或使用不当。

7.3　概念测试

概念测试是测试目标市场中的潜在用户对产品的某种描述形式作出的反应，通过概念测试可以从潜在客户那里收集如何改进概念的信息以及估计产品的销售潜力。在概念测试之前需要完成产品结构体系的建立，产品结构体系建立的细节可以参考本书 7.4 节。概念测试的流程如图 7.8 所示。

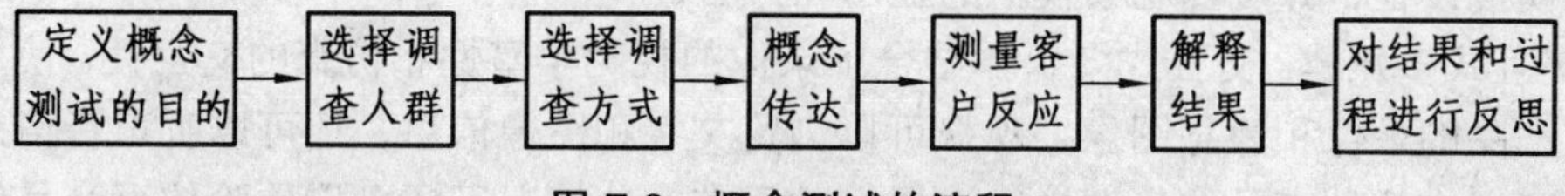

图 7.8　概念测试的流程

1）定义概念测试的目的

概念测试本质上是一种实验活动，跟任何实验一样，明确实验目的对设计有效的实验方法十分重要。在进行概念测试的时候通常需要考虑下面的问题：

- 应该继续开发哪个备选概念？
- 如何改进概念以更好地满足客户需求？
- 大约可能售出多少套产品？
- 开发工作应该继续吗？

2）选择调查人群

概念测试背后的一个假设就是被调查的潜在客户人群代表了产品的目标市场人群。如果调查人群比最终的目标客户对产品更热情或更冷淡，那么基于概念测试的推论将存在偏差。因此，团队应尽量选择在尽可能多的方面“镜像”目标市场的调查人群。在实际调查中，和市场调查一样，可以将最初的几个问题设置为“筛选问题”，用来确定回答者是否符合产品目标市场人群的定义。

产品经常会针对几个市场分块。在这种情况下，准确的概念测试要求每个市场分块的潜在客户都被调查到。调查每个可能分块有可能使成本高昂或时间过长，在这种情况下，团队可以选择只调查最大的市场分块中的潜在客户。然而，当只对一个分块进行抽样时，对整个市场的反映的推论将存在偏差。调查样本数的确定可以参照公式（4.2）进行。

3）选择调查方式

概念测试的调查方式和前面的市场调查形式一样，主要有面对面交流、电话调查、邮寄信件调查、电子邮件调查和互联网上调查五种形式。每种方法调查的要点、优点、缺点参照表 4.1 所示。

4）概念传达

概念传达是将概念产品以一定的表达形式传达给测试的人群。

（1）概念的表达形式。概念的表达形式有以下九种：

① 文字描述。文字描述通常是总结产品概念的一段文字或者几个要点的集合。这种描述可以由回答者阅读，或由执行调查的人大声宣读。

② 草图。草图通常是以透视方式表现产品的线图，有时还对关键特征进行了注释。

③ 照片和渲染图。当存在产品概念的外观模型时，照片就可用来表达产品概念。渲染图是概念的接近照片真实的表示图。渲染图一般用计算机辅助设计工具制作。

④ 情节展板。情节展板是表达包含产品的时间序列场景的一系列图像。

⑤ 录像。录像比情节展板更具动态效果。使用录像，产品的形态和使用方法都可以清楚地表达出来。

⑥ 仿真。仿真通常是由模仿产品的功能或交互特征的软件实现的。例如，在测试电子设备的操纵性能时，可以在计算机屏幕上创建产品的视觉形象，用户通过触摸屏或鼠标点击就可以操纵模拟设备，并可以观察模拟的显示和声音。

⑦ 交互式多媒体。交互式多媒体结合了录像的视觉丰富性和仿真的交互性。使用多媒体可以显示产品的录像和静态图像，观众可以浏览文字和图像信息，还可以听声音信息。交互性使观众可以在几种产品信息源之间选择，并且在一些情况下还可以体验仿真产品的操纵和显示。多媒体系统的开发比较昂贵，通常用于大产品开发项目。

⑧ 外观模型。外观模型是由木头或泡沫塑料制成，并喷涂得与真实产品一样，生动地展现了产品的形态和外观。这种模型有时候还具备一些产品的功能。

⑨ 工作原型。工作原型或者功能近似模型在概念测试中十分有用。但使用工作原型也有风险，主要的风险是被调查者将原型等同于最终产品。有时原型可能比最终产品表现更好（例如，原型使用了更好、更昂贵的部件，如马达或电池）。在大多数情况下，原型的性能不如最终产品，而且在外观上几乎总是不如最终产品有吸引力。有时可以将工作原型和外观模型分开使用，工作原型用来表现产品的工作机理，外观模型用来表现产品的外观形态。

（2）调查形式与概念传达方式的匹配关系。

调查形式的选择与产品概念传达方式密切相关。表 7.4 表示了每种调查形式所适用的概念传达方式。

表 7.4　调查形式与概念传达方式的匹配关系

概念的表达形式	调查方式				
	电话	电子邮件	邮寄信件	因特网	面对面
文字描述	√	√	√	√	√
草图		√	√	√	√
照片或渲染图		√	√	√	√
情节展板		√	√	√	√
录像				√	√
仿真				√	√
交互式多媒体				√	√
物理外观模型					√
工作原型					√

在传达产品概念时，要尽量宣传产品及其优点。如果有必要，可以附上价格信息，附价格信息时遵循如下原则：当概念产品的主要优点是以非常低的价格提供基本功能时，价格必须作为概念描述的一部分；某产品可能提供极其强大的功能或独一无二的特点，但其价格相对较高，这时，价格也必须作为概念描述的一部分；在其他情况下价格信息通常就没有必要附上。

5）测量客户反应

大多数概念测试首先把产品概念传达出来，然后测量客户反应。当在概念开发阶段的早期进行概念测试时，通常是让被调查者在两个或多个选项中作出选择以测量客户反应。针对测量结果应该思考客户为什么以这种方式反应以及如何改进产品概念。在概念测试时通常还需要测量“购买意向”，购买意向可以用下面五种刻度表示：A. 肯定会买；B. 可能会买；C. 也许买也许不买；D. 可能不买；E. 肯定不买。

也可以用 7 种刻度表示，或者要求被调查者明确给出其购买的概率值。

6）解释结果

如果一个产品概念比其他概念更有优势，并且开发团队掌握被调查者理解概念之间的关键差别，那么团队只要选择最受欢迎的概念就可以了。如果这一结果还不能定论，那么团队要么可能会基于成本或其他考虑来决定选择概念，要么会决定提供产品的多个版本。注意，对于各概念之间制造成本差别极大，以及没有把价格信息传达给被调查者的情况，作出判断时必须十分谨慎。在这些情况下，被调查者往往倾向于选择最贵的方案。如果有必要，还可以根据调查结果按式（7.2）对一个时期内的产品销售量进行预测：

$$Q = N \times A \times P \tag{7.2}$$

式中：N——这一时期内预期实施购买活动的潜在客户的数量；

A——了解产品的顾客数在潜在客户数中所占的百分数；

P——产品被购买的概率，计算如式（7.3）所示。

$$P = C_d \times F_d \times C_P \times F_P \tag{7.3}$$

式中：F_d——概念测试调查中表示“肯定会购买”的被调查者的比例；

F_p——表示“可能会购买”的被调查者的比例；

C_d，C_P——基于公司过去的相似产品的经验而建立的校正常量，其取值范围 $0.1<C_d<0.5$，$0<C_p<0.25$。

值得注意的是，按上述方法进行预测时，对预测结果进行评价的时候还需要考虑产品描述的准确性、产品的定价、产品促销水平的影响。

7）对结果和过程进行反思

概念测试的主要目的是从真正的潜在客户那里获得反馈。团队应该反思这些证据和预测的数值结果。仔细考虑预测模型中三个主要变量的影响对团队是有益的：

（1）市场的总体规模。

（2）产品的可购性和知晓性。

（3）可能购买的客户的比例。

考虑产品的其他市场，可以增加第一个因素。第二个因素可以由销售安排和促销计划来增加。第三个因素可以通过改进产品设计（以及广告）以提高产品的吸引力来增加。在考虑这些因素时，敏感性分析可以产生有用的深刻认识，并帮助决策的制定。例如，如果团队能确保与一位零售商的伙伴关系并因此将 A 增加了20%，将对销售产生什么影响？在反思概念测试的结果时，团队应该回答两个关键的诊断性问题：首先，概念的传达方式是否能引导出反映真实意向的客户反应？其次，最终的预测与能看到的类似产品的销售率是否一致？

测试完成概念产品通常包含这些资料信息：顾客的需求描述、产品的质量特性（技术指标）描述、产品效果图，有时还包含产品的外观模型、工作模型等。对于测试通过的概念产品，可以进一步进行产品结构体系设计。

7.4 产品结构体系

7.4.1 产品结构体系概述

产品结构体系是一种分配形式，它把产品的功能元素分配给产品的实体构建单元。产品的功能元素是对产品的整体性能作出贡献的独立的运行能力和传输能力。产品的实体元素是最终完成产品功能的零件、部件和子装配体。一个产品的实体元素经常被组合成几个大的构建单元，称之为组块。每个组块由实现产品功能的零部件组成。产品的体系就是把产品的各个功能元素组织成实体组块的方案，以及各组块之间相互接口的方案。产品结构体系可分为“模块化体系”和“集成化体系”。

“模块化体系”具有以下两个特点：

（1）各组块内部只实现一个或少量的功能元素。

（2）组块之间的交互作用定义明确，并且这种交互作用对产品的基本功能通常是非常基础的。

模块化程度最高的体系是一个组块只实现一个功能元素，并且组块之间只有几个定义完善的交互作用。在这种模块化体系中，改变一个组块的设计无需改变其他组块，而产品仍将运作正常。组块还可以设计成是相互独立的。

“集成化体系”具有以下三个特点：

(1) 产品的功能元素由多个组块实现。

(2) 一个组块实现多个功能元素。

(3) 组块之间的交互作用定义不清，这种交互作用对产品的首要功能来说可能并不重要。

模块化程度只是产品结构体系的一种相对性质。产品很少是严格模块化或集成化的。一般只能与竞争产品相比，它们表现出较高或较低的模块化程度。

模块化体系有三种类型：槽型、总线型和组合型。每种类型体现了从功能元素到组块的一对一映射，以及定义良好的接口。这三种类型的不同之处在于组织组块间交互作用的形式。

(1) 槽型模块体系：槽型模块结构中各个组件的接口各不相同，因此，同一产品的不同组件的接口不能互换。例如，汽车收音机是一个槽型结构模块组件，它的接口就不能被其他的组件所使用。

(2) 总线型模块体系：在总线型模块体系中有一个通用的总线，其他组块用相同的接口与总线连接。总线型模块体系的组块的通常实例是个人计算机的扩展卡。非电子类产品也可以按照总线型模块体系来建造。轨道照明、采用横梁的货架搁放系统和汽车的可调车顶行李架，都体现了总线型模块体系。

(3) 组合型模块体系：在组合型模块体系中，所有的接口都相同，不存在通用的装配总线。装配是通过将组块以同样的接口互相连接而完成的。许多管道系统都是组合型模块体系，组合式沙发、办公室隔断和一些计算机系统也是这种类型。

槽型模块体系是最常见的模块体系，因为对大多数产品来说，每个组块都需要一个不同的接口，以容纳该组块与产品其余部分之间独特的交互作用。总线型模块体系和组合型模块体系特别适用于整个产品的配置变化较多、组块与产品其余部分可以用标准方式交互的情形。

7.4.2　产品结构体系的使用

产品结构体系与企业的市场营销战略、制造能力以及产品开发管理紧密联系，在产品变化、产品多样性、部件标准化、产品性能、可制造性以及产品开发管理等方面有很重要的作用。

1）产品变化

组块是产品的实体构建单元，而产品结构体系则决定了这些单元如何联系产品功能。因此，产品结构体系也决定了产品变化。产品变化的形式有：

(1) 升级：当技术能力或用户需求发展时，某些产品可以通过升级来容纳这种发展。

(2) 附件：许多制造商出售的产品只是基本单元，客户根据需要在其上再添加一些（经常是由第三方生产的）部件。在个人计算机产业中这种类型的改变很常见（如可以在一台基本的计算机上添加第三方的海量存储装置）。

(3) 改装：一些寿命周期较长、可能应用于多种不同使用环境的产品需要改装。例如，有些机床需要从使用 220 V 电压改为使用 110 V。有些发动机需要从使用汽油改为使用丙烷作为燃料。

(4) 磨损：产品的实体元素在使用过程中会衰退，所以必须替换磨损部件以延长产品的使用寿命。例如，许多剃须刀可以更换用钝的刀片。

(5) 消耗：一些产品消耗耗材，耗材需要经常补充。例如，复印机和打印机使用的墨盒。

(6) 使用灵活性：一些产品可以由客户进行配置，以提供不同的能力。例如，许多照相机能与不同的镜头和闪光灯配合使用。

(7) 重复利用：在开发后续产品时，企业往往希望只改变少数的功能元素，而产品的其他部分保持不动。例如，消费电子产品制造商往往希望只改变用户界面和外壳来升级产品系列，内部仍保持与前型号相同。

在这些变化形式中，模块化体系能使制造商用最小的“实体”改动获得“功能”改变。

2）产品多样性

多样性是指企业在特定时段内为适应市场需求，而能够生产的产品型号的范围。围绕模块化体系建造的产品更容易多变，同时又不过分增加制造系统的复杂性。

3）部件标准化

部件标准化是在多个产品中应用相同零件或组块。如果一个组块实现了一个或几个用途广泛的功能元素，那么该组块就可进行标准化，并应用于多种不同的产品。这种标准化使得企业能大批量生产该组块，从而降低成本、提高质量。

4）产品性能

产品性能特性是指产品的速度、能耗、气动阻力、噪声、效率、寿命、精度、噪声及美观性等。集成化体系有助于优化这些性能特性。

5）可制造性

模块化设计便于团队从产品制造的角度考虑降低产品的制造成本。详细设计每个组块的工作一般分配给企业内部较小的团队或外部供应商，对于模块化体系，设计组块的小组只需处理该组块与其他组块之间已知的、相对有限的功能交互，非常适合在地理位置上非常分散的开发团队，也比较便于产品的开发管理。模块化方法要求在系统级设计阶段进行非常仔细的规划，而细节设计则主要是保证设计各组块的小组满足组块的性能、成本和进度要求等。集成化体系可能在系统级设计时不要求过于细致的规划，但在细节设计阶段，则需要更多的综合、矛盾解决和协调。

7.4.3 产品结构体系的建立

产品结构体系建立的流程如图 7.9 所示，通过产品结构体系的建立，最终可以得到产品的大致几何布局、主要组块的描述以及组块之间交互关系的文档说明。

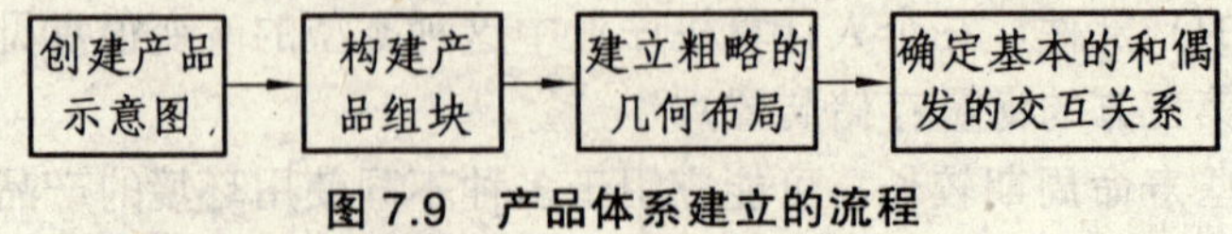

图 7.9 产品体系建立的流程

1）创建产品示意图

示意图表示团队对产品组成元素理解的图画，这些元素中有些元素对应关键部件，有些元素是还没有整理成实体概念或部件的功能描述元素。产品的组成元素及相应的物料流、能量流和信号流在产品概念生成的时候就基本形成，这里只是进一步加以提炼。在创建产品示意图时，一条较好的经验原则是，示意图所针对的元素应少于 30 个，以便建立产品结构体系。如果产品是一个涉及几百个功能元素的复杂系统，那么最好省略一些较次要的元素，并把另外的元素集合成更高级别的功能，以后再把它分解开，图 7.10 所示的某型号打印机在产品级就将功能元素凝练为 15 个。产品示意图不是唯一的，开发团队可以根据自己的需要产生几个备选方案。

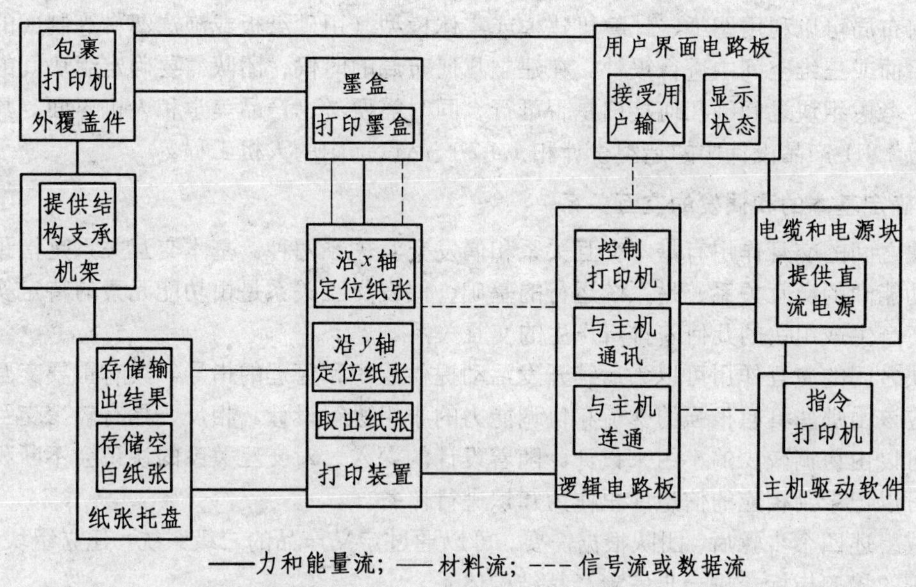

图 7.10　产品组块构建

2）构建产品组块

构建产品的组块可以从每个元素都形成一个独立组块的假定开始，根据下面八个原则逐步集成，达到团队比较满意的要求。

(1) 几何集成和几何精度。需要精确定位或配合元素，可以考虑将其集成为一个组块，这样便于一个设计人员或小组控制元素之间的实体关系。

(2) 功能分担。当一个单独的实体部件能实现几个功能元素时，这些功能元素最好集成在一起。

(3) 供应商。根据供应商提供的产品零部件特点将相应的元素进行集成。

(4) 设计或生产技术的相似性。当两个或更多的功能元素有可能用同样的设计和（或）生产技术实现时，将这些元素集成在同一个组块中，这样会使设计和（或）生产更经济。

(5) 改动的局部化。团队预计对某些元素可能进行大量改动时，把这些元素隔离出来形成一个单独的模块化组块，以便对这些元素进行改动时不会干扰任何其他组块。图 7.10 把外壳元素隔离成一个单独的组块，就是为了在产品生命周期内对其外观进行改动。

(6) 多样性。元素的集成应能使企业按照对客户有价值的方式使产品多样化。图 7.10 为提供直流电源的元素建立了一个独立的组块，就是为了便于打印机在世界不同电力标准的地区销售。

(7) 标准化。如果一组元素将用于其他产品，那么应该把它们集成到一个组块中，这样便于大批量、标准化生产该组块的实体元素。图 7.10 将打印墨盒设置为单独组块，就是为了便于该组块标准化。

(8) 接口移动性。接口移动性好的元素可以考虑集成到一个组块中，图 7.10 就把打印机的控制和通讯功能集成到一个组块中。

按照上述原则可将打印机的 15 个元素集成为 9 个组块，如图 7.10 所示。

3）建立粗略的几何布局

几何布局可以利用图纸、计算机建模或实体模型（用硬纸板或泡沫塑料等制成的）等，在二维平面或三维空间中进行设计。在建立几何布局的时候，团队需要确定组块间的基本尺度关系，考虑组块之间的几何接口是否可行，同时需要考虑产品美学和人机界面。具体细节可以参看 1.4.1 产品设计中的造型设计和 1.4.2 产品设计中的人机工程。

4）确定基本的和偶发的交互关系

组块之间的交互作用有基本交互关系和偶发交互关系两种。基本交互关系是指预先可以确定的功能间的交互关系，是系统运行的基础；偶发交互关系是由功能元素的特定实体在特定情况下产生或组块的几何安排所产生的交互关系。

组块之间的交互作用可以为后续开发活动提供组织和管理的指导。具有重要交互作用的组块，应该由那些具有很强的交流和协调能力的小组进行设计。相反，具有较少交互关系的组块，可以由协调较少的小组来设计。随着设计的深入，对交互关系的认识会不断积累，这些信息可以记录到相应的信息库里作为知识进行储备。

完成上述四个步骤后，团队根据需要，可以通过定义产品的二级系统、建立组块的体系、建立详细的接口指标，进一步完善产品结构体系。

7.4.4 产品分化

产品分化是指根据产品的用途差异，形成产品的不同版本。产品分化发生在供应链的尾端，称为延迟分化。产品分化采用延迟分化可以显著降低运作供应链的成本，主要原因是减少了库存成本。采用延迟分化需要满足两个条件：

(1) 产品的分化元素必须集中在一个或少数几个组块中。

(2) 分化组块必须在供应链末端。

7.4.5 平台规划

平台是指产品所共享的资源（包括部件设计）的集合，规划产品平台的工作包括对差异性和通用性之间基本权衡的管理。规划产品平台的目的包含两个方面：一方面，提供差别很大的产品具有市场利益；另一方面，使不同产品共享通用部件的程度最大化以降低成本。平台规划的方法包括两种：分化性规划和共同性规划。

1）分化性规划

分化性规划表达了从客户和市场的角度观察时，一个产品的多个版本在哪些方面不同。在不受任何限制时，分化性规划将精确地匹配每个不同产品所针对的市场分块中客户的偏好，但这样的规划通常意味着产品昂贵。

2）共同性规划

共同性规划明确地表达了产品不同版本在哪些方面是物理相同的。在不受任何限制时，大多数制造工程师都会选择在产品的所有派生型中只使用各组块的一个版本。但这种策略将导致没有任何分化的产品。

3）分化性和共同性之间的权衡处理

分化性和共同性之间的权衡处理实质是处理完全满足产品目标市场分块的期望和使投资最小化的期望之间的矛盾。在处理分化性和共同性之间的矛盾时需要遵循下面三个原则：

（1）平台规划决策应参考成本和收入的量化估计。

（2）平台规划可以采用多次迭代。

（3）产品体系决定了分化性和共同性之间权衡的本质。

当产品的结构体系确定之后，就可以全面进行产品的数字化设计了。

第四篇　产品数字化设计

第八章　产品设计中的计算机辅助设计（CAD）技术

8.1　CAD 技术的发展历史

自从计算机产生以来，人们就开始探讨并试图利用计算机来辅助工程设计。1956 年到 1959 年间，以美国麻省理工学院（MIT）D. T. Ross 为首的学者开发了用于数控机床的编程系统 APT（Automatically Programmed Tool），它的出现更加刺激了对 CAD 的需求。

进入 20 世纪 60 年代，在计算机屏幕上绘图的实现，使得 CAD 技术得到迅速发展。人们希望借助此项技术来摆脱繁琐、费时、绘制精度低的传统手工绘图方式。此时 CAD 技术的出发点是用传统的三视图方法来表达零件，以图纸为媒介进行技术交流，这就是二维计算机绘图技术。在 CAD 技术发展初期，CAD 的含义仅仅是图板的替代品，即意指 Computer Aided Drafting（or Drawing），而非现在我们经常讨论的 CAD（Computer Aided Design）所包含的全部内容。CAD 技术以二维绘图为主要目标的算法一直持续到 70 年代末期，以后作为 CAD 技术的一个分支而相对独立地发展。在二维绘图方面，早期应用较为广泛的是 CADAM 软件，但近 10 年来占据绘图市场主导地位的是 Autodesk 公司的 AutoCAD 软件。在今天我国的 CAD 用户特别是初期 CAD 用户中，二维绘图仍然占有相当大的比例。

进入 70 年代，正值飞机和汽车工业的蓬勃发展时期。此间飞机及汽车制造中遇到了大量的自由曲面问题，当时只能采用多截面视图、特征纬线的方式来近似表达所设计的自由曲面。由于三视图方法表达的几何信息不完整性，经常发生设计完成后，制作出来的样品与设计者所想象的有很大差异甚至完全不同的情况。设计者对自己设计的曲面形状能否满足功能要求也心中无底，所以经常需要按比例制作油泥模型，作为设计评审或方案比较的依据。这种方式既慢且繁，大大拖延了产品的研发时间，因此，要求更新设计手段的呼声越来越高。

此时法国人提出了贝赛尔算法，使得人们在用计算机处理曲线及曲面问题时变得可以操作，同时也使得法国的达索飞机制造公司的开发者们能在二维绘图系统 CADAM 的基础上，开发出以表面模型为特点的自由曲面建模方法，推出了三维曲面造型系统 CATIA。它的出现，标志着计算机辅助设计技术从单纯模仿工程图纸的三视图模式中解放出来，首次实现以计算机完整描述产品零件的主要信息，同时也使得 CAM 技术的开发有了现实的基础。曲面造型系统 CATIA 带来了第一次 CAD 技术革命，改变了以往只能借助油泥模型来近似表达曲面的落后的工作方式。

当时的 CAD 软件价格极其昂贵，而且软件商品化程度低，开发者本身就是 CAD 大用户，彼此之间还技术保密。只有少数几家受到国家财政支持的军火商，在 70 年代冷战时期才有条件独立开发或依托某软件厂商发展 CAD 技术。例如：

CADAM：由美国洛克希德（Lochheed）公司支持。

CALMA：由美国通用电气（GE）公司开发。

CV：由美国波音（Boeing）公司支持。

I-DEAS：由美国国家航空及宇航局（NASA）支持。

UG：由美国麦道（MD）公司开发。

CATIA：由法国达索（Dassault）公司开发。

那时的 CAD 技术主要应用于军事工业，但受此项技术的吸引，一些民用骨干工业，如汽车业的巨人也开始摸索开发一些曲面系统为自己服务。例如，

大众汽车公司：SURF。

福特汽车公司：PDGS。

雷诺汽车公司：EUCLID。

另外还有丰田、通用汽车公司等都开发了自己的 CAD 系统。由于无军方支持，开发经费及经验不足，其开发出来的软件商品化程度都较军方支持的系统要低，功能覆盖面和软件水平亦相差较大。

曲面造型系统带来的技术革新，使汽车开发手段比旧的模式有了质的飞跃，新车型开发速度也大幅度提高，许多车型的开发周期由原来的 6 年缩短到只需约 3 年。CAD 技术给使用者带来了巨大的好处及颇丰的收益，汽车工业开始大量采用 CAD 技术。80 年代初，几乎全世界所有的汽车工业和航空工业都购买过相当数量的 CATIA，其结果是 CATIA 跃居制造业 CAD 软件榜首，并且保持了许多年。

80 年代初，CAD 系统价格依然令一般企业望而却步，这使得 CAD 技术无法拥有更广阔的市场。为使自己的产品更具特色，在有限的市场中获得更大的市场份额，以 CV，SDRC，UG 为代表的系统开始朝各自的发展方向前进。70 年代末到 80 年代初，由于计算机技术的大踏步前进，CAE，CAM 技术也开始有了较大发展。SDRC 公司在当时星球大战计划的背景下，由美国宇航局支持及合作，开发出了许多专用分析模块，用以降低巨大的太空实验费用，同时在 CAD 技术方面也进行了许多开拓；UG 公司则着重在曲面技术的基础上发展 CAM 技术，用以满足麦道飞机零部件的加工需求；CV 和 CALMA 则都将主要精力放在 CAD 市场份额的争夺上。

有了表面模型，CAM 的问题可以基本解决。但由于表面模型技术只能表达形体的表面信息，难以准确表达零件的其他特性，如质量、重心、惯性矩等，同时对 CAE 分析的前处理也特别困难。在此时，基于对 CAD/CAE 一体化技术发展的探索，SDRC 公司于 1979 年发布了世界上第一个完全基于实体造型技术的大型 CAD/CAE 软件 I-DEAS。由于实体造型技术能够精确表达零件的全部属性，在理论上有助于统一 CAD，CAE，CAM 的模型表达，给设计带来了惊人的方便。它代表着未来 CAD 技术的发展方向。基于这样的共识，各软件纷纷仿效。一时间，实体造型技术呼声满天下。可以说，实体造型技术的普及应用标志着 CAD 发展史上的第二次技术革命。但是新技术的发展往往是曲折和不平衡的。实体造型技术既带来了算法的改进和未来发展的希望，也带来了数据计算量的极度膨胀。在当时的硬件条件下，实体

造型的计算及显示速度很慢，在实际应用中做设计显得比较勉强。由于以实体模型为前提的CAE本来就属于较高层次技术，普及面较窄，反映还不强烈；另外，在算法和系统效率的矛盾面前，许多赞成实体造型技术的公司并没有下大力气去开发它，而是转去攻克相对容易实现的表面模型技术，各公司的技术取向再度分道扬镳，所以实体造型技术也就此没能迅速在整个行业全面推广开。推动此次技术革命的SDRC公司与幸运之神擦肩而过，失去了一次大飞跃的机会。在以后的10年里，随着硬件性能的提高，实体造型技术又逐渐为众多CAD系统所采用。

在这段矛盾碰撞、技术起伏跌宕的时期，CV公司最先在曲面算法上取得突破，计算速度提高较大。由于CV提出了集成各种软件，为企业提供全方位解决方案的思路，并采取了将软件的运行平台向价格较低的小型机转移等有力措施，一跃成为CAD领域的领导者，市场份额上升到第一位，兼并了CALMA公司，实力迅速膨胀。

80年代中期以后，一种参数化的思想引起了人们的注意，它主要解决以前那些造型中的无约束问题，具有基于特征、全尺寸约束、全数据相关、尺寸驱动设计修改等特点。它的出现给设计者带来极大的方便。于是参数化技术的代表Pro/ENGINEER软件一经出现便受到人们的广泛欢迎，特别是这一时期，计算机技术迅猛发展，硬件成本大幅度下降，CAD技术硬件平台成本从二十几万美元降到几万美元，很多中小企业也开始有能力使用CAD技术。由于它们的设计工作量并不大，零件形状也不复杂，更重要的是它们无钱投资大型高档软件，因此它们把目光投向了中低档的Pro/ENGINEER软件。PTC也正是因为瞄准了这一中档市场，迎合了众多中小企业在CAD上的需求，才一举取得成功。进入90年代，参数化技术变得比较成熟起来，充分体现了它在许多通用件、零部件设计上存在的简便易行的优势。

随着参数化技术的成功应用，它几乎成为CAD业界的标准，致使许多CAD厂商纷纷起步追赶。这时的CATIA，CV，UG，EDCLID，由于应用广泛，大都在原来的非参数化模型的基础上开发集成了许多其他应用软件，包括CAM，PIPING和CAE接口等，在CAD方面也作了许多应用模块开发。由于重新开发一套完全参数化的造型系统将花费很大的人力、财力，因此它们的参数化系统基本上是在原有非参数化模型基础上进行局部改进完成的。考虑到这种“参数化技术”的不完整性以及需要很长的过渡时期，CV，CATIA，UG在推出自己的参数化技术以后，均宣称自己是采用复合建模技术，并强调复合建模技术的优越性。

90年代以后，SDRC经过多年的探索和研究，推出了一种新的基于变量化技术的I-DEAS Master Series软件。变量化技术继承了参数化技术的许多优点，同时克服了参数化技术本身的一些缺点，如全尺寸约束的硬性规定干扰和制约着设计者的创造力和想象力的发挥，以及设计中关键的拓扑关系发生改变会引起某些约束特征的丢失从而造成系统数据的混乱。它的成功应用，为CAD技术的发展提供了更大的空间和机遇。

进入90年代中后期，CAD技术经过几十年的发展，在几何表达方法和手段上日趋完善，应用领域也不断扩展，同时原有的众多大大小小的CAD软件厂商经过收购、兼并和淘汰，逐渐形成以CATIA，PRO/E，UG为主要流派的代表当今CAD技术发展主流的应用系统。

20世纪末21世纪初期，CAD系统厂商之间的竞争逐渐向两个方向发展，一个方向是将CAD技术的应用从单一的几何建模和零件级应用向整机的虚拟装配、干涉检查、用户自定义特征、主模型技术和各种专业应用技术集成（如KBE、工业设计、人机工程、网络化异地协同设计、数字样机的可视化浏览技术等）发展，以满足当今制造业对新产品快速开发、缩短开发周期、面对激烈市场竞争的要求；另一方面，CAD 应用系统更加重视对用户新产品开发流程的支持，在这一变化中，新产品设计知识的表达和应用成为最核心的技术。

8.2 CAD 三维表达基础

8.2.1 三维表达中曲线、曲面构建技术

自从 1946 年 Schoenberg 提出样条函数，到现在已经半个多世纪了，曲线、曲面的构建技术也伴随着计算机技术和空间几何运算学等技术的发展取得了长足的进步。它先后经历了参数样条方法，Coons 曲面，Beizer 曲线、曲面和 B 样条方法。其中最能标志曲线、曲面发展的有 Beizer 曲线、曲面，B 样条曲线、曲面，非均匀有理 B 样条（NURBS）曲线、曲面。

1）Beizer 曲线、曲面法

Beizer 曲线以逼近为基础，用一个特征多边形来定义。曲线的起始点和终点与其特征多边形的起始点和终点重合，特征多边形的第一条边和最后一条边表示曲线在起始点和终点的切矢量。在图 8.1 中，多边形 P_{f1}、P_{f2}、P_{e1}、P_{e2} 即特征多边形，矢量 P_{f2}、P_{f3} 为起始点的切矢量，矢量 P_{e2}、P_{e3} 为终点的切矢量。

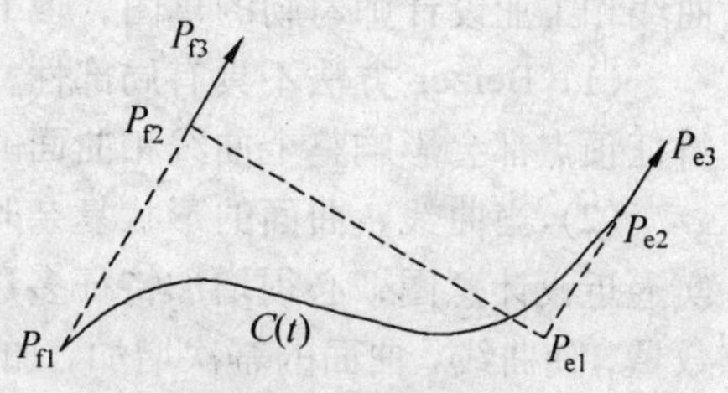

图 8.1　Beizer 曲线

若已知空间 $n+1$ 个点的位置矢量 P_i，则 Beizer 曲线上各点坐标的插值公式为：

$$C(t)=\sum_{i=0}^{n}P_iB_{i,n}(t)\qquad 0\leqslant t\leqslant 1 \tag{8.1}$$

式中：$P_i(i=0,1,\cdots,n)$——特征多边形的顶点；

$B_{i,n}(t)$ ——Bernstein 基函数，是曲线上各点位置矢量的调和函数，其计算式为：

$$B_{i,n}(t)=\frac{n!}{i!(n-i)!}t^i(1-t)^{n-i}=C_n^it^i(1-t)^{n-i} \tag{8.2}$$

Beizer 曲线的性质有：

（1）Beizer 曲线从首顶点开始，到末顶点结束。

（2）对于同样的特征多边形而言，Beizer 曲线是唯一的，即 Beizer 曲线的对称性。

（3）Beizer 曲线完全被包容在由特征多边形形成的凸包内，即 Beizer 曲线的凸包性。

（4）Beizer 曲线的形状仅仅和特征多边形的顶点有关，与坐标系的选取无关，即 Beizer 曲线的几何不变性。

（5）任一平面与 Beizer 曲线的交点数不会超过它与控制多边形的交点数，但包含整个控制多边形的平面除外，即 Beizer 曲线的变差减少性。

应用 Beizer 方法进行曲线的设计时，为提高曲线设计的灵活性，工程师通常在保证曲线的形状不变的情况下，增加控制定点的数量来加强曲线的修改功能，这样就提高了曲线的幂次，即曲线的升阶。

Beizer 曲面是 Beizer 曲线的拓展，Beizer 曲面 $P(u, v)$的一般表达式为：

$$P(u, v) = \sum_{i=0}^{m}\sum_{j=1}^{n} B_{i,m}(u) B_{j,n}(v) V_{i,j} \tag{8.3}$$

式中：$B_{i,m}(u)$，$B_{j,n}(v)$——曲面参数 u，v 向的 Bernstein 基函数；

$V_{i,j}(i=0, 1, \cdots, m, j=0, 1, \cdots, n)$——控制多边形网格顶点。

Beizer 曲面特征多边形网格顶点的特点为：

（1）网格四角的顶点落在曲面的四角。

（2）网格四周的多边形分别定义曲面的四条边界。

（3）曲面边界的跨界切矢仅与定义该边界的顶点和相邻的一排顶点有关。

（4）曲面边界的跨界曲率仅与定义该边界的顶点和相邻的两排顶点有关。

除变差减少性外，Beizer 曲线的其他性质都可以推广到 Beizer 曲面上来。Beizer 方法是曲线、曲面构造中一个重要的发展，它以逼近原理为基础，人们可以利用它方便地逼近数学曲线和工业设计师勾勒的草图，但 Beizer 方法具有以下缺点：

（1）Beizer 方法不具有局部性，修改任一特征顶点都会影响整个曲线和曲面的形状。

（2）当曲线、曲面的形状复杂时，要想真实逼近设计意图，必须增加特征多边形的顶点数量，使曲线、曲面的幂次增加，加大计算量。

（3）在高阶曲线、曲面的情况下，逼近的曲线、曲面与特征多边形网格（见图 8.2）存在较大差异。

B 样条方法正是在克服了 Beizer 方法的缺点的基础上产生的。

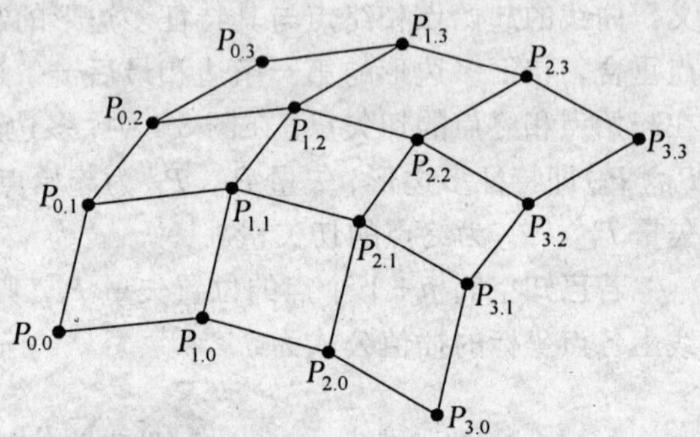

图 8.2　Beizer 曲面的多边形网格

2）B 样条曲线、曲面法

B 样条方法是造型技术的大发展，它是至今唯一统一、通用、有效的标准算法和强有力的配套技术，成为工业产品几何定义国际标准的基础。

B 样条曲线方程表示为：

$$P(u) = \sum_{i=0}^{n} d_i N_{i,k}(u) \tag{8.4}$$

式中：$d_i(i=0, 1, \cdots, n)$——控制顶点；

$N_{i,k}$——调和函数，其计算式如下：

$$N_{i,k}(u) = \frac{(u-t_i)N_{i,k-1}(u)}{t_{i+k}-t_i} + \frac{(t_{i+k+1}-u)N_{i+1,k-1}(u)}{t_{i+k+1}-t_{i+1}} \tag{8.5}$$

式中：t_i——节点，$\boldsymbol{T}=[t_0, t_1, \cdots, t_{n+k+1}]$构成了 K 次（$K+1$）阶 B 样条函数的节点矢量，节点为非减序列。当节点满足 $t_{i+1}-t_i=$常数时，为均匀 B 样条函数；$t_{i+1}-t_i\neq$常数时，为非均匀 B 样条函数。

图 8.3 所示的图形即为由 Q_0，Q_1，Q_2，Q_3 四个控制点构成的二次 B 样条曲线。

B 样条曲线与 Beizer 曲线相比较，其差别为：

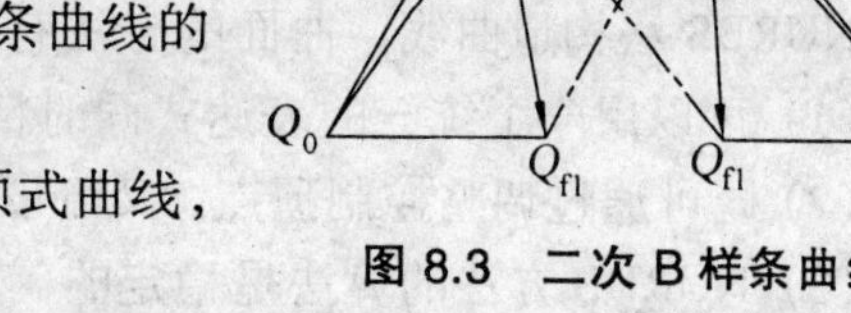

图 8.3　二次 B 样条曲线

(1) 对于 Beizer 曲线，基函数的次数等于控制顶点数减 1。对于 B 样条曲线，基函数的次数 k 与控制顶点无关。

(2) Beizer 曲线的基函数是多项式函数，B 样条曲线的基函数为多项式样条。

(3) Beizer 曲线是一种特殊表示形式的参数多项式曲线，B 样条曲线为一种特殊表示形式的参数样条曲线。

(4) Beizer 曲线缺乏局部性，B 样条曲线具有局部性。

B 样条曲线的性质有以下几点：

(1) B 样条曲线具有局部性。k 次 B 样条曲线上参数为 $u \in [u_i, u_{i+k+1}]$ 的一点 $P(u)$ 至多与 $k+1$ 个控制顶点 $d_j(j=i-k, i-k+1, \cdots, i)$ 有关，与其他控制顶点无关；移动该曲线的 i 个控制顶点 d_i 至多将影响到定义在区间（u_i，u_{i+k+1}）上那部分曲线的形状，对曲线的其余部分不发生影响。

(2) B 样条曲线具有参数连续性。B 样条曲线在每一段内部是无限次可微，在对应节点的曲线段是 $k-r$ 次可微，r 是该节点的重复度。

(3) B 样条曲线具有凸包性。B 样条曲线恒位于它的凸包内。

(4) B 样条曲线具有变差减少性。

(5) B 样条曲线具有磨光性。同一组控制顶点定义的 B 样条曲线，随着次数 k 的升高，越来越光滑。

(6) B 样条曲线具有几何不变性。

因此，B 样条曲线比 Beizer 应用更为广泛。通过 B 样曲线可构造各种 B 样条曲面。为了进一步找到与描述自由型曲线、曲面的 B 样条方法相统一，又能精确表示二次曲线、曲面的数学方法，出现了 NURBS（非均匀有理 B 样条）方法。

3）NURBS 曲线、曲面法

近年来，随着 CAD 技术的发展，NURBS 得到了较快的发展，并且已成为当今自由曲线、曲面描述的基础。

一条 k 次的 NURBS 曲线定义为：

$$P(u)=\frac{\sum_{i=0}^{m} W_i V_i B_{i,k}(u)}{\sum_{i=0}^{n} W_i B_{i,k}(u)}$$

式中：W_i——权因子；

V_i——控制顶点；

$B_{i,k}(u)$——由节点 $U=[u_0, u_1, \cdots, u_{n+k+1}]$ 决定的 k 次（$K+1$）阶 B 样条基函数。

NURBS 曲面的方程表示为：

$$P(u,v)=\frac{\sum_{i=0}^{n}\sum_{j=0}^{m} B_{i,k}(u)B_{j,l}(v)W_{i,j}V_{i,j}}{\sum_{i=0}^{n}\sum_{j=0}^{m} B_{i,k}(u)B_{j,l}(v)W_{i,j}} \tag{8.6}$$

式中：$V_{i,j}$——控制顶点；

$W_{i,j}$——权因子；

$B_{i,k}(u)$，$B_{j,l}(v)$——沿 u 向的 k 次和沿 v 向的 l 次 B 样条基函数。

NURBS 法构造曲线、曲面的方法有以下特点：

（1）可以用一个统一的表达式同时精确表示标准的解析形体和自由曲面。

（2）既可通过调整控制顶点，又可以修改权因子来改变曲面形状，使曲面编辑更加灵活。

（3）NURBS 方法的算法是稳定的。

（4）NURBS 曲面在缩小、旋转、平移、剪变、平行和透视投影等线性变换下具有几何不变性。

（5）具备完善的诸如节点插入与删除、节点加密、升阶、分割等几何计算工具。

（6）定义解析曲线、曲面时，需要额外的存储空间。

（7）设计人员必须具备较高的理论水平才可以恰当调整曲线、曲面的空间形状。

NURBS 方法已经得到广泛的发展，应用到商业化的几何建模软件中，但 NURBS 方法依然存在一些值得改进的方面：

（1）存储空间大。比如，一个空间的圆用 NURBS 方法要 38 个数据，而在解析几何形式下只要存储 6 个数据。

（2）点和导数的求值需要数字式强化。

（3）一些基本的算法趋向不稳定性。

（4）几何元素的参数化较难控制。

8.2.2　三维表达在计算机存储中的数据结构

产品的三维表达就是按照一定的方法，通过一定的输入手段将产品的几何、物理信息记录在计算机的数据库中，以便计算机控制、计算和处理，产品数据在计算机中是按一定的规则组织在一起的。这种在一定的规则约束下的产品数据的组织形式就是产品的三维表达模型的数据结构。

1）信息的形式

通常三维模型的数据主要包括图形信息（几何信息和拓扑信息）和非图形信息（颜色、表面状况和物理属性等）等内容。在现行的设计系统中，由于普遍采用参数化和变量化技术，模型数据还须记录相关信息之间的关联关系、层次关系、建立的历史关系等数据。这些信息可以分为两大类：

（1）三维表达中的几何信息。

三维形体的几何信息是指有关形体的点、线、面在欧式空间中的位置、大小和方向等几何数据。几何信息的移动、旋转、比例缩放和投影变换通过矩阵运算获得。

（2）三维表达中的拓扑信息。

三维形体的拓扑信息是指形体中点、线、面之间的连接、邻近和边界关系。这三种元素之间共形成九种拓扑关系。形体的拓扑信息和几何信息是相互关联的，不同的拓扑关系往往需要不同的几何信息；同时每一种拓扑关系都可以由其他一种拓扑关系经过运算导出，从而达到改变拓扑信息的目的。

2）信息的存储

三维模型在计算机中通常有几种形式存在：线框模型、表面模型和实体模型等。

（1）线框模型。

线框模型的表达只需包罗形体的顶点和边界，在计算机中存储顶点表和边表就可以建立形体的线框模型了。这使得线框模型数据结构简单、计算量小，但不能解决求交、消隐问题，不能计算物理参数（如重量和惯性矩等）。

线框模型在计算机内部是以边表和点表来表达和存储的，实际物体是边表和点表相应的三维映像。图 8.4 是用三维线框描述的一个正方体模型，图中正方体的 8 个顶点 $V_1 \sim V_8$ 和 12 条棱线 $e_1 \sim e_{12}$，分别记录了正方体的各顶点坐标值和每条棱线所连接的两个顶点。由此可见三维物体可以用它的全部顶点及边的集合来描述，线框一词由此而得名。

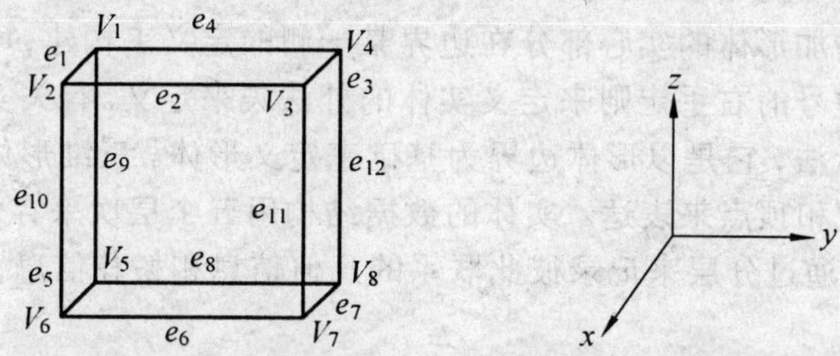

图 8.4　线框模型的顶点、棱边表示和数据结构

如果以顶点 V_5 为直角坐标原点，正方体的边长为 1，则正方体线框模型的 8 个顶点坐标值如表 8.1 所示。

表 8.1　正方体模型顶点的坐标值

顶　点	坐标值		
	x	y	z
V_1	0	0	1
V_2	1	0	1
V_3	1	1	1
V_4	0	1	1
V_5	0	0	0
V_6	1	0	0
V_7	1	1	0
V_8	0	1	0

线框模型的特点是：描述物体三维信息的数据结构简单，表达物体轮廓信息清晰，占用计算机的内存空间和 CPU 计算时间少，交互功能强，它主要用于产品设计中的草图绘制、结构方案设计，是曲面建模和实体建模的基础。

（2）表面模型。

表面模型是在线框模型中增加由封闭线（此时称为边界或棱线）构成的面的信息即可。它可以用以下两种表结构来定义。

① 顶点表、边表、面表结构。

其中面表用来存放围成多边形表面的边编号。

② 顶点表、面表、环表单链结构。

它是在线框模型的基础上增加一些指针，使棱线有序连接，从而得到面的信息。其中，面表用来存放围成各多边形表面的顶点数，环表用来存放各多边形表面的顶点编号。表面模型由于明确定义形体的各个边界表面，所以可以处理求交、剖切和消隐问题，但存在几何表达的二义性。

（3）实体模型。

实体模型是在增加形体的实心部分在边界某一侧的定义来构建，可以在线框模型的表结构中增加以有序边号的右手定则来定义实体的外法矢来定义。有关实体模型的表达方法较典型的是边界表示法，它是以形体边界为基础来定义形体。三维形体的实体模型可以用围成立体的表面、边和顶点来表达。实体的数据结构用五个层次来存储：体表、面表、环表、边表和顶点表。通过分层来记录彼此联系的几何信息和拓扑信息，从而建立有效的数据结构。

双链表翼边结构是在 1972 年美国 Stanford 大学 B. G. Baumgart 等人提出的可以有效地表示和改变几何体拓扑关系的方法，现在已经成为边界表示法最常用的数据结构。

翼边结构如图 8.5 所示，此种结构着眼于多面体的边，以边为核心联系面和顶点。当从形体外面观察一条边时：边有始点（V_s）和终点（V_e），以及左右两邻面左环（L_{pl}）和右环（L_{pr}）和与两顶点相邻的 4 条边（e_{le}，e_{ls}，e_{re}，e_{rs}）。对于每一条边需要存储与它有关的拓扑信息为 2 个顶点，4 条边和 2 个面共 8 个拓扑元素。通过翼边结构可以从一已知边出发有规律地找出该形体所有的面、边和顶点。翼边结构的有关信息在计算机中可用双链表存储格式，其中每个形体的有关信息可采用体表、面表、环表、边表和顶点表五个层次的双链表存储格式。

与三维表达在计算机存储中的数据结构相对应的 CAD 建模方法有三种：线框建模、曲面建模、实体建模。另外还有一种建模方式为特征建模。

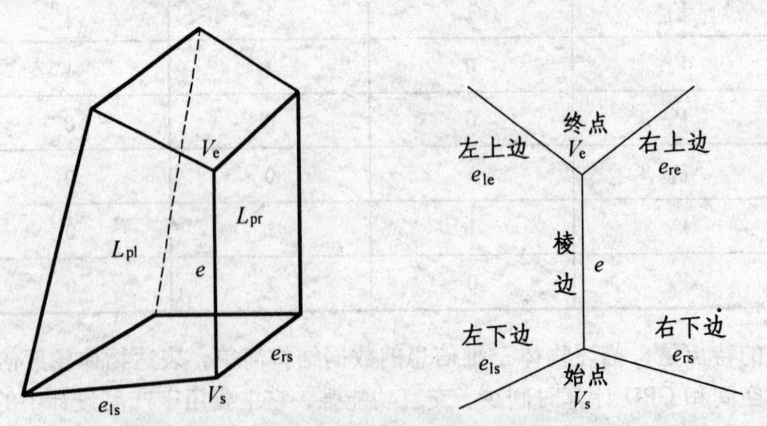

图 8.5　翼边结构

8.3　线框建模

线框造型是 CAD 技术发展过程中最早应用的三维模型，这种模型表示的是物体的棱边。线框模型由物体上的点、直线和曲线组成。这种模型的开发始于 20 世纪 60 年代初期，当时主要是为了自动化设计绘图，初期的线框模型仅仅是二维的，用户需要逐点、逐线地构造模型，目的是用计算机进行产品的零部件设计。由于图形几何理论的发展，后来在二维线框模型的基础上发展了三维线框模型，构造三维模型的第一步是引入三维结构，仍限于与二维同样的点、直线和曲线，但模型有了深度，可以做三维的平移、旋转；且能产生出立体感。

在线框造型的过程中，首先根据设计的需要输入点的坐标值，计算机根据输入的坐标值实时地将点显示出来，然后将点用直线或曲线连接起来，即构成了三维线框模型。

图 8.6 是某小型车前壁板内覆盖件的线框和 B 级曲面模型，图中的线框模型用简洁的线条描述了复杂的零件结构。在汽车、飞机、船舶等新产品的设计中，大量采用线框模型来进行新产品的构思和初步结构设计，待设计方案确定后，再在线框模型基础上进行曲面或实体造型，完成最终的产品结构详细设计。

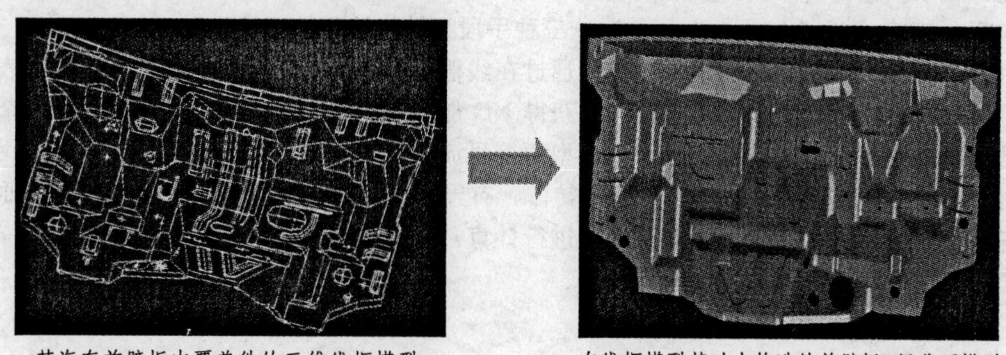
某汽车前壁板内覆盖件的三维线框模型　　在线框模型基础上构造的前壁板B级曲面模型

图 8.6　某汽车前壁板内覆盖件线框模型和 B 级曲面模型

线框建模的主要优点如下：

(1) 能够简洁明了地反映物体的轮廓，易于理解掌握。

(2) 数据结构简单，占用计算机空间少，对硬件的要求不高。在实际的造型中，通常都将曲面模型或实体模型转变为线框模型后进行操作，这样不仅看得清楚，而且能够方便快捷地进行拖动、旋转等操作。

(3) 在数据标准转换中不易失真和丢失。为了在数据转换中保证数据的完整性，有时将线框模型与曲面模型或者实体模型同时进行转换。对于有的曲面模型或者实体模型在异构的 CAD/CAM 系统之间不能进行转换，时常将其线框取出来进行转换，然后在另一系统中再用相应的造型方法恢复。

(4) 它是表面造型和实体造型的基础，曲面和实体造型一般都要首先建立物体的基本轮廓线。

但线框建模也存在如下缺点：

(1) 线框模型仅定义出物体的轮廓，没有表示出物体的表面和内部形态，所以不能为物体添加面积、体积、重量、惯性矩等几何属性，不能用于 CAE 分析，不能满足表面特性的组合以及数控加工的要求。

(2) 它提供给人的视图信息少，当线框复杂时，轮廓线随视图的变化而变化，极易产生视图歧义。

(3) 因其没有面或体的信息，所以不能用光照的方法来显示物体，更谈不上面和体的质量检查。

由于线框模型的缺点，实践上要求更完善的表达方式。

8.4 曲面建模

曲面造型 (Surface Modeling) 是计算机辅助几何设计 (Computer Aided Geometric Design, CAGD) 和计算机图形学 (Computer Graphics) 的一项重要内容，主要研究在计算机图像系统的环境下对曲面的表示、设计、显示和分析。它起源于汽车、飞机、船舶、叶轮等的外形放样工艺，由 Coons，Bezier 等大师于 20 世纪 60 年代奠定其理论基础。如今经过 30 多年的发展，曲面造型现在已形成了以有理 B 样条曲面 (Rational B-spline Surface) 参数化特征设计和隐式代数曲面(Implicit Algebraic Surface)表示这两类方法为主体，以插值(Interpolation)、拟合 (Fitting)、逼近 (Approximation) 这三种手段为骨架的几何理论体系。

曲面造型又叫表面造型。表面造型是通过在线框模型的基础上添加面的信息，利用表面模型，就可以对物体作剖面、消隐操作，获得 NC 加工所需的表面信息等。对于一些复杂的物体表面，如汽车车身、飞机机身、模具型面等呈流线型自由曲面（自由曲面是指不能用基本立体要素——棱柱、棱锥、球、一般回转体、有界平面等——描述的呈自然形状的曲面），必须根据空间自由曲线和自由曲面的理论进行计算。

8.4.1 曲面建模的方法

1) 直纹面

给定两条形状相似的 NURBS 曲线，两者有相同的阶次和相同的节点矢量，将两条曲线上参数相同的对应点用直线相连，便构成了直纹面。其造型原理如图 8.7 所示。

直纹面可以看做是对两条已知边界曲线的线性插值，它的造型特点是根据实际曲面的要求生成直纹方向的等参数曲线。因此在进行曲面造型前要对选定的两条曲线进行参数分析，若两条曲线的参数分布不对等，则必须对其重新参数化或通过升降阶来使其参数分布相同。其中参数化分为自然参数化和弧长参数化。

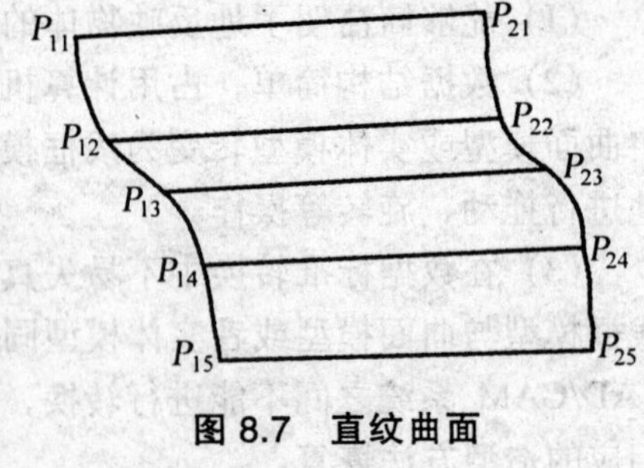

图 8.7 直纹曲面

自然参数化法是使曲线的参数与组成曲线的基本线段数目成正比。曲线起始点的参数值为 0，终点的参数值为组成该曲线基本线段的数目。当具有相同线段数目的两组合曲线生成直纹面时，就用此方法处理，可使生成曲面的 V 向等参线与两组合曲线的相应弧段结点的连线相匹配，以满足曲面造型的需要。

弧长参数化法主要用于具有不同基本线段数目的两组合曲线构成直纹面的造型，使两组合曲线的两端点的参数值相等。在实际的处理中将曲线的起始点的参数值定为 0，终点的参数值为 1，整条曲线的参数值变化范围从 0 到 1，这样就把两条任意线段数目的曲线转化为彼此相匹配的参数曲线，进而满足直纹面造型的要求。

对于低精度要求的曲面造型，可以在两条原始曲线上取相同数目的点，然后删除两条原始曲线，重新拟合两条曲线进行造型。

2）扫描曲面

扫描曲面在曲面造型中应用很广泛。它是发生母线沿导向控制线运动而生成的曲面。根据扫描方向，可分为平行扫描、旋转扫描等。

平行扫描是指发生曲线沿导线扫描时其所在平面彼此平行，这种造型方法主要运用于所给出的曲线相互平行或实际要求剖面线相互平行的造型中，如图 8.8 所示。

旋转扫描是指发生母线绕某一轴线旋转来定义新物体，如图 8.9 所示。

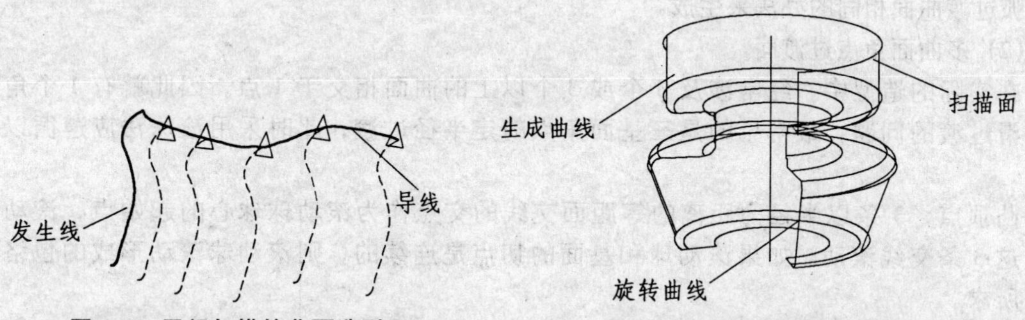

图 8.8　平行扫描的曲面造型　　**图 8.9　旋转扫描的曲面造型**

在选择扫描曲面造型时，要根据实际需要选用扫描方式，分析构成曲面的曲线之间的相互关系，发生母线和方向控制线。方向控制线要求平滑，不能有尖点，否则要对它进行重新拟合。在用扫描造型时，还可以用给定的曲线作为扫描终止边界。

3）蒙皮面

蒙皮面造型就是采用一定的控制手段使曲面通过一组有序截面曲线的造型方法，如图 8.10 所示。在采用该方法进行造型时，为了得到较高质量的曲面，要求截面线分布尽量均匀，而且截面线的属性尽量保持一致，同时还要注意截面线的有序性。

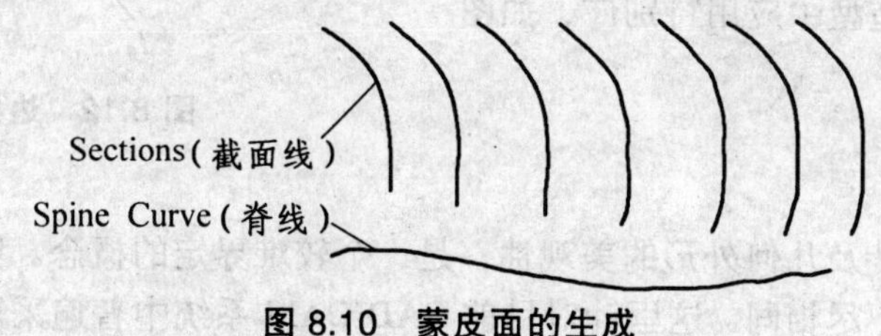

图 8.10　蒙皮面的生成

4）过渡曲面

过渡曲面是指在两个或多个曲面之间采用圆弧过渡而生成的曲面。两曲面之间的曲面过渡可分为定半径圆弧过渡和变半径圆弧过渡两种方式。

（1）两曲面的圆弧过渡。

定半径圆弧过渡曲面：在相邻两曲面之间用给定半径的、与两曲面相切的滚动球的包络面作为过渡面，替代两曲面的尖角部分。可以通过计算滚动球的圆心轨迹，通过求解基曲面与等距面交线的微分方程来计算出滚动球与基曲面的切交点，如图 8.11 所示。

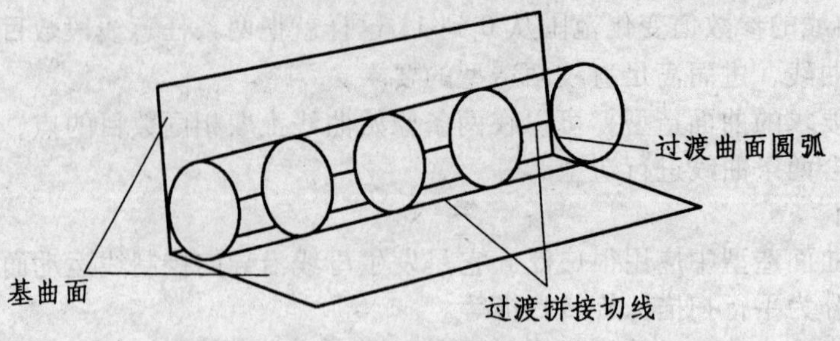

图 8.11 定半径过渡曲面

变半径圆弧过渡曲面：用所给的半径变化曲线作为滚动球半径变化的依据，采用与定半径圆弧过渡曲面相同的办法来生成。

(2) 多曲面角点过渡面。

在实际的造型中，经常涉及 3 个或 3 个以上的曲面相交于 1 点，因此就有 1 个角点处光滑过渡的问题，最常见的是三基面角点的定半径过渡，此时采用滚球法应遵循以下法则：

凸顶点：3 条以半径为距离的等距面交线的交点作为滚动球球心的起始点，滚动球心沿这 3 条交线滚动。如果滚动球和基面的切点是连续的，则滚动球滚动形成的包络面即为所求。

凸-凹顶点：由 1 条凹边与 2 条凸边或 1 条凸边与 2 条凹边生成。球首先沿唯一的凹边（凸边）滚动，此时只存在 2 个面，一个是凹（凸）边面与球包络面拼合而成，另一个是还没有处理的那个面，凸（凹）边此时合二为一。然后沿凸（凹）边滚动，即可得到过渡面。

5）边界曲面

以封闭的三边或四边作为边界而生成的曲面，通常用于已知曲面边界的情况。在实际的造型中，首先要对构成曲面的边界线进行阶数和段数分析，有时还要对曲线进行拟合以及拼接。这种造型方法在造型中应用特别广，如图 8.12 所示。

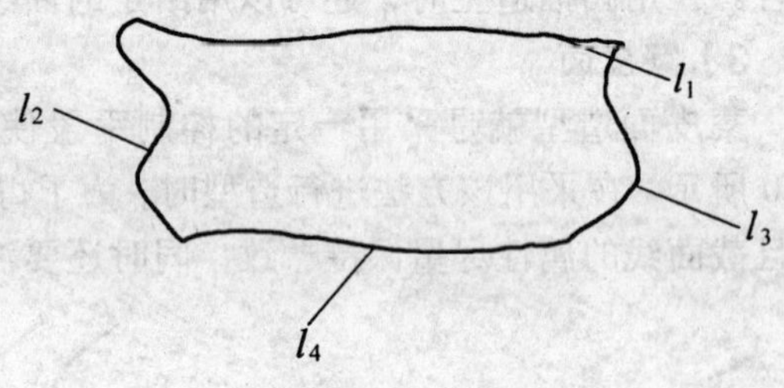

图 8.12 边界曲面

8.4.2 曲面光顺

曲面的光顺问题涉及几何外形的美观性，是一个较难界定的概念。同时针对不同的实际问题其衡量的标准也不尽相同。这里针对目前 CAD/CAM 系统中普遍采用 B 样条曲线、曲面给出一个实用几何评估的准则。

1）曲线、曲面的光顺准则

(1) 曲线的光顺准则。曲线的光顺准则包含下面三个方面：

① 二阶光滑性。二阶光滑性包含两个方面的内容：

a. 曲线的曲率连续。一般参数曲线 $r=r(t)$，曲率 k 的计算公式为：

$$k=\frac{|r'\times r''|}{|r'|^3} \tag{8.7}$$

两曲线段曲率连续应满足如下条件：(a) 位置连续；(b) 斜率连续；(c) 曲率相等且主法线方向一致。

b. 低次样条曲线在节点处曲率可能发生跳跃，这时要求其节点处左、右曲率差的跃度和尽可能地小于某一极小值。如式 (8.8) 所示：

$$\sum\left|k(t^{+})-k(t^{-})\right|<\varepsilon \tag{8.8}$$

② 曲线的曲率变化均匀。

曲率骤增或骤降时会造成曲线的不光顺。此时必须增加保证曲线的曲率变化比较均匀的条件。

③ 曲线的挠率变化均匀。

曲线在一点的挠率等于副法矢或密切面对弧长的转动率。对于平面曲线，因为密切面即为曲线所在平面，所以挠率 $\tau\equiv 0$。对于一般参数曲线 $r=r(t)$，挠率 τ 的表达式如式 (8.9) 所示：

$$\tau=\frac{(r', r'', r''')}{\left|r'\times r''\right|^{2}} \tag{8.9}$$

(2) 曲面的光顺准则。

曲面的光顺是一个较复杂的问题。曲面的光顺通常是检验曲面上 u，v 方向的参数曲线（如曲面与一组等间隔的平行平面的相交截面线、曲面形成时的网格线等关键曲线）的光顺性以及曲面的主曲率、高斯曲率（Gaussian Curvature）等变化的均匀性。曲面光顺准则包含下面 5 个方面的内容：

① 曲面的 u，v 等参数曲线达到光顺。

设曲面方程为：

$$P=P(u,\ v) \tag{8.10}$$

曲面的范围常用 2 个参数的变化区间所表示的 UV 参数平面上的一个矩形区域 $u_1\leqslant u\leqslant u_2$，$v_1\leqslant v\leqslant v_2$ 给出。给定一个具体的曲面方程，称之为给定了一个曲面的参数化。它既决定了所表示的曲面的形状，也决定了该曲面上的点与其参数区域内的点的一种对应关系。如果固定其中一个参数，如 $u=u_0$，$P(u_0,\ v)$ 则成为单一参数 v 的矢函数，它表示曲面上 1 条以 v 为参数的曲线，简称 v 线。同样，$P(u,\ v_0)$ 表示曲面上的 1 条 u 线。因此，曲面上存在 2 族 u 线和 v 线，叫做曲面的等参数线（Iso-parametric Line）。曲面光顺，其 u，v 曲线必须是光顺的。

② 构造曲面时的网格线达到光顺。

③ 曲面与某一组等间隔且平行的平面的相交截面线达到光顺。

④ 曲面的高斯曲率（Gaussian Curvature）变化均匀。

高斯曲率又叫全曲率，是主曲率 k_1 和 k_2 的乘积。即

$$k=k_1\times k_2 \tag{8.11}$$

⑤ 二次曲面的主曲率在节点处的左、右曲率差的跃度和尽量小。

以上曲线、曲面的光顺准则是针对目前 CAD/CAM 的发展现状给出的概括，光顺有较严格的数学定义的参数连续性和几何连续性，连续情况可以用 G 来表示，$G0$ 对应 position，它

表示两个曲线或曲面之间达到位置上的连接，即公共边界，但是没有光滑连续的特性；*G*1对应 tangent，即两个线或面之间不仅具有公共边界，还具有相同的跨界切矢；*G*2 对应 curvature，即两曲面具有相同的跨界曲矢，或者说两个曲线或曲面交界点的曲率一致。另外，光顺也注重审美学、加工制造、力学性能等功能性要求。

2）曲线、曲面的光顺处理方法

随着 CAD/CAM 技术的不断发展，目前大部分 CAD/CAM 系统都采用了参数 B 样条曲线和曲面技术。在 CAD/CAM 系统中最常用的方法便是通过导入或创建的型值点拟合或插值来构造曲线、曲面。因此，造成曲线、曲面不光顺的主要原因有以下几种：

(1) 型值点的空间排列是不合理、不光顺的，因而导致曲线、曲面的不光顺。

(2) 型值点的空间排列是合理、光顺的，但由于在参数化时方法选取的不合理而导致曲线、曲面的不光顺。

(3) 型值点的空间排列是合理的、光顺的，但由于曲线、曲面的构造方法或采用的曲线、曲面的表达形式不合理，最终导致曲线、曲面的不光顺。

针对以上造成曲线、曲面不光顺的原因，可以采用下面的方法使其达到光顺：

(1) 曲线的光顺处理方法。

① 通过适当调整曲线型值点或控制点的空间位置来达到光顺曲线的目的。

根据每次修改的点数的多寡又将此方法分为局部光顺法和整体光顺法两种。如果每次仅修改少量的型值点或控制点，则称之为局部光顺法；如果每次修改全部的型值点或控制点，则称之为整体光顺法。

如果曲线的几何外形在大多数型值点处是光顺的或比较光顺的，那么就可以通过修改少量的型值点的空间分布达到使曲线光顺的目的。把那些导致曲线不光顺的型值点称之为“瑕点”，此时，光顺曲线的过程也就是判别“瑕点”和修改“瑕点”的过程。

通常是根据光顺准则建立相应“瑕点”的判断准则，将此判断准则集成到 CAD/CAM 系统中去，由程序自动判断并指出哪些是“瑕点”，最后将结果反馈给设计者。但此种自动方式在实际不同的问题面前存在局限性，所以在实际中要结合人工交互的方式同时进行。

假定曲线是通过给定的空间型值点插值形成的。则该曲线的“瑕点”的判断准则是：

a. 致使曲率不连续的型值点。

b. 致使曲率符号序列连续变号的点。

c. 多余的拐点。

d. 对于样条曲线的阶次大于 3 的空间曲线其挠率不连续点。

e. 致使挠率符号序列连续变号的点。

f. 曲率大于为避免实际加工困难而限定的某一值的所谓“尖点”。

g. 挠率的绝对值大于给定的某一值的点。

h. 剪力跃度太大的点。

在自动和人工相结合的方法得出“瑕点”后，针对某一点具体造成曲线不光顺的原因对其进行修正。通过判别、修正“瑕点”来光顺曲线的局部光顺法具有局部性、速度快和修正力度大的特点。但当曲线中出现的“瑕点”较多而且连续出现时，光顺的效果通常不是很理想，此时，应该采用整体光顺法来达到光顺目的。

整体光顺空间曲线通常是将所有控制顶点作为未知量，利用能量法或最小二乘法等将光顺问题转化为最优化问题进行求解。能量法通过以样条的应变能作为目标函数，光顺的目的是使该样条的应变能最小；最小二乘法则采用样条的剪力跃度的平方和作为目标函数，光顺的目的是使该样条的剪力跃度的平方和最小。由于应变能与曲线的绝对曲率相关联，因此应变能法会使曲线的曲率变小，导致光顺的曲线都将趋于向直线变化，并不能使曲线的曲率变化均匀。而剪力跃度的平方和与曲线的曲率变化相关联，因此最小二乘法可以使曲线的曲率变化均匀化。能量法和最小二乘法的比较情况如表 8.2 所示。

表 8.2　能量法和最小二乘法的比较

差异 \ 方法	能量法	最小二乘法
目标函数	应变能	剪力跃度的平方和
关联要素	曲线的绝对曲率	曲线的曲率变化
光顺结果	曲线的曲率变小，趋于向直线变化	曲线的曲率变化均匀化

在工程实际中，通常并非孤立的光顺某一条曲线，曲线经常是作为几何造型中的其中一种几何元素存在着。所以，光顺的经常是附加着一些约束条件的曲线。这些约束条件大致有：光顺中一些关键型值点必须保持位置不变，曲线的起始、终止点位置及切矢为了与相邻曲线光滑连接而保持不变等。此时应通过能量法对其进行光顺。

② 通过采用合理的参数化方法来达到光顺曲线的目的。

光顺曲线的参数化方法通常有：均匀参数化法、积累弦长参数化法、向心参数化法、修正弦长参数化法。

设参数多项式曲线方程为：

$$P(u)=\sum_{j=0}^{n}a_j u^j \tag{8.12}$$

式中：a_j——系数矢量。

a. 均匀参数化法。

使每个节点区间长度 $\Delta p_i=u_{i+1}-u_i=\text{const}$（常数），$i=0,\ 1,\ \cdots,\ n$，也就是节点在参数轴上呈等距分布。这种参数化法仅适合数据点多边形各边接近相等的情况。否则，在相邻段弦长相差悬殊的时候，弦长较短的曲线段曲率较大而弦长较长的曲线段的曲率较小，很容易在弦长较短的部分出现尖点或自相交的二重点。

b. 积累弦长参数化法。

$$u_0=0,\quad u_i=u_{i-1}+|\Delta p_{i-1}|\quad i=1,\ 2,\ \cdots,\ n$$

式中：Δp_k——向前差分矢量，$\Delta p_k=p_{k+1}-p_k$ 即弦线矢量。

这种参数化法如实反映了数据点按弦长的分布情况，克服了数据点按弦长分布不均情况下采用均匀参数化时的尖点和自交问题。均匀参数化法和积累弦长参数化法比较如图 8.13 所示。

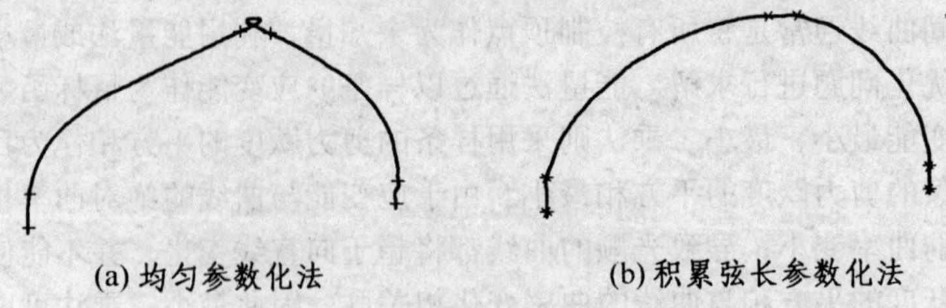

(a) 均匀参数化法　　(b) 积累弦长参数化法

图 8.13　均匀参数化法和积累弦长参数化法比较

c. 向心参数化法。

$$u_0=0\text{，}\ u_i=u_{i-1}+\left|\Delta p_{i+1}\right|^{1/2}\text{，}\ i=1\text{，}2\text{，}\cdots\text{，}n$$

它克服了积累弦长参数化法并不总能保证生成光顺的插值曲线，考虑了数据点相邻弦线的折拐的情况。它是在假设在一段曲线弧上的向心力与曲线的切矢从该弧段始端至末端的转角成正比的基础上推导出的。

d. 修正弦长参数化法。

$$u_0=0\text{，}\ u_i=u_{i-1}+k_i\left|\Delta p_{i-1}\right|\text{，}\ i=1\text{，}2\text{，}\cdots\text{，}n$$

式中：

$$k_i=1+\frac{3}{2}\left(\frac{\left|\Delta p_{i-2}\right|\theta_{i-1}}{\left|\Delta p_{i-2}\right|+\left|\Delta p_{i-1}\right|}+\frac{\left|\Delta p_i\right|\theta_i}{\left|\Delta p_{i-1}\right|+\left|\Delta p_i\right|}\right)\qquad \theta_i=\min\left(\pi-\angle p_{i-1}p_i p_{i+1}\right)$$

这种参数化法在实际弦长较短的情况下比向心参数化法更接近实际弧长，同时向心弦长的加速度得到降低。利用此法可以获得光顺性能较好的曲线。向心参数化法和修正弦长参数化法比较如图 8.14 所示。

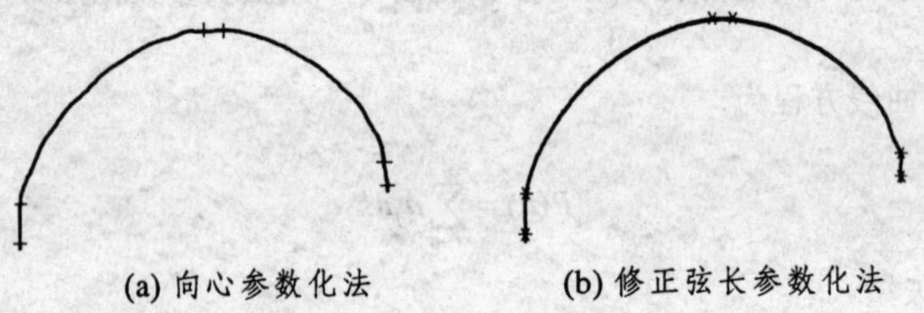

(a) 向心参数化法　　(b) 修正弦长参数化法

图 8.14　向心参数化法和修正弦长参数化法比较

③ 通过采用合理的曲线的生成和表达方法来达到曲线光顺的目的。

当曲线的某一段出现极不光顺时，可以通过删除该段不光顺曲线，然后通过桥接产生的几何连续的样条代替原来的参数连续的样条来增加曲线生成的自由度，最后通过约束曲线的形状控制参数，使插值曲线光顺。

以上是曲线光顺的处理方法。在工程实践中往往要综合采用几种方法来生成光顺的曲线，同时尽量利用现行 CAD/CAM 系统提供的一些手段来提高曲线光顺的效率。

（2）曲面的光顺处理方法。

由于样条曲面具有大量的控制顶点，所以曲面的光顺较之于曲线的光顺复杂得多，它通常是一个不断反复的过程。对曲面的光顺大致有三种方法：

① 将对曲面的光顺转化为对生成曲面的网格曲线或曲面的 u，v 方向参数曲线的光顺，

然后重构曲面。但由于在曲面构造过程中，经纬网格线必须小于一定的相交误差范围，因此需对网格曲线进行反复多次迭代。

② 在一些仅反映几何体的局部特征的曲面的构造中，可以通过曲面间的桥接、曲面间的圆角、曲面的延拓等方法来生成光顺的曲面。

③ 根据曲面特有的一些几何元素对曲面进行光顺处理，而不仅仅考虑曲面的网格线。

具体进行曲面光顺的算法有以下几种：

① 采用能量法光顺曲面。

能量法的原理是将对曲面的光顺转化为最优化问题进行处理的一种方法。它是以曲面的能量函数为目标函数，基于将曲面的整体的能量在满足一定的条件约束下达到最小的算法进行求解。能量法通过最小化过程来修改控制顶点，不改变控制顶点的数量，其求解需解算庞大的方程组，所以其应用范围和运行速度受控制顶点的数量的限制。此方法的关键是能量函数的选取，因为能量函数的选取将直接影响曲面的光顺性和几何合理性。针对不同的实际问题和满足不同的几何意义的情况，可选取使曲面趋于平直或圆滑的能量函数。

设给定双三次 B 样条曲面：

$$S_0(u,v)=\sum_{i=0}^{n+2}\sum_{j=0}^{m+2}V_{ij}^0B_{ip}(u)B_{jq}(v)\qquad u_3\leqslant u\leqslant u_{n+3},v_3\leqslant v\leqslant v_{m+3}$$

式中：p，q——曲面沿 u 向和 v 向的幂次，设 $p=q=3$；

$B_{ip}(u)$，$B_{jq}(v)$ —— 由节点矢量 $U=[0=u_0=u_1=u_2=u_3,u_4,\cdots,u_{n+2},u_{n+3}=u_{n+4}=u_{n+5}=u_{n+6}=1]$ 和 $V=[0=v_0=v_1=v_2=v_3,v_4,\cdots,v_{n+2},v_{n+3}=v_{n+4}=v_{n+5}=v_{n+6}=1]$ 定义的 B 样条基函数；

$V_{ij}^0(i=0，1，\cdots，n+2；j=0，1，\cdots，m+2)$ ——光顺前曲面的控制顶点。

光顺后的曲面为：

$$S(u,v)=\sum_{i=0}^{n+2}\sum_{j=0}^{m+2}V_{ij}B_{ip}(u)B_{jq}(v)\qquad u_3\leqslant u\leqslant u_{n+3},v_3\leqslant v\leqslant v_{m+3}$$

式中：$V_{ij}^0(i=0，1，\cdots，n+2；j=0，1，\cdots，m+2)$ ——光顺后曲面的控制顶点；

p，q，$B_{ip}(u)$，$B_{jq}(v)$ 定义同上。

曲面 $S(u，v)$ 沿 u 向和 v 向网格线的能量分别为：

$$E_S^u=\sum_{i=3}^{n+3}\int k[S(u,v)]^2\left\|S_v(u_i,v)\right\|\mathrm{d}v\qquad E_S^v=\sum_{j=3}^{m+3}\int k[S(u,v)]^2\left\|S_u(u,v_j)\right\|\mathrm{d}u$$

式中：$k[S(u_i，v)]$，$k[S(u，v_j)]$ ——等参数线 $S(u_i，v)$ 和 $S(u，v_j)$ 的曲率。

网格线的总能量为：

$$E_S=E_S^u+E_S^v$$

曲面光顺的网格能量法就是在约束条件 $D=\sum_{i=0}^{n+2}\sum_{j=0}^{m+2}\left(V_{ij}-V_{ij}^0\right)^2<\varepsilon$ 下使 E_S 达到极小。

② 利用小波分解原理光顺曲面。

近年来，小波分析在计算机图形学中获得了日益广泛的应用，利用小波分解来编辑、光顺曲面已应用于实践。其原理是通过小波分解后，尽可能地剔除原曲面的高频部分，使光顺后的逼近曲面比较好地保留原曲面的低频部分，因此也就较好地保持了曲面的总体形态。而且利用小波分解进行光顺，可以减少曲面的控制顶点的个数；同时它对控制顶点的数量不敏感，对存在大量的控制顶点的曲面特别有效。

在工程实践中，往往遇到的是由多张样条曲面拼接成的组合曲面，此时，可以通过对单张曲面进行有如与相邻曲面在边界达到一阶或二阶连续等约束条件的光顺。

3）曲线、曲面的光顺性分析

曲线、曲面的光顺与否不借助一定的工具很难直接反映出来。现行的 CAD/CAM 系统（如 UG 软件）中都提供了一定的可视化手段方便人们分辨曲线、曲面的光顺性。这种借助计算机进行曲线、曲面的光顺性分析，对设计更好的产品十分重要。

(1) 曲线的光顺性分析。

对于曲线来说，方法比较简单。通常的分析手段有以下几种：

① 显示构造样条曲线的控制多边形和对应的控制顶点。

② 画出曲线的曲率随弧长变化的曲率图。

③ 在原曲线上画出表征曲率半径的矢量刷图。

④ 在原曲线上显示极值点和最值点。

⑤ 画出挠率随弧长变化的挠率图。

图 8.15 为用曲率刷和电子表格对曲线进行光顺性分析。

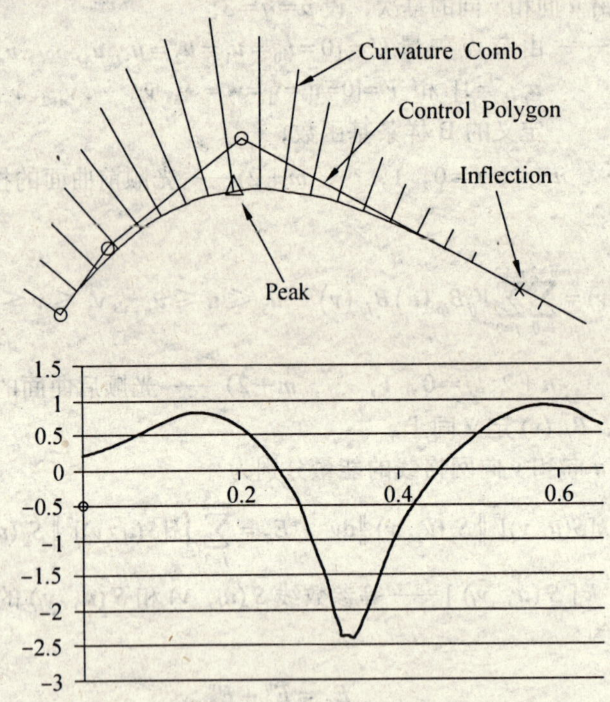

图 8.15　曲线的光顺性分析：曲率刷和电子表格

(2) 曲面的光顺性分析。

曲面的光顺性分析比较复杂一些，其方法大体可分为以下三种：

① 基于曲率的分析方法。

曲率是曲面几何属性中的重要内容，而且曲面的曲率与曲面的机械加工制造密切相关，所以曲率分析是曲面光顺性分析的重要组成部分。利用曲率进行曲面的光顺性分析有以下几种方法：

a. 曲率的颜色映射曲率云图。

该曲率云图把曲面的每一点处的曲率值用可区别的颜色和亮度直观地表示出来，并提供不同颜色所对应的曲率值线性柱状对照表。所以可以根据曲率云图的颜色信息较直观地看出曲面的曲率分布情况，进而得到曲面的总体信息。一般可提供云图的曲率主要有：反映曲面在某一点的最小法曲率和最大法曲率（即两主曲率）、平均曲率、高斯曲率和绝对曲率等几种。图 8.16 为曲面的高斯半径曲率云图分析。

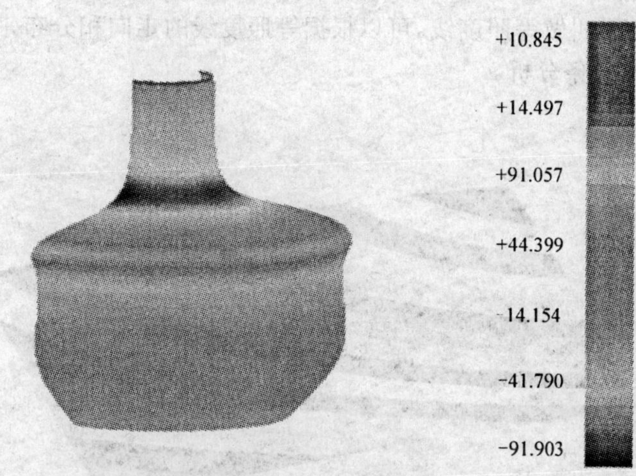

图 8.16　曲面的高斯半径曲率云图分析

b. 绘制等曲率线。

把曲面上具有相同曲率（如高斯曲率）的点连接成的线，称之为等曲率线。它同样可以反映出曲面的总体曲率的分布信息。

c. 绘制反映曲面每一点处曲率的矢量刷图。

在曲面的每一点处，以曲面的法矢为方向，以该点曲面的曲率（如高斯曲率）半径为长度绘制可反映曲面曲率变化情况的矢量刷图。图 8.17 为曲面曲率的矢量刷图分析。

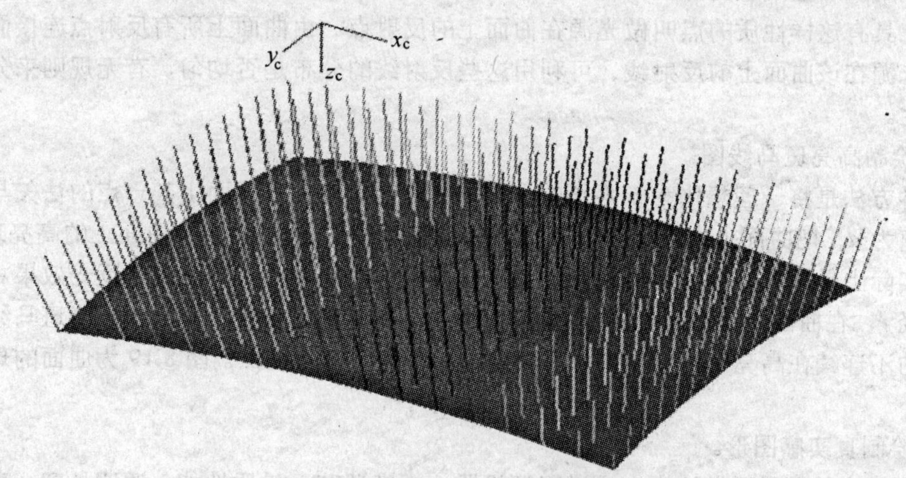

图 8.17　曲面曲率的矢量刷图分析

② 基于曲面的光照模型的方法。

如今某些工业产品的外形乃至细微局部的光顺性的要求十分高，但由于计算机的屏幕和分辨率的限制，很难对其光顺性进行正确的判断。特别是一些产品如汽车、船舶、飞机等的外覆盖件，尺寸大、要求高，仅仅利用曲率云图或等曲率线等方法已难满足曲面分析的要求。基于曲面的光照模型的分析方法正是提供了一种比较直观、与工程人员利用平行光束来分析曲面光顺性的习惯作法相接近的分析方法。它主要有以下几种方式：

a. 绘制等照度线图。

照度是平行光源的单位方向与曲面某一点处的法矢两向量的内积。将曲面上具有相等的照度的点连接而成的线叫做等照度线。可以根据等照度线的走向和分布来分析曲面的光顺性。图 8.18 为曲面的光照彩条分析。

图 8.18 曲面的光照彩条分析

b. 绘制反射线图。

反射线是一组平行光线在曲面上的投影，是一组曲面曲线。一般利用反射线的不规则扭曲反映曲面的细微缺陷，具体来说，是在确定一视点的基础上，以曲面上的某一点为始点，以该点与视点所成的某方向（入射光的方向）为方向形成射线，如果该射线可以与直线型光源相交，则说明直线型光源发出的一条光线能照射在曲面的该点上，而且可以反射到视点。把曲面上具有这样性质的点叫做光源在曲面上的反射点。由曲面上所有反射点连接而成的线称之为光源在该曲面上的反射线，可利用这些反射线的分布是否均匀、有无规则来分析曲面的光顺性。

c. 绘制高亮斑马线图。

这种方法是将一理想化为无限长的光源置于曲面上方，令曲面上某一点的法矢与光源的垂直距离为 d，把曲面上由使 $d=0$ 的点连接而成的线称之为光源在该曲面上的高亮斑马线。斑马线实际上是模拟一组平行的光源照射到需要检测的表面上所观察到的反光效果。如果给定一半径 r，在曲面上满足 $d \leqslant r$ 的点的集合称之为高亮斑马条纹。绘制的高亮斑马线可以把曲面上的不连续在高亮斑马线上扩大 1 阶次，同时它不依赖视点。图 8.19 为曲面的斑马线光顺分析。

d. 绘制真实感图形。

这种方法利用图形学技术，通过光源设置、辉度调节、材质性能、透明处理、背景搭配等技巧渲染出十分逼真悦目的实感图形，可以根据这种图形进行曲面的光顺性分析。但这种方法往往需要较高的硬件配置和较长的计算时间。图 8.20 为曲面的真实感图形分析。

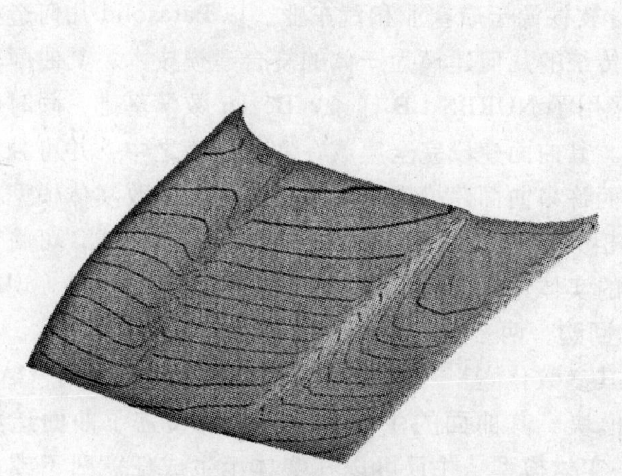

图 8.19　曲面的斑马线光顺分析

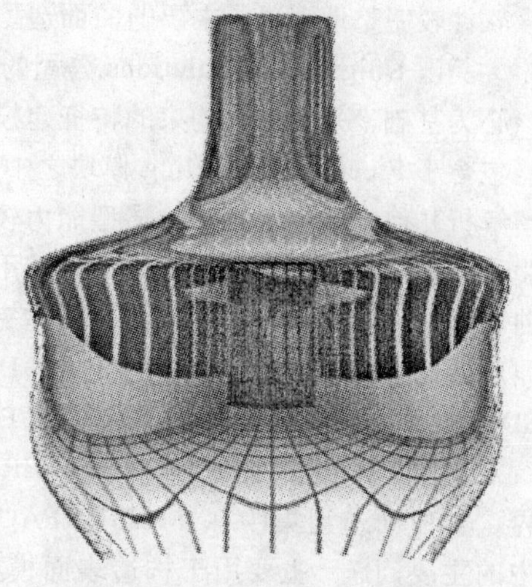

图 8.20　曲面的真实感图形分析

③ 基于绘制曲面等高线的方法。

可以通过评价等高线的光顺性、疏密变化是否均匀等来分析曲面的光顺性。

以上方法各有其特点，基于曲率的方法可以获取有关曲面总体或局部的曲率信息，可以识别出导致曲面出现波动或凹凸的区域，找到曲面的曲率极大或极小值的分布、曲面与相邻曲面的连续性等信息。基于光照模型的方法主要反映了曲面的法矢的变化情况，而且可以克服计算机的一些缺陷，可以从总体上把握曲面的光顺美感、造型风格等信息。实践中，往往几种方法结合起来综合考虑。

8.4.3　几种流行 CAD 系统的曲面建模功能评述

美、法等国的 CAD 技术一直走在世界的前沿，它们拥有许多世界闻名的 CAD 系统，这些系统具备十分强大的曲面建模功能。

美国 SDRC 公司的 I-DEAS Master Series 软件采用 VGX（超变量化）技术，用户可以直观、实时地进行三维产品的设计和修改。VGX 有如下好处：不必像参数化造型系统那样要求模型“全约束”，在全约束及非全约束的情况下均可顺利地完成造型；模型修改不必拘泥于造型历史树，修改可基于造型历史树，亦可超越造型历史树；可直接编辑任意 3D 实体特征，无须回到生成此特征的 2D 线框初始状态；可以拖动方式随意修改 3D 实体模型，而无须仅以“尺寸驱动”一种方式来修改模型；模型修改许可形状及拓扑关系发生变化，而并非像参数技术那样仅仅是尺寸的数据发生变化；所有操作均为“一拖一放”方式，操作简便。该软件的 Master Surface 模块是建立复杂雕塑曲面的快捷工具，它基于双精度 NURBS，与实体模型完全集成。它支持各种曲线、曲面造型方法，如拉伸、旋转、放样、扫掠、网格、点云等，强大的变量扫掠支持变截面、多轨迹线以及尺寸驱动。其结果是一个曲面集合或具有拓扑关系的曲面实体模型，该模型可参与全部几何造型操作、干涉检查、物性计算等。I-DEAS 提供了独特的变量成形工具，它基于最小能量法，使用先进的高层次操作，例如，对直观的几何形状进行推挤、弯扭，相斥、吸引等，使底层的曲面、曲线成型，也可以对真实的几何体直接进行交互修改，从而得到光顺的形状，而不像传统的那样对控制点、权及节点进行交互操作。该软件较完整地解决了主要的曲面造型问题。

美国 Unigraphics Solutions 公司的 UG 软件源于航空业和汽车业，以 Parasolid 几何造型核心为基础，采用基于约束的特征建模和传统的几何建模为一体的复合建模技术。其曲面功能包含于 Freeform Modeling 模块之中，采用了 NURBS、B 样条、Bezier 数学基础，同时保留解析几何实体造型方法，造型能力较强。其曲面建模完全集成在实体建模之中，并可独立生成自由形状形体以备实体设计时使用。而许多曲面建模操作可直接产生或修改实体模型，曲面壳体、实体与定义它们的几何体完全相关。UG 软件实现了面与体的完美集成，可将无厚度曲面壳缝合到实体上，总体上，UG 的实体化曲面处理能力是其主要特征和优势。现在 SDRC 公司被 EDS 公司收购，UG 被 EDS 回购，两者组成了 EDS/PLM 部。

美国 PTC 公司的 Pro/ENGINEER 以其参数化、基于特征、全相关等新概念闻名于 CAD 界，其曲面造型集中在 Pro/SURFACE 模块。其曲面的生成、编辑能力覆盖了曲面造型中的主要问题，主要用于构造表面模型、实体模型，并且可以在实体上生成任意凹下或凸起物等，尤其是可以将特殊的曲面造型实例作为一种特征加入特征库中。Pro/ENGINEER 自带的特征库就含有如下特征：复杂拱形表面、三维扫描外形、复杂的非平行或旋转混合、混合/扫描、管道等。该软件的曲面处理仅适合于通用的机械设计中较常见的曲面造型问题。

美国 IBM 公司的 CATIA/CADAM（Dassault Systems 公司开发）是一个应用广泛的 CAD/CAM 系统。该系统有关曲面的模块包括：曲面设计（Surface Design）、高级曲面设计（Advanced Surface Design）、自由外形设计（Free form Design）、整体外形修形（Global Shape Deformation）、创成式外形修形（Generative Shape Modeling）、白车身设计（Body-in-white Templates）等。CATIA 外形设计和风格设计解决方案对设计零件提供了广泛的集成化工具，该系统具有很强的曲面造型功能。

法国 Matra-DataVision 公司的 Euclid 集成系统是一个集机械设计与工厂设计于一身的企业级并行工程解决方案，其曲面功能在“ASD 高级曲面设计”之中。曲面由 NURBS 和 Beizer 数学形式表达，通过强大的蒙皮、扭曲、放样、裁剪、联合等运算，系统能够生成复杂的外形。其实体造型功能可直接用于曲面，表现出突出的拓扑运算能力。例如，多曲面间的交、并、差运算，在多曲面间的空隙处填充成保持一致切矢、曲率的新曲面，构造相切于已知曲面的曲面等。Euclid 动态自由造型功能实现了以曲面曲率进行动态曲面跟踪、编辑、控制的设计修改过程，很好地体现了交互技术的应用。Matra 公司的另一专业应用系统 Strim 专门针对复杂曲面 CAD/CAM，其曲面设计、模具制造能力优于 Euclid 系统。这主要表现在曲面模型质量检查器、曲面重建、逆向工程与工业造型设计等专业模块上，尤其是其数字化点加工能力，即可以根据坐标测量机测得的数据点直接进行加工程序的编制，而不必构造曲面模型。总之，这两个软件的曲面能力实力最强。Matra-DataVision 公司现已合并到 Dassault Systems 公司。

美国 CV 公司的 CADDS5 软件的 NURBS 曲面设计模块是 CV 公司用以完成大型复杂曲面造型的专用工具。NURBS 模块集成于清晰造型的数据库结构中，但其强大的曲面裁剪使得曲面构成的实体可贯穿于参数设计、详细设计、加工、分析的全过程。其特点主要在于：允许由较少的低阶曲线和曲面构造复杂形体，使得曲面编辑和修改操作快速而稳定；交互地连续修改曲线、曲面；局部编辑能力；多个连接曲面形成复合曲面并缝合成实体；曲线和曲面的质量评估。CADDS5 软件全面地解决了曲面造型中的主要问题，计算稳定，使用灵活，对于精确复杂的曲面设计具有较强功能。CV 公司现已被 PTC 公司收购。

随着像 Windows/NT 这样的 32 位操作系统的流行和微机性能的提高，在这些环境下实现高级曲面造型已经成为可能。现在主要有两种形式的软件：一种是从 UNIX 平台移植到 NT 平台的，如 EDS 开始将 UG 向微机移植；另一种是从 WINDOWS 环境向上发展的系统，如 MDT（Autodesk 公司），Solid Works，Solid Edge（此为 UG 公司并购 Intergraph 的机械 CAD 软件产品）。Solid Edge 采用 Parasolid 造型内核，零件设计应用全参数化及基于特征造型的技术，提供了如扫描、提拉、筋板、螺旋、切割、薄壁等功能，钣金设计可自动折弯工艺孔、自动展开和回折。这些高档微机 CAD/CAM 系统以其使用灵活、性价比高而备受注目。MDT 以 ACIS 模型为核心，可以对 NURBS 曲面进行多种几何处理并且结合到统一的实体环境中。

8.5　实体建模

实体模型在计算机内提供了对物体完整的几何和拓扑定义，可以直接进行三维设计，在一个完整的几何模型上实现零件的质量计算、有限元分析、数控加工编程和消隐立体图的生成等。随着实体模型领域内诸如特征、约束等新概念的提出，几何实体造型的设计方法已得到广泛应用。

实体造型的表示方法主要有：边界表示法（B-rep）、体素构造法（CSG，Constructive Solid Geometry）、八叉树表示法、欧拉操作法、射线表示法等。

1）边界表示法

美国 Spatial 公司的三维实体造型平台 ACIS 被许多 CAD 软件公司与研究机构购买，作为自己 CAD 系统的核心。其造型方法即为典型的边界表示法，其拓扑结构见图 8.21。

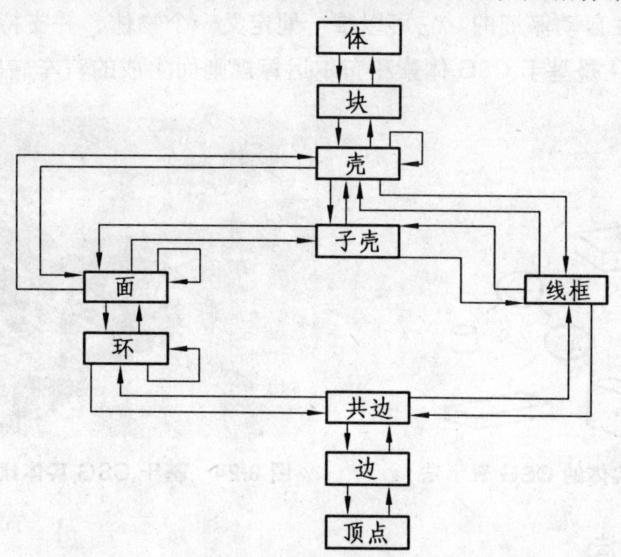

图 8.21　用边界法表示的实体拓扑结构

由于其结构中加了子壳与共边，因而可表示非流行的拓扑结构。以共边为例，其各元素间联系如下：共边用来存放 1 条边与相邻边以及环的关系，在正常的实体中 1 条边严格为 2 个邻面所共有，这时共边成对出现，各与 1 个面环相关联。1 个环的所有共边都用环形双向链连接，一个指针指向前趋边，另一个指针指向后继边。每条边的 1 对共边之间用伴生（Partner）指针相连。但是也允许变通情况出现。例如，当环封闭时，共边的前后指针双向链表同样不封闭。当壳不封闭时，自由边界上的边只有 1 条共边，相应的伴生指针为零。当壳为非流行时，1 条边有 2 个以上邻面，每个面各有 1 条共边，所有这些共边用环表连接。对于线框模型，体由 1 条或多条不连通的线形成有向或无向图；每条线是 1 串边链。这时每条边只有 1 条共边，同一顶点上的共边连成环表，环表中的前后指针按顶点是共边的首点还是末点来区分。

边界表示法允许线、面、体并存于 1 个物体模型之中，面、环、边可以不封闭或无界，同时允许加入零件属性等，为灵活、通用的产品建模提供了强有力的工具，如图 8.22 所示。

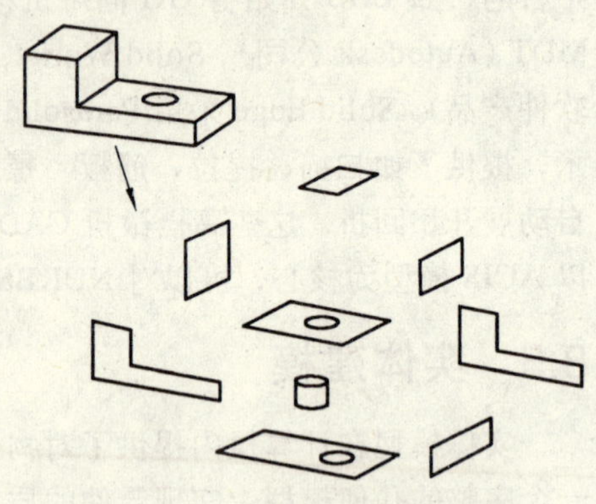

图 8.22　实体的边界表示法

2）CSG 表示法

CSG 法也译为构造实体几何法，是用二叉树的形式记录一个零件的所有组成体素进入拼合运算的过程，可以简称为体素拼合树。CSG 法强调的是记录各个体素在进入拼合时的原始状态，每个体素都有特定的定位参数和尺寸参数。

CSG 树只定义它所表示物体的构造方式，既不反映物体的面、边、顶点等有关边界信息，也不显示说明三维点集与所表示的物体在 E 空间的一一对应关系。因此这种表示又被称为物体的隐式模型或过程模型，如图 8.23 所示。

用 CSG 树表示一个复杂形体非常简洁，它所产生的物体的有效性是由基本体素的有效性和集合运算的正规性自动保证的。它可以唯一地定义一个物体，并支持对这个物体的一切几何性质计算。图 8.24 是基于 CSG 体素和布尔运算规则而生成的汽车转向节零件实体。

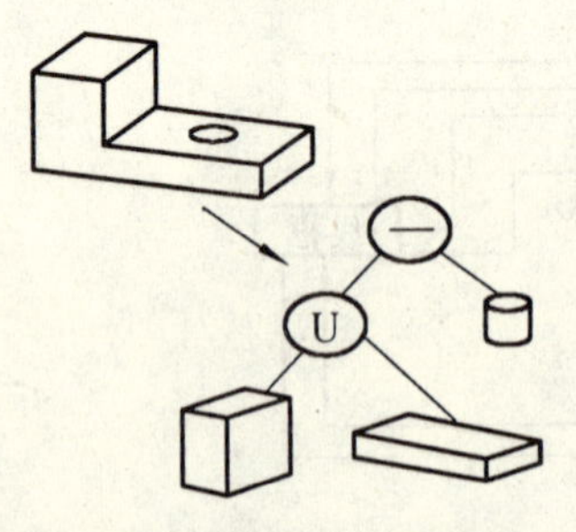

图 8.23　实体的 CSG 表示法

图 8.24　基于 CSG 实体建模的汽车零件

3）八叉树表示法

八叉树表示是一种层次数据结构，首先在空间中定义一个能够包含所表示物体的立方体，立方体的 3 条棱边分别与 x、y、z 轴平行，边长为 2。如果所要表示的物体就是这一立方体，算法结束；否则将立方体等分为 8 个子块，每块仍是一个小立方体，其边长为原立方体边长的 1/2。将这 8 个小立方体依次编号为 0，1，2，…，7。若某一小立方体的体内空间全部被所表示的物体占据，则将此立方体标记为“满”；若它与所表示的物体无交，则标记为“空”；否则将它标记为“部分占有”，并继续分割下去。当分割到每一小立方体的边长为 1 时，应将每一“部分占有”的单元标记为“满”。至此就完成了物体的八叉树表示算法。

采用八叉树表示后，物体之间的集合运算十分简单，物体的体积计算也十分简单，并且大大简化了隐藏线和隐藏面的消除算法。但是八叉树表示物体占用存储量较大。

经过近 20 年的努力，实体造型技术已有很大的发展，各 CAD 系统各有所长，但基本都有以下特点：

（1）采用非流行形式，在产品模型中混合使用线框、曲面和实体元素。

（2）以精确表示形式存储产品的曲面实体模型。

（3）引入参数化、变量化建模方法，便于设计更改。

（4）引入关联性，使得产品主模型的更改能自动传递到由此派生的其他应用模型。

（5）采用特征设计方法，配合建立产品设计的知识库和推理机制。

（6）简化用户界面，实时操作三维真实感模型。

8.6　特征建模

8.6.1　特　征

1）特征的定义

客观事物都是由事物本身的特征体及其相互关系构成的。一般地讲，特征是客观事物特点的征象或标志。目前人们对于 CAD 中特征的定义尚没有达到完全统一。在研究特征技术的过程中，国内外学者从不同的侧面、不同的角度，根据需要给特征赋予了不同的含义。

在机械行业中，特征源于在各种设计、分析和加工活动中的推理过程，并且经常紧密地联系到特定的应用领域，因而产生了不同的特征定义。当我们提到特征时，通常是指形状特征。形状特征的一种定义是面向规划的，例如，工件特征定义为：在工件的表面、边或角上形成的特定的几何构型。另一种涉及工艺规划的形状特征定义为：工件上一个有一定特性的几何形状，其对于一种机械加工过程是特定的，或者用于装夹和/或测量目的。

随着特征技术由工艺规划向设计、检验和工程分析方面的拓展，特征定义趋向于更一般化，下面是一些特征定义的例子：

（1）用于描述零件和装配体的语义组，它将功能、设计和制造信息组合在一起。

（2）一个几何形状或形体要素，它至少具有一种 PLM 功能。

（3）产品信息的载体，它可以在设计和制造或者其他工程任务之间辅助设计或进行通讯。

（4）任何用于设计、工程分析和制造推理的客观对象。

（5）设计人员感兴趣的区域。

研究人员提出了许多不同的特征，例如，功能性特征有装配特征、配合特征、结构特征和抽象特征。抽象特征可用于设计过程，这是由于许多特征的细节在设计完成前并不清楚。抽象特征的定义为：直到所有的变量被确定才能被具体化或实现的客观对象。不论特征的定义如何，但有一点似乎是共同的，即特征最终要联系到某个几何形状。Shah 明确了一个特征至少满足的要求：零件的一个结构组元，可影射到某个形状类，有工程意义，有可预测的性质。

总之，特征是产品信息的集合，它不仅具有按一定拓扑关系组成的特定形状，且反映特定的工程语义，适宜在设计、分析和制造中使用。我们应该将特征理解为一个专业术语，它兼有形状和功能两种属性，从它的名称和语义足以联想其特定几何形状、拓扑关系、典型功能、绘图表示方法、制造技术和公差要求等。

2）特征的表示方法

目前，常用的特征表示方法主要有以下三种：

（1）基于 B-rep 的方法：在 B-rep 方法中，特征被定义为一个零件的相互联系面的集合（面集）。这些特征也被称为“面特征”。B-rep 模型是基于图的，所有的几何/拓扑信息显式地表达在面、边、顶点图中，因此，B-rep 模型常被称为赋值的模型。B-rep 表示特征的方法受到许多研究者的喜欢，这是因为从中可以得到充足的信息以及它是基于图的表示方法（许多特征识别系统是基于图表示的）。B-rep 模型可以与属性值（如表面粗糙度、材料等）、尺寸和公差联系在一起。B-rep 方法的缺点是它与特征体素和体积特征没有直接的联系，特征操作（如删除特征）难于进行。

（2）基于 CSG 的方法：基于 CSG 的特征表达方法将特征定义为体积元素，体积元素通过布尔操作构造零件。使用 CSG 表示方法简捷、有效、易于编辑和操作体素，并提供 CSG 和特征体素之间有意义的联系，而且二叉树可用于特征模型的构造。对于特征提取，CSG 模型的主要问题是其表示的不唯一性，以及缺少对低层构形元素的显式表达。然而，给 CSG 模型赋值，推导出其相应的边界表示，就可以克服这些问题。

（3）基于混合 CSG/B-rep 的方法：由于 CSG 和 B-rep 表示方法都各有优缺点，因此，汲取二者优点的混合表示方法便产生了。混合 CSG/B-rep 方法是设计系统中表示特征的较好方法，这是因为它同时兼有 CSG 模型及 B-rep 模型的优点：CSG 模型易于对高层元素操作，B-rep 模型易于与低层元素（点、线、面）附加尺寸、公差和其他属性。

8.6.2 特征技术

1）特征技术产生的背景

特征技术是 CAD 技术发展中的一个新里程碑，它是在 CAD 技术的发展和应用达到一定水平，要求进一步提高设计效率和自动化程度的历史进程中孕育成长起来的。

现代设计制造系统的发展趋势是集成化、智能化，目的是达到高度的自动化。实现上述目标的基础是给系统的各个环节提供能够共享的产品定义。原有的 CAD 系统因不能用一个完整的产品模型来支持各工程应用活动，在设计、制造及检验的各个环节中，使用者需要重复地输入和识别一些信息，定义一些新模型，以满足各工程应用子系统的具体需要，各子系统的概念信息也必须依靠人工来识别和综合处理，从而导致产品设计和制造中信息处理的中断、人为干预量大、数据大量重复处理的后果。其主要原因是作为当代 CAD 系统的核心即实体造型存在下列不足：

（1）产品定义信息不完备。实体造型主要用来定义产品公称几何形状，而许多反映设计意图和工艺要求的信息，如公差、材料性质等难以在数据库中一起表达。这是由于工艺信息的表达既与高级的形状特征有关，又与低级的点、线、面几何要素有关，而实体造型难以提供这些信息。

（2）数据的抽象层次低。实体造型只能以低级的几何/拓扑信息来描述几何形状，而工程师进行思想交流，以及 PLM（产品生命周期管理）智能化处理过程中涉及的信息往往是高层的概念实体。

（3）支持产品设计的环境较差。传统的几何造型不利于进行创造性设计，这是因为它不能方便地修改设计模型，并且，即使实体零件的参数已被定义，在每次零件再生时，也必须重新显示输入所有参数。

因此，必须开发取代原有实体造型的支撑系统，为 CAD 系统提供完备的和多层次的产品信息。这些信息能在无人干预的条件下，为设计、分析、制造所接受，且能在各应用子系统间自动变换，使 CAD/CAM 集成，以至 PLM 的实现，由此产生了特征技术。特征技术是人工智能应用于实体模型的结果，它表达的产品信息完备且含有丰富的语义信息，为 CAD 集成奠定了有力基础。

2）特征技术的研究概况

特征技术研究萌芽于 20 世纪 80 年代初，并于 80 年代的中后期蓬勃发展起来。STEP 标准中将形状和公差特征等列为产品定义的基本要素，使特征获得了国际标准的法定地位。

近年来，商业 CAD 软件及工具基本都融入了特征的思想和方法。例如，PTC 公司的产品 Pro/Engineer、SDRC 的产品 I-DEAS Master Series、UGS 公司的产品 Unigraphics、IBM 公司的产品 CATIA/CADAM、Autodesk 公司的产品 MDT、中国广州红地技术有限公司的产品“金银花（LONICERA）”系统、北航海尔的 CAXA 三维系统等。

8.6.3　特征建模

1）特征建模的特点和作用

特征造型方法与前一代的几何造型方法相比较，有以下特点和作用：

（1）过去的 CAD 技术从二维绘图起步，经历了三维线框、曲面和实体造型发展阶段，都是着眼于完善产品的几何描述能力；而特征造型则是着眼于更好地表达产品的完整技术和生产管理信息，为建立产品的集成信息模型服务。它的目的是用计算机可以理解和处理统一产品模型，替代传统的产品设计和施工成套图纸以及技术文档，使得一个工程项目或机电产品的设计和生产准备各环节可以并行展开，信息流畅通。

（2）它使产品设计工作在更高的层次上进行，设计人员的操作对象不再是原始的线条和体素，而是产品的功能要素，像螺纹孔、定位孔、键槽等零件结构功能和零件间的装配功能。特征的引用直接体现设计意图，使得建立的产品模型容易为别人理解和组织生产，设计的图样更容易修改。设计人员可以将更多精力用在创造性构思上。

（3）它有助于加强产品设计、分析、工艺准备、加工、检验各部门间的联系，更好地将产品的设计意图贯彻到各个后续环节并且及时得到后者的意见反馈，为开发新一代基于统一产品信息模型的 CAD/CAPP/CAM 集成系统创造前提。

(4) 它有助于推动行业内的产品设计和工艺方法的规范化、标准化和系列化，使得在产品设计中及早考虑制造要求，保证产品结构有更好的工艺性。

(5) 它将推动各行业实践经验的归纳总结，从中提炼更多规律性知识，以丰富各领域专家的规则库和知识库，促进智能 CAD 系统和智能制造系统的逐步实现。

2）特征模型的建立方法

以特征来表示零件的方式即为零件的特征模型。由于特征的定义常依赖于应用，因而对不同的应用就有不同的特征模型，例如，有设计特征模型、制造特征模型、形状特征模型等。在几何造型环境下建立特征模型主要有两种方法：一种方法是特征识别。首先建立一个几何模型，然后用程序处理这个几何模型，自动地发现并提取特征。另一种方法是基于特征的设计。直接用特征来定义零件的几何结构，几何模型可以由特征生成。近年来，又产生了一种混合特征建模方法，即特征设计与识别的集成建模方法。

(1) 特征识别。

许多应用程序，像工艺规划、NC 编程、成组技术编码等所要求的输入信息包含几何构造和特征两方面。现已开发出各种技术方法，可以直接从几何模型数据库中获得这些输入信息。这些方法常被看做特征识别，它将几何模型的某部分与预定义的特征形谱相比较，进而识别出相匹配的特征例。特征识别常包含以下几个过程：① 搜寻特征库，以匹配拓扑/几何模式；② 从数据库中提取已识别的特征；③ 确定特征参数（如，孔直径、槽深度等）；④ 完成特征的几何模型（边/面延展、封闭等）；⑤ 将简单的特征组合，以获得高层特征。

特征识别中的关键技术主要有：匹配，构形元素（点、线、面等）生长，体积分解，自 CSG 树中识别特征，等等。

① 匹配：首先按照几何/拓扑特点定义特征型，然后搜寻算法确定哪一种特征型存在于几何模型（或其重构模型）中。由于实体模型的数据结构通常是图结构，因此图匹配是特征识别常见的方法。单纯的图匹配相当于拓扑匹配，其特点是依据构形元素的数目、拓扑类型、连通性和邻接性。如果进行这种匹配，语义很不相同的特征将被划分为相同的，因此，使用几何关系进行细分类是必要的。边分类的概念被广泛地用于增广图模型中。另一种用于匹配的方法是句法模式识别。在这样的系统中，几何模式由一系列的直线、圆弧或其他的曲线段描述。简单的模式可以组成复合模式。已开发出描述和操作这些模式的语言，通过对描述形体的语法分析可以识别出特征。

② 构形元素生长：在许多特征识别算法中，通过加/减一个相应于此特征的体积形状移去已被识别出的特征。由于已被识别出的特征并不总是构成一个封闭体，因此，可能需要加入特征面以封闭此特征。这常常被看做是形体构形元素生长。有些方法使用面扩展，有些方法使用边延伸，在这两类方法中，新的拓扑元素通过相交形成。

③ 体积分解：体积分解的目的是由毛坯中识别出将要被去除的材料体，然后将这个体积分解为与机械加工操作相对应的单元体。将要被移去的总体积是通过毛坯与成品体作布尔差运算得到的，随后这个总体积被分解成与实际的机械加工操作相对应的单元体。

④ 自 CSG 树中识别特征：由于 CSG 树表示形体的不唯一性，CSG 模型中提取特征并不

太容易。一个零件模型可以用许多 CSG 树表示，这就需要许多形状语法或者模板来匹配这些树。为了解决这些问题，有的学者将任意 CSG 树重新构造，形成唯一的计算机可理解的树，然后重构树的结点，即可被识别器所识别。另一些学者将 CSG 树转变为 DSG（Destructive Solid Geometry）树，然后由 DSG 树中识别出特征。

（2）基于特征的设计。

在基于特征的设计方法中，特征从一开始就加入在产品模型中，特征的定义被放入一个库中，通过定义尺寸、位置参数和各种属性值可以建立特征实例。下面讨论两种主要的基于特征的设计方法。

① 特征分割造型：零件模型是通过毛坯材料与特征的布尔运算创建的。利用移去毛坯材料的操作，将毛坯模型转变为最终的零件模型，设计和加工规划可以同时生成。商品化 CAD 系统 Pro/ENGINEER 也支持这种方法。Pro/ENGINEER 系统中，毛坯可以是由平移扫掠或者旋转扫掠而成的任意形状。

② 特征合成法：系统允许设计人员通过加或减特征进行设计。首先通过一定的规划和过程预定义一般特征，建立一般特征库，然后对一般特征实例化，并对特征实例进行修改、拷贝、删除生成实体模型，导出特定的参数值等操作，建立产品模型。ASU 特征试验台使用了这种方法。

（3）特征设计与识别的集成建模方法。

零件的特征模型可以以两种不同的方法创建：基于特征的设计和特征识别。使用这两种方法的问题是它们通常工作在一个顺序工程的环境中。利用第一种方法，特征模型是在设计阶段创建的，这样设计人员所得到的信息就会立即包含在模型中，可是用户在面向一个特定的应用之前就需要特征的定义。这种方式用于设计的特征集是有限的，而且生成的特征模型是严格地依赖于某一个应用场合的，它不能在不同的应用场合之间共享。在特征识别方法中，特征是从零件的几何模型中提取的。设计人员可以较自由地利用几何体素定义物体形状，但已知的功能信息就丢失了。几何描述可以适应不同的场合，然而仅可以识别出数据库中已存储的特征。

由此看来，基于特征的设计以及特征识别方法，如果单独使用，或者以严格的顺序方式使用，并不能完美地支持产品零件特征模型的构建。在并行工程环境中，进行有效的基于特征的建模方法似乎应当是以上两种方法的结合。基于集成方法的系统应该提供以下功能：利用特征和几何体素生成产品的特征模型，创建特定应用的特征类别，在不同的应用场合之间对特征集进行映射。这样，用户可以直接使用特征设计零件的一部分，同时还可以使用底层的实体造型器设计零件的其他部分。

8.7　产品数字化设计中的主模型建模技术

在新产品开发过程中，目前国际上先进的制造企业采用的是全数字化主模型定义和在此基础上派生出的产品设计模型、CAE 分析模型、制造工艺模型和装配模型等。采用数字化主模型能够支持新产品自上而下、逐步迭代求精的设计过程和版本管理，可追溯性的质量控制，并支持协同设计过程。主模型是一个基于产品层次结构的树状关系模型，它描述了整个产品的装配信息、功能信息、运动关系信息、配合关系信息；此外，还能表达产品中各零部件的设计参数及工程语义约束，以及描述整个产品生命周期各阶段技术与管理信息。

1）产品数字化主模型建模系统功能与体系结构

基于数字化主模型的产品建模系统，是针对新产品的开发特点，在成熟的 CAD 系统上构造的一个使能工具系统。

根据新产品各大部件的不同结构特点来构造全数字化主模型的使能工具。例如，乘用车车身主要以内外覆盖件为主，覆盖件零部件主要由自由曲面组成，因此，针对车身选择 CAD 支持工具时，重点是选择它对覆盖件三维曲面建模的有力支持。而发动机则需要实体建模技术的支持。因此，建立产品主模型的 CAD 支持系统应具备以下功能：

(1) 能支持几何建模、工程语义约束、特征定义、变量化、参数化设计，还支持材料、工艺、设计过程管理等技术信息的集成。

(2) 支持大装配和装配关系描述。

(3) 支持配套件设计信息集成。

(4) 支持新产品开发的异地协同设计，采用基于 WEB 的协同方式（在团队内部、团队之间）实时交流设计信息。

(5) 与其他 CAE/DFX/PDM 系统有良好接口。

(6) 主模型建模工具还能支持 CAID，CAE，CAPP，CAM 子模型的全数字化定义。

综上所述，产品数字化主模型建模系统的体系结构如图 8.25 所示。

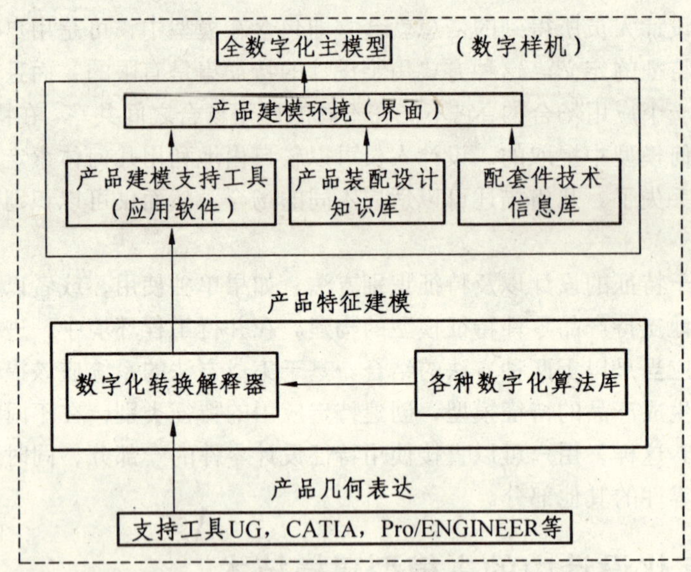

图 8.25　产品数字化主模型建模系统体系结构

2）产品主模型建模实现过程

产品数字化建模系统及主模型建立过程如图 8.26 所示。图中以汽车产品的设计为例，其过程如下：

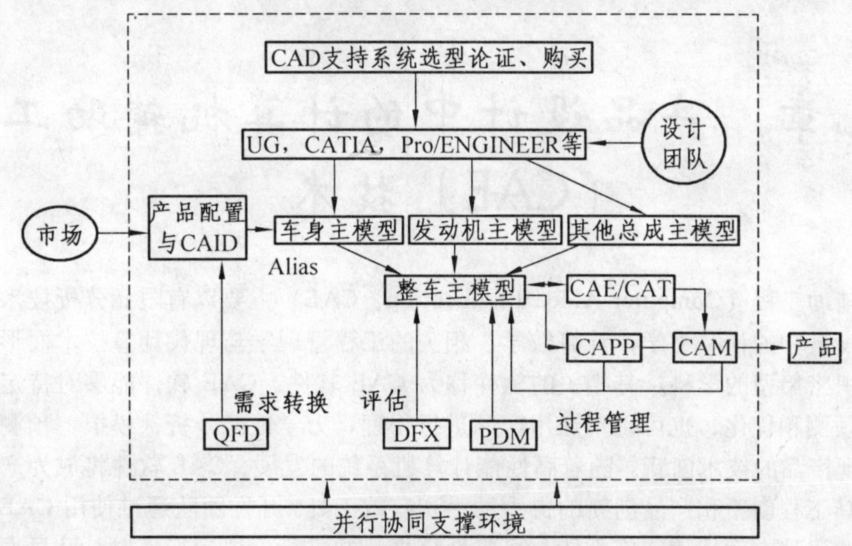

图 8.26　汽车产品数字化主模型建模实现过程

(1) 市场调查与产品策划，采用 QFD 方法进行潜在顾客需求转换，生成新产品概念，确定目标产品的功能、性能、基本配置、技术经济指标、开发计划等的定义。

(2) 目标产品概念设计（二维、三维效果图），1∶1 泥模（针对某些产品），定样。

(3) 反求建立三维数字化主模型，整车总布置，建立各大系统的装配关系、功能联系，定义工程约束，提取性能参数，装配模型分解，确定配套件、附加材料、技术要求等非几何信息等。

(4) 采用 DFX 技术进行主模型设计评估，修改完善主模型。

(5) 由主模型派生出分析、工艺、仿真分析、NC 加工等模型。

采用企业级 PDM 对产品建模过程进行控制和管理，实施数字化主模型建模需具备一定的 CAD 技术基础，但一般意义上的 CAD 系统并不能满足特定产品集成化协同开发对全数字化主模型建模的需要。因此，在 CAD 技术基础上，要解决整机各大总成大装配主模型建模方法和支持技术，使建立的数字化主模型能支持产品全生命周期的信息集成。

按照目标产品的设计规律，采用自顶向下的方法构造产品的装配模型，定义零部件之间的各种约束关系。随着产品的深入，上层的约束可以逐步传递下去，最终得到产品的配置模型，为实现产品数字化设计的过程管理提供支持，并支持产品协同设计的全过程集成。图 8.27 是汽车车身设计的数字化主模型，图 8.28 表示的是由车身数字化主模型演变而来的用于 CAE 分析的 FE 模型。

图 8.27　白车身数字化主模型

图 8.28　用于白车身整车 CAE 分析的 FE 模型

第九章　产品设计中的计算机辅助工程（CAE）技术

计算机辅助工程（Computer Aided Engineering，CAE）主要以有限元分析技术为基础，综合了迅速发展中的计算力学、计算数学、相关的工程管理学与现代计算技术而形成的一门综合性、知识密集型的学科。其相关的软件称为 CAE 软件。CAE 软件能够对特定产品进行性能分析、预测和优化，也可以对通用产品进行物理、力学性能分析，模拟，预测，评价和优化，以实现产品的技术创新。随着高性能计算机系统的发展，CAE 软件将成为产品设计开发团队实现其工程创新和产品创新的得力助手和有效工具。开发团队通过使用 CAE 软件，可以对其创新的设计方案快速实施性能与可靠性分析，并进行虚拟运行模拟，及早发现设计缺陷，在实现创新的同时，提高设计质量，降低研究开发成本，缩短研究开发周期。CAE 技术的正确应用，可以有效地提高产品的质量和性能，凡是设计开发能力愈强的企业，其 CAE 技术的应用水平就愈高。

长期以来，我国企业的设计分析手段落后，缺乏必要的经验和数据积累，造成了我国新产品开发能力差，在新产品的开发周期、开发成本、质量、手段、方法等方面与先进国家相比有相当大的差距。20 世纪 80 年代以来，我国陆续引进国外的先进技术、设备和生产线，来提高产品的质量和性能，但由于缺乏自主开发能力，目前大多数处于仿制国外同类产品的阶段。加入 WTO 后，我国的产品将直接面对国外产品的竞争，谁的开发速度快、产品性能好、开发费用低，谁就在市场竞争中具有优势，因而新产品的开发能力是一个企业能否在激烈的竞争中求得生存和发展的关键。因而在新产品开发中大力推广应用 CAE 技术具有重要意义。下面就 CAE 的核心技术——有限元法——进行阐述。

9.1　有限元法

9.1.1　有限元法的发展历史

有限元法首先是从航空结构设计中提出来的，其起源可以追溯到 20 世纪 50 年代。当时，在世界范围内，喷气式飞机开始逐步取代传统的螺旋桨飞机。随着飞行速度的提高，结构越来越复杂，对结构分析的要求也越来越高。为了适应工程技术飞跃发展的需要，以美国波音公司的 J. Turner 和英国伦敦大学的 J. H. Argyris 为代表，提出了结构矩阵分析方法，应用电子计算机作为主要运算手段，有限元法正是在这种新方法的基础上发展起来的。但是直到 1960 年以后，随着电子计算机的广泛应用和发展，有限元法的发展速度才显著加快。

第一次正式使用“有限单元”（Finite Element）这一术语并提出这种离散系统分析方法的是美国加州大学伯克利分校的 R. W. Clough 教授（1960）。在有限单元技术的发展中 O. C. Zienkiewicz 教授被誉为解决难题的能手，和他齐名的美国 J. T. Odne 教授、R. L. Taylor 教授以及卞学璜教授等都是从工程界出身的，这也正好说明有限元法是工程和数学相结合的产物。1963—1964 年，经过 J. F. Besseling，R. J. Melosh，R. E. Jones，R. H. Gallaher 等多人的工作，认识到有限元就是变分原理中 Ritz 近似法的一种变形，发展了用各种不同变分原理导出的有限元计算公式，从而使 Ritz 分析的所有理论基础都适用于有限元法，确认了有限元法是处理连续介质问题的一种普遍方法。

近 50 年来，有限元法的应用已由弹性力学平面问题扩展到空间问题、板壳问题；由静力平衡问题扩展到稳定问题、动力问题和波动问题；分析的对象从弹性材料扩展到塑性、粘弹性、粘塑性和复合材料等；从固体力学扩展到流体力学、传热学等连续介质力学领域。在工程分析中的作用已从分析和校核扩展到优化设计、拓扑优化设计和计算机辅助设计技术相结合。有限元技术的发展历程如表 9.1 所示。

表 9.1　有限元技术的发展历程

时间	应用范围	理论基础	研究对象	通用有限元法程序前后处理
1950 年		Turner，Clough 等的论文构筑了有关的有限元法		
1960 年	宇宙和航空	由 Zienkiewicz 开发各种单元使用了“有限元法”、虚功原理、最小势能原理	线性问题、静力分析	
1967 年	宇宙、航空、土木、造船、机械、水利	瑞利-里兹法 加权残数法	非线性问题、动力分析	
1971 年	热传导、流体力学、电磁场	变分法	非线性接触碰撞、断裂力学耦合问题	ASK，MSC，Nastran，MARC，ANSYS，SAP NISA II 等
1980 年	石油、核工程	形状优化、逆问题	平面和复杂空间问题	MSC.Patran，MSC.Dytran，MSC/XL，ADINA，PAM-CRASH，COSMOS/M 等
1990 年	航空航天	各种新的解算方法和各种高度非线性材料的本构模型	冲击、振动和疲劳问题	MSC.Fatigue，ANSYS，MSC.Nastran，SAP5 等
2000 年后	机电、随机有限元研究	拓扑优化、计算机图形学	固体、流体力学以及生物力学制造、加工仿真	ANSYS，ADINA，ABAQUS，MARC，Nastran 等

9.1.2　有限元法的基本概念

有限元分析（FEA，Finite Element Analysis）是用较简单的问题代替复杂问题后再求解。它将求解域看成是由许多称为有限元的小的互连子域组成，对每一单元假定一个合适的（较简单的）近似解，然后推导求解这个域总的满足条件（如结构的平衡条件），从而得到问题的解。有限元是那些集合在一起能够表示实际连续域的离散单元。有限元法将函数定义在简单几何形状（如二维问题中的三角形或任意四边形）的单元域上（分片函数），且不考虑整个定义域的复杂边界条件，这是有限元法优于其他近似方法的原因之一。对于不同物理性质和数学模型的问题，有限元求解法的基本步骤是相同的，只是具体公式推导和运算求解不同。

1）有限元求解问题的基本步骤

（1）问题及求解域定义。

根据实际问题近似确定求解域的物理性质和几何区域。

（2）求解域离散化。

将求解域近似为具有不同有限大小和形状且彼此相连的有限个单元组成的离散域，习惯上称为有限元网络划分。显然单元越小（网络越细）则离散域的近似程度越好，计算结果也越精确，但计算量及误差都将增大。离散后的物体不再是原来意义的物体或结构物，而是同样材料的、由众多单元以一定方式连接成的离散物体。这样，用有限元分析计算所获得的结果是近似的。如果划分的单元足够多而且合理，则计算结果就能充分地逼近实际情况。

（3）单元特性分析。

① 选择位移模式。

在有限元法中，选择节点位移作为基本未知量时称为位移法；选择节点力作为基本未知量时称为力法；取一部分节点力和一部分节点位移作为基本未知量时称为混合法。位移法易于实现计算自动化，所以在有限元法中位移法应用范围最广。

当采用位移法时，物体或结构物离散化之后，就可把单元中的一些物理量如位移、应变和应力等由节点位移来表示。这时可以对单元中位移的分析采用一些能逼近原函数的近似函数予以描述。通常，有限元法中将位移表示为坐标变量的简单函数：这种函数称为位移模式或位移函数，如式（9.1）所示：

$$y=\sum_{i=1}^{n}a_i\varphi_i \tag{9.1}$$

式中：a_i——待定系数；

φ_i——与坐标有关的某种函数。

② 分析单元的力学性质。

根据单元的材料性质、形状、尺寸、节点数目、位置及其含义等，找出单元节点力和节点位移的关系式，这是单元分析中的关键一步。此时需要应用弹性力学中的几何方程和物理方程来建立力和位移的方程式，从而导出单元刚度矩阵，这是有限元法的基本步骤之一。

③ 计算等效节点力。

物体离散化后，假定力是通过节点从一个单元传递到另一个单元。但是，对于实际的连续体，力是从单元的公共边界传递到另一个单元中去的，因而，这种作用在单元边界上的表面力、体积力或集中力都需要等效地移到节点上去，也就是用等效的节点力来替代所有作用在单元上的力。

（4）单元组集。

利用结构力的平衡条件和边界条件把各个单元按原来的物体结构重新连接起来，组装成整体的有限元方程，如式（9.2）所示：

$$\begin{gathered}KU=f\\ K=\sum_{e=1}^{n_2}K_e \qquad f=\sum_{e=1}^{n_2}(P_e+F_e)\end{gathered} \tag{9.2}$$

式中：K——整体刚度矩阵；

K_e——单元刚度矩阵；

U——节点位移列阵；

f——载荷列阵；

P_e，F_e——作用在单元上的体力和面力所产生的等效节点力。

(5) 求解未知节点位移。

解有限元方程式 $KU=f$ 得出位移。求解有限元方程时可以根据方程组的具体特点来选择合适的计算方法。

通过上述分析，可以看出，有限元法的基本思想是“一分一合”，分是为了进行单元分析，合则是为了对整体结构进行综合分析。

2）有限元求解实例

有限元法的基本思路可以归结为：将连续系统分割成有限个分区或单元，对每个单元提出一个近似解，再将所有单元按标准方法组合成一个与原有系统近似的系统。下面用在自重作用下的等截面直杆来说明有限元法的思路。

(1) 离散化。

如图 9.1（b）所示，将直杆划分成 n 个有限段，有限段之间通过一个铰接点连接。两段之间的铰接点称为结点，每个有限段称为单元，其中，第 i 个单元的长度为 L_i，包含第 i，$i+1$ 个结点。

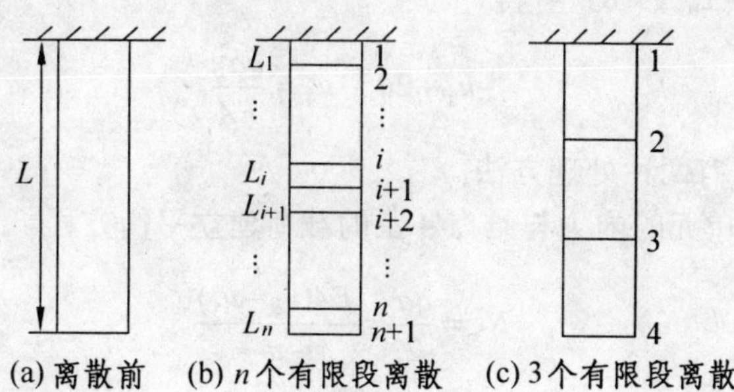

图 9.1　直杆的离散化

(2) 用单元节点位移表示单元内部位移。

第 i 个单元中的位移用所包含的结点位移来表示，如式（9.3）所示：

$$u(x)=u_i+\frac{u_{i+1}-u_i}{L_i}(x-x_i) \tag{9.3}$$

式中：u_i——第 i 结点的位移；

x_i——第 i 结点的坐标。

第 i 个单元的应变为 ε_i，如式（9.4），应力为 σ_i，如式（9.5），内力为 N_i，如式（9.6）：

$$\varepsilon_i=\frac{\mathrm{d}u}{\mathrm{d}x}=\frac{u_{i+1}-u_i}{L_i} \tag{9.4}$$

$$\sigma_i=E\varepsilon_i=E\frac{(u_{i+1}-u_i)}{L_i} \tag{9.5}$$

$$N_i = A\sigma_i = EA\frac{(u_{i+1} - u_i)}{L_i} \tag{9.6}$$

（3）把外载荷集中到节点上。

把第 i 单元和第 $i+1$ 单元重量的一半 $q(L_i + L_{i+1})/2$，集中到第 $i+1$ 结点上。

（4）建立结点的力平衡方程。

对于第 $i+1$ 结点，由力的平衡方程可得式（9.7）：

$$N_i - N_{i+1} = \frac{q(L_i + L_{i+1})}{2} \tag{9.7}$$

令 $\lambda_i = L_i/L_{i+1}$，将式（9.6）代入式（9.7），得式（9.8）：

$$-u_i + (1+\lambda_i)u_{i+1} - \lambda_i u_{i+2} = \frac{q}{2EA}\left(1 + \frac{1}{\lambda_i}\right)L_i^2 \tag{9.8}$$

（5）将直杆划分成 3 个等长的单元，用有限元法进行求解。

定义单元的长度 $a=L/3$，对于节点 1，$u_1=0$，对于节点 2，$\lambda_1=1$，由式（9.8）可得：

$$-u_1 + 2u_2 - u_3 = \frac{qa^2}{EA}$$

对于节点 3，$\lambda_2=1$，由式（9.8）可得：

$$-u_2 + 2u_3 - u_4 = \frac{qa^2}{EA}$$

对于结点 4，可以有两种处理方法。

① 直接用第 3 个单元的内力与结点 4 上的载荷建立平衡方程。

$$N_3 = \frac{qa}{2} = \frac{EA(u_4 - u_3)}{a}$$

即

$$-u_3 + u_4 = \frac{qa^2}{2EA}$$

② 假定存在一个虚拟结点 5，与结点 4 构成了虚拟单元 4，$L_4=0$，$u_5=u_4$，$\lambda_2=L_3/L_4\to\infty$，由式（9.8）可得：

$$-u_3 + u_4 = \frac{qa^2}{2EA}$$

整理后得到线性方程组：

$$\begin{bmatrix} 2 & -1 & 0 \\ -1 & 2 & -1 \\ 0 & -1 & 0 \end{bmatrix}\begin{bmatrix} u_1 \\ u_2 \\ u_3 \end{bmatrix} = \begin{bmatrix} \dfrac{qa^2}{EA} \\ \dfrac{qa^2}{EA} \\ \dfrac{qa^2}{2EA} \end{bmatrix}$$

解得　$u_2=\dfrac{5qa^2}{2EA}$，$u_4=\dfrac{9qa^2}{2EA}$，$u_3=\dfrac{4qa^2}{EA}$

9.1.3　有限元法的基本理论

有限元法的理论基础是变分原理。最常用的变分原理有最小势能原理、最小余能原理和混合变分原理。采用不同的变分原理，将得到不同的未知场变量。下面就几种常见问题的有限元相关理论进行阐述。

1）结构静力学问题的有限元法

结构静力分析是用来分析由于静态外载荷引起的系统或部件的位移、应力和应变。静力分析很适合于求解惯性及阻尼的时间相关作用对结构响应的影响并不显著的问题。

(1) 基本方程。

弹性体在载荷的作用下，将产生位移和变形，即弹性体的移动和形状的改变。其体内任意一点的位移可由沿坐标轴方向的位移分量来表示。其位移的矩阵形式如式（9.9）所示：

$$\{u\}=\{u,\ v,\ w\}^{\mathrm{T}} \tag{9.9}$$

式中：u，v，w——x，y，z 三个方向的位移分量。

弹性体内任一点的应变，可以用应变分量来表示。其应变的矩阵形式如式（9.10）所示：

$$\{\varepsilon\}=\{\varepsilon_x,\ \varepsilon_y,\ \varepsilon_z,\ \gamma_{xy},\ \gamma_{yz},\ \gamma_{xz}\}^{\mathrm{T}} \tag{9.10}$$

式中：ε_x，ε_y，ε_z——x，y，z 三个方向的正应变；

γ_{xy}，γ_{yz}，γ_{xz}——切应变。

弹性体在载荷的作用下，体内任意一点的应力状态可用应力分量来表示，其应力的矩阵形式如式（9.11）所示：

$$\{\sigma\}=\{\sigma_x,\ \sigma_y,\ \sigma_z,\ \tau_{xy},\ \tau_{yz},\ \tau_{xz}\}^{\mathrm{T}} \tag{9.11}$$

式中：σ_x，σ_y，σ_z——x，y，z 三个方向的正应力；

τ_{xy}，τ_{yz}，τ_{xz}——切应力。

结构静力学问题的基本方程有平衡方程、几何方程与本构方程，另外还有边界条件。

① 平衡方程。

对于一般的三维问题，其平衡方程如式（9.12）所示：

$$[L]^{\mathrm{T}}\{\sigma\}+\{q\}=\{0\} \tag{9.12}$$

在Ω域内：

$$[L]=\begin{bmatrix} \dfrac{\partial}{\partial x} & 0 & 0 & \dfrac{\partial}{\partial y} & 0 & \dfrac{\partial}{\partial z} \\ 0 & \dfrac{\partial}{\partial y} & 0 & \dfrac{\partial}{\partial x} & \dfrac{\partial}{\partial z} & 0 \\ 0 & 0 & \dfrac{\partial}{\partial z} & 0 & \dfrac{\partial}{\partial y} & \dfrac{\partial}{\partial x} \end{bmatrix}^{\mathrm{T}}$$

式中：$\{q\}$——体积力矩阵。

② 几何方程。

物体受力后变形，其内部的应变和位移的关系称为几何方程。其内部任一点的位移与应变的关系可用式（9.13）表示。

$$\{\varepsilon\}=[L]\{u\} \tag{9.13}$$

③ 物理方程。

弹性力学中应力-应变之间的关系称为物理方程，或称为本构方程。对于各向同性的线弹性材料，应力-应变关系的矩阵形式可用式（9.14）表示。

$$\{\sigma\}=[D]\{\varepsilon\} \tag{9.14}$$

其中

$$[D]=\frac{E(1-\mu)}{(1+\mu)(1-2\mu)}\begin{bmatrix} 1 & \frac{\mu}{1-\mu} & \frac{\mu}{1-\mu} & 0 & 0 & 0 \\ \frac{\mu}{1-\mu} & 1 & \frac{\mu}{1-\mu} & 0 & 0 & 0 \\ \frac{\mu}{1-\mu} & \frac{\mu}{1-\mu} & 1 & 0 & 0 & 0 \\ 0 & 0 & 0 & \frac{1-2\mu}{2(1-\mu)} & 0 & 0 \\ 0 & 0 & 0 & 0 & \frac{1-2\mu}{2(1-\mu)} & 0 \\ 0 & 0 & 0 & 0 & 0 & \frac{1-2\mu}{2(1-\mu)} \end{bmatrix}$$

式中：E——材料的弹性模量；

μ——材料的泊松比。

④ 边界条件。

弹性体Ω的全部边界为Γ，其中在一部分边界上作用已知的外力，如面力、集中力等，这部分边界称为力的边界，用Γ_σ表示；另一部分边界上弹性体的位移为已知，这部分边界称为位移边界，用Γ_u表示。两部分边界构成弹性体的全部边界，边界上的已知关系称为边界条件。

如对于面力边界条件，可用式（9.15）表示。

$$\{\overline{p}\}=[n]\{\sigma\} \tag{9.15}$$

式中：n——方向余弦矩阵。

如对于位移边界条件，可用式（9.16）表示。

$$\{u\}=\{\overline{u}\} \tag{9.16}$$

式中：$\overline{u}$——已知位移矩阵。

⑤ 虚功原理。

虚功原理在力学中是一个普遍的原理。虚功原理的定义为：设一弹性体在虚位移发生之前处于平衡状态，当弹性体产生约束许可的微小虚位移并同时在弹性体内产生虚应变时，体力与面力在虚位移上所作的虚功等于整个弹性体内各点的应力在虚应变上所做的虚功的总和，即外力虚功等于内力虚功。

若用δ_u，δ_v，δ_w分别表示受力点的虚位移分量，用δ_{ε_x}，δ_{ε_y}，δ_{ε_z}，$\delta_{r_{xy}}$，$\delta_{r_{yz}}$，$\delta_{r_{xz}}$表示虚应变分量，用A表示面力作用的表面积，根据虚功原理，可得虚功方程。

$$\iiint_V(\sigma_x\delta_{\varepsilon_x}+\sigma_y\delta_{\varepsilon_y}+\sigma_z\delta_{\varepsilon_z}+\tau_{xy}\delta_{r_{xy}}+\tau_{yz}\delta_{r_{yz}}+\tau_{xz}\delta_{r_{xz}})\,\mathrm{d}x\mathrm{d}y\mathrm{d}z=$$

$$\iiint_V(p_x\delta_u+p_y\delta_v+p_z\delta_w)\,\mathrm{d}x\mathrm{d}y\mathrm{d}z+\iint_A(\bar{p}_x\delta_u+\bar{p}_y\delta_v+\bar{p}_z\delta_w)\,\mathrm{d}A$$

写成矩阵形式如式（9.17）所示，即

$$\iiint_V(\delta\{\varepsilon\}^{\mathrm{T}}\{\sigma\})\,\mathrm{d}x\mathrm{d}y\mathrm{d}z=\iiint_V(\delta\{\varDelta\}^{\mathrm{T}}\{p\})\,\mathrm{d}x\mathrm{d}y\mathrm{d}z+\iint_A(\delta\{\varDelta\}^{\mathrm{T}}\{\bar{p}\})\,\mathrm{d}A \tag{9.17}$$

根据上述结构静力学问题的基本方程、边界条件、虚功方程可以推导出其有限元法的控制方程。

（2）结构静力学问题有限元法的求解过程。

① 连续体的离散化。

选择合适的等参数单元对连续体进行网格划分。

② 单元分析。

根据弹性力学或热学或电磁学等的基本方程和变分原理建立单元节点力和节点位移之间的关系。

a. 形函数或插值函数。

对于二维问题，4节点等参单元的形函数为：

$$N_1=\frac{1}{4}(1-\xi)(1-\eta)\qquad N_2=\frac{1}{4}(1+\xi)(1-\eta)$$

$$N_3=\frac{1}{4}(1+\xi)(1+\eta)\qquad N_4=\frac{1}{4}(1-\xi)(1+\eta)$$

可写成式（9.18）：

$$N_i(\xi,\ \eta)=\frac{1}{4}(1+\xi_i\xi)(1+\eta_i\eta)\quad i=1,2,3,4 \tag{9.18}$$

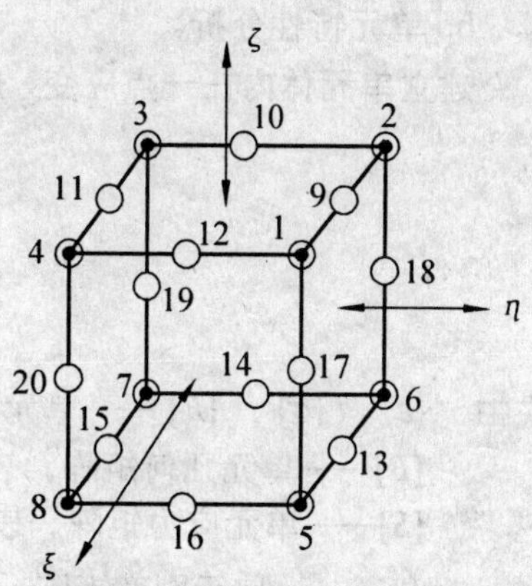

图 9.2　8～20节点等参单元

对于三维问题，8～20节点等参单元如图9.2所示，其形函数如式（9.19）所示：

$$\begin{aligned}
&N_1=g_1-(g_9+g_{12}+g_{17})/2 && N_2=g_2-(g_9+g_{10}+g_{18})/2\\
&N_3=g_3-(g_{10}+g_{11}+g_{19})/2 && N_4=g_4-(g_{11}+g_{12}+g_{20})/2\\
&N_5=g_5-(g_{13}+g_{16}+g_{17})/2 && N_6=g_6-(g_{13}+g_{14}+g_{18})/2\\
&N_7=g_7-(g_{14}+g_{15}+g_{19})/2 && N_8=g_8-(g_{15}+g_{16}+g_{20})/2\\
&N_j=g_j\quad j=9,\ L,\ 20
\end{aligned} \tag{9.19}$$

当不包括i节点时，$g_i=0$，否则如式（9.20）所示：

$$
\begin{gathered}
g_i = G(\xi, \xi_i)\, G(\eta, \eta_i)\, G(\zeta, \zeta_i) \\
G(\beta, \beta_i) = (1+\beta_i\beta)/2 \qquad \beta_i = \pm 1 \\
G(\beta, \beta_i) = (1-\beta^2) \qquad \beta_i = 0 \\
\beta_i = \xi, \eta, \zeta
\end{gathered} \tag{9.20}
$$

根据形函数，可以导出以节点位移为基本变量来表示的单元内任一点位移的关系式。对于三维问题，如式（9.21）所示：

$$
\begin{gathered}
u = \sum_{i=1}^{j} N_i(\xi, \eta, \zeta)\, u_i = [N]\{u\} \\
v = \sum_{i=1}^{j} N_i(\xi, \eta, \zeta)\, v_i = [N]\{v\} \\
w = \sum_{i=1}^{j} N_i(\xi, \eta, \zeta)\, w_i = [N]\{w\} \\
i = 1, L, 8; \; j = 9, L, 20
\end{gathered} \tag{9.21}
$$

其矩阵形式如式（9.22）所示：

$$
\{u\} = [N]\{\varDelta\}^{\mathrm{e}} \tag{9.22}
$$

式中：$\{u\} = \{u, v, w\}^{\mathrm{T}}$——单元内任一点的位移矩阵；

$[N]$——单元形函数矩阵，可根据单元类型及节点数来选择确定；

$\{\varDelta\}^{\mathrm{e}}$——单元的节点位移矩阵。

b. 单元特性分析。

建立单元体内任一点应变、应力、节点力和节点位移的关系式，从而导出单元刚度矩阵。

$$
\{\varepsilon\} = [B]\{\varDelta\}^{\mathrm{e}} \tag{9.23}
$$

$$
\{\sigma\} = [S]\{\varDelta\}^{\mathrm{e}} \tag{9.24}
$$

$$
\{F\} = [K]^{\mathrm{e}}\{\varDelta\}^{\mathrm{e}} \tag{9.25}
$$

式中：$\{\varepsilon\}$，$\{\sigma\}$，$\{F\}$——单元内任一点的应变矩阵、应力矩阵、节点力矩阵；

$[B]$——单元几何矩阵，表示应变与节点位移的关系，$[B]=[L][N]$；

$[S]$——单元应力矩阵，表示应力与节点位移的关系，$[S]=[D][B]$；

$[K]^{\mathrm{e}}$——单元刚度矩阵，$[K] = \int_V [B]^{\mathrm{T}}[D][B]\mathrm{d}V$；

$\{\varDelta\}^{\mathrm{e}}$——单元节点位移矩阵。

（3）整体分析。

根据节点力的平衡条件建立有限元方程，引入边界条件，解线性方程以计算单元应力。具体说来可以分为下面三个步骤。

① 分析整理各单元刚度矩阵，通过节点的平衡方程形成节点载荷列阵，合成总刚度矩阵，建立以节点位移为未知量，以总体刚度矩阵为系数的线性代数方程组，此即为结构静力学问题的有限元控制方程。其矩阵形式如式（9.26）所示：

$$[K]\{\varDelta\}=\{F\} \tag{9.26}$$

式中：$[K]$——总刚度矩阵；

$\{\varDelta\}$——节点位移列阵；

$\{F\}$——总载荷向量。

② 对线性代数方程组进行边界处理，求解节点位移。

③ 进一步由 $\{\sigma\}=[S]\{\varDelta\}^{e}$，可求得单元应力。

有限元的基本求解过程如图 9.3 所示。

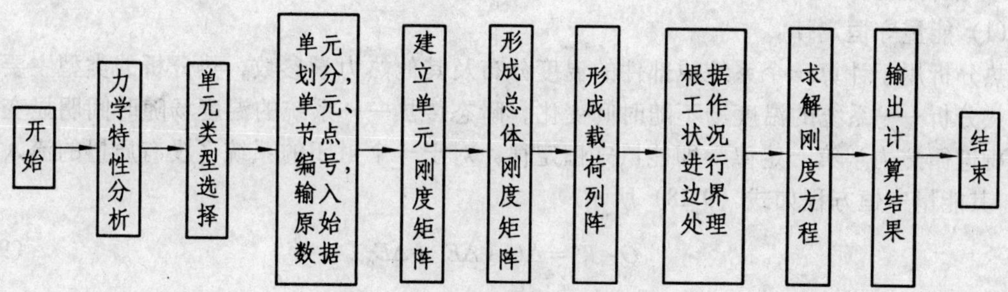

图 9.3　有限元基本求解过程

2）结构动力学问题的有限元法

结构动力学分析是用来确定惯性（质量效应）和阻尼起重要作用时结构或构件动力学特性的技术。其动力学特性有振动特性（结构振动方式和振动频率）、随机载荷的效应。

通过变分原理或 Galerkin 方法可推导出动力学问题的控制方程，其通用控制方程如式（9.27）所示：

$$[M]\{\ddot{u}\}+[C]\{\dot{u}\}+[K]\{u\}=\{F(t)\} \tag{9.27}$$

式中：$[M]$——结构质量矩阵，单元的质量矩阵为：

$$[M]^{e}=\int_{V}[N]^{T}\rho[N]\,dV$$

$[C]$——结构阻尼矩阵，单元的阻尼矩阵为：

$$[C]^{e}=\int_{V}[N]^{T}\nu[N]\,dV$$

$[K]$——结构刚度矩阵，单元刚度矩阵为：

$$[K]^{e}=\int_{V}[B]^{T}[D][B]\,dV$$

$\{F(t)\}$——随时间变化的节点载荷向量；

$\{u\}$——节点位移矩阵；

$\{\dot{u}\}$——节点速度矢量矩阵；

$\{\ddot{u}\}$——节点加速度矩阵。

不同的分析类型通过这个方程的不同形式求解。

（1）模态分析。设定 $F(t)$为零，而矩阵$[C]$通常被忽略。

（2）谐响应分析。设定 $F(t)$和 $u(t)$都为谐函数。

（3）瞬间动态分析。即为上述控制方程。

解上述控制方程，以求得系统产生的位移、速度和加速度的值。

目前主要有两种求解方法：一是模态叠加法，二是直接积分法。

模态叠加法可按自然频率和模态将完全耦合的通用控制方程转化为一组独立的非耦合方程。模态叠加法可以用来处理瞬态动力学分析和谐响应分析。直接积分法是通过显示积分或隐式积分法直接求解通用控制方程。

3）热分析问题的有限元法

（1）能量守恒定律。

热分析用于计算一个系统或部件的温度分布及其他热力学参数，热分析的类型主要有：稳态热分析——系统的温度场不随时间变化；瞬态传热——系统的温度场随时间明显变化。热分析遵循热力学第一定律，即能量守恒定律。对于一个封闭的系统（没有质量的流入或流出），其能量守恒方程如式（9.28）所示：

$$Q-W=\Delta U+\Delta E_k+\Delta E_p \tag{9.28}$$

式中：Q——热量；

W——做功；

ΔU——系统热力学能；

ΔE_k——系统动能；

ΔE_p——系统势能。

对于大多数工程传热问题，$\Delta E_k=\Delta E_p=0$；通常考虑没有做功，即 $W=0$，则 $Q=\Delta U$。

对于稳态热分析，$Q=\Delta U=0$，即流入系统的热量等于流出的热量；$q=\mathrm{d}U/\mathrm{d}t$，即流入或流出的热传递速率 q 等于系统热力学能的变化。

（2）热传递的类型。

热传递的类型有：热传导、热对流、热辐射三种形式。

① 热传导。

热传导为完全接触的两个物体之间或一个物体的不同部分之间由于温度梯度而引起的热力学能的交换。热传导遵循傅里叶定律，如式（9.29）所示：

$$q=-k\frac{\mathrm{d}T}{\mathrm{d}X} \tag{9.29}$$

式中：q——热流密度，$\mathrm{W\cdot m^{-2}}$；

k——导热系数，$\mathrm{W\cdot m^{-1}\cdot {}^\circ C^{-1}}$。

② 热对流。

热对流是指固体的表面与它周围接触的流体之间，由于温差的存在引起的热量的交换。热对流有两类：自然对流和强制对流。热对流用牛顿冷却方程来描述如式（9.30）所示：

$$q=h(T_s-T_b) \tag{9.30}$$

式中：h——对流换热系数；

T_s——固体表面的温度；

T_b——周围流体的温度。

③ 热辐射。

热辐射指物体发射电磁能，并被其他物体吸收转变为热的热交换过程。物体温度越高，单位时间辐射的热量越多。热辐射传递可以用斯蒂芬-波尔兹曼方程［如式（9.31）所示］来计算。

$$q = \varepsilon\sigma S_1 F_{12}(T_1^4 - T_2^4) \tag{9.31}$$

式中：q——热流率；

ε——辐射率（黑度）；

σ——斯蒂芬-波尔兹曼常数；

S_1——辐射面 1 的面积；

F_{12}——辐射面 1 到辐射面 2 的形状系数；

T_1——辐射面 1 的绝对温度；

T_2——辐射面 2 的绝对温度。

(3) 控制方程。

① 稳态传热。

在稳态热分析中任一节点的温度不随时间变化。根据能量守恒原理，稳态热分析的控制方程为：

$$[K]\{T\} = \{Q\} \tag{9.32}$$

式中：$[K]$——传导矩阵，包含导热系数、对流系数及辐射率和形状系数；

$\{T\}$——节点温度向量；

$\{Q\}$——节点热流率向量，包含热生成。

② 瞬态传热。

在这个过程中系统的温度、热流率、热边界条件以及系统热力学能随时间都有明显变化。根据能量守恒原理，瞬态热分析的控制方程为：

$$[\mathrm{C}]\{\mathrm{T}\} + [K]\{T\} = \{Q\} \tag{9.33}$$

式中：$[K]$——传导矩阵，包含导热系数、对流系数及辐射率和形状系数；

$[C]$——比热容矩阵，考虑系统热力学能的增加；

$\{T\}$——节点温度向量；

$\{Q\}$——节点热流率向量，包含热生成。

(4) 边界条件、初始条件。

热分析的边界条件或初始条件一般有：温度、热流率、热流密度、对流、辐射、绝热、生热。

在实际 CAE 分析工作中，通常将 CAE 的基本理论融入 CAE 软件中实现。下面对几个著名的 CAE 软件进行介绍。

9.2　CAE 有限元分析软件的工程分析

CAE 有限元分析软件包含三个组成部分：前处理部分——创建或读入几何模型，定义材料属性和划分有限元网格（产生单元及单元节点）；有限元解算部分——施加载荷及载荷选项，设定约束条件和有限元方程求解；后处理部分——分析结果的查看和分析。在进行工程分析时主要包含三个步骤：前处理、有限元解算和后处理。

9.2.1 前处理

前处理是指创建实体模型及有限元模型。一般包括实体模型的创建、单元属性的定义、有限元网格的剖分等内容。

1）实体模型的建立

一般的 CAE 软件都是提供简单的几何造型功能，可满足几何形状简单的物件建模需要。形状复杂的物件的几何模型可以在 CAD 系统中生成，利用分析软件的 IGES 等文件接口读入。利用分析软件建模时，首先要选择合适的坐标系和工作平面，构成当前几何元素定义及其操作所针对的参考系。坐标系和工作平面有默认定义，也可以根据需要随时改变。给定参考系后，就可以创建点、线、面、体等基本的几何元素。创建这些元素时根据需要输入有关参数，许多参数可以通过鼠标拾取的方式输入。基本几何元素生成后，可以对它们进行各种几何操作，从而建立较复杂的模型。由低级的几何对象可以生成高级的几何对象，如由点生成线，线生成面，面生成体等。几何对象的并、交、扫动、回转、分割、合并等操作都能生成新的更复杂的几何对象。

2）单元属性定义

单元属性指在划分网格以前必须指定的所分析对象的特征。具体说来单元属性的定义主要包含两个方面的工作，一个是材料属性的定义，另一个是单元类型的选择。

（1）材料属性的定义。

材料属性的定义包含的内容有：各个物理量的单位；材料各向同性或各向异性定义；材料力学、物理常数定义，如弹性力学问题中的杨氏模量、泊松比的定义，热分析中输入的热传导系数等。

（2）单元类型的选择。

在有限元分析中，要根据模型的几何特点，选择合适的单元类型，以便达到减少计算量、提高计算精度的目的。对于平面问题和轴对称问题，应尽量采用平面（二维）单元而不要用三维单元，这样能大大缩小计算规模和难度，节省计算时间。即使模型仅仅具有近似的平面或轴对称变形特点，也可以采用平面单元进行一些初步的分析，以便对问题有一个初步的了解，有助于指导详细的建模和分析。对于一般的三维模型，只能用实体单元。对于板料成形等问题，由于工件的厚度与面内尺寸相差悬殊，应该采用板壳单元。各类型单元的性质和特点如下：

① 线单元。

线单元有以下几种：梁单元——用于梁构件、薄壁管件、C 型截面构件、角钢、或者狭长薄膜构件（只有膜应力和弯曲应力的情况）等模型；杆单元——用于弹簧、螺杆、预应力螺杆和桁架等模型；弹簧单元——用于弹簧、螺杆或细长构件以及通过刚度等效代替的复杂结构等模型。

② 平面单元。

将在平面上进行离散化得到的单元都称为平面单元，由于轴对称问题仅需在子平面内进行离散化和分析计算，具有与平面问题相同的特点，因此，也将其归入平面单元这一类型。平面单元主要有两种形状，即三角形和四边形。四边形单元计算效果好，应尽量采用，但有时软件难以实现全四边形网格剖分和动态重分，难免夹杂若干三角形单元。三角形单元对复杂边界的适应性强，但计算精度较低，计算中显得过于刚硬。值得注意的是：在平面单元中增加节点数量，能增加插值多项式的项数，即提高形函数的阶次，进而提高计算的精度，而且能更精确地拟合曲线边界，在线性分析中经常采用这样的高阶单元。但是对于塑性成形等强非线性问题，采用高阶单元会大大增加计算的难度，结果往往并不理想，因而采用低阶单元，同时根据需要加密网格效果更好。

③ 体单元。

与平面单元主要有三角形和四边形这两种形状相类似，对三维物体进行离散化所采用的体单元主要有四面体和六面体两种形状，后两种单元之间的差别与前两种单元之间的差别也是十分相似的。四面体单元不仅能适应多种复杂边界形状，而且容易实现网络密度的变化，有利于对不规则三维空间区域进行全自动网格剖分，因此得到了广泛的应用。但空间中四面体的拼合较复杂，容易出错，也不容易直观地理解。由于四面体单元为常应变单元，而六面体单元中应变呈线性变化，因此采用六面体单元精度更高，对于形状比较规则的物体应尽量采用六面体单元。但形状复杂的物体难以进行全六面体网格剖分，对变形大的物体进行全六面体网格的动态重分更为困难。因此，在这些场合大多采用全四面体网格，因为四面体网格对复杂形状的适应性强，容易实现动态重分。在平面问题中，采用四边形与三角形单元混用的情况较为常见，但三维问题中却不能直接将六面体单元与四面体单元混合使用，在六面体与四面体之间要采用一层金字塔形（五面体）单元进行过渡。

④ 壳单元。

对于板料厚度远小于面内尺寸的物体，不宜采用体单元进行分析。这是因为单元的理想形状是各边长度尽量相等，体单元在面内的尺寸与厚度应相近，这将需要采用大量的单元和节点，如果在面内采用比厚度大得多的尺寸，则会导致病态的方程，影响求解的精度。为了有效地分析这一类问题，人们抽象出板壳的概念，引入了有关的变形假设，开发了板壳单元，从而只需在中面内进行网格剖分，大大提高了计算效率。

板和壳都用来描述薄结构，只是板的中面是平面，而壳的中面可以是任意的曲面。在模拟板料成形过程时，为了改善计算精度、提高计算效率，通常采用壳理论进行公式化，可将板看做壳的一种特殊情况。在工程中，当壳体的厚度与中面的曲率半径之比小于 1/20 时，即当做薄壳处理。

薄壳理论是建立在两个克希荷夫假定的基础上的。这两个假定是：

a. 变形前垂直于中面的法线在变形后仍然是直线，与变形后的中面保持垂直，称为直法线假定；

b. 垂直于中面方向的应力与其他应力相比可以忽略不计。

第一个假定忽略壳的横向（即垂直于中面的方向）的剪切变形，第二个假定忽略壳体的横向挤压应力。这样，就把薄壳看成是由许多平行于中面彼此互不挤压的薄层所构成的。当壳厚与中面曲率半径相比较大时，不能忽略横向剪切的影响，因此不能采用上述薄壳理论。这时可采用 Mindlin 壳理论，即将克希荷夫薄壳理论的第一个假定修改为“变形前垂直于中面的法线在变形后仍然是直线，但这条直线不一定垂直于变形后的中面”。

壳单元可以通过体单元的退化得到。考虑到法线变形后保持为直线这一假定，没有必要在厚度方向取多个节点。将体单元沿厚度方向的节点仅用中面上的一个节点来代替，就得到了所谓退化的壳单元。

与平面单元类似，壳单元的形状有三角形与四边形两种，其中四边形单元的四个角点不一定共面。壳单元中的位移可以分解为两个部分：其一是由于节点位移而引起的位移，对于中面及平行于中面的各层，该位移是相同的，与该位移相关的形函数与平面单元的相应形函数是相同的；其二是由于节点处的“法线”（或称为节点矢量）绕着与其自身一起构成一个直角坐标系的另外两个轴发生转动，在偏离中面的各层材料中引起的附加位移。在中面的上下两侧，该项位移的方向相反，其大小则与各层与中面的距离成比例，这是一种沿厚度方向呈线性分布的弯曲变形形式。

与位移的分解相对应，壳单元的应变也可以分解为两个部分：其一是出于节点的位移而引起的中面的变形，这就如同一张没有厚度的膜在外力作用下发生的面内拉伸、压缩和剪切变形，所以又称为膜应变；其二是由于节点处的“法线”转动而引起的弯曲应变。对于 Mindlin 壳，由于法线转动后不再垂直于中面，所以，在壳中还会引起沿厚度方向（称为横向）的剪切应变。

当壳体发生塑性变形时，尽管应变沿厚度方向呈线性分布，应力却呈非线性分布，为了正确地描述应力沿厚度方向的变化规律，应该沿厚度方向取较多（如 5～7 个）计算点（积分点）。壳的相对厚度（即厚度与曲率半径之比）越大，或计算精度要求越高，尤其是当需要计算板料成形后的回弹变形时，沿厚度方向的积分点数就要取得越多。

应用壳单元时，厚度方向的挤压应力应该远小于面内的应力，即满足平面应力假设。当材料受到很大的厚度方向应力而被挤薄时（如变薄拉延），不应使用壳单元而应使用体单元。在板料成形分析中，有时局部区域的圆角半径小到与板厚同量级，严格地说，这些区域应该作为厚壳处理（如采用较多的厚向积分点）或采用体单元进行计算。

壳单元的种类很多，其中有的做了大量简化，因而计算效率很高；有的采用较严格的理论假设，因而精度较高，应该综合考虑计算的精度要求、问题的规模和非线性程度等，根据计算经验选取。

3）网格剖分

网格剖分的方法主要分为两类。一类是映射法，或称为结构化的方法，使用这种方法首先要将需要分网的区域分解成四边形或三角形的较规则的子域，每个子域作为一个超单元。然后针对每个子域给定各边的节点数量，最后生成与子域形状相似的单元。采用这类方法用户易于控制，易实现其特定的意图，但操作麻烦，网格的质量不一定好。另一类是自由的或非结构化的方法，这类方法所依据的算法种类繁多，由于其自动化水平高，一般而言生成的网格质量好，能适应各种复杂的情况，用户可以指定各个位置单元的边长以实现网格密度的变化，使用更为方便。

分网后应检查网格质量。其中包括：单元各边长应尽可能相等，单元的内角应尽可能平均。另外，为了使离散后的有限元模型尽可能逼近原模型的几何形状，应控制离散化前后的表面之间的最大偏差。对于检验不合格的单元，需要调整网格密度控制参数重新分网，或进行局部的手工调整，如移动节点位置、网格加密等。

9.2.2　有限元解算

有限元解算由载荷处理和有限元方程求解两部分组成。

1）载荷处理

载荷处理包含三个方面的内容：载荷分类、载荷施加以及载荷校验、删除。

（1）载荷分类。载荷可分为：

① 节点的自由度（DOF）值（如机构分析中的位移、热分析中的温度）。

② 集中载荷（点载荷）（如机构分析中的集中力、力矩）。

③ 面载荷（作用在表面上的分布载荷，如机构分析中的压力，热分析中的热对流）。

④ 体积载荷（作用在体积上，如热分析中的体积膨胀、内生成热等）。

⑤ 惯性载荷（结构质量或惯性引起的载荷，如重力、角速度等）。

（2）载荷施加。

载荷可施加在几何实体模型或有限元模型上。在实体模型上加载的优点是：几何实体模型上加载相对于有限元网格是独立的，重新划分网格或局部网格修改不影响载荷；加载操作更加容易。但在用有限元求解时，几何实体模型上的载荷需转化到相应的节点或单元上去。

（3）载荷校验、删除。

可通过画出载荷或用列表的方式查看已施加的载荷是否正确。实体模型载荷显示在几何模型上（体、面、线或关键点上），有限元模型载荷在画节点或单元时显示。对于不合理的载荷可通过采用同时删除模型中的所有载荷或删除模型中选择的指定载荷的方式来删除并重新施加载荷。

2）有限元方程求解

有限元方程求解包含三个方面的内容：模型分析数据检查、选择求解器和求解过程、输出信息。

（1）模型分析数据检查。在进行求解之前，应进行分析数据检查，包括以下内容：

① 统一的单位。

② 单元类型和选项。

③ 材料性质参数。

④ 单元特性、单元实常数和类型的设定。

⑤ 实体模型的质量特性。

⑥ 模型中不应存在的缝隙。

⑦ 壳单元的法向。

⑧ 节点坐标系。

⑨ 集中力、面力、体积载荷。

⑩ 温度场的分布和范围。

⑪ 热膨胀分析的参考温度。

（2）选择求解器。

求解器的功能是求解关于结构自由度的联立线性方程组。该求解过程所花费的时间取决于所用计算机的速度和所求解问题的性质。对于简单分析可能需要一、二次求解，对于复杂的瞬态或非线性分析可能需要进行几十次、几百次甚至几千次求解；其求解时间可以是几秒、几小时或者几天。

一般的通用有限元软件都提供许多不同的求解器，如 ANSYS 软件提供了 2 个直接求解器：波前求解器、稀疏矩阵求解器，3 个迭代求解器：PCG，JCG，ICCC。2 个直接求解器和 PCG 求解器均可用于非线性问题。对于模态分析，ANSYS 软件提供 6 种不同的特征值提取法。对于不同的问题，应选取合适的求解器和算法。

(3) 求解过程输出信息。

求解过程主要输出信息有：模型的质量特性（模型的质量、质心位置和质量矩），单元矩阵系数，模型尺寸和求解统计信息，汇总文件和大小。

9.2.3　后处理

所谓后处理，就是将有限元计算分析结果进行加工处理并形象化为变形图，应力等直线图、应力应变彩色浓淡图、应力应变曲线以及振动图等，以便对变形、应力等进行直观分析和研究。为实现这些目的而编制的程序，称为后处理程序。后处理包含两个方面的内容：计算结果绘制、列表，计算结果的分析评价。

1）计算结果绘制、列表

CAE 软件提供以下工具来观察计算结果：

(1) 变形、应力和应变图。

(2) 变形、应力和应变动画图。

(3) 支反力的列表。

(4) 变形、应力、应变等值线图。

(5) 定义变量的图形显示和列表。

以上功能一般支持各种单元类型，具有快速重画、图形轮廓分明、模型显示光滑和具有图片的真实感等特点。

2）计算结果的分析评价

CAE 软件提供一系列误差估计来评价由网格密度引起的计算结果精度问题，通常使用的误差估计方法有：能量百分比误差、应力误差、能量误差、应力上下限等。

9.3　常用的有限元分析方法

1）结构静力分析

结构静力分析用来分析由于稳态外部载荷引起的系统或部件的位移、应力、应变和力。静力分析很适合于求解惯性及阻力的时间相关作用对结构响应的影响并不显著的问题。这种分析类型有很广泛的应用，如确定结构的应力集中程度，或预测结构中由温度引起的应力等。

静力分析包括线性静力分析和非线性静力分析，如图 9.4、图 9.5 所示。

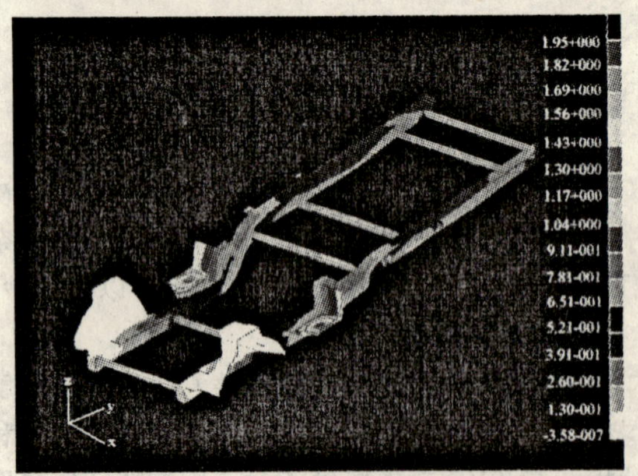

图 9.4　汽车车架的线性结构静力分析应力云图

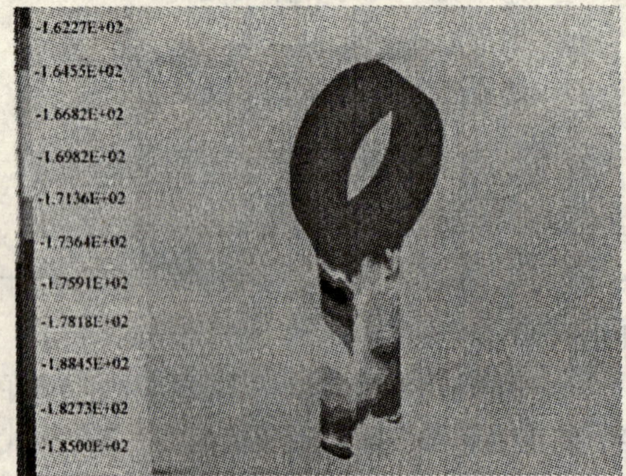

图 9.5　发动机连杆小头连接部分的非线性结构静力分析云图

非线性静力分析允许有大变形、蠕变、应力刚化、接触单元、超弹性单元等。结构非线性可以分为：几何非线性、材料非线性和状态非线性三种类型。

几何非线性指物体在外部载荷作用下所产生的变形与其本身的几何尺寸相比不能忽略时，由物体的变形引起的非线性响应。

材料非线性指物体材料变形时，材料所表现的非线性应力应变关系。常见的材料非线性有弹塑性、超弹性、粘弹塑性等。许多因素可以影响材料的非线性应力-应变关系，如加载历史、环境温度、加载的时间总量等。

状态非线性是指结构表现出来的一种与状态相关的非线性行为，如两个变形体之间的接触，随着接触状态的变化，其刚度矩阵发生显著的变化。

2）结构动力分析

结构动力分析一般包括结构模态分析、谐响应分析和瞬态动力学分析。

(1) 结构模态分析用于确定结构或部件的振动特性（固有频率和振型）。它也是其他瞬态动力学分析的起点，如谐响应分析、谱分析等。结构模态分析中常用的模态提取方法有：子空间（Subspace）法、分块的兰索斯（Block Lanczos）法、PowerDynamics 法、豪斯霍尔德（Reduced Householder）法、Damped 法以及 Unsysmmetric 法等。

(2) 谐响应分析用于分析持速的周期载荷在结构系统中产生的持速的周期响应（谐响应），以及确定线性结构承受随时间按正弦（简谐）规律变化的载荷时稳态响应的一种分析方法，这种分析只计算结构的稳态受迫振动，不考虑发生在激励开始时的瞬态振动。谐响应分析是一种线性分析，但也可以分析有预应力的结构。

(3) 瞬态动力学分析（亦称时间历程分析）是用于确定承受任意随时间变化载荷的结构的动力学响应的一种方法。可用瞬态动力学分析方法确定结构在静载荷、瞬态载荷和简谐载荷的随意组合作用下的随时间变化的位移、应变、应力及力。由于载荷和时间的相关性，分析中惯性力和阻尼的作用比较重要。瞬态动力学分析主要采用直接时间积分方法，该方法功能强大，允许包含各种类型的非线性。直接时间积分方法主要有：Houbolt 方法、Wilson 法和 Newmark 法。图 9.6 (a) 是某微型客车的结构模态分析（采用 NASTRAN 解算），图 9.6（b）是该车在凸块路面的瞬态激振力作用下动力响应分析的结构-应力分布云图（$T=0.322$ s）。

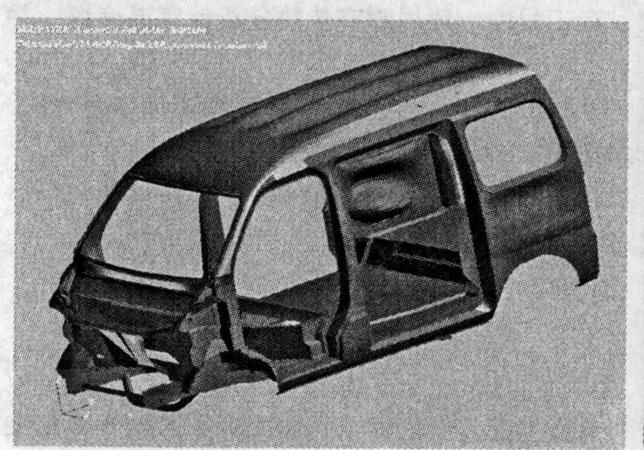

(a)

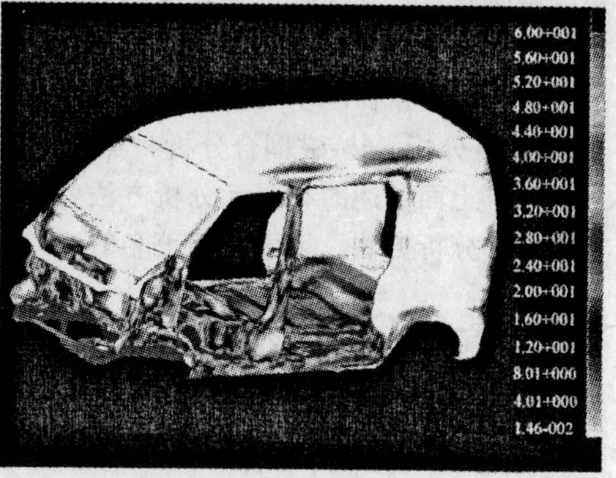

(b)

图 9.6　某微型客车的结构模态分析与动力响应分析中的结构-应力分布云图

3）热分析及热应力分析

热分析用于计算一个系统或部件的温度分布及其他热力学参数，如热量获取或损失，热梯度、热流密度（热通量）等。热分析在许多工程应用中具有重要的作用，如内燃机、涡轮机、换热器、管路系统、电子元件的热分析等。物体热分析包括热传导、热对流及热辐射三种传递方式，此外，在一些 CAE 软件中热分析还可包括相变分析、有内热源及接触热阻等问题的分析。热分析的有限元方法一般基于能量守恒原理的热平衡方程，计算各节点的温度，并导出其他热力学参数。热分析的有限元方法中，常用的初、边值条件有：温度、热流率、热流密度、对流、辐射、绝热、生热等。

热分析一般包括两种传热分析：

（1）稳态传热分析。

在稳态传热分析中，系统的温度场不随时间变化。稳态传热分析用于研究稳定的热载荷对系统或部件的影响。稳态传热分析的有限元计算可以确定由稳定的热载荷引起的温度、热梯度、热流率、热流密度等参数。在进行瞬态传热分析前，常常进行稳态传热分析以确定初始温度分布。图 9.7、图 9.8 和图 9.9 是国内某大型柴油机厂的某新型柴油机开发活塞有限元模型、活塞-温度场和活塞-应力场分析实例。

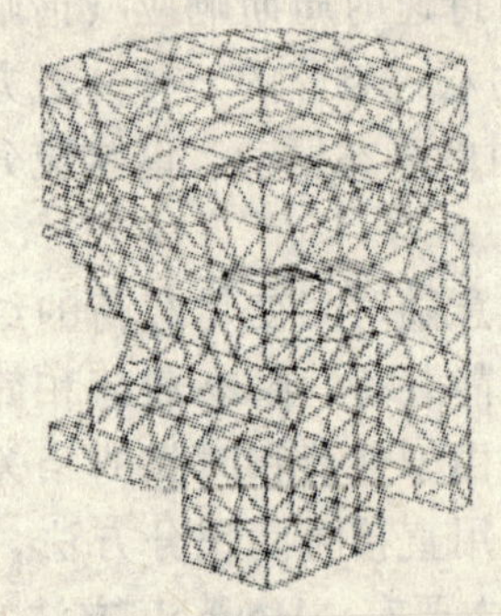
图 9.7　活塞有限元模型（1/4）

图 9.8　活塞-温度场分析

图 9.9　活塞-应力场分析

（2）瞬态传热分析。

瞬态传热分析中，系统的温度场随时间明显变化。瞬态传热分析的有限元可以计算一个系统随时间变化的温度场及其他热力学参数。在工程中一般用瞬态传热分析计算温度场，并将其结果作为热载荷进行应力分析。

热分析常常伴随多场耦合，常见的热耦合分析有：热-结构耦合分析、热-流体耦合分析、热-电耦合分析、热-磁耦合分析、热-电-磁-结构耦合分析。

除了上面所述的有限元分析方法外，许多 CAE 软件还提供了电磁场分析、流体动力学分析等多种分析方法，下面介绍著名的 CAE 软件及其相应的分析功能。

9.4　著名 CAE 软件介绍

1）ANSYS 软件

John Swanson 于 1970 年在美国宾夕法利亚州的匹兹堡创建了 ANSYS 公司，30 多年来 ANSYS 公司致力于设计分析软件的开发，目前 ANSYS 软件融结构、流体、电场、磁场、声场分析于一体的大型通用有限元分析软件，它能与多数 CAD 软件（Pro/ENGINEER，

NASTRAN，Alogor 等）接口，实现数据的共享和交换，其主要特点有：

ANSYS 的强大分析功能覆盖了自然界的四种场：应力应变场（结构分析）、温度场（热分析）、流场（流体力学分析）、电磁场（电磁场分析）。

ANSYS 具有多场耦合分析功能，主要有：热-结构耦合（温度应力）、电磁-热耦合（感应加热）、电磁-结构耦合（压电现象）、热-流耦合（流动传热）、流-固耦合（机翼分析、血液流动）、液-固耦合（液体晃动、声学分析）。另外 ANSYS 拥有子模型、子结构、参数化设计语言（APDL）、单元死活、设计优化、二次开发等功能。

具体说来 ANSYS 软件提供的分析类型如下：

(1) 结构静力分析：用来求解外载荷引起的位移、应力和力。ANSYS 程序中的静力分析不仅可以进行线性分析，而且可以进行非线性分析，如塑性、蠕变、膨胀、大变形、大应变及接触分析。

(2) 结构动力分析：用来求解随时间变化的载荷对结构或部件的影响。ANSYS 可进行的结构动力分析类型包括：瞬间动力分析、模态分析、谐波响应分析及随机震动响应分析。

(3) 结构非线性分析：结构非线性导致结构或部件的响应随外载荷不成比例变化，ANSYS 程序可求解静态和瞬态非线性问题，包括材料非线性、几何非线性和单元非线性三种。

(4) 动力学分析：ANSYS 程序可以分析大型三维柔体运动。

(5) 热分析：ANSYS 程序对热传递的三种类型均可进行瞬态、线性和非线性分析。

(6) 电磁场分析：主要用于电磁场的分析，如电感、电容、磁通量密度、涡流、电场分布、磁场等。

(7) 流体力学分析：ANSYS 流体单元能进行流体力学分析，分析的类型可以为瞬态或稳态。

(8) 声场分析：ANSYS 的声学功能用来研究在含有流体的介质中声波的传播，或分析浸在流体中的固体结构的动态特性。

(9) 压电分析：用于分析二维或三维结构对 AC（交流）、DC（直流）或任意随时间变化的电流或机械载荷的响应。ANSYS 程序可进行四种类型的分析：静态分析、模态分析、谐波响应分析、瞬态响应分析。

2）ADINA 软件

K. J. Bathe 于 1986 年在美国马萨诸塞州 Watertown 成立了 ADINA R&D 公司，ADINA 是 Automatic Dynamic Increment Nonlinear Analysis 的首字母缩写。其含义是 ADINA 除了求解线性问题外，还具备分析非线性问题的强大功能，即求解结构以及涉及结构场之外的多场耦合问题。ADINA 软件专注求解结构、流体、流体-结构耦合等复杂的非线性问题，并力求程序的求解能力、可靠性、求解效率全球领先。

ADINA 系统主要包括六个工作模块：用户界面 ADINA-AUI、结构分析求解器 ADINA、传热分析求解器 ADINA-T；计算流体力学（CFD）求解器 ADINA-F、流体-结构耦合分析求解器 ADINA-FSI、热-机械耦合分析求解器 ADINA-TMC。

具体说来 ADINA 的求解功能如下：

(1) 静力、动力分析：ADINA 中包括静力分析和动力分析。动力分析包括瞬态动力分析（时序分析）、模态分析、谐波响应分析、响应谱分析、随机振动分析。

(2) 结构屈曲分析：屈曲分析用于确定结构局部或整体失稳时的极限载荷，结构在特定载荷下是否失稳及其失稳模态。ADINA 中屈曲分析分为线性屈曲解法和非线性屈曲解法。

(3) 断裂力学分析：ADINA 中的断裂力学理论包括：J 积分、能量释放法以及张开位移法，能计算静裂纹中的应力强度因子，J 积分以及模拟裂纹的萌生、扩展过程。ADINA 中断裂力学分析对象既可是线弹性材料，也可以是非线性材料，如金属塑性材料、岩石的 D-P 材料等。

(4) CFD 流动分析：在 ADINA 中提供了两种求解流体问题的方法：有限元法和控制体积法。ADINA 提供了极为丰富的边界条件和材料模式，可实现非常复杂的流体流动、流-固耦合分析。

(5) 流-固耦合分析：ADINA-FSI 模块是全球领先的流-固耦合求解器，能将 ADINA 结构和 ADINA 流体的功能完全融合在一起，而且计算速度很快。

(6) 渗流（结构-渗流-温度场耦合）分析：ADINA 提供两种求解渗流问题的方法：一种是利用多孔介质材料来分析渗流问题，采用平均速度、渗透率定义介质中的流体控制方程，得到渗流速度、流网分布；另一种方法是利用渗流方程与温度方程相同的原理，用温度场的求解方法来求解渗流问题，得到渗流速度及浸润面的形状。

(7) 温度场、TMC 分析：TMC 是 ADINA 的热-力耦合求解模块，用于求解结构和热的耦合方程，从而确定结构由于温度场的变化而引起的温度应力。

3）ABAQUS 软件

ABAQUS 是由美国 Hibbitt Karlsson & Sorensen（HKS）公司开发并且提供售后服务的先进的通用有限元程序系统，是国际上最先进的大型通用有限元计算分析软件之一。它的非线性力学分析功能具有世界领先水平，受到世界上许多著名公司、大学和研究部门的青睐。其主要分析功能有：

(1) 静态应力/位移分析：包括线性，材料和几何非线性，以及结构断裂分析等。

(2) 动态分析：包括结构固有频率的提取，瞬态响应分析，稳态响应分析以及随机响应分析等。

(3) 粘弹性-粘塑性响应分析：粘弹性-粘塑性材料结构的响应分析。

(4) 热传导分析：传导、辐射和对流的瞬态或稳态分析。

(5) 质量扩散分析：静水压力造成的质量扩散和渗流分析等。

(6) 耦合分析：热-力耦合、热-电耦合、压-电耦合、流-力耦合、声-力耦合等。

(7) 非线性动态应力-位移分析：可以模拟各种随时间变化的大位移、接触分析等。

(8) 瞬态温度-位移耦合分析：解决力学和热响应及其耦合问题。

(9) 准静态分析：应用显示积分方法求解冲压等准静态问题。

(10) 退火成型过程分析：可以对材料退火热处理过程进行模拟。

(11) 海洋工程结构分析：对海洋工程的特殊载荷如流载荷、浮力、惯性力等进行模拟；对海洋工程的特殊结构如锚链、管道、电缆等进行模拟；对海洋工程的特殊连接，如土壤-管柱连接、锚链-海床摩擦、管道-管道相对滑动等进行模拟。

(12) 水下冲击分析：对冲击载荷作用下的水下结构进行分析。

(13) 疲劳分析：根据结构和材料的受载荷情况统计进行生存力分析和疲劳寿命预估。

(14) 设计灵敏度分析：对结构参数进行灵敏度分析并据此进行结构的优化设计。

4）MSC. NASTRAN 分析软件

NASTRAN 分析软件是 MSC 公司的拳头产品，有着近 40 年的开发和改进历史，在国防、航空航天、机械制造、汽车、船舶、电子、土木工程、材料工程等方面都有较广泛的应用。MSC.NASTRAN 的主要功能模块有：基本分析模块（含静力、模态、屈曲、热应力、流-固耦合及数据库管理等）、动力学分析模块、热传导模块、非线性分析模块、设计灵敏度分析及优化模块、超单元分析模块、气动弹性分析模块、DMAP 用户开发工具模块及高级对称分析模块。

在世界上具有较大影响力的是其动力学分析模块，该模块不但功能十分强大，而且性能稳定，已经历 36 年的实践检验。主要功能有：正则模态分析；复特征值分析；瞬态响应分析（时间-历程分析）；频率响应分析；随机振动分析；响应谱分析；声学分析。

除模块化外，MSC.NASTRAN 还按解题规模分成 10 000 节点到无限节点，用户引进时可根据自身的经费状况和功能需求灵活地选择不同的模块和不同的解题规模，以最小的经济投入取得最大效益。MSC.NASTRAN 及 MSC 的相关产品拥有统一的数据库管理，一旦用户需要可方便地进行模块或解题规模扩充，不必有任何其他的担心。

5）MSC.MARC 分析软件

它是功能齐全的高级非线性有限元软件，具有很强的结构分析能力，可以处理各种线性和非线性结构分析，包括：线性/非线性静力分析、模态分析、简谐响应分析、频谱分析、随机振动分析、动力响应分析、自动的静/动力接触、屈曲/失稳、失效和破坏分析等。为满足工业界和学术界的各种需求，提供了层次丰富、适应性强、能够在多种硬件平台上运行的系列产品。MSC.MARC 包括两个模块：

（1）MSC.MARC/MENTAT：是 MSC/MARC 的前后处理图形交互界面，与 MARC 求解器无缝连接。

（2）MSC/MARC：是功能齐全的高级非线性有限元软件的求解器。它提供了丰富的结构单元、连续单元和特殊单元的单元库，几乎每种单元都具有处理大变形几何非线性、材料非线性和包括接触在内的边界条件非线性以及组合的高度非线性的超强能力。MARC 的结构分析材料库提供了模拟金属、非金属、聚合物、岩土、复合材料等多种线性和非线性复杂材料行为的材料模型，分析采用具有高数值稳定性、高精度和快速收敛的高度非线性问题求解技术，提供了多种功能强大的加载步长自适应控制技术，自动确定分析曲屈、蠕变、热弹塑性和动力响应的加载步长。

为了满足高级用户的特殊需要和进行二次开发，MSC.MARC 提供了方便的开放式用户环境，这些用户子程序入口几乎覆盖了 MARC 有限元分析的所有环节。

6）MSC.Fatigue 分析软件

MSC.Fatigue 是美国 MSC 公司的用于耐久性疲劳寿命预测仿真软件，具有强大的疲劳寿命分析功能，全套 MSC.Fatigue 包括以下模块：

（1）MSC.Fatigue Basic——全寿命及初始裂纹分析。取得有限元分析计算出的应力、应变，再根据 S-N 与 ϵ-N 曲线进行总寿命（Total Life）评价分析与初始裂纹寿命（Crack Initiation）分析。

（2）MSC.Fatigue Fracture——裂纹扩展分析。根据线弹性断裂力学（LEFM）进行裂纹扩展分析。

(3) MSC.Fatigue Multiaxial——多轴初始裂纹分析。多轴应力状态时的初始裂纹分析。

(4) MSC.Fatigue Vibration——振动疲劳分析。根据有限元频率响应(Frequency Response)的分析结果计算因随机振动导致的疲劳寿命评估。

(5) MSC.Fatigue Spot Weld——点焊的疲劳寿命分析。以 MSC.NASTRAN 的梁(Bar)元素模拟点焊位置的应力传递与分布，应用于大量的汽车钣金的疲劳分析。

(6) MSC.Fatigue Strain Gauge——虚拟应变片测量。直接贴到有限元分析模型上的虚拟应变片，可读出此应变片上各轴的应力，提供实验与分析结果的比对。

(7) MSC.Fatigue Utilities—— 高级疲劳和加载功能。集成许多非常有用的应用程序，大大加强分析计算能力、图形显示的功能与界面、加载的操作(Loading Manipulation)、文件管理等。

(8) MSC.Fatigue Pre&Post——疲劳寿命分析前后处理器。提供疲劳分析时所需的图形集成界面，用来建立模型、统计、检视分析结果。核心程序与 MSC.PATRAN 相同。

9.5 CAE 技术在产品设计中的应用

在产品开发中采用 CAE 技术，其主要目的就是对产品设计的结果进行验证和优化，从而有效提高产品的核心竞争力。在以有限元分析为工具的产品设计中，验证和优化的设计变量包括：材料厚度、面积、梁的截面惯性矩、弹性模量、泊松比、复合材料某一铺层厚度、铺设角、容器厚度、管壁厚等。约束条件可以是位移(包括相对/绝对平动、转动)、应变、热应变、应力(应力分量、主应力、Mises 应力、最大简应力、最大主应力、Tresca 应力)、反作用力、应变能、动态特征频率(相对/绝对频率)和屈曲特征值等。优化设计的目标可以是材料质量、材料体积或成本最小/最大。

下面以××型小汽车后桥的设计过程为例介绍 CAE 技术在新产品设计验证中的应用。该车是一款改型车，具体要求和开发重点是车身部分的改进设计和底盘部分因加大承重量而进行的后悬重新设计和动力系统的校核，其车架是在原车架的基础上进行改进设计，并考虑能承载 800 kg(额定载荷加大)。

基于 CAE 技术的××型小汽车后桥设计验证优化过程如图 9.10 所示

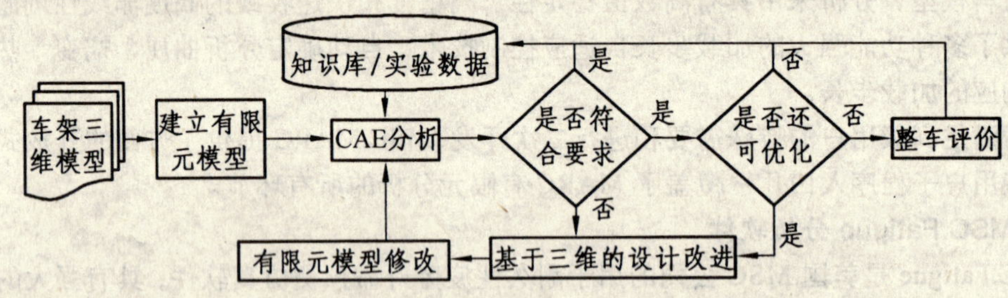

图 9.10 基于 CAE 技术的××型小汽车后桥设计验证优化过程

1) 车架的有限元模型建立

该车车架为复杂的空间板壳结构，车架横梁、纵梁上的货箱支承、发动机支承、水箱支承、油箱支承、备胎支承、驾驶室支承等，及其相关联的结构件为主要承载部件。其中纵梁由前段、中断和后段组成，它们均为“U”字形空间板壳结构。由于车架每一个零件都是厚度不超过 2.5 mm 的钣金件或薄壁圆筒件，因此采用曲面模型来构建整个结构的三维几何模型。图 9.11 为简化后的几何模型。

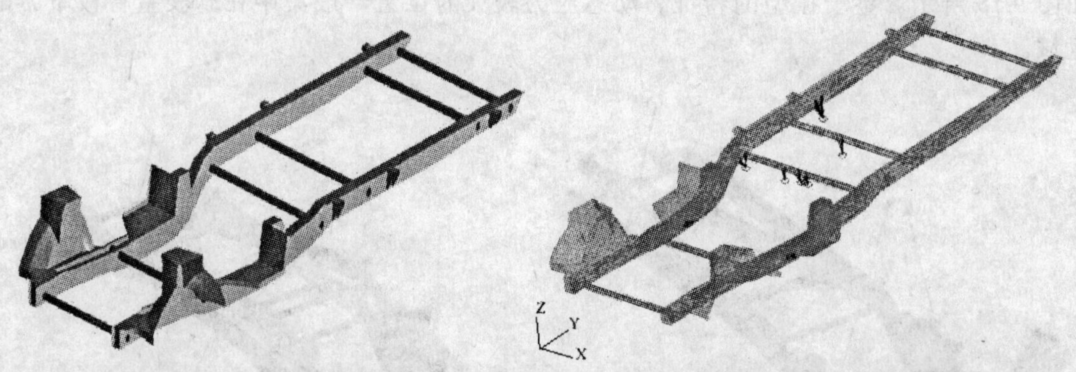

图 9.11 车架的几何模型　　图 9.12 车架的有限元模型

根据车架是板壳结构的特点，在建立有限元模型的时候采用四边形板壳单元来离散整个车架，对其中部分复杂的地方采用三角形单元进行离散。在一些主要承载零件和一些对车架强度影响比较大的地方采用尺寸比较小的单元，其他部位采用比较大的单元。图 9.12 为车架的有限元模型，整个模型分 31 432 个单元、31 413 个节点。

现代汽车工业普遍采用电焊技术，特别是对于汽车白车身尤为突出。本车架有限元模型焊点的模拟采用刚性元 REB2，这种模拟法影响焊点附近的应力分析值（通常偏大），但对全局应力和位移计算的影响很小。

2）车架模态分析

利用 NASTRAN 软件中 Lanczos 对有限元模型进行自由模态分析，计算车架的前 10 阶模态，图 9.13 为第一阶扭转模态（24.16HZ），图 9.14 为第一阶弯曲模态（48.45HZ），与类似车架的模态分析结果比较接近，这说明所建的车架有限元模型是比较可靠的，能够描述该车架的主要结构力学特征，可以有效地用于车架的设计分析中去。

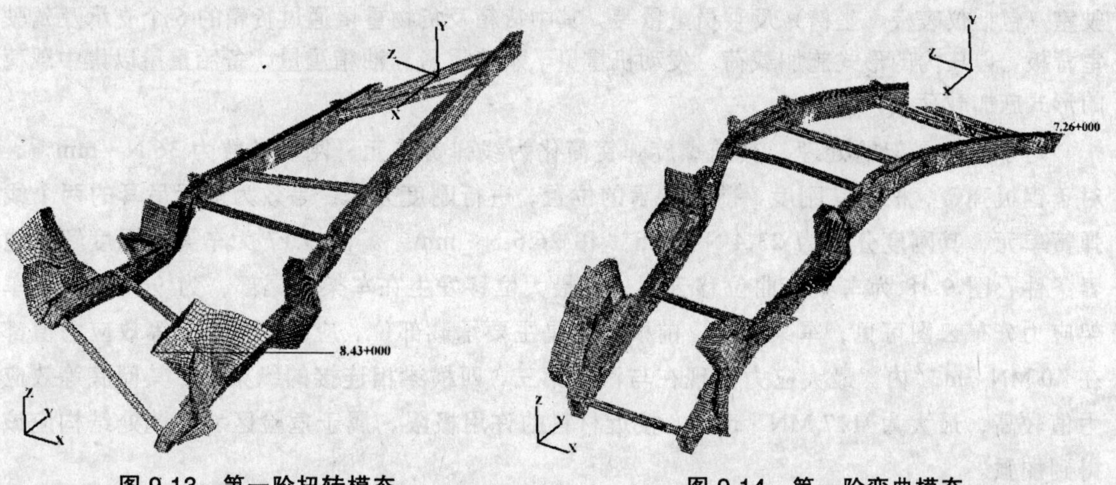

图 9.13 第一阶扭转模态　　图 9.14 第一阶弯曲模态

从车架的第一阶扭转固有振型来看，该车架以绕纵向为轴线的扭转振动为主，车架的尾部振动幅度较大，为振型腹部区域，而车架中部振动幅度较小，为振型结点位置，如图 9.15 所示。鉴于振型的特征，动态应力较大的位置一般集中在驾驶室背板下方的区域。

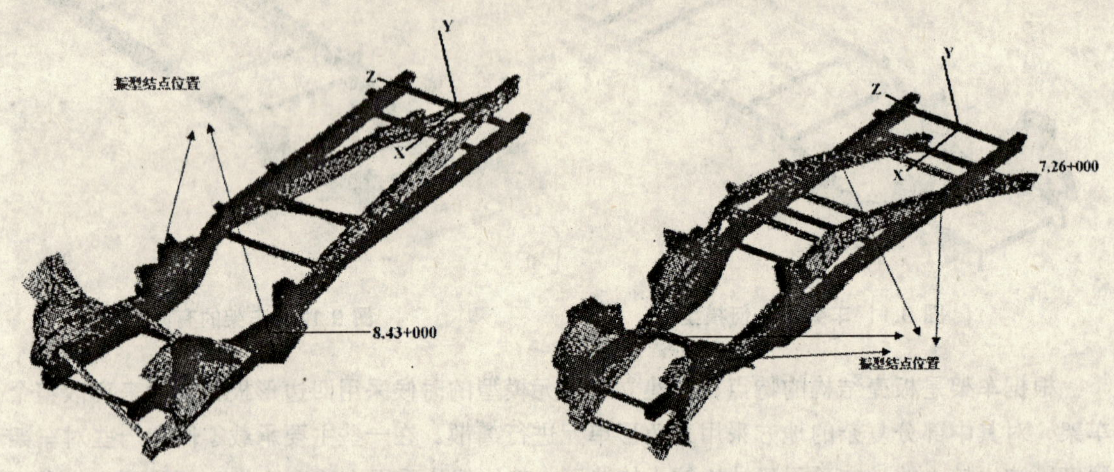

图 9.15　第一阶扭转模态振动分析　　**图 9.16　第一阶弯曲模态振动分析**

从车架的第一阶弯曲固有振型来看，该车架前部、尾部和车架乘员位置的振幅较大，为振型腹部区域，而车架第二横梁和后钢板弹簧缓冲块位置振动幅度较小，为振型结点位置，如图 9.16 所示，鉴于振型的特征，动态应力较大的位置一般集中在车架第二横梁和后钢板弹簧缓冲块位置区域。

3）车架的静强度分析

车架的弯曲静强度分析，主要是模拟汽车在静止满负荷下的弯曲工况，此时车架的变形主要在垂直方向，其载荷和约束基本对称。做静力有限元分析时，主要目的是求出车架各处的应力及变形情况，特别是高应力分布区。

车架的载荷主要有货箱及货物重量、发动机重量、水箱重量、油箱重量、备胎重量、驾驶室（包括仪表板、坐椅）及乘员重量等。其中货箱及货物重量通过货箱的 6 个支承及驾驶室背板，以压力的形式施加载荷。发动机重量、水箱重量、油箱重量、备胎重量以集中载荷的形式施加载荷。

对于汽车悬架的处理，其前螺旋弹簧简化为线弹簧单元，刚度参数为 36 N · mm^{-1}，对于钢板弹簧，根据其刚度、前后支承的位置，进行刚度分配，等效为前后吊耳的两个线弹簧单元，其刚度分别为 23.4 N · mm^{-1} 和 26.6 N · mm^{-1}。图 9.17 为车架静强度解算边界条件，图 9.18 为车架弯曲位移云图，其最大位移发生在车架的尾部，为 96 mm。从车架应力分布云图可见，车架前部、前横梁不是主要承载部位，应力值很低，等效应力值都在 40 MN · m^{-2} 内。最大应力出现在与汽车第三、四横梁相连接的纵梁处，其槽底等效应力值较高，最大为 117 MN · m^{-2}，接近材料的许用极限，属于危险区域，此处结构应该得到加强。

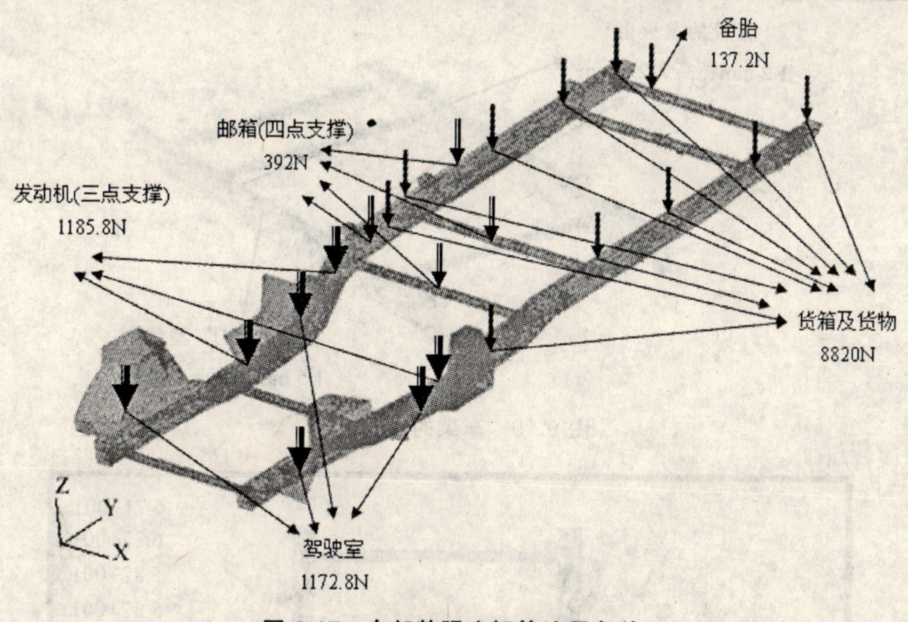

图 9.17 车架静强度解算边界条件

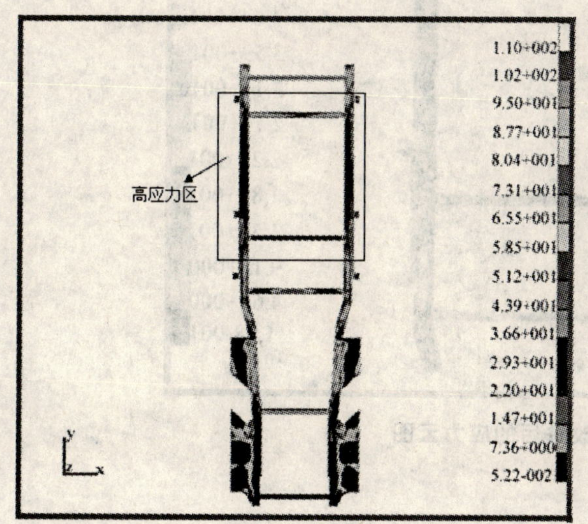

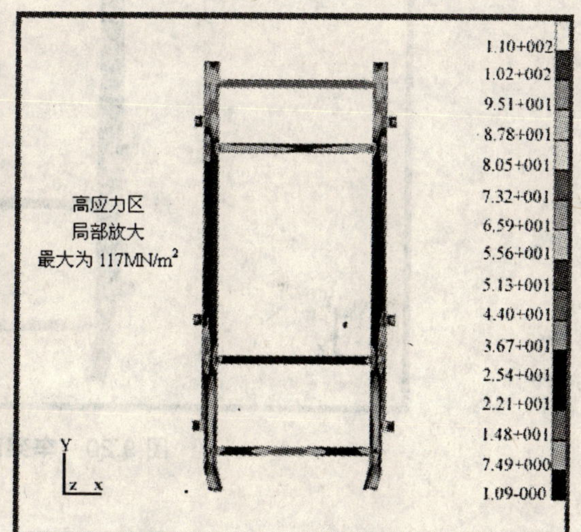

图 9.18 车架弯曲位移云图

4）车架的改进设计

对于整个车架而言，应力较大的区域在纵梁后段，故把改进的重点放在对纵梁后段的加强上。如图 9.19 所示，将纵梁后段的“U”型钢的板厚由 1.5 mm 提高到 2.5 mm，纵梁后段的盖板厚由 1.2 mm 提高到 2.0 mm。计算结果表明，纵梁后段的等效应力有所下降，最大值为 70 MN · m^{-2}（见图 9.20），通过分析，将纵梁后段的“U”型钢的板厚由 1.5 mm 提高到 2.5 mm，不会影响其制造性能，成本小，而且对车架自由模态结果基本没有影响。该改进方案是可行的。

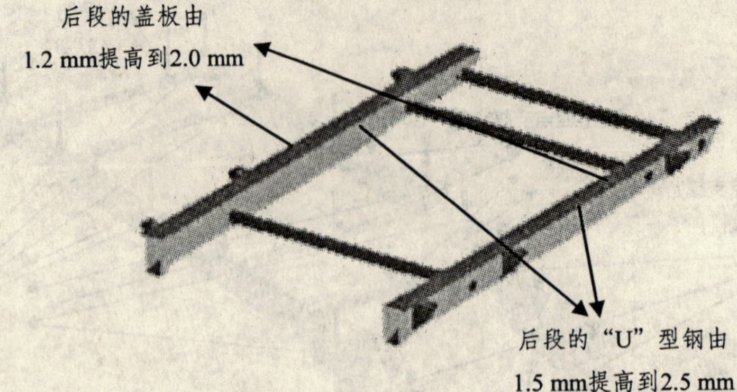

图 9.19　车架的改进设计

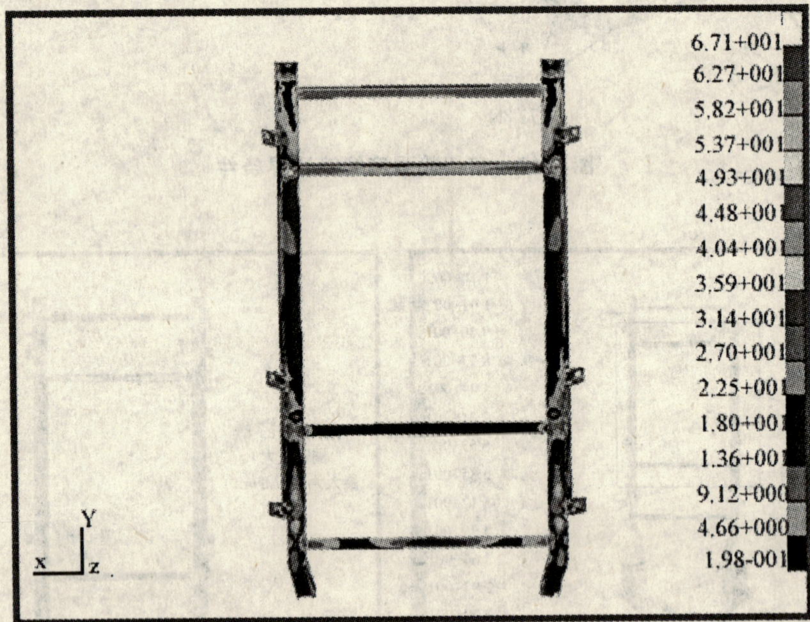

图 9.20　车架改进后的应力云图

第十章　产品设计中的数字化制造

在新产品的开发过程中，除了采用CAE技术可进行产品及零部件的性能仿真分析外，为了能准确地把握新产品未来的功能和性能，有时也需要制作实物样件或样机进行试验。为了加快新产品的开发速度，采用数字化制造手段来制作实物样机或样件，已成为国内外制造业首选的先进手段。目前，在新产品开发中常用的数字化制造技术是CAM和RP。CAM(Computer Aided Manufacturing)即计算机辅助制造，是指应用计算机来进行产品制造的统称，有广义和狭义之分。广义CAM是指利用计算机辅助完成从原材料到成品的全部制造过程，其中包括直接制造过程和间接制造过程。狭义CAM是指制造过程中某个环节应用计算机，在计算机辅助设计和制造（CAD/CAM）中，通常是指计算机辅助加工，更确切地说，是指数控加工。它的输入信息是零件的几何信息和工艺信息(包括工艺路线和工序内容)，输出信息是刀具加工时的运动轨迹和数控程序。数控编程的过程就是把CAD/CAM有机地结合起来的过程，指NC程序的编制，包括刀具路径的规划、刀位文件的生成、刀具轨迹的仿真及NC代码生成。

本章主要讲述狭义CAM技术，以及它在新产品开发试制中的作用，见图10.1。

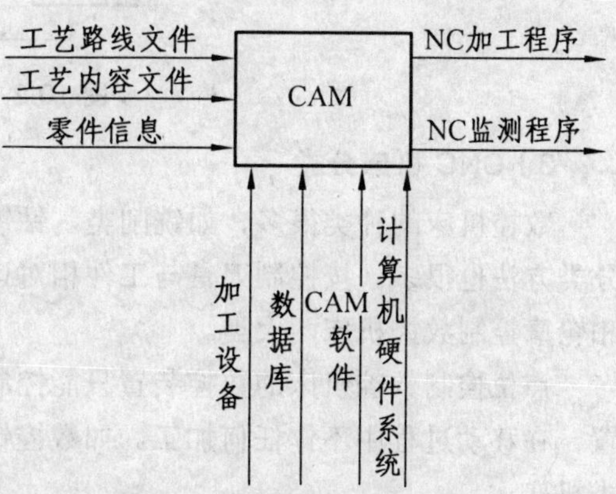

图10.1　狭义CAM系统功能模型

10.1　数控机床概述

数控机床是一个装备了数控系统的机床，该系统能够逻辑地处理输入到数控系统的数控加工程序，控制数控机床运动并加工出零件。现代数控系统一般称为CNC（计算机数字控制）系统。

10.1.1　CNC机床的组成及分类

CNC机床由机床床体和数控系统两大部分组成。机床本体是数控机床的主体，由机床的基础大件（如床身、底座）和各运动部件（如工作台、床鞍、主轴等）所组成。数控系统是数控机床的控制核心，是一个相对独立的组成部分。一种数控系统通常可与不同的多种机床相连配。

1）数控机床的床体

数控机床的机械结构与普通机床相比有相似之处，但其工艺特点对数控机床的机械结构提出了更高的要求。运动部件的传动机构用滚珠丝杠，并有消除游隙的装置，以保证运动的精度。床身导轨表面通常涂有特殊塑料层，以保证运动的平稳性，避免产生阶段性的“爬行”现象。

2）数控系统

机床数控系统主要是一种位置控制系统。它对输入的零件加工程序、控制参数、补偿数据等进行识别和译码，并执行所需要的逻辑运算，发出相应的指令脉冲，控制机床的驱动装置，操作机床实现预期的加工功能。

现代 CNC 系统是由输入输出装置、计算机数控装置、可编程序控制器、主轴伺服驱动装置、进给伺服装置以及检测装置等组成，如图 10.2 所示。

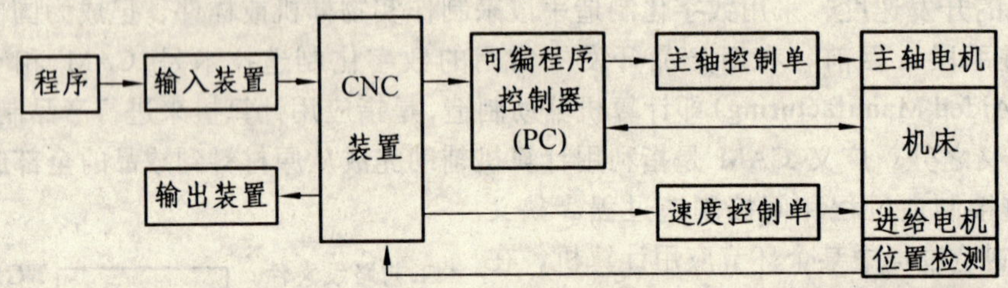

图 10.2　CNC 系统框图

3）CNC 机床分类

数控机床的种类很多，如铣削类、钻铰类、车削类、磨削类、线切割、加工中心等。其分类方法也很多。按控制刀具与工件相对运动轨迹分类，数控机床可分为点位控制数控机床和轮廓控制数控机床两大类。

点位控制数控机床的数控装置只能控制工作台或刀具从一个位置精确地移动到另一个位置，在移动过程中不作任何加工。如数控镗、钻、冲，数控点焊机及数控折弯机等均属于这类机床。

轮廓控制数控机床能同时对两个或两个以上的坐标轴进行连续轨迹控制，具有插补功能，工作台或刀具边移动边加工。轮廓控制数控机床按控制坐标轴数分类，又可进一步分为两坐标联动（两坐标两联动或三坐标两联动）、三坐标联动、多坐标联动数控机床。

10.1.2　数控机床的坐标系统

数控机床的坐标系与普通机床相同，也是由正交 *x*，*y*，*z* 轴组成，符合笛卡儿右手直角坐标系，如图 10.3 所示。*x*，*y*，*z* 轴的判别方法，主轴旋转的轴称为 *z* 轴；工作台或刀塔移动距离较长的轴称为 *x* 轴，取刀具远离工件的方向为 *x* 坐标的正方向；而移动距离较短的为 *y* 轴，可按右手定则确定 *y* 坐标的正方向。相对于每个坐标轴的旋转运动坐标为 *A*，*B*，*C*。

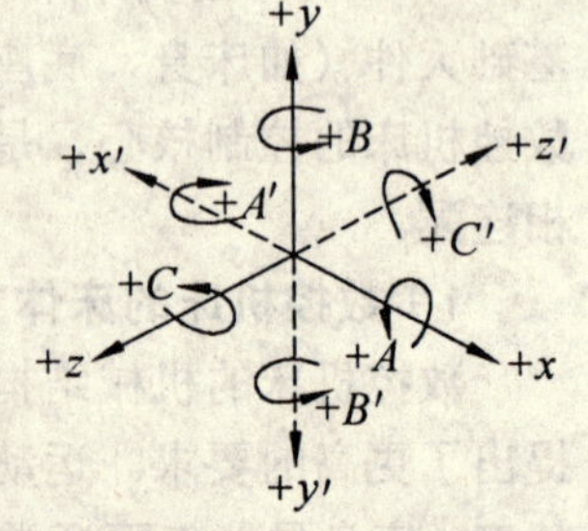

图 10.3　坐标命名

除了 *x*，*y*，*z* 为主要轴向外，必要时另有辅助轴，才能做一些较特殊的加工，如涡轮、凸轮等，称其为 *A*，*B*，*C* 轴，辨别方法为：绕 *x* 轴旋转称为 *A* 轴，即一般讲的第四轴（立式铣床中），绕 *y* 轴旋转称为 *B* 轴（卧式铣床中），绕 *z* 轴旋转称为 *C* 轴。

10.1.3　数控机床的刀具补偿

在数控加工中，由于刀尖有圆弧，工件轮廓是刀具运动包络形成，因此刀位点的运动轨迹与工件的轮廓是不重合的。在全功能数控系统中，可应用其刀具补偿指令，按工件轮廓尺寸，很方便地进行编程加工。在目前流行的数控系统中，刀具补偿一般包括刀具长度补偿和刀具半径补偿。

1）刀具长度补偿

使用刀具长度补偿指令，在编程时就不必考虑刀具的实际长度及各把刀具的实际长度尺寸。加工时，用 MDI 输入刀具长度尺寸，即可正确加工。当由于刀具磨损更换刀具等原因引起刀具长度尺寸变化时，只要修正刀具长度补偿量，而不必调整程序或刀具。

2）二维刀具半径补偿

用圆柱铣刀加工工件时，由于铣刀的刀位点在刀具轴线上，而切削是边沿切削，所以按工件轮廓编程时，加工出的零件轮廓与设计尺寸会相差一个半径值。用半径补偿指令可以使刀具在轮廓的左边或右边进行半径补偿，简化了程序的编制。

在实际轮廓加工过程中，刀具半径补偿执行过程一般分为三步：刀具补偿建立、刀具补偿进行、刀具补偿撤销。

10.1.4　数控程序段格式及数控机床程序的组成

数控程序由若干个“程序段”（Block）组成，每个程序段由按照一定顺序和规定排列的“字（Word）”组成。字是由表示地址的英文字母、特殊文字和数字集合而成。字表示某一功能的组代码符号。如 X500 为一个字，表示 X 向尺寸为 500；F20 为一个字，表示进给速度为 20（具体值由规定的代码方法决定）。字是控制带或程序的信息单位。程序段格式是指一个程序段中各字的排列顺序及其表达方式。

程序段格式有许多种，如固定顺序程序段格式、有分隔符的固定顺序程序段格式，以及字地址程序段格式等。现在应用最广泛的是“可变程序段、文字地址程序段（Word Address Format）”格式。图 10.4 是这种格式的例子。

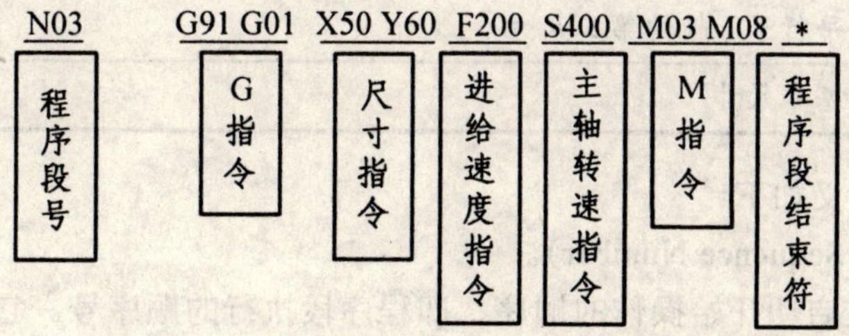

图 10.4　可变程序段、文字地址程序段格式

从上例可以看出，程序段由顺序号字、准备功能字、尺寸字、进给功能字、主轴功能字、刀具功能字、辅助功能字和程序结束符组成。此外，还有插补参数字等。每个字都由字母开头，称为“地址”。ISO 标准规定的地址意义如表 10.1 所示。

表 10.1 地址字符表

字符	意　　义
A	关于 x 轴的角度尺寸
B	关于 y 轴的角度尺寸
C	关于 z 轴的角度尺寸
D	第二刀具功能，也有定为偏置号
E	第二进给功能
F	第一进给功能
G	准备功能字
H	暂不指定，有的定为偏置号
I	平行于 x 轴的插补参数或螺纹导程
J	平行于 y 轴的插补参数或螺纹导程
K	平行于 z 轴的插补参数或螺纹导程
L	不指定，有的定为固定循环返回次数，也有的定为子程序返回次数
M	辅助功能
N	顺序号
O	不用，有的定为程序编号
P	平行于 x 轴的第三尺寸，也有定为固定循环的参数
Q	平行于 y 轴的第三尺寸，也有定为固定循环的参数
R	平行于 z 轴的第三尺寸，也有定为固定循环的参数，圆弧半径等
S	主轴速度功能
T	第一刀具功能
U	平行于 x 轴的第二尺寸
V	平行于 y 轴的第二尺寸
W	平行于 z 轴的第二尺寸
X，Y，Z	基本尺寸

各个功能字的意义如下：

(1) 程序段号（Sequence Number）。

用来表示程序从启动开始操作的顺序，即程序段执行的顺序号。它用地址码“N”和后面的若干位数字表示。

(2) 准备功能字（Preparatory Function or G-function）。

也称为 G 代码。准备功能是使数控装置做某种操作的功能，它一般紧跟在程序段序号后面，用地址码“G”和两数字来表示。

(3) 尺寸字。

尺寸字是给定机床各坐标轴位移的方向和数据的，它由各坐标轴的地址代码、数字构成。尺寸字一般安排在 G 功能字的后面。尺寸字的地址代码，对于进给运动为 X，Y，Z，U，V，W，P，Q，R；对于回转运动的地址代码为 A，B，C，D，E。此外，还有插补参数字 I，J，K 等。

(4) 进给功能字（Feed Function or F-function）。

它给定刀具对于工件的相对速度，由地址码“F”和其后面的若干位数字构成。这个数字取决于每个数控装置所采用的进给速度指定方法。进给功能字应写在相应轴尺寸字之后，对于几个轴合成运动的进给功能字，应写在最后一个尺寸字之后。一般单位为 $mm \cdot min^{-1}$，切削螺纹时用 $mm \cdot r^{-1}$ 表示，在英制单位中用英寸表示。

(5) 主轴转速功能字（Spindle Speed Function or S-function）。

主轴转速功能也称为 S 功能，该功能字用来选择主轴转速，它由地址码“S”和在其后面的若干位数字构成。主轴速度单位用 $r \cdot min^{-1}$ 表示。

(6) 刀具功能字（Tool Function or T-function）。

该功能也称为 T 功能，它由地址码“T”和后面的若干位数字构成。刀具功能字用于更换刀具时指定刀具或显示待换刀号，有时也能指定刀具位置补偿。

(7) 辅助功能字（Miscellaneous Function or M-function）。

也称为 M 功能，该功能指定除 G 功能之外的种种“通断控制”功能。它一般用地址码“M”和后面的两数字表示。

(8) 程序段结束符（End of Block）。

每一个程序段结束之后，都应加上程序段结束符。“*”是某种数控装置程序段结束符的简化符号。

对一具体程序段来说，上述列出的字地址指令并非都是必需的，究竟包含哪些字地址指令，应按该程序段所需完成的动作来设定，但程序段号 N 和结束符号 CR 是必需的。

10.2 数控编程及 CAM 技术

10.2.1 数控编程概述

1）数控编程

要进行数控加工，首先必须根据零件图纸及工艺要求等原始条件编制数控加工程序，输入数控系统，控制数控机床中刀具与工件的相对运动，以完成零件的加工。编制数控加工程序就成为数控加工中一个极为重要的环节。

从零件图纸或数据模型获得数控加工程序的全过程，称为数控编程。

2）数控机床编程的方法

数控机床编程的方法有三种，即手工编程、自动编程和图形交互式自动编程。

(1) 手工编程。

由人工完成零件图样分析、工艺处理、数值计算、书写程序清单直到程序的输入和检验，称为“手工编程”。

手工编程一般适用于点位加工或几何形状不太复杂的。对于加工轮廓的几何形状不是由简单的直线和圆弧组成的复杂零件，特别是求解空间曲面的离散点时，由于数值计算复杂、编程工作量大、校对困难，采用这种编程方法就很难完成或根本无法实现。而用自动编程或图形交互式自动编程就容易实现。

下面以图 10.5 所示轮廓零件的铣削为例，说明数控铣床的手工编程过程。

① 分析零件图纸，确定加工路线、工艺参数，进行工艺处理。

② 数学处理。对于由直线和圆弧组成的平面轮廓零件只需求出零件图形中各几何元素相交的交点或相切的切点坐标。

③ 程序单，如下：

```
N001  G90  G92  X0  Y0  Z200.
N002  G00  X50  Y40.
N003  Z2.
N004  S800  M03  M08.
N005  G01  Z5  F50.
N006  G41  D01  X40  F150.
N007  X80.
N008  Y20.
N009  G02  X40  Y20  R40  F100.
N010  G03  X20  Y80  R60.
N011  G01  X40  F150.
N012  Y20.
N013  M09  M05.
N014  G00  Z200.
N015  G40  X0  Y0.
N016  M02.
```

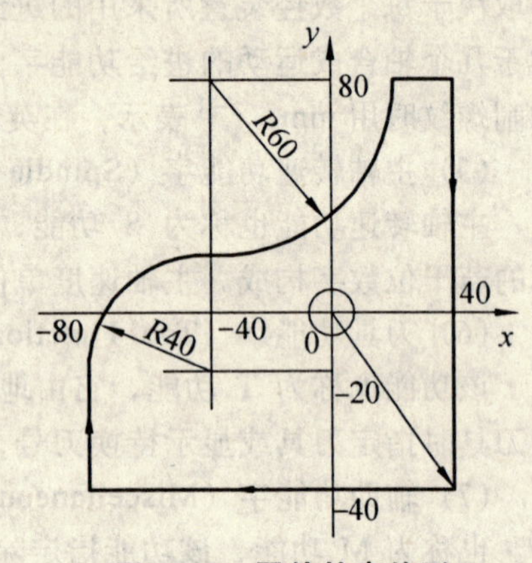

图 10.5　零件轮廓外形

本例数控系统的脉冲当量是 0.005 mm，X，Y，Z，I，J 后数字的书写格式是小数点后 3 位，末位数只允许是 0 或 5。采用相对编程，即程序段中给出刀具的增量行程。现对以上程序作一简要说明。

N001 程序段：以刀具起始位置来建立加工坐标系，设定绝对坐标编程方式。

N002 程序段：刀具快速平移到下刀位置。

N003 程序段：令刀具快速降至安全平面。

N004 程序段：打开冷却液，启动主轴。

N005 程序段：是切入程序段，采用刀具补偿左偏置指令 G41，并给出了刀补矢量的法向矢量。其中 F50 是刀具进给的速度。

N009 和 N010 程序段：令刀具走圆弧，其中 R 指定圆周的半径。

N015 程序段：取消刀补，并在最后一个程序段结束程序。

由此可以看出，这样一个简单的零件，编程都要费一定的工夫，而且容易出错，随着计算机技术的发展，出现了编程过程的自动化。

(2) 自动编程。

自动编程也称计算机辅助编程，即程序编制工作的大部分或全部由计算机来完成。在这个过程中，编程人员只是根据零件图样和工艺要求，使用规定的语言编写出一个描述零件加工要求的程序，将其输入计算机或编程机进行数值计算，并编译出零件加工程序。

由于计算机自动编程能够完成烦琐的数值计算和人工难以完成的工作，而且将效率提高几十倍甚至上百倍，因而对于较复杂零件采用“自动编程”更方便。

(3) 图形交互式自动编程。

交互式 CAD/CAM 集成系统自动编程是现代 CAD/CAM 集成系统中常用的方法，在编程时编程人员首先利用计算机辅助设计（CAD）或自动编程软件本身的零件造型功能，构建出零件几何形状，然后对零件图样进行工艺分析，确定加工方案，然后还需利用软件的计算机辅助制造（CAM）功能，完成工艺方案的制订、切削用量的选择、刀具及其参数的设定，自动计算并生成刀位轨迹文件，利用后置处理功能生成指定数控系统用的加工程序。因此我们把这种自动编程方式称为图形交互式自动编程。这种自动编程系统是一种 CAD 与 CAM 高度结合的自动编程系统。

集成化数控编程的主要特点：零件的几何形状可在零件设计阶段采用 CAD/CAM 集成系统的几何设计模块在图形交互方式下进行定义、显示和修改，最终得到零件的几何模型。编程操作都是在屏幕菜单及命令驱动等图形交互方式下完成的，具有形象、直观和高效等优点。

10.2.2　CAM 软件结构

从软件上看，目前常见的 CAM 系统体系结构有以下三种基本模式：

(1) CAM 子系统与 CAD 和 CAE 等子系统在系统底层一级集成式开发，形成集成系统。

该集成系统中的 CAD 子系统具备强大的产品设计与造型功能，生成的产品数据模型为 CAM 子系统提供了完备的数据服务。CAM 子系统直接利用 CAD 子系统所生成的产品数据模型进行刀位计算，并利用后置处理模块生成 NC 指令。该种系统很多，如 Ugll，PYIJIt，CATIA 等，其基本功能完备，系统庞大，模块组台发售，价格高。

(2) 以侧重产品造型的系统为平台的插件式 CAM 系统。

该类 CAM 软件大多是 Windows 环境，利用 Windows 体系提供的各种软件技术，以第三方的形式为产品造型系统提供插件(Plag In)模块或子系统。如 SolidWorks 内嵌的 CAMWorks，AutodeskMDT 内嵌的 HyperMILL 和 EdgeCAM 等。此类插件系统在文件一级操作 CAD 产品模型，利用特征识别技术直接在产品模型 L 获取切削区域的几何信息及其加工工艺规范，进而生成 NC 刀位轨迹。此类 CAM 系统大多捆绑平台软件，规模紧凑，集成度高，价格较低。

(3) 支持简单曲面造型的专用数控计算系统。

该类系统提供面向复杂形体的曲面（或曲面实体）造型功能以及更为强大的 NC 刀位轨迹计算、编辑、验证、仿真和后置处理功能。专用 NC 系统对数控机床的适应能力强，提供较多的加工工艺制定方法，适用于中小企业或专用设备制造企业。

对于上述三种 CAM 系统，第一种系统基本上都建立在实体模型表示上，采用交互方式定制形成切削方案和工艺规划；第二种则在第一种系统的基础上添加了加工特征自动识别技术；第三种依靠较为完备的曲面建模，仍采用交互方式在曲面模型上快速生成多种加工形式的刀位轨迹，但其相对薄弱的造型功能制约了CAM系统的使用。

目前比较成熟的CAM系统主要以两种形式实现CAD/CAM系统集成：一体化的CAD/CAM系统(如UGII,Euclid,Pro/ENGINEER等)和相对独立的CAM系统(如Mastercam,Surfcam等)。前者以内部统一的数据格式直接从CAD系统获取产品几何模型，而后者主要通过中性文件从其他CAD系统获取产品几何模型。然而，无论是哪种形式的CAM系统，都由五个模块组成，即交互工艺参数输入模块、刀具轨迹生成模块、刀具轨迹编辑模块、三维加工动态仿真模块和后置处理模块。

图10.6为CAM的软件功能图，它由六个功能模块组成：

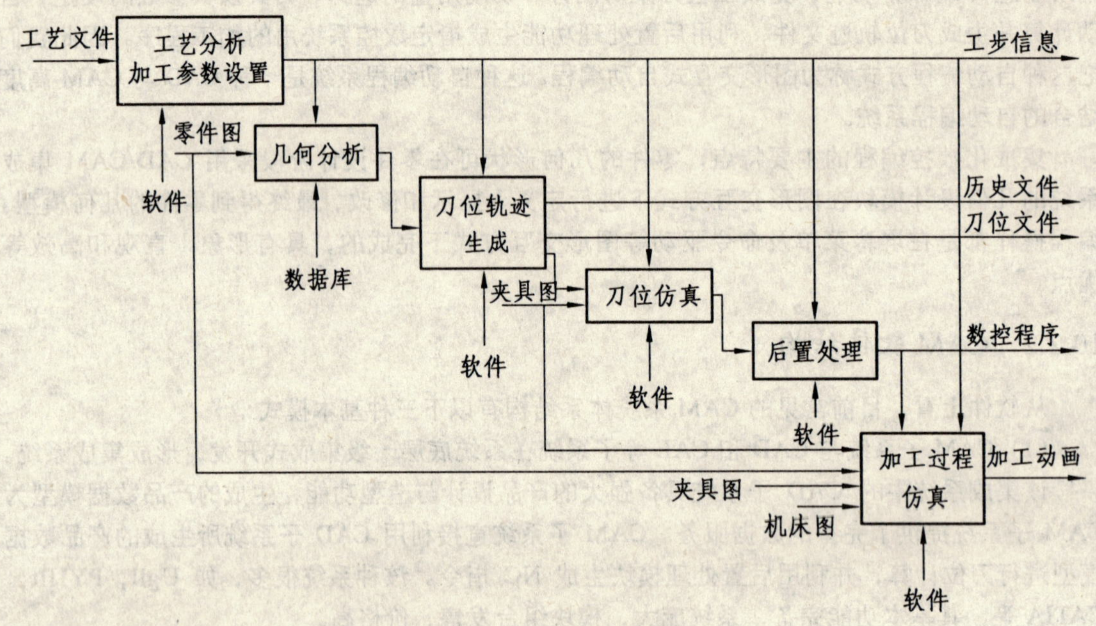

图10.6 CAM软件功能图

(1) 工艺分析和加工参数设置模块。

它是根据所输入的零件工艺过程设计的工艺文件，对各工序设定切削用量、刀具补偿、加工坐标原点（刀具起点）等，其所需原始数据均取自工艺文件，按实际所选数控机床的情况进行设置。

(2) 几何分析模块。

其作用是分析零件的图形文件，得到图形的一些特征参数，并将这些参数传递给需要它的加工子程序，用以协助加工的自动完成。

(3) 刀位轨迹生成模块。

其作用是设计刀具的运动轨迹，产生历史文件和刀位文件。根据加工工艺调用相应加工子程序，自动产生该加工的详细描述，这些描述及零件的图形被记录为历史文件（类似APT语言的描述)，同时也产生了刀位文件（二进制或ASCII格式)。加工子程序是各种加工方法的处理程序，它是对各种加工方法的具体描述，所提供的加工方法越多，软件应用的范围越广。

（4）刀位仿真模块。

其作用是检验刀位轨迹，避免刀具与工件上被加工轮廓的干涉，优化刀具行程路径等。

（5）后置处理模块。

产生所用具体数控机床的数控程序。

（6）加工过程仿真模块。

检查数控程序编制的正确性和刀具、夹具、机床、工件之间的运动干涉碰撞仿真。

图 10.7 为 CAM 软件系统框图，其工作需要几何和工艺两方面的信息，几何信息可通过 CAD 集成输入或零件图纸人机交互输入，工艺信息则由 CAPP 输入。

在图 10.6 中我们将 CAM 分为六个功能模块，但实际应用时常简单认为 CAM 由前置处理、后置处理和加工仿真三部分组成。后置处理与具体的数控机床控制系统关系密切，前置处理与后置处理是分开的，前置处理的输出是后置处理的输入。

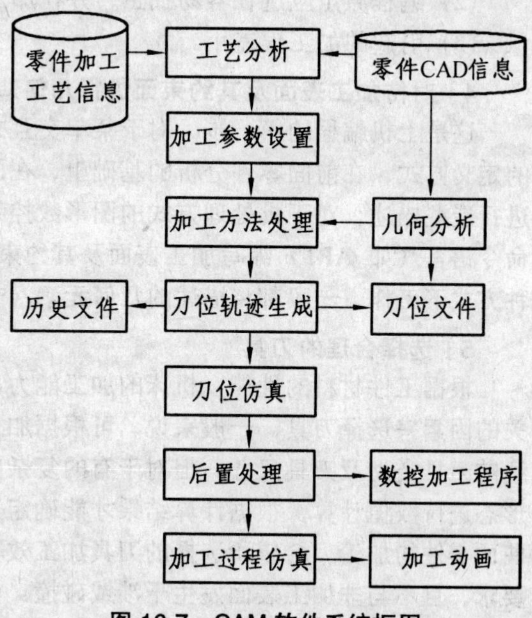

图 10.7　CAM 软件系统框图

10.2.3　前置处理

在 CAM 系统中，首先根据所加工零件的结构特征，结合工艺决策（包括刀具选择、进给量等工艺参数的决定），生成描述加工过程的刀具轨迹信息文件，这一过程被称为前置处理。前置处理与具体的数控机床控制系统关系不大，通用性强，可独立于具体的数控机床进行工作。

用户在前置处理阶段的主要任务有：

1）分析待加工表面

一般来说，在一次加工中，只需对加工零件的部分表面进行加工，这一步骤的内容是：确定待加工表面及其约束面，并对其几何定义进行分析，必要的时候需对原始数据进行一定的预处理，要求所有几何元素的定义具有唯一性。

2）确定加工方法

根据零件毛坯形状以及待加工表面及其约束面的几何形态，并根据现有数控机床设备条件，确定零件的加工方法及所需的机床设备和工夹量具。工夹具的设计和选择依据：应特别注意要迅速完成工件的定位和夹紧过程，以减少辅助时间。使用组合夹具，生产准备周期短，夹具零件可以反复使用，经济效果好。此外，所用夹具应便于安装，便于协调工件和机床坐标系的尺寸系统。

3）确定编程原点及编程坐标系

一般根据零件的基准面（或孔）的位置以及待加工面及其约束面的几何形态，在零件毛坯上选择一个合适的编程原点及编程坐标系（也称为工件坐标系）。编程原点及编程坐标系的选择原则如下：

（1）所选的编程原点及编程坐标系应使程序编制简单。

(2) 编程原点应选在容易找正，并在加工过程中便于检查的位置。

(3) 引起的加工误差小。

4）对待加工表面及其约束面进行几何造型

这是上机编程的第一步。对于菜单交互式图形数控编程系统来说，一般可根据几何元素的定义方式，在前面零件分析的基础上，在图形终端菜单提示下直接对加工表面及其约束面进行造型描述；对于批处理方式的图形数控编程系统来说，则需要根据图形数控编程系统的命令语言（如 APT）编写加工表面及其约束面几何造型的命令过程（文件形式）。不论在何种方式下工作，一般都将描述的几何元素（或加工单元）存放在一个给定文件名的文件中。

5）选择合理的刀具

根据工件材料的性能、机床的加工能力、加工工序的类型、切削用量以及其他与加工有关的因素来选择刀具。一般来说，可根据加工方法和加工表面及其约束面的几何形态选择合适的刀具类型及刀具尺寸。但对于有的复杂曲面零件，则需要对加工表面及其约束面的几何形态进行数值计算，根据计算结果才能确定刀具类型和刀具尺寸。这是因为，对于一些复杂曲面零件的加工，希望所选择的刀具加工效率高，同时又希望所选择的刀具符合加工表面的要求，且不与非加工表面发生干涉或碰撞。由于在某些情况下，加工表面及其约束面的几何形态数值计算很困难，只能根据经验和直觉选择刀具，这时，便不能保证所选择的刀具一定是合理的，在刀具轨迹生成之后，需要进行一定的刀位仿真。

6）选择合理的走刀路线

合理地选择走刀路线对于数控加工是很重要的。走刀路线的选择应从以下几个方面考虑：

(1) 尽量缩短走刀路线，减少空走刀行程，提高生产效率。

(2) 保证加工零件的精度和表面粗糙度的要求。

(3) 有利于简化数值计算，减少程序段数目和编制程序工作量。

7）刀具轨迹生成及刀具轨迹编辑

对于菜单交互式图形数控编程系统来说，一般可在所定义加工表面及其约束面（或加工单元）上确定其外方向矢量方向，并选择一种走刀方式，根据所选择的刀具（或定义的刀具）和加工参数，系统将自动生成所需的刀具轨迹。所要求的加工参数包括：安全平面、主轴转速、进给速度、线性逼近误差、刀具轨迹间的残留高度、切削深度、加工余量、进刀段长度及退刀段长度等，当然，对于某一加工方式来说，只要求其中的部分加工参数。一般来说，CAM 系统对所要求的加工参数都有一个缺省值。

对于拥有批处理作业方式的 CAM 系统来说，可以根据 CAM 系统的命令语言编写零件加工的刀具轨迹生成及刀具轨迹编辑命令过程（文件形式）。

刀具轨迹生成以后，如果系统具备刀具轨迹显示及交互编辑功能，则可以将刀具轨迹显示出来，如果有不太合适的地方，可以在人工交互方式下对刀具轨迹进行适当的编辑与修改。刀具轨迹计算的结果存放在刀位文件之中，它是后置处理必需的输入文件。

10.2.4 后置处理

CAM 系统的最终目的是要生成用户 CNC 控制器可以解读的 NC 代码，CAM 的功能仅仅是生成一种通用的刀具路径数据文件；后处理（POST）则是使用 CNC 控制器相应的后处理器，将刀具路径文件解释为用户 CNC 控制器可以解读的 NC 代码；将 NC 代码通过计算机与数控机床的通信，即可控制数控机床进行零件的切削加工。

数控加工的后置处理模块是用来读取 CAM 系统生成的刀具路径文件，从中提取相关的加工信息，并根据指定机床的数控系统的特点以及 NC 程序的格式要求进行相应的分析、判断和处理，从而生成数控机床所能识别的 NC 程序。

一个完善的后置处理器应该具备以下功能。

(1) 接口功能：后置处理器能自动识别并读取不同 CAD/CAM 软件所生成的刀具路径文件。

(2) NC 程序生成功能：数控机床一般具有直线插补、圆弧插补、自动换刀、夹具偏置、固定循环及冷却的功能。这些功能的实现是通过一系列代码的组合来完成的。

(3) 专家系统功能：后置处理不只是对刀具路径文件进行处理和转换，还要加入一定的工艺要求，如对于高速加工，后置处理器会自动确定圆弧进给方式，以及合理的切入切出方法和参数。

(4) 模拟仿真功能：目前系统主要是针对刀具运动轨迹进行实际模拟。

前置处理与后置处理工作在 CAM 中占有很大的比例，前置处理与工艺分析、加工参数设置模块、几何分析模块、刀位轨迹生成模块有关，其二次开发的工作量不大。而后置处理是 CAM 中的一个功能模块，需要进行开发。下面专门讲述后置处理的二次开发技术。

10.2.5　后置处理的二次开发技术

目前国内许多 CAD/CAM 软件用户对 CAM 模块的应用效率不高，其中一个非常关键的原因就是没有配备专用的后置处理器，或只配备了通用后置处理器而没有根据数控机床特点进行必要的二次开发，需要人工的参与，严重影响了 CAM 模块的应用效果。

目前后置处理面临如下纷繁的情况：

1）刀具路径文件格式的多样性

刀具路径文件采用 APT 语言格式，这种语言接近于英语自然语言，它描述当前的机床状态及刀尖的运动轨迹。它的内容和格式不受机床结构、数控系统类型的影响。

但不同的 CAD/CAM 软件生成的刀具路径文件的格式均有所不同，比如，“调用 *n* 号刀具，长度补偿选用 a 寄存器中的值”，表示这一功能的指令在不同的 CAM 系统中，表述格式不同。表 10.2 给出了几种 CAD/CAM 系统的表述格式。

表 10.2　CAD/CAM 系统的表述格式

CAD/CAM 系统	表述格式
UG-II	LOAD/TOOL，n，ADJUST，a
SDRC Master	LOADTL/n，l，h
Pro/ENGINEER	LOADTL/n，OSETNO，a
CV CADDS5	LOAD/TOOL，n，OSETNO，a

2）NC 程序格式的多样性

NC 程序由一系列程序段组成，通常每一程序段包含了加工操作的一个单步命令。程序段通常是由 N，G，X，Y，Z，F，S，T，M…字地址和相应的数字值组成的。

(1) ISO-1056-1975 标准对其中的部分准备代码、辅助代码的功能作了统一的规定，如 G00 快速点位运动、G01 直线插补、G02 顺时针圆弧插补、G03 逆时针圆弧插补、G04 驻留。但还有大量的未作统一规定的“不指定代码”，其中不指定的“G”代码由数控系统厂家根据需要自行制定其代码功能，如表 10.3 所示。

表 10.3　根据需要自行制定的“G”代码功能

G 代码	FANUC-15MA 系统	TOSNUC 800-M
G10	数据设置	撤销坐标转换
G11	取消数据设置模式	坐标转换
G15	取消极坐标命令	
G16	极坐标命令	

未作统一规定的“M”代码由数控机床制造厂根据其机床所具有的附属设备功能制定其代码功能。如日本日立精机公司制造的柔性加工单元 HG500，带有 16 个托盘（PPL），托盘可自动交换，实现无人加工。为了控制托盘自动进入主机，它用 M87—M89 代码控制 A.P.C 门的开关：

M87　　A.P.C door right open　（A.P.C 右侧门打开）
M88　　A.P.C door left open　（A.P.C 左侧门打开）
M89　　A.P.C door close　（A.P.C 门关闭）

(2) 有些数控系统对部分 G 代码的功能并不严守 ISO-1056 标准的规定，而是自行定义，如表 10.4 所示。

表 10.4　东芝数控系统自行定义的 G 代码功能

G 代码	TOSNUC 800-M	ISO
G20	参考点返回检查	英制
G21	第 2，3，4 参考点返回检查	公制
G44	取消长度补偿	刀具偏置-负
G93	局部坐标系设定	时间倒数进给率

(3) 个别数控系统的 NC 程序采用了比较特殊的代码格式，如 HEIDENHAIN TNC 426 系统，右补偿直线插补语句格式：FL X＋10 Y＋10 RL，对应于标准代码：G01 G42 X10 Y10。

3）技术需求的多样性

随着技术的发展和应用的进展，现在的后置处理技术已不能停留在仅仅是对刀具路径文件的代码转换，而是增加了从具体的加工需求特征、具体的数控机床和数控系统的特征出发，赋予后置处理器以更多的功能要求。

如各种数控系统在曲面加工时，所用的曲面拟合模型不尽相同，有的用 NURBS 拟合模型，有的用 Beizer 拟合模型，有的用 Polymial 拟合模型，还有的用 Spline 拟合模型，后置处理器就面临支持相应的多种曲面拟合模型的问题。

在工程实践中，当遇到相似加工对象的相似加工需求时，常常可以用已有的行之有效的 NC 加工程序进行修改后使用。然而如何确保修改结果的正确性则是个问题，不能都放到机床上去调试，这在单件加工时尤为重要。此外，现有的许多 CAD/CAM 系统的加工仿真只是以所生成的刀具路径文件为基础进行加工仿真和干涉检查，这显然是不够的。因此，以 NC 代码指令集及其相应参数设置为信息源的仿真（包括逻辑仿真和过程仿真）就显得十分重要。

综上所述，要使所生成的数控程序不经手工修改，直接应用于数控机床加工，则必须针对每一台数控机床定制专用的后置处理器。这就要求开发人员熟悉所用的 CAM 系统及所生成的刀具路径文件的格式、所用数控机床及其数控系统代码功能及其表述格式，而这一工作是智力密集和劳动密集兼而有之的过程。当面临 CAM 系统众多，机床及其数控系统众多的情况，从头开发专用后置处理器的工作就显得相当繁重。因此，近年来出现了以开发通用后置处理器为基础，应用数控代码导向等相关技术定制数控机床专用后置处理器的做法，用通用后置处理器解决共性问题，用定制后置处理器解决个性问题。

应用实例：使用通用后置处理器定制开发用于 HC800/FANUC-15MA 的专用后处理器。

使用的定制开发软件：Pro/ENGINEER 的 NCPOST 模块。该模块为加拿大 ICAM 技术公司生产的 ICAM 通用后置处理开发器。

使用的 CAM 软件：Pro/ENGINEER 的 CAM 模块。应用 Pro/ENGINEER 的 CAM 模块，设计加工环境，进行模拟加工仿真，生成刀具路径文件。

NC 程序应用对象：卧式加工中心 HC800。该机床为日本日立精机公司制造生产，配备 X，Y，Z 3 条直线轴，1 个回转工作台，1 个容量为 120 把刀的链状刀库，6 个交换托盘；控制系统为 FANUC-15MA；主要用于箱体类零件的加工。

（1）首先了解机床的结构、机床配备的附属设备、机床具备的功能及功能实现的方式（手动还是自动）。

（2）机床配备的数控系统，熟悉该系统的 NC 编程包括功能代码的组成、含义，是否有不同于 ISO1056—1975 标准的代码格式。

（3）应用通用后置处理器导向模板，根据以上掌握的知识，逐条回答模板提出的问题，定制专用后置处理器。通用后置处理器根据外界输入的信息，调用其内部数据库模型，经判断、排列、组合后，生成用户要求的专用后置处理器。

应用按此方法定制的 HC800/FANUC-15MA 专用后置处理器处理刀具路径文件，生成的 NC 程序约 80% 可用，还有 20% 需作进一步开发。

（4）当通用后置处理器提供的数据模型不能全部满足用户的要求，或者用户需要优化处理 NC 程序时，则应用开发软件修改数据库模型。

该专用后置处理器应用的机床为配备一个回转工作台的三轴卧式加工中心，工作台回转不能参与切削运动。机床配备六个交换托盘，可实现托盘的自动交换。刀库为链状结构，容量为 120 把刀，在加工的同时可预选下一把刀具。在 Pro/ENGINEER 的 CAM 模块和 NCPOST

模块中均无此类机床的数据库模型。为完善该专用后置处理器，使其自动生成的 NC 程序不再需要人工作修改，可对 CAM 模块的加工环境参数进行特定的设置，并用 NCPOST 模块的开发语言进行宏程序编制，建立此类机床的数据模型。为优化生成的 NC 程序，用宏程序修改通用后置处理器内部数据输出结构。例如，NC 程序中用到的所有工件坐标系与机床坐标系的数值关系，可在 NC 程序开头自动设置，数控机床可直接辨识，不需手工输入；工作台回转前，主轴头退回最远；换刀前输出刀具名称；等等。

经过上述工作所定制的专用后置处理器生成的 NC 程序已用于 VMC750B-30101 主轴箱体的加工，加工出的零件全部满足图纸要求。

目前商品化的通用后置处理器中，加拿大 ICAM 公司的 CAM-POST 软件具有典型性。该软件可以覆盖国内外流行的 90% 以上的 CAD/CAM 软件和 90% 以上的 NC 系统，功能较强。它可以读取所覆盖的 CAD/CAM 软件所生成的刀具路径文件，定制所覆盖的 NC 系统的专用后置处理器，它主要分为如下两部分：

（1）QUEST：数据库模板系统。

数据库模板中包含各种类型的机床及控制系统可能遇到的问题及解决的方法。用户根据需要，回答问题，得到专用的数据库。当数据库模板不能满足用户的要求时，可用 Post-processor Development 编制宏程序，进行二次开发。

（2）GENER：应用 QUEST 产生数据库，把由 CAM 系统产生的刀具路径文件转换成数控机床所能直接识别的 NC 程序。

ICAM 公司新推出的 CAM-POST V-12 具有高速加工所要求的处理功能，能支持 Beizer，NURBS，Polynomial 和 Spline 四种曲面拟合模型，在 QUEST 中设置了专家系统工具等，使软件的功能又大有扩展。

后置处理器发展方向为：能够处理不同类型格式的刀具路径文件，并作优化处理，以适应不同类型的机床、系统、零件的加工需求，生成的 NC 程序不需人工作二次修改，可直接应用于机床。

10.2.6 加工仿真

随着并行工程、敏捷制造、虚拟制造等先进制造技术的发展，要求在制造之前就能预测产品的加工过程的情况和产品质量。在实际数控加工之前，对数控代码（NC 代码）进行仿真，验证加工代码的可行性和最优性，因而可以直观地显示切削过程并预测切削结果，为优化切削工艺、选择加工参数提供依据，变得越来越重要。

数控加工的仿真分为几何仿真和物理仿真两部分。几何仿真的主要目的是验证刀具路径的正确性，验证加工代码是否可行，并为物理仿真提供必要的切削几何信息，如材料去除体积、切削速度、轴向切削深度等。物理仿真主要是力学仿真，主要研究工件在切削时的物理状态，只有对物理仿真的机理研究透彻，才能真正意义上地满足虚拟制造的目的，即实际加工过程在计算机上的真实映射。它是虚拟数控加工过程仿真的核心部分，其内涵就是综合考虑实际切削中的各种因素，建立与实际切削拟合程度高的数学模型，从真正意义上实现虚拟加工与实际加工的“无缝连接”，满足虚拟数控加工的沉浸感和交互感。整个加工过程仿真系统结构参见图 10.8。

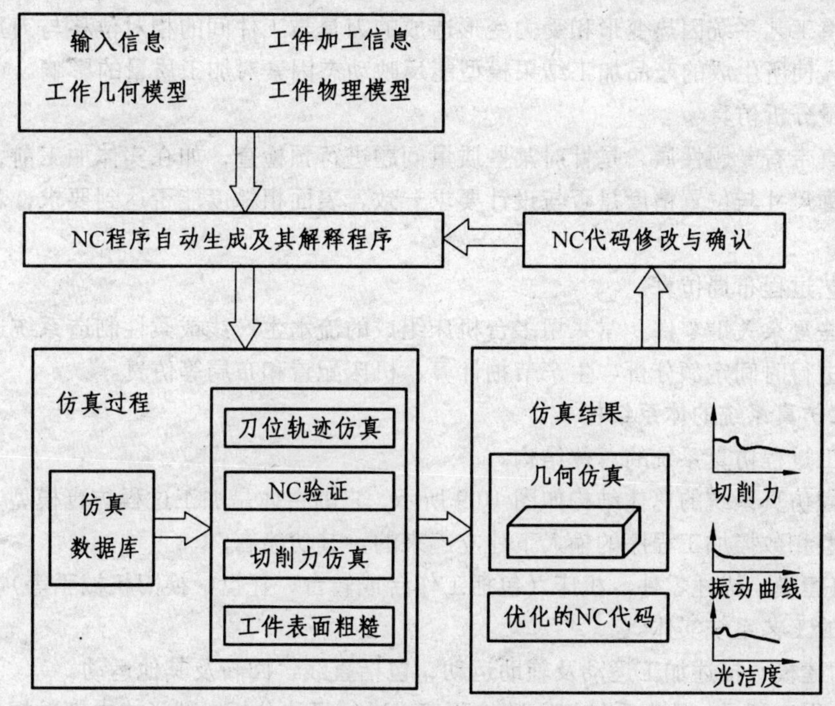

图 10.8　加工过程仿真系统的结构

在各种商用软件中，已有了许多不同的几何仿真软件，国内许多研究团队也在不断地尝试开发新的算法来提高几何仿真显示的准确度与效率。其中，以 Dassault 公司 Delmia 中的 Visual NC 在几何仿真方面处理得比较优秀。在物理仿真方面，虽然已有了一些商用软件可以进行仿真，国内也有一些研究团队致力于物理仿真的研究，但是，这方面的研究仍旧没有完善。

仿真技术是研究复杂零件系统加工的新型、有效的工具。数控加工过程其含义较广，可归纳为以下几方面：

(1) 刀具中心的运动轨迹仿真。

刀具按加工轨迹围绕毛坯运动，目的是直观检验刀具运动轨迹的合理性。这种仿真可在后置处理前进行，主要用于检查工艺过程中加工顺序的合理安排、刀具行程路径的优化、刀具与被加工工件轮廓的干涉，例如，铣削时刀具半径应小于被切轮廓的最大曲率等。若在后置处理后进行，则除上述作用外，还可检查数控程序的正确性，显示加工过程，使操作者方便地了解和监视加工状况，这在有冷却液的封闭加工状态时是十分必要的。这种仿真一般可采用动画显示的方式，该法比较成熟有效，应用普遍。

(2) 机床运动过程仿真。

此时将工件安装在机床工作台上，刀具运动轨迹分解为机床各运动部件的运动，目的是直观检验刀具与机床部件及机床部件间的碰撞和干涉。

(3) 材料去除过程仿真。

此时刀具按其运动轨迹对毛坯进行材料切除，目的是模拟实际的切削过程，生成产品加工结果模型，对加工精度和可加工性进行评估。在此仿真过程中，通过估算切削力、夹紧力和切削热，将工艺系统因热变形和受力变形造成的刀具与工件间的相对位移与刀具的理论运动轨迹叠加，使所生成的产品加工结果模型能反映动态因素对加工质量的影响。

(4) 质量分析仿真。

这种仿真带有专题性质，是针对某些质量问题进行预检查，如在实体加工前，用计算机检查零件轮廓尺寸与位置精度是否与设计要求一致，表面粗糙度能否达到要求，若不行应采取何种措施。

(5) 工艺过程布局仿真。

对于一些复杂关键零件，常采用多台机床组成的流水生产线或柔性制造系统进行加工生产，这时可进行时间定额分析、生产节拍计算、机床配置和布局等仿真。

1）加工仿真系统的体系结构

(1) 加工过程仿真系统的总体结构。

加工过程仿真系统的总体结构如图 10.9 所示，它的主体是加工过程仿真模型，是在工艺系统实体模型和数控加工程序的输入下建立起来的。其功能有：

① 几何建模：描述零件、机床（包括工作台或转台、托盘、换刀机械手等）、夹具、刀具等所组成的工艺系统实体。

② 运动建模：描述加工运动及辅助运动，包括直线、回转及其他运动。

③ 数控程序翻译：仿真系统读入数控程序，进行语法分析，翻译成内部数据结构，驱动仿真机床，进行加工仿真。

④ 碰撞干涉检查：检查刀具与被切工件轮廓的干涉，刀具、夹具、机床、工件之间的运动碰撞等。

⑤ 材料切除：考虑工件由毛坯成为零件过程中形状、尺寸的变化。

⑥ 加工动画：进行二维或三维实体动画仿真显示。

⑦ 加工过程仿真结果输出：输出仿真结果，进行分析，以便处理。

(2) 刀位仿真的总体结构。

应该说，加工过程仿真可以包含刀位仿真，但是由于加工过程仿真是在后置处理以后，已有工艺系统实体模型和数控加工程序的情况下才能进行，专用性强。因此，后置处理以前的刀位仿真是有意义的，它可以脱离具体的数控机床环境进行，其总体结构如图 10.9 所示。其主体模块是刀位仿真模型，是在零件模型、刀具模型和刀位轨迹输入下建立起来的，其功能模块有几何模块、运动建模、刀偏计算、干涉检查、加工动画、仿真结果输出等。

2）加工过程中的干涉碰撞检验

干涉碰撞检验是加工过程仿真系统的一个重要功能。在数控机床或加工中心的环境下，完善的仿真系统不仅要检查刀具与工件的干涉和碰撞，而且应能检查刀具与夹具、机床工作台及其他运动部件之间的干涉和碰撞，特别是在机械手换刀、工作台转位时，更要注意干涉和碰撞。

干涉是指两个元件在相对运动时，它们的运动空间有干涉。碰撞是指两个元件在相对运动时，由于运动空间有干涉而产生碰撞，这种碰撞会造成刀具、工件、机床、夹具等的损坏，是绝对不允许的。

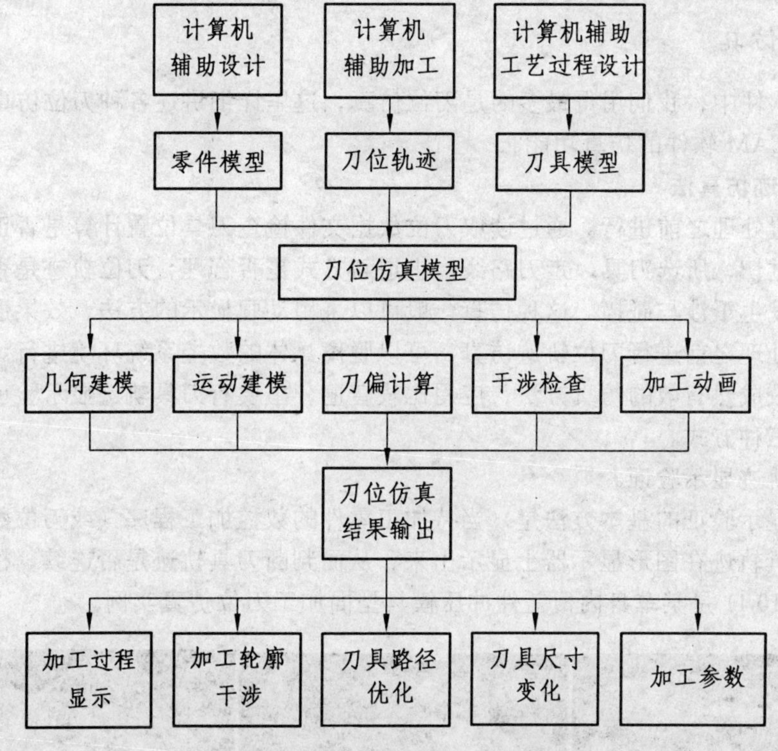

图 10.9　刀位仿真的总体结构

3）加工仿真的形式

在加工仿真中，根据仿真的目的和要求，可进行不同形式的仿真，现有的加工仿真有二维动画显示仿真和三维实体几何模型仿真。

（1）二维动画显示仿真。

这种仿真的特点是二维的，与二维视图的工作图纸一样，比较简单方便，但由于加工多是三维的，必然有一视图不清楚，这时要用两个二维视图来显示。

由于二维动画显示比较简单易行，因此应用广泛。在求算平面刀位轨迹、优化刀具运动轨迹时比较有效，对于一些三维仿真可分解为二维仿真来解决也是有意义的。

（2）三维实体几何模型仿真。

三维实体仿真比较理想，效果好，因此目前是加工仿真的研究热点和发展趋势，在CAD/CAM 系统中已开始得到应用，如图 10.10 所示。但它开发难度大、运算工作量大。

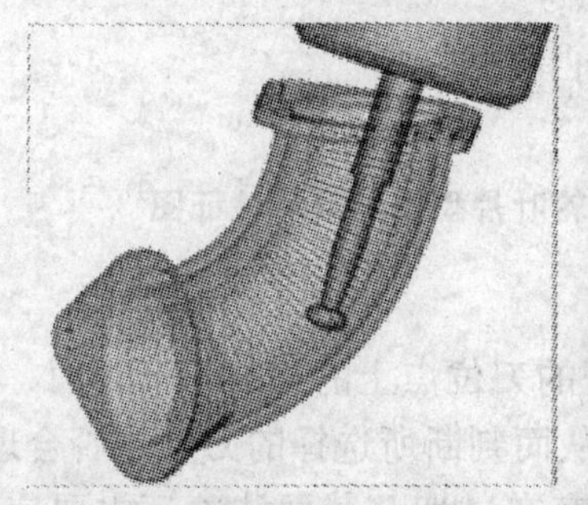

图 10.10　零件复杂曲面 NC 加工的刀具轨迹运动仿真

10.2.7　刀位仿真

在 CAM 软件中，我们用得最多的是刀位仿真，这里详细讲述各种刀位仿真技术，以便能够充分利用 CAM 软件的仿真功能。

1）刀位轨迹仿真法

一般在后置处理之前进行。通过读取刀位数据文件检查刀具位置计算是否正确，加工过程中是否发生过切，所选刀具、走刀路线、进退刀方式是否合理，刀位轨迹是否正确，刀具与约束面是否发生干涉与碰撞。这种仿真一般可以采用动画显示的方法，效果逼真。由于该方法是在后置处理之前进行刀位轨迹仿真，可以脱离具体的数控系统环境进行。刀位轨迹仿真法是目前比较成熟有效的仿真方法，应用比较普遍，主要有刀具轨迹显示验证、截面法验证和数值验证三种方式。

(1) 刀具轨迹显示验证。

刀具轨迹显示验证的基本方法是：当待加工零件的数控加工程序（或刀位数据）计算完成以后，将刀具轨迹在图形显示器上显示出来，从而判断刀具轨迹是否连续，检查刀位计算是否正确。图 10.11 是某车身内覆盖件冲压模具型面加工刀位仿真实例。

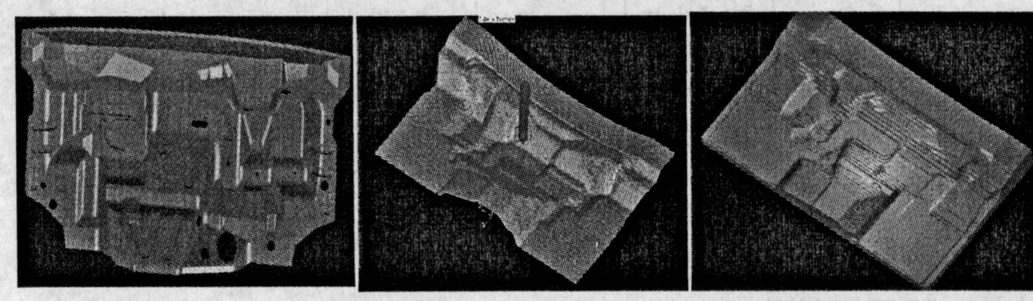

某车身内覆盖三维模型　　该内覆盖件冲压模具型面 NC 加工刀具轨迹与加工后的刀痕及效果

图 10.11　某车身内覆盖件冲压模具型面 NC 加工刀位仿真实例

图 10.12 是采用球形棒铣刀五坐标侧铣图加工透平压缩机叶轮叶片型面的显示验证图，从图中可看出刀具轨迹与叶型的相对位置是合理的。

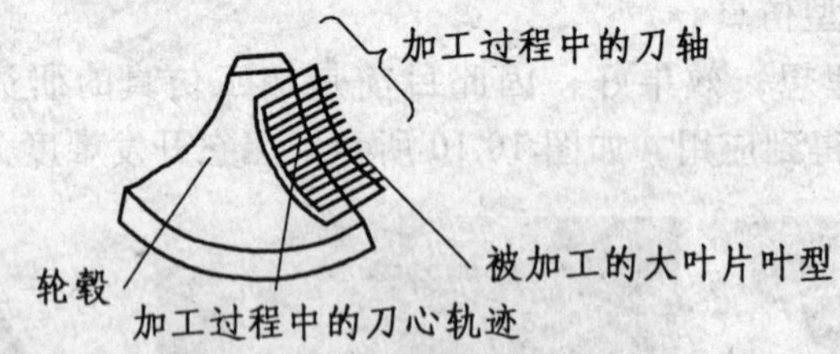

图 10.12　球形棒铣刀五坐标侧铣图加工透平压缩机叶轮叶片型面的显示验证图

(2) 刀具轨迹截面法验证。

截面法验证是先构造一个截面，然后求该截面与待验证的刀位点上的刀具外形表面、加工表面及其约束面的交线，构成一幅截面图显示在屏幕上，从而判断所选择的刀具是否合理，检查刀具与约束面是否发生干涉与碰撞、加工过程中是否存在过切。截面法验证主要应用于侧铣加工、型腔加工及通道加工的刀具轨迹验证。截面形式有横截面、纵截面及曲截面等三种。

采用横截面方式时，构造一个与走刀路线上刀具的刀轴方向大致垂直的平面，然后用该平面去剖截待验证的刀位点上的刀具表面、加工表面及其约束面，从而得到一张所选刀位点上刀具与加工表面及其约束面的截面图。该截面图能反映出加工过程中刀杆与加工表面及其约束面的接触情况。图 10.13 是采用二坐标侧铣加工轮廓及二坐标端铣加工型腔时的横截面验证图。

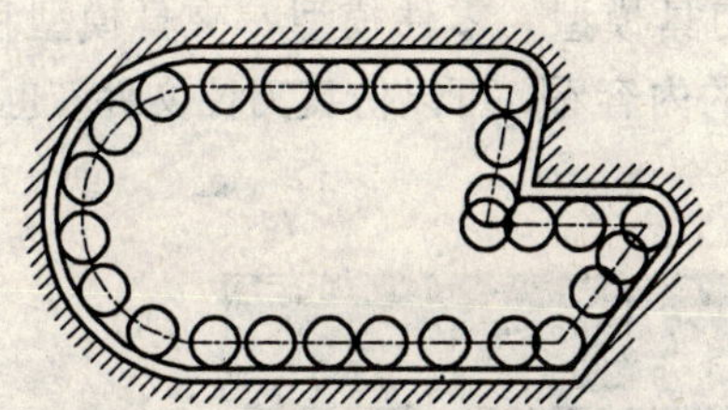

（a）加工轮廓的横截面验证图

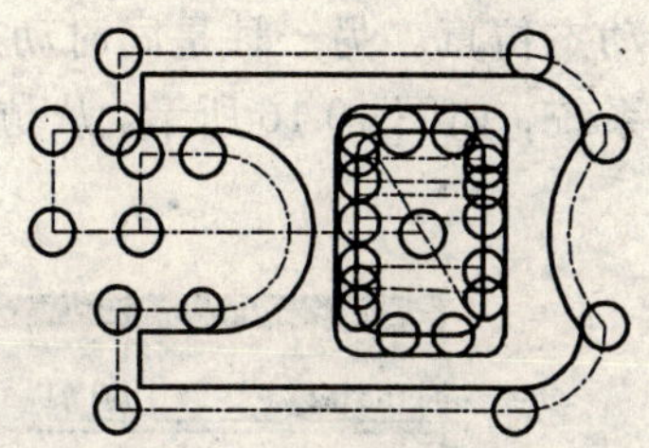

（b）加工型腔的横截面验证图

图 10.13　横截面验证图

纵截面验证不仅可以得到一张反映刀杆与加工表面、刀尖与导动面的接触情况的定性验证图，还可以得到一个定量的干涉分析结果表。如图 10.14 所示，在用球形刀加工自由曲面时，若选择的刀具半径大于曲面的最小曲率半径，则可能出现过切干涉或加工不到位。

曲截面验证的基本方法是：用一指定的曲面去截待验证的刀位点上的刀具表面、加工表面及其约束面，得到一张反映刀杆与加工表面及其约束面的接触情况的曲截面验证图。它主要应用于整体叶轮的五坐标数控加工。

(3) 刀位轨迹数值验证。

刀具轨迹数值验证也称为距离验证，是一种刀具轨迹的定量验证方法。它通过计算各刀位点上刀具表面与加工表面之间的距离进行判断，若此距离为正，表示刀具离开加工表面一个距离；若距离为负，表示刀具与加工表面过切。如图 10.15 所示，选取加工过程中某刀位点上的刀心，然后计算刀心到所加工表面的距离，则刀具表面到加工表面的距离为刀心到加工表面的距离减去球形刀具半径。设 C 表示加工刀具的刀心，d 是刀心到加工表面的距离，R 表示刀具半径，则刀具表面到加工表面的距离：$\delta=d-R$。

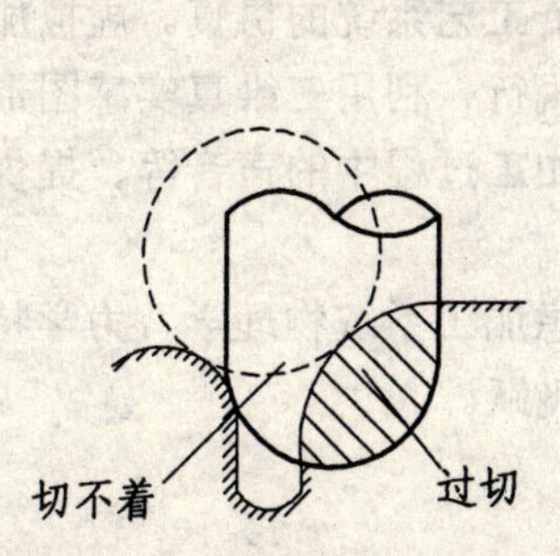

图 10.14　球形刀加工自由曲面

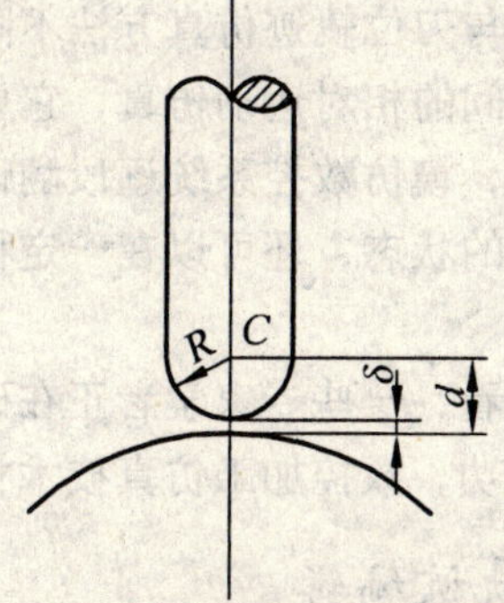

图 10.15　球形刀加工的数值验证

2）三维动态切削仿真法

三维动态切削图形仿真验证是采用实体造型技术建立加工零件毛坯、机床、夹具及刀具在加工过程中的实体几何模型，然后将加工零件毛坯及刀具的几何模型进行快速布尔运算(一般为减运算)，最后采用真实感图形显示技术，把加工过程中的零件模型、机床模型、夹具模型及刀具模型动态地显示出来，模拟零件的实际加工过程。

三维动态切削仿真法特点：仿真过程的真实感较强，基本上具有试切加工的验证效果。现代数控加工过程的动态仿真验证的典型方法有两种：一种是只显示刀具模型和零件模型的加工过程动态仿真。另一种是同时动态显示刀具模型、零件模型、夹具模型和机床模型的机床仿真系统，如图 10.16 所示。从仿真检验的内容看，可以仿真刀位文件，也可仿真 NC 代码。

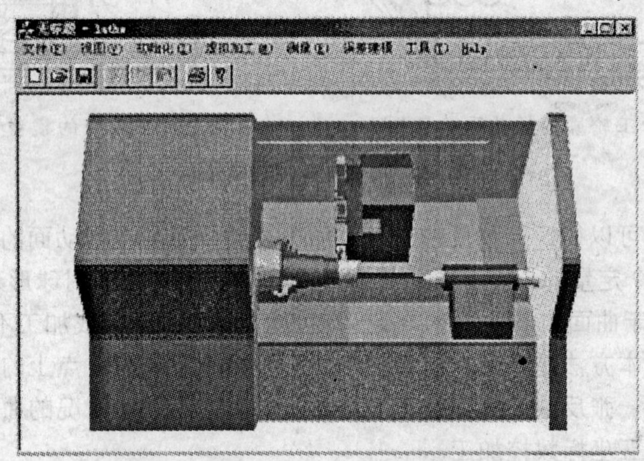

图 10.16　机床仿真显示

3）虚拟加工仿真法

虚拟加工方法是应用虚拟现实技术实现加工过程的仿真技术。虚拟加工法主要解决加工过程和实际加工环境中，工艺系统间的干涉碰撞问题和运动关系。由于加工过程是一个动态的过程，刀具与工件、夹具、机床之间的相对位置是变化的，工件从毛坯开始经过若干道工序的加工，形状和尺寸均在不断变化，因此虚拟加工法是在各组成环节确定的工艺系统上进行动态仿真。

虚拟加工法与刀位轨迹仿真方法不同，它能够利用多媒体技术实现虚拟加工，不只是解决刀具与工件之间的相对运动仿真，它更重视对整个工艺系统的仿真。虚拟加工软件一般直接读取数控程序，模仿数控系统逐段翻译，并模拟执行，利用三维真实感图形显示技术，模拟整个工艺系统的状态，还可以在一定程度上模拟加工过程中的声音等，提供更加逼真的加工环境效果。

从发展前景看，一些专家学者正在研究开发考虑加工系统物理学、力学特性情况下的虚拟加工，一旦成功，数控加工仿真技术将发生质的飞跃。

10.2.8　刀具轨迹编辑

对于很多复杂曲面的零件及模具来说，为了生成刀具轨迹，往往需要对待加工表面及其约束面进行一定的延伸，并构造一些辅助曲面，这时生成的刀具轨迹一般都超出加工表面的范围，需要进行适当的裁剪和编辑；曲面造型所用的原始数据在很多情况下使生成的曲面并不是很光顺，这时生成的刀具轨迹可能在某些刀位点处有异常现象，比如，曲面或曲线上突然出现一个尖点或不连续情况，这时生成的刀位轨迹会出现抬刀现象，曲面加工时的刀位轨迹有时会出现几十次甚至上百次抬刀，就是这个原因，这些抬刀在加工时是完全没有必要的，如果生成程序前不把这些抬刀轨迹删除，加工时会增加许多不必要的工时；另外，在刀具轨迹计算中，采用的走刀方式经刀位验证或实际加工检验不合理，需要改变走刀方式或走刀方向；生成的刀具轨迹上刀位点可能过密或过疏，需要进行一定的匀化处理；等等，所有这些都要用到刀具轨迹编辑器的功能。

刀具轨迹编辑器可用于观察刀具的运动轨迹，并提供延伸、缩短或修改刀具轨迹的功能。同时，能够通过控制图形和文本的信息去编辑刀轨。因此，当要求对生成的刀具轨迹进行修改，或要求显示刀具轨迹和使用动画功能显示时，都需要刀具轨迹编辑器。动画功能可选择显示刀具轨迹的特定段或整个刀具轨迹。附加的特征能够用图形方式修剪局部刀具轨迹，以避免刀具与定位件、压板等的干涉，并检查过切情况。

刀具轨迹编辑器主要特点：显示对生成刀具轨迹的修改或修正；可选择显示对整个刀具轨迹或部分刀具轨迹的刀轨动画；可控制刀具轨迹动画速度和方向；允许选择的刀具轨迹在线性或圆形方向延伸；能够通过已定义的边界来修剪刀具轨迹；提供运动范围，并执行在曲面轮廓铣削加工中的过切检查。

过去的刀具轨迹编辑一般是在文本编辑方式下进行的，这种方式只能处理简单的程序。对于图形交互自动编程系统来讲，刀具轨迹的编辑是在人机对话的方式下进行的。被编辑的刀具轨迹显示在图形窗口中，可以像画图一样对其进行编辑、修改，需要时还可以将刀具在选择的刀位点上显示出来，从而进行干涉检验。常用软件中关于刀具轨迹的编辑功能和编辑方法一般包括以下几方面：

（1）刀具轨迹的删除。这是最常用的编辑功能之一。该功能允许用户对指定的刀具轨迹进行删除，其操作对象可以是刀位点、切削段、切削行、切削块。该功能使用时要先进行设定，一种是将选定框内的所有对象删除，一种是将选定框接触到的所有对象（包括框外的对象）删除。曲面加工时的刀位轨迹复杂而且较密，通常需要将选定的对象多次放大后再进行编辑。

（2）刀具轨迹的拷贝和粘贴。拷贝是将用户指定的刀具轨迹编辑对象进行拷贝或复制，粘贴是将被拷贝或复制的刀具轨迹对象粘贴在指定位置。同一个零件上有多个相同的加工对象时常用此功能。

（3）刀具轨迹的平移。该功能将被编辑的刀具轨迹对象移动到指定位置。

（4）刀具轨迹的旋转。对于加工内容常常相对于圆心均匀分布的圆盘类零件，往往是只对其中的一部分进行工艺规划，生成刀具路径后，再以圆心为基点旋转需要的角度。刀具轨迹旋转完成后，再整体生成 NC 程序，这样可以大大节省编程时间，提高编程效率。

（5）刀具轨迹的镜像。对于一些有中心对称轴类的零件，对称轴两侧的加工内容不能采用平移，也不适合采用旋转的方式生成刀具轨迹，此时要用到镜像功能。使用时将对称轴一侧的加工内容进行工艺规划和刀具设定，生成刀具轨迹后镜像得到另一侧的刀具轨迹，然后再整体生成 NC 程序。

（6）刀具轨迹的延伸。该功能允许用户对指定的刀具轨迹按给定的方式进行延伸，其操作对象为曲面加工中指定的单向（zig 或 one way）和双向（zig-zag）切削刀具轨迹。

(7) 刀具轨迹的修剪。该功能允许用户对指定的刀具轨迹按给定的方式进行修剪。加工时刀具轨迹被剪掉的部分可以定义采用直线和抬刀到安全面高度两种连接方式越过。无论哪一种连接方式，加工时被剪掉的刀具轨迹部分均用快速运动指令（G00）实现。操作对象为曲面加工中指定的单向和双向切削刀具轨迹。

(8) 刀具轨迹的反向（Reverse)。该功能对被编辑的刀具轨迹的走刀方向进行反向，主要用于铣削加工。

(9) 刀具轨迹的恢复（Undo)。有两种方式 ：一种是全局恢复，即恢复所有被删除的刀具轨迹对象；另一种是循环恢复，即按删除操作的逆顺序逐个恢复被删除的刀具轨迹对象，每执行一次恢复操作，则恢复上一次删除操作所删除的刀具轨迹对象。

(10) 刀具轨迹上刀位点的匀化。该功能的操作对象可以是单条走刀轨迹，也可以是全部编辑中的刀具轨迹。匀化操作方式包括以下几种：

① 对切削行按点数（n）进行等弧长加密，方法是：首先，对切削行进行曲线拟合，然后按等弧长方式将此曲线离散为 n 个刀位点。对刀轴和摆刀平面法向矢量，先变成矢量端点轨迹，然后进行拟合与离散，最后再将它们变成单位矢量

② 对切削行按给定的误差限采用参数筛选法对刀位点直接进行筛选或过滤。

③ 在两个刀位点之间按线性插值的方式对分插入一个刀位点。

(11) 刀具轨迹的编排。当编辑操作完成之后，便可以对刀具轨迹进行连接与编排。首先，应当指定走刀方向和走刀方式：是单向走刀，还是双向走刀，对于单向走刀还要给出抬刀高度。认可这些约定之后，刀具轨迹编辑系统将自动对编辑中的刀具轨迹进行编排输出。

不同软件系统关于刀具轨迹的编辑功能和操作方法可能会有所不同，但一般都包括上述几个方面。

10.3 CAM 技术的应用准备

10.3.1 CAM 软件使用前的准备

在使用一个 CAM 系统编制零件数控加工程序之前，应对该系统的功能及使用方法有一个比较全面的了解。

1）了解系统的编程能力

对于一个 CAM 系统，首先应了解其编程能力。一个系统的编程能力主要体现在以下几方面：

(1) 使用范围：车削、铣削、镗孔、钻孔等。

(2) 可编程的坐标数：点位、二坐标、三坐标、四坐标以及五坐标。

(3) 可编程的对象：多坐标点位加工编程、表面区域加工编程（是否具备多曲面区域的加工编程)、轮廓加工编程、曲面交线及过渡区域加工编程、腔槽加工编程、曲面通道加工编程等。

(4) 是否具备刀具轨迹的编辑功能：有哪些编辑手段，如刀具轨迹变换、裁剪、修正、删除、转置、匀化（刀位点加密、浓缩和筛选)、分割及连接等。

(5) 是否具备刀位仿真的能力：有哪些验证手段，如刀具轨迹仿真、刀具运动过程仿真、加工过程模拟、截面法验证等。

2）熟悉系统的用户界面及输入方式

系统是在图形交互方式下工作，还是在命令交互方式下工作；系统是否具备批处理能力等。

3）了解系统的文件管理方式

对于一个零件的编程，最终要得到的是能在指定的数控机床上完成该零件加工的正确的数控程序，该程序是以文件形式存在的。在实际编辑时，往往还要构造一些中间文件，如零件模型（或加工单元）文件、工作过程（日志）文件、几何元素（曲线、曲面）文件、刀位文件、数控机床特性文件等，应该熟悉系统对这些文件的管理方式。

10.3.2　CAM 自动编程时参数的设置

参数设置可视为对工艺分析和规划的具体实施，它构成了利用 CAD/CAM 软件进行 NC 编程的主要操作内容，直接影响 NC 程序的生成质量。

1）刀具的选择

刀具的选择是在数控编程的人机交互状态下进行的。应根据机床的加工能力、工件材料的性能、加工工序、切削用量以及其他相关因素正确选用刀具及刀柄。总体来说，应从以下两个方面来选择。

(1) 刀具类型的选择：数控加工使用的刀具一般有三种：平底柱刀、球形刀和成形刀。平底柱刀主要用于二维轮廓加工，球形刀主要用来进行型面加工和清根。对于不同的加工方式采用不同的刀具类型和刀具规格。

(2) 刀具规格的选择：刀具规格尺寸的大小要与模具毛坯的大小和加工余量相适应。定义刀具几何体的参数包括如下几项（如图 10.17 所示）。

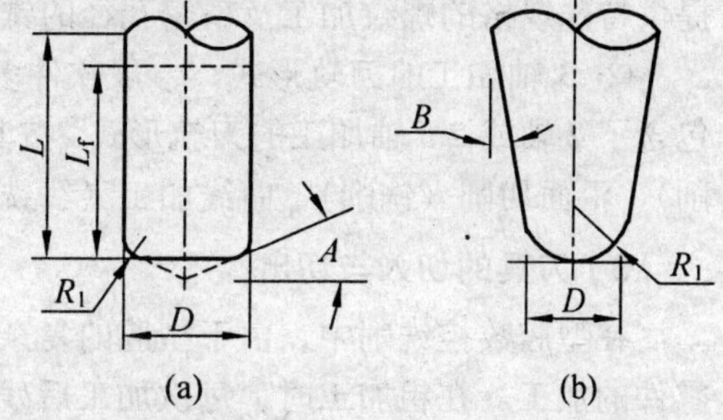

图 10.17　刀具参数

① 刀锥角度 B：用于定义圆锥刀具的刀具轴线对于刀具斜刃的夹角，用角度表示。

② 刀具直径 D：对圆柱铣刀而言，指刀具圆柱形工作截面的直径；对圆锥形铣刀而言，指圆锥刀体部分与刀体相接触圆的直径。

③ 圆角半径 R_1：对具有球底或圆角底的刀具来说，它是指球的半径或圆角半径。

④ 刀具长度 L：用来表示刀位点至主轴间的距离。

⑤ 刃口长度 L_f：为刀具的有效切刃的长度，刃长不得超过刀具总长。

⑥ 顶角 A：表示铣刀端部与垂直于刀轴的方向所成的角度，若顶角为正值，则刀具端部形成一个尖点。

⑦ 刀具材料：现在的 CAM 软件提供了该选项，以便据此为用户提供一些参考速度。

在生成刀具运动轨迹的编程中，刀具选择的合理与否，是至关重要的。它关系到零件的加工精度和效率及刀具的使用寿命。刀具应根据被加工零件的几何形状、切削余量的大小及现存刀具的种类和规格进行合理地选择。一般来说，为了完整地加工所需的曲面，刀具半径应小于被加工曲面的最小凹向曲率半径。在设定刀具的参数时，应注意实际加工刀具与理论编程刀具的直径不一致，如实际加工时要对尺寸标注面切去余量 t，而程序仍按标注面编写，

并假设用 d_1 来表示实际数控加工时所采用的刀具直径，用 d_2 表示数控编程时所选用的刀具直径，则 d_1 与 d_2 之间的关系为：$d_1=d_2+2\times t$；如实际加工要对尺寸标注面留一个深度 t，则 d_1 与 d_2 的关系为 $d_1=d_2-2\times t$。

2）走刀方式和切削方式的确定

走刀方式是指加工过程中刀具轨迹的分布形式。切削方式是指加工时刀具相对工件的运动方式。在数控加工中，切削方式和走刀方式的选择直接影响着产品零件的加工质量和加工效率。其选择原则是根据被加工零件表面的几何特征，在保证加工精度的前提下，使切削时间尽可能短，切削过程中刀具受力平稳。

（1）三维曲面的区域加工中的走刀方式。一般有三种：

① 往复走刀方式：在加工过程中不提刀进行连续切削，加工效率较高，但逆铣和顺铣交替进行，加工质量较差。一般在粗加工时由于切削量大不宜采用往复走刀，而在半精加工和表面质量要求不高的精加工时可选用往复走刀。

② 单方向走刀方式：在加工中切削方式保持不变，这样可以保证顺铣或逆铣的一致性，但由于增加了提刀和空走刀，切削效率较低。粗加工中，由于切削量较大，一般选用单向走刀，以保证刀具受力均匀和切削过程的稳定性。

③ 环切走刀方式：刀具运动轨迹是由一组被加工曲面的包络曲面等参数封闭曲线组成的（如沿等高线环切），加工过程中不提刀，采用顺铣或逆铣切削方式，是型腔加工常用的一种走刀方式。它主要用于封闭环状曲面的刀具运动轨迹的生成。

（2）切削方式。

① 2 轴或 2.5 轴加工的刀轨形式：主要有钻孔加工、切槽加工和外形加工。某些软件还提供特殊规格的螺纹加工及精密孔径的铣削方式，如螺纹加工、螺旋扩孔加工。

② 3 轴加工的刀轨形式：一般软件多提供 10 种以上的刀轨形式。而且在 3 轴加工中，包含了 2 轴或 2.5 轴加工的刀轨形式。按其切削加工的特点来分，可以将其分为等高切削（面削）、沿面切削（铣削）、曲线加工（线铣）、插式铣削、清角加工、混合加工几类。

3）刀具的切入与切出

在型腔数控铣削中，由于型腔的复杂性，往往需要多次更换不同的刀具才能完成对模具零件的加工。在粗加工时，每次加工后残留余量形成的几何形状是在变化的，在下次进刀时如果切入方式选择不当，很容易造成栽刀事故。在精加工时，切入和切出时切削条件的变化往往会造成加工表面质量的差异。因此，合理选择刀具切入、切出方式具有非常重要的意义。一般的 CAM 软件提供的切入切出方式有刀具垂直切入切出工件（Plunge）、刀具以斜线切入工件（Ramp）、刀具以螺旋轨迹下降切入工件（Spiral）、刀具通过预加工工艺孔切入工件（Entry Hole）以及圆弧切入切出工件（ARC-TANGENT）

其中刀具垂直切入切出工件是最简单、最常用的方式，适用于可以从工件外部切入的凸模类工件的粗加工和精加工以及模具型腔侧壁的精加工；刀具以斜线或螺旋线切入工件常用于较软材料的粗加工；通过预加工工艺孔切入工件是凹模粗加工常用的下刀方式；圆弧切入切出工件由于可以消除接刀痕而常用于曲面的精加工。需要说明的是在粗加工型腔时，如果采用单向走刀（Zig）方式，一般 CAD/CAM 系统提供的切入方式是一个加工操作开始时的切入方式，并不定义在加工过程中每次的切入方式，这个问题有时是造成刀具或工件损坏的主要原因，解决这一问题的一种方法是采用环切走刀方式或双向走刀方式，另一种方法是减小加工的步距（Step-over），使背吃刀量小于铣刀半径。

4）切削参数的控制

切削参数的选择对加工质量、加工效率以及刀具耐用度有着直接的影响。在 CAM 软件中与切削相关的参数主要有主轴转速（Spindle Speed）、进给速率（Cut Feed）、刀具切入时的进给速率（Lead in Feed Rate）、步距宽度（Step-over）和切削深度（Step Depth）等。

(1) 主轴转速。

主轴转速一般根据切削速度来计算，其计算公式为 $n=1\,000\,v/\pi d$，式中 d 为刀具直径(mm)，v 为切削速度（$\mathrm{m \cdot min^{-1}}$）。切削速度的选择与刀具的耐用度密切相关，当工件材料、刀具材料和结构确定后，切削速度就成为影响刀具耐用度的最主要因素，过低或过高的切削速度都会使刀具耐用度急剧下降。在模具加工，尤其是模具的精加工时，应尽量避免中途换刀，以得到较高的加工质量，因此应结合刀具耐用度认真选择切削速度。

(2) 进给速度与刀具切入进给速度。

进给速度的选择直接影响着模具零件的加工精度和表面粗糙度，其计算公式为 $F=nzf$，式中 n 为主轴转速（$\mathrm{r \cdot min^{-1}}$），$z$ 为铣刀齿数，f 为每齿进给量（mm · 齿$^{-1}$）。每齿进给量的选取取决于工件材料的力学性能、刀具材料和铣刀结构。工件的硬度和强度越高，每齿进给量越小；硬质合金铣刀比同类高速钢铣刀每齿进给量要高；当加工精度和表面粗糙度要求较高时，应选择较低的进给量。刀具切入进给速度应小于切削进给速度

(3) 吃刀量。

吃刀量的大小主要受机床、工件和刀具刚度的限制，其选择原则是在满足工艺要求和工艺系统刚度许可的条件下，选用尽可能大的吃刀量，以提高加工效率。为保证加工精度和表面粗糙度，应留 0.2～0.5 mm 的精加工余量。在粗加工时，余量的切除往往采用层切的方法，在 CAM 编程时，需要设置每层切削深度和最大步距宽度，而实际步距往往与工件形状有关。

在精加工时，吃刀量的选择与表面粗糙度有关，CAM 软件中通常提供有两种参数控制表面粗糙度：步距宽度（Step-over）和残留高度（Scallop）。采用步距宽度控制表面粗糙度时，步距宽度越小，表面粗糙度越小，但加工路径和加工时间会大大延长，因此步距宽度不宜设置得太小，在实践中可以通过改变半精加工和精加工走刀路径的方法（二者成正交关系）改善表面质量；采用残留高度控制表面粗糙度时，步距宽度会依据工件形状自动调整。

5）切削容差

对曲面的三轴数控加工而言，刀具的运动是通过对三个坐标轴进行线性插补而完成的。这意味着，刀具运动轨迹是由相应的直线段组成的。为了确保被加工零件的加工精度，必须根据实际加工要求，由编程人员给定合理的加工容差值，该值表示实际切削轨迹偏离理论轨迹的量。有下列三种定义容差的方式可供编程员选用。

(1) 指定内容差值：它表示可被接受的表面过切量。

(2) 指定外容差值：它表示由误差所产生的剩余材料被留在零件表面上做余量。

(3) 同时指定内外容差值。

在模具的数控加工编程中，一般采用指定外容差值的方法。为了满足实际生产的需要，保证用数控加工方法加工的零件具有高精度，大大减少钳工的手工研修量，并考虑在生成刀

具运动轨迹时不产生过多的刀位数据点，使计算机运算时间及机床加工时间控制在一定的范围内，容差值一般选为 0.02 mm 左右。

6）切削间距

在数控编程中，切削间距的选择是非常重要的，它关系到被加工零件的精度和加工费用。切削间距小，则加工精度高，钳工的研修工作量小，但所需的加工时间长；切削间距大，则加工精度低，钳工的研修工作量小，研修后模具型面失真性较大，难以保证模具的加工精度，但所需加工时间短。由此可见，切削间距必须根据加工精度要求及占用数控机床的机时来综合地考虑。对于手工劳动费用昂贵的发达国家来说，切削间距可以选得很小，例如，采用直径为 20 mm 的刀具进行模具表面的数控加工，间距可选为 0.5 mm 以下，甚至更小一些，此时留在模具表面的手工研修量仅为 0.005 mm 以下，只需对模具表面稍加抛光即可。但其数控加工时间很长，对数控加工费用相对较昂贵的我国来说，显然是不合理的。因此切削间距必须根据国情及具体条件来合理地选择。目前国内选择的切削间距为 2 mm。在实际数控编程中，可采用如下三种方法来定义切削间距。

(1) 直接选择切削间距。

根据编程加工经验，切削间距可按如下方法来定义：对粗加工而言，切削间距一般选为所使用刀具直径的一半；对精加工而言，切削间距为所使用刀具直径的 1/10。

(2) 用残留高度来确定切削间距。

残留高度是指沿加工表面的法矢量方向上两相邻切削行之间波峰与波谷之间的高度差，它是直接表示加工精度的工艺参数。如图 10.18 所示，表示残留高度、切削间距、刀具半径。

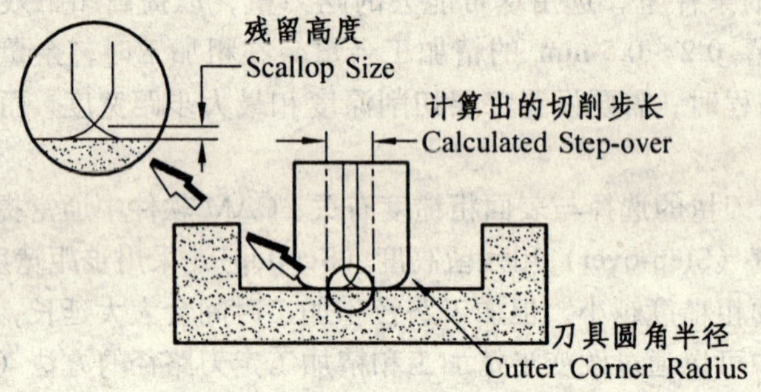

图 10.18　残留高度示意图

目前残留加工高度选为 0.1 mm 时，既可以保证加工精度，又不致使切削加工时间太长。其发展趋势是逐步缩小切削间距以降低残留高度和减少钳工修磨量。

(3) 用切削轨迹数目来确定切削间距。

切削轨迹数目是指加工定义曲面的刀具运动轨迹的总条数。此方法一般只作为理论讨论，实际编程中很少采用。

7）其他参数

在 CAM 加工中，除以上参数的设定外，还有诸如加工对象及加工区域的设置、进退刀控制方法、高度和安全高度、刀具半径补偿和长度补偿、冷却液开关、拐角控制和轮廓控制、区域加工顺序等的设定。加工对象和加工工序密切相关，不仅仅指的是产品的几何造型，而对于同一加工对象，往往要分区域加工；切削前的进退刀方式一般有水平进退刀和垂直进退刀方式两种；安全高度的设置主要是为了避免刀具碰撞工件；刀具半径补偿和长度补偿的设置主要是考虑刀具的轨迹并不是零件的实际轮廓，而刀具的长度也与实际的控制点有一定的关系；拐角控制是考虑到切削过程中遇到拐角的处理；同时轮廓控制是通过轮廓来限制加工范围；区域加工顺序是针对有多个凸台或者凹槽的零件作等高切削时形成的不连续区域的加工顺序的选择。总之，计算机辅助加工具有很大的灵活性，只有正确理解以上工艺参数，在实践中不断进行总结，才能编制出高质量的加工程序，加工出高质量的模具零件。

10.3.3　CAM 软件选择

数控加工中，CAM 软件的性能将直接影响零件的加工作业、加工质量和生产效率，因此 CAM 软件的选择是数控加工中的一项非常重要的工作，要慎重进行。

常见的 CAM 软件较多，如 Pro/ENGINEER（Pro/E），Uni-graphics（UG），MasterCAM 等。选用这些软件要遵循的基本原则应当是根据需求选用适宜软件。一般情况下，首先结合企业现有产品及产品的发展方向，明确数控加工现阶段要解决什么问题，结合未来的发展将要遇到并需解决什么问题；然后分析所选 CAM 软件功能特点，看其如何解决以上问题，能否满足生产需求。具体来说，要在深入分析零件的特征、加工的工艺决策、生成的刀具轨迹信息文件，以及对后置处理生成的数控加工代码的要求等的基础上，对比现有不同软件的性能特点，选择最合适的 CAM 软件。

1）明确自己的需求

根据厂家自已的特点选择适合本厂产品加工功能的 CAM 软件。主要包括系统将解决现阶段所遇到的什么问题；结合企业未来的发展方向，将解决将来会遇到的什么问题。从解决问题的角度确定 CAM 的实施规模和档位，不受其他非需求因素的影响。比如，要加工一个航空发动机上用的整体离心式叶轮，就要考虑所选择的软件是否具有五轴联动的加工功能，以提高加工效率。此外，加工类似叶轮，有些情况下叶片之间的遮挡很厉害，没有五轴联动根本无法加工。因此，在选择 CAM 软件方面，企业应该结合自己实际的需求，选择最经济实用的软件系统。

2）分析比较软件性能

由于成本问题，目前 CAM 软件一般用于关键零部件或模具类、工具类产品的数控辅助编程。结合 CAM 软件的主要功能，下面从前置处理、后置处理以及综合性能等三个方面说明如何选择高性能的 CAM 系统。

（1）前置处理方面。

① 考虑系统的数据输入接口。

在对一个零件进行数控编程前，必须首先获得零件的几何模型信息。许多 CAM 软件自身具备造型系统，但在大部分时候，设计和加工采用的可能是不同的系统，这就需要 CAM 系统可以读取 CAD 系统完成的设计结果。大多数的国外 CAM 软件都能提供多种格式的数据输入接口，如 IGES，DXF，STL，SAT 等通用接口，有的还针对一些著名的 CAD 软件如 Pro/ENGINEER，UG，CATIA 等提供专门的接口。但不同的 CAM 软件所“专长”的数据格式不同，支持的程度也有所差异，这就需要作进一步的了解，最好是找几个有代表性的零件，对 CAM 系统支持的数据格式做测试，检查其是否能正确读取数据信息。

② 加工支持的走刀方式以及其他一些工艺适应性。

机械加工中，加工工艺支持非常重要。比如，走刀形式跟加工出来的表面质量有很大关系。铣削加工，单纯的往复走刀行切，对于平面轮廓加工的质量还可以，但是对于曲面轮廓，需要沿轮廓线进行环形走刀行切才可以达到较高的表面加工质量，而且对于同一个零件，可能在不同的部位需要不同的走刀方式。又如，对于零件两个面之间的衔接部分，系统是否提供良好的“清根”编程。除了走刀方式之外，也要注意软件是否提供过切保护、刀杆的干涉检查甚至是加工过程的模拟仿真等辅助功能。

(2) 后置处理方面。

好的 CAM 软件，对于通用的常见数控机床，都提供专门的后置处理模块，但对于一些很少见的机床，则应提供开放式的后置处理自定义功能。如有些 CAM 系统，采取问答的方式，帮助用户定义特殊的后置处理功能，使普通用户能非常方便地完成复杂的后置处理自定义过程。

(3) 综合性能方面。

① 数据传输接口和数控加工代码的输出。

后置处理后，需要将得到的数控代码传输到数控机床或加工中心去引导机床进行加工。过去都是用 RS232 接口进行数据传输，需要专门的软件支持。现在许多 CAM 软件本身就具有数据传输功能。一般的 CAM 软件利用后置处理程序提供用户化的数控加工代码的输出，使用户能够灵活地将 NC 程序用于不同的数控系统。选择软件时，应了解以下几方面：a. 提供哪些后置处理和数据加工程序，是否包括线切割、电火花、车削或多轴数控加工编程的后置处埋程序；b. 后置处理输出的加工程序能否细调，以使数控加工代码的输出符合用户的要求；c. 能否将 NC 程序反向处理，显示刀具路径。

② 集成化程度。

不少 CAM 软件 CAD/CAM 的集成，通常由多个功能模块组成，如三维绘画、图形编辑、曲面造型、数控加工、有限元分析、仿真模拟、动态显示等。这些模块应该以工程数据库为基础，进行统一管理，这样既保持了底层数据的完整性和一致性，实现了数据共享，又节约了系统资源和运行时间。

③ 与硬件的匹配。

不同的应用软件往往要求不同的硬件环境支持，如内存空间和操作系统等。比如，有些软件既可在工作站上运行，又可在 PC 机上运行，而有些软件则只能在 PC 机上运行。

④ 易学易用性。

一致友好的操作界面及简洁实用的操作方法，对于使用者来说是一个无形的帮助。软件功能及操作的简洁一致也非常重要，可减少学习实践，提高使用效率。

⑤ 可发展性、升级方法和技术支援。

科技发展日新月异，过去只有在工作站及 Unix 系统上才能运行的 CAM 软件，随着个人计算机性能的提高及 Windows 操作系统的发展，已大部分移植到个人计算机上来，提供了

Windows 版本；过去只支持三轴联动的，现在已支持四轴联动、五轴联动；过去在单机下运行，现在能支持网络数据共享或传递，开放型的结构不仅便于用户进行二次开发，同时也使软件系统本身能够不断地扩充与完善，因此选择 CAM 软件时，还要考虑是否具备技术的前瞻性、系统的可扩充和长远发展。

10.4　CAM 技术的现状及发展方向

虽然经过 40 余年的发展，CAM 技术在机械制造、航空航天等技术领域起到了相当重要的作用，但其在学习、掌握与应用上的困难与生产快速发展对 CAM 技术提出了更高的要求，CAM 技术的更新发展迫在眉睫，主要有以下几个方面：

1）软硬件平台

WinTel 结构体系因优异的价格性能比、方便的维护、优异的表现、平实的外围软件支持，已经取代 Unix 操作系统成为 CAD/CAM 集成系统的支持平台。OLE 技术及 O&M 技术的应用将会使系统集成更方便。今后 CAM 的软件平台无疑将是 Windows NT 或 Windows 2000，硬件平台将是高档 PC 或 NT 工作站系列。随着高档 NC 控制系统的 PC 化、网络化及 CAM 的专业与智能化的发展，甚至机上编程也可能会有较大的发展。

2）系统基本特征

（1）面向对象、面向工艺特征。

传统 CAM 局部曲面为目标的体系结构应被改变成面向整体模型（实体）、面向工艺特征的结构体系。系统将能够按照工艺要求（CAPP 要求）自动识别并提取所有的工艺特征及具有特定工艺特征的区域，使 CAD/CAPP/CAM 的集成化、一体化、自动化、智能化成为可能。

（2）基于知识的智能化。

CAM 系统应发展为不仅可继承并智能化判断工艺特征而且具有模型对比、残余模型分析与判断功能，使刀具路径更优化，效率更高。同时面向整体的形式也具有对工件包括夹具的防过切、防碰撞修理功能，提高操作的安全性，更符合高速加工的工艺要求，并开放工艺相关联的工艺库、知识库、材料库和刀具库，使工艺知识积累、学习、运用成为可能。

（3）能够独立运行。

要实现与 CAD 系统在功能上分离，在网络环境下集成，需要 CAD 系统必须具备相当高的智能化水平。CAM 系统不需要借助 CAD 功能，根据工艺规程文件自动进行编程，大大降低了对操作人员的要求，也使编程更符合数控加工的工程化要求。

（4）自动化编程。

CAD 系统具有尺寸相关、参数式设计、修改灵活等显著的特点，未来 CAM 的发展中自然希望融合进这些特点。当原模型发生变化后，CAM 即可按原来的工艺路线重新计算，实现自动修改，由计算机进行工艺特征与工艺区的重新判断并全自动处理，使用关性编程成为可能。但是，CAM 的处理目标并非几何特征而是工艺特征，这两种特征之间没有特定必然的变化相关关系，当几何参数发生变化时，工艺特征不会因几何特征参数的改变发生相关性变化，因此深入研究并找出几何特征参数与工艺特征之间的变化相关关系是实现参数式 CAM 的关键，只有找到二者之间的相关关系才能使自动化编程成为可能。

(5) 更方便的工艺管理方式。

数控生产中，CAM 的工艺管理是尤为重要的一个环节，在企业产品数据管理 PDM 中，工艺管理也是重要的组成部分。目前，已有较先进的 CAM 系统采用工艺管理树型结构，为工艺过程中的实时修改提供了条件，从而可以提高生产效率及降低成本。另外，CAM 的全自动批处理也将是其发展的一大目标，由工艺设计人员对产品进行工艺设计后，CAM 按照工艺规程进行处理，这要求 CAM 系统应具有可编辑式的工艺模板和先进的开发环境（如 CAPP 开发环境）。在工艺管理的过程中如果 CAM 可以根据工艺特征和工艺规程自动生成包含图片文本的工艺指导文件，就能提高工艺人员的工作效率，缩短产品工艺编制周期。

(6) 网络化（CAMNET）。

近年来，计算机网络技术和信息技术得到了空前的发展，网络已经渗入到全球的各个角落，并时刻影响和推动着制造的发展，改变着制造环境。面对这种变化，迫切需要建立一种以市场需求驱动的、具有快速响应机制的网络化制造系统模式。制造企业将利用 Internet 进行产品的协同设计和制造，而 CAM 作为制造的核心部分更是需要建立起 CAMNET，通过 Internet 提供多种制造支撑服务，如产品设计的可制造性、加工过程仿真及产品的试验等，使得集成企业的成员能够快速连接和共享制造信息。建立敏捷制造的支撑环境在网络上协调工作，将企业中各种以数据库文本图形和数据文件存储的分布信息集成起来以供合作伙伴共享，为各合作企业的过程集成提供支持。

10.5 新产品开发试制对 CAM 技术提出的新需求

加快产品开发，尽最大可能地缩短从设计到投放市场的时间，是任何一个企业都要面临的问题。随着市场竞争和顾客个性化要求的快速发展，为满足日益增长的功能需求，当今新产品的结构越来越复杂，精度也越来越高，为了验证新产品的设计是否达到预期目标，需采用实物样件进行实际的强度、刚度、动力特性、疲劳寿命等试验，因此，对实物样件的数字化制造技术就提出了更高的要求。以下就结合这些新要求，介绍 CAM 的一些新技术。

1）高速加工

有效的高速切削，对加工过程中的所有因素都有要求，这其中包括：CAM 软件、机床刚度、主轴转速、刀具夹持、工件的固定、切削刀具的结构设计和质量以及操作者的技术熟练程度等。

高速加工要求 CAM 软件提供新的刀具切入方式，使刀具在不同的切削形式下与被切削材料保持相对恒定的接触状态，以及合适的刀具进给和切削深度等参数，这些工艺方案必须符合高速切削的实际要求。

常规的 CAM 后置处理提供两种插补：直线插补和圆弧插补。高速机床的上述要求实际上隐含了对 NC 后置的一种建议，即尽量少使用直线插补生成 NC 轨迹。

随着高速加工技术及设备的不断成熟，出现了 NURBS 插补控制器，这使得 CNC 系统具备了 NURBS 代码加工的能力。NURBS 插补，使 CNC 描述形状信息的能力，从点位上升到曲线（曲面是下一步）。NURBS 插补使程序代码量大大减少，而且能够以较经济的方式达到高的精度。另外由于 NURBS 插补具有很好的“前瞻性”（Look-ahead）功能，而“前瞻性”已成高速加工的必备功能，因此 NURBS 插补可有力地支持高速加工。

2）复合化加工

复合加工的应用形式，对于CAM系统并非关键问题。NC计算针对一个零件模型进行，这个零件对应哪些加工方式，各工步如何安排，选用什么刀具，采取什么进给姿态等都可以直接在CAM系统中确定。而真正的问题是如何合理地确定各个工步，以及各工步的切削参数。因为这里面存在一个为了减少变形，必须平衡各工步在各加工阶段（粗铣、半精铣和精铣）的切削量的过程。复合化切削机床对于传统工艺规划的制定赋予了新的意义，工艺制定的过程中，已经不用再考虑在多道工序上的多次装夹和定位问题，夹具和对刀定位是机械加工尤其是NC加工中一个非常耗时并且繁琐的辅助工艺。在复合多功能机床上，针对零件特点，选择一个易于进行多道工序的姿态夹紧毛坯，利用工作台的旋转或多面加工可以方便且快速地完成多工位、不同刀具的多姿态加工。因此，CAM计算中已经无须考虑如何装夹零件，可以在一个或多个加工坐标系中完成NC代码计算，只是在后置阶段利用面向加工坐标系的几何变换生成CNC指令。

3）高精度控制

当机床和刀具等外界硬件设备满足要求之后，要保障高质量的NC加工精度，取决于：

（1）NC计算模型的表示。

直线插补、圆弧插补和NURBS插补三种技术分别对应了零件模型的一次线性表示、二次圆锥表示和三次（以上）曲线/曲面表示，所以，NC计算模型应该最大限度地继承这三种原始的精确表示机制。

（2）制造模型的完整性。

曲线/曲面表示的应用一方面提高了系统对复杂零件模型的表达能力，另一方面由于数值求解算法自身的限制，在曲面片之间会出现重叠或间隙。这种几何表示上的误差所可能导致的问题，在NC计算中表现并不明显，但是在高速机床的加工过程中，其影响和破坏力是非常严重的。其主要表现就是：① 机床振动；② 加工质量明显降低。这就要求：① NC系统在重叠区域和间隙区域提供平滑过渡算法；② 在零件模型表示层或加工模型表示层修正或缝合这些不平滑区域。

（3）加工方法的合理性。

机床的插补精度和稳定性要远远高于NC刀位计算的精度。因此，应当充分利用机床自身的运算器完成中间代码的生成。对于二次圆锥曲线/曲面模型，应当利用横截面轮廓呈圆弧形这一特点，沿横截面方向给出圆弧插补型的刀位指令。而对于三次（以上）的切削区域可以根据不同的机床要求，尽可能加密插值或直接生成NURBS型插值命令。

4）工艺过程规划

工艺过程规划作为产品生产中一个重要的环节，在理论上承担着将设计规范转换为制造指令的任务。因此，它必须完全与设计模型集成，从中提取设计信息，经过基于知识工程或专家系统式的工艺推理，再确定相应的工艺过程方案。一般意义上，工艺过程规划系统包含三个基本模块：① 零件几何表示和零件设计规范表示模块；② 工艺规划逻辑推理模块；③ 知识库/数据库模块。

在用户的具体生产条件等因素的作用下进行工艺过程规划，生产设备和工艺习惯的显著差异直接导致对同一零件模型可能会制定多种工艺方案。

另一方面，工艺过程规划系统长期以来围绕工艺准备、管理和调度等领域开展研究，将工艺过程的输出局限于作业式的生产计划、调度和控制（某种程度上，可以视其为工艺卡片），同时淡化了原本应来自零件设计过程的输入。

综上所述，CAM 系统作为 NC 代码的生成器，必须要面向上述新兴的制造技术，在系统内部提供更完备、更适用的实施方案，解决先前工艺过程系统因为没有与几何模型密切关联而导致的 CAD 与 CAM 实际上脱节的问题。以此为基础进而面向高速切削、复合化加工、网络化制造等先进制造技术发展。

10.6 新产品试制中的 CAM 应用实例

本节以实际加工中经常遇到的型腔铣为例来讲述 CAM 在产品试制中的实际应用。

1）某试制零件的 CAD 三维建模

要通过 CAM 进行试制零件的数控加工编程，首先必须对该零件进行 CAD 三维建模，将零件的三维几何信息在计算机中表达出来，图 10.19 为某零件在 CAD 系统中建模得到的零件三维型腔模型。该零件毛坯为扇叶下模，是一个曲面坯料，中心为圆柱体。

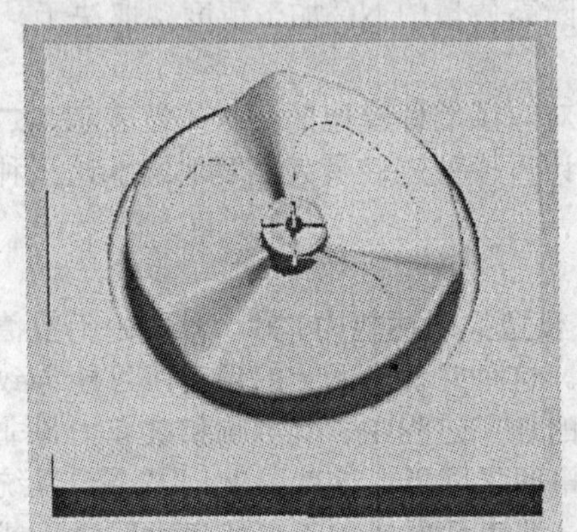

图 10.19 某零件的三维模型

图 10.20 该零件在 CAM 中的三维型腔表达

2）分析试制零件特征

该零件可以看为凸件，在扇叶的基体部分却有很小尺寸的凹槽，若在粗加工过程中需要加工的话就需要用很小直径的刀具，这样既浪费时间，而且也很耗刀具，在精加工中对其加工的话，就可以将对刀具的损耗减小，但是同样会浪费时间。在这种情况下，可对扇叶模具的基体部分单独加工，把它放在第一步精加工上，这样就会减少对刀具的损耗，而且针对于部分加工就不会浪费时间，将工时缩短（见图 10.20）。

零件装夹：该零件的装夹很方便，这里不详述。

编程原点及编程坐标系：可直接选用 CAD 中的坐标系。

3）对待加工表面及其约束面进行三维几何建模

在规划扇叶下模加工刀具路径前，先确定加工几何图形所需要的坯料尺寸及加工边界，并将图形中心的最高点移到系统坐标原点，便于加工时以图形中心对刀。选取干涉面，当曲面模型中的某个或某些曲面不适合采用当前的加工方式或已经加工到位时，可以将其设置为干涉曲面。在这里把图 10.21 所示的平面设为干涉面可以减少走刀时间。

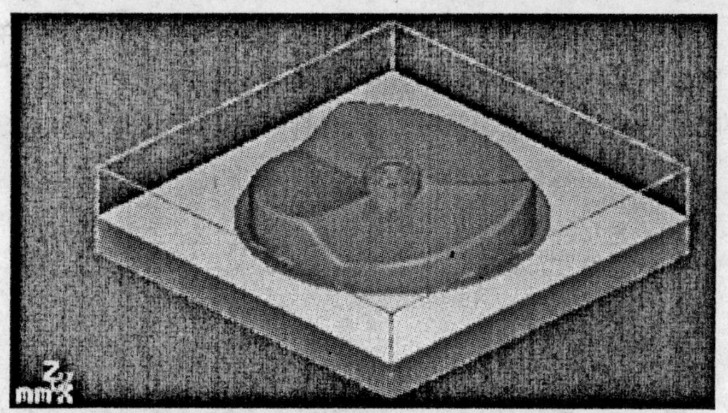

图 10.21　干涉面

4）选择合理的刀具

CAM 软件一般提供了一些刀库供用户选择，如果没有相应的刀具，用户可以手工生成刀具。这里，我们通过 CAM 系统提供的刀具生成表格，填写相应的刀具参数。在对实体零件进行曲面放射状粗加工时，选择直径为 25 mm 的平铣刀，再对刀具各个参数进行设定，包括刀具的材质、刀刃数、刀角半径等；然后用圆鼻刀对曲面进行等高外形精加工，在做曲面等高外形加工时，选择一把直径为 15 mm 的圆鼻铣刀，同样再对刀具的各个参数进行设置。有些 CAM 软件能够选取刀具的各种速度参数值，以供参考使用。

5）刀具轨迹生成

对于这种带有凸凹的曲面，粗加工时采用放射状，刀具路径围绕一个旋转中心向外成放射状发射；随后的等高外形加工中，刀具逐层去除材料，直到加工出最终表面为止；而在精加工中采用陡斜面加工，用于清除粗加工时残留在较陡斜坡上的余量，它分 0° 和 90° 两个方向，加工质量较高。这些都是 CAM 软件中通过操作各种图形菜单来完成的。

接下来定义工件的各种参数：安全平面、主轴转速、进给速度、线性逼近误差、刀具轨迹间的残留高度、切削深度、加工余量、进刀段长度及退刀段长度等。

图 10.22，图 10.23 定义了在等高外形加工中被加工面的边界和刀具轨迹。

图 10.22　等高外形加工中选择曲面边界

图 10.23　刀具轨迹图

6）加工仿真

生成刀具轨迹后，可以进行仿真，刀具在毛坯上进行切削，最终得到加工图形。因为零件中间的圆柱体部分基本上没有加工到（因为加工方式的选择），下面对未加工到的圆柱体部分换一把 R1.5 的球头铣刀进行加工。为了将加工限制在一个范围内，尽可能地减少刀具的空行程，人为设置一个虚构的圆（如图 10.24 中的箭头所示），这样刀具就在该范围内运动。同前面的加工一样，最后生成该部分的刀具轨迹（见图 10.25）。

最后用 R0.2 的圆鼻铣刀进行残料清角，生成刀具轨迹（见图 10.26）。

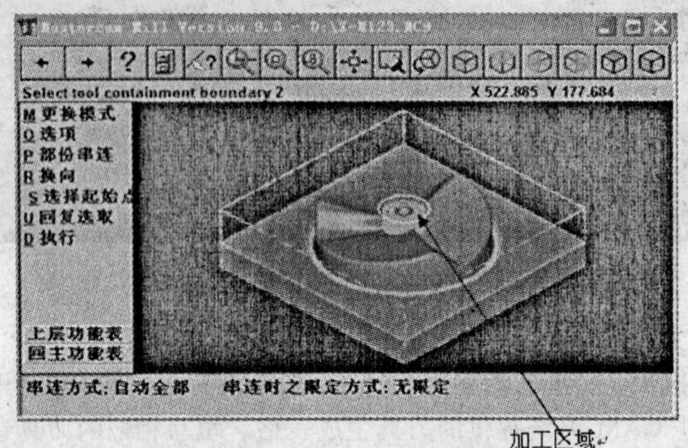

图 10.24　加工区域设置

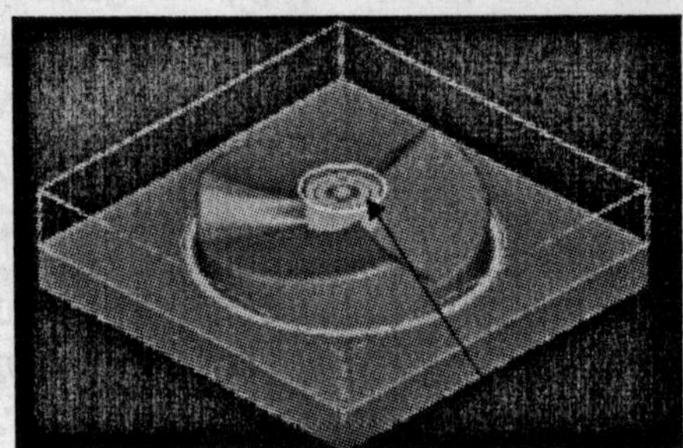

图 10.25　残料加工（基体部分）仿真

图 10.26　残料清角仿真

7）刀位源文件（CLSF）输出

刀位文件类似于英语，其大部分为刀位数据（CL 数据，即 Cutter Location），它是后置处理的输入，如下：

```
%
00000
(PROGRAM NAME－XM)
(DATE＝DD－MM－YY－21－05－06   TIME＝HH:MM－10:17
N100G21
N102G0G17G40G49G80G90
(10. BULL ENDMILL 1. RAD TOOL－1 DIA. OFF. －1 LEN.
N104T1M6
N106G0G90G53x－275. Y－275. A0. S1527M3
N108G43H1Z100. M8
N11077 003
```

第十一章　基于知识的工程（KBE）技术

11.1　KBE 概述

新产品的开发都是根据市场需求调查，在原有老产品的基础上，继承原有老产品中合理的部分，并通过增加新功能、新材料，采用新工艺等方式对老产品进行改进和创新，从而得到满足市场需求的新产品。那么怎样才能有效而快速地继承原有产品的技术精华，并将其应用于新产品的开发中，一直是设计师们追求的目标。到 20 世纪末期，随着 KBE 技术的发展，这一问题才得到了解决。KBE——基于知识的工程，就是将经过长期工程考验的产品设计经验、数据、方法、配方及技术诀窍等进行归纳整理和提炼，使之成为指导产品设计、制造行之有效的规范化设计知识，并与企业选用的 CAD 系统结合，通过 CAD 系统的二次开发而形成的专业化设计工具和企业的知识财富。KBE（Knowledge Based Engineering）是一种利用已有知识和成功经验设计新产品的思想方法，具体的 KBE 技术应用应根据设计对象的特征和技术需求，选用相应的 KBE 技术。

1）KBE 技术的定义和内涵

KBE 的基本思想是在工程设计中重用已有的知识和经验。而这些知识和经验以各种形式存在，如电子表格、手册、工程公式、特定软件或人的判断等。

由于 KBE 技术的开放性，迄今为止，尚无一种公认的、完备的 KBE 定义。

（1）英国考文垂大学认为，KBE 是一种存储并处理与产品模型有关的知识，并基于产品模型的计算机系统，是目前促进工程化、实用化产品开发的最值得注意的软件方法。

（2）英国 Cranfield 大学的 HuihuaLl 博士认为，KBE 是一种特殊类型的基于知识的系统，它专注于工程设计以及后续的制造、销售等活动。

（3）美国华盛顿大学机械工程系认为："KBE 是一种设计方法学，将与下一代 CAD 技术紧密结合。它将启发式的设计规则，用于覆盖构件、装配和系统的开发。KBE 系统存储的产品模型，包含了几何和非几何信息，以及描述产品如何设计、分析和制造的工程准则。"

（4）美国福特汽车公司认为："KBE 运用知识完成工程任务，这些知识是特意积累和存储的，并以计算机作为中介。KBE 通常指一些计算机使用系统，如专家系统、基于网络的知识库等。"

（5）世界著名系统集成公司——美国 UGS 公司——认为，KBE 是获取智能对象或人造物（如零件）的生命周期内实质的方法学，包括操作性、功能性和性能的要求，以及获取它的进一步变化。

（6）上海交通大学模具 CAD 国家工程研究中心提出：KBE 是通过知识驱动和繁衍，对工程问题和任务提供最佳解决方案的计算机集成处理技术。

总之，KBE 的内涵可以概括为：KBE 是领域专家知识的继承、集成、创新、管理和重用。

KBE 在实现技术上是 CAD/CAE/CAM/PDM 技术与知识获取、表达、重用等知识工程，人工智能和数据挖掘技术的集成。

2）KBE 技术应用现状

近年来，美国、日本和欧洲各国政府在 KBE 技术的开发与应用方面给予了有力的支持，并将其列为国家未来发展战略的重要核心技术。我国政府也对 KBE 技术的研究给予了很大的重视，并将 KBE 技术列为机械工程“十五”重点学科之一。许多跨国公司和著名大学也纷纷开展研究，以提高企业产品的创新开发能力，如美国福特汽车公司在其 21 世纪发展战略中将 KBE 技术列为保持在全球汽车行业领先地位的关键技术之一，福特在英国的子公司——美洲虎（Jaguar）汽车公司——采用 KBE 技术设计某车型发动机盖，设计时间缩短 20 倍；英国空中客车公司（Bae）在设计 A340-600 飞机机翼的筋板时，由于每一个翼筋尺寸有所不同，如用常规 CAD 软件和分析软件设计 1 个翼筋至少需要 2 天，仅对所有翼筋设计 1 次需要 1 个人工作 1 年，而采用 KBE 技术后，10 个小时即可完成机翼筋板的设计。

3）KBE 系统的类型

考虑到 KBE 系统所采用的问题解决方式和用户的交互方式，KBE 系统可以分为如下几种类型：

（1）选择式 KBE 系统。

它是利用领域知识辅助设计，要求用户从一些相似的选项中选择性输入信息。

（2）产生式 KBE 系统。

它可以通过用户输入规则、详细说明，预先定义好的几何约束，生成详细的几何 CAD 模型。

（3）顾问式 KBE 系统。

它是通过设计人员在设计时利用设计知识和制造知识对设计方案进行评估。

（4）创新式 KBE 系统。

它是通过早先定义好的原则和基于模型的推理方式，去探讨一个更大的设计空间和可行性设计。

可以看出，选择式 KBE 系统是人员参与的相似性设计系统；产生式 KBE 系统适用于一些在已有范例基础上进行更新或改进的自动化设计；顾问式 KBE 系统是对设计问题进行评估，给出推荐性意见；创新型 KBE 系统主要应用于创新性较大的设计。但是，事实上工程项目中应用的 KBE 系统很可能是多种类型的 KBE 系统的混合体，即混合式 KBE 系统。

11.2 KBE 系统的体系框架

KBE 围绕“知识”来实现产品生命周期各环节的管理，“知识”既来源于专家规整化了的经验，也包含由各设计模块产生的信息集合。KBE 并不是各模块的简单叠加，而是遵循知识的连续性将其有机整合，目的是使信息链路有序畅通，形成一张知识的组织结构图和工作流程图。图 11.1 是 KBE 系统的典型框架体系：通过集成平台，将各异构系统（如 CAD，CAE，智能系统等）集成，同时与 PDM，ERP 等系统集成，从而实现规划、设计、制造、管理、维护、支持等过程与智能技术的有效结合。

要使 KBE 系统有效运行，需要知识建模、知识表示和推理、知识获取和繁衍、知识管理和集成这些使能技术对其进行支持。

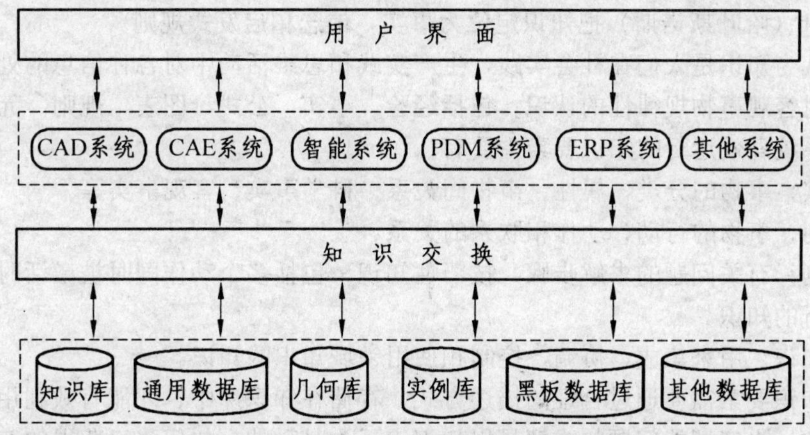

图 11.1　KBE 系统的典型框架体系

11.3　KBE 中的基本概念

1）数　据

知识总是和数据、信息联系在一起的。数据是反映事物运动状态的一种非物质材料，它包括四种基本形式：数字、词汇、声音和图像。“数据”不仅是通常意义下的“数”，而是其在概念上的拓展和延伸，它泛指客观事物的数量、属性、位置及其相互关系的抽象表示。它可以是一个数，如整数、小数、正数、负数，也可以是由多个符号组合而成的字符串，如一个人的姓名、性别、地址或者一个消息等。

2）信　息

信息是已排列有意义的、形式化的数据。通过人的认知能力对数据进行系统组织、整理和分析，使其产生相关性。信息和数据是两个密切相关的概念。数据是信息的载体和表示，信息是数据在特定场合下的具体含义，或者说信息是数据的语义，只有把两者密切地结合起来，才能确切地描述现实世界中某一具体事物。数据和信息又是两个不同的概念，对同一个数据，它在某一场合下可能表示这种信息，在别的场合下却表示另一种信息。例如，数字“10”是一个数据，但它可以表示“10 个人”“10 块钱”，也可以在二进制中表示 2。同样，对同一种信息，在不同的场合也可以用不同的数据表示。

3）知　识

把有关信息关联在一起形成的信息结构称为知识，信息和关联是知识的两个基本要素。知识表示信息的应用，信息是知识的“子集或基石”。知识必须经过加工提炼，是对很多信息材料的内在联系进行综合分析而得出的系统结论。知识是人类在长期的生活及社会实践、科学研究及实验中积累起来的对客观世界的认识与经验，人们把实践中获得的信息关联在一起，就获得了知识。知识反映了客观世界事物之间的关系，不同事物或相同事物的不同关系形成了不同的知识。例如，“书放在桌子上”，它反映了“书”和“桌子”的位置关系。

知识这一重要而又基本的概念，至今还缺乏一个完整的严格定义。不同领域的人从不同的侧面对它有不同的理解，给出了带有自身特点的定义。

Feigunbaun（费根鲍姆）指出：知识是经过消减、塑造、解释和转换的信息。

Bernstein（伯恩斯坦）认为知识是对特定的领域的描述，是由关系和过程组成的。

Hayesroth（哈叶斯诺斯）把知识定位为事实、信念和启发式规则。

也有人认为知识是人们在社会实践、生产实践和思维活动中对各种信息的处理，提炼而形成的各种对客观事物规律性的认识，包括经验、事实、公式、图表、规则、元知识等。确保智能设计系统高效运行的知识要素主要有：

（1）事实：事物的分类、属性，事物间关系，科学事实，客观事实等。

（2）规则：事物的行动、动作和联系的关系。

（3）控制：有关问题的求解步骤、技巧性知识，包括多个动作同时被激活时，选择哪一个动作来执行的知识。

（4）元知识：用来集成、协调、控制和使用领域知识的知识。

这四种知识要素需要通过合理的描述方式，存储在知识库中，才能有效利用它们解决领域问题。因此，人工智能问题的求解是以知识表示为基础的，如何将已获得的有关知识以计算机内部代码形式加以合理地描述、存储，有效地利用，是知识表示应解决的问题，它包括两层含义：

（1）用给定的知识结构，按一定的形式组织知识。

（2）解释所表示的知识的意义。

因此，同一知识可以根据不同的语义环境有不同的表示形式，产生不同的效果。下面就知识的特性和类型进行讨论。

（1）知识的特性。

① 相对正确性。

任何知识都是在一定条件及环境下产生的，因而也就只有在一定条件及环境下才是正确的、可信任的。离开一定的条件及环境，就可能变成不正确的、不可信任的。

② 不确定性。

由于现实世界的复杂性，知识并不总是只有“真”和“假”两种状态，而是在“真”和“假”之间还存在许多中间状态，即存在“真”的程度的问题。知识的这一特性称为不确定性。

（2）知识的类型。

① 描述性知识。

以描述的方式来表示的知识叫描述性知识，包括事实知识和判断知识。事实知识描述有关对象、事件，例如，“电话在桌子上”等。描述性知识可用数据结构来表示，使知识作为一种独立于程序的实体存在，把用于解决问题的知识与程序编制方面的知识有效地分开，描述性知识具有知识表示清晰明确、易于理解、可读性好等优点。

② 过程性知识。

传统的数据处理将知识寓于程序中，即程序就代表着系统解决问题所使用的知识。这种知识表现类型称为过程性知识。过程性知识针对特定问题，根据具体的处理步骤用一系列过程来表达，执行效率非常高。但也有其缺点，一是不易表示大量的知识，且知识难于修改和理解；二是只适合表达完全正确的知识，稍有含糊的知识就难以用程序来描述。此外，它只适合处理完整、准确的数据。

③ 元知识。

所谓元知识就是关于知识的知识。具体说元知识可分为以下几类：第一类是有关怎样组织、管理知识的元知识，这些元知识阐明了知识的内容和结构的一般特征，以及分类、综合等有关特征。第二类是有关利用知识求解问题的元知识（如在问题求解中所用到的推理方法，为解决一个特殊任务而必须完成的活动的计划、组织、选择等方面的知识等），它对领域知识的运用起指导作用。例如，在解决一个问题的推理过程中往往同时出现两条可适用情况，究竟应采用哪一条规则，则需要使用一种理论性的标准，这是一种元知识。第三类是有关从知识源中获取知识的知识。

11.4 KBE 系统使能技术

11.4.1 知识的获取

目前在知识获取方面虽然开展了多项研究，但是自动获取知识仍是难点；知识获取工具出现了屏幕编辑和交互式知识库编辑器两种形式。屏幕编辑器适合于在同一时间内输入大量知识，交互式知识库编辑器适合对知识库进行维护。通过知识工程师与专业人员进行交流获取知识，这是一种常规的知识获取方法，但这种方法的缺点在于知识工程师必须领会专业知识。获取浅层的知识一般采用笔记本记录的方式和基于知识问答模块的方式；对深层的知识需要经过授权后，由专门的设计人员在设计产品过程或设计产品后作必要的总结并填入知识库。

11.4.2 知识的表示

KBE 的智能行为在很大程度上取决于知识库中的知识和知识表示模式。知识表示（Knowledge Representation，KR）是概括行为的模型，是知识的符号化与形式化过程。KBE 系统中知识表示模式适当与否，不仅影响着知识的有效存储，也直接影响着系统的知识获取能力和知识运用效率。合理的知识表示模式应尽量满足充分表达、有效推理、便于管理、易于理解等方面要求。

在智能系统中经常使用的表示方法，几乎都来源于研究者对智能行为在微观与宏观不同科学层次上的观察与分析而抽象出的模型。根据这些表示方法的原理可以将它们分为三类。

(1) 局部表示类：逻辑、产生式、语义网络、框架、脚本、过程等。

(2) 分布表示类：基因、连接机制。

(3) 直接表示类：各种图形、图像、声音及人造环境等。

由此，一种知识表示方法的体系树可以表示为图 11.2 所示的形式。

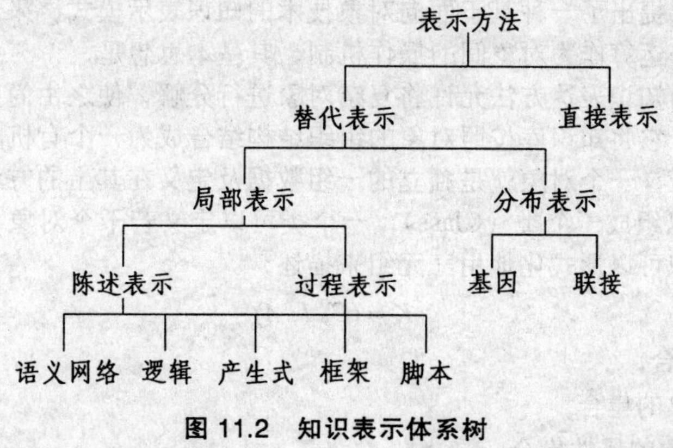

图 11.2 知识表示体系树

知识的表示方法是多种的，以下是对传统的几类方法及其特点进行总结，如表 11.1 所示。

表 11.1 传统的知识表述方法

表示方法	特 点
一阶谓词逻辑	使用量词和逻辑连接符号作出有关对象、特征、场景和关系的陈述。主要用于自动定理证明，但难以表示过程型和启发式知识，对证明过程进行操作的能力差
语义网络	采用结点和结点之间的弧表示对象及其相互间的关系，能简单准确地表示出重要的联系，但处理复杂，很难表示非物理连接的布尔运算
产生式	将知识表示成"模式-动作"对，其方式自然简洁。它的推理机制以演绎推理为基础，推理系统也称为产生式系统
框架	将知识表示成高度模块化的结构。框架是存储一个对象或概念的所有信息和知识的一种数据结构，其层次结构可表示对象间的相互关系，但不易归纳新情况
脚本	用于描述固定的事件序列，其结构类似框架。脚本更强调事件间的因果关系，脚本描述的事件构成了一个巨大的因果链，链的开始是一组进入条件，它使脚本的第一个事件得以发生；链的末尾是一组结果，它使后继事件得以发生
状态空间	把求解的问题表示成问题状态、操作、约束、初始状态和目标状态，状态空间就是所有可能状态的集合。求解问题就是从初始状态出发，不断地应用可应用的操作，在满足约束条件下达到目标状态

上述传统的方法存在一些缺陷，如知识表示形式比较单一，有些表示方法不便于推理；知识库中的规则间关系不明确，甚至特别复杂，知识整体概念难以把握，知识难以管理和维护等。近年来，人们在知识表示方面进行了新的探索，出现了一些新的方法，列举如下：

1）面向对象的知识表示方法（Object-Oriented Knowledge Representation，OOKR）

OOKR 以抽象的数据类型为基础，能方便地描述复杂对象的静态特性、动态行为及相互作用，且具有一般知识表示方法的优点。OOKR 采用封装机制和抽象数据类型来表示知识，即将下列信息封装在一起：

(1) 结构：类或对象的属性。

(2) 方法：类/对象的属性的操作、事实库的存储方法、规则的推理方法。

(3) 事实库：有关对象的事实。

(4) 规则库：有关对象的启发性知识。

(5) 关联：与其他对象的关系。

基于此，有学者提出了一种基于面向对象技术的知识表示模式，采用结构对象类来表示知识单元，定义组合运算作为对象间的操作机制，其基本思想是：

(1) 面向对象的知识表达方法允许将复杂对象进行分解，使之由简单对象组成。分解关系是一种层次结构，它将知识库按照对象的组织结构结合成为一个有机的整体。

(2) 形式化定义：一个对象就是独立的一组数据及定义在其上的方法集。存在共同的结构和行为的事物可以组成一个类（Class），一个类可以定义若干个对象，用对象的集合来表示知识。因此，知识可以形式化地用三元组来描述：

$$K = (C, I, A)$$

式中：C——类的集合；

I——实例对象的集合；

A——类及对象的属性集合。

（3）复杂对象由简单对象间的“组合运算”来构成。对象间的组合运算可以是预定义的，也可以是操作方法，设 X_1，X_2，…，X_n 分别为 n 个对象，它包括：① 集合组合方式，用 Set（X_1，X_2，…，X_n）表示一个新对象，它是由对象 X_1，X_2，…，X_n 组成的集合。② 元组组合方式，用 Tuple（X_1，X_2，…，X_n）表示一个新对象，对象 X_1，X_2，…，X_n 称为新对象的分量。在此方式下，对象 X_1，X_2，…，X_n 的顺序是重要的，次序变换以后将表示不同的新对象，这与现实中的问题领域相符合。③ 集合运算方式：把对象类看成一般的集合，可在其上按集合论的意义定义各种集合运算，以便描述更复杂的对象类。借助于抽象类的概念，通过集合运算方式可以实现对象间的交、并等运算。

（4）原子对象是基本的、不必再分的对象。一切更复杂的对象都可以由它们来逐步构成。

（5）结构对象类：是从原子对象出发，通过对象运算而构造起来的复杂对象。用它可以表示各种知识以及知识之间的联系，乃至知识体系。

（6）对象行为与知识的表达。表达对象行为特征的知识处理方法有两种：① 规则，用以表示和处理基于专家经验，启发性的、没有很好数学模型表达的动态程序设计知识，其中包括定性知识和模糊性知识；② 方法，用以表示和处理具有良好的数学模型和过程型的知识。方法和规则可以被对象的子类所继承。

2）关系知识表达模式

关系知识表达模式是一种将传统知识表示方法转换为一致的关系模式的思路，用语义网络、框架、产生式系统和谓词逻辑表示关系模型。用关系模式来表达知识，并将知识存储于关系数据库中，可以有效利用关系数据库中优化的查询匹配能力，更好地执行推理过程，同时便于实现与其他系统的集成。

3）基于本体论的知识表示

为了实现知识及知识处理系统的共享及互操作，不同的用户、组织和软件系统必须进行有效的通讯。但由于不同的需求及应用背景，关于同一个基本概念，可能会产生不同的理解，形成概念上的差异。这种差异表现为缺乏可共享的理解，阻碍了互操作及共享。本体论提出的目标就是为了解决这一差异，减少或消除概念及术语的混乱。

本体论是对客观世界存在的现实的系统化描述。当领域知识用描述性形式表达时，可被表达的对象集合称为本体论。它表达和包含了一个给定领域的通用观点。本体论是关于共享概念的协议，共享概念包括领域建模知识的概念框架、可互操作的系统进行通信的协议。从本质上讲，本体论是一个或几个领域的概念以及反映这些概念间关系的集合，关系反映了概念间的约束和联系，它本身也是概念，关系之间也可能构成新的关系。

本体论主要用于建立领域元知识库，并为不同知识系统与集成系统的交互提供转换之基础。

4）基于 XML 的知识表示方法

XML 是 SGML（Standard Generalized Markup Language，标准广义标记语言）的一个精简子集。SGML 是用来定义电子表格中如何对文件的结构和内容进行描述的国际标准，设计目的是满足各种不同的页面制作的需要。XML 精简了 SGML 的功能，降低了 SGML 的复杂性，还丰富了 HTML 的描述功能，可以描述非常复杂的 Web 页面。另外，XML 的数据结构使用户很容易将文件的属性映射到数据结构或对象分级结构中，这就使客户端的浏览器和数据库之间的传输变得可靠。

单一的知识表示形式无法将复杂的设计过程描述清楚，在实际中通常用多种模式集成来表示知识，从而实现最大限度地提高知识利用的质量与知识创新的层次。

11.4.3　知识推理

1）推理的基本概念

人们在对各种事物进行分析、综合并最后作出决策时，通常是从已知的事实出发，通过运用已掌握的知识，找出其中蕴含的事实，或归纳出新的事实，这一过程通常称为推理。简而言之，所谓推理就是以某种策略由已知判断推出另一判断的思维过程。

一般来说，推理都包括两种判断：一种是已知的判断，包括已掌握的与求解问题有关的知识及关于问题的已知事实；另一种是判断推出的新判断，即推理的结论。在 KBE 系统中，推理是由程序实现的，称为推理机。

推理是人工智能的基石，无论是决策支持系统，还是 KBE 系统都离不开领域的知识和合适的推理机制。因此，在问题求解的过程中，KBE 系统中知识的应用通常就是指基于知识的推理。推理的基本任务是从一种判断推出另一种判断，若从判断推出的途径来划分，推理可分为演绎推理、归纳推理、默认推理。演绎推理是从全称推理导出特称判断或单称判断的过程，即由一般性知识推出适合于某一种具体情况的结论。这是一种从一般到个别的推理。演绎推理有多种形式，经常用的是三段论式，它包括：

(1) 大前提：已知的一般性知识或假设。

(2) 小前提：关于所研究的具体情况或个别情况的判断。

(3) 结论：由大前提推出的适合于小前提所示情况的新判断。

2）推理的方式及分类

推理是依据一定的策略，从已知的事实推出结论的思维过程，实现知识推理的过程可以描述为在问题相关的状态空间中，应用规则和相应的控制策略，搜索出一条从开始状态到目标状态的路径。采用不同的标准可以对各种形式的推理进行分类，例如，根据知识表示模式分，有过程化推理、形貌逻辑推理、条件检索及执行推理和联想型推理；从推理的单调性来分，有单调推理和非单调推理；按知识的确定性来分，有精确推理和不精确推理；按推理方向来分有正向推理、反向推理和混合推理等。在人工知识智能领域中，根据知识的类型将推理方法分为以下三类：基于规则的推理（Rule-based Reasoning，RBR），基于实例的推理（Case-base Reasoning，CBR）、基于模型的推理（Modeling-based Reasoning，MBR），下面就人工智能领域的三种推理方式进行介绍。

(1) 基于规则的推理（RBR）。

以产生式规则表示知识的推理，其核心是演绎推理，从一组前提必然推导出某个结论，即三段论法。作为基本的推理方法，RBR 目前应用最为广泛。RBR 具有以下特点：① 具有很强的推理能力和较高的推理效率；② 知识表示形式简单（通常为 IF-THEN 结构），易于系统实现；③ 知识（规则）捉取困难，知识库维护困难：④ RBR 运行效率随规则库规模的增大而迅速降低；⑤ 构造基于规则的 RBR 系统周期长；⑥ 靠人工“移植”方式获取专家知识；⑦ 非结构化的知识组织形式，求解复杂问题困难。

(2) 基于实例的推理（CBR）。

RBR 不具备学习能力，如果问题超出系统所描述的范畴，就显得无能为力。CBR 克服了上述缺陷，并且建立和维护相当简单，只需定义一致性的词表，从领域专家那里收集事例并装入事例库即可。

目前，一种流行的观点认为 CBR 过程可以分为四个主要阶段：事例检索、事例复用、解决方案修正和事例保存，如图 11.3 所示。

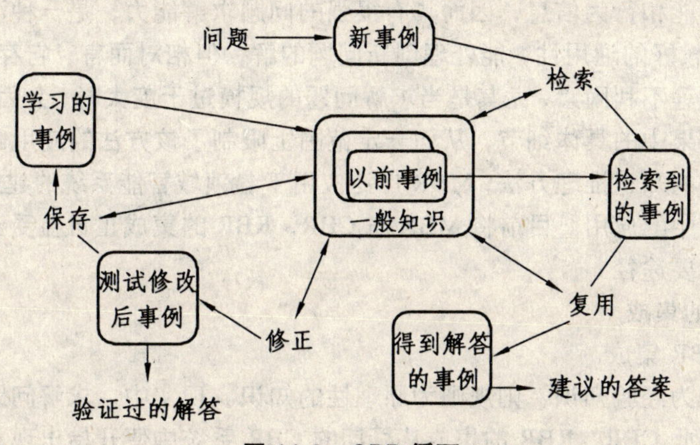

图 11.3 CBR 循环

① 事例的表示。

一般情况可将事例表示成一组特征，对于复杂情况，可将一个事例表示为一组相互关联的子事例的集合，以形成问题的解的结构。

② 事例的索引。

CBR 系统的效率很大程度上取决于从事例库中检索出适当事例的能力，因此，必须对事例进行适当的组织和索引。索引方法主要有：最近邻法、归纳法和基于知识的方法等，许多系统使用这几种方法的组合。

③ 事例的检索。

与事例的索引相对应，检索方法有：相联检索、层次检索和基于知识的检索等。

④ 事例的修正。

通过检索得到与输入事例最佳匹配的事例后，修正算法则将该事例由满足大部分要求修正为满足全部要求。由于修正算法与具体的问题领域有关，故难以采用统一的方法，目前多数系统采用修正规则或领域模型；对复杂的情况，还可将事例库中的若干事例“片段”组合起来以完成修正过程。在无法由计算机完成全部修正时，应采用人工干预。

CBR 具有以下特点：① 与人类专家的决策过程相吻合，更符合人类认知过程；② 知识库创建简单、快速，能实现自动化和系统学习；③ 具有高的推理效率，对过去求解结果的复用可避免每次从头推导；④ 适用于弱知识领域；⑤ 求解全新问题时，缺乏相似事例指导，推理效率十分低下；⑥ 随着事例库增大，时间和空间复杂性将会提高；⑦ 细节技术多样化，且无完整、成熟的理论指导。

(3) 基于模型的推理（MBR）。

基于模型的推理（MBR）是根据反映事物内部规律的客观世界的模型进行推理，具有代表性的是定性物理模型和因果模型。定性物理模型是用定性方法描述技术系统的功能与行为，它可直接表示输入条件（前提或原因）到输出结构（现象或结论）的推理过程，称之为定性推理。该方法将知识和推理合为一体，无需建立与修改独立的知识库，缩小了主观思维与客观事物的差距，较接近事物的本质。因果模型充分显示了客观事物内部的因果关系，大大提高了系统的透明度和可理解性。

MBR 推理方法从事物的本质内容出发，运用结构化的深层领域知识进行问题求解，将问题描述成结构、功能和行为信息，因而具有很强的问题求解能力，是一种深层次的推理。尽管 MBR 方法具有较好的通用性，能处理创新问题的解，但相对而言，它存在着推理效率低、模型知识获取困难等不利因素，尤其是当求解问题的规模过于庞大时，会因管理不力而失控，更无法涉及推理结果中的具体细节，从而一定范围上限制了该方法的应用。

作为一种通用的知识推理方法，MBR 广泛应用于各领域智能系统的建造，其中最为显著的是其在故障诊断中的应用。目前将 MBR 与 CBR，RBR 的集成正日益受到重视，成为解决复杂问题的一条重要途径。

3）推理方法的集成

（1）CBR，RBR 集成。

如果将事例视为经验知识，则规则为原理性的知识。现实中，求解问题时，这两类知识显然互为补充，因此 CBR，RBR 的集成从早期的 CBR 系统中便开始出现，如索引规则、修改规则、修正规则的采用等。虽然与 RBR 相比，CBR 更符合领域专家的思维过程，但它并不独立于传统专家系统单独存在，而是与规则相辅相成，从创成和变异两个角度去解决问题，既可充分利用已有资源，又具有较好的柔性和适应性，从而使整个系统推理决策具有更高的效率和更好的质量。

（2）CBR，MBR 集成。

CBR 适合求解常见问题，MBR 则在求解中小型的新问题时优势明显，但求解大的新问题时，CBR 无相似事例可循，MBR 变得难以控制和协调，将两者集成，通过某些局部模型的建立，有利于控制系统的复杂性，从而提高系统的推理效率，更好地解决此类问题。目前将 CBR，MBR 集成已有了一些成功的应用，其集成方式可归纳为以下几种：

① MBR 组织问题的求解框架，将 CBR 结合进来：将一个大的新问题按功能或结构分解为一些熟悉的子问题的结合，先通过 CBR 求解这些子问题，再利用 MBR 结合子问题的解，得出新问题的最终解。

② 以 CBR 组织问题的求解框架，推理过程的某些技术环节采用 MBR。这一方式中，最常见的形式是基于模型的事例检索和基于模型的事例改写。

③ CBR，MBR 分别用于系统不同模块，独立实现各自的功能。

11.4.4 知识建模

在 KBE 系统走向实用化的过程中，出现了知识转移和知识建模两个重要的发展阶段。在知识转移阶段，软件工程师开发了大量的工具，用来将人类知识快速移植到 KBE 系统中，基于规则的 KBE 系统就是在这种基础上发展起来的。随着领域的拓宽，知识提取就成为建立这些系统的瓶颈问题。这时，出现了一些用来发现深层知识的知识提取工具，然而迄今为止这些工具并没有发挥应有的功效。其中的主要原因在于知识发现的过程并非是提取和收集已有知识的过程，而是一个形成全新知识模型的过程，这个过程不是简单地将人类知识直接映射到规则生成器中，而需用领域专家知识产生一个满足 KBE 功能的信息模型。知识建模的关键就在于合理地组织知识并将其运用到 KBE 系统实施的全过程中，建立产品的知识模型已成为 KBE 系统研究的核心技术。常用的建模方法主要有下面两种。

1）基于符号的知识建模

基于符号的方法是通过符号操作的形式化描述，建立问题求解的知识模型。在符号型知识模型中，知识常常采用产生式规则和语义网络的方法表示。通过将知识用符号规范化描述后，建立设计问题、约束和设计结果之间的复杂关系网络，同时将非确定型的约束采用模糊集理论来描绘。该模型的知识控制策略是一种问题驱动型，设计行为将问题和问题的解决方案联系起来，如果问题的解决方案是一个新的问题，那么需要将其分解，如此循序渐进，直至每个问题最终找到无需进一步分解的结果。

2）基于构形、工程、几何的知识建模

构形知识指零件组合和几何特征之间合适的匹配关系，主要包括决定产品构成的规则、需求和关系。工程知识（Engineering，E）是在产品设计中集成的工艺和制造知识，它包括基于规则的工程分析知识、公式化规则等。几何知识（Geometry，G）是产品的三维和二维模型，是 CAD 系统的基本元素，因此基于 CEG（Configuration，Engineering，Geometry）知识建模的 KBE 系统必须具有 CAD 建模的功能。这种知识建模方法避免了产品功能不完备或者制造工艺不合理和不经济的问题，充分发挥 KBE 系统的最大优势，即在大系统的实施过程中充分实现多领域知识的重用共享，减少设计和制造的周期。此外，它将工程知识包含在产品模型中，将几何特征视为产品上具有一定工程意义并且能够完成某一特定功能的一组几何实体。基于 CEG 知识建模的方法为：

（1）整个产品几何模型由若干个特征构成。

（2）将各种工程和几何约束以规则等形式表示，在特征定义的同时进行基于知识的设计。

11.4.5　知识繁衍

存储领域知识的数量是衡量 KBE 系统解决问题能力的重要指标。除了从书本手册、图纸和专家处获取知识，从海量、复杂和抽象的数据中发现蕴涵有用的知识也是获取知识的重要途径。知识繁衍（Knowledge Evolving，KE）就是指从大量数据中发现新知识、总结新规律、建立数学模型的过程。KE 与数据库中知识发现（Knowledge Discovery in Database，KDD）和数据挖掘（Data Mining，DM）的研究紧密结合，是现代人工智能理论研究的热点，是解决 CAD，CAE 双向集成的重要途径之一。KE 技术的应用主要在于从这些数据中挖掘其中隐含的规律，从而对结果提供深层次的解释。

1）KDD 和 DM 概述

随着数据库技术的飞速发展以及人们获取数据手段的多样化，人类所拥有的数据急剧增加，但目前用于分析处理这些数据的工具却不多。数据库系统可以高效地实现数据的录入、查询、统计等功能，但无法发现数据库存在的关系和规则，无法根据现有的数据预测未来的发展趋势，缺乏挖掘数据背后的隐藏知识的手段，从而导致了“数据爆炸但知识贫乏”的现象。与此同时，人工智能领域的一个分支（机器学习）的研究取得了一定的成果，其中某些成熟的算法已被人们运用于实际系统及智能计算机的设计和实现中，并取得了很好的结果。用数据库管理系统来存储数据，用机器学习的方法来分析数据，挖掘大量数据中蕴藏的知识，两者的结合促成了 KDD 的产生和发展。KDD 是一门新兴的交叉性学科，涉及机器学习、模式识别、统计学、智能数据库、知识获取、数据可视化、高性能计算机和 KBE 系统等多个领域，数据库发现的知识可以用于信息管理、过程控制、科学研究和决策支持等许多方面。

KDD 的定义随着人们研究的不断深入也在不断完善，目前比较公认的定义是：KDD 是从数据集中识别出有效的、新颖的、潜在有用的以及最终可以理解的模式的高级处理过程。其中数据集是指一个有关事实（F）的集合，它用来描述事物有关方面的信息，是进一步发现知识的原材料，模式是一个用语言（L）来表示的表达式（E），它可用来描述事物有关方面的特性。E 所描述的数据集是数据 F 的一个子集 F_E。模式是否新颖可以通过两个途径来衡量。其一是通过当前得到的数据和以前的数据或期望得到数据之间的比较，判断该模式的新颖程度。其二是通过对比发现的模式与已有模式间的关系来判断。新颖程度可以用一个数据函数 $N(E, F)$ 来表示，提取模式的潜在有用性也可通过函数 $U(E, F)$ 来衡量。KDD 的目标就是将数据库隐含的模式，以容易理解的形式表现出来，从而帮助人们更好地了解数据库中所包含的信息。因此 KDD 不同于其他知识获取技术的一个显著特点，就是发现的知识必须是领域专家可以理解的，如“If…，then…”形式。

DM 是 KDD 中最核心的部分，是采用机器学、统计等方法进行知识学习的阶段。数据挖掘算法直接影响到所发现知识的有效性。目前大多数 KDD 的研究都集中在数据挖掘算法和应用上，为此往往不严格区分 DM 和 KDD。不失一般性，在科研领域中知识发现称为 KDD，而在工程领域则称为 DM。

2）数据挖掘过程

数据挖掘的基本过程和主要步骤如图 11.4 所示。

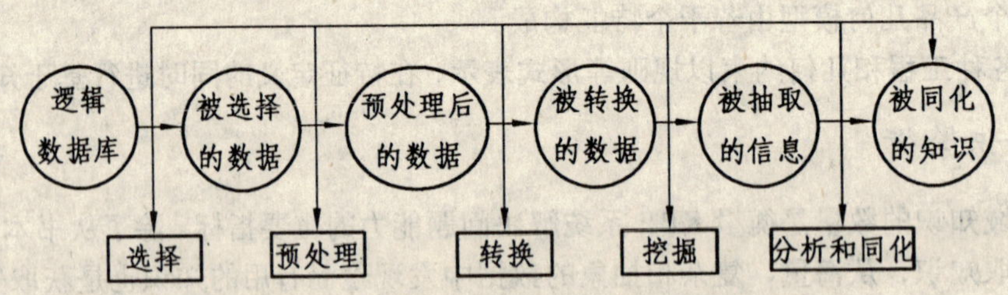

图 11.4　数据挖掘的基本过程和主要步骤

（1）数据选择。

根据相关领域的问题描述，从数据中提取相关的数据用于知识发现。

（2）数据预处理。

KDD 的处理对象是大量的数据，这些数据一般存储在数据库系统中，是长期积累的结果，但往往不适合直接在这些数据上进行知识挖掘，需要做数据准备工作。数据预处理主要是对前一阶段产生的数据进行处理，检查数据的完整性和一致性，处理其中的无用数据，并补充丢失的数据。

（3）数据转换。

数据转换主要是根据数据挖掘算法的要求，进行离散型数据与连续型数据间的相互转换，对数据集进行分类，对数据项进行计算机组合等。

（4）数据挖掘。

数据挖掘是 KDD 最关键的步骤，是技术的难点所在。它运用选定的数据挖掘算法，从数据中提取需要的知识创建可能形成知识的模式，并用一种特定的方式表达出来。

（5）知识解释和评估。

对于数据挖掘后得到的模型，有可能是没有实用价值的，也有可能不能准确反映数据的真实意义，甚至在某些情况下与事实相反，因此需要对其进行评估，确定哪些是有效的模式。然后将发现的知识用易于理解的方式表示出来，同时对知识发现过程中的某些处理阶段进行优化。

（6）知识运用。

发现知识是为了运用知识。知识运用有两种方法：一种是运用知识本身所描述的关系和结果，实现决策支持；另一种是对新的数据运用知识，由此可以产生新的问题，而需要对知识作进一步的优化。

数据挖掘从人工智能发展而来，因此人工智能中的技术成果都可以移植到数据挖掘中来。统计、聚类、因子分析等在数据挖掘中都有应用。然而这些技术使用时必须根据数据本身的特点，采用多种技术相互集成的方法。

11.4.6　知识集成与管理

KBE与传统专家系统相比的一个重要特征是重视知识集成和管理。异构系统、异构知识的集成和管理是KBE研究的重要组成部分。

1）知识集成与管理的内涵

在创新设计过程中，如何充分调动和利用各种知识资源，在知识的应用中实现其价值的最大化是迫切需要解决的问题。这一趋势的出现使知识集成、知识管理理论和应用技术成为密切关注的研究领域。

（1）知识集成及其内涵。

国内外在知识集成领域开展了许多研究，如日本的智能制造技术国际合作计划中，"基于知识的制造系统"研究项目的目标是将生产中大量使用物质的状况转变为大量使用知识，通过利用涵盖整个产品生产周期各阶段的知识，建立新型制造系统的框架，以实现具有环境友好、社会友好和以人为中心的高竞争力的全新的产品和过程，将知识有效地系统化和综合利用是建立该新型制造系统的关键。钱学森提出了定性和定量综合集成的思想，其核心是专家群体、数据和各种信息与计算机仿真有机地结合起来，把有关学科的科学理论和人的经验与知识结合起来，发挥综合系统的整体优势，解决诸如大型项目的综合论证、评估及决策等复杂问题。

知识集成与信息集成有着密切的联系，表11.2对知识集成和信息集成进行了比较，利用信息技术开发的各种知识集成平台和工具，可以更为有效地进行知识的集成。

表11.2　知识集成与信息集成的比较

项　目	信息集成	知识集成
集成的目标	信息的有效利用	产品和技术的创新
集成的对象	信息（是组织或结构化的数据）	知识（是信息的应用）
显性还是隐性	所集成的信息都是显性的	所集成的信息有显性的，也有隐性的
集成内容	对数据库的检索、排序、统计	对集体知识的挖掘、共享和集成：知识的外化、内化、中介和认知过程
集成过程的性质	确定性	非确定性
集成过程的结构	结构化的过程	非结构化的过程
集成过程的重复性	可重复	很少或不可重复
集成过程的特征	数据密集型、技术型	知识密集型、社会技术型
关键技术	异构信息的集成技术：不同信息处理系统间的集成技术	知识与知识、知识与人、知识与过程的集成平台和工具：组织管理模式

知识集成的方式是多方面的，主要针对两大类知识：显性知识（编码型知识）和隐性知识（会意型知识），知识创新实质上是显性知识与隐性知识之间交互作用的一个螺旋式上升过程。知识集成有四种方式：① 会意型知识之间的集成；② 编码型知识之间的集成；③ 从会意型知识到编码型知识的集成；④ 从编码型知识到会意型知识的集成。这四类方式分别对应了社会化、联合、外化和内化过程，如图 11.5 所示。

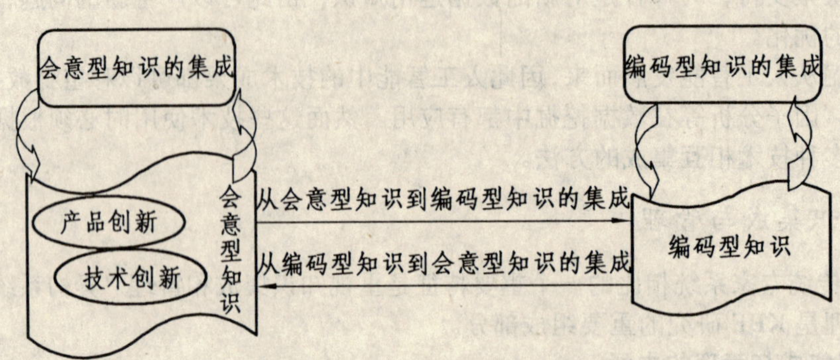

图 11.5 知识集成的四种方式

（2）知识管理及其内涵。

与知识集成相关的另一重要概念是知识管理。知识管理有着广泛的内涵，知识管理在本质上包含了组织的发展过程，并寻求将信息技术所提供的对数据和信息的处理能力以及人的发明创造能力这两方面进行有机的结合。知识管理要求致力基于任务的知识创新、传播并具体地体现在产品、服务和系统中。

2）知识集成和管理框架

有效的知识管理需要集成化的技术与工具来实现知识的获取、表示、编码、管理和传递，即建立一个高效的知识管理系统。知识管理系统研究的目标是将基于计算机的知识管理系统和基于人际网络的沟通系统进行集成，形成具有认知能力和创新能力的知识网络。知识管理的一般框架如图 11.6 所示。

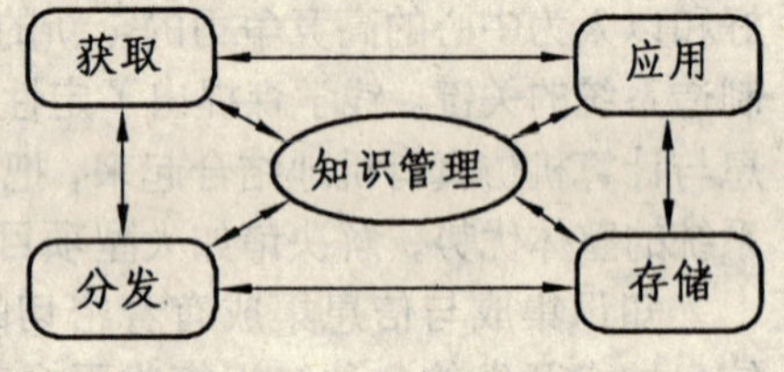

图 11.6 知识管理框架

11.5 KBE 系统开发工具

根据 KBE 的知识挖掘、表达、建模、推理和繁衍等五大关键技术，一个 KBE 应用系统的开发实现，要采用一系列的软件工具。

（1）针对具体工程设计对象的领域特征，通过现场调研、观察、访谈和分析大量的历史资料，得到原始知识，经过认真的分析，归纳出有价值的设计知识，并采用表格、语义词组、逻辑短语、数据表、图形、工程参数、试验/实验曲线、配方和工艺诀窍的可视化表达工具，表达经整理后的原始设计知识。

（2）采用软件工程和面向对象的分析与建模方法，如采用 DFD 的数据流程图法、IDEF 的结构化分析与设计方法和面向对象的 UML（统一建模语言）方法等，建立知识表达、推理、重用和维护（繁衍）应用系统的概念模型，即 KBE 软件系统的概要设计。它包括 KBE 系统的数据库结构、应用程序的逻辑结构和KBE应用的客户端事务处理的描述，最后形成完整的KBE系统软件概要设计文档。

（3）KBE系统软件开发平台的选择。由于工程设计中要表达和重用的知识是多种多样的，有结构化的数据，也有非结构化的图形、曲线、模糊语义、逻辑关系等，对于这些复杂的知识数据，可分别采用关系数据库、关系数据库与图形组合、逻辑表达与数据库组合、二叉树等工具进行描述、定义和应用程序开发。

（4）将设计知识和逻辑推理等功能嵌入CAD系统中，许多CAD平台软件都提供API功能，如Unigraphics的UG/Open＋＋，IDEAS的Open IDEAS，AutoCAD的objextARX等。通过API实现CAD环境与知识的集成，最后就可成为一个完整的KBE应用系统，其原理如图11.7所示。

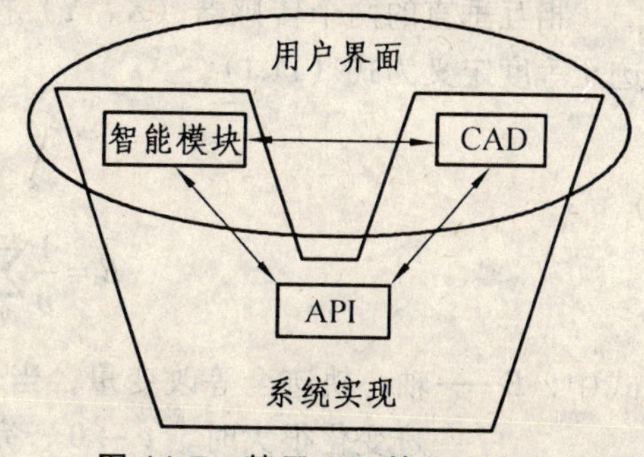

图11.7　基于API的集成方案

11.6　KBE系统开发应用实例

在复杂产品开发中，常常会涉及旋转机械，旋转机械通常是产品的高故障率发生处，对旋转机械故障的有效诊断能确保产品的有效使用。下面以旋转机械故障诊断为例叙述其KBE系统实现过程，基于KBE的旋转机械故障诊断系统是集信号采集、信号分析、故障特征参数的自动提取、专家知识及其推理系统于一体的计算机诊断过程。其关键技术包括知识的获取、表达、推理和管理等。

1）知识的获取

（1）知识获取的方法。

旋转机械故障诊断系统的知识集可概括为普遍性知识和针对性知识，普遍性知识是转子故障动力学理论和实验研究，具有明显的理论基础，是旋转机械常见故障在检测参数上放映出的共性特征。普遍性知识是旋转机械专家系统知识结构的基础，对不同功能、不同类型的旋转机械常见故障具有一定的覆盖性，是诊断规则的源知识，满足获取方便性、一致性和可表达性，而针对性不强。针对性知识在旋转机械故障诊断专家系统知识构成中占据特殊地位，是针对具体不同诊断对象诊断规则的源知识。针对性知识和普遍性知识共同构成对机械故障诊断的知识集，是准确诊断的必要条件。

知识库的建立是已获取的领域专家知识的语言表达形式，这一过程实质上是知识的初始化，故障诊断专家系统的工作过程是知识的应用过程，是对诸多规则的检验。故障诊断专家系统投入运行后，并不标志知识库研制工作的完成，在诊断过程中，系统的自学是对知识库的完善和修正，通过学习提高知识的针对性和先进性，是知识库的继续和深入。

基于知识的故障诊断系统诊断准确的前提是故障征兆正确，正确从采集和检测到的原始信号中识别出故障征兆，不仅重要而且难度大。现代设备的动态信号不仅包括随机因素、混沌因素等，而且常常存在并发故障的复合因素，国内外设备状态检测的仪器以及在线检测网络系统，都是将振动信号以图像方式显示在屏幕上或打印机输出，如波形图、频谱图、轴心轨迹图、poincare映射图等，故障诊断的大多知识也是基于这些图形特征，诊断系统必须能像人类专家一样准确地“看”出图像特征，即自动识别故障征兆。

(2) 故障征兆的数字特征量。

振动图像有许多种表达方式，时域、频域等，轴心轨迹包括了同一截面振动的全部信息，其形状、大小的变化均包含故障征兆，其特征可用以下三个参数表示：

相互垂直的两个传感器（X，Y）按转子等转速间隔采集所得数据序列 x，y，其轴心轨迹全等度定义为式（11.1）：

$$e=\frac{1}{10^{E}}$$
$$E=\frac{1}{n}\sum_{0}^{n-1}\sqrt{(x_i-\overline{x}_i)^2+(y_i-\overline{y}_i)^2} \tag{11.1}$$

式中：E——轴心轨迹全等改变量，当轴心轨迹无任何变化时，$e=1$，完全相等；当轴心轨迹变化很大时，$e\to 0$，完全相等。

轴心轨迹无论发生什么变化，E 值均发生变化，当轴心轨迹由椭圆变成双环椭圆与椭圆放大时，放映机组的劣化程度不一样，因此引进了相似度和扩散度两个参数。

轴心轨迹半径 l_i 为：

$$l_i=\sqrt{x_i^2+y_i^2}$$

平均半径 l_{av} 为：

$$l_{\text{av}}=\frac{1}{n}\sum_{0}^{n-1}l_i$$

扩散度定义为式（11.2）：

$$\xi=\ln(l_{\text{av}}/l_{\text{n, av}}) \tag{11.2}$$

式中：$l_{\text{n, av}}$——无故障标准样本轴心轨迹的平均半径，标准无故障样本的扩散度为零。

令 $d=l_{\text{av}}/l_{\text{n, av}}$，$x_i'=x_i/d$，$y_i'=y_i/d$，则轴心轨迹的相似度定义为式（11.3）：

$$r=\frac{1}{e^{A}}$$
$$A=\frac{1}{n}\sum_{0}^{n-1}\sqrt{(x_i-x_i')^2+(y_i-y_i')^2} \tag{11.3}$$

标准轴心轨迹的相似度为 1。

对于振动频率、倍频及其相应幅值，振动方向及相位，振动稳定性及振动随转速、载荷、温度等变化等敏感参数亦可通过相应的时域、频域等分析方法来提取相应故障征兆特征参数；对于工作介质压力、流量、温度等慢变参数可以用非平稳信号分析手段提取其特征参数。

2）知识的表达

旋转机械故障诊断知识是多方面的，具有层次性，仅有规则很难准确表达，并且在规则的条数很多时，给知识的管理维护带来困难，使知识的添加、修改、删除极不方便。为此推出了一种基于图形化模糊神经网络专家知识表达平台，该平台由分布在三个层次上的多个节点及节点间的连线所组成，如图 11.8 所示。底层为“数据”层，这里的数据可以是测量参数、传感器的输出、工作状态、检修记录等多种广泛意义上的参数；中间层为“故障现象”层，这里的症状现象可以是能直接观察到的现象（如工作条件、参数范围、参数变化等），也可以是间接的现象，即多种广泛意义上的现象；最上层为“故障原因”层。用连线相连彼此相关的“数据”与“故障现象”或“故障现象”与“故障原因”，这样构成诊断推理流程图。

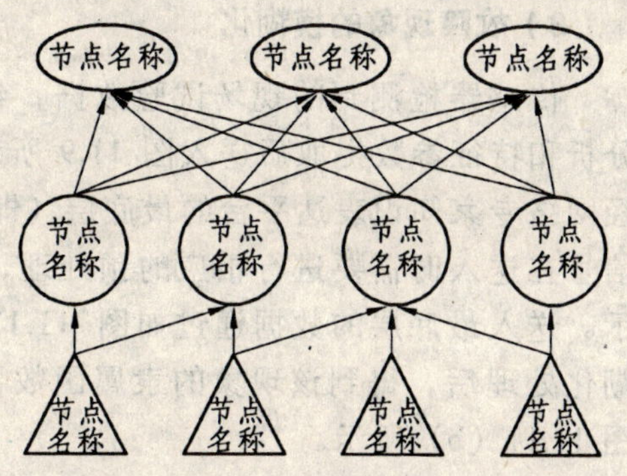

图 11.8　专家知识表达平台

当旋转机械设备出现某一故障时，其振动信号及工艺参数信号必然呈现出相应的征兆，将机械设备常发生的故障和其相应的征兆、频率特征及振动位置和方向等根据上述知识规则，利用所开发出的基于图形化模糊神经网络专家知识表达方式，搭建旋转机械转子不平衡、转子不对中、转子热弯曲、转子弯曲、油膜涡动、油膜振荡、局部摩擦、转子缺损等故障专家知识表达，如图 11.9 所示，通过增加节点和连线可以增加其对故障的检测能力。

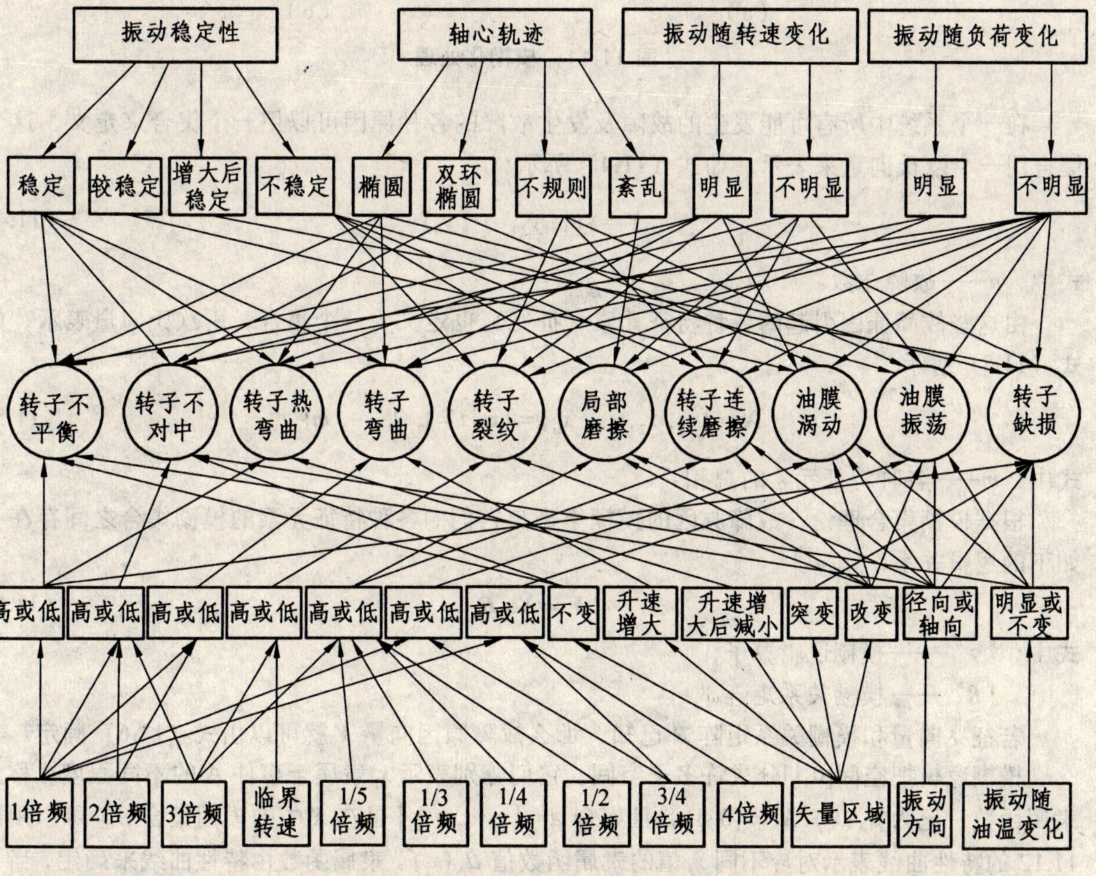

图 11.9　旋转机械典型故障专家知识表达

3）故障现象的模糊化

传感器检测到的现场试验数据，经过相应的信号分析和特征参数提取后送入图 11.9 所示图形化模糊神经网络专家知识表达平台的最底层（即数据层），有些信号在送入时需要进行相应的预处理，如图 11.10 所示。送入最底层的数据通过如图 11.11（a）所示的模糊化处理后，得到该现象的隶属函数，即现象层，如图 11.11（b）所示。

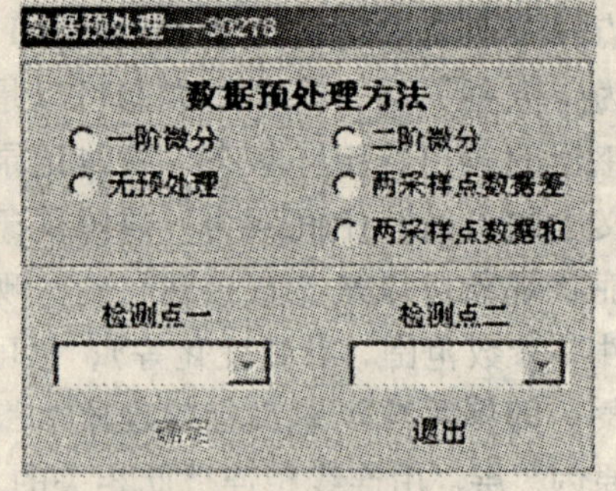

图 11.10　信号预处理

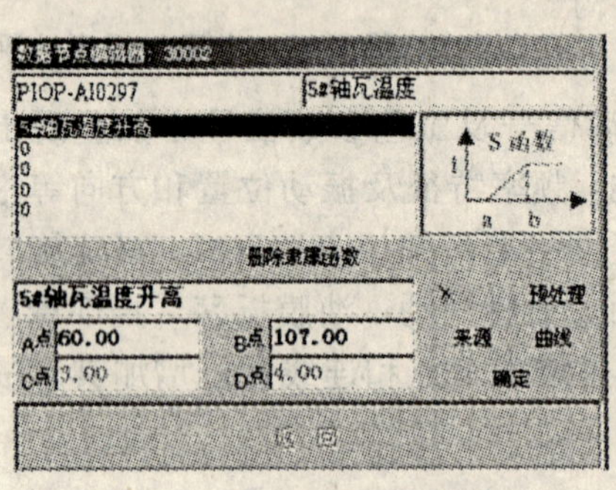

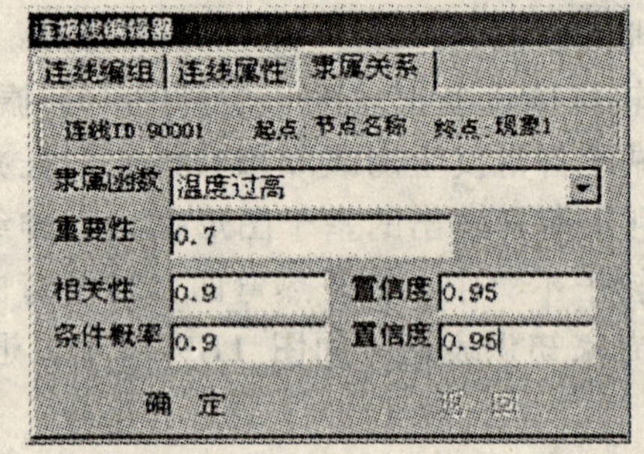

（a）　　　　　　　　（b）

图 11.11　模糊化处理

在一个系统中所有可能发生的故障及发生故障的各种原因可以用一个集合来定义，这个集合用一个欧氏向量来表示，如式（11.4）所示：

$$\boldsymbol{Y}=\{y_1, y_2, \cdots, y_n\} \tag{11.4}$$

式中：n——故障总数。

由这些故障原因引起的各种特征元素（征兆）也定义为一个集合，用欧氏向量表示，如式（11.5）所示：

$$\boldsymbol{X}=\{x_1, x_2, \cdots, x_n\}=\{x_i \mid i=1, 2, \cdots, m\} \tag{11.5}$$

式中：m——各种特征元素的总和。

根据模糊集合理论，故障原因的模糊集合与它们的各种特征元素的模糊集合之间存在有如下的逻辑关系：

$$\boldsymbol{Y}=X\circ \boldsymbol{R} \tag{11.6}$$

式中：“∘”——模糊逻辑算子；

“$\boldsymbol{R}$”——模糊关系矩阵。

若征兆向量和模糊关系矩阵 $\boldsymbol{R}$ 已知，那么故障原因向量 $\boldsymbol{Y}$ 就可以由式（11.6）确定。

模糊逻辑把空间[0 1]分成许多子空间，它们分别表示 x_i 隶属于事件 A 的不同程度，称为隶属函数，记为 $\mu_A(x_i): X\Rightarrow[0\ \ 1]$，且集合 $A=\{x_i \mid x_i\in X\}$ 是在 X 中的模糊集合 A，可以用图 11.12 的特性曲线表示对应不同 x_i 值的隶属函数值 $\mu_A(x_i)$。隶属函数由特性曲线来确定，当 x_i 是 A 时，$\mu_A(x_i)=1$；当 x_i 不是 A 时，$\mu_A(x_i)=0$；当 x_i 不能确切地被认为是 A 时，则 $\mu_A(x_i)$

是位于 [0，1] 之间的某一真值，特性曲线 $\mu_A(x_i)$ 表示命题“ x_i 是 A”的真值。在这里模糊化处理函数有五种，分别是 L 函数、S 函数、梯形函数、三角形函数、正态形函数等，如图 11.13 所示。

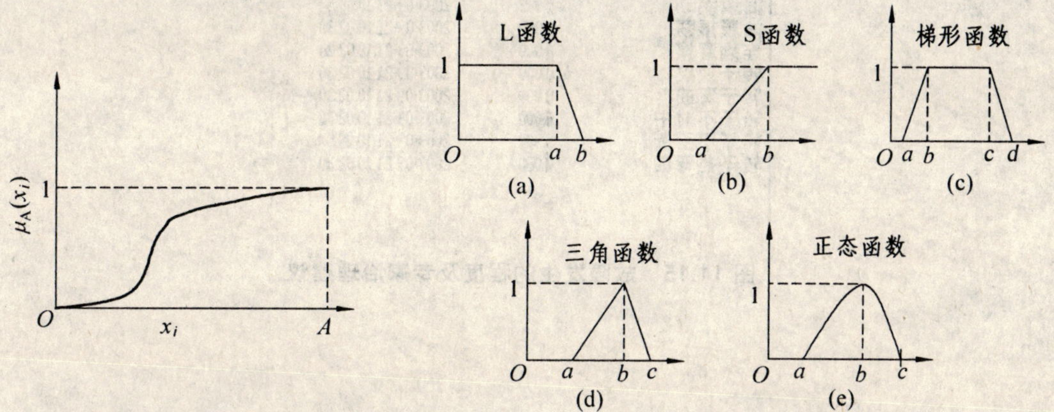

图 11.12　隶属函数特征曲线　　图 11.13　模糊化函数类型

4）系统的实现及应用实例

基于知识的故障诊断系统是集信号采集、信号分析、故障特征参数的自动提取、专家知识及其推理系统于一体的计算机诊断过程。图 11.14 是针对旋转机械转子不平衡、转子弯曲、轴与轴承碰磨、不对中、油膜涡动、油膜振荡、轴裂纹等典型故障的诊断系统结构框图。系统能自动采集、记录和分析与设备工况及安全有关的主要状态参数（包括振动、转速、压力、温度、流量、功率及设备主要工作参数等），诊断出机组运行中可能存在的故障种类、原因、部位、严重程度、发生时间及治理的专家建议等，即可实现故障的检测、分离、辨识、对策等，并具有远程诊断功能。应用该系统在旋转机械在线故障智能诊断预报系统模拟实验台上对系统故障进行了诊断，图 11.15 是诊断出系统故障发生的程度及针对该故障提出的专家治理建议。

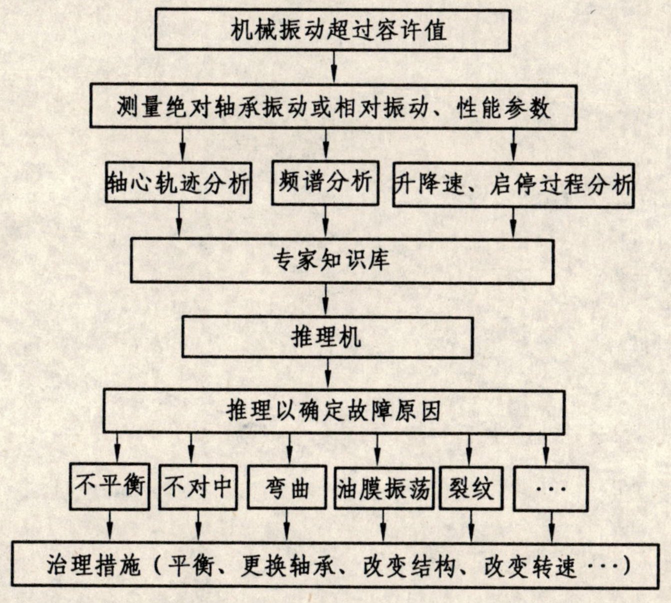

图 11.14　诊断系统结构框图

名称	程度	时间
局部磨擦	0.000	2003-09-21 10:02:30
转子缺损	0.000	2003-09-21 10:02:30
油膜涡动	0.982	2003-09-21 10:06:54
油膜振荡	0.000	2003-09-21 10:02:30
连续磨擦	0.000	2003-09-21 10:02:30
转子裂纹	0.000	2003-09-21 10:02:30
转子弯曲	0.000	2003-09-21 10:02:30
转子不对中	0.000	2003-09-21 10:02:30
转子不平衡	0.982	2003-09-21 10:06:54
转子热弯曲	0.000	2003-09-21 10:02:30

图 11.15　故障发生的程度及专家治理建议

第五篇　产品设计评价

第十二章　产品设计评价

12.1　产品设计评价概述

在日常生活中，人们常常参照一定的标准（有客观标准，也有主观标准；有比较明确的标准，也有相当模糊的标准；有定性的标准，也有定量的标准）对某一个或某一些特定事物、行为、认识、态度（一般可以将这些事物、行为、认识、态度统称为“评价客体”）进行各种各样的评价，评价其价值高低或优劣状态，并通过评价而达到对事物的认识，进而指导一定的决策行为。因此，“评价”就是人们参照一定的标准对客体的价值或优劣进行评判比较的一种认知过程，同时也是一种决策过程，它是人们认识事物的重要手段之一。

1）设计评价的意义

评价是新产品开发过程中非常重要也是非常必要的环节。因为新产品开发是一个极具风险性的过程，主要表现在可能出现以下几方面的失误：

(1) 对市场需求估计有误。

① 产品功能目标落后于实际需要，进入市场已经属于淘汰性产品。

② 产品功能水平超出市场实际需要，用户在技术或经济上无条件使用。

③ 产品开发方向及其所产生的其他影响违反有关规定。

(2) 对产品能否占领市场估计有误。

① 产品或其制造方法缺乏独到之处，也没有成本优势，不能替代其他产品。

② 产品的性能并非先进，而被更先进的产品所替代。

③ 面临强大竞争对手及其有效服务工作的强有力的挑战。

(3) 对经济效益估计不当。

① 产量不大而无法集中购买原材料，也无法成批组织生产而使成本过高。

② 不能充分利用原有技术与设备造成投资过大。

③ 不能及时培训技术与管理人员而使产品质量不高，无法实现经济目标。

为了最大限度地降低风险性，在产品开发的各个阶段都应该进行相应的评估。特别值得一提的是，在概念设计完成后的综合评价更是其中最为重要的评价阶段，其对概念产品的评价结果，将为决策层的战略决定提供最重要的科学依据。

总的来说，设计评价的意义是多方面的。首先，通过设计评价，能有效地保证设计的质量。充分、科学的设计评价，使开发团体能在众多的设计方案中筛选出各方面性能都满足目标要求的最佳方案。其次，适当的设计评价，能减少设计中的盲目性，提高设计的效率。在确定工作原理、运动方案、结构方案，选择材料及工艺，探索造型形式各个阶段，都进行必要的评价并以此作出决策，能够适时摒弃许多不合理或没有发展前途的方案，使设计始终循着正确的路线。这样，就使设计的目标较为明确，同时也能避免设计上走弯路，从而提高效率，降低设计成本。

2）设计评价的分类

在设计中，评价一般是经常性的，也是形式多样的。为了对设计评价问题有一个较为全面的认识，可从以下几个方面对设计评价体系进行简单的归纳分类。

(1) 从设计评价的主体区分。

据此有消费者的评价、生产经营者的评价、设计师的评价和主管部门的评价等几种评价形式。这几种评价，在评价标准、项目、要求等方面都有一定的特点。消费者的评价多考虑成本、价格、使用性、安全性、可靠性、审美性等方面；生产经营者多从成本、利润、可行性、加工性、生产周期、销售前景等方面着眼；而设计师则多从社会效果、对环境的影响、与人们生活方式提升的关系、宜人性、使用性、审美价值、时代性等综合性能上加以评价。在评价时，消费者关注的焦点是功能和价格；生产经营者关注的焦点是成本、利润和市场销售前途；设计师是介于这二者之间的，以更崇高的准则综合考虑消费者和经营者的利益，在充分满足二者基本要求的前提下，尽力从更广泛的角度进行设计评价。设计师所关注的焦点是先进性和广义的功能性（包括技术功能、使用功能、环境功能、审美功能、教育功能、经济功能、社会功能等，涉及物质和精神两个领域）。至于主管部门的评价，在标准和范围上一般较接近于设计师的评价，但更偏重于方案的先进性和社会性，其评价的对象多为产品形式。

理想的设计评价应是综合上述四个方面的评价，此时，设计评价结构可表示为式(12.1)：

$$E = E(a, b, c, d) \tag{12.1}$$

式中：E——综合评价；

a——消费者的评价；

b——生产经营者的评价；

c——设计师的评价；

d——主管部门的评价。

也即是把综合评价视为四个评价主体的评价函数。在实际评价中，应尽可能向这种综合的评价结构努力。

(2) 从评价的性质区分。可分为定性评价和定量评价两种。

定性评价是指对一些非计量性的评价项目，如审美性、舒适性、创造性等所进行的评价；定量评价则是指对那些可以计量的评价项目，如成本、技术性能（可以用参数表示）等所进行的评价。在实际评价中，一般都有计量性和非计量性两种评价项目，在作法上可以采用不同的方法分别加以评价，得到两类评价结果，然后再综合起来进行考虑，作出判断和决策。另外，也可以采取综合处理的方式，对两类问题统一用适宜的方法评价。

在设计评价中，有不少的评价项目都属于非计量性的，这也是造成评价困难的重要原因。对于非计量性问题的评价，不可避免地要受到评价者主观因素的影响，从而使设计评价的结果具有较大的差异乃至错误。各种不同的评价方法的作用之一，就是尽可能地减少主观因素对设计评价的影响，使其更为客观。

（3）从评价的过程区分。

设计评价可分为理性的评价和直觉的评价两种。例如，在价格或成本上，A方案较B方案便宜，这种判断是理性的；对于色彩问题，认为红色较蓝色好，则属于直觉的评价。所以，理性的评价，其评价的过程是以理性判断为主的；直觉的评价其评价的过程是以直觉或感性的判断为主的。在设计过程中，往往需要同时运用理性和直觉两种判断过程，也即是一种交互式的评价。一般而言，设计师的评价过程，其工作大都基于他个人从事专业工作得到的经验来作判断。因为评价的项目大都是非计量性的，尤其是在造型项目上，更是要依赖其直觉感受来作评价。为弥补因个人偏见而造成的评价上的偏差，在评价中一般都是采用模糊评价的方法，或以多人的方式进行评价，最后再综合，由此得出结论。

3）产品设计评价的一般程序

新产品开发设计评价是一个复杂的统计活动过程，如图12.1所示，大致可以分为以下几个阶段：

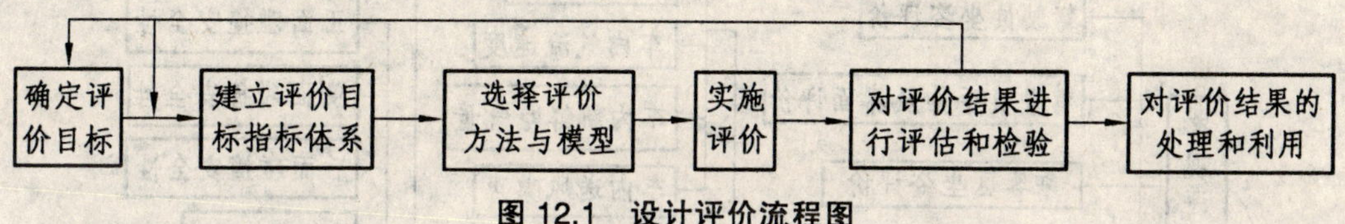

图12.1　设计评价流程图

（1）确定评价目标。

（2）建立评价目标指标体系。具体包括评价目标指标的细化与结构化，指标体系的初步确定，指标体系结构的优化，定性变量的数量化等环节。

（3）选择评价方法与模型。具体包括评价方法的选择，权数构造，评价指标体系的标准值与评价规则的确定。

（4）实施评价。具体还包括指标体系数据收集，数据评估，必要的数据推算，评价模型参数求解等。

（5）对评价结果进行评估和检验。以判别所评价模型、有关标准、有关权值，甚至指标体系的合理与否。若不符合要求，则需要进行一些修改，甚至返回到前述的某一环节。

（6）对评价结果的处理和利用。具体还包括评价结果的书面分析，撰写评价报告，提供与发布评价结果，资料的储备与后续开发利用。

12.2　设计评价目标指标体系

1）评价目标指标

设计评价的依据是评价目标指标。评价目标指标是针对设计所要达到的目标而确定的，用于确定评价范畴的项目。一般来说，所有对设计的要求以及设计所要追求的目标都可以作为设计评价的评价目标指标。但为了提高评价效率，降低评价实施的成本和减少工作量，没有必要把评价目标指标（实际实施的评价目标指标）列得过多，一般是选择最能反映方案水平和性能的、最重要的设计要求作为评价目标指标的具体内容（通常在10项左右）。显然，对于不同的设计对象和设计所处的不同阶段，以及对设计评价要求的不同，评价目标指标的内容也就要有所区别，应具体问题具体分析，选择最适切的内容建立评价目标指标体系。对评价目标指标的基本要求是：

(1) 全面性：尽量涉及技术、经济、社会性、审美性的多个方面。

(2) 独立性：各评价目标指标相对独立，内容明确、区分确定。

图 12.2 为某款概念汽车的人-机评价目标指标体系。

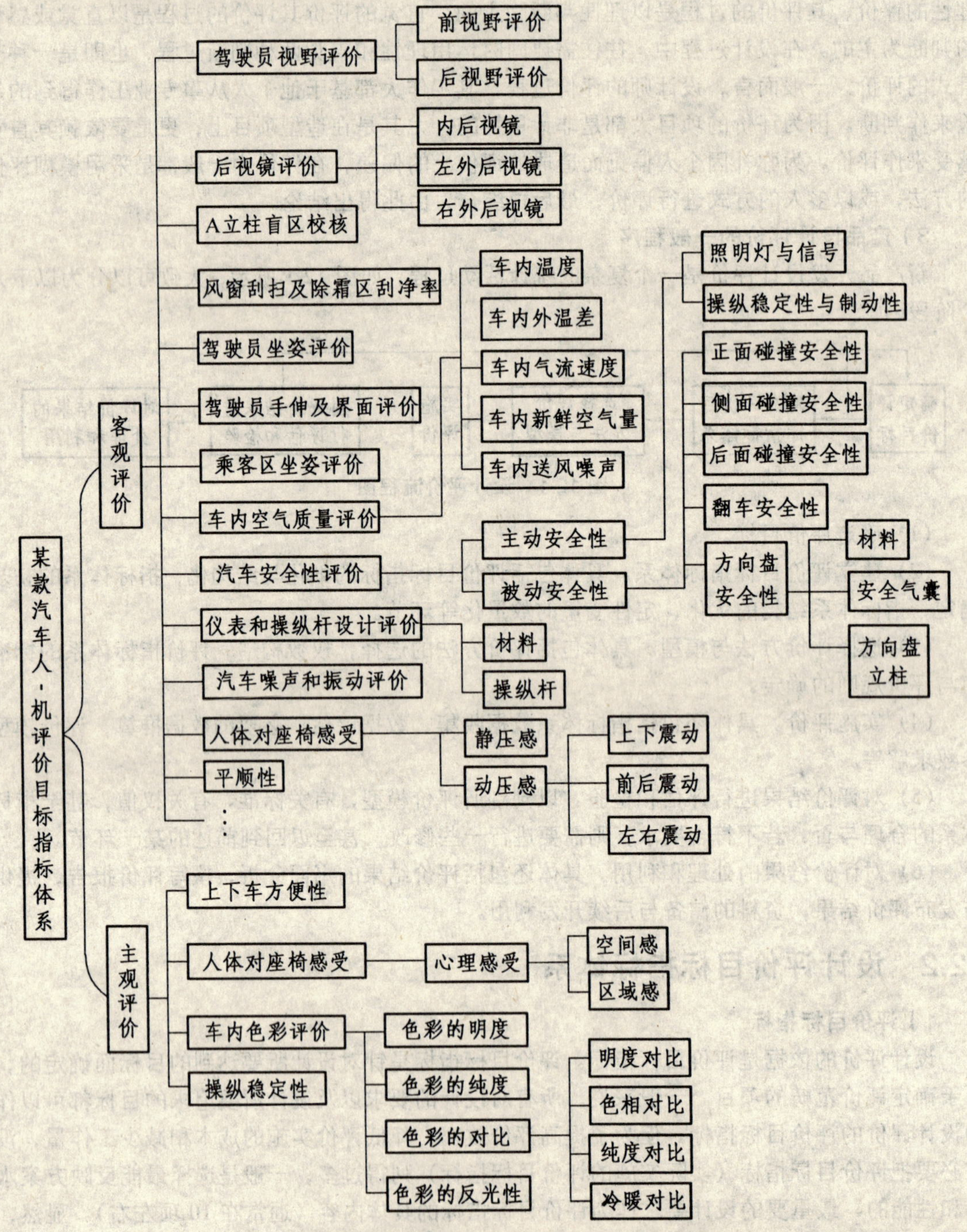

图 12.2　某款概念汽车的人-机评价目标指标体系

在选定评价项目以后，常要根据各评价项目的重要程度分别设置加权系数。加权系数也称权重系数，其数值越大表示重要性越高。各项目的加权系数之和常取为 1，当然也可取成 10，100 或其他数值，选取 1 时计算工作较简便些。

2）评价目标树

目标树方法是分析评价目标指标的一种手段，目标树建立是由系统分析的方法对评价目标指标系统进行分解并图示而成的，将总的评价目标具体化，即把总目标细化为一些子目标，并用系统分析图的形式表示出来就形成某个设计评价的目标树。图 12.3 是一个目标树的示意图。

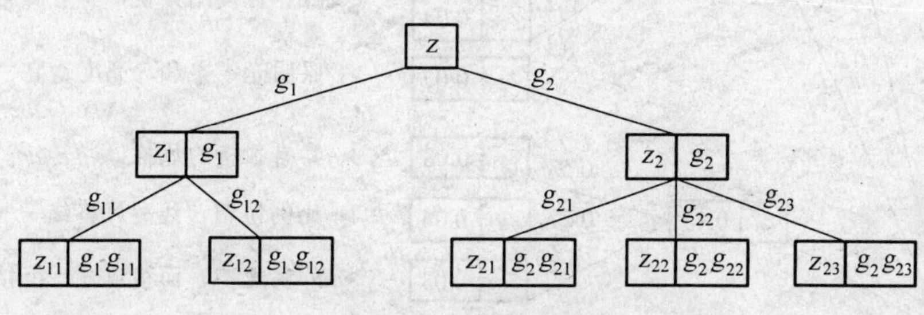

图 12.3　评价目标树

图中 z 为总目标，z_1，z_2 为其子目标，z_{11}，z_{12} 又分别为 z_1 的子目标，z_{21}，z_{22}，z_{23} 则是 z_2 的子目标。目标树的最后分支即为总目标的各具体评价目标指标。图中 g_1，g_2，g_{11}，g_{12}，g_{21}，g_{22}，g_{23} 等为加权系数。子目标的加权系数之和为上一级目标的加权系数，加权系数满足式 (12.2) 所示的关系。

$$\begin{cases} g_1 + g_2 = 1 \\ g_{11} + g_{12} = g_{21} + g_{22} + g_{23} = 1 \end{cases} \tag{12.2}$$

应该指出的是，前面提到在确定评价项目时，一般选定 10 个左右的项目以构造评价目标，这里的 10 个项目应理解为评价目标指标树中的第一级子目标所对应的评价项目。在实际评价中，为准确起见，常要把第一级目标细化成更多的子目标，由此进行逐项评价。通过评价目标树的分析，使人对评价体系有了直观的认识，对总目标、子目标、实际评价目标及其重要程度一目了然，使用起来十分方便。图 12.4 是以“机械产品艺术造型评定方法”为例所作的评价目标树。

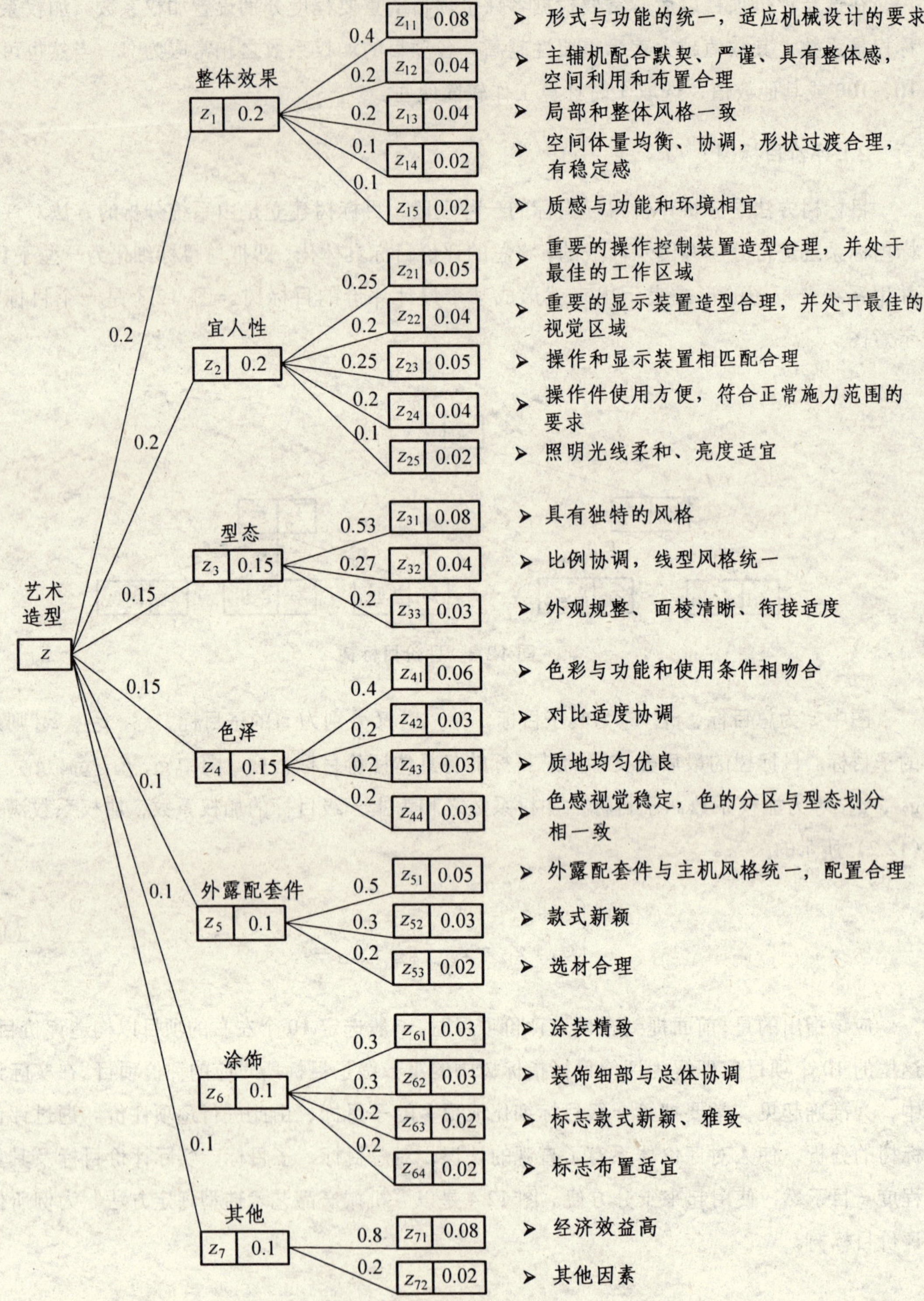

图 12.4　评价目标树实例

3）设计评价目标指标体系的建立

评价目标指标体系的构造过程大致可以分为以下四个环节：理论准备、指标体系初选、指标体系测验、指标体系应用。其流程如图 12.5 所示。

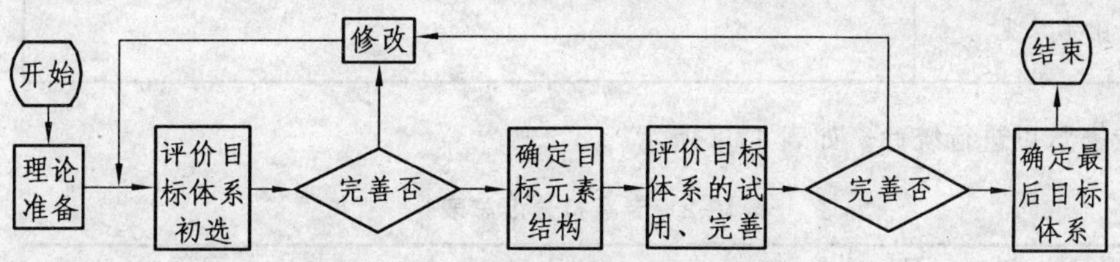

图 12.5　评价目标指标体系的构造流程

(1) 理论准备。

综合评价指标体系的设计者应该对待评价领域的有关理论有一定深度和广度的了解，全面掌握该领域描述性指标体系的基本情况。在进行新产品开发的评价时，设计者应该对产品的相关领域知识有较深刻的认识。通常评价目标指标体系的设计者最好既是该领域的理论专家，也是该领域的实践行家。

(2) 评价目标指标体系的初选。

在此过程中，设计者需构建出评价目标指标体系的框架。指标体系的初选方法有分析法、综合法、交叉法、目标属性分组法等多种方法。这采用系统分析法，系统分析方法是将评价目标指标体系的度量对象和度量目标划分成若干个不同的组成部分或不同侧面（即子系统），并逐步细分（即形成各级子子系统及功能模块），直到每一部分和侧面都可以用具体的统计指标来描述、实现。其基本过程是：

① 对评价问题的内涵与外延作出合理解释，划分概念的侧面结构，明确概念的总目标和子目标。这是相当关键的一步。

② 对每一个子目标或侧面进行细分解。由于新产品开发的评价是一个很复杂的问题，这种细分解也是非常重要的。

③ 重复第②步，直到每一个侧面或子目标都可以直接用一个或几个明确的指标反映。

④ 设计每一子层次的指标。最后得到图 12.4 所示的树状层次结构。

(3) 评价目标指标体系的完善。

在初步确定评价目标指标以后，为了使目标更加科学合理，要通过测验对初步确定的目标进行优化。优化可采用“专家评定法”，专家评定法是一种利用专家群体的知识经验、推理偏好和价值观来进行评价体系优化的方法。该方法用专家组意见的集中和协调程度等指标，来确定评价目标指标体系中的各项指标。其实施办法如下：

将征求意见的指标制成表格发给专家组各成员，如表 12.1 所示，请专家在必须设立的指标项中按照重要程度打分，分值为 0～100；如果认为哪一项指标设置不合适，请提出意见、看法附在表后。

表 12.1　评价指标体系征求意见表

目标集	目标 1	目标 2	…	目标 n
评分值 X	X_1	X_2	…	X_n
附加意见				

收集专家意见进行统计，如表 12.2 所示。

表 12.2　专家打分汇总表

专家 \ 评分值 \ 目标	目标 1	目标 2	…	目标 n
专家 1	X_{11}	X_{12}	…	X_{1n}
专家 2	X_{21}	X_{22}	…	X_{2n}
⋮	⋮	⋮		⋮
专家 p	X_{p1}	X_{p2}	…	X_{pn}
分值和	X_1	X_2	…	X_n

表中分值和用式（12.3）计算：

$$X_j=\sum_{i=1}^{p}X_{ij} \tag{12.3}$$

专家意见的集中程度用每一目标得分的算术平均值 $\overline{M}_j$ 来表示，根据表 12.2，由式（12.4）计算，$\overline{M}_j$ 值越大，表明该项指标越重要。

$$\overline{M}_j=X_j/p \qquad j=1,2,\cdots,n \tag{12.4}$$

专家意见协调程度可用变异系数 V_j 表示，由公式（12.5）计算：

$$V_j=\sigma_j/\overline{M}_j \tag{12.5}$$

式中：V_j——第 j 目标评价结果的变异系数，表示专家意见的协调程度，即专家们对于第 j 目标相对重要性的波动程度，V_j 越小，表明专家们意见的协调程度越高；

σ_j——第 j 指标的标准偏差。

实际操作中可以设定一个临界值，将变异系数与之相比，如果超过临界值，就将统计结果返回各个专家，请各个专家重新按表打分。经过几轮反复，使各专家对面向新产品开发策划的综合评价指标体系的选择意见基本趋于一致。

12.3　设计评价方法

目前的设计评价方法比较多，归结起来可以分为三类：经验评价法、试验评价法和数学分析评价法。经验评价法是根据评价者的经验对方案作定性的粗略分析和评价，适合于方案不多、问题不复杂的情况。试验评价法是通过试验（模拟试验或样机试验）对方案进行评价，这种评价方法得到的评价参数准确，但代价较高。数学分析评价法是运用数学工具进行分析、推导和计算，得到定量的评价参数。下面介绍几种实用的设计评价方法。

12.3.1　经验评价法

经验评价法中最常用的方法为点评价法，这种方法的特点是对各比较方案按确定的设计目标逐点作粗略评价，并用符号“+”（行），“-”（不行），“？”（再研究一下），“！”（重新检查设计）等表示出来，根据评价情况作出选择。表 12.3 为点评价法的实例。

表 12.3　点评价法实例

评价条目 \ 待评方案	方案一	方案二	方案三
满足功能要求	+	+	+
加工装配可行	-	-	+
使用维护方便	+	?	+
宜人性符合要求	+	?	+
满足环保要求	-	+	+
制造成本满足要求	+	+	+
造型整体效果优良	+	-	+
总　评	5+	3+	7+
结　论	方案三最佳		

12.3.2　数学分析评价法

1）名次计分法

这种评价方法是由一组专家对 n 个待评方案进行总评分，每个专家按方案的优劣排出这 n 个方案的名次，名次最高者给 n 分，名次最低者给 1 分，以此类推。最后把每个方案的得分数相加，总分高者为最佳。这种方法也可以依评价目标，逐项使用，最后再综合各方案在每个评价目标指标上的得分，用总分计分方法加以处理，得出更为精确的评价结果。为了提高评价的客观性和准确性，在用名次计分法进行设计评价时，最好是采取逐项评价的方式，即使不逐项评价，也应建立评价目标指标或评价项目，以便使评价者有一个基本的评价依据。表 12.4 所列是名次记分法的实例，其中有 5 名专家，5 个待评价方案（这里只对待评价方案进行了一次总评，如要在逐个评价目标指标上都评价，则要在每个评价目标指标下各用一次表 12.4 所示的表格记分，然后再统计结果）。

表 12.4　名次计分法实例

方案 \ 评分 \ 专家	专家 A	专家 B	专家 C	专家 D	专家 E	总分
方案一	5	3	5	5	4	22
方案二	4	5	4	3	5	21
方案三	3	4	3	4	3	17
方案四	2	1	1	2	2	8
方案五	1	2	2	1	1	7
结　论	方案一最佳					

在名次计分法中，专家意见的一致性程度是确认评价结论是否准确可信的重要方面。对于评分专家们的意见一致性程度，可用一致性系数 c 来表示。一致性系数的计算公式如式（12.6）：

$$c=\frac{12s}{m^2(n^3-n)} \tag{12.6}$$

式中：c——一致性系数；

m——参加评分的专家数；

n——待评价方案数；

s——各方案总分的差分和，计算式为：$s=\sum x_i^2-(\sum x_i)^2/n$，$x_i$ 为第 i 个方案的总分。

本例的一致性系数经计算后为 0.81。一致性系数 c 越接近于 1，表示意见越一致，当专家意见完全一致时，$c=1$。在重要的评价中，一致性系数的取值范围应满足要求。

2）评分法

评分法是针对评价目标指标，依直觉判断为主，按一定的标准打分作为衡量评定方案优劣的尺度的一种定量性评价方法。如果评价目标指标为多项，要分别对各目标指标评分，然后再经统计处理求得方案评价在所有目标指标上的总分。评分法的工作步骤如图 12.6 所示。

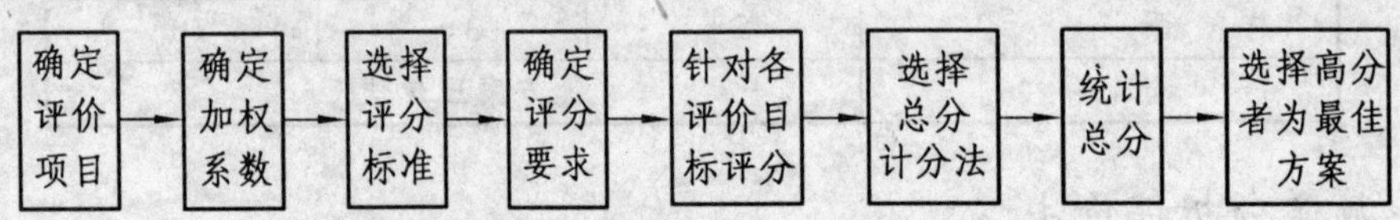

图 12.6　评分法工作步骤

(1) 评分标准。

评分法中一般常用 5 分制或 10 分制对方案进行打分，评分标准如表 12.5 所列。在使用评分标准对方案打分时，如果方案处于理想状态，评分为 10 分（或 5 分），最差时评分为 0 分，如果方案的优劣程度处于中间状态，可用以下方法确定其评分：

① 对于非计量性的评价项目或虽为计量性的评价项目，但其计量性参数不具备时，可采用直觉及经验判断的方法确定其具体应属于哪种优劣程度区段，对照评分标准给出评分。此外，可以用前面所介绍的简单评分法对方案进行定性的分析，从而确定其优劣程度的顺序，并确定评分。

② 如果评价项目中有定量参数，如性能参数的数值要求等，可以根据规定的最低极限值、正常要求值和理想值分别给 0 分、8 分、10 分（5 分制时给 0 分、4 分、5 分），用 3 点定曲线的办法找出评分曲线或函数，从中求出其他定量参数值所对应的评分值。

表 12.5　评　分　标　准

10分制	评分	0	1	2	3	4	5	6	7	8	9	10
	优劣程度	不能用	缺陷多	较差	勉强可用	可用	基本满意	良	好	很好	超目标	理想
5分制	评分	0	1		2		3		4		5	
	优劣程度	不能用	勉强可用		可用		良好		很好		理想	

（2）评分方式。

为减少由于个人主观因素对评分的影响，一般须采用集体评分的方式，由几个评分者以评价目标指标为序对各方案评分，取平均值或去除最大、最小值后的平均值作为分值。

（3）加权系数。

加权系数是评价目标指标重要性程度的量化系数。加权系数大，意味着重要程度高。为便于计算，一般各评价目标指标加权系数要进行归一化处理。加权系数可由经验确定，或者用前面层次分析法所介绍的两两比较法进行计算获取。

（4）总分计分方法。

按评分法的工作步骤，在对各方案依评价目标指标体系逐项评价打分以后，接下来的工作就是要对各方案在所有评价项目上的得分加以统计，算出其总分。总分的计算方法很多，常用的计算方法如下：

① 分值相加法。分值相加法计算简单、直观，如式（12.7）所示：

$$Q=\sum_{i=1}^{n}p_i \tag{12.7}$$

式中：Q——方案的总分值；

p_i——i 评价目标指标的评分值；

n——评价目标指标数。

② 分值相乘法。分值相乘法所得的各方案的总分相差大，便于比较，如式（12.8）所示：

$$Q=\prod_{i=1}^{n}p_i \tag{12.8}$$

③ 均值法。均值法计算简单、直观，如式（12.9）所示：

$$Q=\frac{1}{n}\sum_{i=1}^{n}p_i \tag{12.9}$$

④ 相对值法。相对值法能看出与理想方案的差距，如式（12.10）所示：

$$Q=\sum_{i=1}^{n}p_i \Big/ Q_0 \tag{12.10}$$

式中：Q_0——理想方案的总分值。

⑤ 有效值法。有效值法考虑了各评价目标指标的重要程度，如式（12.11）所示：

$$N=\sum_{i=1}^{n}p_i g_i \tag{12.11}$$

式中：N——有效值；

g_i——各评价目标指标的加权系数。

在计算总分的时候，可以根据具体情况选用相应的计分方法。取得总分以后，其高低就可综合地体现方案优劣，分值高者为优，对于采用有效值的情况，有效值高者为优。

对于要求比较高的评价或各评价目标指标的重要程度差别很大（加权系数差别大）的情况，通常选用有效值法。在具体计算时，有效值法采用集合加矩阵的方法加以表达。

整个设计评价目标指标体系可视为一个集合，评价目标指标集合可表示为$\boldsymbol{U}=\{u_1, u_2, \cdots, u_n\}$；各评价目标指标加权系数也是一个集合，可表示为$\boldsymbol{G}=\{g_1, g_2, \cdots, g_n\}$。

有 m 个方案对应 n 个评价目标指标上的评分值，可用矩阵表示为式（12.12）：

$$\boldsymbol{P}=\begin{bmatrix} p_1 \\ p_2 \\ \vdots \\ p_m \end{bmatrix}=\begin{bmatrix} p_{11} & p_{12} & \cdots & p_{1n} \\ p_{21} & p_{22} & \cdots & p_{2n} \\ \vdots & \vdots & & \vdots \\ p_{m1} & p_{m2} & \cdots & p_{mn} \end{bmatrix} \tag{12.12}$$

m 个方案的有效值矩阵为：

$$\boldsymbol{N}=\boldsymbol{G}\boldsymbol{P}^{\mathrm{T}}=\left[N_1, N_2, \cdots, N_j, \cdots, N_m\right]$$

式中：$N_j=g_1p_{j1}+g_2p_{j2}+\cdots+g_np_{jn}$。

N_j的数值越大，表示此方案的综合性能越好。

3）技术-经济评价法

技术-经济评价法的特点是：对方案进行技术、经济综合评价时，不但考虑各评价目标指标的加权系数，所取的技术价和经济价都是相对于理想状态的相对值。这样更便于决策时的判断和选择，也有利于方案的改进。技术-经济评价法的过程为先求出方案的技术和经济指标——技术价和经济价，而后再进行综合评价。

（1）技术评价。

技术评价目标指标是求方案的技术价W_{t}，即各性能评价指标的评分值与加权系数乘积之和与最高分值的比值，计算式如式（12.13）所示：

$$W_{\mathrm{t}}=\frac{\sum_{i=1}^{n} p_i g_i}{p_{\max}} \leqslant 1 \tag{12.13}$$

式中：W_{t}——技术价；

p_i——技术评价指标的评分值；

g_i——各技术评价指标的加权系数；

$p_{\max}$——最高分值（10 分制中为 10 分，5 分制中为 5 分）。

技术价W_{t}值越高，说明方案的技术性能越好，理想方案的技术价为 1；W_{t}小于 0.6 表明方案在技术上不合格，必须加以改进才能考虑选用。表 12.6 是技术价与所反映的方案技术性能状况的对照。

表 12.6 技术价与技术性能状况对照

评价等级	理想	很好	好	基本满意	不满意
技术价 W_{t}	1	$\geqslant 0.9$	$0.8 \leqslant W_{\mathrm{t}} < 0.9$	$0.6 \leqslant W_{\mathrm{t}} < 0.8$	< 0.6

（2）经济评价。

经济评价的目标指标是求方案的经济价W_{e}即理想生产成本与实际生产成本之比值，计算式如式（12.14）所示：

$$W_e = \frac{H_i}{H} = \frac{0.7H_z}{H} \leqslant 1 \tag{12.14}$$

式中：H——实际生产成本，元；

H_i——理想生产成本，元；

H_z——允许生产成本，元，H_z应低于有效市场价格，一般可取$H_i = 0.7H_z$。

经济价W_e值越大，经济效果越好，$W_e = 1$时是理想状态，此时，实际生产成本等于理想成本。W_e许用值为 0.7，此时实际生产成本等于允许生产成本。

(3) 技术-经济综合评价。

在求出技术价和经济价后，就可以利用计算或图示方法进行技术-经济综合评价。

① 相对价W的两种计算方法。

a. 直线法，也叫均值法，如式（12.15）所示：

$$W = \frac{1}{2}(W_t + W_e) \tag{12.15}$$

b. 双曲线法，如式（12.16）所示：

$$W = \sqrt{W_t W_e} \tag{12.16}$$

相对价W值大，表明方案的技术、经济综合性能好，一般应取$W \geqslant 0.65$。直线法的特点是W_t与W_e相差较大时，所得W值仍较大；而在双曲线法中只要两项中有一项数值小，就会使相对价降低较多。所以，用双曲线法更容易评价和决策。

② 优度图。

优度图也称S图，如图 12.7 所示，技术价W_t与经济价W_e构成的平面坐标系中，每个方案的W_{ti}和W_{ei}值构成点S_i，S_i的位置反映此方案的优良程度（优度）：坐标系中$W_t = 1$，$W_e = 1$构成的点S^*为理想优度，表示技术-经济综合指标的理想值。$0S^*$连线称为“开发线”，线上各点$W_t = W_e$。S_i离S^*越近，表示技术-经济指标越高，而离开发线越近，说明技术-经济综合性能好，用优度图的方法可形象地看出方案的技术-经济综合性能，且便于提出改进的方向。把各个方案所对应的点都标在优度图上时，很容易评选出最佳方案。如果两个方案的优度点相对于S^*点距离差不多时，可用双曲线法进行评判。

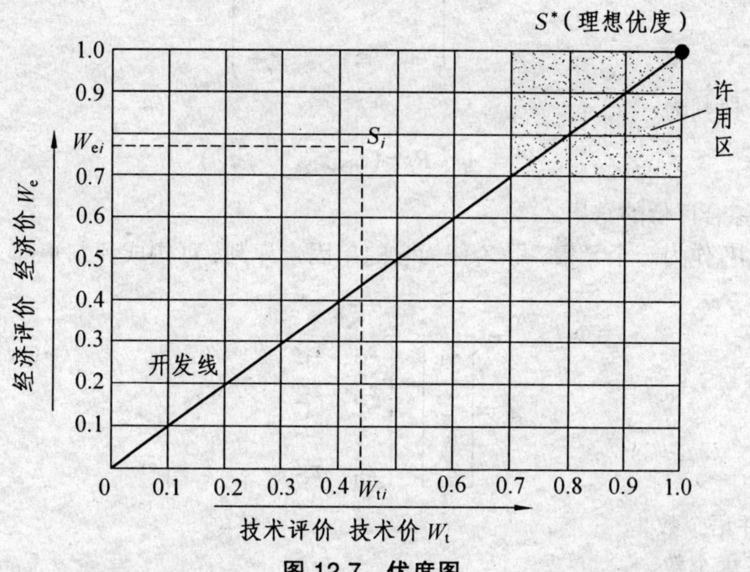

图 12.7　优度图

12.3.3　模糊综合评价方法

在设计评价中，有许多软的评价目标指标，例如，对于美观（整体效果、造型、色彩、装饰等），宜人性，安全性，加工性等，这些用传统的定量分析办法是很难进行的。为此，需要引进语言变量来描述并求得解决。例如，首先用“好”“差”“非常”“不”等进行评价，再用模糊数学的方法，使模糊信息数值化，以进行定量评价。

对于复杂产品的开发来说，涉及的因素很多，其中主观性因素占了很大部分，常常需要把众多的因素划分为若干层次，使每层包含的因素较少，然后按最底层的各因素进行综合评价，层层依次往上评，一直评到最高层，得到综合评价结果。这就是多级模糊综合评价的基本思想。在实际中，多级模糊综合评价可以采用下面所述的模型进行。

1）模糊综合评价模型

(1) 确定因素集 W。

因素集 W 按属性划分成若干子集。以汽车驾驶员坐椅舒适性为例，其因素集为 $W=\{W_1, W_2, W_3, W_4\}$，子集 W_1，W_2，W_3，W_4 分别对应于振动、噪声、居住性和空气调节。每个子集的因素为：$W_i=\{W_{i1}, W_{i2}, \cdots, W_{in}\}$，其中 $i=1$，2，3，4，…，n 为每个子集的因素个数。如果各子集的因素下面还有子因素，则按上述方法继续划分直到其下再没有子因素。

(2) 子集评价。

对于每个子集 W_i，按一级模型进行评价。

假定 W_i 评判集 $P=\{p_1, p_2, \cdots, p_m\}$，其中 p_j＝第 j 个评语；m＝评语数目。

W_i 上的权重分配为 $A_i=\{a_{i1}, a_{i2}, \cdots, a_{in}\}$，这里要求 $\sum_{j=1}^{n} a_{ij}=1$，其中 $j=1, 2, \cdots, n$。

W_i 的单因素评判矩阵如式（12.17）所示：

$$\boldsymbol{R}_i=\begin{bmatrix} r_{11} & r_{12} & \cdots & r_{1m} \\ r_{21} & r_{22} & \cdots & r_{2m} \\ \vdots & \vdots & & \vdots \\ r_{n1} & r_{n2} & \cdots & r_{nm} \end{bmatrix} \tag{12.17}$$

于是 W_i 的综合评判为：

$$\boldsymbol{Z}_i=A_i\cdot\boldsymbol{R}_i=(z_{i1}, z_{i2}, \cdots, z_{im})$$

(3) 计算综合评价的结果。

将每一个 W_i 作为一个元素，用 Z_i 作为它的单因素评判，可构成评判矩阵 $\boldsymbol{Z}$，如式（12.18）所示，即

$$\boldsymbol{Z}=\begin{bmatrix} Z_1 \\ Z_2 \\ \vdots \\ Z_s \end{bmatrix}=\begin{bmatrix} z_{11} & z_{12} & \cdots & z_{1m} \\ z_{21} & z_{22} & \cdots & z_{2m} \\ \vdots & \vdots & & \vdots \\ z_{s1} & z_{s2} & \cdots & z_{sm} \end{bmatrix} \tag{12.18}$$

式中：m——评语个数；

s——子集个数。

式（12.18）是 $\{W_1, W_2, \cdots, W_s\}$ 的单因素评判矩阵，每个 W_i 作为 W 的一部分，反映了 W 的某类属性。针对各评判因素重要程度分配权重为 $C=\{C_1, C_2, \cdots, C_s\}$，这样就可以得出综合评价的结果，如式（12.19）所示。

$$\boldsymbol{T}=C\cdot\boldsymbol{Z} \tag{12.19}$$

（4）确定评判对象的结果。

计算得到 $\boldsymbol{T}$ 后，按照加权平均的原则确定评判对象的具体结果，如式（12.20）所示。

$$V=\sum_{j=1}^{m}b_ja_j\Big/\sum_{j=1}^{m}b_j \tag{12.20}$$

式中：b_j——各个评语对应的隶属度；

a_j——各个评语的分值。

2）模糊综合评价模型使用

模糊综合评价模型在具体使用的时候可以参照图 12.8 所示的流程进行。

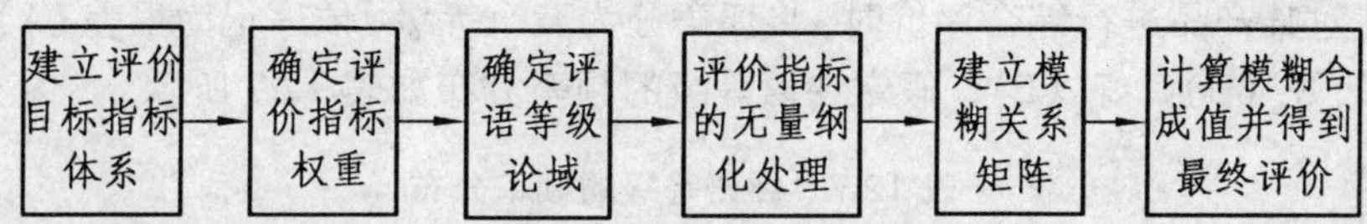

图 12.8　模糊综合评价流程

（1）建立评价目标指标体系。

评价目标指标体系的建立可以参照 12.2 节完成。

（2）评价指标权重确定。

评价目标指标体系的各指标权重可以用前文所述的层次分析法（AHP 法）进行确定，具体细节可以参考第四章所讲的层次分析法，最终得到加权系数集。

（3）确定评语等级论域 V。

评语等级论域用 $V=(V_1, V_2, \cdots, V_m)$ 表示，确定评语等级论域可以使模糊综合评价得到相应的模糊评价向量，被评价事物对应各评语等级隶属程度的信息通过这个模糊向量表示出来，体现了评价的模糊特性。

从技术处理来看，评语等级个数 m 通常要大于 3 而不超过 9。因为一方面，m 过多超过人的语义区分能力，不易判断对象的等级归属；另一方面 m 过少又不符合综合评价的质量要求，故 m 过多或过少都对评价结果有不良的影响，以适中为宜。另外 m 取奇数较多，这样除中间项外，评语常常是对称的，便于进一步处理。进行综合评价的时候，可以统一将评语等级论域分为五个等级：很好、较好、一般、较差、很差。

评语等级可以进一步进行量化处理，量化处理的方法很多，在对产品设计进行模糊综合评价时，对评语等级进行量化可以采用分类统计法。

分类统计法是间接量化的方法。其基本思路为：

① 根据评价对象将评语划分为若干个取值等级。例如，在产品设计评价的时候可以将评语分为好、较好、一般、较差、很差五个等级。

② 由一些专家进行判断，根据专家判断进行“频率统计”，得到相应的分布类型，有时也可以根据历史数据统计确定其分布类型，然后对分布类型作出理论假定。根据经验，对产

品评价的数据通常为钟形分布的数据，一般是假定其为正态分布。标准正态分布的代表性位置值即“标准分数”，记为 Z。

③ 按照其与标准正态分布的对应关系，确定每一个等级类别的频率分布。

④ 对标准分数实施线性变换，转化为一定分制的量化值，记为 F_Z。写成一般公式为式(12.21)：

$$F_Z=(a+b)\left(\frac{1}{2}+\frac{Z}{k}\right) \tag{12.21}$$

式中：a，b——变换之后定性变量量化值的取值区间下限与上限，通常取 $a=0$；

k——评分范围参数，$k>0$，一般取 $k=10$ 或 $k=8$ 或 $k=6$，表示 Z 取值为 $k/2$ 个标准差时，将为满分（最高分，b），Z 取值为 $-k/2$ 个标准差时，将为最低分（a）。

实践中，若 $a=0$，$b=100$，则称为“标准百分”，即得式（12.22）。

$$F_Z=50+100\frac{Z}{k} \tag{12.22}$$

例：设在对某产品进行综合评价时，将评语分为五个等级，依序记为很差（A）、较差（B）、一般（C）、较好（D）、好（E），假定评语等级的频率分布如表 12.7 所示：

表 12.7 评语等级的频率分布

评语 / 频率分析	很差（A）	较差（B）	一般（C）	较好（D）	好（E）
频率	8	28	41	18	5
累计频率	8	36	77	95	100

假设用正态分布来表示这一频率分布，且量化值是“正指标”：

对于 E 类，其概率起点为 95%，即右侧尚有 5% 的面积。由标准正态分布表可得“代表性标准值”为 1.96，即标准分数为 1.96。

对于 D 类，以 5% 为起点，其面积为 18%，由标准正态分布表可得标准分数为 1.08。

对于 A 类，起点为 0，面积为 8%，同样可得 A 类的“代表位置值”为－1.75。

对于 B 类，起点为 8%，面积为 28%，相应的代表位置值应该为－0.77。

对于 C 类，一部分在纵轴左侧，一部分在纵轴右侧，故应该分别确定。左侧部分（负轴）面积为 14%，右侧部分（正轴）面积为 27%，左侧部分起点为 36%，则可得“左侧位置代表值”为－0.18，右侧部分的起点值为 23%，则可得“右侧位置代表值”为 0.35。最后将左侧代表值与右侧代表值进行加权算术平均，即为 C 类的代表值，写成公式为式（12.23）：

$$V_C=\frac{V_l S_l+V_r S_r}{S_l+S_r} \tag{12.23}$$

式中：V_C——C 类代表值；

V_l——左侧代表值；

S_l——左侧面积；

V_r——右侧代表值；

S_r——右侧面积。将值代入后计算可得 C 类代表值为 0.169。

根据以上的标准分数，采用标准百分的方式进行变换，取 $k=10$（即在$\pm5\sigma$范围之内评分），结果如表 12.8 所示。

表 12.8　评语等级的量化值

评语等级	很差（A）	较差（B）	一般（C）	较好（D）	好（E）
标准分数	−1.75	−0.77	0.169	1.08	1.96
标准百分	32.5	42.3	51.69	60.8	69.6

（4）评价指标的无量纲化处理。

评价目标指标体系建立后，要针对各类评价指标进行无量纲化处理。

① 定量指标（正指标）的无量纲化。

在面向新产品开发的综合评价体系中，设计的因素是多方面的，各定量指标有各自的量纲，因此必须进行无量纲化处理。无量纲化，也叫数据的标准化、规格化，它是通过数学变换来消除原始变量（指标）量纲影响的方法。无量纲化方法主要有直线型、折线型、曲线型等。每一种方法有各自的特点和适用范围。其中，直线型的无量纲化方法操作简便，相当于作近似处理；而曲线型的无量纲化方法计算结果准确，但是难于计算；折线型的无量纲化方法是介于二者之间的方法。

综合考虑无量纲化方法和新产品开发的综合评价体系两方面的因素，可以采用直线型无量纲化方法。因为，对这种多指标综合评价而言，无量纲化的结果是一种相对的描述，而不是绝对的刻度，采用直线型的无量纲化方法对评价对象之间的相对位置没有很大的影响。如果采用曲线型方法，在确定曲线无量纲化的公式时有一些参数是难以确定的，这些参数的确定直接影响无量纲化结果的准确性，所以说，曲线型的准确是有条件的。

直线型无量纲化方法主要分为两类：阈值法和 Z-SCORE 法。由于 Z-SCORE 法不利于采用知识库数据而且其转化结果不利于进一步的数学处理，因此在产品开发的评价体系中采用的是阈值法。

阈值法是将指标的实际值 x 与该种指标的某个阈值相对比，从而使指标实际值转化成评价值的方法。阈值一般就是极大值或极小值等实际数据。阈值法的无量纲化公式主要有式（12.24）～式（12.27）：

$$y_i=\frac{x_i}{\max\limits_{1\leqslant i\leqslant n}(x_i)} \tag{12.24}$$

$$y_i=\frac{\min\limits_{1\leqslant i\leqslant n}(x_i)-x_i}{\max\limits_{1\leqslant i\leqslant n}(x_i)} \tag{12.25}$$

$$y_i=\frac{x_i-\min\limits_{1\leqslant i\leqslant n}(x_i)}{x_i} \tag{12.26}$$

$$y_i=\frac{x_i-\min\limits_{1\leqslant i\leqslant n}(x_i)}{\max\limits_{1\leqslant i\leqslant n}(x_i)-\min\limits_{1\leqslant i\leqslant n}(x_i)} \tag{12.27}$$

式中：x_i——第 i 项评价指标的实际数据；

y_i——x_i 的无量纲化值。

在实际运用中可以根据具体情况对上面的公式进行选择，选择时要注意式（12.24）、式（12.25）仅考虑了最大值情况，式（12.26）仅考虑了最小值的情况，式（12.27）综合考虑了最大值、最小值的情况。

② 逆指标、适度指标的无量纲化处理。

统计指标分为正指标（即越大越好的指标）、逆指标（越小越好的指标）和适度指标（数值既不应过大，也不应过小）。对于正指标，可以按照前面的转换公式进行无量纲化处理，而对于逆指标进行无量纲化处理的时候，则应先将其转换成正指标，转换的时候只需要取原指标的倒数就可以了；适度指标应根据适度值（即最佳值 k）设计一个变量 $|x_i - k|$，即适度指标的实际值减去适度值的绝对值。这个新变量显然是一个逆指标，再将这个逆指标取倒数，如式（12.28）所示，通过计算就得到相应的正指标值了。

$$y_i = \frac{1}{|x_i - k|} \tag{12.28}$$

③ 定性指标的无量纲化处理。

在面向新产品开发策划的综合评价体系中，要用到一些定性的指标、主观性指标来评价事物，如确定对象属于某评定等级等。在这种情况下，也需要对评价结果作无量纲化处理，以便和其他评价指标一起综合。

定性指标无量纲化处理可以用模糊统计法完成。由于多数定性指标往往是模糊的，所以可以用模糊数学的方法进行无量纲化。具体操作为：将定性指标划分为若干个取值等级，如“很重要”“较重要”“一般重要”“不太重要”“很不重要”五级，然后由一些专家进行判断，根据专家判断进行“频率统计”，得到该单位定性指标属于某一评语等级的程度——“隶属度”，从而用最大隶属度原则确定该指标所处的等级，并转化为相应的标准分数和标准百分。

例如，通过调查某产品的造型，30% 的人认为“很好”，43% 认为“好”，10% 认为“一般”，15% 评价为“不太好”，2% 认为“不好”，则该产品的造型在评价集中的五种评价概念的隶属度分别为 0.3，0.43，0.1，0.15，0.02。该产品的模糊评价集为：

$$R = \{0.3,\ 0.43,\ 0.1,\ 0.15,\ 0.02\}$$

隶属度的求取还可以通过隶属函数来实现，隶属函数是模糊集合的特征函数，它可以表示隶属度的变化规律。

例如，某产品成本要求 $C \leqslant 20$ 万元为优，$C = 50$ 万元为中，$C \geqslant 70$ 万元为差，现预算成本为 40 万元，试求其隶属度。在求隶属度的时候，根据评价目标为成本的特点，选用直线型隶属函数，如图 12.9 所示。

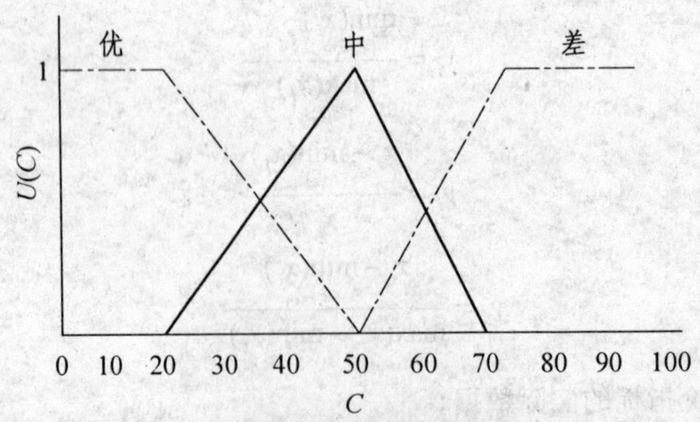

图 12.9　直线型隶属函数

其函数式可以表示如下：

$$优\quad U(C)=\begin{cases}1 & 0\leqslant C\leqslant 20\\ \dfrac{50-C}{50-20} & 20<C<50\\ 0 & C\geqslant 50\end{cases}$$

$$中\quad U(C)=\begin{cases}0 & C\leqslant 20\\ \dfrac{C-20}{50-20} & 20<C<50\\ \dfrac{70-C}{70-50} & 50\leqslant C<70\\ 0 & C\geqslant 70\end{cases}$$

$$差\quad U(C)=\begin{cases}0 & C\leqslant 50\\ \dfrac{C-50}{70-50} & 50<C<70\\ 1 & C\geqslant 70\end{cases}$$

当预算为 40 万元时对优的隶属度为 0.33，对中的隶属度为 0.67，对差的隶属度为 0。

（5）建立模糊关系矩阵。

模糊隶属关系矩阵是模糊综合评价合成过程中的基本要素，其科学性直接影响综合评价结论的准确性。

① 模糊矩阵相关数学描述。

评价目标集（设有 n 个元素）：　$Y=\{y_1,\ y_2,\ \cdots,\ y_n\}$

评价集（m 个元素）：　$X=\{x_1,\ x_2,\ \cdots,\ x_n\}$

加权系数集：　$A=\{a_1,\ a_2,\ \cdots,\ a_n\}$

对评价目标集的模糊评价矩阵为：

$$\boldsymbol{R}=\begin{bmatrix}R_1\\R_2\\\vdots\\R_n\end{bmatrix}=\begin{bmatrix}r_{11} & r_{12} & \cdots & r_{1m}\\ r_{21} & r_{22} & \cdots & r_{2m}\\ \vdots & \vdots & & \vdots\\ r_{n1} & r_{n2} & \cdots & r_{nm}\end{bmatrix}$$

② 主观指标隶属关系的确定。

主观指标反映了人们对客观事物的看法，如对某产品的满意程度等。这类指标的隶属关系确定可采用“等级比例确定法”。这种方法要人们从若干因素对某一事物属于哪个等级作出判断，然后把从某因素将该事物评判为某等级的人数在全部评判人数中的比例作为 r_{ij}，从而得到了隶属关系矩阵。

例如，在对某款车进行人机评价的时候，涉及一些主观评价指标，如上下车方便性、坐椅舒适性、安全性等。评价等级分为五级：很好、较好、一般、较差、很差。假设调查结果如表 12.9 所示。

表 12.9　主观评价指标调查结果表

评语 目标	很好	较好	一般	较差	很差	总人数
上下车方便性	10	35	25	18	12	100
座椅舒适性	15	30	25	15	15	100
安全性	15	20	30	20	15	100

则确定隶属关系矩阵：

$$\boldsymbol{R}=\begin{bmatrix}0.10 & 0.35 & 0.25 & 0.18 & 0.12\\ 0.15 & 0.30 & 0.25 & 0.15 & 0.15\\ 0.15 & 0.20 & 0.30 & 0.20 & 0.15\end{bmatrix}$$

③ 客观指标隶属关系的确定。

客观指标隶属关系矩阵 $\boldsymbol{R}$ 可以根据历史数据频率确定，这种方法先要确定各评语等级的临界值，然后计算被评价对象历史数据在各等级的频率作为 r_{ij}。在用这种方法确定隶属关系的时候，等级临界值的确定至关重要，等级临界值的微小变化都可能导致隶属度的骤增骤降。

(6) 计算模糊合成值并得到最终评价。

在模糊综合评价的基本公式 $B=A\circ\boldsymbol{R}$ 中，A 与 $\boldsymbol{R}$ 如何合成，对综合评价结果有很大的影响。合成算法有很多种，根据产品设计评价的实际情况，通常选用乘与有界算法 $M=(\bullet,\oplus)$。其计算式如式 (12.29) 所示：

$$b_j=\min(1,\ \sum_{i=1}^{n}a_i r_{ij}) \tag{12.29}$$

该算法可以保证 $\boldsymbol{R}$ 矩阵的充分利用，具有较大的综合性，而且可以保证 A 具有权向量的性质。下面举例说明该算法的使用。

例：某产品有五个评价目标，计算其模糊合成值。

评价目标集：　$Y=\{y_1,\ y_2,\ y_3,\ y_4,\ y_5\}$

评价集（m 个元素）：　$X=\{x_1,\ x_2,\ x_3\}=\{$好，中，差$\}$

加权系数集：　$A=\{0.12,\ 0.08,\ 0.35,\ 0.20,\ 0.25\}$

评价矩阵为：

$$\boldsymbol{R}=\begin{bmatrix}0.70 & 0.20 & 0.10\\ 0.70 & 0.25 & 0.05\\ 0.20 & 0.40 & 0.40\\ 0.50 & 0.30 & 0.20\\ 0.65 & 0.15 & 0.20\end{bmatrix}$$

$$b_1=\min\{1,\ (0.12\times0.70)+(0.08\times0.70)+(0.35\times0.20)+(0.20\times0.50)+(0.25\times0.65)\}=0.472\ 5$$

同理可得：

$$b_2=0.281\ 5,\ b_3=0.246$$

即 $B=\{0.472\ 5,\ 0.281\ 5,\ 0.246\}$，该产品对好的隶属度为 0.472 5，对中的隶属度为 0.281 5，对差的隶属度 0.246。

3）模糊综合评价实例

模糊综合评价在产品设计中较为常用。这里以某公司的汽车概念产品开发为实例，从人机工程评价体系中人对坐椅的心理感受方面来阐述模糊综合评价的使用。

（1）建立人对坐椅的心理感受评价指标集，该指标集包含两个方面：区域感和空间感。

（2）确定评价等级论域为五级：很好、较好、一般、较差、很差。并且假定在评价结果中所占的比例是 8%，28%，41%，18%，5%，通过查"正态分布各区间的中点值表"，得到各评语等级的标准分数和标准百分，如表 12.8 所示。

（3）用层次分析法确定指标权重，可以得到区域感的权重为 0.67，空间感的权重为 0.33。

（4）评价指标的无量纲化和建立模糊关系矩阵。假定调查了 100 个人，对区域感评价很差、较差、一般、较好、很好的人数分别是 5，35，40，15，5；对空间感评价很差、较差、一般、较好、很好的人数分别是 10，30，30，20，10，得到模糊关系矩阵如下：

$$\boldsymbol{R}=\begin{bmatrix}0.05 & 0.35 & 0.40 & 0.15 & 0.05\\ 0.10 & 0.30 & 0.30 & 0.20 & 0.10\end{bmatrix}$$

（5）由式（12.29）计算模糊合成值为 $B=\{0.066\,5,\ 0.333\,5,\ 0.367,\ 0.166\,5,\ 0.066\,5\}$。

（6）由式（12.20）确定坐椅的心理感受的评价结果，式中 a_j 取评语等级的标准百分，得到最终评价值：$V=49.99$，可以看出最终评价结果介于较差与一般之间。

12.4　评价方法的选择和评价结果的处理

1）评价方法的选择

选择评价方法的依据是评价问题的性质和特点，只有充分明确评价的目的和要求，才能作出正确的选择。对评价方法的了解和对实际问题的分析是选择评价方法的关键。表 12.10 列出了几种评价方法的比较，可供选择时参考。

表 12.10　评价方法的比较

方　法	特　点	适用的情况
简单评价法	1. 简单、直观 2. 精度差，粗略分析	1. 定性、定量的各种评价项目 2. 对评价精度要求不高的情况
名次计分法	1. 简单 2. 精度较高 3. 一般需多人参加评价	1. 定性、定量的各种综合评价项目 2. 对评价精度有一定要求的情况 3. 方案数目不多的情况
评分法	1. 精度高，稍复杂 2. 需多人参加 3. 分多个目标评价 4. 工作量较大	1. 定性、定量的，但更适合定量项目 2. 对评价要求较高且方案较多的情况 3. 需要考虑加权值的评价，有时也适用于不考虑加权值的评价
技术-经济评价法	1. 复杂，精度高 2. 如用 S 图，较直观 3. 一般需多人参加评价 4. 需利用其他评价方法获得评分数据	1. 技术及经济性评价项目 2. 对评价要求较高的情况 3. 方案较多时更适用 4. 需表明改进方向的评价
模糊评价法	1. 需引进语言变量描述使模糊信息数值化 2. 需经过调研而取得评价数据	1. 对造型、色彩、装饰质感等的评价 2. 宜人性、安全性的评价 3. 有关文化和审美的评价 4. 其他定性评价项目

2）设计评价结果的处理

在设计评价工作基本完成并获取许多评价数据信息后，如对其加以适当的处理，就会方便评定最佳方案，从而作出决策。数学分析的处理方法前面叙述过，以下讨论的是视觉化的处理方法。

(1) 曲线化处理。

这种处理方法的思路是建立坐标系，把评分结果转化为坐标点，从而确定与评价结果相对应的曲线，以方便评价决策。图 12.10 所示为一假设的评价例子，包含了两种评价方案的情况。如方案太多，可分设 *n* 个这种图加以表现。用这种表示方法，除了直观判断最佳方案外，还能清楚地看到某方案在哪些评价目标上有问题以便进行改进和提高。

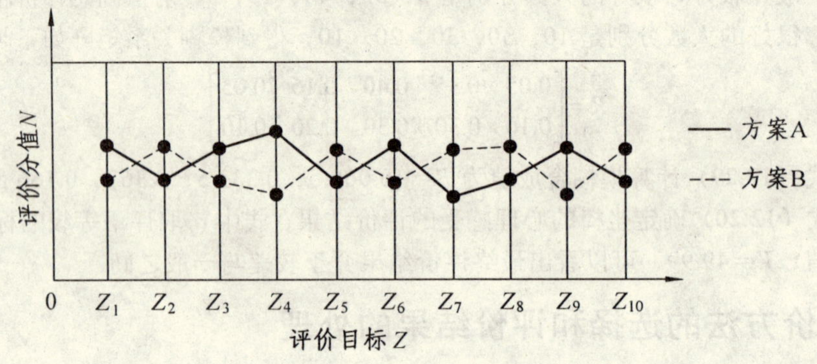

图 12.10 评价统计曲线

(2) 图形化处理。

图 12.11 所示是一种图形化处理评价结果的例子，各坐标轴代表一个评价目标，坐标上的点则表示出某方案在该评价目标上的分值。

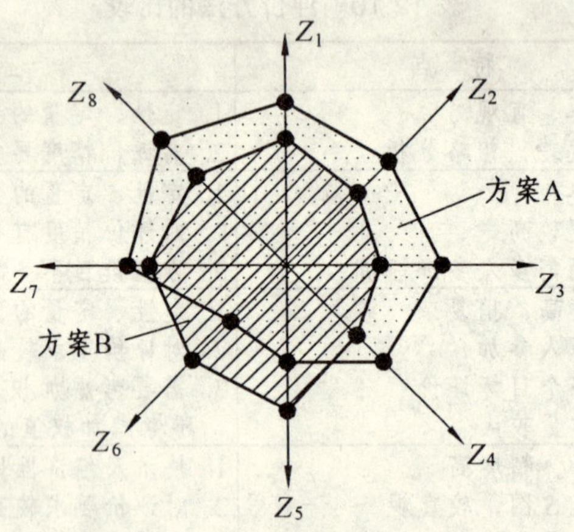

图 12.11 评价结果图形化

第六篇　产品设计信息管理

第十三章　产品设计信息管理

大部分产品在制造过程中有 80% 左右的零部件依靠合作伙伴提供，他们被称之为供应商。为了达到 T，Q，C，S，E 的目标，企业在产品开发的全过程中必须加强和供应商的联系，特别是和战略伙伴建立一种联合开发的机制，设计部门需要最大限度地采用标准件、通用件和外购件；采购部门需要统一订货，强化货源管理，降低库存；生产部门需充分利用原有材料和零部件；销售部门以客户为中心缩短企业与用户的距离，用户的要求被直接传达到销售部，快速形成订单并立即传递到生产计划部门；供应部门要建立供应商的三维零部件数据库，以便设计人员方便地提取各种零部件的形状、尺寸、材料、重量、价格和供应商等资料，所有的这些信息无不在暗示着：在激烈的市场竞争环境下有效地获取顾客需求信息、整合信息，使企业内外任何与产品整个生命周期相关的人员能够最快速地获得并处理授权访问的信息，使与产品相关的人员的活动高度协同。这就要求搭建适当的设计环境，并对设计信息进行有效的管理和使用。

13.1　产品设计工作模式

13.1.1　传统制造企业的产品设计工作模式

传统设计方式下，联盟企业之间的协同，通过传真、电话或集中讨论的形式来实现设计中的信息交流，受通信手段的限制，这种工作方式很难提高工作效率，而且出错几率较高，一般情况下主机企业进行产品设计时将产品的总布置图、装配图等设计好后，将零部件图（灰盒子或黑盒子零部件——边界连接条件是清楚的，而内部未详细设计的零部件）以图纸或文件的形式分发到协作企业，协作企业接到图纸后进行零部件的详细设计和工艺设计，设计完后向主机企业提出设计验证和审批，主机企业验证、审批后方可组织生产。事实上产品一次设计成功几乎是不可能的，所以每个产品的设计往往都伴随着若干次的设计变更，变更过程同样存在着变更发放—变更设计—审批等过程，在此过程中会产生大量的文件、图纸等信息，为了把这些信息表达清楚，协作企业往往要经常派相关人员往返于主机企业之间，信息传递效率很低，影响产品开发周期（见图 13.1）。

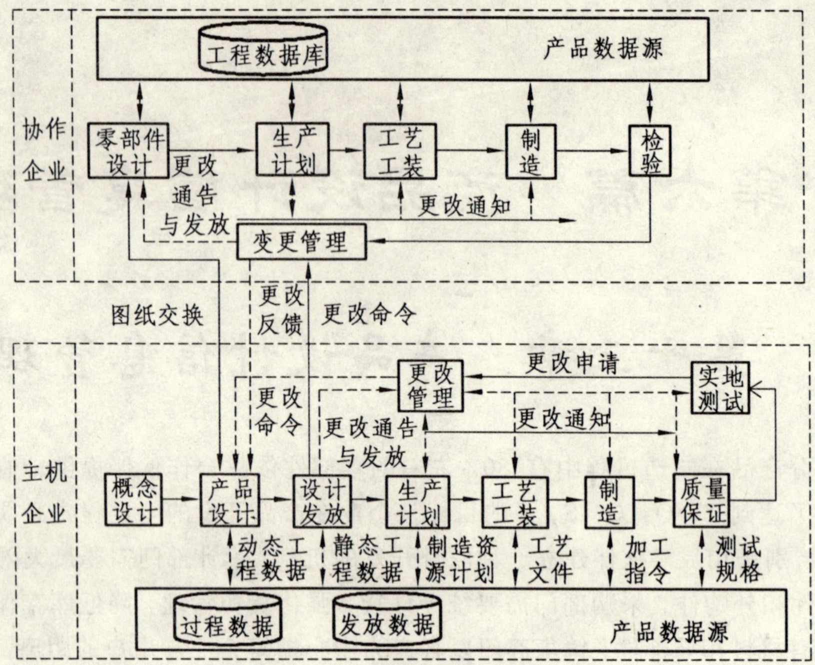

图 13.1　传统制造企业的产品协同开发工作模式

13.1.2　网络化协同设计的工作模式

主机企业、供应商、合作伙伴及客户之间沟通困难的原因是他们之间存在信息及时交换瓶颈，而 Internet 技术和设计可视化技术的快速发展可使这一问题得到解决。主机企业、供应商、合作伙伴及客户通过 Internet 连接形成一个新的虚拟企业，虚拟企业成为一个贯穿产品全生命周期的整体，虚拟企业利用 Internet/Extranet 作为通信基础平台。在产品开发阶段，利用网络化协同设计平台在虚拟企业内部互通设计信息，进行产品并行协同设计；在产品制造时利用协同网络平台来合理调度制造资源，零部件采购及产品上市的整个商务过程电子化；直到产品报废后的回收再利用，这就形成了产品全生命周期。实现产品的网络化协同设计是实现虚拟企业的基础，网络化协同设计也是面向虚拟企业的一种新设计手段。图 13.2 描述了主机企业、供应商、合作伙伴、OEM（原材料供应商）及客户的协同作业模式，网络化协同设计平台以这个模式为基础。

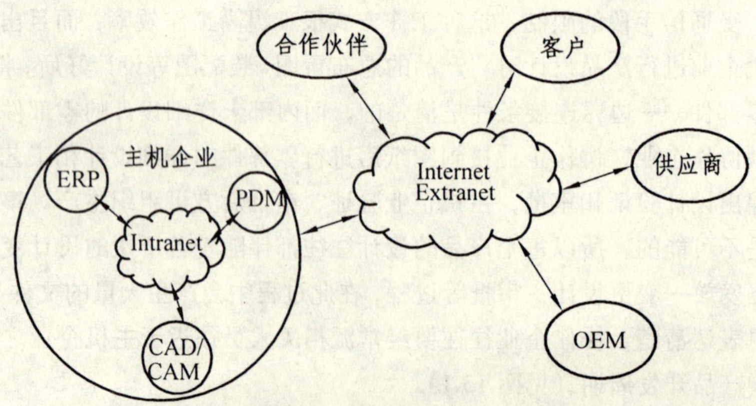

图 13.2　主机企业、供应商、合作伙伴、OEM 及客户的协同模式

上述协同模式描述了主机企业、供应商、合作伙伴、OEM及客户全球协同的一般性模型。可实施的网络化协同设计模式在图13.3中给出了详细描述。主机企业、供应商、合作伙伴及客户通过网络化协同设计平台来实现协同设计，协同过程如下：

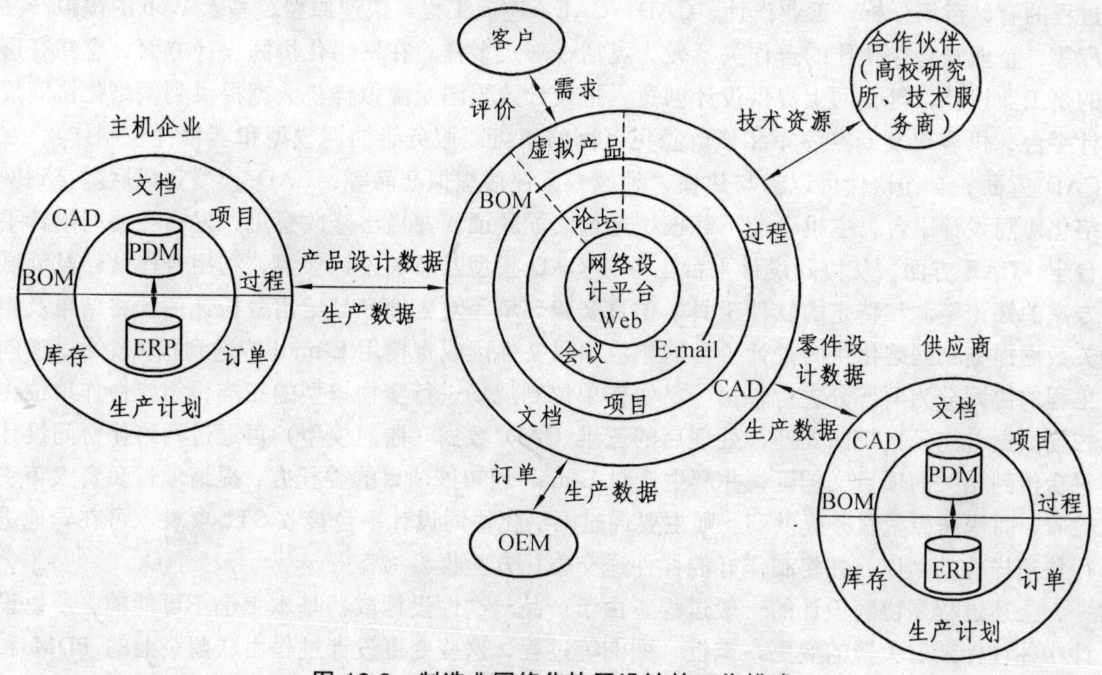

图13.3　制造业网络化协同设计的工作模式

客户对产品提出需求，通过销售渠道反馈给主机企业，或在网络化协同设计平台的客户服务区发出对新产品的需求信息。

主机企业统计分析客户需求，确定目标市场，制定产品战略；建立项目组，开始进行产品概念设计（包括工业设计），产生虚拟数字产品的概念模型，通过网络化协同设计平台向供应商、OEM、合作伙伴和客户发布，征求他们对虚拟产品的评价及修改意见，主机企业修改概念产品，之后进行装配设计，确定装配尺寸和装配关系，产生装配BOM（物料清单）和设计文档及CAD模型，设计过程及数据受主机企业的PDM系统控制。同时将设计任务分解成若干子任务，建立相关子项目组，通过联盟企业的PLM（产品生命周期管理）系统按子任务划分，将相关的零部件BOM和设计文档、CAD模型等设计数据发布给有关的子项目组（盟员企业），进行协同设计。

供应商主要参与零部件的详细设计及相关零部件的工艺设计和工装设计，在接收到主机企业下达的设计任务后通过网络化协同设计平台获得相关的设计数据及子项目计划、设计任务书等，供应商在本地进行零部件及工艺工装的设计，设计完成后提交设计结果到供应商自己的PDM（产品数据管理）系统；同时将设计结果提交到网络化协同设计平台的相应项目文档区，系统自动通知主机企业或相关设计单位，该零件设计完成，并请求装配设计验证。零部件供应商还要把自己的产品做成虚拟零件库，以便主机企业进行供应商选择时，可以查看供应商的虚拟零件，若供应商曾经生产过相同或相似的零件，就更容易被主机企业选择作为新的零部件供应商。

合作伙伴指的是为企业提供技术支持和服务的高校研究院所及专业设计公司、服务商等，合作伙伴可以为企业提供诸如产品策略、工业设计、CAD 建模、CAE 分析、逆向工程、快速原型、远程诊断、信息管理、信息咨询、电子商务、管理咨询等服务。其中参与产品开发过程的有：市场分析、工业设计、CAD、CAE、逆向工程、快速原型、基于 Web 的虚拟产品库等，企业与合作伙伴的合作关系较为灵活，形式多样。在网络化协同设计方面，容易开展的是工业设计，可在网上提供设计创意，把设计效果图及虚拟样机数据提供到网络化协同设计平台，供客户及专家评审和修改意见（网络不可能服务于油泥模型和实物样机制作）；在 CAD 方面，合作伙伴可以参与建模、领域专家评估虚拟产品等，CAD 模型完成后提交到网络化协同设计平台，主机企业下载模型进行装配验证，并提出修改意见，发布在协同设计平台上；CAE 方面，从协同设计平台上下载 CAD 模型及有关设计参数，利用合作伙伴及领域专家的知识资源和特定的软件工具、仿真实验环境等对虚拟产品给出分析评估，将结果及相关数据提交到网络化协同设计平台的相应项目文件区或直接用 E-mail 传送到相关企业；逆向工程的协同分为两部分进行，第一，协作单位到现场进行实物模型的扫描；第二协作单位将扫描数据（点云）带回处理，处理后的三维 CAD 数据（曲面模型）再通过网络化协同设计平台传到相关的项目文档区，并产生一封 E-mail 通知该项目的委托方，提请项目负责人审查验收；而快速原型服务提供商，则主要通过网络化协同设计平台接收 STL 文件，可在异地进行快速样件的制作，并将制作好的样件送交委托方验收。

上述过程是协同设计的一般过程，由于产品一次性设计成功基本上是不可能的，所以设计中往往伴随着大量的变更、审批、圈阅等过程，这些变更设计过程由联盟企业的 PDM 和各自企业的 PDM 系统管理来调度，使设计过程不出现停滞和混乱。

对于复杂设计问题往往由多个领域的专家共同完成，网络平台通过同步和异步讨论将各专家的智慧集中起来形成虚拟团队，解决设计问题。同步讨论由在线讨论组和网络会议系统来实现，在线讨论组利用诸如聊天室（Chat）就可以，网络会议系统有基于语音的也有基于语音和视频的，受网络带宽限制，在 Internet 上可实施的有语音和文本的会议系统，视频会议系统可以在 Intranet 上应用。在设计问题上使用在线讨论或会议系统的另一个关键技术是共享白板和可视化技术，就是参与讨论者都能对一张图纸或一个 CAD 模型取得控制权，而且每个讨论者在一张图纸或一个模型上的操作都能同步地被其他讨论者看到，以达到现场讨论的效果。异步讨论应用于那些不必立即得到答复的问题，使用 BBS 系统让设计者在网络上发表问题、经验、回答等帖子，设计者可以在电子公告板上实现信息、思想、经验交流。

13.1.3 网络化协同设计平台的层次结构模型

网络化协同设计的核心部分是基于 Web 的网络化协同设计平台，它包括网络基础平台层、应用服务支持层、通信服务层、应用管理层和应用层。与产品设计相关的企业和设计人员在这一平台上共享存储空间，交换设计数据，进行可视化的信息交互。图 13.4 描述了网络化协同设计平台的层次结构模型，该模型详细描述了网络化协同设计平台的具体构成及各部分关系。

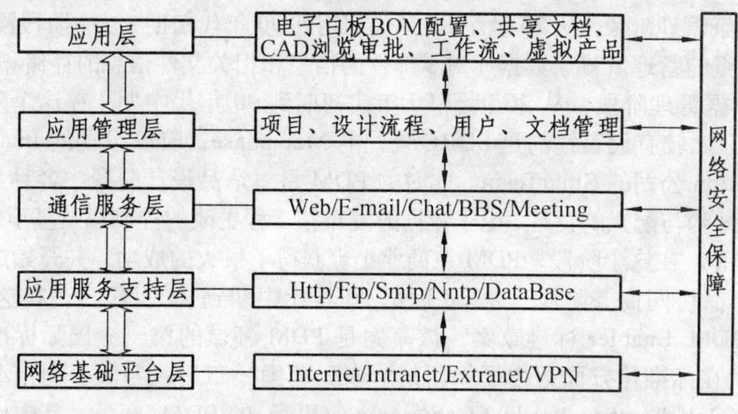

图 13.4　网络化协同设计平台的层次结构模型

网络化协同设计平台共分为五层，分别是：

网络基础平台层——提供通信网络的物理构架，即网络硬件平台，如 Internet/Intranet/Extrant/VPN 等网络。这些网络使地理上异地分布的各企业在逻辑上被连接起来，成为一个整体，这是网络化协同设计的最基础设施，它使异地复杂通信过程成为可能。

应用服务支持层——为网络化协同设计的文件传输、信息发布、数据库等应用服务提供底层支持。利用 Http，Ftp，Smtp，Nntp 等网络协议建立相关异构应用系统的集成，利用分布式数据库系统来存储和管理复杂的设计数据。

通信服务层——为网络化协同设计提供通信应用服务，实现设计过程中信息交流，服务内容包括：Web 动态网页服务、E-mail 服务（事件触发的电子邮件自动分发服务）、网络会议服务、电子公告服务。

应用管理层——对网络化协同设计的过程和数据进行管理，提供项目管理、用户管理、文档管理、设计质量和成本控制等功能，保证整个项目高效运行、设计数据有序存取。

应用层——是网络化协同设计平台的主要功能和效用的体现。网络化协同设计平台主要应用功能包括：设计信息可视化、虚拟产品装配、工艺仿真验证、冲突仲裁、共享文档、设计信息发布、质量信息发布、共享电子白板、文档及图纸的审签、工作流、BOM 共享（根据用户）、虚拟产品（零件）库等。由于网络化协同设计平台是基于 Internet 的，而设计过程中产生的数据又是企业的商业机密，所以数据安全问题相当重要。因此，构成网络化协同设计平台的各层应用均需要有相关的安全机制来保证平台的安全性及数据在传输过程中的安全性。

网络化协同设计平台的成功实现依赖于 PDM 系统的成功实施。

13.2　产品数据管理（PDM）

13.2.1　PDM 的基本概念

PDM 技术最早出现在 20 世纪 80 年代初期，目的是解决大量工程图纸、技术文档以及 CAD 文件的计算机管理问题，然后逐渐扩展到产品开发过程中的三个主要领域：设计图纸和电子文档的管理，材料明细表（Bill of Material，BOM）的管理及与工程文档的集成，工程变更请求/指令（Engineering Change Request/Order，ECR/ECO）的跟踪与管理。随着网络、数据库技术的发展，以及面向对象技术的应用，PDM 技术得到了突飞猛进的发展，在美国、日本等发达国家的企业中得到广泛的应用，在国内企业中也得到越来越多的应用。总的来看 PDM 的发展经历如下四个阶段：

(1) 工程图纸管理阶段：从 20 世纪 80 年代初期到 90 年代初期，这个阶段没有专门的 PDM 软件，对工程图纸的管理依赖于数据库对零部件的信息和相关文件信息的存储和读取来实现。

(2) 产品数据管理阶段：从 20 世纪 90 年代初期到 90 年代中期，在这个阶段出现了专业化的 PDM 产品，比较有代表性的是 SDRC 公司的 Metaphase，EDS 公司的 Iman，IBM 公司的 PM，Smart Solution 公司的 SmarTeam。此时的 PDM 是对产品设计阶段中各种数据的管理，主要功能有：产品结构与配置的管理、电子数据的发布和工程更改的控制以及基于成组技术的零件分类管理与查询等。在这个阶段，PDM 在商业上也获得了很大的成功，并开始成为一个产业。

(3) 支持产品协同商务阶段：从 20 世纪 90 年代中期到 21 世纪初，在这一时期，OMG 组织公布了其 PDM Enabler 标准草案。该草案是 PDM 领域的第一个国际标准，它的公布标志着 PDM 技术在标准化方面迈出了崭新的一步。草案公布后，各大公司相继推出自己支持产品协同商务（Collaborative Product Commerce，CPC）的 PDM 产品，其中比较有代表性的是由 PTC 公司和 MatrixOne 公司联合推出的支持产品协同商务（CPC）的 PDM，它是一种完全建立在 Internet 平台、CORBA 和 Java 技术的基础上的产品。目前，实践证明，CPC 并没有人们想象的那样蓬勃发展。

(4) 产品生命周期管理阶段：从 21 世纪初到现在，这一时期的 PDM 是用来解决产品整个生命周期的数据管理，它开始于产品需求管理，延伸到产品规格定义、概念设计、预备发放、发放直到制造流程的规划活动的全过程。其代表产品有 EDS 公司的 TeamCenter，IBM 的 ENOVIA，PTC 与 CSC 的 WindChill。

通过对 PDM 发展历史的回顾，这里给出 PDM 定义如下：产品数据管理（PDM）以软件为基础，是一门管理所有与产品相关的信息（包括电子文档、数字化文件、数据库记录等）和所有与产品相关的过程（包括工作流程和更改流程）的技术。它提供产品全生命周期的信息管理，并可在企业动态联盟中为产品设计与制造建立一个协作环境。

13.2.2 PDM 的体系结构

产品数据管理的成功实现依靠 PDM 的体系结构来保证，图 13.5 是目前成熟的 PDM 体系结构，从图中可以看到，PDM 系统的体系结构可以分为四层：界面层、功能模块及开发工具层、对象层和支持层。

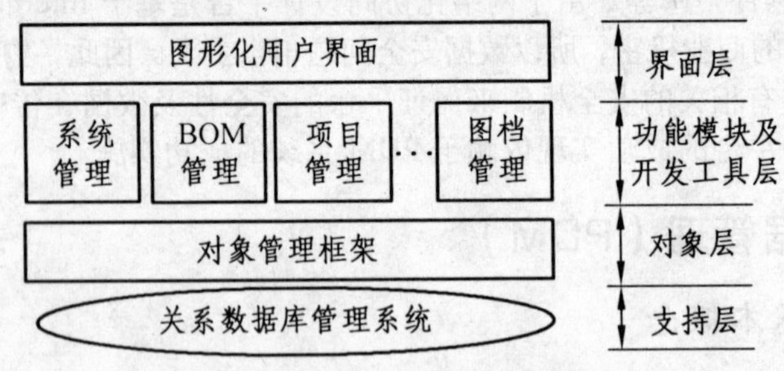

图 13.5 PDM 系统的体系结构

界面层：向用户提供交互式的图形界面、Web 页面、图形化的浏览器、各种菜单、对话框等，用于支持命令的操作与信息的输入输出。

功能模块及开发工具层：除了系统管理外，PDM 为用户提供的主要功能有 BOM 管理、项目管理、图档管理等。

对象层：提供实现 PDM 各种功能的核心结构与架构，由于 PDM 系统的对象管理框架具有屏蔽异构操作系统、网络、数据库的特性，用户在应用 PDM 系统的各种功能时，可以实现对数据的透明化操作、对应用的透明化调用和对过程的透明化管理。

支持层：PDM 通常以目前流行的关系数据库为自己的支持平台，通过关系数据库提供的数据操作功能实现 PDM 系统对底层数据库的管理。

在实际中，PDM 是通过软件系统在企业的实施来实现对设计信息的有效管理，从而实现将决策层的管理理念融入企业的具体事务中。在选择 PDM 的软件构架上，需要考虑企业如下几个方面的需求：

(1) 能协调控制多个运行着的异构应用系统。因为企业信息化的过程经常是渐进的、分散的，在这个过程中企业要使用多种应用系统，它们可能由不同的开发商开发，运行于不同的系统平台，采用不同的技术和不同的标准规范，这些系统间的信息交互，都需要 PDM 完成。

(2) PDM 系统能根据企业新的业务和服务要求快速升级，并且新老系统间容易整合，不会造成数据丢失。

(3) 能提供完善的 Web 服务。

(4) 能进行分布式数据库的管理。

面对这些要求，进行 PDM 的软件构架时一方面要考虑它的跨平台能力、快速开发能力、可重用能力、可扩展能力、可维护能力以及本身的安全可靠性等；另一方面还要考虑它能否与现有系统协调工作。目前 JAVA 企业技术和 J2EE 规范为 PDM 系统进行软件构架时提供了更快、更有效的方法。基于 J2EE 规范，并结合图 13.6 所示的 PDM 功能模型，可以得到如图 13.6 所示 PDM 的功能模型和 J2EE 软件结构模型的映射关系。从图中可以看到功能模型和软件结构的映射关系如下：

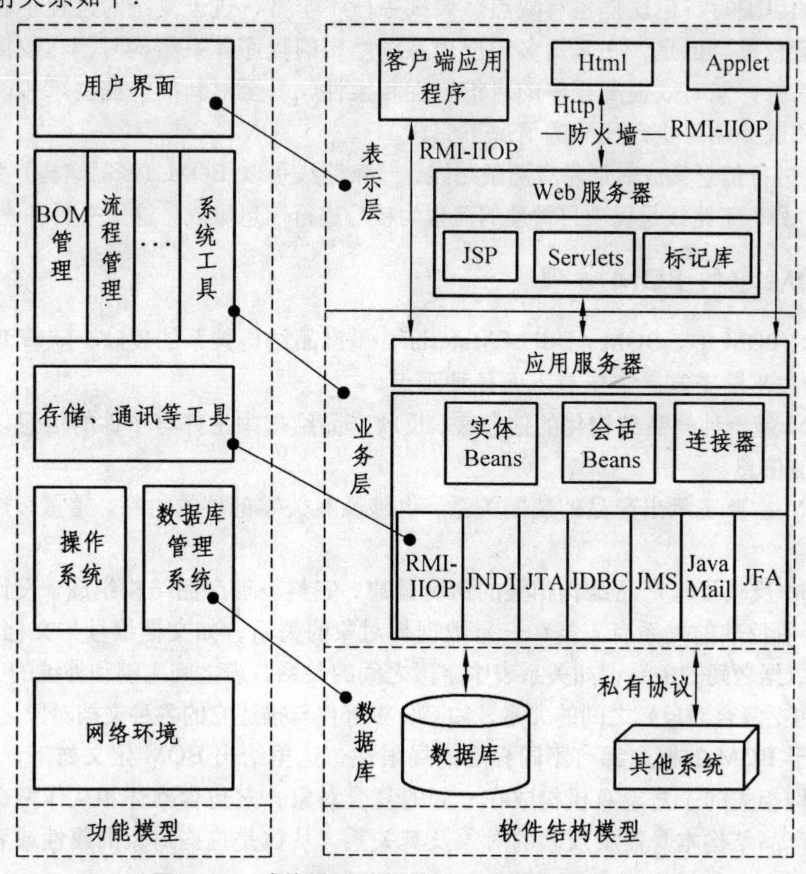

图 13.6　功能模型和软件结构模型的映射关系

用户界面对应于表示层，在这一层里，系统与用户的交互接口可以是基于 Web 的，也可以是不基于 Web 的。在一个基于 Web 的 J2EE 应用中，用户的浏览器在客户层中运行，并从一个 Web 服务器上下载 Web 层的静态 HTML 页面或由 JSP 或 Servlets 生成动态页面。Web 服务器由打包在一起的 Web 组件构成：Web 组件包括 JSP 页面、标记库以及显示 HTML 页面的 Servlets 等。不基于 Web 的 J2EE 应用有两个：客户端应用程序和 Java 的 Applet 小程序，它们并不通过 Web 服务器而直接访问业务层。

系统工具对应于业务层。业务层通过运行 Enterprise Java Beans 来解决 PDM 中的各种业务逻辑运算和完成与数据层的信息交互，其过程如下：会话 bean 从客户端接受数据，对数据进行处理后，将数据传给实体 Bean 或连接器，然后再由它们将数据发送到数据库存储或与其他系统进行信息交互，如果需要从数据库中检索数据进行处理，执行上述过程的逆过程即可。

存储、通讯等工具对应于 JMS，JavaMail 和各种协议。

数据库管理系统对应于数据层。数据层包括 PDM 的数据库和其他系统的数据库。现在市场上流行的关系数据库主要有：SQL-Server，Oracle，SyBase，DB2，Imfomix，Foxpro，Access 等，由于面向对象数据库技术还不成熟，因此研究的重点仍是关系数据库技术，关系数据库中包含了表对象外大量其他对象，如存储过程、视图、触发器等。存储过程是数据库内执行的程序段，可以被外部调用；视图是对一个或多个表的查询；触发器是一组 SQL 语句。它们都具有执行快、效率高、维护容易等优点。因此 PDM 系统设计时可以考虑把一些事务规则用它们加以编写。但这样也有缺点：调试手段不丰富，过于复杂的过程不容易实现，并且服务器负荷较重。但是，在采用多层应用系统结构的程序体系结构时，在数据库层次上分层相对简单易行，能有效提高程序的可扩展性和柔性，甚至对新的一些要求和改进可以在不更改客户端和服务端可执行代码的情况下完成。

PDM 在进行信息集成时通常有两条路线，一条路线是以 BOM（产品结构）为核心纽带进行信息集成，另一条路线是以项目管理的流程为核心进行信息集成。这里主要讲述第一条路线。

13.2.3　PDM 中的 BOM 管理

在传统的 PDM 中，BOM（Bill of Material）是产品结构关系的反映，随着 PDM 的发展，BOM 的内涵在不断丰富。主要有下面几种观点：

(1) BOM 是一种产品结构化的信息表，反映产品结构中主件与子件的信息以及组件与子件相关的其他信息。

(2) BOM 主要表示出产品的装配关系，也涉及有关零部件的材料、重量、热处理等方面的信息。

(3) BOM 反映了与产品结构相关的所有信息，完整表现产品结构组成、设计内容和制造信息，BOM 所反映的关系有三类：一是数据与对象的关系，如文档编号与文档对象的关联；二是数据与数据之间的关系，如关系表中字段之间的关系、表之间主键和外键的关系；三是对象和对象（包括复合对象）之间的关系，如某一零部件与描述它的各种文档对象之间的关系。

上面关于 BOM 的概念都有不同程度的局限性，这里给出 BOM 定义如下：BOM 是由许多与产品结构相关的子对象有机构成在一起的复合对象，它包含本体和从体两个基本部分，其中本体指产品结构本身需要反映的对象及其关系，从体是这些对象的属性或者与之相关的对象的关系。

1）BOM 的形成和演化

在产品生命周期中，BOM 的形成和演化先后经历了如下几个过程（见图 13.7）：首先是生成设计 BOM；然后是设计 BOM 转化为制造 BOM；最后针对不同职能部门的需求可由制造 BOM 或者设计 BOM 演化为：面向装配生产的制造 BOM，面向自制件生产的制造 BOM，采购 BOM，销售 BOM，财务 BOM，维修 BOM，订货 BOM 等。在 BOM 的整个形成和演化过程中，主要依据产品的需求结构，产品的需求结构根据前面讲述的产品的市场定位和顾客定位和 QFD 的实施得到，产品的需求结构包括产品的工程特性要求（EC）、零部件特性需求（PC）、工艺要求（PR）和生产要求（PR）等，从而形成完整的产品需求结构，产品的需求结构如图 13.8。

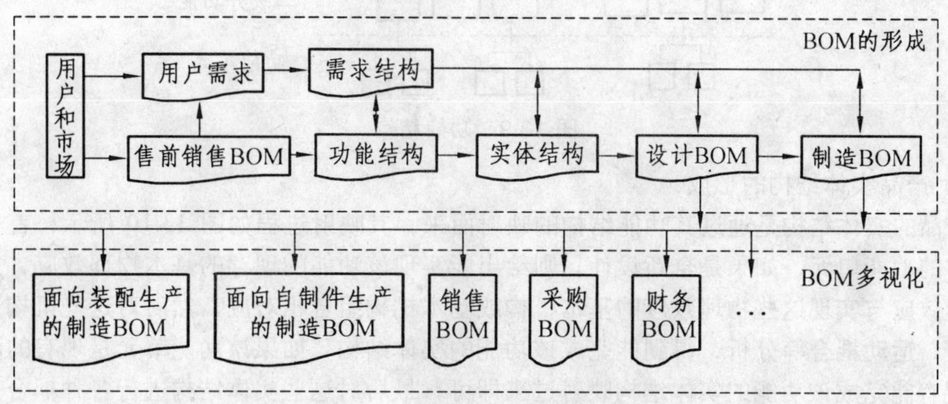

图 13.7　BOM 的形成和演化过程

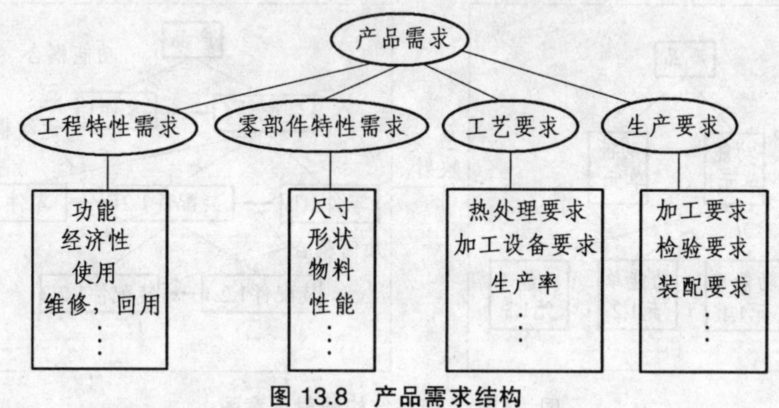

图 13.8　产品需求结构

（1）设计 BOM 的形成。

设计 BOM 是指产品设计过程生成或决定的 BOM，其形成过程可分为三个阶段：产品功能结构的形成，产品实体结构的形成，设计 BOM 的形成。

① 产品功能结构的形成。

功能结构的形成有两个渠道：

a. 来源于售前销售 BOM。售前销售 BOM 指制造厂家为了满足用户个性化的需求，让用户根据制造厂家目前能提供的功能进行选配并加上用户的特殊功能需求所形成的一种功能结构。它主要针对已有产品的功能结构而言。

b. 通过对产品的需求结构的分析获得。其过程如下：首先依据产品需求结构进行产品的功能分析和功能配置，功能分析是将总功能逐级分解为相互独立的功能单元。功能单元分解时以本企业通过外购、外协、自制等手段能很好实现它为准则。列出每个功能单元所有可能的可行方案，再按一定的规则将这些单元配置起来得到整体功能结构。最后确定实现总功能的最佳总体方案，得到产品的功能结构，如图 13.9 所示。

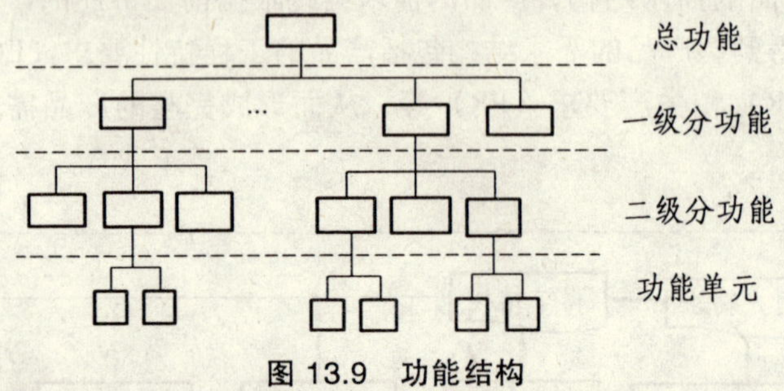

图 13.9　功能结构

② 产品实体结构的形成。

产品的实体结构是通过其功能结构的映射而来，其映射过程如图 13.10 所示：首先对每种基本的功能单元，如果是全新设计，则给出能实现该功能的现存的基本物理效应，并将这些物理效应与实现这些物理效应的基本机构或基本机构组合相对应，然后对这些机构进行几何耦合、运动耦合等分析，得到能完成该功能的实体结构；如果该功能单元是现有的，则只需将现有能完成该功能的实体结构映射过来即可；最后对这些实体结构进行各种耦合分析，形成产品的实体结构。

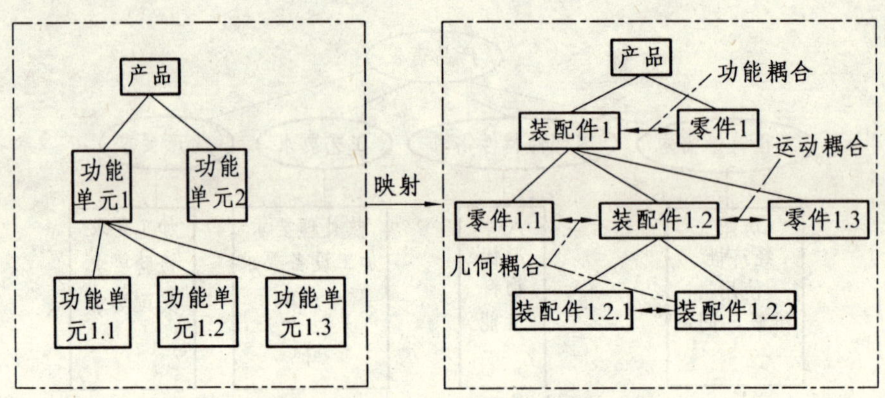

图 13.10　产品结构映射示意图

③ 设计 BOM 的形成。

产品实体结构通过细化设计，并将相应的信息集成便可形成设计 BOM。图 13.11 反映的是设计 BOM 的信息集成模型。

（2）设计 BOM 转化为制造 BOM。

设计 BOM 对应产品的概念层，主要对应于产品的功能结构，而用于生产实际的却是制造 BOM，在设计 BOM 的基础上，添加上 BOM 各构成实体的工艺、工装、材料和虚拟件等信息，并且关联上供应厂家，各种工艺文档、生产文档而形成。制造 BOM 和设计 BOM 相比较，主要存在表 13.1 所示的区别。

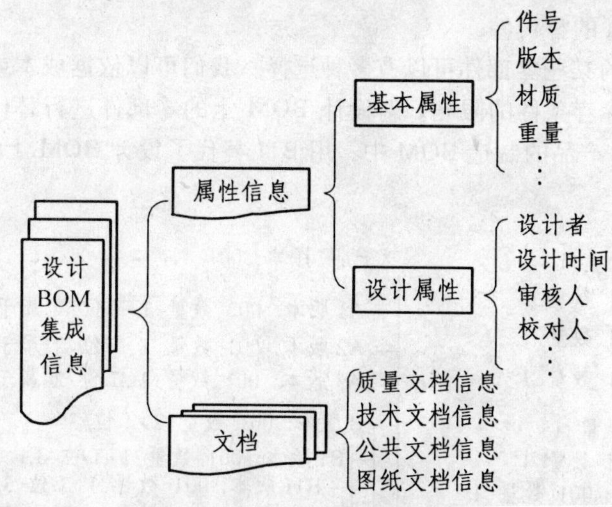

图 13.11　设计 BOM 信息集成模型

表 13.1　设计 BOM 和制造 BOM 的区别

对比项	设计 BOM	制造 BOM
零件顺序	存在装配层次，但各层中零部件顺序不严格	实际加工的装配顺序和层次
虚拟件	存在虚拟件	不存在虚拟件
材料定额	不表示	包含在采购件用量上
结构稳定性	结构具有一定的动态性，存在替用件	结构稳定
多视图	不存在多视图	存在多视图
性质	技术文件，对应于产品概念层	管理文件，对应于产品应用层

从表中可以看到制造 BOM 和设计 BOM 的差别很大，将设计 BOM 转化为制造 BOM 还需要大量的工作。下面给出其转化方法和步骤。

① 制造 BOM 本体的形成。制造 BOM 本体形成分四步，如下所示：

a. 划分制造 BOM 的层次。制造 BOM 的层次一般由制造厂家的生产线路确定。例如，某厂 X 产品的装配线路如图 13.12 所示，我们可以依据它将装配 BOM 划分为四层，产品为 0 层，总装线为第一层，一级分装线为第二层，二级分装线为第三层。

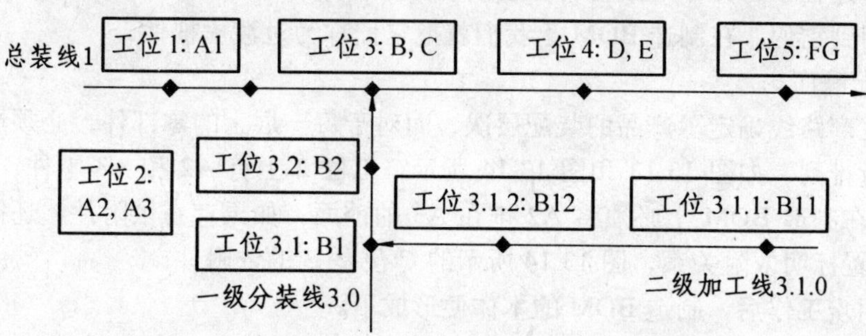

图 13.12　X 产品装配过程示意图

b. 确定设计 BOM 的替代件。

在设计 BOM 上的某些零部件可以有多种选择，我们可以依据成本或质量的要求、客户的要求，或者供货和库存条件的限制，对设计 BOM 上的零部件进行替代。从图 13.13 和图 13.14 可以看出，在 X 产品的制造 BOM 中，用 B11 替代了设计 BOM 上的 B11T 零件。

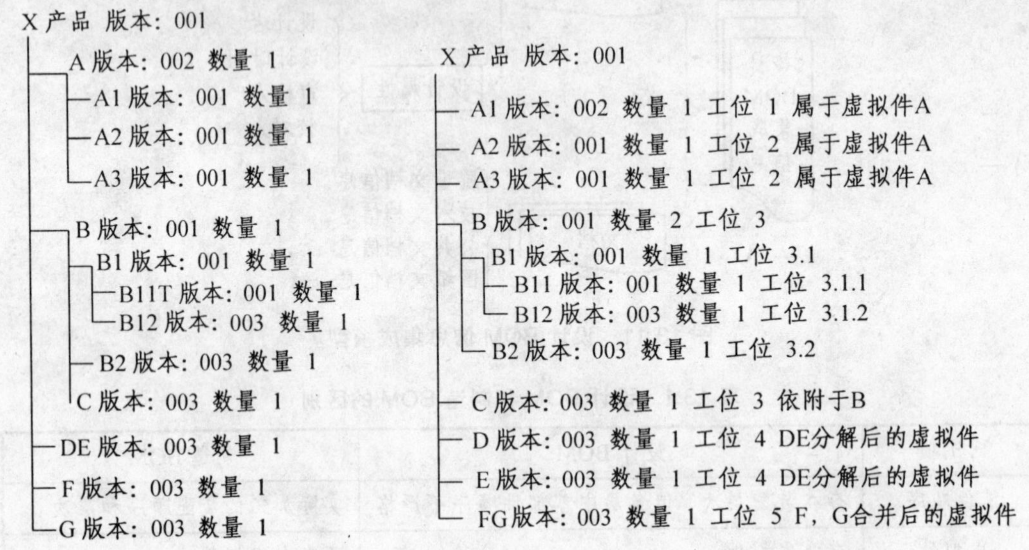

图 13.13　X 产品设计 BOM 本体　　**图 13.14　X 产品制造 BOM 本体**

c. 确定虚拟件。

虚拟件指在设计 BOM 中定义而在实际装配过程中不出现，或者实际装配过程中出现而设计 BOM 中并没有定义的零部件，通常虚拟件的产生有以下三种情况：

(a) 分解产生虚拟件。如图 13.13 和图 13.14 所示，X 产品的设计 BOM 上的某零件 DE，它由 D 和 E 焊接而成，在设计 BOM 上只有一个件号 DE，装配时将它们焊接在一起装上 X 产品，此时 D 和 E 就是所谓的 A 型虚拟件。

(b) 合并产生虚拟件。如图 13.13 和图 13.14 所示，X 产品的设计 BOM 上有两个零件 F 和 G，由于加工原因，要将 F 和 G 放在一起加工，这样在制造 BOM 上就给了它一个件号 FG。FG 便是我们所谓的 V 型虚拟件。

(c) 作为过渡件时产生虚拟件。如图 13.13 和图 13.14 所示，X 产品的设计 BOM 上的 A，它们在实际制造过程中，并不形成物料，也没有库存，只有它的子件才有库存事务，一般在成本核算时才用到它们。在制造 BOM 上我们就把它们称为过渡虚拟件。

d. 建立装配顺序。

前面依据生产路线确定了产品的装配层次，而对于每一层上的零部件，必须严格依照装配前后顺序进行排列。如图 13.13 和图 13.14 所示，工位 2 上有 A2 和 A3 零件，A2 要先于 A3 装配，我们在制造 BOM 上必须将 A2 排在 A3 的前面。如果存在依附件，还需要在制造 BOM 的相应位置标明依附关系，图 13.14 所示的 C 便是 B 的依附件。

完成上述四步工作后，制造 BOM 的本体便形成了。

② 集成制造 BOM 从体的信息。

在制造BOM本体生成后,便由相关的技术人员将制造BOM从体的信息集成到制造BOM上，如图13.15所示。

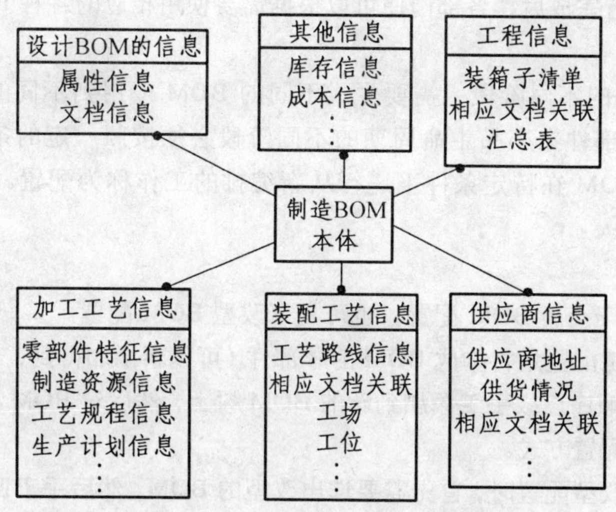

图13.15　制造BOM信息集成模型

(3) BOM多视图演化。

设计BOM和制造BOM几乎包含了和产品结构相关的所有信息,而各个职能部门只使用其中的部分信息，根据各职能部门使用信息的不同，通过对制造BOM信息的提取和计算，便可演化为面向装配生产的制造BOM、面向自制件生产的制造BOM、销售BOM、采购BOM、财务BOM等BOM多视图。

① 面向装配生产的制造BOM。

面向装配的制造BOM是装配工厂进行生产和管理的信息源泉。也就是说装配工厂在制定主生产计划、物料需求计划、装配作业计划、物料配送计划，以及能力需求计划时需要它提供相应的信息，如MBOM（制造BOM）的本体结构、装配工艺、生产能力数据（包括设备能力)、生产提前期、市场信息、订单、库存报表、工厂日历信息等。装配工厂在MBOM中对这些信息提取整理便得到所谓的面向装配生产的制造BOM。

② 面向自制件生产的制造BOM。

面向自制件生产的制造BOM是制造部门在MBOM中提取详细工艺路线、材料、材料定额、辅料定额、零件工艺、加工夹具、工装设备等工艺制造信息而形成的。

③ 销售BOM。

销售BOM通过对MBOM折叠，并从中提取时间和成本信息而形成。它实质上体现了产品与时间、成本的对应关系，通过销售BOM，销售部门可以方便准确地报价和确定交货时间。

④ 采购BOM。

采购BOM主要用于确定外购件和原材料的数量、采购周期、采购提前期。一般以面向装配的制造BOM为基准，对其生产提前期进行分析，得到相应的采购提前期和采购周期，再加上从MBOM中提取的采购信息而形成。

⑤ 财务BOM。

财务BOM是零部件与成本的关系体现，一般企业的成本包括加工成本（物质取得成本、能源成本、设备成本等)，原材料成本（采购成本、库存成本等)，管理成本（工资成本、职工教育、劳动保险等)。财务 BOM 对公司业务的报价与成本分析非常有利。

在 BOM 视图配置完成后，各部门便可以根据需要使用相应的各种 BOM 视图。

2）BOM 配置

在产品生命周期的不同阶段，需要生成不同的 BOM 或用到不同的 BOM 视图；也既是 BOM 本体中的零部件在产品生命周期的不同阶段必须按照一定的条件进行重新编排。把 BOM 生成或将 BOM 在特定条件下进行从新编排的工作称为配置。配置的方法有如下两种：

(1) 手工配置。

手工配置可以用于全新 BOM 配置，也可用于改型 BOM 配置。

全新 BOM 的手工配置是将构成 BOM 的零部件（可以新添加得到，也可以从参考区选择得到）按自顶向下的顺序逐级手工添加到新的 BOM 树上，然后对 BOM 树进行调整，最后得到全新 BOM 的一种配置方式。

手工进行 BOM 改型配置时，首先需要选出改型的 BOM，然后手工调整 BOM 结构顺序，并对 BOM 结构上的零部件进行替换、增、减、修改、关联等操作，最终完成 BOM 的改型。例如，要将甲 BOM 上的 A 件替换为乙 BOM 上的 B 件，可以将乙 BOM 上的 B 件取出，然后在甲 BOM 的 A 件位置将 B 件添加上，同时将 A 件删除，这样就完成了所谓替换。整个过程都是在人机交互的环境下完成的。

(2) 规则驱动的配置。

产品的配置规则分三类：变量配置规则，版本和版本状态配置规则，有效性配置规则。

① 变量配置规则。

当 BOM 本体结构中的零部件的某个属性具有多个可选项时，可以将该属性视为变量，按照该变量取值不同来确定具体的 BOM 本体结构，称为变量配置。

② 版本和版本状态配置规则。

BOM 结构中各个零部件，通常有多个不同的零部件版本，各零部件版本在产生过程中具有不同的状态：工作状态、提交状态、发放状态和冻结状态，对应的称之为工作版本、提交版本、发放版本和冻结版本。其中工作版本是处于设计阶段的版本；提交版本是指设计已经完成，需要进行审批的版本；发放版本是指提交版本通过所有的校对和审核，经批准后成为发放版本；冻结版本是设计达到了某种要求，在一段时间保持不变的版本。按照版本和版本状态的不同取值来确定的 BOM 本体具体结构，我们将其称之为按版本和版本状态配置。

③ 有效性配置规则。

BOM 结构的零部件各个版本的生效时间、有效时间可能不同，有时 BOM 结构树的不同层次上分别有一个零件的不同版本或者同一版本分布在结构树的不同层次上，由此形成了不同的配置情况。此时，需要按照有效性进行配置，有效性可以是版本有效时间配置项、修改序号的有效时间配置项、零件的有效个数等。按照有效性取值来确定的 BOM 本体结构的配置，称为有效性配置。

有了上面的配置规则，便可实现规则驱动配置，规则驱动配置模型如图 13.16 所示，从图中可以看到，在配置前，首先要建立一个决策库，决策库由决策表组成，决策表罗列了各种配置规则，它包括条件区和活动区两部分。条件区中包括了所有用来检验决策情况的条件。活动区包括了根据条件所需执行的各种活动。下面通过图 13.17 所示实例来说明规则驱动配置的实现。

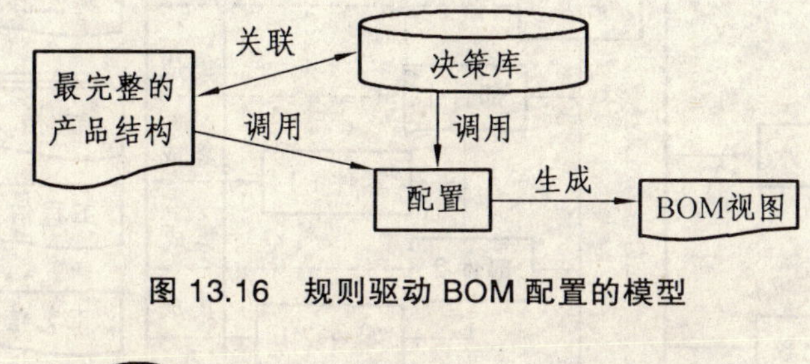

图 13.16　规则驱动 BOM 配置的模型

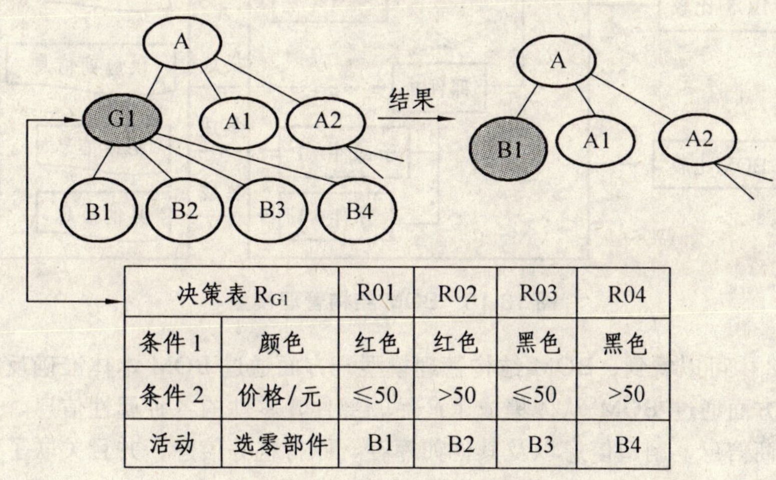

决策表 R_{G1}		R01	R02	R03	R04
条件 1	颜色	红色	红色	黑色	黑色
条件 2	价格/元	≤50	>50	≤50	>50
活动	选零部件	B1	B2	B3	B4

图 13.17　规则驱动 BOM 配置实例

首先在数据库中取出最完整的产品结构 A，A 中包括了规则对象 G1，它对应于决策表 R_{G1}，G1 要根据 R_{G1} 中具体的选择准则和选择逻辑来决定某个部件，配置时，如果规则 R02 中的两个条件（即颜色为红色以及价格小于等于 50 元）都满足时，就将部件 B1 选入产品结构。

3）BOM 管理模型

通过前面的论述可以看到，BOM 对应于产品生命周期各个阶段，表现为动态信息集合。要保证产品生命周期内 BOM 信息的一致性，我们认为 BOM 管理的原理模型由两部分组成：一是对 BOM 信息进行静态管理的 BOM 结构管理模型，二是对 BOM 信息进行动态管理的 BOM 配置管理模型。

(1) BOM 结构管理模型。

BOM 结构管理的基本原理是通过部件、零部件和原材料等业务对象和它们之间的逻辑关联关系来描述以产品结构模型为基础的整个产品信息，其中的逻辑关联关系具有鲜明的层次性。BOM 结构管理有两层含义，一是要设计一个能描述整个产品信息的 BOM 信息模型，二是能有效使用这个信息集成模型。这里给出 BOM 结构管理模型如图 13.18 所示。

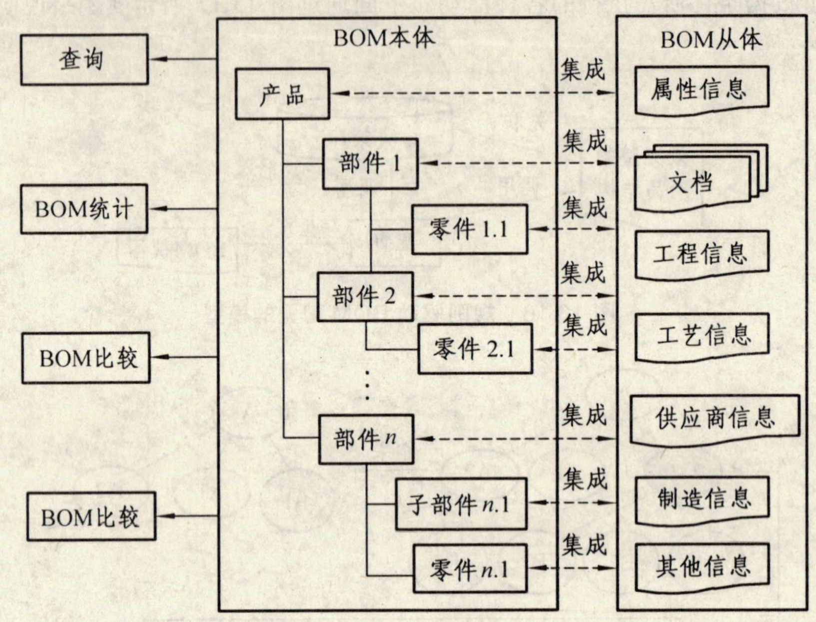

图 13.18　BOM 结构管理模型

从图 13.18 中可以看到，BOM 结构管理模型一方面通过 BOM 本体准确反映了产品的组成结构，另一方面通过 BOM 从体集成了产品、部件、零件的各种属性信息、工程信息、工艺信息、供应商信息、制造信息以及其他如库存、原材料等信息，并且关联了它们各自所涉及的文档。在对这些信息的使用上我们提供了如下工具。

① 查询工具:可以按照单个或多个属性进行单独或联合查询,以获得零部件的详细情况；也可对产品结构进行正查、反查，以获得查询者所需要的产品结构信息；也可根据产品结构查询与它相关联的信息，如工艺信息、制造信息、所关联的文档（并可对其进行读、写等操作）等；当然也可根据关联信息查询零部件，如我们可以根据文档信息查询它关联了哪些零件。

② BOM 统计工具：可以按零件的类别（自制件、外购件）统计产品中零件的数量，也可按工位对零部件进行统计，等等。

③ BOM 比较工具：可以一个 BOM 为基准，另一个 BOM 和它比较，得出相应的增减明细。

④ BOM 输出工具：可以将用户需要的 BOM 信息按规定的格式打印输出。

（2）BOM 配置管理模型。

BOM 在产品生命周期的不同阶段表现为不同的视图，对 BOM 的形成和各种视图的管理依靠 BOM 配置管理来完成,配置管理是指对 BOM 进行设计或在特定条件下进行重新编排的管理。BOM 配置管理的模型如图 13.19 所示。

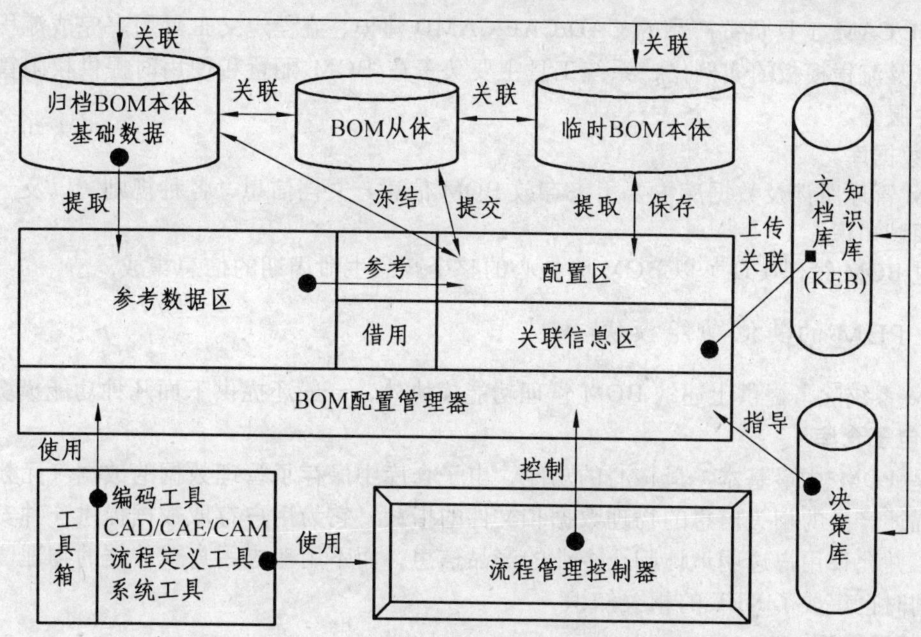

图 13.19　BOM 配置管理的基础模型

从图 13.19 中可以看到，BOM 配置管理的基础模型包含了 BOM 配置管理器、流程管理控制器、工具箱、数据库（文档库、知识库、决策库、BOM 本体和从体等）四个部分。

① BOM 配置管理器。

BOM 配置管理器是 BOM 配置管理基础模型的核心，它有三个区域：参考数据区、配置区、关联信息区。

参考数据区中的数据主要来源于归档 BOM 和基础数据，基础数据是以单层 BOM 方式存储的一些模块化数据。参考数据区主要为 BOM 配置或使用时提供参考 BOM 本体的视图显示，以便 BOM 配置者在使用时参考借用。BOM 使用者输出 BOM 时可按规定格式将 BOM 打印输出。

配置区主要完成各种 BOM 形成和演化：一方面它可以自顶向下完成全新 BOM 本体的搭建，搭建时可以从参考数据区中参考借用自己需要的数据，也可以录入新的数据，并且可以同时录入或关联上 BOM 从体的数据。当 BOM 的搭建周期很长的时候，可以通过保存到临时 BOM 区来进行协调。当 BOM 的成熟度达到 100% 时可以通过冻结方式将 BOM 归档到 BOM 冻结区。另一方面在配置区也可以完成 BOM 的改型或演化，首先将参考数据区中的参考 BOM 调到配置区，然后对其进行增加、删除、修改、关联等操作，最终生成操作者所需要的 BOM。

关联信息区主要是完成和 BOM 相关的技术文档、质量文档、工艺文档等的关联操作。

② 流程管理控制器。

根据需求，流程管理控制器首先使用工具箱中的流程定义工具定义流程模板，然后将流程模板实例化，BOM 的配置和使用便可在相应的实例化流程的控制和协调下进行。

③ 工具箱。

工具箱为 BOM 配置和使用提供工具，工具箱常用的工具有编码工具、CAD/CAE/CAM 工具、流程定义工具、变更管理工具、系统工具。其中编码工具负责零部件编码；

CAD/CAE/CAM 工具负责产品的 CAD/CAE/CAMD 建模；流程定义工具用来完成流程模板的定义，以及流程模板的实例化；系统工具主要负责在 BOM 配置和使用时提供权限管理服务以及邮件服务。

④ 数据库。

BOM 管理所涉及数据库主要用来存放 BOM 信息、文档信息、各种规则，以及一些相应的行业领域知识。

通过 BOM 管理实现了以 BOM 为核心的整个产品生命周期的信息集成。

13.2.4 PDM 的其他功能模块

PDM 系统除了提供上述的 BOM 管理功能模块外，一般还提供下面几种功能模块：

1）电子仓库

它是 PDM 中最基本、最核心的功能，电子仓库中保存了管理数据的数据（元数据）以及指向描述产品的相关信息的物理数据和文件的指针，它为用户存取数据提供一种安全的控制机制，并允许用户透明地访问全企业的产品信息，而不用考虑用户或数据的物理位置。电子仓库同时也集成了 KBE 的相关知识。

2）编码管理

编码是把一定的意义、信息转换为代码的过程。所谓“码”就是按照一定规则排列起来的符号或信号序列。在企业信息管理中主要用到的编码是信息分类编码。所谓分类编码就是按照一定的规则选用一定数列的字码，对企业信息有关特征进行描述和识别。通过分类编码可以使企业信息客观存在的各种特征的相似性明朗化、代码化，从而为计算机进行处理和识别提供可靠、有利条件。制造企业的信息编码主要有两类：产品和物料编码、文档编码。信息编码是企业实施 PDM 的基础。

（1）编码体系的设计原则。编码体系的设计一般遵循如下原则：

① 编码信息分类要体现科学化、标准化、规范化、合理化。

② 参照国家标准中有关分类标准体系。

③ 保证编码的唯一性、可扩展性和方便性。

在实际中还必须重视编码的直观性、实用性和继承性。按这些原则进行编码的方法有两种：一种是独立编码，一种是非独立编码。以前由于没有计算机管理，企业必须将产品的结构信息反映在编码上，不得已采用非独立编码，非独立编码产生的借用件问题给企业的产品管理带来了很大的不便。随着计算机的普及，产品的结构信息可以由计算机记录而不需要编码来反映，所以，现在大多数制造企业都倾向于独立编码。要对制造业纷繁复杂的信息进行编码，首先我们研究其编码构成的共性。

（2）编码构成的共性。

通过对制造企业各种编码分析，发现它们的编码结构均可以分为如下四个部分：系列码、识别码、固定码、尾号。

① 系列码：系列代码是在对具体的“实体”给定唯一的代码之前，依据其一种可见的属性或易于确认的、永久不变的特征给定码值。

② 识别码：识别代码与系列代码结合在一起就表示了唯一的一种实体。在编码设计时，可以在识别代码的固定码位上设置类别编码，以便计算机识别。

③ 固定码：固定码是为了识别、检索、记忆而特别设置的特殊代号，在编码时占一个码位位置。

④ 尾号：尾号是物料（零件）改进、升级的标志，仅尾号不同的物料一般具有替换性。

例如，有这样一个制造企业零件编码：11A101-001，将它按编码构成共性剖析可以得到图 13.20。

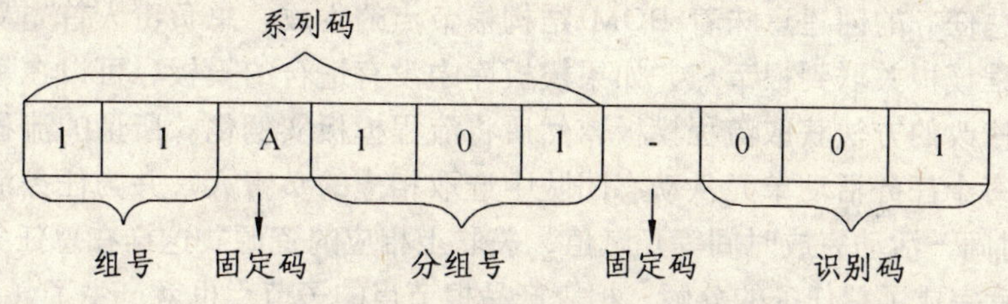

图 13.20　某制造企业零件编码剖析

从图 13.20 可以看出：该零件编码的系列码有 6 位（11A101），中间嵌有固定码；识别码有 3 位（001），在识别码和系列码之间由固定码分开；尾号为空。

（3）编码的解决方案。

前面的讨论为在计算机里用简便的方法解决制造企业纷繁复杂的编码问题提供了基础，图 13.21 是我们计算机编码的解决方案。

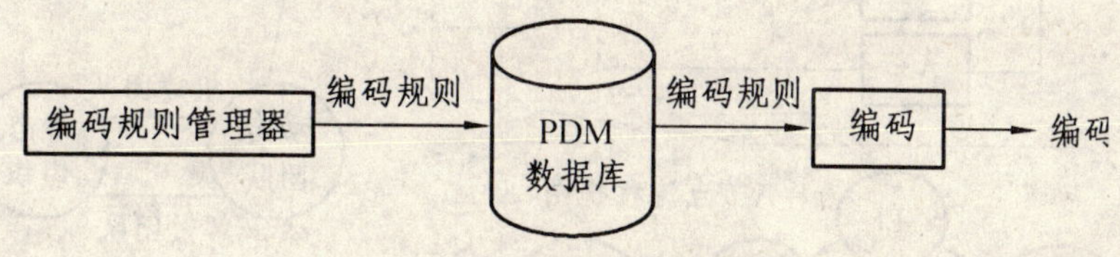

图 13.21　编码解决方案

3）项目管理

项目是指在一定的约束条件下（设备、资金、时间等），具有特定目标的一次性任务或活动，是有计划、有步骤地对各种类型项目进行高效率的计划、组织、协调、控制的过程。项目管理是一种完整的制度和管理模式，其存在条件是：

（1）任务或活动是一次性的。

（2）组织很复杂，需要很多部门协调。

（3）项目中有不同的工艺和技术要求。

（4）项目的实施远离公司。

（5）时间紧迫。

可见，一个组织可能不存在项目管理，但必然有过程管理。

在 PDM 中项目管理的核心是工作流与工作流管理，按照负责工作流管理系统标准化工作的“工作流管理联盟（Workflow Management Coalition，WFMC）”的定义，经营过程中由计算机控制其执行的过程称为工作流。一个工作流不仅包括一组活动和它们的顺序关系，还包括过程活动的启动及终止条件，以及每个活动的描述，如活动的执行者、相关应用程序、需要产生的数据等。工作流需要解决的问题是：使得多个参与者在呈现分布的环境中按照某种预定义的规则传递文档、信息或使任务过程自动进行。工作流管理是指在计算机辅助下对业务流程进行合理化设计、组织、集成、协调执行和监控。其主要内容是：恰当地描述业务流程以得到适合计算机处理的模型；建立一个开放的人机系统体系结构；在前者的基础上将分布、异构及相对独立的应用系统，各种各样的信息资源以及各类人员有机地联合成一个协同系统。项目管理的基本原理在前面已经述及，这里主要讲述工作流管理的具体实现过程。

首先由领域专家定义各种配置设计流程模板，并将其存放于流程模板库中。例如，在 BOM 配置设计时，总任务的创建意味着 BOM 结构根节点的生成，总负责人首先从流程模板库中选取适当的流程模板关联到根节点，如果模板库中没有适合的模板，可以在领域专家的协同下通过创建或修改的方法获取流程模板，然后将流程模板实例化。所谓的流程模板实例化就是对模板中的每个任务活动单元从动态团队中选取相应的负责人，并为任务活动单元的属性（如活动开始时间、活动完成时间等）赋值，关联上相应的资源。这样在总任务流程模板实例化的同时，也就完成了总任务的分解，相应产品根节点的子节点也就产生了（见图 13.22）。

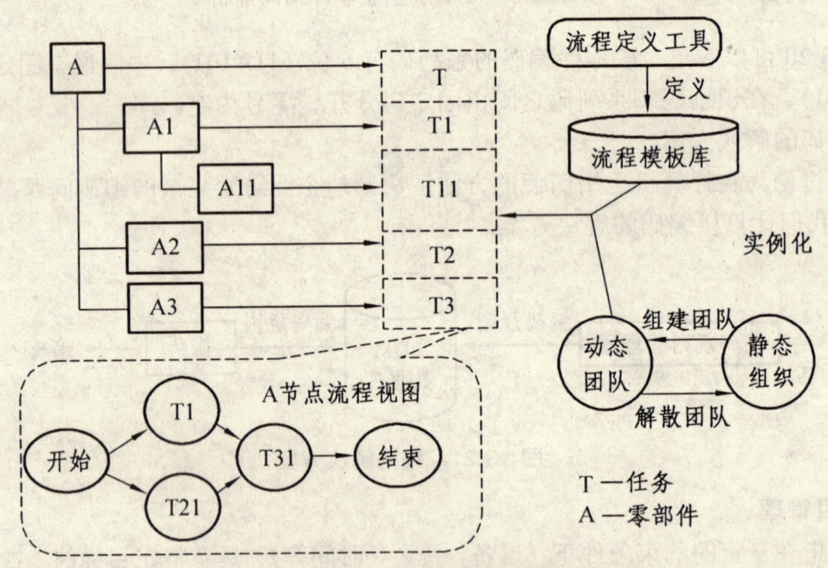

图 13.22　BOM 管理中的流程管理模型

同样，每个子节点的负责人接到任务后需要完成两个方面的工作，一是确定该节点的流程模板，并将其实例化（同时也就完成了任务的分解和 BOM 一个分支的形成）；二是创建相关文档，并将该文档的流程模板实例化。当任务分解到对文档的操作后，BOM 树的框架就完成了。

系统执行实例化流程时，对于叶节点，当对应文档经过一系列的设计、审批、修改、优化直到正式提交后，该叶节点的任务就告完成。对于子节点只有下级节点和本身对应的文档同时完成，该节点任务方告完成。这样，由下至上在完成配置设计流程的同时形成 BOM。

在配置设计中，流程模板和动态团队贯穿整个设计过程，下面以变更管理模板为例介绍流程模板工作情况。在制造企业中，产品变更几乎是一种每天都要执行的过程。一个技术方案不可能完美到不能再进一步改进的程度，在企业的实际运作过程中，有很多对产品进行变更的原因，如为了符合新的法律规定和满足新的顾客需求而对产品进行变更；通过价值分析简化产品结构，从而降低生产成本或减少废品；通过对产品的变更提高产品的技术含量和创新性，使其比对手更具竞争力等。

变更是指当某个零部件或文档已经处于归档发放状态时，对该零部件和文档进行的修改。企业常用的变更流程模板如图 13.23 所示，图中各任务单元描述如下：

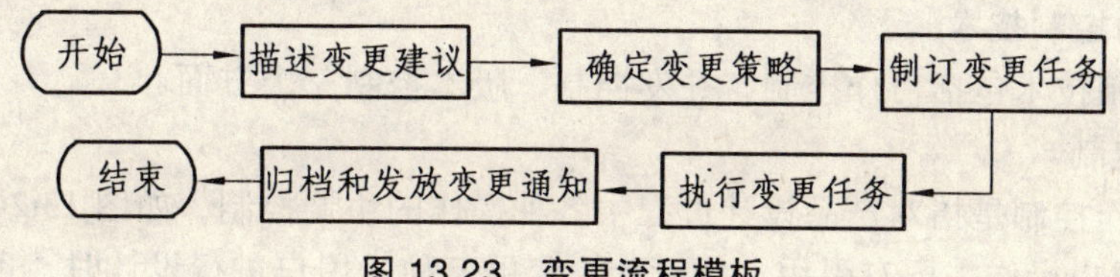

图 13.23　变更流程模板

(1) 描述变更建议。需要编制一份变更建议书，在建议书中主要对更改内容和更改原因进行详细的说明。

(2) 确定变更策略。根据各种相关性分析变更对其他信息产生的影响，同时对这些影响进行评估。例如，形成某个零部件变更策略时，可以利用产品结构指出需要变更的零件被安装在哪些部件上，有哪些 CAD 文档与其相关联，更改后其可装配性如何等；同时还可进一步确定被变更零件的几何图形还与哪些产品数据相关，如计算书、工艺过程规划或 NC 程序等；最后形成该零部件的变更策略。

(3) 制订变更任务。对于 BOM 变更而言该阶段实际上是完成任务的分解、BOM 结构树的变更形成，以及相关资源的关联。此时随着任务的分解要产生许多子流程。

(4) 执行具体的变更任务。对于 BOM 变更而言，随着所有变更任务的提交完成，便完成了一个 BOM 的改型配置。

(5) 变更工作结束后工作流管理模块对变更对象进行归档，同时执行审批发放和变更通知书发放过程。

在产品设计时可以根据需要，随时从企业的静态组织或别的动态团队组织中抽取人员组成动态团队，共同承担配置设计的各项任务。这样团队成员可能同时属于多个团队，当出现工作冲突时，团队成员的工作安排可以通过资源管理来协调。在配置设计完成后，相应的动态团队也就解散了。

4）图文档管理

图文档管理的难点是查看和圈阅，查看和圈阅是为计算机化审批过程提供支持。利用该功能用户可以查看电子仓库中存储的数据内容（特别是图像或图形数据），如果需要的话，用户还可以利用图形覆盖技术对文件进行圈点和注释。

5）扫描与成像

把图纸或微缩胶片扫描转换成数字化图像，并把它置于 PDM 系统控制管理之下，为企业原有非数字化图纸与文档的计算机管理提供支持。

6）设计检索和零件库

对已有设计信息进行分类管理，以便最大限度地重新利用现有设计成果，为开发新产品服务。电子协作主要实现人与 PDM 系统中数据之间高速、实时地交互的功能，包括设计审查时的在线操作、电子会议等。

7）工具与“集成件”

为了使不同应用系统间能够共享信息以及对应用系统所产生的数据进行统一管理，要求把外部应用系统“封装”和集成到 PDM 系统中，并提供应用系统与数据库以及应用系统与应用系统之间的信息集成。

13.2.5 PDM的核心使能技术

1）PDM的控制技术

PDM的控制技术包括协作控制、并发控制、版本控制三个方面。

（1）协作控制。

PDM的协作控制是指对产品设计过程中各种操作的协调控制，如图13.24所示。在产品设计过程中，用户操作主要有引用、新设计、变更三种。用户进行设计时，可以参考归档产品，对已有的零部件加以引用，引用时进行引用跟踪，如果引用件发生变更，引用的用户可以得到通知，根据变更的内容进行相应的处理。总而言之，通过协作控制，能有效地协同不同用户对零部件不同操作要求，为产品设计搭建一个统一的企业信息平台。

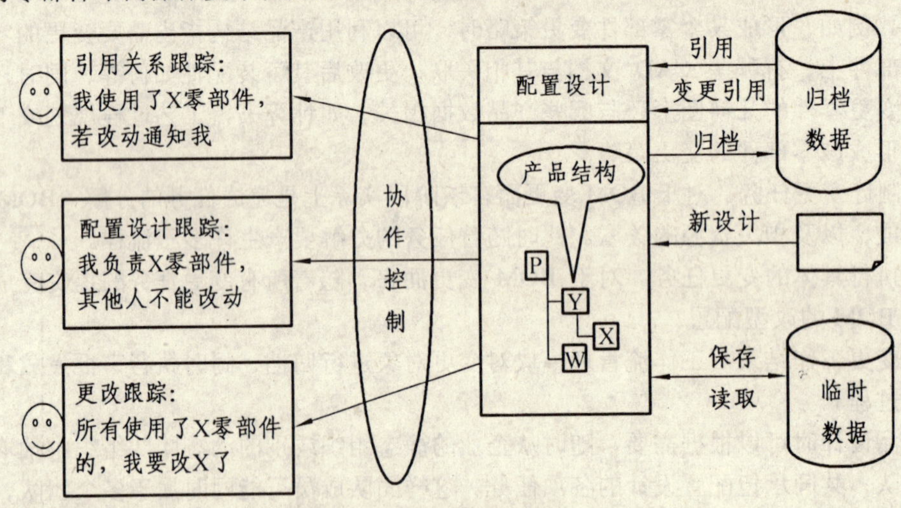

图13.24　协作控制

（2）并发控制。

并发控制是多用户对同一数据源并发操作时采用的一种控制手段，图13.25给出了并发控制实现方法，当用户要检出某个数据源操作时，首先根据数据源上锁的标记，确定是否具有该操作权限（读、写等）；然后根据用户的操作方法，系统自动修改数据源上锁的标记，以控制其他用户对该数据源进行操作。当用户完成操作后，将锁的标记置回初始状态。为了防止因意外而使资源处于死锁状态，设有一个超级资源的权限，具有该权限的用户可以取消对任何资源的锁存状态，进而释放该资源。下面对整个过程所涉及的概念加以解释。

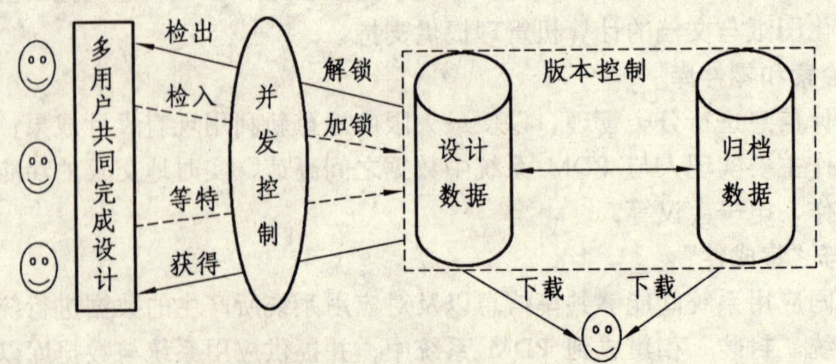

图13.25　并发控制和版本控制

锁：锁是一种逻辑概念，可以理解为对共享资源的访问权。它是用于控制并发性的一种对象。按照共享的要求可以分为排他锁（X）、共享锁（S）、共享修改锁（US）。排他锁是对一种共享资源的独占标记，用户要访问资源，首先通过并发控制模块向系统申请 X 锁，如果资源没有被 X 锁定，用户申请成功，独占资源，否则等待。共享锁是提高并发性的一种方案，用户访问资源，如果资源没有被排他锁定，则获得共享锁，可以对资源进行读操作，要写操作必须升级为 X 锁。共享修改锁是在用户需要对资源写操作时，对资源加这种锁，只有在真正进行这一操作时才升级该锁为排他锁。各种锁的相容性矩阵如表 13.2 所示。

表 13.2　各种锁的相容性矩阵

	X	S	US	无
X	N	N	N	Y
S	N	Y	Y	Y
US	N	Y	N	Y
无	Y	Y	Y	Y

检出：检出实质是将协同设计环境中的一个工作小组组员对于大家都可访问的资源（如工程图纸）拷贝到本地，同时对该资源加一个版本锁定标记，其他用户无法再对该资源作检出操作。

检入：检入实际是检出操作的逆操作，它把已检出资源的本地版本拷贝到大家可共享的服务端，同时将原版本的锁定标记取消。检入时可以产生新的版本也可覆盖旧的版本。新版本版本号按系统定义的版本管理规则而定。

下载：下载是将协同设计环境中本人可以访问的资源（如工程图纸）拷贝到本地，不作其他操作，其他人员仍可对该资源进行操作。

（3）版本控制。

从图 13.25 中我们可以看到，当对设计数据和归档数据进行操作时，要对其进行版本控制，版本表示同一工程对象的不同设计结果。版本控制包含四个方面的内容：版本控制模型的选择、版本状态的控制、版本变化有效性的确定和版本的引用。

① 版本控制模型的选择。

一般而言，版本管理模型大致有以下三种：线性版本管理模型、树型版本管理模型、有向无环图版本管理模型，如图 13.26 所示。线性模型是一种最简单的模型，它以版本产生的先后次序排列；树型结构版本模型可以区分由于设计方案的不同而产生的可替换并列版本，树型模型中版本树的一个特定路径反映了一个设计对象的版本修订过程，不同路径反映了不同的可选方案的繁衍过程；有向无环图反映了版本之间的导出与融合的关系，可供设计者进行版本跟踪。

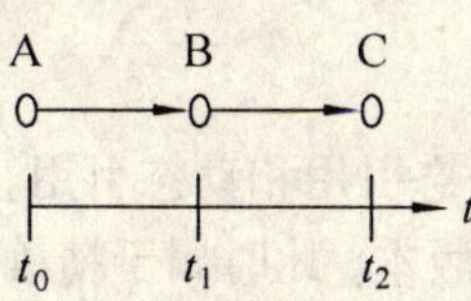

(a) 线性版本管理模型

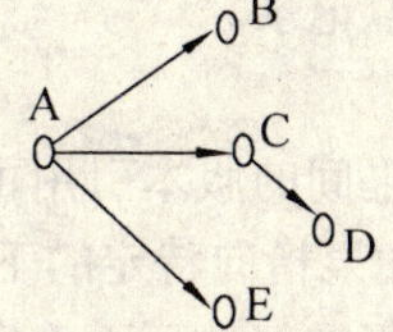

(b) 树型版本管理模型

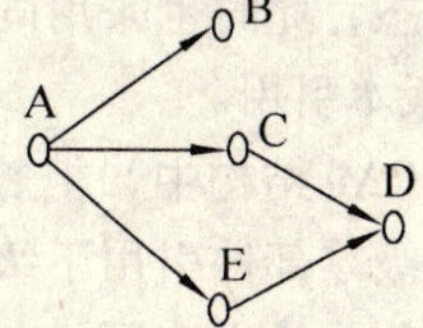

(c) 有向无环图版本管理模型

图 13.26　三种版本管理模型

由于线性模型的版本管理非常简单，在关系数据库中只需用版本号本身即可表示（版本号的大小即可表示版本的变化），并可满足大多数企业的要求，因此我们在商品化 PDM/PLM 软件中采用线性版本管理模型。

② 版本状态的控制。

版本在其产生过程中具有四种状态：工作状态、提交状态、发放状态和冻结状态，对应的称之为工作版本、提交版本、发放版本和冻结版本。对版本状态变化控制过程表述如图 13.27 所示。

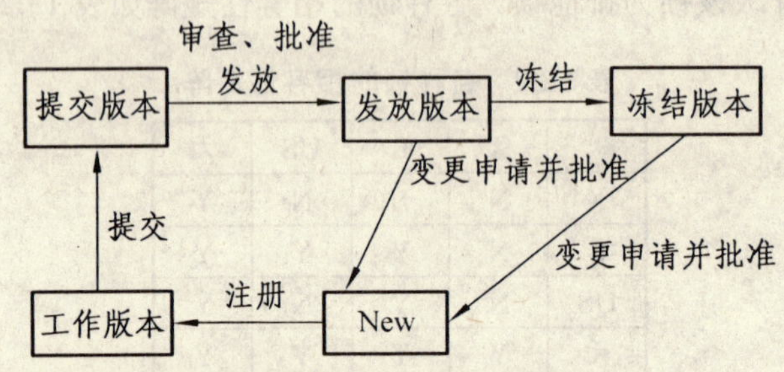

图 13.27　版本状态变化控制过程

从图中可看到：具有版本的对象在设计者新注册该对象时，系统将自动为该对象产生一个工作版本，随着设计提交后，系统自动将工作版本变为提交版本，提交版本经过审查、批准后就可以发放到各部门用于指导生产，此时系统将该版本变为发放版本，如果发放版本在一定时间内不变，通过人工将其冻结为冻结版本。冻结版本和发放版本如果要进行变更，可以通过新的注册，让系统自动为它赋予一个新的工作版本。版本状态在数据库中留有专门字段加以记录。

③ 版本变化有效性的确定。

版本变化有效性的确定是对某版本对象从一种正式版本变为另一种正式版本的过程中出现一系列的中间使用版的确定，它的确定方法如图 13.28 所示。

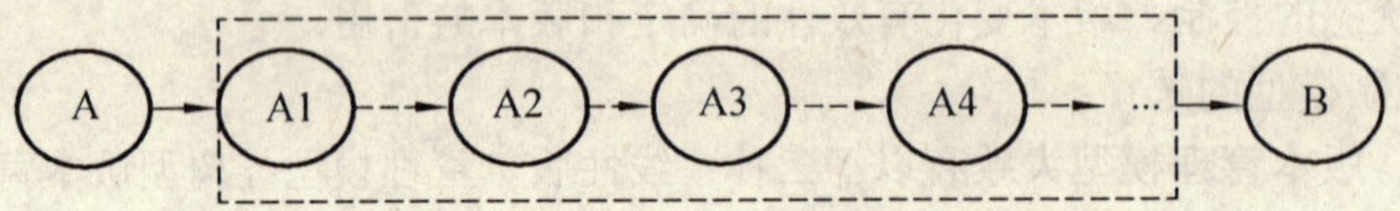

图 13.28　版本变化有效性的确定方法

图中正式版 A 变为正式版 B 时，要作一系列小修改，对每次小修改后有效版本的记录，采用在 A 后加上一个修改序号来表示，修改序号按产生的时间顺序让系统自动增 1。如果某一对象被多个设计人员同时操作，使得版本出现了多态性、动态性和关联性，但对象并未达到最终状态，此时也采用同样的方法加以记录。

④ 版本引用。

在 BOM 结构中，相邻两层零部件之间的版本引用可以分为静态引用和动态引用，当某版本的上级零部件引用下级零部件时，如果指向特定的下级零部件版本，此时属于精确配置，我们把它称为静态应用；如果只指向下级零部件而不确定其版本，此时属于非精确配置，我们把它称为动态引用。在商品化软件 PLM/PDM 中，对基础数据库中模块化 BOM 结构的版本引用采用动态引用，而对制造 BOM 库中 BOM 结构的版本引用采用静态引用。

2）产品数据管理的安全技术

PDM系统一方面管理着企业的核心数据，这些数据本身有严格的安全要求；另一方面它的运行环境是Internet，而Internet是一个全球性的网络，它采用的通讯协议是TCP/IP协议，TCP/IP协议又是一个不安全的协议。因此，对于PDM系统，必须充分考虑其安全性。下面我们从PDM的外部安全和内部安全两方面来研究其安全性。

（1）PDM对外的安全性。

PDM对外的安全性主要是指PDM系统对外防止非法攻击的能力。在商品化软件PLM/PDM中，我们主要是通过购买第三方的防火墙来实现。

防火墙是为了确保信息安全，避免企业内部网络受到威胁与攻击，防止对网络资源的不正当的存取，保护信息资源而采取的一种安全手段。防火墙有理论上的概念和物理上的系统两个含义。理论上防火墙是指提供对网络存取控制功能，保护信息资源，避免不正当的存取。从物理上的系统解释，防火墙是Intranet和Internet间设置的一种过滤器、限制器。

防火墙的实现机制主要有分组过滤、应用代理和SOCKS；构成方式有屏蔽子网型、多宿主机型和堡垒主机型等。

（2）PDM的内部安全性。

PDM的内部安全性主要是指PDM所管理的各种信息的安全保证能力，PDM的内部安全保证主要通过下面两个方面来实现：一方面通过权限管理来保证PDM使用者能在正确的时间对正确的信息以正确的方式处理；另一方面通过对关键数据进行数据加密和数字签名来实现。下面对其进行详细描述。

① 权限管理。

权限管理主要用来控制一个用户或程序是否有权对某一特定资源执行某种操作。对于PDM而言，其权限管理可以分为静态权限管理和动态权限管理。

a. 静态权限管理。

静态权限管理是指用户在系统中扮演特定角色，可以行使特定的功能权限或对象权限。

（a）基本工作原理。

从静态权限管理的概念可知，它包含了三个实体：用户（User）、角色（Role）和权限（Privilege）。其中权限又分为功能权限和对象权限。

用户：对产品数据进行实际操作的PDM系统登陆者，类似于操作系统用户。

角色：从职责和技术上对用户进行分类，如项目经理、产品工程师、主任设计师、检验员、会计员、采购员等。

功能权限：指用户是否具有使用PDM中某项功能的权利，如文档管理、BOM管理、流程定义等。

对象权限：指用户是否具有访问和操作特定的实体型对象的权利。如是否能够查看、修改或删除某具体文档。

一个用户可以被赋予若干角色，一个角色也可以被赋予若干具体用户，用户和角色之间是多对多的关系。同样，一个角色可以具有多项权限，一项权限也可以赋予多个不同的角色，角色和权限之间也是多对多的关系。一个登陆于PDM系统的用户可以通过他所具有的角色权限来判断其可访问的系统资源和对系统资源可进行的操作。这就是PDM中静态权限管理最基本的工作原理。

(b) 静态权限管理模型。

在 PDM 中可以采用"用户—角色—功能权限—数据对象权限"权限管理模式管理静态权限，如图 13.30 所示。其实现过程如下：

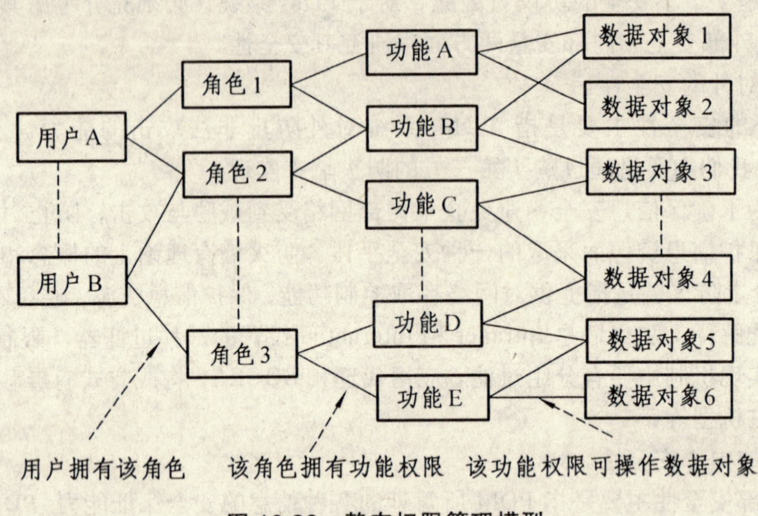

图 13.29 静态权限管理模型

划分用户级别：在 PDM 系统中可将用户分为三个类：系统管理员，指能使用所有系统功能的特权用户，能创建各种 PDM 用户和角色，并将角色赋予 PDM 用户；子系统管理员，指能管理一个或几个子系统的安全，并将功能权限赋予角色；一般用户，指一般的 PDM 使用者。

划分功能控制单元：功能控制单元是一个子系统或是一个子系统所拥有的功能，是权限控制的对象。功能控制单元根据功能结构树按层次进行划分，最下层的功能控制单元是权限控制的基本单元。

权限管理实现：首先给所有的 PDM 用户分配一个 PDM 账号，系统管理员按部门和职能建立起整个 PDM 系统的用户信息和角色信息，并将角色赋予相应的用户。各子系统管理人员将子系统的功能控制单元或数据对象权限赋予指定的角色。这样用户就可以使用对应的功能权限或操作相应的数据对象。例如，BOM 配置子系统管理员将配置设计 BOM 的功能权限赋予设计师这个角色，而 A 用户正好是设计师，那么 A 用户也就有了配置设计 BOM 的权限。

b. 动态权限管理。

动态权限是指对正在执行的任务所涉及的产品数据进行调阅和修改的权限，随着任务的开始而生效，随着任务的结束而取消。产品设计时，随着任务的分解，产品结构逐渐复杂，每新增一个节点，就要为该节点从动态团队中选取相应的负责人。该节点负责人就拥有该节点的配置权限。节点配置权限包括关联节点资源权限、增加子节点权限、删除子节点权限、指定子节点负责人权限四种。当设计冻结归档后，所有节点的负责人对节点的设计权限自动消失。

② 数据加密和数字签名。

a. 数据加密。

数据加密技术是对信息进行重新编码，从而达到信息隐藏的目的，使非法用户无法获取信息真实内容的一种技术手段。数据加密技术主要有对称密钥加密技术（常采用 DES 或 IDEA 加密算法）和公开密钥加密技术（常采用 RSA 加密算法）。

DES（Data Encryption Standard）算法是1977年美国国家标准局宣布用于非国家保密机关的数据保护算法。这种加密算法是由IBM研究提出来，它综合运用了置换、代替、代数多种密码技术，把信息分成64位大小的块，使用56位密钥，迭代轮数为16轮的加密算法。

IDEA（International Data Encryption Algorithm）算法是一种国际信息加密算法。它是1991年在瑞士ETH Zurich由James Massey和Xuejia Lai发明，于1992年正式公开，是一个分组大小为64位，密钥为128位，迭代轮数为8轮的迭代型密码体制。此算法使用长达128位的密钥，有效地消除了任何试图穷尽搜索密钥的可能性。

由美国MIT的Rivest, Shamir和Adleman于1978年提出的RSA体制是迄今为止理论上最为成功并被广泛应用的公开密钥密码体制，在这一体制中，每个用户有两个密钥：加密密钥$K_p=\{e, n\}$和解密密钥$K_s=\{d, n\}$。用户把加密密钥公开，使得系统中的任何其他用户都可以使用，而对解密密钥中的d则保密。这里，n为两个大素数p和q的乘积（素数p和q一般为100以上的十进制数），e和d满足一定的关系。当攻击者已知e和n，并不能求出d，然后基于该原理，对信息用公钥加密，用私钥解密，从而实现信息的加密解密过程。

对称密钥加密技术数学运算量小、加密速度快，但在分布式网络环境下，密钥的分发、管理困难。公开密钥加密技术则适用于分布式环境，它简化了密钥的管理工作，避免了对称密钥加密方法中因密钥交换可能产生的失密问题。但此种加密技术运算复杂，加密效率低。因此在商品化软件PLM/PDM中采用混合式加密方式：即对称密钥加密技术和公开密钥加密技术结合使用。

b. 数字签名。

数字签名技术是附加在数据单元上的一些数据或对数据单元所作的密码变换。数字签名具有三个主要功能：

（a）信息接收方能够证实信息发送方的身份。

（b）信息发送方事后不能否认发送的信息。

（c）接收方或非法者不能伪造、篡改信息。

现在广泛使用的是通过RSA加密算法结合消息摘要（Message Digest，MD）的密码技术来进行数字签名。消息摘要是通过单向散列函数（One-way Hash Function）将可变长度的报文迭代运算得到一个固定长度的标志。目前在Internet上广泛使用的是MD5消息摘要算法。它是Rivest提出的第5个版本的MD。此算法可对任意长度的报文进行运算，得到一个128 bit的消息摘要MD。

c. 保证核心数据安全的实现策略。

核心数据的安全保证主要是依靠上面所述的数据加密技术和数字签名技术实现，具体的实现策略如图13.30所示。图中将其安全实现过程分为四步：数据加密、数字签名、验证入库、数据解密。

（a）数据加密：当需要将核心信息放入数据仓库时，信息发送方随机生成本次通信用的DES或IDEA密钥K，用密钥K加密压缩的明文M得到密文C_M，用系统的RSA公钥加密密钥K得到C_K，再将C_M和C_K合成密文C。

（b）数字签名：信息发送方对数据加密时生成的密文C进行MD5运算，产生一个消息摘要D_m，再用自己的RSA私钥对D_m进行解密来形成发送方的数字签名C_D，并将C_D和C合成密文C_c。

(c) 验证入库：数据仓库服务器收到 C_c 后，将其分解为 C_D 和 C。，用发送方的 RSA 公钥加密 C_D 得到 D_m，然后对 C 进行 MD5 运算，产生一个消息摘要 D_{m1}。比较 D_m 和 D_{m1}，如果相同，将合成密文 C 放入仓库。否则不予入库。

(d) 数据解密：对于有权能访问核心数据的用户，系统将向其提供 RSA 私钥，访问时首先从数据检出合成密文 C，将 C 分解成 C_M 和 C_K；并用系统提供的 RSA 私钥对 C_K 解密得到密钥 K，用密钥 K 对 C_M 解密得到明文 M。

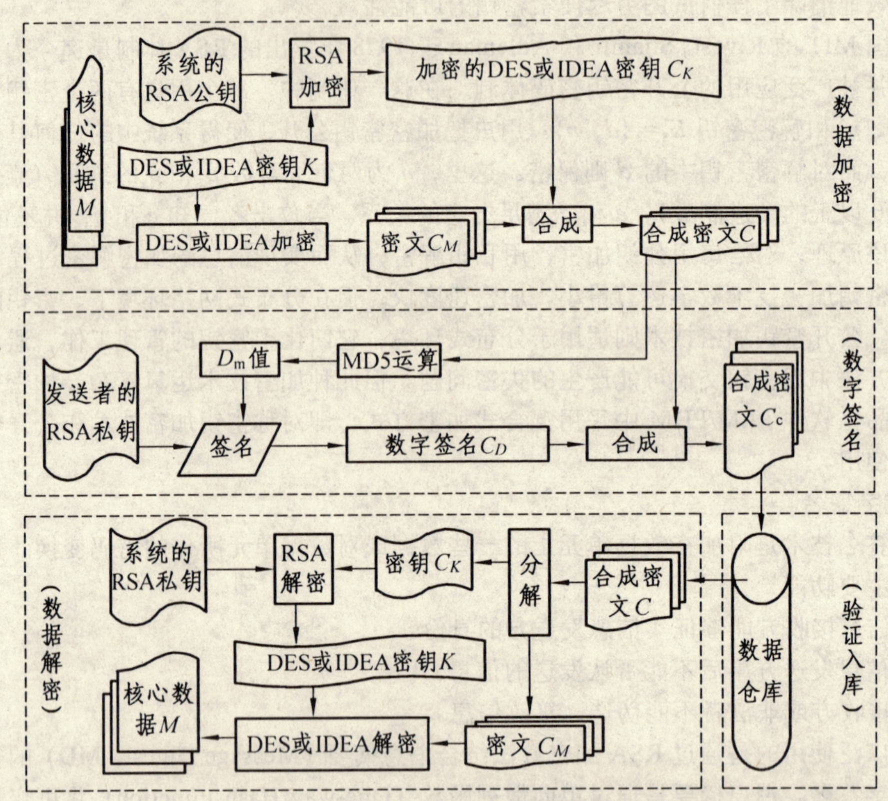

图 13.30　混合加密和数字签名联合使用的实现策略

PDM 关注企业内部协同设计过程和设计数据管理，而针对企业动态联盟（由主机企业、供应商、OEM、合作伙伴结成的联盟）全方位管理需要靠 PLM（Product Lifecycle Management）这种面向整个产品生命周期的企业级系统来实现。

13.3　产品生命周期管理（PLM）

PLM（Product Lifecycle Management）指一类软件和服务，它使用 Internet 技术，使每个相关人员在产品的全部生命周期内互相协同地对产品进行开发、制造、销售和管理，不管这些人员在产品的商业化过程中担任什么角色，他们使用什么计算机工具，身处的地理位置或在供应链的什么环节。

PLM 通过 Internet 技术整合产品设计、工程、制造、采购、销售、市场、客户和服务到一个全球知识网络。也就是说，一个授权的 PLM 用户可以通过标准的浏览器从扩展企业（主机厂和供应商）的信息系统浏览信息，操作分散的不同种类的产品开发资源，例如，产品三维模型、配置 BOM、库存信息、质量状况、维修技术资料等。PLM 在产品生命周期中与 PDM 的关系如图 13.31 所示。

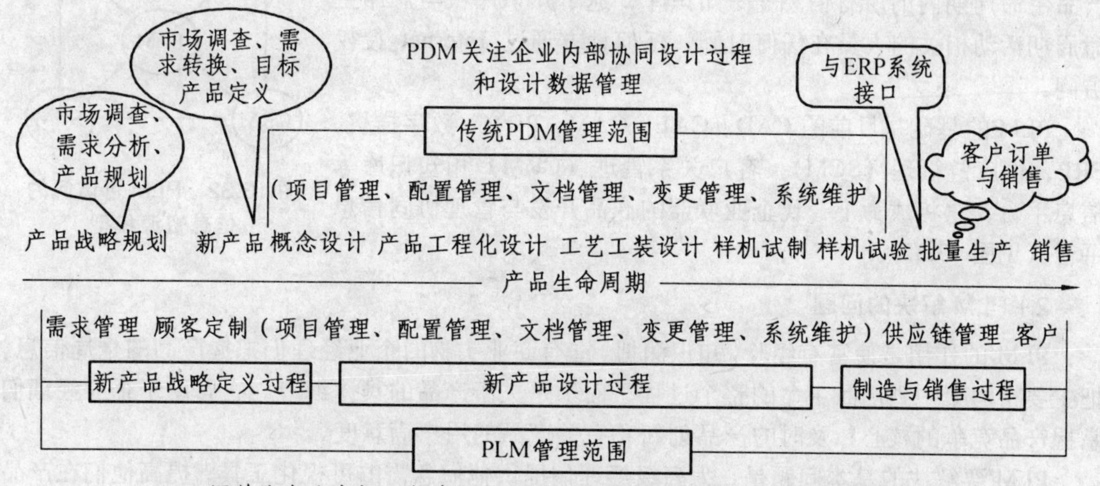

图 13.31　产品生命周期中 PLM 和 PDM 的管理范畴与联系

PLM 是在 PDM 的基础上，为满足全球化、网络化产品生命周期管理的要求，向传统 PDM 管理的前端——顾客需求管理——和后端——生产、制造、销售、售后服务等——延伸而构成的一整套管理方法和技术，它们包括：

(1) CAD、PDM 和 ERP 系统在企业内部的成功应用；

(2) 可被产品设计专家利用的高速、可靠、安全的通信技术（ISDN，VPN，卫星上网和宽带网络等）；

(3) 能访问产品数据（PDM）和应用软件（CAD，ERP 等）的基于浏览器的标准用户接口（Portal）；

(4) Java，J2EE 和其他面向对象技术使一次编写就可应用到多种平台和计算机设备的独立应用软件成为现实；

(5) 全球互联网使企业能将分散的应用和数据集成；

(6) 安全数据访问入口（Portal）支持全球范围的商务过程、查找新的零件和服务提供商，以及跨企业集团的协作；

(7) 硬件设备（如 Internet 服务器）和应用软件的租用概念和服务开始出现，使企业只为需要的功能付费，不会造成投资的浪费。

13.3.1　产品生命周期管理的特点

1）主要特征

PLM 的主要特征是通过一致的数据访问模型将不同商业和工程应用数据集成，使 PLM 用户得以协同地工作。PLM 的信息体系结构支持产品整个生命周期所有活动的协同，协同的数据处理使商业应用和资源的相关信息前后贯穿，消除产品活动中产生的各种数据形成信息

"孤岛"。例如，利用 PLM 的思想从产品的设计应用系统中将该产品所使用的金属材料的重量信息提取到需要该信息的其他应用系统，如产品成本核算、产品装配、包装、原材料采购等。PLM 的协同产品数据库可以提供产品生命周期内的所有信息——知识库，这个知识库被与产品生命周期活动相关的人员在任何时间、任何地方通过 Internet 授权访问。

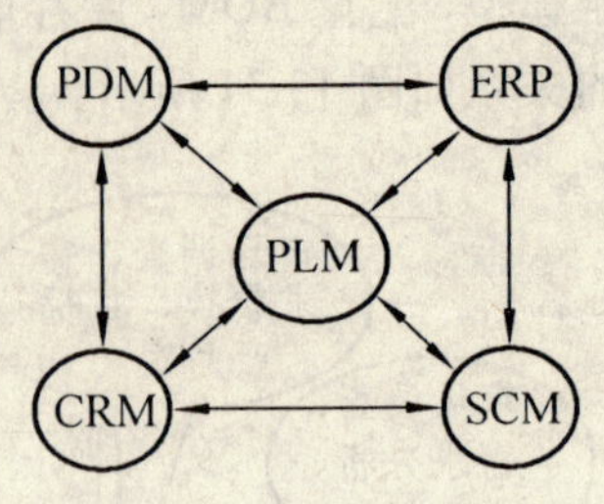

图 13.32　PLM 可访问的信息资源模型

PLM 的基础是目前的 CAD，CAE，CAM，PDM，数字样机，ERP，供应链管理（SCM），客户关系管理（CRM）和知识库等信息平台，它将成为下一代企业联盟的产品开发与管理协同信息平台（见图 13.32）。

2）PLM 解决的问题

PLM 的作用是使富有经验、知识渊博、富有商业头脑的企业经理们把握产品的全局信息，把主要精力集中到产品生命的整个过程，而不是关于产品的具体细节。它有助于企业经理们掌握产品竞争的核心：及时的产品创新和有关产品的用户满意度。

PLM 要解决的基本问题是：为高级经理们提供他们急需的可视化工具，提高他们在产品开发和管理产品生命周期的商业活动中的积极作用。具体说来就是利用 Internet 和先进的数据管理技术使经理们直接可视化地总览企业的产品（从开发中的到销售出去的）信息，不管产品所处的状态如何，不管这些信息来自哪个地方。

PLM 的管理思想是从新产品的战略策划开始，就将与产品有关的功能、性能、外观特征、质量、成本、顾客群、销售价格、生产规模、产品投放时机、市场占有量维护、差异化竞争优势的保持等一系列问题进行统一的考虑，详细计划、分阶段控制实施，使各种有限的资源发挥出最大的效益。

3）PLM 的主要效益

PLM 对企业的核心数据进行统一有效的管理，利用 Internet 技术，充分发挥这些数据的作用，把产品设计、采购、工艺、制造、销售、服务及合作伙伴、用户等紧密地联系在一起，形成全球范围内的知识网，实施 PLM 可以获得以下效益：

(1) 在产品开发的整个周期中，各级领导能够综合掌握和评估产品的性能及相关费用，及时作出正确的决定。

(2) 用户和战略合作伙伴可以参加到新产品开发中来，及时沟通双方意见。

(3) 工程设计小组可以使用不同的工具，在不同的地方并行地解决与产品有关的各种问题，特别是把 Internet 连接到产品设计专家的桌面上，充分发挥他们的作用。

(4) 生产计划与制造部门从核心数据中随时获得最新的、准确的设计信息。

(5) 现场服务人员将自己的时间经验融入核心知识库中，便于设计人员改正缺陷和不足，提高设计质量。

(6) 销售人员及时了解市场走势，提出产品开发的策略。

(7) 采购人员准确捕获产品原材料标准件等信息，预先作出计划，选择合适的供应商，有利于降低采购成本和缩短供货周期。

(8) 人力资源部门可以协调各项任务的力量，保证关键任务的顺利完成。

(9) 企业内部和外部的协同工作，缩短产品开发周期，进一步提高质量、降低成本、完善服务，通过用户自定义参与设计，产品生产模式从传统的大批量生产逐步转变为根据需求和订单进行的大批量定制生产的新模式。

13.3.2　产品生命周期的解决方案

目前主要的 PLM 解决方案有 EDS 公司的 Teamcenter 和 IBM/Dassuallt 公司的 Enover 等，各种解决方案的目的都一样,只是他们的方案都是在各自 CAD/CAM/PDM 产品基础上扩展进行的，与自己的产品集成得很好。在此我们介绍一些典型的 PLM 解决方案。

PLM 为制造企业提供从总体上掌握、管理、应用产品设计信息的手段，为产品整个生命周期中涉及的人员和数据提供信息交流的平台。PLM 集成各单元技术领域的具体系统，在企业级形成统一的数据管理架构（见图 13.33)。PLM 涉及的主要领域有：需求管理、项目管理、产品创新开发、质量管理、数据管理、与资源管理集成性、变更管理、价值链管理、协同与集成、实施方法、安全保密管理。

Exchanges	B2B	CPC	PLM
Collaboration			
Connectivity	EAI		
Portfolio/demand planning	SRM		
Component sourcing			
Program Management	Groupw	C-PDM	
Visualization	visualiz		
Product Data management	PDM		
Virtual Manufacturing	Virtual		
Knowledge capture	KBE	VPD	
CAM	CAD		
CAE			
CAD			

图 13.33　支持 PLM 的单元数字化技术与集成过程

为集成上述领域的各子系统，PLM 提供统一的数据管理核心和基于用户角色的权限管理体系，为不同的使用者提供合适的数据视图。每一个用户的工作都是“商务”的一部分。各使用人员协同工作的结果是使产品的计划、开发、生产、经营、维护都能有序、高效地进行。

PLM 系统是在互联网上直接满足用户拓展业务和协同工作的一套解决方法。PLM 系统的解决方案中提供了市场开拓解决方案、产品开发解决方案、零部件管理解决方案、供应商管理解决方案、制造过程规划解决方案、生产管理解决方案、销售与分销解决方案、维护和服务解决方案等（见图 13.34)。下面介绍 PLM 的各方面应用与解决方案。

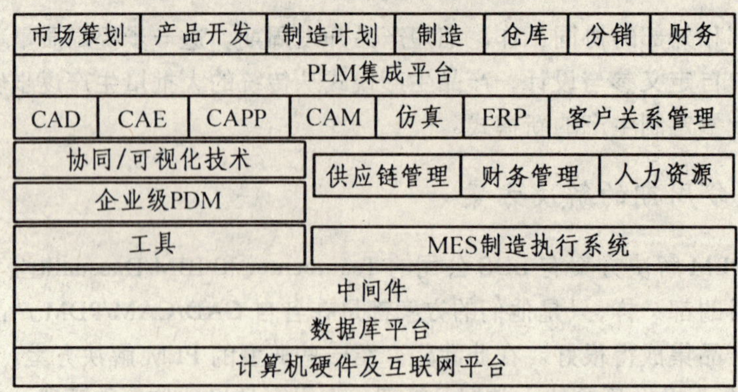

图 13.34　PLM 的体系结构与集成应用平台

1）市场开拓方面解决方案

怎样针对客户的要求快速进行产品改型？怎样利用产品数据快速进入市场？怎样衡量产品变型的效果，并扩展市场份额？这些都是在早期设计时市场开拓方面需要解决的问题。

具体实施的时候需要利用虚拟设计原型样机从主要客户处获得市场反馈，分地区跟踪客户的选择爱好，比较这种信息与已有客户的爱好，并利用这种数据去定义创新的产品。互联网提供当前客户一个无限的各种产品配置选项和设计建议的机会，当该产品仍在开发时，动态的虚拟产品模型的创新设计精华能够可视化地展示给未来客户。通过互联网，虚拟原型样机可以放在一个虚拟的展示室中展示。这样使得市场的主要用户不仅可以对新设计提供实时的反馈，而且可对那些正在设计的动态配置的变型产品在完成和送去生产之前，也能提供实时反馈。另外，电子商务的市场解决方案使得企业能够在产品开发生命周期的早期出版和发布虚拟模型到用户手中，逼真的模型照片、动画和产品运动仿真提供测试市场和推销产品的基础。这种产品演示方式消除了对传统耗时和有局限的物理实物模型和第一个试制品的需要，用虚拟原型样机方便地识别局限性，立即展示设计的创意。这些允许企业运用他们的知识，释放设计的创新能力。

通过 PLM 在产品市场开拓方面的实施，需要实现如下效果：产品销售能提前到样机制造出来前；信息系统可以广泛收集不同配置的反馈信息并提供动态交互手段捕捉用户关心的热点；产品开发全过程能及时配合市场的变化；能创建开放式设计环境。

2）新产品开发方面解决方案

在新产品开发时，如何对市场的不同需求作出快速而准确的反应？怎样使用虚拟产品数据管理技术，提高初期设计质量？怎样共享大量的产品和过程信息，及时准确地预测产品开发所需的时间和资源？通过 PLM 的实施，需要解决这些问题。

大多数企业已经在努力通过在他们的设计和制造活动中使用虚拟产品定义去改进性能，然而为了按照地理和文化的爱好，更多地去创新产品，还有继续存在和甚至日益增加的市场压力，结果常常使设计更为复杂。市场需求的多种配置必须横跨整体企业和供应商有效地进行管理。在这种高压力的舞台上，有竞争力的公司正通过产品的模块化、协同设计和预言设计对下游过程和产品性能的影响努力工作，并且茁壮成长。

新的技术如实现共享的文件夹、会议、即时信息、高性能的图形和数据流正是对世界范围企业协作的创新机会。新的协作和互联网技术的组合正在革新产品的开发，并使一个全球化企业的所有部门积极地参与到整个产品开发生命周期中，释放创新的理念，这样能够提供一个机会，使工业设计师、市场专家、设计工程师、采购经理、车间技术专家，包装运输人员与供应商网，在开发市场的机会中，工作如同一个敏捷的团队。PLM的重要工具是协同产品开发工具，比如，采用Vis-ockup进行虚拟数字样机的装配设计和仿真，采用Vis-View进行2D、3D实现数据浏览、审签工具、协作会议工具、协同设计网站、数据和过程管理功能等（见图13.35）。

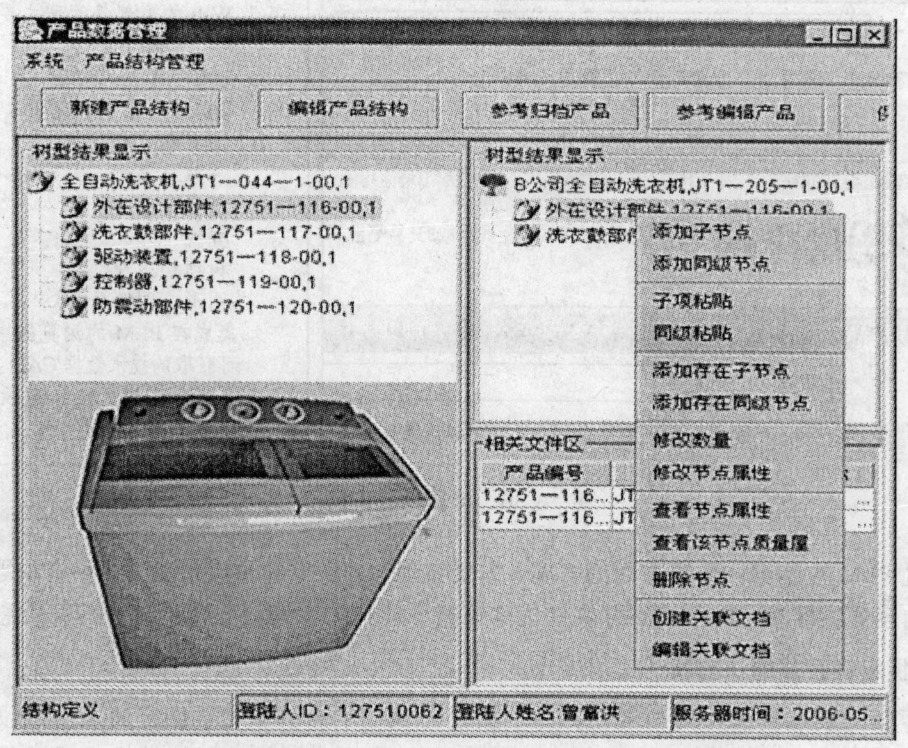

图13.35　新产品开发阶段的可视化协同设计与数据管理

通过PLM的实施，需要实现：设计转化为开放式设计；减少物理样机、下游更改、零件种类、工程图纸、生产成本。在设计速度、产品质量、服务质量方面得到大幅度的提高；并且让用户能有效地参与到产品开发中来。

3）零部件管理解决方案

在零部件管理方面，通过PLM实施需要解决以下几个方面的问题：怎样有效地、统一地规划企业零部件购买量，确保获取最大限度的购买折扣？怎样减少零部件数量，以增加利润和减少库存？怎样有效地选择零部件？

在制订零部件管理解决方案时，需要考虑如下因素：成本风险、技术规格、可用性和卖主状态，确保正确零部件的选择和生产。许多公司有基本能力去有效地管理零部件，然而主要信息驻留在许多不同的技术和商务系统内，通常只有基本的搜索功能，而且没有连接到完全定义的零件几何模型数据。

PLM中的产品数据管理（PDM）增强的分析和搜索功能与互联网技术的组合；将使

公司能够得到在零部件再使用和采购方面根本的改进。对于新的零部件采购，应该由工程部门从在线的标准零件数据库中选择三维 CAD 模型，然后分析零部件的技术指标，筛选出符合要求的供应商，再由采购部门通过商务谈判确定那一个被审批通过的供应商可以提供该零件。

例如，中国供应商网（http://cn.china.cn）提供了零部件供应的发布和搜寻功能，是产品开发者选择供应商的重要场所（见图 13.36）。

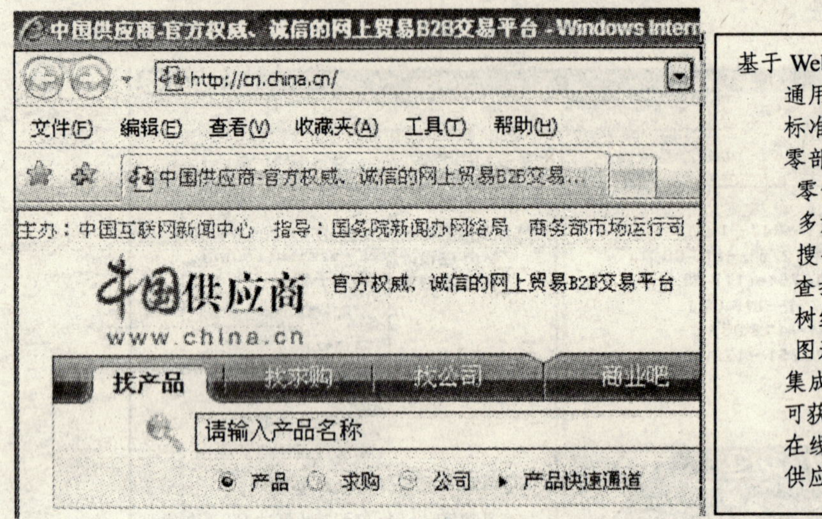

图 13.36　中国供应商网

通过 PLM 在零部件管理方面的实施，需要实现：减少零件种类；使访问和修改零件电子目录和内容更加容易；能帮助制订零件优选策略；能集中采购，有效管理供应商信息。

4）供应链管理解决方案

世界级的制造商总是努力改进效率，加强与他们的合作伙伴、供应商及本地设计资源的协作。许多制造企业自己生产 的零部件小于 30%，大的制造商已经变成系统集成商，70%～80% 的零部件依靠供应商提供。企业必须有能力同供应商协作，适当地根据权限把他们保留为竞争力的内部资源（产品与过程数据），给他们的合作伙伴访问。现在，许多制造企业坚持一个供应商能够接受某种特定格式的数据，甚至为了考虑工作，使用某一内部的特定系统。互联网为产品数据的即时交换提供了途径，使设计人员在设计活动中及时交换信息，而不是像以前那样等到设计和样机试制完成后才与合作伙伴交流。良好的网络连接正在转变着公司和他们供应商间的关系，互联网提供了主机企业与供应链之间准确、快速、安全的连接。PLM 系统在制定供应链管理方案方面需要考虑这样几个问题：怎样在保证数据安全性的前提下与供应商协同工作？怎样使企业的思路与供应商的思路达到最佳组合？怎样利用互联网扩大供应资源范围？该方案在具体实施的时候，以 Web 为中心构建一个协作环境：在这个环境中，产品设计的信息和过程被作为知识资产进行管理，这种资产对设计和制造的供应商而言是可用的。图 13.37 描述了通过 Web 实现主机企业与供应商的协同管理。

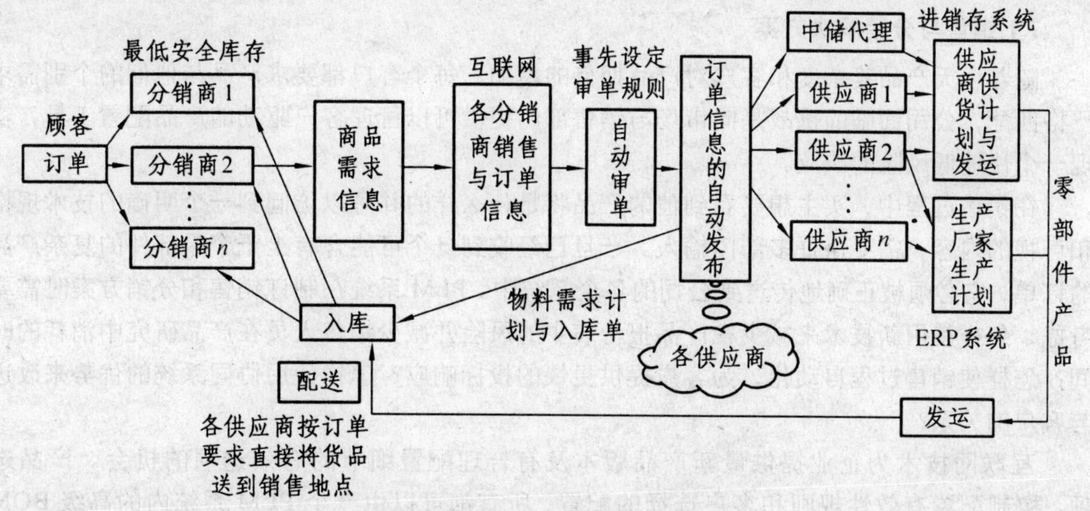

图 13.37 PLM 支持下的供应链管理

通过 PLM 在供应链管理方面的实施，需要实现：建立虚拟企业联盟并协同开展工作；提前发现错误；减少物理样机制造；减少纸面工作；及时将 BOM 的更改通知 OEM 和供应商；决策时间从几周缩短到几天或几分钟；一致性和替换性得到进一步的贯彻落实。

5）制造过程规划解决方案

产品设计或配置中的改变总是意味着制造过程和资源的改变，以及相关成本的改变。通常设计和配置中的产品定义和下游制造信息间常常不是自动连接的，这就意味着没有相当的人工参与，产品设计或配置的改变就不能反映到制造过程中。在制定制造过程规划解决方案的时候需要考虑这样几个问题：怎样在分布式环境下确保设计部门、制造部门以及协作厂商有效地协作和实现知识共享？怎样保证工程更改能及时传递到产品整个生产过程和资源规划中？怎样实现全球协同设计和制造？

通过 PLM 系统在产品规划方面的实施，需要实现：零件设计统一化，减少人为影响；标准化设计，减少工具设备的多样性；三维模型减少制造人员看图时间；虚拟生产仿真可以灵活改变生产线，满足用户各种要求；按计划生产变成按设计生产，减少冗余，提高质量。

6）生产管理解决方案

由于主要的产品信息分布在产品设计和生产间的主要系统中，通常每个已存在的系统有它自己的用户与环境。这意味着访问每个系统和它的数据被局限到某一个确定定义的用户组，在系统间缺乏通讯。另外主要系统间（如 MRP/ERP 和 CAD/CAM/PDM 系统）的数据交换，常常是专门的计算机代码写的，使得数据的交互和维护非常困难。在制订生产管理的解决方案时，需要考虑：怎样使用互联网与世界各地的合作伙伴共享产品信息？怎样保证设计物料清单与制造物料清单一致？怎样使用网络更好地实现设计和制造的一体化？

通过 PLM 系统在产品规划方面的实施，需要实现：集成和共享分布在不同地方的设计与制造信息；保持 PDM 和 ERP 系统中产品数据的一致性；及时评估产品更改在两个系统中的影响；精确地、及时地把设计意图传达到制造部门；创造集成化的设计/制造环境（重量控制、成本滚动、更改管理、刀具跟踪）。

7）销售与分销解决方案

随着今天产品复杂度和客户对产品期待的增加，每个客户都要求产品与他们的个别需求严格匹配，公司面临的挑战是向市场与销售部门提供可以管理客户驱动的产品配置工具，实现一个快速低风险的响应。

在销售过程中，买主想要看到他的产品将是什么样的并可以访问到一个明确的技术规格和可视的内容，需要从许多部门输入。一旦已经收到一个可能含有上千个零部件的复杂产品的订单，它必须被正确地传送到公司的各个系统中。PLM 系统在制订销售和分销方案时需要考虑：怎样使用新技术来减少在产品报价表中的风险并减少销售人员在产品研究中消耗的时间？怎样使销售过程自动化，为客户提供更快的投标响应？怎样使用协同系统的优势来改进与客户的关系？

互联网技术为企业提供最新产品版本及有合理配置细节的有效选项的机会。产品选项、控制配置有效性规则和客户选择的配置，所有都可以由一个 PLM 系统内的高级 BOM 技术来管理。PLM 系统也可以管理与全球范围相关的产品数据，如技术规格、三维模型、装配件及产品着色渲染的图片。所有由客户驱动的信息可以通过基于互联网的解决方案来分配。

客户可以配置产品，观察一个数字化的产品表示，并启动一个可以直接传送到企业的商品需求信息。生产和商务系统的传输过程，企业可以跟踪客户的配置，并利用这种信息提供专门的折扣，新的选项和维护通知，等等。全面的解决方案能够实现横跨企业从销售、市场到过程、采购和生产的协作，同时支持一个配置到订单的要求和一个设计到订单的要求。

图 13.38 是国外汽车行业提供网上产品销售配置的工具，它根据客户定制的产品配置要求，一旦客户确认，PLM 系统验证生效，数据通过 PLM 系统分发到开发部门、生产部门、采购部门，组织生产供货。图 13.39 是基于 Web 的产品信息发布。

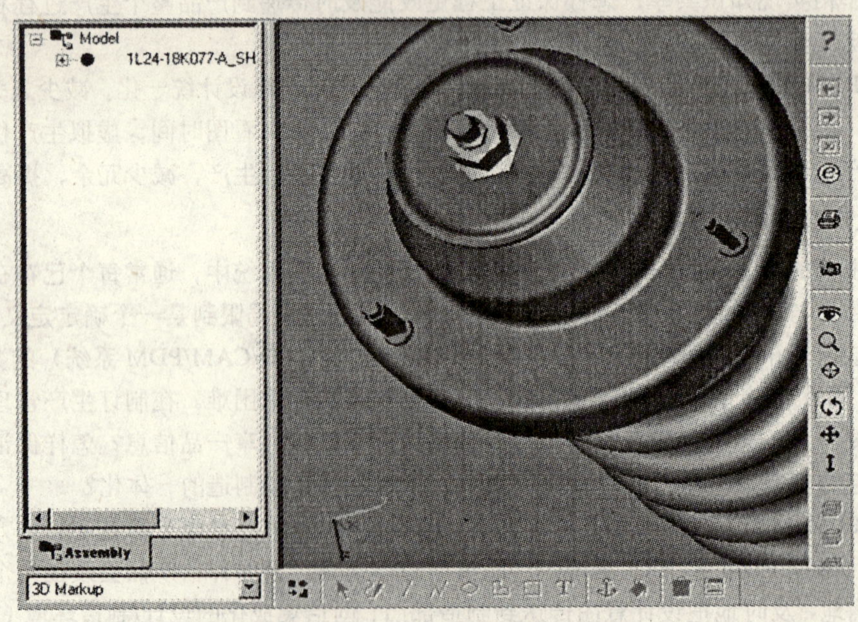

图 13.38 网上产品销售配置与客户定制

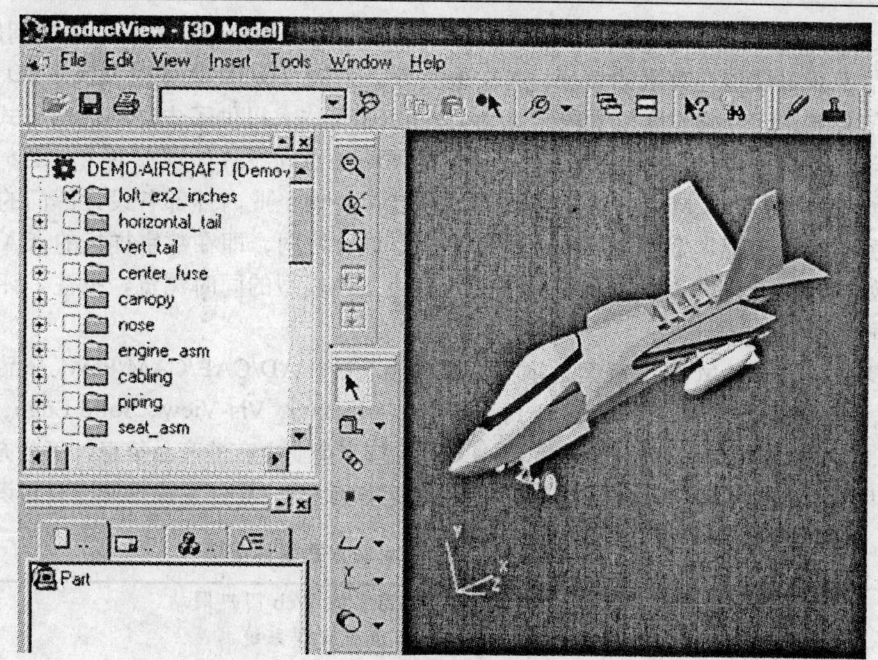

图 13.39　B-TO-B 电子商务中基于 Web 的产品信息发布

通过 PLM 系统在销售与分销方面的实施，需要实现：降低配置和订货过程的成本；减少订货周期，改善订货过程中的服务；减轻对老客户服务支持的负担，释放销售资源去赢得新客户；快速完成建议书；提高客户服务水平。

8）维护和服务解决方案

随着全球化竞争的加剧，售后支持和服务事务变得日益重要。客户要求快速的报价，快速递交正确的替代零件，及时安排和完成更综合的维护。然而在许多公司里，目前的基础结构不可能提供服务部门如此的信息、专门的客户产品配置和服务历史；主要的维护要求和产品识别数据可以是包含在文档中或在分散的系统内，不可访问。在制订维护和服务的解决方案时，需要考虑：怎样利用与产品和客户相关的历史数据，来扩展更多的服务业务？怎样通过互联网提供主动型的服务？怎样利用信息和技术更好地提供客户自助服务环境？

互联网和相关技术已经革新了准备和发布信息的能力，传统数据可以做到更方便地存取到其他系统中，并通过一个公共的用户环境或入口可以见到。组合配置技术和出版能力将自动维护和服务文档，互联网允许从专门客户配置历史驱动的计划性维护通知的分配。

PLM 系统的产品配置能力可以运用到支持多种产品选项，有效性和客户专门配置的历史及连接到为维护和服务操作所需的所有相关技术数据。从设计到服务使用共同的配置解决方案，并提供用户通过基于互联网技术的访问，将能实现横跨企业的维护协作。

通过 PLM 系统在维护和服务方面的实施，需要实现：维修时对设备、系统等变化过程的管理；改善用户的满意程度；按计划完成标准化的维修服务；保证维修部位和配置的准确性；用可视化的手段分析更改的影响；用三维动画说明复杂产品的安装和替换步骤。

13.3.3　一个典型的 PLM 解决方案

为了缩短产品交货期，提高企业竞争力，要求企业跨地域的机构之间、企业与供应商及合作伙伴之间，甚至企业内部不同部门之间尽可能快速地沟通信息；协同地解决问题。电话、传真等通信手段只能传递有限的信息，像协同会议、协同 2D/3D 图像的批阅、3D 环境的协同工作等信息传递，传统的通信手段无能为力，Internet 技术提供了先进的通信方式，使基于网络的全球协同成为可能。因此，PLM 支持下的网络化协同设计体现在两个方面：第一个方面为项目协同，即通过 PLM 系统中的项目管理功能来协调企业内外部各设计部门的项目进度计划、任务执行、过程、资源等问题；第二方面是设计协同，即在数字样机的 CAD 设计层面协同，如通过可视化的浏览器实现互联网上异地三维模型的同时浏览、批注、评审、仿真验证等协同工作。

如 EDS 公司的 PLM 解决方案，事实上是在原有的 CAD/CAE/CAM/PDM 产品基础上进行的扩展，所包含的软件有：Teamcenter，UG，Vis-Mockup，Vis-View，Solid Edge，ParaSolid 等。表 13.3 描述了这一软件群的详细信息。PLM 将打开企业中有关产品信息、工艺方法、技术决窍的知识宝库，利用 PLM 系统超级的配置技术和管理经验，充分发挥企业已有知识的作用。

表 13.3　EDS 公司 PLM 解决方案软件配置

Teamcenter	基于 J2EE 的 Web 门户网站 项目与流程管理系统 变量配置管理 任务、文档与过程管理
UG	混合参数化建模 Wave-自顶向下参数化装配 预测工程 数字化数控加工
Solid Edge	智能化三维建模
E-Vis 可视化工具	企业各部门都可以浏览各种图形 数字化批注 不依赖指定的 CAD 系统
ParaSolid	全球通用的图形核心标准

参考文献

[1] 陈汗青．产品设计．武汉：华中科技大学出版社，2005.

[2] 沈法．现代产品设计．郑州：河南美术出版社，2003.

[3] ULRICH K T，EPPINGER S D. 产品设计与开发．北京：高等教育出版社，2005.

[4] 陈震帮．工业产品造型设计．北京：机械工业出版社，2004.

[5] 张琲．产品创新设计与思维．北京：中国建筑出版社，2005.

[6] 柯惠新，丁立宏．市场调查与分析．北京：中国统计出版社，1999.

[7] 俞文钊，刘建荣．创新与创造力：开发与培育．大连：东北财经大学出版社，2008.

[8] 简召全，冯明，朱崇贤．工业设计方法学．北京：北京理工大学出版社，2000.

[9] 李建军．创造发明学导引．北京：中国人民大学出版社，2002.

[10] 梁海顺．技术创新方法与技巧．北京：国防工业出版社，2005.

[11] 武俊平．向成功者学习思考．呼和浩特：内蒙古人民出版社，2008.

[12] 斯腾博格 R J．创造力手册．施建农，等，译．北京：北京理工大学出版社，2005.

[13] 张庆林，邱江．思维心理学．重庆：西南师范大学出版社，2007.

[14] 郭有适．创造心理学．北京：教育科学出版社，2002.

[15] 史登堡 R，鲁巴特 T．不同凡响的创造力．北京：中国城市出版社，2000.

[16] 张铁，李琳，李杞仪．创新思维与设计．北京：国防工业出版社，2005.

[17] 奇凯芩特米哈伊．创造性——发现和发明的心理学．上海：上海译文出版社，2001.

[18] AMABILE T M. Creativity in context: update to the social psychology of creativity. Boulder, Co: Westview Press，1996.

[19] WEISBERG R W. Creativity and knowledge：a challenge to theories．In：STERNBERG R J，et al edited．Handbook of Creativity．New York：Cambridge University Press，1999.

[20] ALTSHULLER G S. The innovation algorithm，TRIZ，systematic innovation and technical creativity. Worcester: Technical Innovation Center，INC，1999.

[21] 郑称德．TRIZ 理论及其设计模型[J]．管理工程学报，2003，17（1）：84-87.

[22] 吴静吉，等．创造力的发展与实践．中国台北：五南图书出版公司，2002.

[23] 侯智，张根保，丁志华．问题解决系统：TRIZ 之后的问题解决方法[J]．机电产品开发与创新，2002（4）：16-19.

[24] SAVARANSKY S D．Engineering of creativity．New York：CRC Press，2000.

[25] 郭钢．新产品数字化设计与管理．重庆：重庆大学出版社，2004.

[26] 李同泽．市场研究方法与技巧．北京：中国经济出版社，2002.

[27] 菲利浦，科特勒．营销管理．上海：上海人民出版社，1999.

[28] 刘伟．产品创新管理．重庆：重庆出版社，2001.

[29] 达伊．市场驱动战略．北京：华夏出版社，2000.

[30] 厄本．新产品的设计与营销．北京：华夏出版社，2002.

[31] 所罗门．消费者行为．北京：经济科学出版社，1999.

[32] 于秀林，任雪松．多元统计分析．北京：中国统计出版社，2002.

[33] 刘飞，张晓冬，杨丹，等．制造系统工程．北京：国防工业出版社，2000.

[34] 谢季坚．模糊数学方法及其应用．武汉：华中理工大学出版社，2000.

[35] 甘华鸣．新产品开发．北京：中国国际广播出版社，2002.

[36] 尤里奇，等．产品概念设计与开发．沈阳：东北财经大学出版社，2001.

[37] 苏为华．综合评价学．北京：中国市场出版社，2005.

[38] 朱心雄，等．自由曲线、曲面造型技术．北京：科学出版社，1999.

[39] 苏步青，刘鼎元．计算几何．上海：上海科学技术出版社，1981.

[40] 孙家广，杨长贵．计算机图形学．北京：清华大学出版社，1995.

[41] 施普尔 G，克劳舍 F L. 虚拟产品开发技术. 北京：机械工业出版社. 2000.

[42] KÓS G, MARTIN R R, VÁRADY T. Methods to recover constant radius rolling ball blends in reverse engineering. Computer Aided Geometric Design，2000，17：127-160.

[43] LIN C Y, LIOU C S, LAI J Y. A surface-lofting approach foe smooth-surface reconstruction from 3D measurement data. Computer in Industry，1997（34）：73-85.

[44] HUANG Y M. On the general evaluation of customer requirements during conceptual design. Journal of Mechanical Design，1999，121（1）：92-97.

[45] JEANNE M，HOGARTH，MAUREEN P. Consumer complaints and redress：an important mechanism for protecting and empowering consumers. International Journal of Consumer Studies，2002（9）：217-226.

[46] SAATY T L. The analytic hierarchy process：planning，priority setting，resource allocation. Pittsburgh，PA：RWS Publications，1988.

[47] CHAN L K，WU M L. A systematic approach to quality function deployment with a full illustrative example. The International Journal of Management Science，2005，33（10）：119-139.

[48] ALPERT M I. De nition of determinant attributes：a comparison of methods. Journal of Marketing Research，1971，8：184-191.

[49] CHAN L K，KAO H P，NG A，et al. Rating the importance of customer Needs in quality function deployment by fuzzy and entropy methods. International Journal of Production Research，1999，37（11）：2 499-2 518.

[50] CHAN L K，WU M L. Prioritizing the technical measures in quality function deployment. Quality Engineering，1998，10（3）：467-479.

[51] 陈以增. 基于质量屋的产品设计过程[J]. 计算机集成制造系统，2002，10（8）：757-761.

[52] KARSAK E E, SOZER S. Product planning in quality function deployment using a combined analytic network process and goal programming approach. Computers & Industrial engineering，2002，44：171-190.

[53] LAI X. Ranking of customer requirements in a competitive environment. Computers & Industrial Engineering，2008，54：202-214.

[54] 熊伟．质量机能展开．北京：化学工业出版社，2005.

[55] 杨岳，等．CAD/CAM 原理与实践．北京：中国铁道出版社，2002.

[56] 逯晓勤．数控机床编程技术．北京：机械工业出版社，2004.

[57] 孙春华，等．CAD/CAPP/CAM 技术基础及应用．北京：清华大学出版社，2004.

[58] 易红．数控技术．北京：机械工业出版社，2007.

[59] 葛友华．CAD/CAM 技术．北京：机械工业出版社，2004.

[60] 孟富森，等．数控技术与 CAM 应用．重庆：重庆大学出版社，2003.

[61] 周玮．机械 CAD/CAM．北京：高等教育出版社，2002.

[62] 王卫兵．Cimatron E 6.0 数控编程实用教程．北京：清华大学出版社，2005.